Cadernos de Lógica e Computação

Volume 5

Elementos de Matemática Discreta

Volume 1
Fundamentos de Lógica e Teoria da Computação. Segunda Edição
Amílcar Sernadas e Cristina Sernadas

Volume 2
Introdução ao Cálculo Lambda
Chris Hankin. Traduzido por João Rasga

Volume 3
Uma Versão Mais Curta de Teoria dos Modelos
Wilfrid Hodges. Traduzido por Ruy J. G. B. de Queiroz

Volume 4
Incompletude na Terra dos Conjuntos
Melvin Fitting. Traduzido por Jaime Ramos

Volume 5
Elementos de Matemática Discreta
José Carmo, Paula Gouveia e Francisco Miguel Dionísio

Coordenadores da Série Cadernos de Lógica e Computação
Amílcar Sernadas e Cristina Sernadas {acs,css}@math.ist.utl.pt

Prefácio

O presente texto tem por objetivo introduzir conceitos e técnicas básicas de Matemática que são essenciais para várias áreas do saber em Ciência e Tecnologia, mas com ênfase particular em temas da Engenharia Informática e da Ciência da Computação. Em particular, introduzem-se os conhecimentos matemáticos elementares que são a base dos fundamentos matemáticos da computação e da análise de algoritmos. Por essa razão, este texto destina-se sobretudo a alunos do primeiro ano de licenciaturas nessas áreas.

Procura-se familiarizar o leitor com a linguagem e raciocínio matemáticos e introduzir ou recordar alguns dos conceitos e estruturas - e suas notações - que são fundamentais no estudo e na comunicação em Ciência e Tecnologia, tais como conjuntos, relações e funções, cardinal de um conjunto, estruturas algébricas e relacionais e seus morfismos. Além disso, apresentam-se definições recursivas, e a sua fundamentação e manipulação, e também técnicas de demonstração por indução. Particular atenção é dada ao que se convenciona chamar Matemática do discreto, tendo-se escolhido como tópicos privilegiados de aplicação a análise de algoritmos, recursivos e imperativos, com estudo do seu comportamento assimptótico e a demonstração de propriedades de programas. Não se assumem pré-requisitos de Matemática para além dos conceitos lecionados no Ensino Secundário. No entanto, pareceu-nos importante voltar a apresentar alguns conceitos que possam já ser do conhecimento do leitor, como, por exemplo, as noções de conjunto e de função, proporcionando uma abordagem mais rigorosa, com a vantagem de tornar o texto mais autossuficiente.

Para além da exposição a conceitos e técnicas e do correspondente desenvolvimento da capacidade de cálculo, outro objetivo deste texto é incentivar a prática da demonstração matemática. A par do cálculo e do rigor, o desenvolvimento de capacidades de modelação, abstração e dedução são essenciais à prática da Matemática e objetivos da sua aprendizagem. Em particular, não é possível conceber a Matemática sem a demonstração rigorosa dos resultados estabelecidos e não se aprende a demonstrar sem fazer demonstrações.

Os resultados enunciados e demonstrados ao longo do texto serão genericamente designados *proposições*. Como é usual, usa-se igualmente a palavra *lema* para referir um resultado "menor", que é enunciado essencialmente para ser utilizado na demonstração de um resultado ulterior (permitindo encurtar e simplificar a demonstração deste), e a palavra *corolário* para referir um resultado que é uma consequência imediata de outro. O Capítulo 1 é um capítulo preliminar e tem intencionalmente um estilo diferente dos seguintes, sendo as noções aí apresentadas, bem como resultados e suas justificações, descritos de um modo mais informal. Nos outros capítulos, demonstrações que podem ser omitidas numa primeira leitura são apresentadas em apêndice aos capítulos correspondentes.

Como linguagem de programação optou-se pela linguagem de programação *Mathematica* porque esta é suficientemente simples para poder servir de pseudocódigo, com a vantagem de se poder experimentar facilmente os programas construídos, executando-os no sistema *Mathematica.* No Apêndice B introduzem-se todas as construções necessárias ao entendimento dos programas apresentados.

Segue-se uma descrição sucinta dos principais tópicos cobertos por este texto.

- No Capítulo 1 faz-se uma introdução à lógica proposicional e de primeira ordem, procurando-se um equilíbrio entre uma apresentação mais rigorosa, próxima da usada na Lógica Matemática, e a utilização mais frequente desses conceitos noutras áreas da Matemática.

- No Capítulo 2 introduz-se a chamada teoria intuitiva dos conjuntos, ingrediente essencial da Matemática moderna, fazendo-se ainda referência aos multiconjuntos, às sequências e ao produto cartesiano de conjuntos.

- O Capítulo 3 é dedicado ao estudo das relações em geral, e das relações binárias num conjunto, em particular. Especial destaque é dado às relações de equivalência e à construção de conjuntos quociente, bem como às relações de ordem e relações bem fundadas.

- O Capítulo 4 é dedicado ao estudo das funções em geral e das aplicações em particular. Especial destaque é dado às aplicações injetivas, sobrejetivas e bijetivas, às famílias e sucessões.

- No Capítulo 5 aborda-se o importante tópico da cardinalidade de um conjunto e a distinção entre os conjuntos contáveis, finitos ou numeráveis, objeto de estudo na chamada Matemática do discreto, e os não contáveis, estudados na Matemática do contínuo.

- No Capítulo 6 aborda-se o tópico dos conjuntos com estrutura, e dos relacionamentos entre conjuntos que preservam a estrutura - os morfismos

- dando-se particular realce às estruturas relacionais e algébricas, e aos isomorfismos.

- O Capítulo 7 é inteiramente dedicado à indução, finita, bem fundada e estrutural, e à definição indutiva de conjuntos.

- No Capítulo 8 apresentam-se técnicas de resolução de somatórios.

- O Capítulo 9 é dedicado à resolução de relações de recorrência. Este tópico é generalizado no Apêndice A.

- No Capítulo 10 aborda-se a análise e o estudo do comportamento assimptótico de algoritmos (imperativos e recursivos).

- No Apêndice A trata-se a definição de funções por recorrência, quer sobre conjuntos livremente gerados, quer sobre conjuntos nos quais esteja definida uma relação bem fundada.

- No Apêndice B descrevem-se construções relevantes do sistema computacional *Mathematica*.

O essencial do conteúdo deste livro poderá ser lecionado numa disciplina semestral de Matemática Discreta ou Estruturas Discretas do primeiro ano de uma licenciatura em Engenharia Informática ou de Matemática. Este texto pode também ser usado numa disciplina de Algoritmos e Estruturas de Dados para apoio aos conceitos relativos à análise de algoritmos.

Na Figura 1 descrevem-se as dependências entre os capítulos. Os Capítulos 1, 2, 3 e 4 apresentam conceitos preliminares fundamentais. Dependendo dos objetivos traçados para a disciplina em causa, os assuntos dos Capítulos 5 e 6 podem ser abordados com mais ou menos detalhe.

A maior parte dos assuntos tratados neste texto são comuns à generalidade dos livros sobre Matemática Discreta. No entanto, tópicos como indução e recursão, e sua aplicação à verificação de algumas propriedades de programas, são aqui abordados de modo mais pormenorizado. Também a análise de algoritmos é aqui tratada com mais detalhe. Naturalmente que num texto desta natureza há sempre que fazer uma seleção dos tópicos abordados. Para não o tornar demasiado extenso, não foram considerados neste texto outros tópicos do âmbito da Matemática Discreta, tais como combinatória ou teoria dos grafos. Os textos [11, 29, 34, 42, 62, 63] são exemplo de livros que abordam tópicos da área de Matemática Discreta.

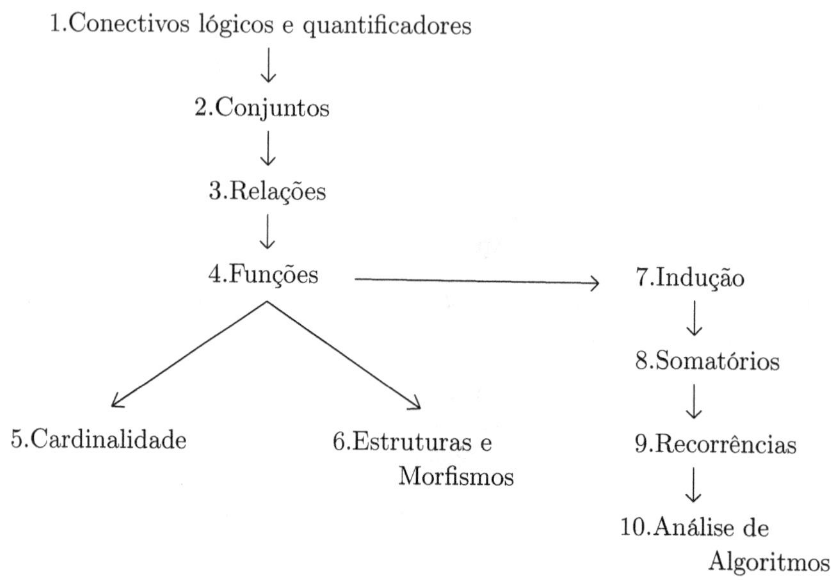

Figura 1: Dependências entre capítulos

Ao longo deste texto são utilizadas as seguintes notações usuais relativas a conjuntos de reais, racionais, inteiros e naturais:

- $\mathbb{R}$ - conjunto dos números reais
- $\mathbb{R}^+$ - conjunto dos números reais positivos
- $\mathbb{R}_0^+$ - conjunto dos números reais não negativos
- $\mathbb{Q}$ - conjunto dos números racionais
- $\mathbb{Q}^+$ - conjunto dos números racionais positivos
- $\mathbb{Q}^-$ - conjunto dos números racionais negativos
- $\mathbb{Z}$ - conjunto dos números inteiros
- $\mathbb{N}$ - conjunto dos números naturais (números inteiros não negativos)
- $\mathbb{N}_1$ - conjunto dos números naturais positivos.

Terminamos este prefácio agradecendo em primeiro lugar àqueles que nos ensinaram e que foram modelo de inspiração. Agradecemos também aos colegas que ajudaram em diversos assuntos deste livro. Queremos ainda agradecer aos nossos estudantes de Informática e Matemática, em geral, e aos alunos da disciplina de Matemática Discreta da Universidade da Madeira, em particular, que com as suas observações e críticas contribuíram para melhorar este texto. A Universidade da Madeira e o Instituto Superior Técnico proporcionaram-nos as condições de trabalho que permitiram a sua escrita. Finalmente agradecemos também aos colegas, amigos e familiares sem os quais a vida teria pouco sentido, com saudade por aqueles que já nos deixaram.

JOSÉ CARMO

Centro de Competência de
Ciências Exatas e da Engenharia
Universidade da Madeira
&
CCM - Centro de Ciências Matemáticas

PAULA GOUVEIA
FRANCISCO MIGUEL DIONÍSIO

Departamento de Matemática
Instituto Superior Técnico
Universidade de Lisboa
&
SQIG-Security and Quantum Information Group
IT-Instituto de Telecomunicações, Lisboa

Conteúdo

Capítulo 1

Conectivos lógicos e quantificadores

Este capítulo introduz os operadores linguísticos, de carácter lógico, que são utilizados para descrever simbolicamente, de forma rigorosa, propriedades de objetos matemáticos, bem como os conceitos e mecanismos que permitem raciocinar rigorosamente a partir de tais descrições, tirando conclusões válidas sobre essas propriedades. Trata-se de um tópico transversal a toda a Matemática e que é inclusivamente objeto de investigação própria na área designada por Lógica Matemática. Neste texto pretendemos apenas apresentá-lo de um modo informal, de forma a que o leitor possa usar e compreender esta notação matemática básica e possa também tirar conclusões logicamente válidas de propriedades dadas.

Ao longo deste capítulo faz-se referência aos conectivos lógicos e aos quantificadores, fixando os símbolos que serão usados para os identificar, bem como outras notações e conceitos associados. Começa-se por introduzir os conceitos de termo e proposição. Faz-se depois referência à negação, conjunção, disjunção, implicação e equivalência. Seguem-se os termos com variáveis e as condições, e por fim os quantificadores existencial e universal.

É interessante referir que o estudo da lógica começou no século II antes de Cristo com Aristóteles, que se propôs reunir todo o conhecimento da época em tratados (terá escrito cerca de 200), e que se dedicou ao estudo da lógica por ser importante compreender quais os raciocínios válidos, tema que ele próprio refere não ter havido ninguém antes dele a estudar.

Assume-se na sequência que o leitor está familiarizado com conceitos elementares como, por exemplo, as usuais operações sobre números inteiros e reais e as desigualdades $<$, $\leq$, $>$ e $\geq$.

1.1 Termos, proposições e conectivos lógicos

Dois elementos essenciais de uma linguagem são as expressões que designam objetos ou entidades, e as frases. As frases que expressam afirmações que são verdadeiras ou falsas dizem-se proposições e desempenham um papel fundamental na linguagem matemática. Os conectivos lógicos permitem construir novas frases a partir de frases mais simples e, em particular, obter proposições a partir de outras proposições. Por esta razão são também por vezes denominados conectivos proposicionais. A área da lógica dedicada ao estudo destes conectivos lógicos é a chamada lógica proposicional ou cálculo proposicional.

No contexto das linguagens formais usadas na Lógica Matemática, as expressões que designam objetos ou entidades são usualmente denominadas termos e as frases são usualmente denominadas fórmulas. A definição de uma lógica compreende a definição da sua sintaxe e da sua semântica. A definição da sintaxe corresponde à caracterização das expressões que constituem os termos e fórmulas dessa lógica. A definição da semântica consiste em atribuir significado a esses termos e fórmulas. Informalmente, pode dizer-se que o significado de um termo é uma entidade ou objeto, e que, em geral, o significado de uma fórmula corresponde a caracterizar em que circunstâncias é verdadeira ou falsa.

1.1.1 Termos

Os *termos*, ou *designações*, servem para indicar (designar) determinadas entidades. Não iremos descrever em detalhe a sintaxe e a semântica dos termos que usaremos ao longo do texto, limitando-nos a apresentar alguns exemplos ilustrativos.

Em português, os nomes são exemplos usuais de termos (ou designações). A título ilustrativo podemos referir os seguintes:

"D. Afonso Henriques" "Sol"

Na linguagem matemática usada ao longo do texto consideram-se como termos expressões matemáticas como por exemplo

$$24 \qquad 12\times 2 \qquad 14.3 \qquad \cos(\tfrac{\pi}{4})$$

Adota-se a convenção anglo-saxónica de usar ponto e não a vírgula na representação de números reais.

Cada termo designa uma entidade ou objeto, que constitui a semântica, ou significado, do termo. Por exemplo, podemos dizer que a semântica do termo "Sol" é a estrela em torno da qual gravita o planeta em que vivemos. As expressões matemáticas têm o significado usual esperado. Por exemplo, a semântica do termo 12×2 é o número inteiro vinte e quatro, isto é, o termo 12×2

designa o número inteiro vinte e quatro. Os termos da linguagem matemática designam objetos matemáticos como por exemplo números, conjuntos, funções, etc.

Note-se que os termos 24 e 12×2 designam o mesmo objeto, isto é, têm a mesma semântica, pelo que se dizem termos *equivalentes*. Para indicar que dois termos a e b são equivalentes é usual escrever-se $a = b$. Os termos

"D. Afonso Henriques" e "o primeiro rei de Portugal"

designam a mesma pessoa, sendo portanto equivalentes. Em português, também se diz que são sinónimos dois termos que designam a mesma entidade.

1.1.2 Proposições

As frases que exprimem afirmações que ou são verdadeiras ou falsas chamam-se *proposições*. Por exemplo, o pedido "Vai-me comprar o jornal, se faz favor" não é uma proposição, embora já o seja a frase "O pai pediu ao filho para lhe ir comprar o jornal".

Tal como no caso dos termos, não detalharemos aqui a sintaxe das proposições, apresentando para já apenas alguns exemplo sugestivos como os seguintes:

$3 > 7$ $\quad 4 < 2$ $\quad 3 + 5 = 5 + 3$ $\quad$ 10 é um número par

Consideremos agora a semântica deste tipo de proposições. Estas proposições exprimem afirmações a respeito dos objetos matemáticos envolvidos. Por exemplo, a proposição $3 > 7$ afirma que o número três é maior que o número sete, o que é uma afirmação falsa. Já a proposição $3 + 5 = 5 + 3$ exprime uma afirmação verdadeira.

A semântica de cada proposição é um *valor lógico* ou *valor de verdade*, que traduz a veracidade ou falsidade da afirmação expressa pela proposição. Os valores lógicos são também designados *valores booleanos*.

Se uma proposição exprime uma afirmação verdadeira, a sua semântica é o valor lógico 1. Em vez de 1 usa-se também V ou T (do inglês "True"). É também frequente dizer-se apenas que a proposição é *verdadeira*, ou que tem *o valor lógico* (ou *de verdade*) 1, ou ainda que a proposição se *verifica*, ou que se *tem* a proposição.

Se uma proposição exprime uma afirmação falsa, a sua semântica é o valor lógico 0. Em vez de 0 pode também usar-se F. Tal como no caso anterior, é frequente dizer-se apenas que a proposição é *falsa*, ou que tem *o valor lógico* (ou *de verdade*) 0, ou ainda que a proposição *não se verifica*, ou que *não se tem* a proposição.

1.1.3 Operadores lógicos

Os *operadores lógicos*, também conhecidos por *conectivos lógicos* ou *conectivos proposicionais*, são operadores linguísticos que nos permitem construir novas frases. Do ponto de vista sintático, permitem assim construir novas proposições a partir de outras proposições. Do ponto de vista semântico, veremos que o valor lógico das proposições assim obtidas fica completamente determinado pelo valor lógico das respetivas proposições argumento.

O operador de negação recebe uma frase como argumento e dá origem a uma outra frase que é a negação daquela. Diz-se operador unário por ter um só argumento. Dispomos também de operadores lógicos que permitem ligar duas ou mais frases, denominados conectivos lógicos. Os mais usados são os que ligam duas frases, ditos conectivos binários. Referem-se na sequência os conectivos de conjunção, disjunção, implicação e equivalência[1]. Por abuso de linguagem inclui-se também por vezes o operador de negação na categoria dos conectivos lógicos.

1.1.3.1 Negação

Suponha-se que P representa uma qualquer proposição. A *negação* de P é uma nova proposição cujo valor de verdade é o oposto do valor de verdade de P, isto é, se o valor de verdade de P é 1 então o da sua negação é 0, e vice-versa.

Em português, se P é a asserção "o Sol é uma estrela", a sua negação é a asserção "o Sol não é uma estrela" ou "não é verdade que o Sol seja uma estrela". A segunda forma de exprimir a negação de P pode ser generalizada para qualquer proposição P. Podemos exprimir a negação de uma asserção P escrevendo "não é verdade P" ou "não se tem P".

Na linguagem matemática, em que se procura ser sintético, ignorando detalhes não relevantes para os objetivos em vista, como por exemplo o modo do verbo, usa-se um símbolo, o símbolo $\neg$, para exprimir a operação de negação. Assim, do ponto de vista sintático, a negação de P é uma nova proposição que se escreve

$$\neg P \qquad \text{ou} \qquad (\neg P)$$

sendo $\neg$ designado por *operador de negação*. Em $\neg P$ o argumento do operador $\neg$ é P. A vantagem da utilização de parênteses reside em retirar qualquer ambiguidade à leitura de expressões mais complexas onde a negação de P ocorra como subexpressão. No entanto, a utilização de muitos parênteses torna certas expressões difíceis de ler, pelo que é prática corrente utilizar convenções, como

[1]Estes são os conectivos mais comuns, mas é também possível considerar um menor número de conectivos à custa dos quais se podem descrever os outros (ver Exercício 3 na Secção 1.4).

prioridades, ou precedências, entre os operadores, as quais permitem diminuir o número de parênteses necessários (ver Secção 1.1.3.7). Neste texto são apenas considerados parênteses curvos.

Do ponto de vista semântico, o valor lógico de $\neg P$ é completamente determinado pelo valor lógico de P. Assim, ao operador $\neg$ está associada uma função de verdade que nos permite calcular o valor de verdade da proposição $\neg P$ a partir do valor de verdade da proposição P argumento. Tal função de verdade é normalmente expressa na forma de uma tabela, dita tabela de verdade, como se segue

P	$\neg P$
1	0
0	1

De referir que em alguns textos $\sim$ é o símbolo usado para o operador de negação. Neste texto optamos pelo símbolo $\neg$ como acima descrito.

1.1.3.2 Conjunção

Suponha-se que P e Q representam duas proposições. A *conjunção* de P e Q é uma nova proposição que é verdadeira sse[2] P e Q forem verdadeiras. A conjunção de P e Q exprime-se em português escrevendo "P e Q".

Em linguagem matemática, a sintaxe da conjunção usa o símbolo $\wedge$, e escreve-se

$$P \wedge Q \qquad \text{ou} \qquad (P \wedge Q)$$

sendo o símbolo $\wedge$ o *conectivo lógico de conjunção*. Em $P \wedge Q$ os argumentos do operador $\wedge$ são P e Q.

O significado (semântica) da conjunção de P e Q é dado pela tabela de verdade seguinte, que caracteriza a relação entre os valores lógicos de P e Q e o valor lógico de $P \wedge Q$

P	Q	$P \wedge Q$
1	1	1
1	0	0
0	1	0
0	0	0

[2] A expressão "sse" usada ao longo deste texto é a habitual abreviatura da expressão "se e somente se" (ou "se e só se").

1.1.3.3 Disjunção

Suponha-se que P e Q representam duas proposições. A *disjunção* de P e Q é uma nova proposição que é verdadeira desde que pelo menos uma dessas proposições seja verdadeira. A disjunção de P e Q exprime-se em português escrevendo "P ou Q".

Em linguagem matemática, a sintaxe da disjunção usa o símbolo $\vee$, e escreve-se

$$P \vee Q \qquad \text{ou} \qquad (P \vee Q)$$

sendo o símbolo $\vee$ o *conectivo lógico de disjunção.* Os argumentos do operador $\vee$ em $P \vee Q$ são P e Q.

Do ponto de vista semântico, a relação entre os valores lógicos de P e Q e o valor lógico da sua disjunção é expressa pela tabela de verdade

P	Q	$P \vee Q$
1	1	1
1	0	1
0	1	1
0	0	0

De referir que é também muitas vezes usada uma outra forma de disjunção, a chamada *disjunção exclusiva* (ou *ou exclusivo*). A disjunção exclusiva entre P e Q exprime-se normalmente em português escrevendo "ou P ou Q", e em linguagem matemática escreve-se $P \dot{\vee} Q$, isto é, colocando um ponto em cima do sinal de disjunção. A diferença para a disjunção é que quando se afirma "ou P ou Q" se subentende que pelo menos uma das proposições (P ou Q) é verdadeira, mas não ambas. Refira-se, no entanto, que o português, como qualquer outra linguagem natural, é ambíguo, e nem sempre é claro quando se escreve "ou P ou Q" se se pretende considerar a disjunção exclusiva, ou a simples disjunção (também por vezes denominada disjunção inclusiva). Não usaremos neste texto a disjunção exclusiva.

1.1.3.4 Implicação

A *implicação* entre as proposições representadas por P e Q traduz o condicional "se P então Q", que também se pode exprimir em português escrevendo "P implica Q". Com o mesmo significado pode também escrever-se "P é suficiente para Q" ou ainda "Q é necessário para P".

Em linguagem matemática, os símbolos mais comuns para *conectivo lógico de implicação* são $\Rightarrow$ e $\rightarrow$. Mais raramente pode também encontrar-se o símbolo $\supset$. Neste texto escreve-se

$$P \Rightarrow Q \qquad \text{ou} \qquad (P \Rightarrow Q)$$

usando-se portanto o símbolo $\Rightarrow$ na sintaxe da implicação. Em $P \Rightarrow Q$ os argumentos de $\Rightarrow$ são P e Q. Diz-se que P é o *antecedente* da implicação e Q o *consequente*. A expressão $Q \Leftarrow P$, que se encontra por vezes em alguns textos, é uma outra forma de escrever que P implica Q.

A implicação $P \Rightarrow Q$ exprime que sempre que P é verdadeira então Q também é verdadeira. Do ponto de vista semântico, considera-se que $P \Rightarrow Q$ só é falsa quando P for verdadeira e Q for falsa, o que conduz à seguinte tabela de verdade

P	Q	$P \Rightarrow Q$
1	1	1
1	0	0
0	1	1
0	0	1

O *recíproco* da implicação $P \Rightarrow Q$ é $Q \Rightarrow P$. Por sua vez, $(\neg Q) \Rightarrow (\neg P)$ é o *contrarrecíproco* da implicação $P \Rightarrow Q$. Uma implicação é verdadeira sse o seu contrarrecíproco o é (Exercício 6f da Secção 1.4). Mas, da veracidade de uma implicação não se pode concluir que o seu recíproco seja verdadeiro, nem da veracidade do recíproco se pode concluir a veracidade da implicação. Por exemplo, uma proposição da forma $(P \wedge Q) \Rightarrow P$ é sempre verdadeira, ao passo que muitas proposições da forma $P \Rightarrow (P \wedge Q)$ são falsas (basta considerar casos em que P é uma proposição verdadeira e Q é uma proposição falsa).

1.1.3.5 Equivalência

Suponha-se que P e Q representam duas proposições. A *equivalência* de P e Q é uma nova proposição que é verdadeira sse P e Q tiverem o mesmo valor lógico. Exprime-se em português escrevendo "P é equivalente a Q". Outras expressões em português que exprimem o mesmo, e são muito usadas em textos matemáticos, são "P é necessária e suficiente para Q" e "P se e somente se Q" ou, usando a abreviatura, "P sse Q".

Em linguagem matemática, os símbolos mais usados para *conectivo lógico de equivalência* são $\Leftrightarrow$ e $\leftrightarrow$ e, mais raramente, o símbolo $\equiv$. Neste texto escreve-se

$$P \Leftrightarrow Q \qquad \text{ou} \qquad (P \Leftrightarrow Q)$$

usando-se assim o símbolo $\Leftrightarrow$ na sintaxe da equivalência.

É fácil concluir que do exposto acima decorre a seguinte tabela de verdade

P	Q	$P \Leftrightarrow Q$
1	1	1
1	0	0
0	1	0
0	0	1

1.1.3.6 Substituição de equivalentes

Intuitivamente, duas "entidades" são equivalentes se é indiferente considerar uma ou outra. No que aqui respeita, tal traduz-se pelos seguintes resultados relativos à substituição de equivalentes, enunciados de forma relativamente informal.

Substituição de termos equivalentes num termo: Se num termo t substituirmos um seu subtermo (isto é, um termo que faça parte de t) por outro que lhe seja equivalente, obtemos um termo equivalente ao termo inicial t (ou seja, que designa o mesmo objeto que t).

Por exemplo, dado o termo

$$(2 + 3) \times 7$$

tem-se que o seu subtermo $2 + 3$ designa o mesmo objeto que o termo 5, ou seja, $2 + 3 = 5$. Assim, $(2 + 3) \times 7$ e 5×7 designam também mesmo o objeto, isto é

$$(2 + 3) \times 7 = 5 \times 7.$$

A expressão "o primeiro rei de Portugal" designa a mesma pessoa que "D. Afonso Henriques", logo "a mãe do primeiro rei de Portugal" e "a mãe de D. Afonso Henriques" designam também a mesma pessoa.

Substituição de termos equivalentes numa proposição: Se numa proposição substituirmos um termo por outro que lhe seja equivalente, obtemos uma proposição equivalente à inicial, isto é, uma proposição que tem o mesmo valor lógico que a proposição inicial (ou são ambas verdadeiras, ou ambas falsas).

Por exemplo

$$(2 + 3) < 7 \Leftrightarrow 5 < 7$$

pois $2+3=5$. Analogamente, a proposição "o primeiro rei de Portugal conquistou Lisboa" é equivalente à proposição "D. Afonso Henriques conquistou Lisboa".

Substituição de proposições equivalentes numa proposição: Se numa proposição substituirmos uma das proposições que a compõem por uma outra que lhe seja equivalente, ou seja, que tenha o mesmo valor lógico, obtemos uma proposição equivalente à proposição inicial.

Considerando, por exemplo, a proposição

$$1 < 2 \wedge 3^2 = 9$$

e uma vez que $1 < 2$ é equivalente a $2 > 1$, conclui-se que

$$(1 < 2 \wedge 3^2 = 9) \Leftrightarrow (2 > 1 \wedge 3^2 = 9).$$

1.1.3.7 Aridade dos conectivos lógicos e precedências

A *aridade* de um operador indica o número de argumentos deste. O operador de negação aplica-se a uma proposição, pelo que se diz que tem aridade 1 ou que é um operador unário. Por sua vez, os restantes conectivos introduzidos ligam duas asserções, dizendo-se que têm aridade 2 ou que são operadores lógicos binários.

Como já foi atrás referido, a introdução de prioridades, ou precedências, entre os conectivos lógicos permite que se possam omitir vários parênteses na escrita de proposições, tornando-as assim mais simples. Neste texto assumiremos sempre que os operadores unários têm precedência sobre os outros operadores linguísticos. No que respeita aos operadores acima introduzidos, assumem-se as seguintes precedências: primeiro o operador $\neg$; segundo o conectivo $\wedge$; terceiro o conectivo $\vee$; por último, os conectivos $\Rightarrow$ e $\Leftrightarrow$. Neste texto não se assume assim qualquer precedência entre $\Rightarrow$ e $\Leftrightarrow$. Usando estas prioridades podemos escrever simplesmente

$$\neg Q \Rightarrow \neg P \quad \text{em vez de} \quad (\neg Q) \Rightarrow (\neg P)$$

assim como

$$(P \Rightarrow Q) \Leftrightarrow \neg P \vee Q \quad \text{em vez de} \quad (P \Rightarrow Q) \Leftrightarrow ((\neg P) \vee Q)$$

ou ainda

$$P \vee \neg Q \wedge R \quad \text{em vez de} \quad P \vee ((\neg Q) \wedge R).$$

Como é usual, os parênteses curvos podem ser usados para ultrapassar as regras de precedência mencionadas. Podemos ainda usar parênteses curvos mesmo quando tal não é necessário de acordo com as precedências enunciadas, se entendermos que tal facilita a leitura da expressão em causa.

1.1.4 Tautologias

Às proposições que não são decomponíveis em proposições mais simples, isto é, às proposições que não envolvem conectivos, é usual chamar *proposições atómicas*. Por exemplo

$$3 > 7 \qquad \text{e} \qquad 10 = 2 \times 5$$

são proposições atómicas, mas

$$7 > 3 \Rightarrow 7 > 3 \vee 5 = 8 \quad \text{e} \quad 4 = 3 + 1 \Rightarrow 4 = 3 + 1 \wedge 10 = 2 \times 5$$

já não o são. Às proposições não atómicas podemos chamar *proposições compostas.*

Qualquer das proposições compostas acima é verdadeira. No entanto, há uma diferença essencial a esse respeito entre elas. A proposição

$$4 = 3 + 1 \Rightarrow 4 = 3 + 1 \wedge 10 = 2 \times 5$$

é verdadeira devido ao valor lógico das proposições atómicas que nela ocorrem. Se substituirmos $10 = 2 \times 5$ por $5 = 6$, ou por outra qualquer proposição falsa, obtemos uma proposição falsa. O mesmo acontece com a proposição

$$7 > 3 \wedge 10 = 2 \times 5.$$

Pelo contrário, a veracidade da proposição

$$7 > 3 \Rightarrow 7 > 3 \vee 5 = 8 \tag{1.1}$$

não depende da veracidade das proposições atómicas $7 > 3$ e $5 = 8$ que nela ocorrem. A veracidade desta proposição decorre da sua estrutura. Se nela substituirmos as ocorrências da proposição atómica $7 > 3$ por uma outra qualquer proposição, e a ocorrência de $5 = 8$ também por uma outra qualquer proposição, obtemos sempre uma proposição verdadeira, pelo facto de a sua estrutura (ou forma) ser

$$P \Rightarrow (P \vee Q).$$

Por este facto, diz-se que (1.1) é uma tautologia.

Informalmente, uma tautologia é uma proposição que é verdadeira pela sua estrutura lógica. Ela é verdadeira independentemente do valor de verdade das proposições atómicas que a compõem. Substituindo qualquer uma das proposições atómicas que nela ocorrem (mais precisamente, todas as ocorrências dessa proposição atómica) por qualquer outra, obtém-se de novo uma proposição verdadeira. Assim, se quisermos caracterizar mais rigorosamente este conceito de tautologia, o melhor é abstrair e deixar de pensar em proposições atómicas concretas. Uma forma de o conseguir consiste em ter um conjunto de símbolos, por exemplo

$$p_1, p_2, p_3, \ldots$$

para designar as frases atómicas (cuja estrutura interna podemos assim esconder) e construir as nossas expressões a partir desses símbolos, recorrendo aos conectivos $\neg$, $\wedge$, $\vee$, $\Rightarrow$ e $\Leftrightarrow$ como atrás descrito. Estes símbolos $p_1, p_2, p_3, \ldots$ são denominados *símbolos proposicionais*, *variáveis proposicionais* ou *variáveis lógicas*. As expressões obtidas a partir destes como indicado são denominadas *fórmulas proposicionais*. A sintaxe das fórmulas proposicionais pode ser caracterizada fazendo uma definição indutiva[3] do conjunto destas fórmulas:

[3] A definição indutiva de conjuntos é discutida na Secção 7.3.

(i) uma variável proposicional p_i $(i = 1, \ldots)$ é uma fórmula proposicional

(ii) se φ é uma fórmula proposicional então $(\neg\varphi)$ também o é

(iii) se φ e ψ são fórmulas proposicionais então $(\varphi \wedge \psi)$, $(\varphi \vee \psi)$, $(\varphi \Rightarrow \psi)$ e $(\varphi \Leftrightarrow \psi)$ também o são.

Tal como anteriormente, podemos tirar os parênteses exteriores, bem como outros parênteses, tendo em conta as precedências indicadas para os vários conectivos. Observe-se a utilização das letras gregas φ e ψ na definição anterior. Tal como antes usávamos P e Q para representar quaisquer proposições, agora utilizamos φ e ψ para representar quaisquer fórmulas proposicionais. Mais genericamente, usaremos ao longo do texto φ, φ_1, φ_2,... e ψ, ψ_1, ψ_2,... para designar fórmulas em geral. A estes símbolos podemos também chamar *metavariáveis*, como forma de os distinguir das variáveis proposicionais da nossa linguagem formal auxiliar.

Uma fórmula proposicional não é uma proposição, mas converte-se numa proposição quando se substitui uniformemente as símbolos proposicionais que nela ocorrem por proposições. Dizer que se faz uma *substituição uniforme* significa que todas as ocorrências de uma mesma variável proposicional devem ser substituídas pela mesma proposição. Exemplos de fórmulas proposicionais são

$$p_1 \Rightarrow (p_1 \vee p_2) \qquad \text{e} \qquad p_1 \Rightarrow (p_1 \wedge p_2).$$

Uma questão que se coloca é: qual é o valor de verdade de uma fórmula como $p_1 \Rightarrow (p_1 \wedge p_2)$? Não sabemos, uma vez que p_1 e p_2 não são proposições. Se substituirmos p_1 e p_2 por proposições verdadeiras, obtemos uma proposição verdadeira, mas se substituirmos p_1 por uma proposição verdadeira e p_2 por uma proposição falsa, obtemos uma proposição falsa. Há então que considerar todas as situações possíveis e observar como o valor lógico das proposições que resultam da fórmula proposicional $p_1 \Rightarrow (p_1 \wedge p_2)$ varia em função das diferentes combinações relevantes de valores lógicos. Dito de outro modo, a cada fórmula proposicional podemos associar uma *função de verdade*, normalmente expressa por uma tabela de verdade, como se ilustra a seguir. Na tabela de verdade há uma linha para cada combinação de valores relativos aos símbolos proposicionais que ocorrem na fórmula e, para facilitar o cálculo do resultado, inclui-se uma coluna para cada subfórmula da fórmula em causa. A tabela relativa a $p_1 \Rightarrow (p_1 \wedge p_2)$ é assim

p_1	p_2	$p_1 \wedge p_2$	$p_1 \Rightarrow (p_1 \wedge p_2)$
1	1	1	1
1	0	0	0
0	1	0	1
0	0	0	1

Decorre desta tabela que a função de verdade relativa a $p_1 \Rightarrow (p_1 \wedge p_2)$ faz corresponder a esta fórmula o valor lógico 0 quando se associa a p_1 o valor 1 e se associa o valor 0 a p_2 e p_3. Nesta situação dizemos que $p_1 \Rightarrow (p_1 \wedge p_2)$ assume o valor 0, ou que é falsa. A função de verdade faz corresponder à fórmula o valor lógico 1 nos outros casos, dizendo-se então nessas situações que $p_1 \Rightarrow (p_1 \wedge p_2)$ assume o valor 1, ou que é verdadeira. Estas noções estendem-se naturalmente a quaisquer fórmulas proposicionais.

Podemos agora introduzir o conceito de tautologia. As *tautologias* são precisamente as fórmulas proposicionais que têm uma tabela de verdade na qual a coluna correspondente à fórmula só tem 1's, ou seja, fórmulas proposicionais que assumem sempre o valor 1. Dadas duas fórmulas proposicionais φ e ψ, diz-se que φ *implica logicamente* ψ se $\varphi \Rightarrow \psi$ é uma tautologia, e que φ é *logicamente equivalente* a ψ se $\varphi \Leftrightarrow \psi$ é uma tautologia.

Olhando para a tabela de verdade anterior, podemos portanto concluir que a fórmula proposicional $p_1 \Rightarrow (p_1 \wedge p_2)$ não é uma tautologia, pois na coluna correspondente a esta fórmula existe uma linha que tem um 0. Os valores relativos aos símbolos proposicionais nesta linha, 1 para p_1 e 0 para p_2, constituem um *contraexemplo*. Um contraexemplo indica como a fórmula se pode converter numa proposição falsa: neste caso tal acontece substituindo p_1 por uma proposição verdadeira e p_2 por uma proposição falsa.

Por sua vez, tendo em conta a tabela

p_1	p_2	$p_1 \vee p_2$	$p_1 \Rightarrow (p_1 \vee p_2)$
1	1	1	1
1	0	1	1
0	1	1	1
0	0	0	1

conclui-se que $p_1 \Rightarrow (p_1 \vee p_2)$ já é uma tautologia. É também uma tautologia a fórmula $(p_1 \Rightarrow p_3) \wedge (p_2 \Rightarrow p_3) \Rightarrow ((p_1 \vee p_2) \Rightarrow p_3)$ como o comprova a tabela

p_1	p_2	p_3	$p_1 \Rightarrow p_3$	$p_2 \Rightarrow p_3$	$p_1 \vee p_2$	$(p_1 \vee p_2) \Rightarrow p_3$	φ	ψ
1	1	1	1	1	1	1	1	1
1	1	0	0	0	1	0	0	1
1	0	1	1	1	1	1	1	1
1	0	0	0	1	1	0	0	1
0	1	1	1	1	1	1	1	1
0	1	0	1	0	1	0	0	1
0	0	1	1	1	0	1	1	1
0	0	0	1	1	0	1	1	1

na qual φ designa a fórmula $(p_1 \Rightarrow p_3) \wedge (p_2 \Rightarrow p_3)$, e ψ designa a fórmula $(p_1 \Rightarrow p_3) \wedge (p_2 \Rightarrow p_3) \Rightarrow ((p_1 \vee p_2) \Rightarrow p_3)$.

Por extensão, diremos que uma proposição é uma tautologia se[4] é uma instância de uma tautologia, isto é, pode ser obtida a partir de uma tautologia substituindo uniformemente os símbolos proposicionais por proposições. Por exemplo, $7 > 3 \Rightarrow 7 > 3 \vee 5 = 8$ é uma tautologia, como já referido acima,

Pode questionar-se se existe algum método fácil para determinar se uma proposição é ou não uma instância de uma tautologia. A resposta é afirmativa. Uma forma de proceder consiste em substituir uniformemente as diferentes proposições atómicas nela ocorrendo por símbolos proposicionais distintos, e averiguar se a fórmula proposicional assim obtida é uma tautologia. A título ilustrativo considere-se a proposição

$$5 > 2 \wedge 4 = 2 + 2 \Rightarrow 7 = 8 \vee 4 = 2 + 2.$$

A fórmula obtida substituindo uniformemente $5 > 2$ por p_1, $4 = 2 + 2$ por p_2 e $7 = 8$ por p_3 é

$$p_1 \wedge p_2 \Rightarrow p_3 \vee p_1$$

e, uma vez que só há 1's na última coluna da tabela de verdade

p_1	p_2	p_3	$p_1 \wedge p_2$	$p_3 \vee p_2$	$p_1 \wedge p_2 \Rightarrow p_3 \vee p_1$
1	1	1	1	1	1
1	1	0	1	1	1
1	0	1	0	1	1
1	0	0	0	0	1
0	1	1	0	1	1
0	1	0	0	1	1
0	0	1	0	1	1
0	0	0	0	0	1

conclui-se que $p_1 \wedge p_2 \Rightarrow p_3 \vee p_1$ é uma tautologia, e portanto a proposição considerada é uma tautologia.

A construção de uma tabela de verdade é assim um procedimento simples que, não só permite concluir que uma fórmula proposicional é uma tautologia, como também que o não é. No caso de não ser uma tautologia, dá-nos ainda um contraexemplo (ou mais) que indica como a partir da fórmula em causa se pode obter uma proposição falsa. No entanto, embora seja um procedimento simples, ele pode ser bastante moroso se na fórmula em causa ocorrerem muitas variáveis proposicionais distintas. De facto, é fácil verificar que se a fórmula envolver n variáveis proposicionais, então a tabela de verdade terá 2^n linhas.

O conceito dual de tautologia é o de *contradição*. Uma contradição é uma fórmula proposicional cuja tabela de verdade só tem 0's na coluna correspondente a essa fórmula, ou seja, uma fórmula que assume sempre o valor 0. Por

[4]Mais rigorosamente deveríamos dizer "se e só se". No entanto, ao definirmos um conceito é frequente usar apenas o condicional "se" significando, de facto, o bicondicional "se e só se".

extensão, dizemos que uma proposição é uma contradição se é uma instância de uma contradição. É imediato verificar que a negação de uma tautologia é uma contradição, e que a a negação de uma contradição é uma tautologia. Usaremos neste texto os símbolos $\top$ e $\bot$ para nos referirmos, respetivamente, a uma tautologia e a uma contradição arbitrárias. Pode ver-se $\top$ como abreviatura de, por exemplo, $p_1 \vee \neg p_1$, e $\bot$ como abreviatura de, por exemplo, $p_1 \wedge \neg p_1$.

As fórmulas proposicionais que não são tautologias nem contradições são por vezes denominadas *fórmulas contingentes.*

1.1.5 Manipulação de tautologias

Existem outros procedimentos, e de vários tipos, para averiguar se uma fórmula é uma tautologia. Nesta secção apenas pretendemos referir alguns métodos que nos permitem obter tautologias por manipulação de outras tautologias através de substituições. Outros mecanismos que nos permitem obter tautologias a partir de outras tautologias serão apresentados na Secção 1.1.7, dedicada a deduções.

Referimos atrás que se numa tautologia substituirmos (uniformemente) os símbolos proposicionais por proposições se obtém uma proposição verdadeira, a qual, por extensão, também se designa por tautologia. O que se passará se substituirmos esses símbolos não por proposições, mas sim por outras fórmulas proposicionais? Suponha-se que numa tautologia φ se substitui uma variável p_i por uma fórmula proposicional ψ, e descrevamos, informalmente, o que se passa. Ora, sejam quais forem os valores lógicos (0 ou 1) que associarmos aos símbolos em ψ, tem-se que ψ ou é verdadeira, (isto é, ψ assume o valor 1) ou é falsa (ψ assume o valor 0). Mas, quer associemos a p_i o valor 1, quer o valor 0, como φ é uma tautologia, φ vai sempre assumir o valor 1 (sejam quais forem os valores que se associarem aos outros símbolos que eventualmente ocorram em φ). Assim, a fórmula que se obtém substituindo p_i por ψ assume também o valor 1. Chegamos então ao seguinte importante resultado.

Substituição de símbolos proposicionais: Se numa tautologia substituirmos uniformemente símbolos proposicionais por fórmulas proposicionais, obtemos uma fórmula proposicional que é ainda uma tautologia.

A título ilustrativo, suponha-se que queremos concluir que

$$(p_7 \Rightarrow (p_5 \vee p_1) \wedge (p_3 \vee \neg p_4)) \Rightarrow (p_7 \Rightarrow (p_5 \vee p_1) \wedge (p_3 \vee \neg p_4)) \tag{1.2}$$

é uma tautologia. Em vez de construir a tabela de verdade relativa a (1.2), que teria $2^5 = 32$ linhas, podemos concluir que se trata de uma tautologia por ter a estrutura de uma tautologia mais simples. Com efeito, a fórmula proposicional

$$p_1 \Rightarrow p_1$$

é uma tautologia (verifique) e portanto (1.2) também o é, pois pode ser obtida substituindo uniformemente p_1 por $p_7 \Rightarrow (p_5 \vee p_1) \wedge (p_3 \vee \neg p_4)$ em (1.2). Dito de outro modo, como $p_1 \Rightarrow p_1$ é uma tautologia, podemos concluir pelo resultado enunciado que qualquer fórmula da forma

$$\varphi \Rightarrow \varphi$$

é uma tautologia. Ora, (1.2) tem esta estrutura e portanto é uma tautologia.

Verifica-se igualmente o resultado seguinte, relacionado agora com a substituição de fórmulas por outras logicamente equivalentes.

Substituição de logicamente equivalentes: Se numa fórmula proposicional φ substituirmos uma ocorrência de uma fórmula proposicional φ_1 por uma fórmula proposicional φ_2 que lhe seja logicamente equivalente, obtemos uma fórmula proposicional logicamente equivalente a φ.

Considere-se, por exemplo, a fórmula proposicional

$$p_3 \Rightarrow \neg(p_1 \vee p_2) \tag{1.3}$$

Como a fórmula proposicional

$$\neg(p_1 \vee p_2) \Leftrightarrow \neg p_1 \wedge \neg p_2$$

é uma tautologia (ver Exercício 6d da Secção 1.4), $\neg(p_1 \vee p_2)$ é logicamente equivalente a $\neg p_1 \wedge \neg p_2$. Logo

$$p_3 \Rightarrow \neg p_1 \wedge \neg p_2$$

é logicamente equivalente a (1.3).

Como uma fórmula proposicional logicamente equivalente a uma tautologia também é uma tautologia, conclui-se que a substituição de logicamente equivalentes permite obter uma tautologia a partir de outra tautologia.

Nas Tabelas 1.1 e 1.2 encontram-se representadas várias tautologias que traduzem algumas das propriedades mais importantes dos conectivos lógicos. Por exemplo, a conjunção tem a propriedade comutativa, ou seja, a ordem dos argumentos de uma conjunção é irrelevante. Tal significa que, sejam quais forem as fórmulas proposicionais φ_1 e φ_2, a fórmula proposicional $\varphi_1 \wedge \varphi_2$ é logicamente equivalente à fórmula proposicional $\varphi_2 \wedge \varphi_1$, isto é, a fórmula proposicional

$$(\varphi_1 \wedge \varphi_2) \Leftrightarrow (\varphi_2 \wedge \varphi_1) \tag{1.4}$$

é uma tautologia.

Tautologias esquema	**Propriedades**
$(\varphi_1 \wedge \varphi_2) \Leftrightarrow (\varphi_2 \wedge \varphi_1)$ $(\varphi_1 \vee \varphi_2) \Leftrightarrow (\varphi_2 \vee \varphi_1)$ $(\varphi_1 \Leftrightarrow \varphi_2) \Leftrightarrow (\varphi_2 \Leftrightarrow \varphi_1)$	Comutatividade
$(\varphi_1 \wedge \varphi_2) \wedge \varphi_3 \Leftrightarrow \varphi_1 \wedge (\varphi_2 \wedge \varphi_3)$ $(\varphi_1 \vee \varphi_2) \vee \varphi_3 \Leftrightarrow \varphi_1 \vee (\varphi_2 \vee \varphi_3)$	Associatividade
$((\varphi_1 \Rightarrow \varphi_2) \wedge (\varphi_2 \Rightarrow \varphi_3)) \Rightarrow (\varphi_1 \Rightarrow \varphi_3)$ $((\varphi_1 \Leftrightarrow \varphi_2) \wedge (\varphi_2 \Leftrightarrow \varphi_3)) \Rightarrow (\varphi_1 \Leftrightarrow \varphi_3)$	Transitividade
$\varphi \wedge \top \Leftrightarrow \varphi$ $\varphi \vee \bot \Leftrightarrow \varphi$	Elemento neutro
$\varphi \wedge \bot \Leftrightarrow \bot$ $\varphi \vee \top \Leftrightarrow \top$	Elemento absorvente
$\varphi_1 \wedge (\varphi_2 \vee \varphi_3) \Leftrightarrow (\varphi_1 \wedge \varphi_2) \vee (\varphi_1 \wedge \varphi_3)$ $\varphi_1 \vee (\varphi_2 \wedge \varphi_3) \Leftrightarrow (\varphi_1 \vee \varphi_2) \wedge (\varphi_1 \vee \varphi_3)$ $(\varphi_1 \Rightarrow (\varphi_2 \wedge \varphi_3)) \Leftrightarrow ((\varphi_1 \Rightarrow \varphi_2) \wedge (\varphi_1 \Rightarrow \varphi_3))$	Distributividade
$\varphi \Leftrightarrow \neg\neg\varphi$	Dupla negação
$\varphi \vee \neg\varphi$	Princípio do terceiro excluído
$\neg(\varphi \wedge \neg\varphi)$	Princípio da não contradição
$\neg(\varphi_1 \vee \varphi_2) \Leftrightarrow \neg\varphi_1 \wedge \neg\varphi_2$ $\neg(\varphi_1 \wedge \varphi_2) \Leftrightarrow \neg\varphi_1 \vee \neg\varphi_2$	Leis de De Morgan

Tabela 1.1: Algumas propriedades dos conectivos lógicos

Em vez de se dizer que a fórmula proposicional (1.4) é uma tautologia sejam quais forem as fórmulas proposicionais denotadas por φ_1 e φ_2, também se diz, com o mesmo significado, que (1.4) traduz o esquema de uma tautologia, ou ainda, que se trata de uma *tautologia esquema*[5].

É igualmente irrelevante a ordem dos argumentos de uma disjunção ou de uma equivalência, mas, como afirmámos atrás, já não é irrelevante a ordem dos argumentos de uma implicação. De facto, não é verdade que $\varphi_1 \Rightarrow \varphi_2$ e

[5]Podemos ver as expressões onde ocorrem as metavariáveis φ, φ_1, φ_2,...,ψ, ψ_1, ψ_2,... como representando o esquema ou a forma (estrutura) de um certo conjunto de fórmulas proposicionais. Por essa razão, em certos contextos, essas metavariáveis também se denominam *variáveis esquema*.

$\bot \Rightarrow \varphi$
$\varphi \Rightarrow \top$
$(\varphi_1 \wedge \varphi_2) \Rightarrow \varphi_1$
$(\varphi_1 \wedge \varphi_2) \Rightarrow \varphi_2$
$\varphi_1 \Rightarrow (\varphi_1 \vee \varphi_2)$
$\varphi_2 \Rightarrow (\varphi_1 \vee \varphi_2)$
$\neg\varphi_1 \Rightarrow (\varphi_1 \Rightarrow \varphi_2)$
$(\varphi_1 \Rightarrow \varphi_2) \Leftrightarrow \neg\varphi_1 \vee \varphi_2$
$\neg(\varphi_1 \Rightarrow \varphi_2) \Leftrightarrow \varphi_1 \wedge \neg\varphi_2$
$(\varphi_1 \Rightarrow \varphi_2) \Leftrightarrow (\neg\varphi_2 \Rightarrow \neg\varphi_1)$
$((\varphi_1 \vee \varphi_2) \wedge \neg\varphi_1) \Rightarrow \varphi_2$
$(\varphi_1 \Leftrightarrow \varphi_2) \Leftrightarrow (\neg\varphi_1 \Leftrightarrow \neg\varphi_2)$
$(\varphi_1 \Leftrightarrow \varphi_2) \Leftrightarrow ((\varphi_1 \Rightarrow \varphi_2) \wedge (\varphi_2 \Rightarrow \varphi_1))$
$(\varphi_1 \Rightarrow (\varphi_2 \Rightarrow \varphi_3)) \Leftrightarrow ((\varphi_1 \wedge \varphi_2) \Rightarrow \varphi_3)$
$((\varphi_1 \Rightarrow \varphi) \wedge (\varphi_2 \Rightarrow \varphi)) \Leftrightarrow ((\varphi_1 \vee \varphi_2) \Rightarrow \varphi)$

Tabela 1.2: Outras tautologias relevantes

$\varphi_2 \Rightarrow \varphi_1$ sejam logicamente equivalentes, para quaisquer fórmulas φ_1 e φ_2. Dito de outra maneira, $(\varphi_1 \Rightarrow \varphi_2) \Leftrightarrow (\varphi_2 \Rightarrow \varphi_1)$ não é uma tautologia esquema, uma vez que existem instâncias desse esquema, isto é, fórmulas que têm a estrutura dessa esquema, que não são tautologias. Com efeito, embora até existam algumas instâncias desse esquema que são tautologias, como é o caso da fórmula

$$(p_1 \wedge \neg p_1 \Rightarrow p_2 \wedge \neg p_2) \Leftrightarrow (p_2 \wedge \neg p_2 \Rightarrow p_1 \wedge \neg p_1)$$

por exemplo, existem instâncias que são fórmulas contingentes e outras que são mesmo contradições. A instância

$$(p_1 \Rightarrow p_2) \Leftrightarrow (p_2 \Rightarrow p_1) \tag{1.5}$$

é uma fórmula contingente. A fórmula (1.5) assume o valor 0 se a p_1 associarmos o valor 1 e a p_2 o valor 0, ou vice-versa. Nos outros casos assume o valor 1. A instância

$$(p_1 \vee \neg p_1 \Rightarrow p_2 \wedge \neg p_2) \Leftrightarrow (p_2 \wedge \neg p_2 \Rightarrow p_1 \vee \neg p_1)$$

é uma contradição.

Entre muitas outras propriedades relevantes referidas nas Tabelas 1.1 e 1.2, pode mencionar-se ainda a distributividade da conjunção em relação à disjunção, expressa pela tautologia esquema

$$\varphi_1 \wedge (\varphi_2 \vee \varphi_3) \Leftrightarrow (\varphi_1 \wedge \varphi_2) \vee (\varphi_1 \wedge \varphi_3) \tag{1.6}$$

Qual a forma de verificar que (1.6) é de facto uma tautologia esquema? O modo mais rigoroso consiste em começar por substituir uniformemente as metavariáveis φ_1, φ_2 e φ_3 por símbolos proposicionais, e mostrar depois que a fórmula que se obtém é uma tautologia, através da construção de uma tabela de verdade. Escolhendo p_1, p_2 e p_3, por exemplo, obtém-se

$$p_1 \wedge (p_2 \vee p_3) \Leftrightarrow (p_1 \wedge p_2) \vee (p_1 \wedge p_3) \tag{1.7}$$

Após se estabelecer que (1.7) é uma tautologia através da construção da correspondente tabela, concluir que (1.6) é uma tautologia sejam quais forem as fórmulas proposicionais denotadas por φ_1, φ_2 e φ_3, decorre do resultado acima relativo a substituição de símbolos proposicionais.

Uma forma mais expedita, mas mais informal, de concluir que (1.6) é uma tautologia consiste em fazer diretamente uma tabela de verdade vendo as metavariáveis como se fossem variáveis proposicionais.

1.1.6 Abreviaturas úteis

Como $(\varphi_1 \wedge \varphi_2) \wedge \varphi_3$ é logicamente equivalente a $\varphi_1 \wedge (\varphi_2 \wedge \varphi_3)$ sejam quais forem as fórmulas proposicionais φ_1, φ_2 e φ_3 (ver Tabela 1.1 e Exercício 51 da Secção 1.4), podemos dizer que a conjunção é associativa e, para simplificar a escrita, podemos omitir os parênteses quando se tem conjunções sucessivas. O mesmo se passa relativamente à disjunção.

Ao longo do texto assumimos as seguintes abreviaturas/convenções, onde se fixa uma ordem pela qual são avaliadas sequências de conjunções (disjunções), e se considera ainda sequências singulares, ou mesmo vazias, de conjunções (disjunções)

- $\varphi_1 \wedge \ldots \wedge \varphi_n$ é abreviatura de $\top$ se $n = 0$
- $\varphi_1 \wedge \ldots \wedge \varphi_n$ é abreviatura de $(\varphi_1 \wedge \ldots \wedge \varphi_{n-1}) \wedge \varphi_n$ se $n \geq 1$
- $\varphi_1 \vee \ldots \vee \varphi_n$ é abreviatura de $\perp$ se $n = 0$
- $\varphi_1 \vee \ldots \vee \varphi_n$ é abreviatura de $(\varphi_1 \vee \ldots \vee \varphi_{n-1}) \vee \varphi_n$ se $n \geq 1$.

Observe-se que $\varphi_1 \wedge \ldots \wedge \varphi_n$ é logicamente equivalente a φ_1 quando $n = 1$, o mesmo acontecendo com $\varphi_1 \vee \ldots \vee \varphi_n$, uma vez que $\top$ é o elemento neutro para a conjunção e que $\perp$ é o elemento neutro para a disjunção. De referir ainda que em vez de $\varphi_1 \wedge \ldots \wedge \varphi_n$ também se escreve por vezes, com o mesmo significado,

$$\bigwedge_{i=1,\ldots,n} \varphi_i \quad \text{ou} \quad \bigwedge_{i=1}^{n} \varphi_i.$$

O mesmo se passa relativamente à disjunção, agora com

$$\bigvee_{i=1,\ldots,n} \varphi_i \quad \text{ou} \quad \bigvee_{i=1}^{n} \varphi_i.$$

De notar que não se assume aqui qualquer convenção análoga para sequências de outros operadores binários do mesmo tipo, pelo que, em tais casos, não se poderão omitir parênteses interiores, no caso de haver uma sequência de mais do que um operador do mesmo tipo.

Contrariamente ao que é usual em certos textos, considera-se aqui que

$$\varphi_1 \Rightarrow \varphi_2 \Rightarrow \varphi_3$$

é uma abreviatura de $(\varphi_1 \Rightarrow \varphi_2) \wedge (\varphi_2 \Rightarrow \varphi_3)$. De modo análogo, no caso do conectivo $\Leftrightarrow$ considera-se que

$$\varphi_1 \Leftrightarrow \varphi_2 \Leftrightarrow \varphi_3$$

é uma abreviatura de $(\varphi_1 \Leftrightarrow \varphi_2) \wedge (\varphi_2 \Leftrightarrow \varphi_3)$. Mais genericamente, para sequências de implicações com $n > 2$ assume-se que

$$\varphi_1 \Rightarrow \varphi_2 \Rightarrow \ldots \Rightarrow \varphi_n \text{ é abreviatura de } (\varphi_1 \Rightarrow \varphi_2) \wedge \ldots \wedge (\varphi_{n-1} \Rightarrow \varphi_n)$$

e para sequências de equivalências com $n > 2$ assume-se que

$$\varphi_1 \Leftrightarrow \varphi_2 \Leftrightarrow \ldots \Leftrightarrow \varphi_n \text{ é abreviatura de } (\varphi_1 \Leftrightarrow \varphi_2) \wedge \ldots \wedge (\varphi_{n-1} \Leftrightarrow \varphi_n).$$

Refira-se ainda que é por vezes conveniente escrever estas sequências de implicações como

$$\begin{array}{ccc} \varphi_1 & & \varphi_1 \\ \Rightarrow & & \Downarrow \\ \ldots & \text{ou} & \ldots \\ \Rightarrow & & \Downarrow \\ \varphi_n & & \varphi_n \end{array}$$

e as sequências de equivalências como

$$\begin{array}{ccc} \varphi_1 & & \varphi_1 \\ \Leftrightarrow & & \Updownarrow \\ \ldots & \text{ou} & \ldots \\ \Leftrightarrow & & \Updownarrow \\ \varphi_n & & \varphi_n \end{array}$$

1.1.7 Deduções

É importante saber se, assumindo como verdadeiras certas asserções, se pode concluir que uma dada asserção também é verdadeira. Às asserções assumidas como verdadeiras é usual dar o nome de *hipóteses*, e é usual designar por *tese* a conclusão que pretendemos obter. Diz-se, neste caso, que a tese é consequência das hipóteses assumidas.

Por exemplo, pode concluir-se que uma fórmula proposicional $(\varphi_1 \vee \varphi_2) \Rightarrow \psi$ é verdadeira quando se assumem $\varphi_1 \Rightarrow \psi$ e $\varphi_2 \Rightarrow \psi$ como hipóteses (verdadeiras). Para o comprovar, podemos construir uma tabela de verdade e verificar que nas linhas em que todas as hipóteses têm valor 1, a tese tem também valor 1. De modo equivalente, pode também verificar-se que é uma tautologia a implicação cujo antecedente é a conjunção das hipóteses e cujo consequente é a tese. Neste caso, haveria que confirmar que $(\varphi_1 \Rightarrow \psi) \wedge (\varphi_2 \Rightarrow \psi) \Rightarrow ((\varphi_1 \vee \varphi_2) \Rightarrow \psi)$ é uma tautologia, o que, de facto, decorre da tabela de verdade construída na Secção 1.1.4 (página 12).

Uma outra forma de estabelecer que a tese decorre das hipóteses assumidas é construir uma *dedução* (ou *argumentação*) que nos conduza das hipóteses à tese. Estas deduções podem ser descritas, informalmente, como uma sequência de passos

$$\psi_1$$
$$\vdots$$
$$\psi_n$$

na qual ψ_n é a conclusão que pretendemos obter e, para cada $1 \leq i \leq n$, cada ψ_i representa uma asserção que

(i) ou é uma das hipóteses

(ii) ou é uma asserção que já se sabe que é verdadeira, independentemente das hipóteses consideradas

(iii) ou resulta das asserção anteriores na dedução por aplicação de regras, ditas *regras de inferência* ou *dedução*, que preservam veracidade, no sentido em que quando aplicadas a asserções verdadeiras conduzem a asserções verdadeiras.

Caracterizamos na sequência as *deduções proposicionais* descrevendo a forma das deduções (ou argumentações) válidas deste tipo que se podem fazer.

É imediato que no âmbito do caso (ii) acima podemos incluir numa dedução uma qualquer tautologia, uma vez que elas são verdadeiras pela sua estrutura, não dependendo a sua veracidade da veracidade das hipóteses ou quaisquer outras asserções.

Pensemos agora nas regras de inferência que podemos usar, as quais serão designadas por *regras de inferência proposicionais* ou *regras de inferência tautológicas.*

A regra mais importante é designada por *Modus Ponens*, ou, mais abreviadamente, MP. A sua motivação é muito simples: quando uma implicação $\varphi_1 \Rightarrow \varphi_2$ é verdadeira, se φ_1 é verdadeira então φ_2 também é, e portanto a regra MP diz-nos que

"das premissas φ_1 e $\varphi_1 \Rightarrow \varphi_2$ conclui-se φ_2"

no sentido em que se as premissas φ_1 e $\varphi_1 \Rightarrow \varphi_2$ forem verdadeiras então a conclusão φ_2 também o é. As regras de inferência são em geral apresentadas colocando as hipóteses ou premissas da regra acima de um traço horizontal e a conclusão abaixo desse traço. No caso do *Modus Ponens* pode assim escrever-se

$$\frac{\varphi_1 \quad \varphi_1 \Rightarrow \varphi_2}{\varphi_2}\ \text{MP} \qquad \text{ou} \qquad \frac{\begin{matrix}\varphi_1 \\ \varphi_1 \Rightarrow \varphi_2\end{matrix}}{\varphi_2}\ \text{MP}$$

As outras regras de inferência proposicionais que podemos utilizar conseguem obter-se a partir do *Modus Ponens* e de tautologias. Demonstra-se que qualquer tautologia cuja estrutura seja

$$\varphi_1 \Rightarrow (\varphi_2 \Rightarrow \ldots \Rightarrow (\varphi_k \Rightarrow \varphi) \ldots) \tag{1.8}$$

ou

$$\varphi_1 \wedge \ldots \wedge \varphi_k \Rightarrow \varphi \tag{1.9}$$

dá origem a uma regra de inferência proposicional cujas premissas são $\varphi_1, \ldots, \varphi_k$ e cuja conclusão é φ. O contrário também se verifica, isto é, se $\varphi_1, \ldots \varphi_k$ são as premissas de uma regra de inferência proposicional e φ a sua conclusão, então (1.8) e (1.9) são tautologias[6]. Tem-se também, em particular, que se as premissas dessa regra forem tautologias então a conclusão também é.

É útil dispor de outras regras de inferência proposicionais para além do *Modus Ponens*, mesmo que elas não sejam essenciais, no sentido em que se podem derivar daquela. Estas regras de inferência tornam em geral a construção de deduções mais simples e curta. Algumas das regras de inferência proposicionais mais úteis encontram-se listadas na Tabela 1.3, continuando a usar-se $\varphi, \varphi_1, \varphi_2, \ldots, \psi, \ldots$ para se representarem fórmulas proposicionais.

[6]Pode mesmo definir-se o conjunto das tautologias como sendo o conjunto de fórmulas proposicionais que se podem deduzir a partir de um conjunto inicial (finito) de tautologias (denominadas axiomas), sem usar hipóteses e aplicando um conjunto de regras de inferência proposicionais (incluindo o *Modus Ponens*). Contudo, não aprofundaremos mais aqui esta questão, nem a questão de saber que regras de inferência se teriam de considerar para tal fim.

(i) $\dfrac{\varphi_1 \quad \varphi_2}{\varphi_1 \wedge \varphi_2}$	(ii) $\dfrac{\varphi_1 \wedge \varphi_2}{\varphi_1}$	(iii) $\dfrac{\varphi_1 \wedge \varphi_2}{\varphi_2}$
(iv) $\dfrac{\varphi_1}{\varphi_1 \vee \varphi_2}$	(v) $\dfrac{\varphi_2}{\varphi_1 \vee \varphi_2}$	(vi) $\dfrac{\varphi_1 \vee \varphi_2 \quad \neg\varphi_2}{\varphi_1}$
(vii) $\dfrac{\varphi_1 \vee \varphi_2 \quad \neg\varphi_1}{\varphi_2}$	(viii) $\dfrac{\varphi_1 \Rightarrow \psi \quad \varphi_2 \Rightarrow \psi}{(\varphi_1 \vee \varphi_2) \Rightarrow \psi}$	
(ix) $\dfrac{\varphi_1 \quad \varphi_1 \Rightarrow \varphi_2}{\varphi_2}$	(x) $\dfrac{\varphi_1 \Rightarrow \varphi_2 \quad \varphi_2 \Rightarrow \varphi_3}{\varphi_1 \Rightarrow \varphi_3}$	(xi) $\dfrac{\neg\varphi_2 \Rightarrow \neg\varphi_1}{\varphi_1 \Rightarrow \varphi_2}$
(xii) $\dfrac{\varphi_1 \Leftrightarrow \varphi_2}{\varphi_1 \Rightarrow \varphi_2}$	(xiii) $\dfrac{\varphi_1 \Leftrightarrow \varphi_2}{\varphi_2 \Rightarrow \varphi_1}$	
(xiv) $\dfrac{\varphi_1 \Rightarrow \varphi_2 \quad \varphi_2 \Rightarrow \varphi_1}{\varphi_1 \Leftrightarrow \varphi_2}$	(xv) $\dfrac{\varphi_1 \Leftrightarrow \varphi_2 \quad \varphi_2 \Leftrightarrow \varphi_3}{\varphi_1 \Leftrightarrow \varphi_3}$	
(xvi) $\dfrac{\varphi_1 \wedge \neg\varphi_1}{\perp}$	(xvii) $\dfrac{\varphi \Rightarrow \perp}{\neg\varphi}$	

Tabela 1.3: Algumas regras de inferência

A cada conectivo estão normalmente associadas várias regras de inferência que regulam a sua utilização.

No que respeita ao conectivo $\wedge$, por exemplo, tem-se a regra (i) da Tabela 1.3

$$\frac{\varphi_1 \quad \varphi_2}{\varphi_1 \wedge \varphi_2}$$

que permite concluir (a veracidade de) uma conjunção a partir (da veracidade) dos seus argumentos, bem como as "recíprocas", as regras (ii) e (iii)

$$\frac{\varphi_1 \wedge \varphi_2}{\varphi_1} \qquad \frac{\varphi_1 \wedge \varphi_2}{\varphi_2}$$

que a partir de uma conjunção permitem concluir cada um dos seus argumentos. Naturalmente, como a conjunção é comutativa, ou seja, $\varphi_1 \wedge \varphi_2$ é logicamente equivalente a $\varphi_2 \wedge \varphi_1$, a regra (ii) pode deduzir-se da regra (iii) (e vice-versa) como se ilustra adiante.

No que respeita ao conectivo $\vee$, referem-se na Tabela 1.3 as regras (iv) e (v) que permitem concluir a disjunção $\varphi_1 \vee \varphi_2$ a partir de qualquer um dos seus argumentos, bem como as regras (vi) e (vii)

$$\frac{\varphi_1 \vee \varphi_2 \quad \neg\varphi_2}{\varphi_1} \qquad\qquad \frac{\varphi_1 \vee \varphi_2 \quad \neg\varphi_1}{\varphi_2}$$

que permitem concluir um dos argumentos de uma disjunção quando se dispõe da informação de que o outro argumento é falso. Refira-se ainda a regra que está na base da chamada *demonstração por casos*, a regra (viii)

$$\frac{\varphi_1 \Rightarrow \psi \quad \varphi_2 \Rightarrow \psi}{(\varphi_1 \vee \varphi_2) \Rightarrow \psi}$$

que estabelece que para concluir que uma disjunção $\varphi_1 \vee \varphi_2$ implica uma asserção ψ, basta estabelecer que esta é implicada por cada um dos argumentos da disjunção. Observe-se que a tautologia que corresponde a esta regra é $(\varphi_1 \Rightarrow \psi) \wedge (\varphi_2 \Rightarrow \psi) \Rightarrow ((\varphi_1 \vee \varphi_2) \Rightarrow \psi)$, que é de facto uma tautologia como referimos no início desta secção.

Em relação ao conectivo $\Rightarrow$, para além da já referida regra *Modus Ponens* (regra (ix) da Tabela 1.3), mencione-se a regra (x) correspondente à transitividade da implicação, também conhecida por silogismo hipotético, e a regra (xi) que estabelece que uma implicação se deduz do seu contrarrecíproco.

Relativamente a $\Leftrightarrow$, enunciam-se as regras (xii), (xiii), (xiv), bem como a regra (xv) que corresponde à transitividade da equivalência.

No que respeita a $\neg$, referimos as regras (xvi) e (xvii)

$$\frac{\varphi_1 \wedge \neg\varphi_1}{\bot} \qquad\qquad \frac{\varphi \Rightarrow \bot}{\neg\varphi}$$

que ilustram a relação deste conectivo com a dedução de contradições.

A título ilustrativo, veja-se de seguida como se pode derivar a regra (x) recorrendo-se à regra *Modus Ponens* (regra (ix) da Tabela 1.3), onde, recorde-se, φ_1, φ_2 e φ_3 representam fórmulas proposicionais:

	Fórmula	Justificação
1.	$\varphi_1 \Rightarrow \varphi_2$	Hipótese
2.	$\varphi_2 \Rightarrow \varphi_3$	Hipótese
3.	$(\varphi_1 \Rightarrow \varphi_2) \Rightarrow ((\varphi_2 \Rightarrow \varphi_3) \Rightarrow (\varphi_1 \Rightarrow \varphi_3))$	Tautologia (Exercício 5r)
4.	$(\varphi_2 \Rightarrow \varphi_3) \Rightarrow (\varphi_1 \Rightarrow \varphi_3)$	de 1. e 3. por MP
5.	$\varphi_1 \Rightarrow \varphi_3$	de 2. e 4. por MP

Mostra-se também como se deriva a regra da comutatividade da conjunção, não referida na Tabela 1.3:

	Fórmula	Justificação
1.	$\varphi_1 \wedge \varphi_2$	Hipótese
2.	$(\varphi_1 \wedge \varphi_2) \Leftrightarrow (\varphi_2 \wedge \varphi_1)$	Tautologia (Exercício 5i)
3.	$(\varphi_1 \wedge \varphi_2) \Rightarrow (\varphi_2 \wedge \varphi_1)$	de 2. pela regra (xii)
4.	$\varphi_2 \wedge \varphi_1$	de 1. e 3. por MP

Como referido acima, a regra (iii) pode derivar-se usando a regra (ii). Para tal, basta considerar a dedução anterior, e prolongá-la para obter φ_2 aplicando a regra (ii) à fórmula $\varphi_2 \wedge \varphi_1$ obtida no último passo.

Vejamos agora um exemplo de dedução a partir de um conjunto de hipóteses que descreve uma situação do "dia a dia". Pretende-se mostrar que a partir das hipóteses

(H1) "Se eu tenho febre então eu tomo aspirina ou eu vou ao médico"

(H2) "Se há greve dos transportes então eu não vou trabalhar
e eu não vou ao médico"

(H3) "Eu tenho febre e há greve dos transportes"

se pode concluir

$$\text{"Eu tomo aspirina"} \tag{1.10}$$

Em vez de p_1, p_2, p_3,...vamos usar letras mnemónicas das asserções atómicas em causa para as denotar. Concretamente, designamos por F a asserção "Eu tenho febre", por T a asserção "Eu vou trabalhar", por A a asserção "Eu tomo aspirina", por M a asserção "Eu vou ao médico", e por G a asserção "Há greve de transportes". As hipóteses (H1), (H2) e (H3) correspondem então, respetivamente, a $F \Rightarrow (A \vee M)$, $G \Rightarrow (\neg T \wedge \neg M)$ e a $F \wedge G$.

A dedução

	Fórmula	Justificação
1.	$F \Rightarrow (A \vee M)$	Hipótese
2.	$G \Rightarrow (\neg T \wedge \neg M)$	Hipótese
3.	$F \wedge G$	Hipótese
4.	G	de 3. pela regra (ii)
5.	F	de 3. pela regra (iii)
6.	$A \vee M$	de 5. e 1. pela regra (ix)
7.	$\neg T \wedge \neg M$	de 4. e 2. pela regra (ix)
8.	$\neg M$	de 7. pela regra (iii)
9.	A	de 6. e 8. pela regra (vi)

permite então concluir (1.10) a partir das hipóteses (H1), (H2) e (H3).

Para terminar esta secção, convém refletir um pouco sobre o modo de estabelecer implicações, até pelo papel fundamental que tais fórmulas desempenham em Matemática, em que muitos dos resultados que se demonstram têm precisamente a estrutura de uma implicação.

Para estabelecer uma implicação $\varphi \Rightarrow \psi$ pode naturalmente fazer-se uma dedução cuja conclusão seja precisamente $\varphi \Rightarrow \psi$. Mas é comum assumir-se que φ é verdadeira, como hipótese, e deduzir que daí decorre que ψ também o é. Mais genericamente, se se pretende concluir que $\varphi \Rightarrow \psi$ se deduz de um conjunto de hipóteses $\varphi_1, \ldots, \varphi_n$, com $n \geq 0$, o que se pode fazer é assumir φ como nova hipótese e mostrar que então se consegue deduzir ψ a partir dessas $n+1$ hipóteses. Este modo de proceder resulta do facto de que se demonstra que se existe uma dedução de ψ tendo φ como nova hipótese, então também existe uma dedução de $\varphi \Rightarrow \psi$ a partir das n hipóteses referidas. Esta afirmação é conhecida por *metateorema da dedução*[7].

Por exemplo, para a partir das hipóteses (H1) e (H2) acima referidas se concluir "Se eu tenho febre e há greve de transportes então eu tomo aspirina", ou seja

$$(F \wedge G) \Rightarrow A \tag{1.11}$$

bastará fazer uma dedução de A a partir de (H1), (H2) e $F \wedge G$. Como a dedução acima apresentada é precisamente uma dedução de A com hipóteses (H1), (H2) e $F \wedge G$, pode concluir-se (1.11) a partir de (H1) e (H2).

Um outro método também usado para demonstrar uma implicação $\varphi \Rightarrow \psi$, e habitualmente referido como *prova por contrarrecíproco*, consiste em assumir $\neg\psi$ como hipótese (ou como nova hipótese) e deduzir $\neg\varphi$. A razão pela qual é possível proceder deste modo é a seguinte:

(i) suponha-se que deduzimos $\neg\varphi$ a partir da hipótese $\neg\psi$ (e eventualmente de outras hipóteses $\psi_1, \ldots, \psi_n$)

(ii) então, pelo metateorema da dedução, pode concluir-se que há uma dedução de $\neg\psi \Rightarrow \neg\varphi$ (a partir das restantes hipóteses $\psi_1, \ldots, \psi_n$, se estas estiverem a ser consideradas)

(iii) estendendo a dedução referida em (ii) com a aplicação da regra (xi) da Tabela 1.3, conclui-se $\varphi \Rightarrow \psi$.

Vejamos um exemplo de utilização do método da prova por contrarrecíproco. Para além da hipótese (H2) acima referida considere-se ainda

[7] As asserções que conseguimos demonstrar (concluir) através de uma dedução são também conhecidas como teoremas. Como este é um resultado acerca das deduções elas próprias, é designado por metateorema.

(H4) "Se eu tenho febre então eu não vou trabalhar"

ou seja, $F \Rightarrow \neg T$. O objetivo é concluir "Se vou trabalhar então eu não tenho febre e não há greve de transportes", isto é

$$T \Rightarrow (\neg F \wedge \neg G) \tag{1.12}$$

a partir das hipótese (H2) e (H4). Façamos então uma dedução de $\neg T$ a partir de (H2), (H4) e $\neg(\neg F \wedge \neg G)$:

	Fórmula	Justificação
1.	$G \Rightarrow (\neg T \wedge \neg M)$	Hipótese
2.	$F \Rightarrow \neg T$	Hipótese
3.	$\neg(\neg F \wedge \neg G)$	Hipótese
4.	$\neg(\neg F \wedge \neg G) \Leftrightarrow (\neg\neg F \vee \neg\neg G)$	Tautologia (ver Tabela 1.1)
5.	$\neg(\neg F \wedge \neg G) \Rightarrow (\neg\neg F \vee \neg\neg G)$	de 4. pela regra (xii)
6.	$\neg\neg F \vee \neg\neg G$	de 3. e 5. pela regra (ix)
7.	$F \Leftrightarrow \neg\neg F$	Tautologia (ver Tabela 1.1)
8.	$\neg\neg F \Rightarrow F$	de 7. pela regra (xiii)
9.	$\neg\neg F \Rightarrow \neg T$	de 8. e 2. pela regra (x)
10.	$G \Leftrightarrow \neg\neg G$	Tautologia (ver Tabela 1.1)
11.	$\neg\neg G \Rightarrow G$	de 10. pela regra (xiii)
12.	$\neg\neg G \Rightarrow (\neg T \wedge \neg M)$	de 10. e 1. pela regra (x)
13.	$(\neg T \wedge \neg M) \Rightarrow \neg T$	Tautologia (ver Tabela 1.1)
14.	$\neg\neg G \Rightarrow \neg T$	de 12. e 13. pela regra (x)
15.	$(\neg\neg F \vee \neg\neg G) \Rightarrow \neg T$	de 9. e 14. pela regra (viii)
16.	$\neg T$	de 6. e 15. pela regra (ix)

Uma variante muito usada do método anterior é o denominado método de *redução ao absurdo*: para estabelecer $\varphi \Rightarrow \psi$ a partir de (eventuais) hipóteses $\psi_1, \ldots, \psi_n$, supõe-se que o antecedente é verdadeiro e que o consequente é falso, ou seja, assume-se como hipóteses φ e $\neg\psi$, e daí deduz-se uma contradição. A razão pela qual é possível proceder deste modo é a seguinte:

(i) suponha-se que deduzimos $\perp$ a partir das hipóteses φ e $\neg\psi$ (e restantes hipóteses $\psi_1, \ldots, \psi_n$);

(ii) então, pelo metateorema da dedução, pode concluir-se que há uma dedução de $\varphi \Rightarrow \perp$ com hipótese $\neg\psi$ (e $\psi_1, \ldots, \psi_n$);

(iii) estendendo a dedução referida em (ii) com a aplicação da regra (xvii) da Tabela 1.3, obtém-se uma dedução de $\neg\varphi$ com hipótese $\neg\psi$ (e restantes hipóteses $\psi_1, \ldots, \psi_n$);

(iv) a prova por contrarrecíproco permite então concluir $\varphi \Rightarrow \psi$ (a partir de $\psi_1, \ldots, \psi_n$).

Existem ainda outros métodos mais específicos para estabelecer implicações, como por exemplo o já referido método da demonstração por casos. Este método está ilustrado acima na dedução da fórmula (1.12): para no passo 15 se obter $(\neg\neg F \vee \neg\neg G) \Rightarrow \neg T$ deduziu-se primeiro $\neg\neg F \Rightarrow \neg T$, no passo 9, e depois $\neg\neg G \Rightarrow \neg T$, no passo 14. No entanto, não se aprofundará mais aqui este tópico relativo à construção de deduções. Para uma abordagem mais profunda e rigorosa deste assunto sugere-se a leitura de textos de Lógica Matemática, como exemplo [20, 32, 55, 67], ou ainda [6, 25, 39] que são textos que dão ênfase à relação entre Lógica Matemática e Ciência da Computação.

Ao longo do presente texto os métodos acima descritos serão usados em diversas circunstâncias. Note-se que as demonstrações que serão apresentadas ao longo do texto seguem em geral um estilo mais informal, em que se misturam proposições escritas à custa de conectivos lógicos, com proposições escritas em português, e em que a aplicação das regras de inferência nem sempre está explícita, omitindo-se ainda alguns passos intermédios que se assumem do conhecimento do leitor. Naturalmente, isto pressupõe um bom conhecimento e compreensão das regras de inferência envolvidas.

1.2 Expressões com variáveis

A lógica proposicional dedica-se, em particular, ao estudo e caracterização das tautologias. Ora, numa tautologia, o que interessa é a sua estrutura no que respeita aos conectivos lógicos envolvidos, e não a forma das proposições atómicas que a compõem. Acontece que em muitas das asserções e deduções que fazemos, a estrutura e componentes das frases atómicas é importante. O exemplo clássico de dedução

1. Todo o homem é mortal
2. Sócrates é homem
3. Sócrates é mortal

ilustra bem estes aspeto. Para representar este tipo de asserções e deduções precisamos de estender a sintaxe das expressões que temos vindo a utilizar. Há que considerar uma linguagem que inclua variáveis (para denotar objetos), símbolos de função (para representar operações), símbolos de predicado (para representar propriedades e relacionar os objetos), e ainda quantificadores. A área da lógica que estuda este tipo de asserções e deduções é conhecida por lógica de 1ª ordem ou cálculo de predicados. Este tópico é introduzido neste texto de um modo informal. Para uma abordagem mais profunda e rigorosa recomenda-se a leitura de textos de Lógica Matemática, como por exemplo os referidos no final da secção anterior. A presente secção é dedicada à construção de expressões com variáveis, deixando-se o estudo dos quantificadores para a próxima secção.

1.2.1 Termos com variáveis

Para designar determinadas entidades, considerámos na Secção 1.1 termos construídos à custa de constantes e de funções aplicadas a outros termos. Referimos, em particular, os termos D. Afonso Henriques e mãe de D. Afonso Henriques (pode também escrever-se mãe(D. Afonso Henriques) para designar esta última entidade) e, relativamente a entidades matemáticas, referimos, por exemplo, 24, 12×2 e $\cos(\frac{\pi}{4})$. A linguagem matemática recorre também a *variáveis* (tipicamente letras, possivelmente indexadas por números) para a construção de termos. Nesta secção estende-se a sintaxe dos termos por forma a poderem incluir variáveis, obtendo-se expressões como

$$x_1 \qquad x_1 + 25 \qquad (x-4)^2 \qquad 2x + 2y \qquad \text{mãe}(x)$$

por exemplo. Estas expressões, às quais nos referiremos como *termos com variáveis* (ou *expressões designatórias*), não são propriamente termos no sentido em que tínhamos vindo a considerar (porque têm variáveis), mas convertem-se em termos quando as variáveis são substituídas por termos adequados.

Enquanto que o significado (semântica) de um termo como, por exemplo, 12×2 é o número vinte e quatro, o objeto que o termo $2x + 2y$ designa depende dos objetos designados por x e por y.

Informalmente, a ideia é que às variáveis está associado um conjunto não vazio de objetos que as variáveis podem designar, o *domínio* das variáveis. A cada variável podemos atribuir, como valor, um objeto desse domínio. Isto significa que, dada uma expressão, podemos substituir a variável por qualquer designação desse objeto em todos os sítios em que a variável ocorra nessa expressão. Quando dizemos, por exemplo, que x é uma variável real, isso significa que o domínio associado a x é o conjunto dos reais, e que podemos substituir x num termo com variáveis por uma designação de um número real. Se x e y forem variáveis reais, substituindo x por 1 e y por 3 na expressão $2x + 2y$ obtemos uma designação do número real 8. Assim, o significado (semântica) de um termo com variáveis só pode ser determinado quando se fixa um domínio para as variáveis que nele ocorrem, e se atribuem valores a essas variáveis.

Refira-se que nem todas as substituições das variáveis por objetos do domínio convertem um termo com variáveis num termo. Por exemplo, se x é uma variável real, a expressão $\frac{1}{x}$ só se converte numa expressão que designa algum número real se a x atribuirmos um valor diferente de 0.

Dados dois termos com variáveis em que x é a única variável que neles ocorre, diz-se que estes termos são *equivalentes* se todo o valor atribuído a x que converta algum deles num termo, converter o outro num termo equivalente. Por exemplo, no conjunto dos reais

$$|x| \qquad \text{e} \qquad \sqrt{x^2}$$

são equivalentes, o que se expressa usualmente escrevendo

$$|x| = \sqrt{x^2}.$$

São igualmente equivalentes no conjunto dos reais[8]

$$\ln(x^2) \qquad \text{e} \qquad 2\ln(|x|)$$

porque denotam o mesmo valor qualquer que seja o número real não nulo atribuído a x. Observe-se que nenhum deles se converte numa expressão com significado no caso de o valor atribuído a x ser 0. Mas

$$\ln(x^2) \qquad \text{e} \qquad 2\ln(x)$$

já não são equivalentes. De facto, substituindo x por -1, por exemplo, o primeiro converte-se numa designação do número 0 e o segundo numa expressão sem significado no conjunto dos reais.

A definição de equivalência é análoga no caso de haver mais de uma variável. Por exemplo, os termos com variáveis

$$\frac{4x+8y}{4} \qquad \text{e} \qquad 2x+2y$$

são equivalentes, assumindo que x e y têm por domínio o conjunto $\mathbb{R}$.

Em certos textos usa-se *termo fechado* para termo (sem variáveis) e *termo aberto* para termo com variáveis, podendo a palavra *termo* ser usada para designar qualquer um dos casos anteriores.

Embora tal possa constituir um abuso de linguagem, na sequência, sempre que não haja ambiguidade, usaremos também por vezes a palavra termo para nos referirmos quer a termos, quer a termos com variáveis.

---

[8] As notações relativas a logaritmos usadas neste texto encontram-se em apêndice ao Capítulo 10.

1.2.2 Condições

Nesta secção estendemos a sintaxe das fórmulas de modo a poderem incluir também variáveis, deixando para a Secção 1.3 a introdução dos quantificadores.

Quando se consideram expressões como

$$x \leq 1 \qquad \text{e} \qquad x^2 + y = 3$$

e nestas expressões se substituem todas as variáveis por designações de números naturais, por exemplo, as expressões resultantes não são termos. As expressões que se obtêm são proposições.

Dá-se o nome de *condições* (ou *expressões proposicionais*) às expressões como as referidas acima, isto é, expressões com variáveis que se transformam em proposições quando as variáveis são substituídas por termos apropriados. Adiante, na Secção 1.3, generalizaremos esta noção considerando também outros tipos de condições envolvendo quantificadores.

Dada uma condição, pode ainda ser-se mais explícito e dizer que se trata de uma condição em, ou sobre, as variáveis envolvidas. Por exemplo, $x \leq 1$ é uma condição em x e $x^2 + y = 3$ é uma condição em x e y.

Como vimos anteriormente, o significado (semântica) de uma proposição como, por exemplo, $3+5=5+3$ é o valor lógico 1. Mas o valor lógico da condição $x \leq 1$ depende do objeto designado por x. À semelhança da semântica dos termos com variáveis, a semântica das condições que aqui estamos a considerar só pode ser determinada quando se fixa um domínio para as variáveis que nelas ocorrem, bem como os valores atribuídos a essas variáveis. Por exemplo, se o domínio associado à variável x for o conjunto dos reais e atribuirmos a x o valor -1, então a semântica da proposição resultante da condição $x \leq 1$ é o valor lógico 1, e diz-se que esta condição se transforma numa proposição verdadeira quando a variável x é substituída por -1. Em vez de se dizer que a variável x é substituída por -1, ou que o valor atribuído a x é -1, também se pode dizer, com o mesmo significado, que o valor de x é -1. No caso de atribuirmos a x o valor 2, a semântica da proposição resultante é o valor lógico 0, e diz-se que a condição $x \leq 1$ se transforma numa proposição falsa quando a variável x é substituída por 2 (ou quando o valor de x é 2).

Em vez de dizer que uma condição se transforma, ou converte, numa proposição verdadeira quando as variáveis envolvidas são substituídas por um dado valor, também se diz que esses valores *satisfazem* a condição. Diz-se ainda que para esses valores das variáveis a condição *é verdadeira*, ou *se verifica*, ou ainda, que se *tem* a condição. Por exemplo, pode dizer-se que 0 satisfaz (ou verifica) a condição $x \leq 1$. Naturalmente, quando uma condição se transforma numa proposição falsa, diz-se que esses valores *não satisfazem* a condição, ou que a condição *é falsa*, ou que a condição *não se verifica* para esses valores.

Quando se usa uma letra para identificar uma condição, é frequente, embora não obrigatório, colocar a seguir entre parênteses (como parâmetro), as variáveis que nela ocorrem[9]. Assim, $P(x)$ corresponde a uma condição com uma variável, neste caso x. Usa-se $P(a)$ para designar a proposição que se obtém de $P(x)$ quando se substitui x por um valor a do domínio em causa. Por exemplo, se $P(x)$ for a condição $x \leq 1$, então $P(0)$ designa a proposição $0 \leq 1$.

À semelhança das proposições, também as condições se podem combinar por meio de operações lógicas, resultando em novas condições cuja caracterização, quer do ponto de vista sintático, quer do ponto de vista semântico, é análoga à que foi apresentada no caso das proposições.

Sejam, por exemplo, $P(x)$, $P_1(x)$ e $P_2(x)$ condições. A negação de $P(x)$ é a condição $\neg P(x)$ que se converte numa proposição verdadeira para os valores de x que não satisfazem $P(x)$, e se converte numa proposição falsa para os outros. A conjunção $P_1(x) \wedge P_2(x)$ é uma nova condição que se converte numa proposição verdadeira se e só se forem atribuídos a x valores que satisfaçam as duas condições $P_1(x)$ e $P_2(x)$. A disjunção $P_1(x) \vee P_2(x)$ converte-se numa proposição verdadeira se e só se forem atribuídos a x valores que satisfaçam pelo menos uma das condições, $P_1(x)$ ou $P_2(x)$. Uma implicação $P_1(x) \Rightarrow P_2(x)$ só não é satisfeita por valores de x que convertam $P_1(x)$ numa proposição verdadeira e convertam $P_2(x)$ numa proposição falsa. Finalmente, a equivalência $P_1(x) \Leftrightarrow P_2(x)$ é uma condição que só se converte numa proposição falsa para os valores de x que satisfaçam uma das condições, $P_1(x)$ ou $P_2(x)$, e não satisfaçam a outra.

O que se disse é facilmente adaptável para o caso de condições com mais de uma variável. Mais ainda, nada impede que se utilizem conectivos lógicos para combinar condições com proposições, e para combinar condições com diferentes variáveis, não ocorrendo quaisquer alterações de fundo ao que se acabou de dizer em tal caso. A condição

$$P_1(x, z) \wedge P_2(y)$$

por exemplo, é uma condição que se converte numa proposição verdadeira para os valores de x, y e z para os quais as condições $P_1(x, z)$ e $P_2(y)$ também se convertem em proposições verdadeiras.

A generalidade da terminologia atrás referida no âmbito das proposições continua agora a poder aplicar-se a condições. Por exemplo, $P_1(x)$ é o antecedente, ou a condição antecedente, da implicação $P_1(x) \Rightarrow P_2(x)$, e $P_2(x)$ é o seu consequente. Ou ainda, o recíproco de uma implicação $P_1(x) \Rightarrow P_2(x)$ é a implicação $P_2(x) \Rightarrow P_1(x)$, e o contrarrecíproco de $P_1(x) \Rightarrow P_2(x)$ é a implicação $\neg P_2(x) \Rightarrow \neg P_1(x)$.

---

[9]Mais precisamente as variáveis que aí ocorrem livres (ver Secção 1.3.2)

1.2.3 Veracidade de uma condição

Como vimos, enquanto que uma proposição ou é verdadeira ou é falsa, uma condição pode ser verdadeira para alguns valores das variáveis nela ocorrendo, e falsa para outros valores. Este facto tem algumas consequências que interessa realçar e compreender. Introduz-se de seguida a noção de condição verdadeira num dado domínio, dando ênfase a alguns casos particulares relevantes que aparecem com frequência em textos de Matemática.

Condição verdadeira

Afirmar que num certo domínio uma condição é *verdadeira*, ou que *se tem* uma condição, ou ainda que *se verifica* uma condição, é usualmente entendido, e será neste texto entendido, como significando que sempre que substituirmos nessa condição todas as variáveis por valores do domínio, obteremos uma proposição verdadeira.

Por exemplo, a condição

$$x^2 > 0$$

é verdadeira no conjunto $\mathbb{N}_1$ dos inteiros positivos, isto é, quando se considera que a variável x tem tal conjunto por domínio. Mas esta condição já não é verdadeira no conjunto $\mathbb{Z}$ dos números inteiros, uma vez que a substituição de x por 0 não a transforma numa proposição verdadeira.

Considerando como domínio o conjunto $\mathbb{R}$ dos números reais, são igualmente verdadeiras as condições

$$x > 2 \Leftrightarrow x + 1 > 3 \tag{1.13}$$

$$x > 2 \Rightarrow x^2 > 4 \tag{1.14}$$

$$x > y \Rightarrow x > y \tag{1.15}$$

$$x = x + 1 \Rightarrow x > y \tag{1.16}$$

$$x = x + 1 \Rightarrow x < y \tag{1.17}$$

$$x > y \Rightarrow x = x \tag{1.18}$$

$$x \leq y \Rightarrow x = x \tag{1.19}$$

Por sua vez, a condição

$$x > y \Rightarrow x^2 > y^2 \tag{1.20}$$

não é verdadeira neste domínio, pois se atribuirmos a x o valor -1 e a y o valor -2 obtemos a proposição $(-1 > -2 \Rightarrow (-1)^2 > (-2)^2)$ que é falsa.

Valores para as variáveis que convertem uma condição numa proposição falsa constituem um *contraexemplo* para a condição. Por exemplo, o valor -1 para x e o valor -2 para y constituem um contraexemplo para a condição (1.20).

Pode omitir-se a referência ao domínio quando não existir ambiguidade ou este for irrelevante para o fim em vista.

Tautologia

A veracidade das condições (1.13) e (1.14) apresentadas acima decorre das propriedades das operações adição e multiplicação e da relação $>$. Pelo contrário, a veracidade da condição (1.15) é independente das propriedades que se assumam para a relação $>$ e do domínio em causa: sejam quais forem os valores atribuídos às variáveis x e y, obtemos uma proposição que é uma tautologia da forma $\varphi \Rightarrow \varphi$.

As condições que têm a estrutura de uma tautologia serão também denominadas *tautologias*. Naturalmente, qualquer tautologia é verdadeira para quaisquer valores das variáveis envolvidas.

Implicação vacuosamente verdadeira e trivialmente verdadeira

Considerem-se agora as condições (1.16) e (1.17). Nestas condições, o mesmo antecedente implica, numa delas, uma certa condição, e, na outra, o seu contrário. Apesar disso, ambas as condições são verdadeiras! E a razão é simples. Uma proposição com a forma de uma implicação só é falsa quando o seu antecedente é verdadeiro e o consequente falso. Ora o antecedente da implicação (1.16) é falso seja qual for o valor que se considere para a variável. Logo, (1.16) é verdadeira para quaisquer valores das variáveis envolvidas. Pela mesma razão é verdadeira, por exemplo, a implicação

$$1 = 2 \Rightarrow x > y^2.$$

Pode dizer-se que uma implicação é *"vacuosamente" verdadeira* quando o seu antecedente é falso para quaisquer valores das variáveis eventualmente envolvidas.

Igualmente são verdadeiras as implicações (1.18) e (1.19), apesar de nestas condições o mesmo consequente ser implicado, numa delas, por uma certa condição, e, na outra, pelo seu contrário. Agora tal decorre de o consequente dessas implicações ser uma condição que é verdadeira seja qual for o valor que se atribui à variável em causa. Diz-se que uma implicação é *trivialmente verdadeira* quando o seu consequente é verdadeiro para quaisquer valores das variáveis eventualmente envolvidas.

Os casos mais interessantes não são naturalmente estes, mas sim os casos em que a veracidade do consequente depende da veracidade do antecedente, como por exemplo na condição $x > 2 \Rightarrow x^2 > 4$.

Condição necessária e condição suficiente

Como referido na Secção 1.1, quando uma proposição $P_1 \Rightarrow P_2$ é verdadeira diz-se que P_1 implica P_2, ou que P_1 é suficiente para P_2, ou, ainda, que P_2 é necessária para P_1.

A mesma terminologia continua a poder ser usada quando se considera condições (e não apenas proposições), desde que se tenha presente que uma condição é verdadeira num certo domínio se se converter numa proposição verdadeira sejam quais forem os valores que se atribuam às variáveis que nela ocorram.

Assim, quando se afirma que uma condição $P_1(x)$ *implica* uma condição $P_2(x)$ tal significa que a implicação

$$P_1(x) \Rightarrow P_2(x)$$

é verdadeira, isto é, esta implicação converte-se numa proposição verdadeira seja qual for o valor do domínio que se atribua à variável x.

Com o mesmo sentido se diz que $P_1(x)$ é uma *condição suficiente* para $P_2(x)$, ou que $P_2(x)$ é uma *condição necessária* para $P_1(x)$.

Naturalmente o mesmo se aplica se as condições envolverem mais de uma variável. A condição $x > y$, por exemplo, não é uma condição suficiente para $x^2 > y^2$ se considerarmos o domínio dos inteiros ou dos reais, embora já o seja se considerarmos o domínio dos naturais.

De modo análogo, quando se afirma que uma condição $P_1(x)$ é *equivalente* a uma condição $P_2(x)$, ou que $P_1(x)$ é uma *condição necessária e suficiente* para $P_2(x)$, tal significa que a equivalência

$$P_1(x) \Leftrightarrow P_2(x)$$

é uma condição verdadeira. Por outras palavras, $P_1(x)$ é equivalente a $P_2(x)$ se e só se qualquer que seja o valor a do domínio que se atribua à variável x, o valor lógico da proposição $P_1(a)$ é igual ao valor lógico da proposição $P_2(a)$. A noção de equivalência de condições generaliza-se da forma esperada quando estão envolvidas mais de uma variável.

Com esta noção de equivalência entre duas condições podemos então generalizar o importante resultado da substituição de proposições equivalentes numa proposição (ver Secção 1.1.3.6), como se segue.

Substituição de equivalentes: Se substituirmos numa expressão (seja ela uma proposição ou uma condição), uma das subexpressões que a compõem (seja ela uma proposição ou uma condição) por uma outra que lhe seja equivalente, obtemos uma expressão que é equivalente à inicial.

Outras considerações

Apresentam-se de seguida algumas noções e comentários relativos à implicação e equivalência formais, à negação de implicações e de equivalências, e à assunção de condições. Esta secção pode ser omitida numa primeira leitura.

IMPLICAÇÃO FORMAL E EQUIVALÊNCIA FORMAL

Devido ao papel específico e fundamental que as implicações e equivalências desempenham no discurso matemático, e como forma de evitar ambiguidades, introduziu-se em certas escolas do pensamento matemático o conceito de *implicação formal* para traduzir que uma dada implicação entre duas condições é verdadeira. De acordo com esta terminologia, dizer que uma condição $P_1(x)$ implica formalmente uma condição $P_2(x)$, num certo domínio, significa que a implicação

$$P_1(x) \Rightarrow P_2(x)$$

é verdadeira, isto é, converte-se numa proposição verdadeira seja qual for o valor do domínio atribuído à variável x. Usa-se *implicação material* quando se quer fazer referência apenas à implicação entre duas proposições. Do mesmo modo, o conceito de *equivalência formal* traduz que uma dada equivalência entre duas condições é verdadeira. É útil ver a este propósito a Secção 1.3.3.

No entanto, na linguagem matemática é vulgar usar-se apenas a palavra "implica" no sentido de "implica formalmente", como atrás fizemos. Tal procedimento comum será aqui seguido, uma vez que o próprio contexto permite, em geral, reconhecer com facilidade o que se pretende exprimir com tal palavra.

NEGAÇÃO DE IMPLICAÇÕES E EQUIVALÊNCIAS

Em vez de se dizer que "não é verdade que a condição $P_1(x)$ implica a condição $P_2(x)$", diz-se muitas vezes que "$P_1(x)$ não implica $P_2(x)$", o que por vezes se denota escrevendo

$$P_1(x) \not\Rightarrow P_2(x).$$

A expressão $P_1(x) \not\Rightarrow P_2(x)$ deve ser interpretada com cuidado. Em particular, ela não significa que se esteja a afirmar que $\neg(P_1(x) \Rightarrow P_2(x))$ seja uma condição verdadeira. Quando se escreve $P_1(x) \not\Rightarrow P_2(x)$ o que se está a negar é "a implicação $P_1(x) \Rightarrow P_2(x)$ é verdadeira", o que significa negar a asserção "$P_1(x) \Rightarrow P_2(x)$ converte-se numa proposição verdadeira seja qual for o valor do domínio que se atribua à variável x". Assim, afirmar $P_1(x) \not\Rightarrow P_2(x)$ significa apenas que existem valores de x para os quais $P_1(x) \Rightarrow P_2(x)$ não se verifica (e não que $P_1(x) \Rightarrow P_2(x)$ é falso para todo o valor de x). Cada um destes valores de x constitui um contraexemplo para a implicação $P_1(x) \Rightarrow P_2(x)$.

Deste modo, e considerando agora condições com duas variáveis, afirmar que no domínio dos reais

$$x > y \not\Rightarrow x^2 > y^2$$

corresponde a afirmar que existem *alguns* valores reais que podemos atribuir a x e y que não satisfazem a condição $x > y \Rightarrow x^2 > y^2$ (basta atribuir a x o valor -1 e a y o valor -2, por exemplo).

Note-se que isto é diferente de dizer que sejam quais forem os valores reais que se atribuam a x e y não se tem $x > y \Rightarrow x^2 > y^2$. Comentários análogos podem ser feitos a propósito da negação de equivalências.

ASSUNÇÃO DE CONDIÇÕES

Uma outra situação em que a não utilização de terminologia que expresse diretamente o conceito de "uma condição ser verdadeira" pode dar origem a ambiguidades, sendo necessário ser cuidadoso na sua interpretação, é o caso em que se assumem condições.

De facto, assumindo, por exemplo, que se considera o conjunto dos reais como domínio e que f representa uma função[10] real de variável real, então uma afirmação do tipo

$$\text{“suponha-se que } x = 0 \vee f(x) \geq 1\text{”} \tag{1.21}$$

será normalmente interpretada como significando que se está a considerar que x denota 0 ou um valor cuja imagem por f é um real maior ou igual a 1.

Pelo contrário, *apesar* da condição $x = 0 \vee f(x) \geq 1$ ser equivalente à condição $x \neq 0 \Rightarrow f(x) \geq 1$, uma afirmação do tipo

$$\text{“suponha-se que } x \neq 0 \Rightarrow f(x) \geq 1\text{”} \tag{1.22}$$

tenderá normalmente a ser interpretada como significando que a imagem por f de todo o real não nulo é um real maior ou igual a 1. Estas duas interpretações são naturalmente diferentes.

As afirmações

$$\text{“seja } x \text{ tal que } x = 0 \vee f(x) \geq 1\text{”} \tag{1.23}$$

e

$$\text{“suponha-se que, qualquer que seja } x\text{, se tem que } x \neq 0 \Rightarrow f(x) \geq 1\text{”} \tag{1.24}$$

traduzem, de forma muito mais clara, o significado que é normalmente atribuído às afirmações (1.21) e (1.22). A asserção (1.24) é normalmente expressa em Matemática, de uma forma mais sintética, recorrendo a quantificadores.

[10]Ver Capítulo 4.

1.3 Quantificadores

Uma outra forma importante de transformar uma condição numa proposição consiste em submeter as variáveis que nela ocorram a quantificadores. É usual considerar dois tipos de quantificadores sobre uma variável: o quantificador universal e o quantificador existencial. Nesta secção estende-se a sintaxe das fórmulas por forma a incluir agora também estes quantificadores, sendo ainda apresentados diversos conceitos com eles relacionados.

1.3.1 Quantificador universal e quantificador existencial

Quando numa condição $P(x)$ atribuímos à variável x um dos valores do seu domínio obtemos uma proposição. Recorde-se que uma proposição é uma afirmação que ou é verdadeira ou é falsa. Do ponto de vista sintático, uma outra forma de se obter proposições a partir de uma condição $P(x)$ consiste em antepor-lhe algum dos símbolos

$$\forall_x \quad \text{ou} \quad \exists_x$$

denominados *quantificadores* sobre a variável x: $\forall_x$ é o quantificador universal e $\exists_x$ é o quantificador existencial. Em ambos os casos, x é a variável alvo da quantificação, ou a variável que está a ser quantificada.

Assuma-se, por ora, que em $P(x)$ não ocorrem quantificadores e que fixámos um domínio para a variável x.

A proposição

$$\forall_x P(x)$$

lê-se "qualquer que seja x, $P(x)$" ou "para todo o x, tem-se $P(x)$", ou apenas "para todo o x, $P(x)$". Do ponto de vista semântico, $\forall_x P(x)$ tem o valor lógico 1 se e só se $P(x)$ se converte numa proposição verdadeira *qualquer que seja o valor* (do domínio) que se atribua a x.

A proposição

$$\exists_x P(x)$$

lê-se "existe (pelo menos) um x tal que $P(x)$" ou "para algum x, tem-se $P(x)$", ou apenas "para algum x, $P(x)$". Do ponto de vista semântico, $\exists_x P(x)$ tem o valor lógico 1 se e só se for possível atribuir a x *algum valor* (do domínio) que converta $P(x)$ numa proposição verdadeira.

Apresentamos de seguida alguns exemplos ilustrativos, nos quais se assume que o domínio é o conjunto dos reais.

- A proposição

$$\forall_x\, x^2 \geq 0$$

é verdadeira. Atribuindo a x um qualquer valor real a, obtém-se a proposição verdadeira $a^2 \geq 0$. Por sua vez, a proposição

$$\forall_x\, x^2 > 0$$

é falsa, dado que não é verdade que $x^2 > 0$ se converte numa proposição verdadeira qualquer que seja o valor que se atribua a x. De facto, se se atribuir a x o valor 0, obtém-se a proposição $0 > 0$, que é falsa.

- A proposição

$$\exists_x\, x^2 - 3 = 0$$

é verdadeira. Com efeito, é possível atribuir a x um valor real que converte $x^2 - 3 = 0$ numa proposição verdadeira. Por exemplo, se se atribuir a x o valor $\sqrt{3}$, a condição $x^2 - 3 = 0$ converte-se na proposição verdadeira $(\sqrt{3})^2 - 3 = 0$. Mas a proposição

$$\exists_x\, x^2 + 3 = 0$$

é falsa, pois não existe nenhum real a que se possa atribuir a x de modo a que a proposição $a^2 + 3 = 0$ seja verdadeira.

Note-se que na condição $P(x)$ podem ocorrer conectivos proposicionais, pelo que podemos escrever, por exemplo, $\exists_x\, (x^2 - 3 = 0 \wedge x^2 > 0)$. Esta proposição é verdadeira quando se considera como domínio o conjunto dos reais, e falsa se o domínio for o conjunto dos inteiros (verifique).

Como seria de esperar, podem usar-se os conectivos proposicionais para combinar expressões com quantificadores. Pode escrever-se

$$(\forall_x\, x^2 \geq 0) \wedge (\exists_x\, x^2 - 3 = 0) \qquad \text{e} \qquad (\forall_x\, x^2 \geq 0) \Leftrightarrow (\neg \exists_x\, x^2 < 0).$$

por exemplo. A sua semântica decorre da semântica dos conectivos envolvidos, da forma esperada. A proposição $(\forall_x\, x^2 \geq 0) \wedge (\exists_x\, x^2 - 3 = 0)$ é verdadeira no domínio dos números reais, pois como vimos $\forall_x\, x^2 \geq 0$ e $\exists_x\, x^2 - 3 = 0$ são ambas verdadeiras nesse domínio. A proposição $(\forall_x\, x^2 \geq 0) \Leftrightarrow (\neg \exists_x\, x^2 < 0)$ é também verdadeira no domínio dos reais, dado que $\forall_x\, x^2 \geq 0$ e $\neg \exists_x\, x^2 < 0$ são ambas verdadeiras nesse domínio. Neste caso diz-se que as proposições $\forall_x\, x^2 \geq 0$ e $\neg \exists_x\, x^2 < 0$ são equivalentes no domínio dos reais. O mesmo se passa escolhendo para domínio o conjunto dos inteiros.

Podem ainda quantificar-se sobre uma dada variável expressões nas quais também ocorram variáveis distintas dessa, bem como expressões nas quais essa variável não ocorra.

Podemos quantificar existencialmente sobre x uma condição $P(x, y)$, por exemplo a condição $2x = y$, obtendo-se

$$\exists_x\, 2x = y \tag{1.25}$$

Note-se que a expressão (1.25) tem uma variável, a variável y, que não está quantificada, e portanto (1.25) não é uma proposição, mas sim uma condição $Q(y)$. Recorde-se que para converter uma condição numa proposição há que fixar um domínio e valores para as variáveis. Neste caso, se escolhermos como domínio o conjunto dos números reais e atribuirmos a y o valor 1, a condição $Q(y)$ converte-se na proposição

$$\exists_x\, 2x = 1$$

que é verdadeira, pois existe um real (o real $\frac{1}{2}$), cujo dobro é 1. Mas se escolhermos como domínio o conjunto dos números inteiros e atribuirmos a y o valor 1, a proposição $\exists_x\, 2x = 1$ é falsa, pois não existe nenhum inteiro cujo dobro seja 1. Em qualquer destes dois domínios, a condição $Q(y)$ converte-se numa proposição verdadeira se atribuirmos a y o valor 0 (confirme).

Podem também quantificar-se expressões nas quais já estejam presentes outros quantificadores. Consideremos para já o caso em que se quantifica sobre uma variável distinta das variáveis que já são alvo de quantificação na expressão. Por exemplo, podemos quantificar sobre y a condição $\exists_x\, 2x = y$, quer universalmente, quer existencialmente. No essencial, quer do ponto de vista sintático, quer do ponto de vista semântico, estes casos são semelhantes ao caso em que há apenas uma variável, como vamos ver.

- Escolhendo a quantificação existencial, obtém-se a proposição

  $$\exists_y \exists_x\, 2x = y \tag{1.26}$$

  que se lê "existe (pelo menos) um y tal que existe (pelo menos) um x tal que $2x = y$", o que se pode abreviar por "existem y e x tal que $2x = y$". Escolhendo um domínio, a proposição (1.26) é verdadeira se e só se for possível atribuir a y um valor a desse domínio que converta $\exists_x\, 2x = y$ numa proposição verdadeira. Considerando o domínio dos inteiros e $a = 0$, obtém-se a proposição verdadeira $\exists_x\, 2x = 0$, pelo que (1.26) é verdadeira. Esta proposição também é verdadeira no domínio dos reais, pela mesma razão.

- Escolhendo agora a quantificação universal, obtém-se a proposição

  $$\forall_y \exists_x\, 2x = y \tag{1.27}$$

  que se lê "qualquer que seja y, existe (pelo menos) um x tal que $2x = y$". Escolhendo um domínio, a proposição (1.27) é verdadeira se e só se a proposição $\exists_x\, 2x = a$ é verdadeira seja qual for o valor a desse domínio que se atribua a y. Como vimos acima, se o domínio for o conjunto dos inteiros e $a = 1$, então obtém-se uma proposição falsa, pelo que (1.27) é uma proposição falsa. Quando o domínio é o conjunto dos número reais a proposição (1.27) é verdadeira (confirme).

Consideremos ainda os seguinte exemplos.

- A proposição
$$\exists_y \forall_x \, x^2 \geq y \tag{1.28}$$
lê-se "existe (pelo menos) um y tal que para todo o x, $x^2 \geq y$". Escolhendo um domínio, a proposição (1.28) é verdadeira se e só se for possível atribuir a y um valor a desse domínio tal que $\forall_x \, x^2 \geq a$ seja uma proposição verdadeira. Considerando o domínio dos inteiros e $a = 0$, obtém-se a proposição $\forall_x \, x^2 \geq 0$. Esta proposição é verdadeira, pois qualquer que seja o valor inteiro b atribuído a x, tem-se que a proposição $b^2 \geq 0$ é verdadeira. Logo, (1.28) é uma proposição verdadeira neste domínio e também, pela mesma razão, no domínio dos reais.

- A proposição
$$\forall_y \forall_x \, x^2 \geq y \tag{1.29}$$
lê-se "para todo o y, para todo o x, $x^2 \geq y$". Escolhendo mais uma vez um domínio, a proposição (1.29) é verdadeira se e só se $\forall_x \, x^2 \geq y$ se converte numa proposição verdadeira qualquer que seja o valor desse domínio atribuído a y. Considerando como domínio o conjunto dos números inteiros, e atribuindo a y o valor 2, tem-se que a proposição $\forall_x \, x^2 \geq 2$ é falsa (verifique), pelo que (1.29) é também falsa. O mesmo se passa se o domínio escolhido for o conjunto dos números reais.

Naturalmente que se podem combinar expressões como as anteriores usando também os conectivos proposicionais. A noção de equivalência estende-se como esperado às novas proposições: duas proposições são equivalentes se a sua equivalência é uma proposição verdadeira. A noção de equivalência estende-se também às novas condições: duas condições são equivalentes se a sua equivalência é uma condição verdadeira. A substituição de equivalentes aplica-se também neste novo contexto.

Determinar se uma condição é ou não verdadeira num dado domínio, não oferece dificuldades na maior parte dos casos. No entanto, em casos como $x > 0 \wedge \exists_x \, x^2 = 4$, em que há uma variável que é alvo de quantificação numa subexpressão, mas não o é noutra subexpressão, há que introduzir algumas noções auxiliares. Não consideraremos para já estes casos, deixando-os para a Secção 1.3.3.

Para terminar, vejamos o caso em que se quantifica uma expressão na qual a variável alvo da quantificação não ocorre. Nesta situação o efeito de tal quantificação será irrelevante, no sentido que se ilustra de seguida. Consideremos, por exemplo, a condição
$$\exists_y \, x > 0 \tag{1.30}$$

e como domínio o conjunto dos reais. Esta condição converte-se na proposição $\exists_y\, a > 0$ quando se atribui a x um valor a do domínio. Esta proposição é verdadeira se e só for possível atribuir a y um valor b para o qual $a > 0$ seja uma proposição verdadeira, o que acontece, naturalmente, se e só se a for um real positivo. Por sua vez, a condição $x > 0$ converte-se numa proposição verdadeira se e só se a x se atribuir um valor real positivo. Isto significa que a condição (1.30) e a condição $x > 0$ são equivalentes, e é neste sentido que se disse que o efeito da quantificação sobre y é irrelevante. São igualmente equivalentes as expressões $5 > 3$ e $\exists_x\, 5 > 3$, assim como $\forall_y \exists_x\, 2x = y$ e $\forall_z \forall_y \exists_x\, 2x = y$. Embora estas quantificações possam parecer pouco relevantes, observe-se que estas expressões são expressões sintaticamente bem formadas, no sentido em que a sua estrutura está de acordo como o modo como caracterizámos a construção (sintaxe) deste novo tipo de expressões.

Os quantificadores $\forall_x$ e $\exists_x$ são operadores unários e, portanto, têm prioridade (precedência) sobre os operadores binários, à semelhança do que foi considerado para $\neg$ na Secção 1.1.3.7. De referir que nem todos os autores assumem esta regra de precedência no que respeita às quantificações, assumindo alguns que os conectivos proposicionais têm precedência sobre os quantificadores.

Usaremos φ, φ_1, $\varphi_2, \ldots, \psi, \ldots$ para nos referirmos genericamente a uma qualquer expressão do tipo que nos agora interessa, ou seja, condições e proposições envolvendo, eventualmente, quantificadores, e construídas como descrevemos acima. Na sequência estas expressões são denominadas *fórmulas*[11]. Podemos escrever as expressões como

$$\forall_x\, \varphi \qquad \text{e} \qquad \exists_x\, \varphi$$

que representam fórmulas, seja qual for a fórmula representada por φ (seja ela uma condição envolvendo ou não a variável x, seja ela uma proposição). Tal como anteriormente, estes símbolos φ, φ_1, $\varphi_2, \ldots$ que são usados para nos referirmos genericamente a uma qualquer fórmula designam-se *metavariáveis* ou *variáveis esquema*, por forma a se distinguirem das variáveis que ocorrem nas fórmulas e que podem ser alvo de quantificação. As expressões que podemos obter a partir dessas metavariáveis, usando os conectivos e quantificadores de modo análogo ao acima descrito, são denominadas *fórmulas esquema*, ou, mais simplesmente, *esquemas*.

1.3.2 Variáveis mudas e livres

Como já vimos, podemos combinar expressões (condições ou proposições) recorrendo aos conectivos lógicos. Ora as expressões que se combinam podem

[11] Em textos de Lógica Matemática estas frases são usualmente denominadas fórmulas de 1ª ordem.

envolver variáveis distintas, mas também podem ter variáveis comuns. Pode ainda acontecer que uma mesma variável esteja quantificada numa das expressões que se vai combinar mas não na outra. Se quantificássemos sobre essa variável a expressão que resulta da combinação das duas, que ocorrências da variável estaríamos, de facto, a afetar? Procuremos responder a este tipo de questões, começando por introduzir algumas noções que nos permitam distinguir e falar dessas situações.

Numa expressão $\forall_x \varphi$ ou $\exists_x \varphi$ diz-se que φ é o *alcance do quantificador*. Considerando

$$\forall_x (x > 1 \Rightarrow x^2 > 1) \tag{1.31}$$

$$\forall_x x > 1 \Rightarrow x^2 > 1 \tag{1.32}$$

por exemplo, tem-se que o alcance do quantificador $\forall_x$ na proposição (1.31) é $(x > 1 \Rightarrow x^2 > 1)$, e na proposição (1.32) é $x > 1$. Recorde-se que estamos a assumir que os quantificadores, sendo operadores unários, têm precedência sobre os conectivos binários.

Diz-se que uma *ocorrência de uma variável* x numa fórmula *está muda*, ou *ligada* a um quantificador, se se trata da ocorrência de x em $\forall_x$, ou em $\exists_x$, ou se essa ocorrência de x está nessa fórmula no alcance de algum quantificador $\forall_x$ ou $\exists_x$. Uma ocorrência de x que não está muda diz-se *livre*.

Diz-se que uma variável *está livre* numa fórmula se existe alguma sua ocorrência livre nessa fórmula. Note-se que uma variável não pode ocorrer livre numa proposição. Uma fórmula sem variáveis livres é portanto uma proposição, podendo também ser designada por *fórmula fechada*. Uma fórmula que tenha pelo menos uma variável livre é uma condição, e pode também ser designada por *fórmula aberta*.

Para ilustrar estes conceitos, comecemos por considerar a condição

$$x > 2.$$

A única ocorrência de x nesta condição está livre. Já na proposição

$$\exists_x x^2 = x$$

todas as ocorrências de x estão mudas. Na condição

$$x > 2 \wedge \exists_x (x^2 = x \wedge \forall_y (y^2 = y \Rightarrow y = x)) \tag{1.33}$$

as ocorrências de y estão todas mudas, e todas as ocorrências de x estão mudas, com exceção da primeira (em $x > 2$) que está livre. Assim, a variável x está livre nesta fórmula, mas a variável y não. Note-se que não existe qualquer relação entre a primeira ocorrência de x e a quantificação de que x é alvo em $\exists_x (x^2 = x \wedge \forall_y (y^2 = y \Rightarrow y = x))$. Substituindo nesta proposição todas as ocorrências mudas de x por uma outra variável não ocorrendo na expressão, como z, por exemplo, obtém-se

$$\exists_z(z^2 = z \wedge \forall_y(y^2 = y \Rightarrow y = z))$$

que é equivalente à proposição $\exists_x(x^2 = x \wedge \forall_y(y^2 = y \Rightarrow y = x))$ de que partimos (confirme!). Portanto, a condição (1.33) é equivalente à condição

$$x > 2 \wedge \exists_z(z^2 = z \wedge \forall_y(y^2 = y \Rightarrow y = z)) \qquad (1.34)$$

Isto significa que, qualquer que seja o valor do domínio em causa que se atribua a x, as condições (1.33) e (1.34) convertem-se em proposições com o mesmo valor lógico.

O valor lógico das proposições em que se converte uma condição só depende do valor que se atribui às variáveis livres nessa condição. Por essa razão, para enfatizar esse aspeto, ao fazer referência a fórmulas arbitrárias só se costumam escrever as variáveis livres, ou seja, em geral

$$P(x)$$

designa uma condição em que a única variável livre é x e

$$Q(x, y)$$

designa uma condição em que as únicas variáveis livres são x e y, e assim por diante. Em particular, supondo que a é um valor conveniente para substituir x, então

$$P(a)$$

designa a proposição que se obtém quando as ocorrências livres de x em $P(x)$ são substituídas por a. Assim, tal como anteriormente, se $P(x)$ designar a condição $x > 2$ então $P(5)$ designa a proposição $5 > 2$. Por sua vez, se $P(x)$ designar a fórmula

$$x > 2 \wedge \exists_x(x^2 = 1 \wedge \forall_y(y^2 = 1 \Rightarrow y = x))$$

então $P(5)$ designa a proposição

$$5 > 2 \wedge \exists_x(x^2 = 1 \wedge \forall_y(y^2 = 1 \Rightarrow y = x)) \qquad (1.35)$$

e $P(1)$ designa a proposição

$$1 > 2 \wedge \exists_x(x^2 = 1 \wedge \forall_y(y^2 = 1 \Rightarrow y = x)) \qquad (1.36)$$

Note-se que só a primeira ocorrência de x (a única que está livre) é substituída. A proposição (1.35) é verdadeira nos naturais e falsa nos inteiros. A proposição (1.36) é falsa nos naturais e nos inteiros.

As observações e notações anteriores estendem-se como esperado ao caso em que existe mais de uma variável livre.

1.3.3 Veracidade revisitada

Podemos agora definir com generalidade a semântica das expressões que resultam de quantificar sobre uma variável uma qualquer condição ou proposição.

Consideremos o caso das proposições da forma $\forall_x P(x)$ e $\exists_x P(x)$. Uma proposição $\forall_x\, P(x)$ é verdadeira num certo domínio se e só se a proposição $P(a)$ é verdadeira qualquer que seja o valor a do domínio. Uma proposição $\exists_x\, P(x)$ é verdadeira num certo domínio se e só se existe algum valor a do domínio para o qual a proposição $P(a)$ seja verdadeira. Note-se que esta situação inclui o caso, já referido anteriormente, em que em $P(x)$ não existem ocorrências mudas de x, mas inclui também o caso em que em $P(x)$ existem ocorrências mudas de x. Por exemplo, a proposição

$$\forall_x(x^2 \geq 0 \wedge \exists_x\, x^2 = 4)$$

é verdadeira no domínio dos reais porque a proposição $a^2 \geq 0 \wedge \exists_x\, x^2 = 4$ é verdadeira qualquer que seja o real a. Observe-se que só a ocorrência livre de x em $x^2 \geq 0 \wedge \exists_x\, x^2 = 4$ é substituída por a, e que o valor lógico de $\exists_x\, x^2 = 4$ não depende de a.

Podemos também quantificar sobre x uma proposição P. Note-se que neste caso todas as eventuais ocorrências de x em P têm de ser ocorrências mudas. A proposição $\forall_x\, P$ é verdadeira se e só se P for uma proposição verdadeira. Analogamente, a proposição $\exists_x\, P$ é verdadeira se e só se P for uma proposição verdadeira. Por exemplo, $\forall_x \exists_x\, x^2 = 4$ é uma proposição verdadeira no domínio dos reais, uma vez que $\exists_x\, x^2 = 4$ é verdadeira neste domínio. Pela mesma razão, é também verdadeira a proposição $\exists_x \exists_x\, x^2 = 4$.

Consideremos agora o caso das condições $\forall_x P(x, y)$ e $\exists_x P(x, y)$, nas quais só y tem ocorrências livres. Recorde-se que há que fixar um domínio e valores para as variáveis para converter uma condição numa proposição. Neste caso, como vimos acima, basta atribuir valores à variável y. Atribuindo a y um valor b do domínio em causa, a condição $\forall_x P(x, y)$ transforma-se na proposição $\forall_x P(x, b)$ e a condição $\exists_x P(x, y)$ transforma-se na proposição $\exists_x P(x, b)$, cujos valores lógicos se determinam como acima referido. Note-se que em $P(x, b)$ só as ocorrências livres de y em $P(x, y)$ estão substituídas por b.

O caso em que ocorram mais variáveis livres é semelhante. As expressões agora consideradas podem também combinar-se usando os conectivos lógicos, e a respetiva semântica é determinada da forma esperada. A notação e terminologia introduzidas no último parágrafo da Secção 1.3.1 estendem-se ao caso das expressões agora consideradas.

Dissemos atrás (ver Secção 1.2.3) que uma condição é verdadeira se obtivermos uma proposição verdadeira sempre que substituímos nessa condição todas as variáveis por valores do respetivo domínio. Podemos agora ser mais precisos e dizer que uma condição é *verdadeira* se, sempre que substituímos nessa condição todas as ocorrências livres das variáveis (e só essas ocorrências) por valores do domínio, obtemos uma proposição verdadeira, subentendendo-se naturalmente que diferentes ocorrências livres de uma mesma variável devem ser substituídas pelo mesmo valor.

Recorrendo aos quantificadores podemos redefinir o que se entende por condição verdadeira: uma condição é verdadeira se e só se é verdadeira a proposição que se obtém quando se quantifica universalmente essa condição sobre todas as variáveis que aí ocorram livres. A fórmula assim obtida diz-se o *fecho universal* da condição considerada.

Em particular, uma condição $P_1(x)$ implica uma condição $P_2(x)$ se a proposição

$$\forall_x \, (P_1(x) \Rightarrow P_2(x))$$

for verdadeira, e $P_1(x)$ é equivalente a $P_2(x)$ se

$$\forall_x \, (P_1(x) \Leftrightarrow P_2(x))$$

for verdadeira. A extensão a condições sobre mais de uma variável é imediata.

Atendendo às observações anteriores, é fácil concluir que afirmar que

$$P_1(x) \not\Rightarrow P_2(x)$$

é equivalente a afirmar que

$$\neg \, \forall_x (P_1(x) \Rightarrow P_2(x))$$

ou seja, a afirmar que existe algum valor do domínio em causa que não satisfaz $P_1(x) \Rightarrow P_2(x)$.

1.3.4 Esquemas válidos

Existem alguns esquemas que representam fórmulas (condições ou proposições) verdadeiras sejam quais forem as fórmulas denotadas pelas metavariáveis que neles ocorrem, e sejam quais forem os domínios (subentendendo-se apenas que se tratarão de domínios onde as operações referidas nas fórmulas em causa façam sentido). Dizemos que tais esquemas são *logicamente válidos* ou, mais simplesmente, *válidos*.

Por exemplo, são naturalmente válidos esquemas como

$$\varphi_1 \Rightarrow (\varphi_1 \vee \varphi_2)$$

que têm a estrutura de uma tautologia, aos quais chamaremos também tautologias. Estes esquemas podem ser obtidos a partir das fórmulas proposicionais que são tautologias (ver Secção 1.1.4) substituindo uniformemente as variáveis proposicionais que nelas ocorrem por metavariáveis (representando quaisquer fórmulas do tipo agora em análise).

Um outro exemplo importante de esquemas válidos são as chamadas *segundas leis de De Morgan*

$$\neg\forall_x\varphi \Leftrightarrow \exists_x \neg\varphi \tag{1.37}$$

$$\neg\exists_x\varphi \Leftrightarrow \forall_x \neg\varphi \tag{1.38}$$

que permitem obter uma fórmula equivalente ao passar uma negação "de fora para dentro" de um quantificador, ou "de dentro para fora" de um quantificador, trocando o tipo de quantificador em causa.

Recorrendo a tautologias e às segundas leis de De Morgan, dada uma fórmula, pode obter-se uma fórmula que lhe é equivalente e em que as negações só ocorrem aplicadas a expressões atómicas, isto é, a expressões em que não ocorrem nem operadores lógicos nem quantificadores. Para ilustrar estas observações, apresentam-se de seguida alguns exemplos simples, nos quais se assume que os domínios são conjuntos de números (por exemplo, naturais, ou inteiros, ou reais).

Comecemos por mostrar que as proposições $\neg\exists_x\, x < 1$ e $\forall_x \neg(x < 1)$ são equivalentes. Com efeito, tem-se que

$$\begin{array}{ll} \neg\exists_x\, x < 1 & \\ \Leftrightarrow & ((1.38) \text{ em que } \varphi \text{ é } x < 1) \\ \forall_x \neg(x < 1). & \end{array}$$

Neste caso é mesmo possível eliminar a negação da proposição uma vez que

$$\begin{array}{ll} \forall_x \neg(x < 1) & \\ \Leftrightarrow & (\text{substituição de equivalentes}) \\ \forall_x\, x \geq 1 & \end{array}$$

tendo em conta que $\neg(x < 1)$ é equivalente a $x \geq 1$.

As proposições $\neg\forall_x(x > 1 \Rightarrow x^2 > 1)$ e $\exists_x(x > 1 \wedge x^2 \leq 1)$ são igualmente equivalentes, dado que

$$\begin{array}{ll} \neg\forall_x(x > 1 \Rightarrow x^2 > 1) & \\ \Leftrightarrow & ((1.37)) \\ \exists_x\neg(x > 1 \Rightarrow x^2 > 1) & \\ \Leftrightarrow & (\text{substituição de equivalentes}) \\ \exists_x(x > 1 \wedge \neg(x^2 > 1)) & \\ \Leftrightarrow & (\text{substituição de equivalentes}) \\ \exists_x(x > 1 \wedge x^2 \leq 1). & \end{array}$$

Vejamos um último exemplo envolvendo agora mais de uma variável. A proposição $\neg\forall_x\exists_y\, y < x$ e a proposição $\exists_x\forall_y\, y \geq x$ são equivalentes, uma vez que

$$\begin{array}{ll} \neg\forall_x\exists_y\, y < x & \\ \quad\Leftrightarrow & ((1.37) \text{ em que } \varphi \text{ é } \exists_y\, y < x)) \\ \exists_x\neg\exists_y\, y < x & \\ \quad\Leftrightarrow & (\neg\exists_y\, y < x \Leftrightarrow \forall_y\, \neg(y < x) \\ & \text{por (1.38) e subst. de equivalentes}) \\ \exists_x\forall_y\, \neg(y < x) & \\ \quad\Leftrightarrow & (\text{substituição de equivalentes}) \\ \exists_x\forall_y\, y \geq x. & \end{array}$$

Nas segundas leis de De Morgan, a metavariável φ representa uma qualquer fórmula. Se nos quisermos restringir nesses esquemas a fórmulas que têm a estrutura de uma negação, basta substituir φ por $\neg\varphi$ em (1.37) e em (1.38), obtendo-se

$$\neg\forall_x\neg\varphi \Leftrightarrow \exists_x\, \neg\neg\varphi \qquad \text{e} \qquad \neg\exists_x\neg\varphi \Leftrightarrow \forall_x\, \neg\neg\varphi.$$

Como qualquer fórmula é equivalente à sua dupla negação, os esquemas

$$\exists_x\varphi \Leftrightarrow \neg\forall_x\, \neg\varphi \tag{1.39}$$

$$\forall_x\varphi \Leftrightarrow \neg\exists_x\, \neg\varphi \tag{1.40}$$

são também válidos. Estes esquemas traduzem que o operador $\forall_x$ tem o mesmo significado que a sequência de operadores $\neg\exists_x\neg$ e, vice-versa, $\exists_x$ tem o mesmo significado que $\neg\forall_x\neg$, facto que se costuma exprimir dizendo que os operadores $\forall_x$ e $\exists_x$ são *duais*.

Existem alguns esquemas que representam fórmulas verdadeiras apenas quando as fórmulas denotadas pelas metavariáveis que neles ocorrem satisfazem certas condições. Veremos adiante vários exemplos relevantes (ver, por exemplo, a Secção 1.3.8). Por abuso de linguagem diremos desses esquemas que são *esquemas válidos nessas condições.*

1.3.5 Domínio de quantificação

Dada uma condição $P(x)$, para sabermos se $\forall_x\, P(x)$, ou se $\exists_x\, P(x)$, é verdadeira temos de saber qual o domínio que está a ser considerado para a variável alvo da quantificação, o chamado *domínio da quantificação.* Por exemplo, considerando a condição $x \geq 0$, a proposição $\forall_x\, x \geq 0$ é verdadeira no domínio dos naturais, mas não o é no domínio dos inteiros.

O domínio da quantificação pode ser identificado de forma explícita dizendo, por exemplo, que x é uma variável natural (ou inteira, ou real), ou pode estar identificado de forma implícita, deduzindo-se do contexto. Ao longo deste texto assume-se, por omissão, que todas as variáveis envolvidas em expressões numéricas são variáveis reais, salvo referência em contrário.

Observe-se também que fixado um domínio para as variáveis (que assumimos sempre como sendo não vazio) continua a ser possível efetuar quantificações apenas sobre partes[12] desse domínio, desde que disponhamos de mecanismos de identificação dessas partes.

A título ilustrativo, suponha-se que se considera o domínio dos reais para as variáveis e que queremos afirmar que uma dada condição $P(x)$ se verifica para todos os naturais. Tal pode ser expresso pela fórmula

$$\forall_x (x \in \mathbb{N} \Rightarrow P(x)).$$

Por sua vez, a afirmação de que existe algum natural que satisfaz $P(x)$ pode ser expressa recorrendo ao quantificador existencial por

$$\exists_x (x \in \mathbb{N} \wedge P(x)).$$

Por último, afirmar que dado um qualquer inteiro existe um natural que é igual ao seu valor absoluto pode ser expresso por

$$\forall_x (x \in \mathbb{Z} \Rightarrow \exists_y (y \in \mathbb{N} \wedge y = |x|)).$$

Refira-se a propósito que a utilização de asserções deste tipo é tão vulgar em Matemática que se introduziram notações próprias para as abreviar (ver Secção 1.3.6).

1.3.6 Notações e abreviaturas úteis

Refira-se que a notação usada para as quantificações pode variar ligeiramente de autor para autor. Nomeadamente, em vez de

$$\forall_x\, \varphi \quad \text{e} \quad \exists_x\, \varphi$$

também se usa

$$(\forall x)\varphi \quad \text{e} \quad (\exists x)\varphi$$

[12] O conceito de parte de um conjunto será abordado no Capítulo 2, onde se introduz o símbolo $\in$ referido na expressão abaixo.

respetivamente. Por outro lado, quando se usa linguagem natural, a quantificação universal ocorre por vezes depois da condição que se está a quantificar, como por exemplo em

"Uma função real de variável real diferenciável num ponto x é também contínua no mesmo ponto x, para todo o $x \in \mathbb{R}$".

É ainda muito frequente ocorrerem expressões matemáticas em que uma quantificação universal é seguida de uma implicação, e em que uma quantificação existencial é seguida de uma conjunção, como por exemplo nas expressões

$$\forall_x (x \in \mathbb{N} \Rightarrow P(x)) \tag{1.41}$$

$$\exists_x (x \in \mathbb{N} \wedge P(x)) \tag{1.42}$$

atrás referidas. No desejo de conseguir notações cada vez mais sintéticas foram introduzidas abreviaturas para tais situações. Assim, expressões do tipo

$$\forall_{x:\varphi}\psi \quad \text{e} \quad \exists_{x:\varphi}\psi$$

podem ser lidas, informalmente, como "para todo o x tal que φ tem-se ψ" e "existe um x que satisfaz φ que verifica ψ", respetivamente, e podem ser vistas como abreviaturas de

$$\forall_x (\varphi \Rightarrow \psi) \quad \text{e} \quad \exists_x (\varphi \wedge \psi).$$

Em particular, nos casos em que φ é uma expressão $Q(x)$ que só envolve a variável x pode mesmo escrever-se simplesmente

$$\forall_{Q(x)}\, \psi \quad \text{e} \quad \exists_{Q(x)}\, \psi.$$

As proposições

$$\forall_{x \in \mathbb{N}}\, P(x) \quad \text{e} \quad \exists_{x \in \mathbb{N}}\, P(x)$$

são assim abreviaturas de (1.41) e (1.42), respetivamente. Por seu lado, as expressões

$$\forall_{x>1}\, x^2 > 1 \quad \text{e} \quad \exists_{x \neq 0}\, x^2 = x$$

são, respetivamente, abreviaturas das proposições

$$\forall_x (x > 1 \Rightarrow x^2 > 1) \quad \text{e} \quad \exists_x (x \neq 0 \wedge x^2 = x)$$

as quais são verdadeiras no domínio dos reais.

Refira-se ainda que a negação de uma quantificação universal seguida de uma implicação dá origem a uma quantificação existencial seguida de uma conjunção, e vice-versa. Com efeito, os esquemas

$$\neg\forall_{x:\varphi}\,\psi \Leftrightarrow \exists_{x:\varphi}\,\neg\psi \qquad \text{e} \qquad \neg\exists_{x:\varphi}\,\psi \Leftrightarrow \forall_{x:\varphi}\,\neg\psi$$

são válidos (confirme!).

Terminamos esta secção com mais uma notação frequente em textos matemáticos. A utilização de quantificadores, juntamente com os conectivos lógicos, permite expressar formalmente a generalidade das asserções comuns em Matemática. Por exemplo, a asserção "existe um e um só valor de x que satisfaz a condição $P(x)$", ou, mais informalmente, "existe um e um só x tal que $P(x)$" pode ser expressa pela proposição:

$$\exists_x\, P(x) \wedge \forall_x\forall_y(P(x) \wedge P(y) \Rightarrow x = y)$$

ou pela proposição

$$\exists_x(P(x) \wedge \forall_y(P(y) \Rightarrow x = y)).$$

A importância de asserções deste tipo em Matemática, isto é, asserções que referem a existência de "soluções únicas para uma certa condição", levou mais uma vez a que se procurassem abreviaturas para as expressões complexas que as traduzem. Assim, é frequente a utilização da expressão

$$\exists_x^1\, P(x)$$

ou da expressão

$$\exists\,!_x\, P(x)$$

como abreviatura das expressões anteriores.

1.3.7 Trocas de quantificadores

Como já foi referido, o caso em que existe mais de uma variável alvo de quantificação é, no essencial, semelhante ao caso em que há apenas uma variável. Assim, a expressão

$$\forall_x\exists_y\, y < x$$

lê-se "qualquer que seja x, existe (pelo menos) um y tal que $y < x$". Supondo que o domínio é o conjunto dos reais, trata-se de uma proposição verdadeira, mas já não o seria se estivéssemos a considerar como domínio o conjunto dos naturais, pois não existe qualquer natural menor que 0.

Considere-se agora a proposição

$$\exists_y\forall_x\, y < x$$

que se obtém da anterior trocando a posição dos dois quantificadores. Continuando a supor que o domínio é o conjunto dos reais, esta proposição exprime a existência de um número real menor do que qualquer outro (e do que ele próprio), pelo que é obviamente falsa. Assim, como acabámos de ver, trocando a posição dos dois quantificadores que intervêm na proposição $\forall_x \exists_y\, y < x$, obtém-se uma proposição *não* equivalente a $\forall_x \exists_y\, y < x$.

Em contrapartida, a permutação de quantificadores do mesmo tipo conduz sempre a uma expressão equivalente à inicial, isto é, os esquemas

$$\forall_x \forall_y\, \varphi \Leftrightarrow \forall_y \forall_x\, \varphi \qquad \text{e} \qquad \exists_x \exists_y\, \varphi \Leftrightarrow \exists_y \exists_x\, \varphi$$

são válidos. Assim, em particular, as proposições

$$\forall_x \forall_y (x > y \Leftrightarrow x^2 > y^2) \qquad \text{e} \qquad \forall_y \forall_x (x > y \Leftrightarrow x^2 > y^2)$$

são equivalentes, quer quando se considera o domínios dos naturais, quer quando se considera o dos inteiros. No primeiro caso são ambas verdadeiras. No segundo caso são ambas falsas: a atribuição do valor -1 a x e do valor -2 a y constitui um contraexemplo para veracidade de $x > y \Leftrightarrow x^2 > y^2$.

Por ser indiferente a ordem dos quantificadores do mesmo tipo, estas sequências de quantificadores como

$$\forall_x \forall_y\, \varphi \qquad \text{e} \qquad \exists_x \exists_y\, \varphi$$

são por vezes abreviadas escrevendo

$$\forall_{x,y}\, \varphi \qquad \text{e} \qquad \exists_{x,y}\, \varphi$$

respetivamente.

Por outro lado, embora quantificadores de tipo diferente não possam em geral permutar, é, contudo, válido o esquema

$$\exists_x \forall_y\, \varphi \Rightarrow \forall_y \exists_x\, \varphi.$$

Vale a pena procurar perceber melhor porque é que esta implicação é válida e o recíproco não. A título ilustrativo, suponha-se que φ é uma condição $P(x, y)$ apenas sobre as variáveis x e y.

Comecemos então por mostrar a veracidade da proposição

$$\exists_x \forall_y\, P(x, y) \Rightarrow \forall_y \exists_x\, P(x, y) \tag{1.43}$$

com $P(x, y)$ uma qualquer condição (só) sobre as variáveis x e y. Como se trata de demonstrar a veracidade de uma implicação entre proposições, suponhamos que é verdadeiro o antecedente

$$\exists_x \forall_y\, P(x, y) \tag{1.44}$$

e procuremos mostrar que é verdadeiro o consequente

$$\forall_y \exists_x\, P(x, y).$$

Seja a um qualquer valor do domínio em consideração. Precisamos de mostrar que existe um valor b desse domínio tal que se tem $P(b,a)$. Repare-se que o valor b em causa pode depender, e em geral depende, de a.

Tendo em conta (1.44), existe um valor c do domínio tal que, qualquer que seja o valor d do domínio que se considere, se verifica $P(c,d)$. Logo, em particular, verifica-se $P(c,a)$. Concluímos assim que existe o valor b pretendido: basta considerar b igual a c.

Repare-se agora porque é que o mesmo raciocínio não nos permite concluir a veracidade de $\forall_y \exists_x P(x,y) \Rightarrow \exists_x \forall_y P(x,y)$, recíproco de (1.43). Suponha-se então que é verdadeira a proposição

$$\forall_y \exists_x P(x,y) \tag{1.45}$$

e procuremos concluir que é verdadeira a proposição

$$\exists_x \forall_y P(x,y).$$

Por (1.45), qualquer que seja o valor a do domínio que se considere, existe um valor b do domínio para o qual se verifica $P(b,a)$. Mas dados dois valores diferentes a e a' do domínio, os correspondentes valores b e b' para os quais se verifica $P(b,a)$ e $P(b',a')$ podem ser diferentes. Logo, não há garantia que exista um valor c do domínio que verifique $P(c,a)$ para todo o valor a do domínio, como seria necessário para se ter $\exists_x \forall_y P(x,y)$.

Um contraexemplo que mostra que $\forall_y \exists_x P(x,y) \Rightarrow \exists_x \forall_y P(x,y)$ não é verdadeira, isto é, que não é verdadeira pelo menos para algumas condições $P(x,y)$ e alguns domínios, foi já referido no início desta secção. A proposição

$$\forall_y \exists_x \, y < x \Rightarrow \exists_x \forall_y \, y < x$$

é falsa quando se considera o domínio dos reais. Um outro exemplo é

$$\forall_y \exists_x \, x \leq y \Rightarrow \exists_x \forall_y \, x \leq y$$

que também é falsa no domínio dos reais (embora seja verdadeira no domínio dos naturais).

1.3.8 Termo livre para variável

Nesta secção apresentam-se algumas noções auxiliares que são úteis para escrever certos esquemas válidos envolvendo quantificadores.

Podemos recorrer à notação

$$\varphi_t^x$$

para designar a fórmula que se obtém da fórmula denotada pela metavariável φ quando se substitui nesta as ocorrências livres de x, e só essas, pelo termo

t. Para simplificar a exposição, falaremos por vezes nas ocorrências de x em φ quando nos quisermos referir às ocorrências de x na fórmula denotada por φ. Com o mesmo propósito, por vezes diremos apenas que φ_t^x designa a fórmula que se obtém quando se substitui em φ as ocorrências livres de x (em φ) pelo termo t.

Dada uma condição $P(x)$, onde, recorde-se, só x ocorre livre, pode usar-se uma notação semelhante à introduzida na Secção 1.3.2, e escrever $P(t)$ para denotar a expressão que se obtém de $P(x)$ quando se substituem as ocorrências livres de x, e só essas, por um termo t. Quando t não inclui variáveis, a implicação

$$\forall_x P(x) \Rightarrow P(t)$$

é verdadeira. Esta implicação é ainda verdadeira se na condição quantificada ocorrerem outras variáveis livres para além de x. Quando t não inclui variáveis, é portanto válido o esquema

$$\forall_x \varphi \Rightarrow \varphi_t^x \tag{1.46}$$

ao qual podemos chamar esquema de instanciação (de x).

O que se passa agora se t puder ser uma variável, ou incluir variáveis? Nesse caso há que ter cuidado para evitar que a substituição de x por t introduza interações indesejadas com os quantificadores, que não existiam antes. De facto, a implicação $\forall_x P(x) \Rightarrow P(t)$ pode não ser verdadeira. Para ilustrar esta afirmação considere-se que $P(x)$ é $\exists_y y < x$ e que t é y. Quando se substitui x por t obtém-se a proposição

$$\forall_x \exists_y y < x \Rightarrow \exists_y y < y \tag{1.47}$$

Em $\exists_y y < x$, a ocorrência da variável x está livre. Mas na fórmula que resulta de substituir x por y em $\exists_y y < x$, ou seja, em $\exists_y y < y$, a ocorrência da variável que substituiu x passou a estar muda. A proposição (1.47) é falsa no domínio dos reais, em particular. Um outro exemplo, agora tendo por domínio os seres humanos, é

$$\forall_x \exists_y \text{mãe}(y, x) \Rightarrow \exists_y \text{mãe}(y, y)$$

assumindo que $\text{mãe}(y, x)$ significa que y é mãe de x.

Se a metavariável φ designar uma fórmula na qual x não ocorre livre no alcance de uma quantificação sobre uma variável que ocorra em t, então

$$\forall_x \varphi \Rightarrow \varphi_t^x$$

é fórmula verdadeira. Podemos dizer então que o esquema de instanciação (1.46) é válido desde que x não ocorra livre em φ no alcance de uma quantificação sobre uma variável que ocorra em t.

Sendo t um termo ou um termo com variáveis, diz-se que *o termo t está livre para x em φ*, ou que *x pode ser substituído livremente pelo termo t em*

φ, se x não ocorre livre em φ no alcance de uma quantificação sobre uma variável que ocorra em t. Informalmente, isto significa que se podem substituir as ocorrências livres de x em φ por t sem problemas, isto é, continua-se a ter a validade de (1.46).

Ilustremos estes conceitos com os seguintes exemplos. Seja φ a condição

$$x < z \Rightarrow x + 5 < z + 5.$$

Como não existem quantificadores, qualquer termo está livre para x, ou para z, em φ.

Seja agora φ a condição

$$\forall_z (x < z \Rightarrow x + 5 < z + 5).$$

Neste caso

- x e y estão livres para x em φ (ou, x pode ser substituído livremente por x e x pode ser substituído livremente por y);
- z não está livre para x em φ (ou, x não pode ser substituído livremente por z), pois x ocorre livre em φ no alcance de uma quantificação sobre z;
- $x+z$ não está livre para x em φ (ou, x não pode ser substituído livremente por $x + z$).

Considere-se, por último, que φ é a condição

$$\exists_y (x < y \wedge \forall_x \forall_z (x < z \Rightarrow x + 5 < z + 5) \wedge \exists_u \, x = 2u).$$

Agora

- 3 está livre para x em φ;
- x e w estão livres para x em φ;
- y não está livre para x em φ, pois x ocorre livre no alcance de uma quantificação sobre y, e o mesmo se passa relativamente a u;
- z está livre para x em φ, pois todas as ocorrências de x no alcance de $\forall_z$ estão mudas por estarem também no alcance de $\forall_x$;
- $x + u$ não está livre para x em φ, pois x ocorre livre no alcance de uma quantificação sobre u, e u ocorre em $x + u$;
- $x + z$ está livre para x em φ.

Dos exemplos apresentados podemos extrair os seguintes casos particulares de interesse:

(i) qualquer constante e, mais geralmente, qualquer termo (sem variáveis), está livre para qualquer variável em qualquer fórmula;

(ii) qualquer variável está livre para si própria em qualquer fórmula, pelo que, em particular, o esquema $\forall_x \varphi \Rightarrow \varphi^x_x$, ou seja, $\forall_x \varphi \Rightarrow \varphi$, é um esquema válido;

(iii) qualquer variável que não ocorra na fórmula φ está livre para qualquer variável em φ.

Para terminar este tópico, refira-se que, à partida, as variáveis que usamos numa quantificação não são relevantes, no sentido em que se obtém uma fórmula equivalente à inicial quando se troca por outra a variável que está a ser quantificada, bem como as suas ocorrências ligadas a essa quantificação (mas, como veremos, têm de se verificar alguns requisitos). Por exemplo, é fácil concluir que a proposição

$$\exists_x\, x < 0 \Leftrightarrow \exists_z\, z < 0$$

é verdadeira, em particular, no domínio dos reais. Considerando agora

$$\forall_x \forall_y\, (\neg \exists_x\, x < y \Rightarrow (x > y \Rightarrow x > 0)) \tag{1.48}$$

se trocarmos x por z em $\exists_x\, x < y$ obtém-se

$$\forall_x \forall_y\, (\neg \exists_z\, z < y \Rightarrow (x > y \Rightarrow x > 0))$$

que é equivalente a (1.48).

No entanto, há de novo que ter algum cuidado por forma a não introduzir novas interações com os quantificadores. Os exemplos seguintes ilustram os problemas que podem ocorrer. Se trocarmos x por y em

$$\forall_x \exists_y\, y < x \tag{1.49}$$

obtém-se

$$\forall_y \exists_y\, y < y$$

que não é equivalente a (1.49). Note-se que em (1.49) a ocorrência de x em $y < x$ é substituída por y e fica ligada ao quantificador existencial. Considerando agora

$$\forall_x\, y < x \tag{1.50}$$

se trocarmos x por y obtém-se

$$\forall_y\, y < y$$

que também não é equivalente à condição inicial (1.50). A ocorrência de y que estava livre em (1.50) passa a estar muda na nova fórmula.

Não haverá, contudo, qualquer problema se se trocar uma variável por outra que não ocorra na fórmula quantificada, como fizemos em (1.48). Esta afirmação traduz-se na validade dos esquemas

$$\forall_x \varphi \Leftrightarrow \forall_y \varphi_y^x \qquad \text{e} \qquad \exists_x \varphi \Leftrightarrow \exists_y \varphi_y^x$$

no caso em que y não ocorre em φ.

1.3.9 Esquemas válidos relevantes

Para além das tautologias, foram já mencionados alguns esquemas válidos importantes, nomeadamente, as segundas leis de De Morgan e os esquemas relativos às trocas de quantificadores. Estes esquemas, entre outros considerados relevantes, de que falaremos ao longo desta secção, estão presentes na Tabela 1.4. Ilustra-se ainda nesta secção como concluir que um esquema é válido, e também como concluir que um determinado esquema não é válido.

Começamos por recordar os esquemas de instanciação de variáveis universalmente quantificadas referidos na Secção 1.3.8 e também presentes na Tabela 1.4. Podemos dizer, informalmente, que nestes esquemas há "eliminação" dos quantificadores universais, pois estes esquemas correspondem a implicações cujo antecedente tem quantificadores universais que já não ocorrem no consequente. Podem também obter-se esquemas válidos que permitem "introduzir" quantificadores existenciais, como se ilustra de seguida.

Pretende-se demonstrar que o esquema

$$\varphi_t^x \Rightarrow \exists_x \varphi \tag{1.51}$$

é válido quando φ designa uma qualquer fórmula e t designa um qualquer termo livre para x nessa fórmula.

Suponha-se então que φ designa uma qualquer fórmula e que t designa um qualquer termo livre para x em φ. Então

(i) tem-se $\forall_x \neg\varphi \Rightarrow (\neg\varphi)_t^x$ pois trata-se de uma instância de um esquema válido (note-se que t está também livre para x em $\neg\varphi$);

(ii) $\forall_x \neg\varphi \Rightarrow \neg\varphi_t^x$ resulta de (i) pois $(\neg\varphi)_t^x = \neg\varphi_t^x$;

(iii) como uma implicação é equivalente ao seu contrarrecíproco, usando tautologias[13], de (ii) conclui-se que $\neg\neg\varphi_t^x \Rightarrow \neg\forall_x \neg\varphi$ é igualmente verdadeira;

(iv) dado que $\neg\neg\varphi_t^x \Leftrightarrow \varphi_t^x$ é uma tautologia, de (iii), por substituição de equivalentes, conclui-se que também $\varphi_t^x \Rightarrow \neg\forall_x \neg\varphi$ é verdadeira;

[13] Ou usando diretamente a regra tautológica referida no Exercício 12 da Secção 1.4.

Esquemas válidos		
$\neg\forall_x\varphi \Leftrightarrow \exists_x\neg\varphi$ $\neg\exists_x\varphi \Leftrightarrow \forall_x\neg\varphi$		Segundas leis de De Morgan
$\forall_x\forall_y\,\varphi \Leftrightarrow \forall_y\forall_x\,\varphi$ $\exists_x\exists_y\,\varphi \Leftrightarrow \exists_y\exists_x\,\varphi$		Troca de quantificadores
$\forall_x\,\varphi \Rightarrow \varphi_t^x$ $\forall_x\,\varphi \Rightarrow \varphi$ $\forall_x\,\varphi \Rightarrow \varphi_c^x$	se t está livre para x em φ caso particular: t é x caso particular: c designação de elemento do domínio	Instanciação (eliminação do quantificador universal)
$\varphi_t^x \Rightarrow \exists_x\,\varphi$ $\varphi \Rightarrow \exists_x\,\varphi$ $\varphi_c^x \Rightarrow \exists_x\,\varphi$	se t está livre para x em φ caso particular: t é x caso particular: c designação de elemento do domínio	Introdução do quantificador existencial
$\forall_x\,\varphi \Leftrightarrow \forall_y\,\varphi_y^x$ $\exists_x\,\varphi \Leftrightarrow \exists_y\,\varphi_y^x$	se y não ocorre em φ se y não ocorre em φ	Mudança de variável
$\forall_x\,\varphi \Rightarrow \exists_x\,\varphi$		Relação entre quantificador universal e existencial
$\forall_x\,\varphi \Leftrightarrow \varphi$ $\exists_x\,\varphi \Leftrightarrow \varphi$	se x não ocorre livre em φ se x não ocorre livre em φ	Quantificação sobre variáveis que não ocorrem livres

Tabela 1.4: Alguns esquemas válidos

(v) como se tem $\exists_x\,\varphi \Leftrightarrow \neg\forall_x\neg\varphi$ (recorde-se (1.39) na Secção 1.3.4), de (iv), por substituição de equivalentes, conclui-se que $\varphi_t^x \Rightarrow \exists_x\,\varphi$ é verdadeira.

Refira-se ainda que considerando em (1.51) e em (1.46) o caso em que t é x, obtém-se $\varphi \Rightarrow \exists_x\,\varphi$ e $\forall_x\,\varphi \Rightarrow \varphi$, respetivamente, e, pela transitividade da implicação (ver a Tabela 1.1), pode concluir-se que é igualmente válido o esquema

$$\forall_x\,\varphi \Rightarrow \exists_x\,\varphi$$

que relaciona os dois tipos de quantificadores. Note-se que esta validade decorre do facto de assumirmos que os domínios de quantificação são sempre não vazios.

Recorde-se que na Secção 1.3.1 observámos que quantificar uma fórmula sobre uma variável que nela não ocorra não tinha qualquer efeito, no sentido em que se obtinha sempre uma fórmula equivalente. Esta propriedade pode generalizar-se ao caso em que se quantifica uma fórmula sobre uma variável que nela não ocorra livre. Logo, são válidos os esquemas

$$\varphi \Leftrightarrow \forall_x \varphi \tag{1.52}$$

$$\varphi \Leftrightarrow \exists_x \varphi \tag{1.53}$$

quando x não ocorre livre em φ. Note-se que o esquema (1.53) pode ser obtido a partir do esquema (1.52), e vice-versa, o que se deixa como exercício ao leitor. Observe-se que o esquema $\forall_x \varphi \Rightarrow \varphi$ é válido, mas o esquema recíproco

$$\varphi \Rightarrow \forall_x \varphi$$

não é válido se não se assumir que x não ocorre livre em φ. Para chegar a esta conclusão basta mostrar que sem essa restrição é possível indicar uma fórmula φ e um domínio tais que $\varphi \Rightarrow \forall_x \varphi$ não é verdadeira. Um exemplo simples é considerar o domínio dos reais e que φ é $x > 0$. Com efeito, neste caso

$$x > 0 \Rightarrow \forall_x x > 0$$

não é verdadeira, pois basta atribuir a x um real positivo para obter uma proposição falsa.

Um outro aspeto importante diz respeito ao modo como os quantificadores interagem com os conectivos lógicos. As implicações e equivalências na Tabela 1.5 estão relacionadas, em primeiro lugar, com a interação de cada um dos quantificadores com a conjunção, a disjunção e a implicação. Seguem-se esquemas em que se consideram simultaneamente os dois tipos de quantificadores e a sua interação com esses conectivos. Verifica-se, em particular, que o quantificador universal se distribui livremente pela conjunção, e que o mesmo se verifica com o quantificador existencial em relação à disjunção.

Finalmente, listam-se ainda na Tabela 1.6 outros esquemas que relacionam os quantificadores e os conectivos, mas cuja validade depende agora de a variável alvo de quantificação não estar livre numa das fórmulas envolvidas.

A demonstração da validade dos esquemas apresentados nas Tabelas 1.5 e 1.6 deixa-se como exercício ao leitor. De qualquer modo, sublinhe-se de novo que este não é um texto de Lógica Matemática, sendo o seu propósito essencial que o leitor tome conhecimento dos esquemas válidos mais importantes, e que seja capaz de confirmar intuitivamente a sua veracidade através da leitura informal do seu significado. Uns são mais ou menos relativamente óbvios, ao passo que outros exigem uma análise um pouco mais cuidada.

A título exemplificativo, veremos em seguida como se pode demonstrar a validade de alguns dos esquemas apresentados. Demonstrações dos restantes podem ser encontradas em textos de Lógica Matemática.

Esquemas válidos
$\forall_x (\varphi_1 \wedge \varphi_2) \Leftrightarrow \forall_x \varphi_1 \wedge \forall_x \varphi_2$
$\exists_x (\varphi_1 \wedge \varphi_2) \Rightarrow \exists_x \varphi_1 \wedge \exists_x \varphi_2$
$\forall_x \varphi_1 \vee \forall_x \varphi_2 \Rightarrow \forall_x (\varphi_1 \vee \varphi_2)$
$\exists_x (\varphi_1 \vee \varphi_2) \Leftrightarrow \exists_x \varphi_1 \vee \exists_x \varphi_2$
$\forall_x (\varphi_1 \Rightarrow \varphi_2) \Rightarrow (\forall_x \varphi_1 \Rightarrow \forall_x \varphi_2)$
$(\exists_x \varphi_1 \Rightarrow \exists_x \varphi_2) \Rightarrow \exists_x (\varphi_1 \Rightarrow \varphi_2)$
$\forall_x (\varphi_1 \Rightarrow \varphi_2) \Rightarrow (\exists_x \varphi_1 \Rightarrow \exists_x \varphi_2)$
$\forall_x \varphi_1 \wedge \exists_x \varphi_2 \Rightarrow \exists_x (\varphi_1 \wedge \varphi_2)$
$\forall_x \varphi_1 \vee \exists_x \varphi_2 \Rightarrow \exists_x (\varphi_1 \vee \varphi_2)$
$\forall_x (\varphi_1 \vee \varphi_2) \Rightarrow \forall_x \varphi_1 \vee \exists_x \varphi_2$
$(\exists_x \varphi_1 \Rightarrow \forall_x \varphi_2) \Rightarrow \forall_x (\varphi_1 \Rightarrow \varphi_2)$
$(\forall_x \varphi_1 \Rightarrow \forall_x \varphi_2) \Rightarrow \exists_x (\varphi_1 \Rightarrow \varphi_2)$

Tabela 1.5: Interação entre quantificadores e conectivos lógicos

O objetivo é agora demonstrar que o esquema

$$\forall_x \varphi_1 \vee \forall_x \varphi_2 \Rightarrow \forall_x (\varphi_1 \vee \varphi_2) \tag{1.54}$$

é válido. Sejam φ_1 e φ_2 duas quaisquer fórmulas e considere-se um qualquer domínio. Como decorre da tautologia 5z no Exercício 5 da Secção 1.4, para demonstrar que uma disjunção implica uma certa fórmula, basta-nos demonstrar que cada uma das fórmulas argumento da disjunção implica essa fórmula. Dito de outra forma, e usando a terminologia atrás referida, podemos efetuar "uma demonstração por casos" e concluir que o consequente se verifica em qualquer um dos casos. Basta assim demonstrar que são verdadeiras as fórmulas

$$\forall_x \varphi_1 \Rightarrow \forall_x (\varphi_1 \vee \varphi_2) \tag{1.55}$$

$$\forall_x \varphi_2 \Rightarrow \forall_x (\varphi_1 \vee \varphi_2) \tag{1.56}$$

Demonstramos a seguir apenas a veracidade de (1.55), pois o caso de (1.56) é análogo.

Se não existirem variáveis livres em (1.55) queremos mostrar que (1.55) é uma proposição verdadeira. Se (1.55) não for uma proposição, queremos mostrar que, sejam quais forem os valores considerados para variáveis distintas de

Esquemas válidos	
$\forall_x (\varphi_1 \Rightarrow \varphi_2) \Leftrightarrow (\exists_x \varphi_1 \Rightarrow \varphi_2)$	desde que x não ocorra livre em φ_2
$\exists_x (\varphi_1 \Rightarrow \varphi_2) \Leftrightarrow (\varphi_1 \Rightarrow \exists_x \varphi_2)$	desde que x não ocorra livre em φ_1
$\forall_x (\varphi_1 \Rightarrow \varphi_2) \Leftrightarrow (\varphi_1 \Rightarrow \forall_x \varphi_2)$	desde que x não ocorra livre em φ_1
$\exists_x (\varphi_1 \Rightarrow \varphi_2) \Leftrightarrow (\forall_x \varphi_1 \Rightarrow \varphi_2)$	desde que x não ocorra livre em φ_2
$\exists_x (\varphi_1 \wedge \varphi_2) \Leftrightarrow (\varphi_1 \wedge \exists_x \varphi_2)$	desde que x não ocorra livre em φ_1
$\forall_x (\varphi_1 \vee \varphi_2) \Leftrightarrow (\varphi_1 \vee \forall_x \varphi_2)$	desde que x não ocorra livre em φ_1

Tabela 1.6: Mais alguns esquemas válidos

x que ocorrem livres em φ_1 e φ_2, a proposição em que (1.55) se converte é uma proposição verdadeira. Para simplificar a notação, não referiremos explicitamente esses valores e usaremos também $\forall_x \varphi_1 \Rightarrow \forall_x (\varphi_1 \vee \varphi_2)$ para designar a proposição que resulta de substituir as variáveis livres pelos valores em questão.

Como $\forall_x \varphi_1 \Rightarrow \forall_x (\varphi_1 \vee \varphi_2)$ é uma implicação, pode assumir-se que o antecedente é verdadeiro e procurar estabelecer o consequente, isto é, concluir que o consequente também é uma proposição verdadeira. Assuma-se então que se tem

$$\forall_x \varphi_1 \tag{1.57}$$

e procure-se mostrar que se tem

$$\forall_x (\varphi_1 \vee \varphi_2)$$

o que significa, informalmente, que temos de demonstrar que se verifica a disjunção $\varphi_1 \vee \varphi_2$, qualquer que seja o valor do domínio que x denote. Dito de outra forma, e supondo que a denota um elemento qualquer do domínio, temos de verificar que é verdadeira a disjunção $\varphi_1 \vee \varphi_2$, quando nela se substitui (as ocorrências livres de) x por a, ou seja, temos de verificar que se tem $(\varphi_1 \vee \varphi_2)^x_a$, fórmula que é naturalmente idêntica a ${\varphi_1}^x_a \vee {\varphi_2}^x_a$. Ora

(i) a veracidade de ${\varphi_1}^x_a$ decorre do esquema de instanciação da Tabela 1.4, $\forall_x \varphi \Rightarrow \varphi^x_a$, e de (1.57), usando o *Modus Ponens*;

(ii) ${\varphi_1}^x_a \Rightarrow ({\varphi_1}^x_a \vee {\varphi_2}^x_a)$ é verdadeira porque é uma tautologia;

(iii) a veracidade de ${\varphi_1}^x_a \vee {\varphi_2}^x_a$ decorre então de (i) e (ii) por *Modus Ponens*, o que termina a demonstração.

Observe-se que na demonstração anterior se pode usar uma notação mais simples se, por abuso de linguagem, se usar x em vez de a para designar um valor arbitrário do domínio.

Consideremos agora os esquemas

$$\exists_x (\varphi_1 \wedge \varphi_2) \Rightarrow \exists_x \varphi_1 \wedge \exists_x \varphi_2 \qquad (\forall_x \varphi_1 \vee \forall_x \varphi_2) \Rightarrow \forall_x (\varphi_1 \vee \varphi_2)$$

$$\forall_x (\varphi_1 \Rightarrow \varphi_2) \Rightarrow (\forall_x \varphi_1 \Rightarrow \forall_x \varphi_2) \qquad (\exists_x \varphi_1 \Rightarrow \exists_x \varphi_2) \Rightarrow \exists_x (\varphi_1 \Rightarrow \varphi_2)$$

Os respetivos recíprocos não são válidos. Considere-se, por exemplo, o esquema

$$\exists_x \varphi_1 \wedge \exists_x \varphi_2 \Rightarrow \exists_x (\varphi_1 \wedge \varphi_2)$$

recíproco de $\exists_x (\varphi_1 \wedge \varphi_2) \Rightarrow \exists_x \varphi_1 \wedge \exists_x \varphi_2$. Para mostrar que não é válido basta encontrar um contraexemplo, isto é, basta encontrar fórmulas φ_1 e φ_2 e um domínio para os quais não seja verdadeira esta implicação. Ora, é imediato que não é verdadeira a implicação

$$\exists_x x < 1 \wedge \exists_x x > 1 \Rightarrow \exists_x (x < 1 \wedge x > 1)$$

assumindo, por exemplo, que x é uma variável real. Deixa-se ao cuidado do leitor a análise dos outros casos.

Para terminar, demonstra-se agora que o esquema

$$\forall_x (\varphi_1 \Rightarrow \varphi_2) \Rightarrow (\exists_x \varphi_1 \Rightarrow \exists_x \varphi_2) \tag{1.58}$$

é válido. Considere-se que φ_1 e φ_2 designam duas quaisquer fórmulas. Se não existirem variáveis livres em (1.58) há então que mostrar que (1.58) é uma proposição verdadeira. Se (1.58) não for uma proposição, há que mostrar que, sejam quais forem os valores considerados para variáveis distintas de x que ocorrem livres em φ_1 e φ_2, a proposição em que a condição (1.58) se converte é uma proposição verdadeira. Como anteriormente, para simplificar a notação, não referiremos explicitamente esses valores e usaremos também (1.58) para designar a proposição que resulta de substituir as variáveis livres pelos valores em questão. Assuma-se que é verdadeiro o antecedente

$$\forall_x (\varphi_1 \Rightarrow \varphi_2) \tag{1.59}$$

e procure-se mostrar que se verifica o consequente

$$\exists_x \varphi_1 \Rightarrow \exists_x \varphi_2.$$

Para tal, e de modo semelhante, pode assumir-se que se verifica

$$\exists_x \varphi_1 \tag{1.60}$$

e tentar mostrar que se tem

$$\exists_x \varphi_2$$

o que significa, informalmente, que temos de mostrar que se verifica φ_2 para algum elemento do domínio. Assim, assumimos que $\forall_x (\varphi_1 \Rightarrow \varphi_2)$ e $\exists_x \varphi_1$ são ambas verdadeiras. Ora

(i) por (1.60), existe algum elemento do domínio que verifica φ_1, isto é, sendo a uma designação desse objeto, verifica-se ${\varphi_1}^x_a$;

(ii) por (1.59), verifica-se $\varphi_1 \Rightarrow \varphi_2$ quando x é substituído por qualquer valor do domínio e portanto, em particular, verifica-se $(\varphi_1 \Rightarrow \varphi_2)^x_a$, fórmula idêntica a ${\varphi_1}^x_a \Rightarrow {\varphi_2}^x_a$;

(iii) a veracidade de ${\varphi_2}^x_a$ decorre então de (ii) e (i) por *Modus Ponens*, e portanto verifica-se $\exists_x \varphi_2$.

1.3.10 Deduções

Suponha-se que fixámos o nosso ambiente de trabalho (domínio de aplicação) e que pretendemos efetuar deduções a partir de certas hipóteses. Informalmente, e na linha do que já foi referido na Secção 1.1.7, as deduções consistirão agora numa sequência de fórmulas, em que cada fórmula

(i) ou é uma das hipóteses

(ii) ou traduz uma asserção sobre o domínio em causa que já se sabe (ou demonstrou) que é verdadeira

(iii) ou resulta das fórmulas anteriores na dedução por aplicação de regras de inferência que preservem a veracidade nesses domínios.

No que respeita a (ii), para além de asserções verdadeiras nos domínios específicos em consideração, como por exemplo $\forall_n\, n \geq 0$ no domínio dos naturais, podemos considerar também qualquer instância de um esquema válido (e, em particular, qualquer tautologia).

No que respeita a (iii), podemos usar, nomeadamente, todas as regras de inferência esquema da lógica proposicional e, em particular, todas as regras referidas na Tabela 1.3. Continuaremos a designar estas regras por regras de inferência tautológicas ou, mais abreviadamente, por *regras tautológicas*.

Se nas deduções com hipóteses só usarmos regras de inferência tautológicas, então o importante metateorema da dedução, já referido na Secção 1.1.7, continua a verificar-se sem restrições.

Numa dedução podemos ainda usar agora a nova regra $Gen(x)$ seguinte

$$\frac{\varphi}{\forall_x \varphi}\ Gen(x)$$

que é conhecida por regra da generalização (sobre a variável referida no quantificador). No entanto, se nessa dedução aplicarmos esta regra sobre variáveis que ocorram livres nas hipóteses da dedução, então pode acontecer que não seja possível aplicar o metateorema da dedução[14]. No entanto, não aprofundaremos este assunto neste texto.

Vejamos um exemplo de dedução, relativo ao silogismo referido na introdução à Secção 1.2. Para simplificar, escreve-se h(x) e h(Sócrates) em vez de homem(x) e homem(Sócrates), bem como m(x) e m(Sócrates) em vez de mortal(x) e mortal(Sócrates), respetivamente.

	Fórmula	Justificação
1.	$\forall_x (\mathrm{h}(x) \Rightarrow \mathrm{m}(x))$	Hipótese
2.	h(Sócrates)	Hipótese
3.	$\forall_x(\mathrm{h}(\mathrm{x}) \Rightarrow \mathrm{m}(\mathrm{x})) \Rightarrow$ (h(Sócrates) $\Rightarrow$ m(Sócrates))	instância de esquema válido (Tabela 1.4)
4.	h(Sócrates) $\Rightarrow$ m(Sócrates)	de 1. e 3. por MP
5.	m(Sócrates)	de 2. e 4. por MP

Tal como no caso proposicional, podemos considerar também outras regras de inferência, derivadas das anteriores e de esquemas válidos, que podem ser usadas para simplificar deduções. Como existem esquemas válidos só em certas condições, as regras de inferência correspondentes a esses esquemas também só podem ser aplicadas nessas condições. Um exemplo é a regra

$$\frac{\forall_x \varphi}{\varphi_t^x}\ Ins(t) \qquad \text{se } t \text{ está livre para } x \text{ em } \varphi$$

que designamos por $Ins(t)$. Esta regra pode ser derivada recorrendo ao esquema $\forall_x \varphi \Rightarrow \varphi_t^x$, que é válido quando t está livre para x em φ, e ao *Modus Ponens*, o que se deixa como exercício. Usando esta regra, a dedução apresentada acima poderia ser simplificada.

Apresentamos de seguida a derivação da regra

$$\frac{\varphi_1 \Rightarrow \varphi_2}{\forall_x \varphi_1 \Rightarrow \forall_x \varphi_2}\ \forall{\Rightarrow}(x)$$

Suponha-se que φ_1 e φ_2 são duas quaisquer fórmulas. Tem-se

	Fórmula	Justificação
1.	$\varphi_1 \Rightarrow \varphi_2$	Hipótese
2.	$\forall_x (\varphi_1 \Rightarrow \varphi_2)$	de 1. por $Gen(x)$
3.	$\forall_x (\varphi_1 \Rightarrow \varphi_2) \Rightarrow (\forall_x \varphi_1 \Rightarrow \forall_x \varphi_2)$	esquema válido (Tabela 1.5)
4.	$\forall_x \varphi_1 \Rightarrow \forall_x \varphi_2$	de 2. e 3. por MP

[14]Observe-se que o esquema $\varphi \Rightarrow \forall_x \varphi$ não é válido se x ocorrer livre em φ.

É de salientar uma alteração importante nas deduções neste contexto face ao que acontecia nas deduções proposicionais. Nas deduções proposicionais só podíamos usar tautologias, hipóteses e fórmulas que se deduziam de outras anteriores por regras tautológicas. Agora, para além destas, podemos usar instâncias de esquemas válidos não necessariamente tautológicos, e também outras fórmulas verdadeiras específicas sobre os domínios em causa.

Refira-se que qualquer esquema válido pode ser deduzido recorrendo apenas às tautologias, aos esquemas seguintes

(i)	$\exists_x \varphi \Leftrightarrow \neg\forall_x \neg\varphi$	
(ii)	$\forall_x \varphi \Rightarrow \varphi_t^x$	se t está livre para x em φ
(iii)	$\varphi \Rightarrow \forall_x \varphi$	se x não ocorre livre em φ
(iv)	$\forall_x (\varphi_1 \Rightarrow \varphi_2) \Rightarrow (\forall_x \varphi_1 \Rightarrow \forall_x \varphi_2)$	

(onde φ denota uma qualquer fórmula, x uma qualquer variável e t um qualquer termo satisfazendo as condições indicadas), às regras de inferência tautológicas e à regra da generalização. Dito de outra maneira, podemos obter qualquer esquema válido efetuando deduções, sem hipóteses, onde só ocorrem tautologias, esquemas de um dos quatro tipos acima indicados, e esquemas que se deduzam de esquemas anteriores na dedução por aplicação das regras de inferência tautológicas ou da regra da generalização. Tal como anteriormente, regras derivadas e esquemas válidos já deduzidos desta forma podem ser utilizados nas deduções para as tornar mais simples e curtas. A título ilustrativo apresentamos a dedução do esquema correspondente à troca de quantificadores universais. Sendo φ uma qualquer fórmula, tem-se

	Fórmula	Justificação
1.	$\forall_y \varphi \Rightarrow \varphi$	axioma (ii) com $t = y$
2.	$\forall_x\forall_y \varphi \Rightarrow \forall_x \varphi$	de 1. pela regra $\forall\Rightarrow(x)$
3.	$\forall_y\forall_x\forall_y \varphi \Rightarrow \forall_y\forall_x \varphi$	de 2. pela regra $\forall\Rightarrow(x)$
4	$\forall_x\forall_y \varphi \Rightarrow \forall_y\forall_x\forall_y \varphi$	axioma (iii)
5.	$\forall_x\forall_y \varphi \Rightarrow \forall_y\forall_x \varphi$	de 4. e 3. pela regra (x) da Tabela 1.3

Note-se que a regra $\forall\Rightarrow(x)$ usada na dedução anterior foi derivada acima usando apenas a regra da generalização, o axioma (iv) e MP.

Não aprofundaremos mais neste texto o estudo da lógica, mas o leitor interessado poderá consultar, como já referido, os textos [6, 20, 25, 32, 39, 55, 67].

1.4 Exercícios

1. Construa a tabela de verdade relativa ao conectivo de disjunção exclusiva (ver Secção 1.1.3.3).

2. A disjunção exclusiva entre duas asserções P e Q pode ser expressa à custa dos conectivos lógicos de negação, conjunção e disjunção.

   (a) Verifique esta afirmação construindo a tabela de verdade de

   $$(P \vee Q) \wedge (\neg(P \wedge Q))$$

   e comparando-a com a tabela de verdade da disjunção exclusiva entre P e Q, confirmando que, para os mesmos valores de P e Q, o valor de $(P \vee Q) \wedge (\neg(P \wedge Q))$ e o valor da disjunção exclusiva entre P e Q é igual.

   (b) Repita o exercício da alínea anterior agora com

   $$(P \wedge \neg Q) \vee (\neg P \wedge Q).$$

3. A possibilidade de se exprimir um conectivo à custa de outros verifica-se também para outros conectivos, e não apenas para a disjunção exclusiva (ver Exercício 2 acima). Exprima

   (a) $\vee$ à custa de $\neg$ e $\wedge$.
   (b) $\Rightarrow$ à custa de $\neg$ e $\wedge$.
   (c) $\wedge$ à custa de $\neg$ e $\Rightarrow$.
   (d) $\vee$ à custa de $\neg$ e $\Rightarrow$.
   (e) $\wedge$ à custa de $\neg$ e $\vee$.
   (f) $\Leftrightarrow$ à custa de $\wedge$ e $\Rightarrow$.

4. Considere as seguintes proposições

   (i) $2+3=8 \Rightarrow (2+3=8 \vee 7=2)$
   (ii) $2+3=5 \Rightarrow (2+3=5 \wedge 7=4+3)$
   (iii) $(2+3=5 \Rightarrow 2+2=4) \Rightarrow (2+2=4 \Rightarrow 2+3=5)$
   (iv) $(2+3=5 \Rightarrow 2+2=4) \Rightarrow (\neg(2+2=4) \Rightarrow \neg(2+3=5))$

   São proposições verdadeiras? São tautologias?

5. Verifique que os esquemas seguintes representam tautologias, isto é, que sejam quais forem as fórmulas proposicionais φ, φ_1, φ_2 e φ_3, as fórmulas proposicionais seguintes são tautologias

(a) $\bot \Rightarrow \varphi$.

(b) $\varphi \Rightarrow \top$.

(c) $\varphi \wedge \top \Leftrightarrow \varphi$.

(d) $\varphi \vee \bot \Leftrightarrow \varphi$.

(e) $\varphi \wedge \bot \Leftrightarrow \bot$.

(f) $\varphi \vee \top \Leftrightarrow \top$.

(g) $\varphi \wedge \varphi \Leftrightarrow \varphi$.

(h) $\varphi \vee \varphi \Leftrightarrow \varphi$.

(i) $(\varphi_1 \wedge \varphi_2) \Leftrightarrow (\varphi_2 \wedge \varphi_1)$.

(j) $(\varphi_1 \vee \varphi_2) \Leftrightarrow (\varphi_2 \vee \varphi_1)$.

(k) $(\varphi_1 \Leftrightarrow \varphi_2) \Leftrightarrow (\varphi_2 \Leftrightarrow \varphi_1)$.

(l) $(\varphi_1 \wedge \varphi_2) \wedge \varphi_3 \Leftrightarrow \varphi_1 \wedge (\varphi_2 \wedge \varphi_3)$.

(m) $(\varphi_1 \vee \varphi_2) \vee \varphi_3 \Leftrightarrow \varphi_1 \vee (\varphi_2 \vee \varphi_3)$.

(n) $(\varphi_1 \wedge \varphi_2) \Rightarrow \varphi_1$.

(o) $(\varphi_1 \wedge \varphi_2) \Rightarrow \varphi_2$.

(p) $\varphi_1 \Rightarrow (\varphi_1 \vee \varphi_2)$.

(q) $\varphi_2 \Rightarrow (\varphi_1 \vee \varphi_2)$.

(r) $(\varphi_1 \Rightarrow \varphi_2) \Rightarrow ((\varphi_2 \Rightarrow \varphi_3) \Rightarrow (\varphi_1 \Rightarrow \varphi_3))$.

(s) $(\varphi_1 \Leftrightarrow \varphi_2) \Leftrightarrow ((\varphi_1 \Rightarrow \varphi_2) \wedge (\varphi_2 \Rightarrow \varphi_1))$.

(t) $\varphi \wedge (\varphi_1 \vee \varphi_2) \Leftrightarrow (\varphi \wedge \varphi_1) \vee (\varphi \wedge \varphi_2)$.

(u) $\varphi \vee (\varphi_1 \wedge \varphi_2) \Leftrightarrow (\varphi \vee \varphi_1) \wedge (\varphi \vee \varphi_2)$.

(v) $((\varphi_1 \Rightarrow \varphi_2) \wedge (\varphi_2 \Rightarrow \varphi_3)) \Rightarrow (\varphi_1 \Rightarrow \varphi_3)$.

(w) $((\varphi_1 \Leftrightarrow \varphi_2) \wedge (\varphi_2 \Leftrightarrow \varphi_3)) \Rightarrow (\varphi_1 \Leftrightarrow \varphi_3)$.

(x) $(\varphi_1 \Rightarrow (\varphi_2 \Rightarrow \varphi_3)) \Leftrightarrow ((\varphi_1 \wedge \varphi_2) \Rightarrow \varphi_3)$.

(y) $((\varphi \Rightarrow \varphi_1) \wedge (\varphi \Rightarrow \varphi_2)) \Leftrightarrow (\varphi \Rightarrow (\varphi_1 \wedge \varphi_2))$.

(z) $((\varphi_1 \Rightarrow \varphi) \wedge (\varphi_2 \Rightarrow \varphi)) \Leftrightarrow ((\varphi_1 \vee \varphi_2) \Rightarrow \varphi)$.

6. Verifique que os esquemas seguintes representam tautologias, isto é, que sejam quais forem as fórmulas proposicionais φ, φ_1 e φ_2, as fórmulas proposicionais seguintes são tautologias

   (a) $\varphi \Leftrightarrow \neg\neg\varphi$.

   (b) $\varphi \vee \neg\varphi$.

   (c) $\neg(\varphi \wedge \neg\varphi)$.

(d) $\neg(\varphi_1 \vee \varphi_2) \Leftrightarrow \neg\varphi_1 \wedge \neg\varphi_2$.

(e) $\neg(\varphi_1 \wedge \varphi_2) \Leftrightarrow \neg\varphi_1 \vee \neg\varphi_2$.

(f) $(\varphi_1 \Rightarrow \varphi_2) \Leftrightarrow (\neg\varphi_2 \Rightarrow \neg\varphi_1)$.

(g) $(\varphi_1 \Leftrightarrow \varphi_2) \Leftrightarrow ((\varphi_1 \Rightarrow \varphi_2) \wedge (\varphi_2 \Rightarrow \varphi_1))$.

(h) $(\varphi_1 \Leftrightarrow \varphi_2) \Leftrightarrow ((\neg\varphi_1 \vee \varphi_2) \wedge (\neg\varphi_2 \vee \varphi_1))$.

(i) $(\varphi_1 \Leftrightarrow \varphi_2) \Leftrightarrow (\neg\varphi_1 \Leftrightarrow \neg\varphi_2)$.

(j) $\neg\varphi_1 \Rightarrow (\varphi_1 \Rightarrow \varphi_2)$.

(k) $\varphi_2 \Rightarrow (\varphi_1 \Rightarrow \varphi_2)$.

(l) $((\varphi_1 \vee \varphi_2) \wedge \neg\varphi_1) \Rightarrow \varphi_2$.

(m) $(\varphi_1 \Rightarrow \varphi_2) \Leftrightarrow ((\varphi_1 \wedge \neg\varphi_2) \Rightarrow \bot)$.

(n) $(\varphi_1 \Rightarrow \varphi_2) \Leftrightarrow \neg\varphi_1 \vee \varphi_2$.

(o) $\neg(\varphi_1 \Rightarrow \varphi_2) \Leftrightarrow \varphi_1 \wedge \neg\varphi_2$.

(p) $\varphi_1 \Leftrightarrow ((\varphi_1 \vee \neg\varphi_2) \wedge (\varphi_1 \vee \varphi_2))$.

7. Verifique que não são tautologias as fórmulas proposicionais

   (a) $(p_1 \vee p_2) \Rightarrow p_1$.

   (b) $p_1 \Rightarrow (p_1 \Rightarrow p_2)$.

   (c) $(p_1 \wedge p_2 \Rightarrow p_3) \Rightarrow (p_1 \Rightarrow p_3)$.

   (d) $(p_1 \Rightarrow p_2 \vee p_3) \Rightarrow (p_1 \Rightarrow p_3)$.

   (e) $(p_1 \Rightarrow p_2) \Leftrightarrow (p_2 \Rightarrow p_1)$.

   (f) $(p_1 \Rightarrow p_2) \Leftrightarrow (\neg p_1 \Rightarrow \neg p_2)$.

8. Verifique que os esquemas seguintes não representam necessariamente tautologias, isto é, que existem fórmulas proposicionais φ_1, φ_2 e φ_3 para as quais as fórmulas seguintes não são tautologias

   (a) $\varphi_1 \Rightarrow \varphi_2$.

   (b) $\varphi_1 \wedge \varphi_2 \Rightarrow \varphi_1 \vee (\varphi_2 \wedge \varphi_3)$.

   (c) $\varphi_1 \Rightarrow (\varphi_2 \vee \varphi_3)$.

9. Verifique que para algumas fórmulas φ_1, φ_2 e φ_3 (não necessariamente distintas) os esquemas do Exercício 8 se transformam em tautologias.

10. Verifique que os esquemas seguintes representam contradições, no sentido de que quaisquer que sejam as fórmulas proposicionais φ, φ_1 e φ_2, as fórmulas seguintes são contradições

(a) $\varphi \wedge \neg\varphi$.

(b) $\varphi \wedge (\varphi \Rightarrow \neg\varphi)$.

(c) $\varphi \Leftrightarrow \neg\varphi$.

(d) $\varphi_1 \wedge (\varphi_1 \Rightarrow \varphi_2) \wedge (\varphi_2 \Rightarrow \neg\varphi_1)$.

11. Indique, justificando, quais das seguintes fórmulas proposicionais são tautologias, contradições ou contingentes

    (a) $p_1 \wedge \neg p_1$.

    (b) $p_1 \Leftrightarrow \neg p_1$.

    (c) $(p_1 \Rightarrow p_2) \wedge (p_2 \Rightarrow p_1)$.

    (d) $(p_1 \Rightarrow p_2) \Leftrightarrow (\neg p_2 \Rightarrow \neg p_1)$.

12. Derive as seguintes regras de inferência proposicionais, onde φ, φ_1 e φ_2 designam fórmulas proposicionais arbitrárias

    (a) $\dfrac{\varphi}{\neg\neg\varphi}$ (b) $\dfrac{\neg\neg\varphi}{\varphi}$

    (c) $\dfrac{\varphi_1 \Rightarrow \varphi_2}{\neg\varphi_2 \Rightarrow \neg\varphi_1}$ (d) $\dfrac{\varphi_1 \vee \varphi_2 \quad \neg\varphi_2}{\varphi_1}$

13. Uma fórmula proposicional diz-se na *forma normal conjuntiva* se for uma conjunção de disjunções de literais. Um literal é um símbolo proposicional ou a negação de um símbolo proposicional. Considera-se que uma única fórmula pode ser vista quer como uma conjunção, quer como uma disjunção. Por exemplo, as fórmulas

    - p_1
    - $p_1 \vee p_2$
    - $p_1 \wedge p_2$
    - $(p_1 \vee p_2) \wedge (\neg p_1 \vee p_2 \vee p_3) \wedge p_2$

    são exemplos de fórmulas na forma normal conjuntiva. Por sua vez, as fórmulas

    - $\neg(p_1 \wedge p_2)$
    - $(p_1 \wedge p_2) \vee p_3$

    não são fórmulas na forma normal conjuntiva. Qualquer fórmula proposicional pode ser transformada numa fórmula logicamente equivalente que está na forma normal conjuntiva, usando substituição de equivalentes e tendo em conta os esquemas seguintes que representam tautologias

- $(\varphi_1 \Rightarrow \varphi_2) \Leftrightarrow \neg\varphi_1 \vee \varphi_2)$
- $(\varphi_1 \Leftrightarrow \varphi_2) \Leftrightarrow ((\neg\varphi_1 \vee \varphi_2) \wedge (\neg\varphi_2 \vee \varphi_1))$
- $\neg(\varphi_1 \wedge \varphi_2) \Leftrightarrow \neg\varphi_1 \vee \neg\varphi_2$
- $\neg(\varphi_1 \vee \varphi_2) \Leftrightarrow \neg\varphi_1 \wedge \neg\varphi_2$
- $\neg\neg\varphi \Leftrightarrow \varphi$
- $\varphi \vee (\varphi_1 \wedge \varphi_2) \Leftrightarrow (\varphi \vee \varphi_1) \wedge (\varphi \vee \varphi_2)$.

Para cada uma das fórmulas seguintes encontre uma fórmula logicamente equivalente na forma normal conjuntiva

(a) $\neg(p_1 \wedge p_2)$.
(b) $(p_1 \wedge p_2) \vee p_3$.
(c) $(p_1 \vee p_2) \Rightarrow p_1$.
(d) $p_1 \Rightarrow (p_1 \Rightarrow p_2)$.
(e) $(p_1 \wedge p_2 \Rightarrow p_3) \Rightarrow (p_1 \Rightarrow p_3)$.
(f) $(p_1 \Rightarrow p_2 \vee p_3) \Rightarrow (p_1 \Rightarrow p_3)$.
(g) $(p_1 \Rightarrow p_2) \Leftrightarrow (p_2 \Rightarrow p_1)$.
(h) $(p_1 \Rightarrow p_2) \Leftrightarrow (\neg p_1 \Rightarrow \neg p_2)$.

14. Indique quais das seguintes condições são verdadeiras e quais são falsas, no sentido definido na Secção 1.2.3, supondo que o domínio é o conjunto dos reais

(a) $x^2 + y^2 \geq 0$.
(b) $x^2 \geq x$.
(c) $x^2 \leq 1 \to (x = 0 \vee x = 1)$.
(d) $xy = xz \Rightarrow y = z$.
(e) $x^2 - x = 0 \Rightarrow x = 0 \vee x = 1$.

15. Repita o exercício anterior mas considerando agora que o domínio é o conjunto $\mathbb{N}$.

16. Indique quais das seguintes proposições são verdadeiras e quais são falsas, supondo que o domínio é o conjunto dos reais

(a) $\forall_x\, |x| > 0$.
(b) $\exists_x\, x^2 < x$.
(c) $\forall_x\, (x^2 \geq 0 \Rightarrow x \geq 0)$.

(d) $\forall_x \exists_y \, x + 1 = y$.

(e) $\exists_y \forall_x \, x + 1 = y$.

(f) $\forall_{x,y} \, |x - y| = |y - x|$.

17. Repita o exercício anterior mas considerando agora que as variáveis intervenientes têm por domínio o conjunto dos inteiros positivos.

18. Escreva a negação de cada uma das fórmulas seguintes, obtendo uma fórmula equivalente onde não ocorra qualquer negação

(a) $x > 2 \Rightarrow x^2 > 4$.

(b) $x \times y < 0 \Rightarrow (x > 0 \vee y < 0)$.

(c) $\forall_x \, x^2 > x$.

(d) $\exists_x \, x^2 < x$.

(e) $\forall_x \exists_y \, x + 1 = y$.

(f) $\exists_y \forall_x \, x + 1 = y$.

(g) $\forall_x \, (x^2 \geq 0 \Rightarrow x \geq 0)$.

19. Sendo u_n o termo geral de uma sucessão de números reais (ver Secção 4.3.2) e a um número real, a proposição $\lim u_n = a$ é equivalente a

$$\forall_{\delta \in \mathbb{R}^+} \exists_{p \in \mathbb{N}} \forall_{n \in \mathbb{N}} (n > p \Rightarrow \mid u_n - a \mid < \delta).$$

Traduza simbolicamente a proposição $\neg(\lim u_n = a)$.

20. Indique quais as ocorrências livres de cada uma das variáveis em

(a) $\exists_x \exists_y \, z - x = x - y$.

(b) $\forall_y \exists_z \forall_x (x > z \Rightarrow f(x) > y)$.

(c) $\forall_y \exists_z \forall_x (x < z \Rightarrow |f(x)| > y)$.

(d) $\exists_z \forall_x (x < z \Rightarrow |f(x)| > y) \vee \exists_y \exists_x (x > z \Rightarrow f(x) > y)$.

(e) $\forall_x (x < z \vee \exists_x \exists_z \, z - x = x + z)$.

21. Suponha que $P(z)$ é a condição $\forall_x (x < z \vee \exists_y \exists_z \, z - y = y + z)$.

(a) A que é igual $P(5)$?

(b) De entre

$$x + 2 \qquad y \qquad z \qquad k \qquad y - 2 \qquad 7$$

indique os termos livres para z em $P(z)$.

22. Demonstre que os esquemas seguintes são válidos

    (a) $\forall_x(\varphi_1 \Rightarrow \varphi_2) \Rightarrow (\forall_x\varphi_1 \Rightarrow \forall_x\varphi_2)$.
    (b) $\forall_x\varphi_1 \wedge \exists_x\varphi_2 \Rightarrow \exists_x(\varphi_1 \wedge \varphi_2)$.
    (c) $\forall_x\varphi_1 \vee \exists_x\varphi_2 \Rightarrow \exists_x(\varphi_1 \vee \varphi_2)$.
    (d) $\forall_x(\varphi_1 \vee \varphi_2) \Rightarrow \forall_x\varphi_1 \vee \exists_x\varphi_2$.
    (e) $\neg\forall_x(\varphi_1 \Rightarrow \varphi_2) \Leftrightarrow \exists_x(\varphi_1 \wedge \neg\varphi_2)$.
    (f) $\neg\exists_x(\varphi_1 \wedge \varphi_2) \Leftrightarrow \forall_x(\varphi_1 \Rightarrow \neg\varphi_2)$.

23. Mostre que não é válido o esquema recíproco de cada um dos seguintes esquemas

    (a) $\forall_x\varphi_1 \vee \forall_x\varphi_2 \Rightarrow \forall_x(\varphi_1 \vee \varphi_2)$.
    (b) $(\exists_x\varphi_1 \Rightarrow \exists_x\varphi_2) \Rightarrow \exists_x(\varphi_1 \Rightarrow \varphi_2)$.
    (c) $\forall_x(\varphi_1 \Rightarrow \varphi_2) \Rightarrow (\exists_x\varphi_1 \Rightarrow \exists_x\varphi_2)$.
    (d) $\forall_x\varphi_1 \wedge \exists_x\varphi_2 \Rightarrow \exists_x(\varphi_1 \wedge \varphi_2)$.

24. Demonstre que os esquemas seguintes são válidos desde que x não ocorra livre em φ_1.

    (a) $\exists_x(\varphi_1 \Rightarrow \varphi_2) \Leftrightarrow (\varphi_1 \Rightarrow \exists_x\varphi_2)$.
    (b) $\forall_x(\varphi_1 \Rightarrow \varphi_2) \Leftrightarrow (\varphi_1 \Rightarrow \forall_x\varphi_2)$.
    (c) $\exists_x(\varphi_1 \wedge \varphi_2) \Leftrightarrow (\varphi_1 \wedge \exists_x\varphi_2)$.
    (d) $\forall_x(\varphi_1 \vee \varphi_2) \Leftrightarrow (\varphi_1 \vee \forall_x\varphi_2)$

25. Demonstre que os esquemas seguintes são válidos desde que x não ocorra livre em φ_2

    (a) $\forall_x(\varphi_1 \Rightarrow \varphi_2) \Leftrightarrow (\exists_x\varphi_1 \Rightarrow \varphi_2)$.
    (b) $\exists_x(\varphi_1 \Rightarrow \varphi_2) \Leftrightarrow (\forall_x\varphi_1 \Rightarrow \varphi_2)$.

26. Mostre que se x ocorrer livre em φ_2 então nem sempre se verifica $\forall_x(\varphi_1 \Rightarrow \varphi_2) \Leftrightarrow (\exists_x\varphi_1 \Rightarrow \varphi_2)$.

27. Mostre que se x ocorrer livre em φ_1 então nem sempre se verifica

    (a) $\forall_x(\varphi_1 \Rightarrow \varphi_2) \Leftrightarrow (\varphi_1 \Rightarrow \forall_x\varphi_2)$.
    (b) $\exists_x(\varphi_1 \wedge \varphi_2) \Leftrightarrow (\varphi_1 \Rightarrow \exists_x\varphi_2)$.

Capítulo 2

Conjuntos

O objetivo fundamental deste capítulo é introduzir os principais conceitos associados à chamada *teoria intuitiva dos conjuntos*, também por vezes chamada *teoria ingénua dos conjuntos*. Ela constitui um ingrediente essencial da Matemática Moderna e a linguagem matemática recorre constantemente a noções e notações da teoria dos conjuntos. Embora alguns destes conceitos possam ser já do conhecimento do leitor, entendemos que é útil recordá-los aqui, com a vantagem de assim tornar também este texto mais autossuficiente.

Uma grande parte da Matemática pode ser fundamentada na lógica e na teoria dos conjuntos, mas neste texto apenas pretendemos introduzir de um modo informal algumas das principais noções e notações básicas da teoria dos conjuntos. As ideias essenciais desta teoria foram introduzidas por G. Cantor (1845-1918), no final do século XIX. No início, a teoria foi alvo de forte contestação, em virtude de nela surgirem algumas contradições. Encontradas formas de as ultrapassar, a teoria dos conjuntos tornou-se um ingrediente essencial da Matemática de hoje. A primeira axiomatização da teoria dos conjuntos deve-se a E. Zermelo (1907). O leitor interessado na teoria axiomática de conjuntos pode consultar, por exemplo, [19, 40, 56, 57]. Os conceitos da teoria ingénua de conjuntos coincidem naturalmente com os da teoria axiomática mas são apresentados de forma algo simplificada.

Neste capítulo far-se-á também referência a multiconjuntos e sequências.

2.1 Conjuntos, elementos e subconjuntos

2.1.1 Conjuntos e elementos

Um conjunto pode ser considerado, informalmente, como uma coleção de objetos, denominados *elementos*, ou *membros*, desse conjunto. A asserção "x é um elemento do conjunto A", bem como a asserção "x pertence a A", podem ser representadas por

$$x \in A$$

e escreve-se

$$x \notin A$$

para representar a negação de qualquer uma destas asserções. O símbolo $\in$ é o símbolo de pertença. Uma expressão como $x, y \in A$ deve ser entendida como uma abreviatura de $x \in A \wedge y \in A$. Esta abreviatura pode ser naturalmente generalizada aos casos de três ou mais elementos do conjunto.

É usual usar letras latinas maiúsculas, como A, B, C, S, T, etc., para nos referirmos genericamente a conjuntos. Note-se que um conjunto pode ser também membro de outros conjuntos.

É importante sublinhar que não se pretende aqui definir a noção de conjunto e a noção de elemento. Na verdade, as noções de conjunto e de pertença podem ser vistas como noções primitivas da teoria dos conjuntos. Por outro lado, de acordo com o que dissemos no Capítulo 1, a expressão $x \in A$ não é propriamente uma asserção, uma vez que o seu valor lógico depende dos valores das variáveis em causa, devendo ser mais corretamente caracterizada como uma condição. No entanto, para facilitar a exposição, cometeremos por vezes ao longo deste texto esse e outros eventuais abusos similares de linguagem, muito comuns.

Conjuntos concretos podem ser definidos de duas maneiras: por enumeração ou por abstração.

Para definir um conjunto específico pode indicar-se explicitamente os elementos que o compõem, separando-os por vírgulas e pondo-os entre chavetas. Por exemplo, a expressão

$$\{-1, 0, 1, 2\}$$

designa o conjunto que tem exatamente quatro elementos que são -1, 0, 1 e 2. Quando se define um conjunto deste modo diz-se que ele é *definido por enumeração*. A designação *definido em extensão* também é usada com o mesmo sentido.

Um conjunto pode também ser *definido em compreensão*, ou *por abstração*, através da referência à condição que caracteriza os elementos do conjunto. Mais precisamente, a expressão

$$\{x : P(x)\}$$

que se lê "o conjunto dos x tais que $P(x)$" ou "o conjunto dos x que verificam $P(x)$" designa o conjunto cujos elementos são precisamente os objetos que convertem a condição $P(x)$ numa proposição verdadeira. Por vezes também se escreve $\{x \mid P(x)\}$ com o mesmo significado.

O conjunto $\{-1, 0, 1, 2\}$, aqui referido por enumeração, pode também ser designado, agora em compreensão, por

$$\{x : x \in \mathbb{Z} \wedge x > -2 \wedge x < 3\}$$

ou

$$\{x : x \in \mathbb{Z} \wedge -2 < x < 3\}$$

ou ainda

$$\{x : x = -1 \vee x = 0 \vee x = 1 \vee x = 2\}$$

onde, recorde-se, $\mathbb{Z}$ designa o conjunto dos números inteiros.

Se A é um conjunto, então o conjunto $\{x : x \in A \wedge P(x)\}$, o conjunto formado pelos elementos de A que satisfazem $P(x)$, é muitas vezes descrito de forma mais abreviada escrevendo

$$\{x \in A : P(x)\}.$$

Usando esta notação abreviada, o conjunto anterior poderia também ser representado por

$$\{x \in \mathbb{Z} : -2 < x < 3\}.$$

Se assumirmos que está implícito que estamos a trabalhar apenas no conjunto dos inteiros, então poderemos mesmo escrever, simplesmente

$$\{x : -2 < x < 3\}.$$

Refira-se que na notação $\{x : P(x)\}$ usada atrás para definir um conjunto em compreensão através da referência à propriedade P que caracteriza os elementos do conjunto, está subentendido que à variável x se encontra associado (explicitamente ou implicitamente) um certo domínio no qual a condição $P(x)$ se encontra definida (sendo possível para cada elemento a desse domínio saber se $P(a)$ se verifica ou não).

Saliente-se ainda, a propósito, que por vezes se assume um conjunto $\mathcal{U}$ que contém todos os objetos em consideração no âmbito do nosso *universo* ou *domínio de trabalho* (os objetos em que estamos potencialmente interessados), conjunto vulgarmente designado por *conjunto universal*[1]. Neste caso $\mathcal{U}$ pode desempenhar o papel do domínio referido.

Prosseguindo com a questão da definição de conjuntos por enumeração e em compreensão, é imediato que a definição por enumeração só é possível se se tratar de um conjunto finito e, na prática, só é viável se tiver poucos elementos. Se pensarmos num conjunto infinito, como o dos naturais pares, então teremos de o definir em compreensão. Uma possível definição é

$$\{x : \exists_i \, (i \in \mathbb{N} \wedge x = 2i)\}$$

[1]Note-se que estamos a restringir $\mathcal{U}$ ao conjunto de todos os elementos no âmbito de um certo domínio de trabalho (por exemplo, $\mathcal{U}$ pode ser o conjunto dos números reais, se só nos interessa manipular este tipo de elementos). Não confundir com a coleção de todos os elementos, a qual não pode ser considerada um conjunto, como se discute na Secção 2.1.3.

ou

$$\{x : \exists_{i \in \mathbb{N}}\, x = 2i\}$$

se usarmos as abreviaturas introduzidas no Capítulo 1, No entanto, é prática corrente estender a notação da definição por enumeração a alguns conjuntos infinitos, como o anterior, incluindo reticências após e/ou antes da listagem de alguns dos seus elementos. Neste caso deixa-se ao cuidado do leitor intuir qual a regra de cálculo dos restantes elementos, isto é, qual a regra que permite determinar tais elementos. Por exemplo, o conjunto dos naturais pode ser descrito escrevendo

$$\{0, 1, 2, 3, \ldots\}$$

o dos inteiros escrevendo

$$\{\ldots, -2, -1, 0, 1, 2, \ldots\}$$

e o dos naturais pares escrevendo

$$\{0, 2, 4, 6, \ldots\}.$$

Embora esta prática seja corrente, ela deve ser usada com cuidado, para evitar ambiguidades. A inclusão de um termo geral na enumeração é usada por alguns autores precisamente para evitar tais ambiguidades. Usando tal técnica

$$\{0, 2, 4, \ldots, (2i), \ldots\}$$

seria uma forma de descrever o conjunto dos naturais pares.

Refira-se, a propósito, que uma estratégia análoga pode ser usada para definir certos conjuntos em compreensão, de uma forma mais simples. Por exemplo, em vez de escrever

$$\{x : \exists_{i \in \mathbb{N}}\, x = 2i\}$$

para designar o conjunto dos naturais pares, escreve-se muitas vezes simplesmente

$$\{2i : i \in \mathbb{N}\}$$

que se lê "conjunto dos elementos (da forma) $2i$ com $i \in \mathbb{N}$", ou "conjunto dos elementos $2i$ tais que $i \in \mathbb{N}$".

Note-se que nas observações anteriores se recorre à noção intuitiva que o leitor decerto terá relativamente aos conceitos de conjunto finito e de conjunto infinito. Uma definição rigorosa destes conceitos é apresentada adiante na Secção 5.2.

É importante ter sempre presente que um conjunto é determinado pelos seus elementos, e não pela maneira como é descrito ou apresentado. Deste facto decorre a definição que se segue, na qual está subentendido que os conjuntos A e B são ambos constituídos por elementos de um conjunto que está a ser implicitamente considerado como domínio da variável x (que poderá ser o conjunto universal se este estiver a ser assumido, ou outro). Assunção análoga estará igualmente subtendida em situações semelhantes ao longo deste texto.

Definição 2.1.1 Dois conjuntos A e B são iguais, o que se denota escrevendo $A = B$, se $\forall_x (x \in A \Leftrightarrow x \in B)$, isto é, se A e B tiverem exatamente os mesmos elementos. ■

Assim, não é relevante a ordem porque enumeramos os elementos de um conjunto quando o definimos por enumeração. São igualmente irrelevantes eventuais repetições de elementos que ocorram na enumeração dos elementos de um conjunto. Por exemplo, pode dizer-se que os conjuntos

$$\{1, 2, 3, 4\} \quad \text{e} \quad \{2, 1, 1, 4, 3, 1, 3\}$$

são iguais porque têm exatamente os mesmos elementos. Mas, naturalmente, é uma boa prática enumerar sem repetições os elementos de um conjunto.

Antes de prosseguir é importante notar que um objeto é diferente do conjunto formado apenas por esse objeto. Assim, $\{1, \{1\}\}$ e $\{1\}$ são conjuntos diferentes, apesar de $\{1, 1\} = \{1\}$.

Apenas como comentário adicional, refira-se que, no âmbito da teoria axiomática de conjuntos, a definição de igualdade de conjuntos apresentada na Definição 2.1.1 corresponde a um axioma, o axioma da extensionalidade. Este axioma caracteriza a igualdade de conjuntos em termos da relação de pertença.

Na teoria de conjuntos assume-se a existência de um conjunto sem elementos. Tal conjunto pode ser definido por compreensão como sendo o conjunto dos objetos que satisfazem uma condição $P(x)$ que não é satisfeita por nenhum valor de x, como por exemplo $x \neq x$. Naturalmente, pela Definição 2.1.1, não pode existir mais do que um conjunto sem qualquer elemento, pelo que podemos falar *no* conjunto vazio.

Definição 2.1.2 O *conjunto vazio* é o conjunto que não tem quaisquer elementos. É usualmente representado por $\emptyset$ ou $\{\}$. ■

O conjunto vazio satisfaz, entre outras, a seguinte propriedade:

$$\forall_x \, x \notin \emptyset.$$

Refira-se ainda que é usual designar por *conjunto singular* um conjunto com um só elemento.

2.1.2 Subconjuntos de um conjunto

Introduz-se agora a noção de subconjunto de um conjunto.

Definição 2.1.3 Sejam A e B dois conjuntos. Diz-se que A *está contido* em B, ou que A é uma *parte* ou *um subconjunto* de B, se todos os elementos de A pertencem a B, isto é, se $\forall_x (x \in A \Rightarrow x \in B)$. Para afirmar que A está contido em B escreve-se $A \subseteq B$.

Diz-se que A *está estritamente contido* em B, ou que A é uma *parte própria* ou um *subconjunto próprio* de B, se $A \subseteq B$ e $A \neq B$. Escreve-se $A \subset B$ para denotar que A está estritamente contido em B. ■

Por vezes escreve-se também $B \supseteq A$, que se lê "B contém A", com o mesmo significado de $A \subseteq B$. Analogamente, usa-se também $B \supset A$ para denotar que A está estritamente contido em B.

Em vez de se dizer que A está contido em B, também se diz por vezes que A está contido ou é igual a B, como forma de salientar que podem ser iguais.

Refira-se que vários autores usam $A \subset B$ para expressar que A está contido em B, podendo, portanto, ser também igual a B, e usam $A \subsetneqq B$ para denotar que A é uma parte própria de B.

A negação de $A \subseteq B$ pode ser expressa escrevendo $A \not\subseteq B$, e corresponde a afirmar que $\exists_x (x \in A \wedge x \notin B)$.

Seguem-se alguns exemplos ilustrativos dos conceitos apresentados.

Exemplo 2.1.4 Tem-se que

- $\{2, 3\} \subseteq \{2, 3\}$;
- $\{2, 3\} \subseteq \{2, 3, 5\}$;
- $\{2, 3\} \subset \{2, 3, 5\}$;
- $\{2, \{3\}\} \not\subseteq \{2, 3\}$. ■

Na Proposição 2.1.5 seguinte enunciam-se alguns resultados relativos à noção de subconjunto. A sua demonstração é simples, e é deixada como exercício. A título ilustrativo apresenta-se a demonstração da alínea 2.

Proposição 2.1.5 Sejam A e B conjuntos quaisquer. Então

1. $A \subseteq A$.
2. $A \subseteq B \wedge B \subseteq C \Rightarrow A \subseteq C$.
3. $A = B \Leftrightarrow A \subseteq B \wedge B \subseteq A$.

4. $\emptyset \subseteq A$.

Demonstração: Apresenta-se a demonstração de 2. Quer-se demonstrar que

$$\forall_x (x \in A \Rightarrow x \in B) \land \forall_x (x \in B \Rightarrow x \in C) \Rightarrow \forall_x (x \in A \Rightarrow x \in C).$$

O objetivo é assumir que se verifica o antecedente desta implicação

(i) $\forall_x (x \in A \Rightarrow x \in B) \land \forall_x (x \in B \Rightarrow x \in C)$

e demonstrar que se tem o seu consequente

(ii) $\forall_x (x \in A \Rightarrow x \in C)$.

Como se referiu anteriormente, subentende-se que os conjuntos A e B são constituídos por elementos de um conjunto que está implicitamente considerado como domínio das variáveis. Assim, para demonstrar (ii), pode supor-se que a designa um qualquer elemento desse domínio e demonstrar que se verifica

(iii) $a \in A \Rightarrow a \in C$.

Para tal, podemos agora assumir que se verifica o seu antecedente

(iv) $a \in A$

e demonstrar que se verifica o seu consequente

(v) $a \in C$.

Ora, da hipótese (i) resulta que se tem

(vi) $\forall_x (x \in A \Rightarrow x \in B)$

(vii) $\forall_x (x \in B \Rightarrow x \in C)$.

Por instanciação de (vi) tem-se

(viii) $a \in A \Rightarrow a \in B$

e de (iv) e (viii) resulta (por *Modus Ponens*)

(ix) $a \in B$.

Analogamente, por instanciação de (vii), obtém-se $a \in B \Rightarrow a \in C$, de onde se conclui, usando (ix) (e *Modus Ponens*), a asserção (v), ou seja, $a \in C$, como pretendido. ∎

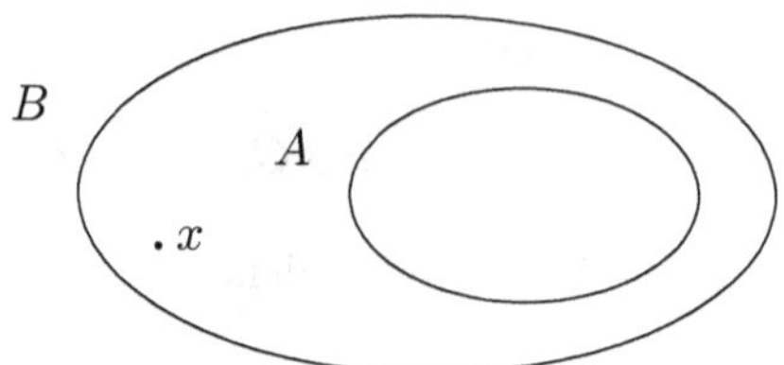

Figura 2.1: Exemplo de diagrama de Venn

Note-se que a alínea 3 da Proposição 2.1.5 anterior proporciona uma técnica que se usa frequentemente para mostrar que dois conjuntos A e B são iguais: demonstra-se que cada elemento de A é também um elemento de B, e demonstra-se que cada elemento de B é também um elemento de A.

Ao trabalharmos com conjuntos é muitas vezes útil desenhar uma figura que nos auxilie na visualização da situação em causa. Com esse fim recorremos muitas vezes aos chamados *diagramas de Venn*, assim denominados em honra de John Venn (1834-1923). Um diagrama de Venn consiste numa ou mais curvas fechadas, desenhadas num plano, representando o interior de cada curva um conjunto. Por exemplo, o diagrama de Venn da Figura 2.1 representa o facto de A ser um subconjunto próprio de B e x um elemento de B que não pertence a A.

O conjunto de todos os subconjuntos de um certo conjunto A merece uma referência especial.

Definição 2.1.6 Dado um conjunto A, o *conjunto das partes de* A é

$$\{x : x \subseteq A\} \tag{2.1}$$

isto é, o conjunto constituído por todos os subconjuntos de A. É usual representar este conjunto por $\wp(A)$ ou, simplesmente, $\wp A$. ∎

Note-se que em (2.1) está implícito que a variável x assume, como valores, conjuntos ou, dito de outro modo, podemos assumir que A é constituído por elementos de um conjunto, por exemplo o conjunto universal $\mathcal{U}$, e que o domínio de x é constituído pelos subconjuntos de $\mathcal{U}$. De acordo com a Definição 2.1.3, a condição $x \subseteq A$ corresponde então à fórmula $\forall_y\,(y \in x \Rightarrow y \in A)$, tendo a variável y por domínio o conjunto $\mathcal{U}$. Para não sobrecarregar a exposição, omitir-se-ão daqui em diante comentários semelhantes, considerando-se que este tipo de assunções se conseguem deduzir do contexto.

É por vezes também usada a notação 2^A para denotar o conjunto das partes de A. Note-se que, seja qual for o conjunto A, o conjunto $\wp(A)$ nunca é vazio, pois o conjunto $\emptyset$ pertence sempre a $\wp(A)$. Se A não for o conjunto vazio, então $\wp(A)$ tem sempre pelo menos dois elementos: o conjunto $\emptyset$ e o conjunto A.

Exemplo 2.1.7 Ilustra-se o conceito de conjunto das partes de um conjunto com os seguintes exemplos:

- $\wp(\{5\}) = \{\emptyset, \{5\}\}$;
- $\wp(\{5,7\}) = \{\emptyset, \{5\}, \{7\}, \{5,7\}\}$;
- $\wp(\{5,7,9\}) = \{\emptyset, \{5\}, \{7\}, \{9\}, \{5,7\}, \{5,9\}, \{7,9\}, \{5,7,9\}\}$;
- $\wp(\emptyset) = \{\emptyset\}$;
- $\wp(\wp(\emptyset)) = \{\emptyset, \{\emptyset\}\}$;
- $\wp(\wp(\wp(\emptyset))) = \{\emptyset, \{\emptyset\}, \{\{\emptyset\}\}, \{\emptyset, \{\emptyset\}\}\}$;
- $\wp(\{1, \{2\}\}) = \{\emptyset, \{1\}, \{\{2\}\}, \{1, \{2\}\}\}$. ∎

Informalmente, o *cardinal* de um conjunto (finito) A é o número de elementos de A. Representaremos o cardinal de A por $\#(A)$, ou, simplesmente, por $\#A$. Alguns autores usam também a notação $|A|$.

Naturalmente, se $A \subseteq B$ então $\#A \leq \#B$. Se $A \subset B$, então A tem menos elementos do que B, pelo que $\#A < \#B$.

Estas ideias acerca da cardinalidade de um conjunto, aparentemente tão evidentes, nem sempre são verdadeiras quando consideramos conjuntos infinitos. Quando estão envolvidos conjuntos infinitos, muitas das nossas intuições falham. Por exemplo, apesar do conjunto dos naturais estar estritamente contido no conjunto dos inteiros, veremos que os dois conjuntos têm a mesma cardinalidade. Voltaremos a este tópico no Capítulo 5, clarificando-se então qual o significado a dar às noções de número de elementos de um conjunto infinito, e definindo-se, com maior precisão, o que se entende por cardinal de um conjunto. Por enquanto trabalharemos apenas com cardinalidade de conjuntos finitos.

Proposição 2.1.8 Para todo o número natural n e todo o conjunto A, se $\#(A) = n$ então $\#(\wp(A)) = 2^n$.

Demonstração: Este resultado demonstra-se por indução, assunto que é abordado no Capítulo 7. Esta demonstração constitui o Exemplo 7.1.2 do referido capítulo. ∎

2.1.3 Paradoxo de Russell

Na sua versão inicial, a teoria de conjuntos não distinguia entre coleções e conjuntos. Mas nem todas as coleções podem ser consideradas tecnicamente como conjuntos. Se todas as coleções forem conjuntos seremos conduzidos a certos paradoxos, como se ilustra na sequência.

Usando os termos coleção e entidade informalmente, sem lhes pretender dar um significado matemático rigoroso, considere-se, por exemplo, a coleção de todas as entidades e a propriedade $P(x)$ aí definida por "x é um conjunto e $x \notin x$". Usemos $\{x : P(x)\}$ para designar a coleção determinada por essa condição, a qual é constituída pelos conjuntos que não são membros de si próprios. Seja $A = \{x : P(x)\}$ e suponha-se que A é um conjunto. Ora, se $A \in A$, por definição de A, verifica-se $P(A)$, o que implica $A \notin A$ (contradição). Se $A \notin A$, como estamos a supor que A é um conjunto, então verifica-se $P(A)$, o que implica, por definição de A, que $A \in A$ (contradição). Assim, qualquer um dos dois casos possíveis, $A \in A$ ou $A \notin A$, conduz a uma contradição. Este exemplo ficou conhecido como *paradoxo de Russell* tendo sido descoberto por este em 1902 e, independentemente, também por E. Zermelo.

Embora não pretendamos aprofundar aqui este problema e a forma como o paradoxo de Russell pode ser resolvido, é imediato que uma hipotética solução passa por uma de duas alternativas. Uma possibilidade consiste em considerar que nem toda a coleção é um conjunto. Outra possibilidade é considerar que nem toda a propriedade $P(x)$ definida num conjunto permite separar os elementos deste conjunto que satisfazem a propriedade, e constituir um novo conjunto formado por esses elementos.

Seguiu-se a alternativa de considerar que nem toda a coleção é um conjunto, optando-se por tentar caracterizar rigorosamente o que são conjuntos (o que foi conseguido com a *teoria axiomática dos conjuntos*), e mantendo-se que qualquer condição $P(x)$ com significado[2] no contexto de um conjunto U dá origem a um conjunto $\{x \in U : P(x)\}$ constituído pelos elementos de U que satisfazem essa propriedade (*axioma da separação*).

Nesta teoria, denominada *teoria de Zermelo-Frankel*, caracterizam-se os conjuntos como sendo sucessivamente construídos a partir de outros conjuntos. Por exemplo, dados dois conjuntos, a respetiva intersecção, reunião e produto são também conjuntos. Estas operações (definidas mais adiante) podem também ser generalizadas a mais de dois conjuntos. Tem-se ainda que, dado um conjunto U, os seus subconjuntos formam um outro conjunto (o conjunto das partes de U) e, considerando uma propriedade $P(x)$ definida em U, $\{x \in U : P(x)\}$ é também um conjunto.

Um outro exemplo de coleção que não pode ser um conjunto é a coleção formada por todos os conjuntos. Designando-se por $\mathcal{C}$ essa coleção, se $\mathcal{C}$ fosse

[2]Isto é, para cada elemento a de U, ou $P(a)$ é verdadeira ou é falsa.

um conjunto então, pelo axioma da separação, também seria um conjunto

$$\{x \in \mathcal{C} : P(x)\}$$

onde $P(x)$ é de novo "$x \notin x$", e de novo se chegaria a uma contradição.

Usa-se por vezes a palavra *classe* para referir uma coleção que pode não ser um conjunto, como é o caso da coleção de todos os conjuntos, que é então referida como a classe de todos os conjuntos.

É interessante notar que resultados aparentemente paradoxais como estes não são exclusivos da Matemática. É usual classificarem-se os paradoxos em diferentes tipos, dos quais salientamos aqui as antinomias[3]. As antinomias seguintes

- Esta sentença é falsa (paradoxo do mentiroso)
- Um cretense diz: "todos os cretenses são mentirosos" (paradoxo de Epiménides)
- A palavra "heterológica"[4] é heterológica? (paradoxo de Grelling-Nelson)

assemelham-se ao paradoxo de Russell por envolverem autorreferência, tal como em "o conjunto de todos os conjuntos".

Para mais detalhes sobre o paradoxo de Russell e outros paradoxos sugere-se a consulta de, por exemplo, [14, 59].

2.2 Operações com conjuntos

Referimos a seguir algumas operações elementares com conjuntos, as quais permitem obter novos conjuntos a partir de conjuntos dados. Mais concretamente, consideramos as operações de união, intersecção e diferença de dois conjuntos. Observe-se que na Secção 2.1.2 já fizemos referência a uma outra operação que permite obter novos conjuntos a partir de um conjunto dado: a operação de passagem de um conjunto A ao conjunto das suas partes $\wp(A)$. Adiante, na Secção 2.4, referiremos ainda a operação de produto cartesiano.

2.2.1 União e intersecção de dois conjuntos

Comecemos pela operação de união de dois conjuntos.

---

[3]Antinomia é uma palavra de origem grega que significa contradição entre duas leis. As antinomias são paradoxos que decorrem de formas de raciocínio aceites como corretas mas que levam a conclusões contraditórias. Muitas vezes revelam problemas conceptuais difíceis de resolver.

[4]A palavra heterológica significa não aplicável a si mesma.

Definição 2.2.1 Dados dois conjuntos A e B, a *união*, ou *reunião*, de A com B representa-se por $A \cup B$ e é o conjunto constituído por todos os elementos que pertencem a pelo menos um dos dois conjuntos dados, isto é

$$A \cup B = \{x : x \in A \vee x \in B\}.$$ ∎

Exemplo 2.2.2 Os seguintes exemplos ilustram a operação de união de dois conjuntos:

- $\{1,2,3\} \cup \{2,6,8\} = \{1,2,3,6,8\}$;
- $\{2,6,8\} \cup \{1,2,3\} = \{1,2,3,6,8\}$;
- $\{1,3,5\} \cup \{1,3,5\} = \{1,3,5\}$;
- $\{1,3,5\} \cup \emptyset = \{1,3,5\}$;
- $\{1,3\} \cup \{\{1\},3\} = \{1,\{1\},3\}$. ∎

Introduz-se agora a operação de intersecção de dois conjuntos.

Definição 2.2.3 Dados dois conjuntos A e B, a *intersecção* de A e B representa-se por $A \cap B$ e é o conjunto constituído por todos os elementos comuns a A e a B, isto é

$$A \cap B = \{x : x \in A \wedge x \in B\}.$$

Dois conjuntos dizem-se *disjuntos* se têm intersecção vazia, isto é, não têm elementos comuns. ∎

Quando dois conjuntos têm intersecção vazia diz-se também, por vezes, que têm *intersecção nula*.

Exemplo 2.2.4 Os seguintes exemplos ilustram a operação de intersecção de dois conjuntos:

- $\{1,2,3\} \cap \{2,6,8\} = \{2\}$;
- $\{2,6,8\} \cap \{1,2,3\} = \{2\}$;
- $\{1,2,3\} \cap \{6,8\} = \emptyset$;
- $\{1,3,5\} \cap \{3,4,5\} = \{3,5\}$;
- $\{1,3,5\} \cap \{1,3,5\} = \{1,3,5\}$;
- $\{1,3,5\} \cap \emptyset = \emptyset$;
- $\{1,3\} \cap \{\{1\},3\} = \{3\}$. ∎

Se os conjuntos A e B forem finitos, a igualdade

$$\#(A \cup B) = \#(A) + \#(B) - \#(A \cap B)$$

permite o cálculo da cardinalidade de $A \cup B$. Como já foi referido, por enquanto, limitar-nos-emos a trabalhar com a cardinalidade de conjuntos finitos.

2.2.2 Diferença de dois conjuntos

Introduz-se nesta secção a noção de diferença de dois conjuntos e de complementar de um conjunto.

Definição 2.2.5 Dados dois conjuntos A e B, a *diferença* de A e B, ou *complementar* de B em A, representa-se por $A \backslash B$, ou $A - B$, e é o conjunto constituído pelos elementos de A que não pertencem a B, isto é

$$A \backslash B = \{x : x \in A \wedge x \notin B\}. \qquad \blacksquare$$

O conjunto $A \backslash B$ pode ler-se "A menos B". Note-se que $A \backslash B$ é, em geral, diferente de $B \backslash A$, isto é, do conjunto $\{x : x \in B \wedge x \notin A\}$.

Exemplo 2.2.6 Seguem-se alguns exemplos que ilustram a diferença de conjuntos:

- $\{1, 2, 3\} \backslash \{6, 8\} = \{1, 2, 3\}$;
- $\{6, 8\} \backslash \{1, 2, 3\} = \{6, 8\}$;
- $\{0, 1, 2\} \backslash \{0, 1\} = \{2\}$;
- $\{0, 1\} \backslash \{0, 1, 2\} = \emptyset$;
- $\{1, 3, 5\} \backslash \emptyset = \{1, 3, 5\}$;
- $\emptyset \backslash \{1, 3, 5\} = \emptyset$;
- $\{1, 3, 5\} \backslash \{3, 4, \{5\}\} = \{1, 5\}$. $\blacksquare$

Se os conjuntos A e B forem finitos, a igualdade

$$\#(A \backslash B) = \#(A) - \#(A \cap B$$

permite naturalmente o cálculo da cardinalidade de $A \backslash B$.

Quando assumimos um conjunto universal $\mathcal{U}$ contendo todos os objetos relevantes no âmbito do domínio de trabalho em causa, então os conjuntos em que estamos interessados são subconjuntos de $\mathcal{U}$. Nesse caso, é frequente chamar apenas *complementar* de um dado conjunto A ao conjunto $\mathcal{U}\backslash A$ (complementar de A em $\mathcal{U}$), que se denota então por A^c ou $\overline{A}$. Mais ainda, nesse caso pode escrever-se apenas

$$A^c = \{x : x \notin A\}$$

uma vez que está implícito que todos os elementos em consideração pertencem ao dito universo de trabalho.

As principais propriedades das operações de união, intersecção e diferença de conjuntos são descritas nos Exercícios 7, 8, 10, 11 e 12 da Secção 2.5.

2.2.3 Convenções e notações usuais

Justificam-se agora algumas observações acerca das regras de precedência no cálculo das operações de união, intersecção e diferença de conjuntos, bem como acerca do interrelacionamento entre estas e as outras notações atrás introduzidas para relacionar conjuntos, ou elementos e conjuntos, como $\in$, $\notin$, $=$, $\subseteq$ e $\not\subseteq$. Estas regras são fundamentais para podermos omitir alguns parênteses na escrita de expressões envolvendo estas noções.

Como a operação $\cup$ é associativa, isto é, $(A \cup B) \cup C = A \cup (B \cup C)$ (ver Exercício 7d da Secção 2.5), é irrelevante se se interpreta

$$A \cup B \cup C$$

como $(A \cup B) \cup C$, ou como $A \cup (B \cup C)$. Igual comentário pode ser feito a propósito do significado de $A \cap B \cap C$.

Por outro lado, apesar das relações óbvias existentes entre as operações de intersecção e união e as operações lógicas de conjunção e disjunção, não iremos aqui assumir que a operação de intersecção tenha precedência sobre a operação de união, ao contrário do que assumimos a propósito das correspondentes operações lógicas. Assim, por exemplo, não escreveremos neste texto expressões como $A \cap B \cup C$. Escreveremos sim a expressão $(A \cap B) \cup C$ ou escrevemos $A \cap (B \cup C)$, conforme o caso. Mais geralmente, qualquer sequência de operações com conjuntos que não seja uma sequência de uniões ou de intersecções exige a utilização de parênteses para especificar a ordem em que tais operações devem ser executadas.

No que respeita à avaliação de expressões envolvendo $\in$, $\notin$, $=$, $\subseteq$ ou $\subset$, a seguir referidas informalmente como "testes", bem como operações de manipulação (construção) de conjuntos como $\cup$, $\cap$ ou $\backslash$, o usual é considerar-se, tal como noutros domínios, que as operações são realizadas antes da avaliação dos "testes". Assim, por exemplo,

$$x \in A \cup B \qquad \text{significa} \qquad x \in (A \cup B)$$

e não $(x \in A) \cup B$, expressão que aliás não faria sentido. Analogamente,

$$D \subseteq A\backslash B \qquad \text{significa} \qquad D \subseteq (A\backslash B).$$

2.2.4 União e intersecção generalizadas

As operações de união e intersecção de dois conjuntos podem generalizar-se, como se mostrará nesta secção.

Como vimos, se A e B são conjuntos, então a união de A com B é o conjunto formado pelos elementos que pertencem a A ou a B, conjunto que se denota por $A \cup B$. Se temos um conjunto finito de conjuntos $\{A_1, \ldots, A_n\}$, então, como a união é associativa, podemos escrever

$$A_1 \cup \ldots \cup A_n$$

para designar a união desses n conjuntos, estando implícito que $n > 1$. No entanto, se $n = 1$, então surge natural definir $A_1 \cup \ldots \cup A_n = A_1$.

São também utilizadas as notações

$$\bigcup_{i=1}^{n} A_i \qquad \bigcup_{1 \leq i \leq n} A_i \qquad \bigcup_{i=1,\ldots,n} A_i$$

para designar o conjunto $A_1 \cup \ldots \cup A_n$.

Note-se que se pode estender ainda esta definição ao caso em que $n = 0$, definindo $A_1 \cup \ldots \cup A_n$ como sendo, nesse caso, o elemento neutro[5] para a união, isto é, o conjunto vazio.

Consideram-se definições análogas para o caso da intersecção de um número finito de conjuntos, bem como as notações esperadas

$$A_1 \cap \ldots \cap A_n \qquad \bigcap_{i=1}^{n} A_i \qquad \bigcap_{1 \leq i \leq n} A_i \qquad \bigcap_{i=1,\ldots,n} A_i$$

mas o caso em que $n = 0$ exige que considere o elemento neutro da intersecção. Ora este elemento neutro só faz sentido[6] quando se fixa um universo de trabalho $\mathcal{U}$, e se considera, portanto, que todos os conjuntos em consideração são subconjuntos desse universo de trabalho. Com efeito, neste caso pode-se definir a intersecção quando $n = 0$ como sendo o próprio universo $\mathcal{U}$. Fora esta situação não se considera o caso em que $n = 0$ para a intersecção de n conjuntos.

Até aqui considerámos apenas a união finita de conjuntos, isto é, a união de um número finito de conjuntos. Mas, suponha-se agora que temos um conjunto infinito de conjuntos $\{A_i : i \in \mathbb{N}_1\}$. Qual o significado a dar à união de todos os conjuntos desse conjunto? A extensão natural da união finita consiste em dizer que tal união deve ser igual ao conjunto formado pelos elementos que pertencem a algum dos A_i, isto é, ao conjunto

$$\{x : x \in A_i \text{ para algum } i \in \mathbb{N}_1\}.$$

[5] Ver Definição 6.1.4.

[6] Recorde-se (ver Secção 2.1.3) que a coleção de todos os conjuntos não é um conjunto.

Pode usar-se qualquer uma das notações seguintes

$$A_1 \cup \ldots \cup A_n \cup \ldots \qquad \bigcup_{n \geq 1} A_i \qquad \bigcup_{i \in \mathbb{N}_1} A_i \qquad \bigcup_{i=1}^{\infty} A_i$$

para denotar este conjunto.

Esta ideia pode ser generalizada de modo a definir-se a união de um qualquer conjunto não vazio de conjuntos, falando-se então, por vezes, de *união generalizada* de conjuntos.

Definição 2.2.7 Seja $\mathcal{B}$ um conjunto não vazio de conjuntos. A *união de* $\mathcal{B}$ denota-se por

$$\bigcup_{A \in \mathcal{B}} \quad \text{ou} \quad \bigcup \mathcal{B}$$

e define-se como se segue:

$$\bigcup \mathcal{B} = \{x : x \in A \text{ para algum } A \in \mathcal{B}\}. \qquad \blacksquare$$

Se se considerar que $\mathcal{B}$ também pode ser o conjunto vazio, então a definição de $\bigcup \mathcal{B}$ conduzirá a definir a união de um conjunto vazio de conjuntos como sendo o conjunto vazio, o que está de acordo com o que dissemos atrás.

Para ilustrar o conceito de união de um conjunto de conjuntos, comece-se por considerar o conjunto

$$\mathcal{B} = \{\{1, 2, 3\}, \{2, 4, 5, 7\}, \{1, 2, 5\}\}.$$

Neste caso a união generalizada é

$$\bigcup \mathcal{B} = \bigcup_{A \in \mathcal{B}} = \{1, 2, 3\} \cup \{2, 4, 5, 7\} \cup \{1, 2, 5\} = \{1, 2, 3, 4, 5, 7\}.$$

Considere-se agora o caso do conjunto $\mathcal{C} = \{X_i : i \in \mathbb{N}_1\}$ em que

$$X_i = \{y \in \mathbb{R} : 0 \leq y \leq i\}$$

para cada $i \in \mathbb{N}_1$. Neste caso a união generalizada é

$$\bigcup \mathcal{C} = \bigcup_{A \in \mathcal{C}} = \mathbb{R}_0^+.$$

A extensão da intersecção finita de conjuntos à intersecção de um qualquer conjunto não vazio de conjuntos, a *intersecção generalizada*, é, como se espera, análoga ao caso da união. Podem usar-se as notações

$$A_1 \cap \ldots \cap A_n \cap \ldots \qquad \bigcap_{n \geq 1} A_i \qquad \bigcap_{i \in \mathbb{N}_1} A_i \qquad \bigcap_{i=1}^{\infty} A_i$$

e, como observámos, em geral só fará sentido definir a intersecção de um conjunto vazio de conjuntos quando se considere um universo de trabalho $\mathcal{U}$, caso em que se pode definir essa intersecção como sendo esse conjunto $\mathcal{U}$. Tem-se ainda a seguinte definição.

Definição 2.2.8 Seja $\mathcal{B}$ é um conjunto não vazio de conjuntos. A *intersecção de* $\mathcal{B}$ denota-se por

$$\bigcap_{A\in\mathcal{B}} \quad \text{ou} \quad \bigcap\mathcal{B}$$

e define-se como se segue: $\bigcap\mathcal{B} = \{x : x \in A \text{ para todo o } A \in \mathcal{B}\}$. ∎

Ilustremos este conceito com os conjuntos $\mathcal{B}$ e $\mathcal{C}$ referidos acima. As respetivas intersecções generalizadas são

$$\bigcap\mathcal{B} = \bigcap_{A\in\mathcal{B}} = \{1,2,3\} \cap \{2,4,5,7\} \cap \{1,2,5\} = \{2\}$$

e

$$\bigcap\mathcal{C} = \bigcap_{A\in\mathcal{C}} = [0,1].$$

2.3 Sequências e multiconjuntos

Podemos dizer que duas das características fundamentais dos conjuntos finitos são: (i) num conjunto não interessa a ordem porque enumeramos os seus elementos; (ii) eventuais repetições de elementos que ocorram na enumeração dos elementos de um conjunto são irrelevantes.

Se alterarmos estas características obtemos outras entidades. Mantendo (i) e eliminando (ii), ou, mais precisamente, substituindo (ii) pela sua negação, obtemos os multiconjuntos, ou sacos. Eliminando (i) e (ii) obtemos as sequências, também conhecidas por tuplos. Estas estruturas são discutidas nesta secção.

Embora, quer as sequências, quer os multiconjuntos, possam ser definidos recorrendo apenas a conjuntos, consideramos útil apresentá-los como noções primitivas.

2.3.1 Sequências

Esta secção é dedicada às sequências, ou seja, estruturas em que, ao contrário dos conjuntos, a ordem porque enumeramos os elementos que as compõem é relevante, e em que eventuais repetições de elementos na enumeração também contam, sendo essas ocorrências distinguidas pela posição em que ocorrem. Este conceito é importante, por exemplo, na definição de produto cartesiano de conjuntos (ver Secção 2.4) e na noção de relação (ver Capítulo 3). No âmbito das linguagens de programação, existem vários outros termos que são usados para designar certas estruturas que, na sua essência, não são mais do que sequências, como é o caso, por exemplo, das listas, dos vetores e das sequências/cadeias de caracteres (*strings*). Em particular, o conceito de lista é fundamental no paradigma da programação funcional [66, 72].

Informalmente, uma *sequência*, ou *tuplo*, é uma coleção de objetos, os *elementos* da sequência, na qual existe um primeiro elemento, um segundo elemento, e assim por diante. Os elementos de uma sequência também são chamados *membros* ou *componentes* da sequência. Quando falamos em sequências estamos a pensar em sequências finitas. Na escola matemática portuguesa, é usada a palavra *sucessão* para referir sequências infinitas. Voltaremos a abordar este assunto mais tarde, no Capítulo 4.

Descreveremos uma sequência escrevendo os seus elementos entre parênteses curvos, separados por vírgulas. Por exemplo, o tuplo

$$(2, R, 2)$$

tem 3 elementos. O primeiro elemento do tuplo é 2, o segundo elemento é a letra R e o terceiro elemento é 2.

Note-se, no entanto, que esta não é a única notação que é usada para descrever sequências. Por exemplo, em vez de se pôr os elementos de uma sequência entre parênteses curvos, podem colocar-se esses elementos entre $<$ e $>$. Usando essa notação a sequência anterior seria denotada por $< 2, R, 2 >$.

Embora as duas notações referidas sejam talvez as notações mais usadas, outras são também usadas em certos contextos, ou quando estamos a trabalhar com certos tipos de sequências. Nomeadamente, omitem-se por vezes os parênteses na descrição de uma sequência, enumerando-se simplesmente os seus elementos, e separando-os por vírgulas. Por sua vez, quando se trabalha com sequências de caracteres, então é vulgar omitir também as vírgulas, não incluindo qualquer separação entre os elementos da sequência, como por exemplo em

livro

o que não é problemático, em virtude de ser claro onde começa e acaba cada elemento da sequência, pois se assume que esta é formada por simples caracteres. Pode também omitir-se apenas as vírgulas e substituir os parênteses por aspas, como em "*um livro*", por exemplo.

Admite-se a existência de uma sequência *vazia*, isto é, uma sequência sem qualquer elemento, que se representa por ( ).

Também se pode fazer referência a uma sequência de n elementos $(a_1, ..., a_n)$, com $n \geq 0$, usando qualquer uma das seguintes notações

$$(a_i)_{i=1,\ldots,n} \qquad (a_i)_{1\leq i\leq n} \qquad (a_i)_{i\in\{1,\ldots,n\}}$$

subentendendo-se que é a sequência vazia ( ) se $n = 0$.

Dada uma sequência s, o *comprimento* de s é o número de elementos de s. Em vez de comprimento de uma sequência também se utiliza, com o mesmo sentido, *cardinal* da sequência. Pode usar-se $\#s$ para denotar o comprimento de s, por analogia com o cardinal de um conjunto. Pode também usar-se a notação $|s|$. Para efeitos do cálculo do número de elementos de uma sequência, diferentes ocorrências de um mesmo elemento na sequência contam como elementos diferentes. Assim, por exemplo, tem-se que

$$\#(2, 1, 3, 2, 2) = 5.$$

Uma sequência com n elementos também se diz *tuplo n-ário*, ou *sequência n-ária*, *tuplo de aridade n* ou, ainda, *n-tuplo*.

Para certos valores de n os tuplos n-ários têm usualmente nomes particulares. Os tuplos de aridade 1 também podem ser denominados tuplos *unários*. Os tuplos de aridade 2 também podem ser denominados tuplos *binários* e, com frequência, *pares ordenados*. Analogamente, os tuplos de aridade 3 também podem ser denominados tuplos *ternários*, *ternos ordenados*, ou *triplos ordenados*. Os tuplos de aridade 4 podem ser denominados *quádruplos ordenados*, e assim sucessivamente. Pode omitir-se a palavra "ordenados" e falar-se apenas em pares, ternos, etc.

Dada uma sequência $s = (a_1, ..., a_n)$, não vazia, diz-se que o elemento a_i que está na i-ésima posição de s, com $1 \leq i \leq n$, é o i-ésimo elemento, ou a i-ésima componente de s. Igualmente se diz que a_i é a i-ésima *projeção*, ou a i-ésima *coordenada* de s.

Refira-se que uma sequência unária (a) é muitas vezes identificada com o próprio objeto a. No entanto, em certos contextos temos interesse em distinguir a sequência unária (a) do único objeto a que a compõe, pois existem certas operações que faz sentido efetuar sobre sequências, como concatenação de duas sequências, por exemplo, mas não sobre objetos.

Definição 2.3.1 Sejam $s_1 = (a_1, \ldots, a_n)$ e $s_2 = (b_1, \ldots b_k)$ duas sequências, com $n, k \in \mathbb{N}$. As sequências s_1 e s_2 são *iguais*, o que se denota escrevendo $s_1 = s_2$, se $n = k$ e, quando $n, k \in \mathbb{N}_1$, se verifica a igualdade $a_i = b_i$ para cada $1 \leq i \leq n$. ■

Uma outra noção importante associada às sequências é a noção de subsequência. Informalmente, uma sequência $s_1 = (a_1, \ldots, a_n)$ é uma *subsequência* de uma sequência $s_2 = (b_1, \ldots, b_k)$ se s_1 se pode obter de s_2 retirando alguns (eventualmente nenhum) dos elementos de s_2, sem alterar a ordem dos restantes. Por exemplo, (a, b) é uma subsequência de (c, a, d, b), mas (a, a, a) não é uma subsequência de (a, b, a). Por seu lado, (a, b, a) é uma subsequência de (a, b, a), uma vez que uma sequência s é sempre uma subsequência de si própria. Se se quiser especificar que s_1 é uma subsequência de s_2, mas distinta de s_2, então diz-se que s_1 é uma *subsequência própria*, ou *estrita*, de s_2.

Refira-se que apesar do conceito de subsequência ser intuitivamente evidente, a definição rigorosa de tal noção, recorrendo apenas aos conceitos apresentados até ao momento neste texto, não é simples. Assim, com o propósito de facilitar a assimilação destes conceitos básicos, não nos preocuparemos por enquanto com uma definição mais rigorosa. Mais adiante, no Capítulo 4, voltaremos a este assunto.

Como já referido, em certos contextos, como por exemplo em linguagens de programação, existem vários palavras que são usadas para designar estruturas que na sua essência não são mais do que sequências, como as listas, os vetores e as *strings*. O que distingue tais estruturas de dados são fundamentalmente as operações que se considera associadas a elas: por exemplo, associado às *strings* temos a operação de concatenação de duas *strings*; associado às listas temos normalmente (entre outras) uma operação que nos dá a cauda de uma lista (não vazia), etc. A noção de tipo de dados como consistindo num conjunto de valores e num conjunto de operações pré-definidas sobre esses valores é um conceito fundamental em Ciência da Computação, mas que não aprofundaremos neste texto.

Tal como dissemos anteriormente, podemos representar sequências recorrendo apenas a conjuntos. Uma hipótese possível, adotada em muitos textos sobre este assunto, é a seguir brevemente descrita:

- a sequência vazia $(\,)$ pode ser representada pelo conjunto vazio $\emptyset$;
- uma sequência unária (a) pode ser representada pelo conjunto singular $\{a\}$;
- as sequências em que a noção de ordem é relevante por terem pelo menos dois elementos podem ser representadas, por exemplo, como se segue:
  - um par ordenado (a, b) pode ser representado por um conjunto da forma $\{a, \{a, b\}\}$;
  - um triplo ordenado (a, b, c) pode ser visto como o par ordenado $((a, b), c)$, e portanto pode ser representado por um conjunto da forma $\{\{a, \{a, b\}\}, \{\{a, \{a, b\}\}, c\}\}$;
  - e assim por diante, considerando cada sequência $(a_1, ..., a_n)$, com $n > 2$, como o par ordenado $((a_1, ..., a_{n-1}), a_n)$.

2.3.2 Multiconjuntos

Um *multiconjunto*, ou *saco*, é uma coleção de objetos que pode ter um número finito de ocorrências repetidas de certos objetos. Duas importantes características de um multiconjunto são as seguintes

– num multiconjunto não interessa a ordem porque enumeramos os seus elementos;

– eventuais repetições de elementos que ocorram na enumeração dos elementos de um multiconjunto, contam.

Como exemplos simples de problemas em que ocorrem estruturas deste tipo podemos pensar nos bem conhecidos problemas de probabilidades em que se considera que num saco (ou numa urna) ocorrem x bolas brancas e y bolas pretas e em que, por exemplo, se retira uma bola e se quer saber qual a probabilidade de ser branca.

Para diferenciarmos multiconjuntos de conjuntos, iremos supor que na definição de um multiconjunto os seus elementos são escritos separados por vírgulas e entre parênteses retos (em vez de ser entre chavetas). Assim

$$[h, u, g, h]$$

é um exemplo um multiconjunto com 4 elementos. Um multiconjunto (urna) com três bolas brancas e duas bolas pretas pode ser representado por

$$[b, b, b, p, p] \qquad \text{ou por} \qquad [p, b, b, b, p]$$

uma vez que a ordem porque enumeramos os elementos do saco é irrelevante. Usando o símbolo # para representar o número de elementos (o cardinal) de um multiconjunto, tem-se, por exemplo, $\#([h, u, g, h]) = 4$ e $\#([b, b, b, p, p]) = 5$.

A noção de *pertença* a um multiconjunto pode representar-se usando o mesmo símbolo que para os conjuntos: escreve-se $x \in A$ se existir alguma ocorrência do objeto x no multiconjunto A.

O facto de um multiconjunto se caracterizar por não interessar a ordem porque enumeramos os seus elementos, mas contarem eventuais repetições que ocorram na enumeração dos seus elementos, traduz-se naturalmente na forma como definimos igualdade entre multiconjuntos. Dois sacos A e B são *iguais*, o que se denota escrevendo $A = B$, se o número de ocorrências de cada elemento x pertencente a A coincide com o número de ocorrências de x em B e, reciprocamente, o número de ocorrências de cada elemento x pertencente a B coincide com o número de ocorrências de x em A. Por exemplo, tem-se

$$[h, u, g, h] = [h, h, u, g]$$

mas

$$[h, u, g, h] \neq [h, u, g] \qquad \text{e} \qquad [h, u, g, h] \neq [h, u, g, h, z].$$

Igualmente se pode definir uma noção de submulticonjunto. Um multiconjunto A é um *submulticonjunto* de um multiconjunto B, o que se pode denotar escrevendo $A \subseteq B$, se o número de ocorrências de cada elemento x pertencente a A é menor ou igual do que o número de ocorrências de x em B. Escreve-se $A \nsubseteq B$ para denotar que A não é um submulticonjunto de B. Assim, tem-se

$$[a, b] \subseteq [a, b, a]$$

mas

$$[a, b, b, a] \nsubseteq [a, b, a].$$

Tal como para os conjuntos, tem-se que $A = B \Leftrightarrow A \subseteq B \wedge B \subseteq A$.

Operações com multiconjuntos

Faz sentido considerar duas formas de juntar os elementos de dois multiconjuntos: a soma e a união.

Na *soma* de A com B, denotada por $A + B$, o número de ocorrências de um elemento x em $A + B$ é igual à soma do número de ocorrências de x em A com o número de ocorrências de x em B. Por exemplo, tem-se que

$$[2, 2, 3] + [2, 3, 3, 4] = [2, 2, 2, 3, 3, 3, 4].$$

Por outro lado, podemos também definir uma operação de *união* de A com B, e representá-la, como para os conjuntos, por $A \cup B$. O número de ocorrências de um elemento x em $A \cup B$ é igual ao máximo entre o número de ocorrências de x em A e o número de ocorrências de x em B. Por exemplo, tem-se que

$$[2, 2, 3] \cup [2, 3, 3, 4] = [2, 2, 3, 3, 4].$$

Repare-se que, sendo A e B dois multiconjuntos, se $A \subseteq B$ então, tal como acontecia com os conjuntos, $A \cup B = B$. Pelo contrário, em geral, $A + B \neq B$, mesmo que $A \subseteq B$. A única exceção consiste no caso em que A é o saco vazio, isto é, $A = [\,]$.

Analogamente se pode definir uma operação de *intersecção* de A com B, e representá-la, como para os conjuntos, por $A \cap B$. O número de ocorrências de um elemento x em $A \cap B$ é igual ao mínimo entre o número de ocorrências de x em A e o número de ocorrências de x em B. Um exemplo é

$$[2, 2, 3] \cap [2, 3, 3, 4] = [2, 3].$$

É também possível definir uma operação de diferença de multiconjuntos, o que se deixa como exercício (ver Exercício 23 da Secção 2.5).

Apresentam-se a terminar mais alguns exemplos ilustrativos. Denote-se por $R(p(x))$ o multiconjunto das raízes reais de um certo polinómio $p(x)$, numa variável e com coeficientes reais. O número de ocorrências de um número real a em $R(p(x))$ corresponde à multiplicidade[7] da raiz a. Então

$$R(x^4 - 2x^3) = [0,0,0,2] \quad \text{e} \quad R(x^3 - 4x^2 + 4x) = [0,2,2].$$

Ao calcular a soma destes dois multiconjuntos, obtém-se

$$R(x^4 - 2x^3) + R(x^3 - 4x^2 + 4x) = [0,0,0,0,2,2,2].$$

Note-se que $R(x^4 - 2x^3) + R(x^3 - 4x^2 + 4x)$ é $R((x^4 - 2x^3) \times (x^3 - 4x^2 + 4x))$. Ao calcular a união destes dois multiconjuntos, obtém-se

$$R(x^4 - 2x^3) \cup R(x^3 - 4x^2 + 4x) = [0,0,0,2,2]$$

e, no caso da sua intersecção

$$R(x^4 - 2x^3) \cap R(x^3 - 4x^2 + 4x) = [0,2].$$

Podemos também usar a noção de multiconjunto para representar e manipular informação relativa à fatorização em números primos dos inteiros positivos (ver Exercício 21 da Secção 2.5).

Não aprofundaremos neste texto o estudo dos multiconjuntos. Referiremos apenas, para terminar, que os multiconjuntos podem ser representados recorrendo apenas a conjuntos. Por exemplo, usando a noção de par ordenado (ver Secção 2.3.1), pode representar-se um multiconjunto A como o conjunto

$$\{(x,n) : x \in A \wedge n = \text{ número de ocorrências de } x \text{ em } A\}.$$

Uma outra forma consiste em usar um conjunto e uma aplicação (a noção de aplicação é apresentado no Capítulo 4), como ilustrado no Exemplo 6.5.1.

2.4 Produto cartesiano

Uma outra operação sobre conjuntos é a de produto cartesiano. Começamos com o caso do produto cartesiano de dois conjuntos.

Definição 2.4.1 Dados dois conjuntos A e B, o *produto cartesiano* de A e B, ou de A por B, representa-se por $A \times B$ e é o conjunto constituído por todos os pares ordenados cujo primeiro elemento pertence a A e cujo segundo elemento pertence a B, isto é

$$A \times B = \{(y,z) : y \in A \wedge z \in B\}.$$

Em particular, quando $B = A$, chama-se *quadrado cartesiano de* A ao produto cartesiano $A \times A$, o qual se representa usualmente por A^2. ■

[7]Diz-se que a é uma raiz de multiplicidade $k \in \mathbb{N}_1$ de $p(x)$ se existe um polinómio $q(x)$ tal que $q(a) \neq 0$ e $p(x) = (x-a)^k \times q(x)$.

É fácil verificar que o produto cartesiano não é comutativo.

Exemplo 2.4.2 Sendo $A = \{1,2,3\}$ e $B = \{3,4\}$ tem-se que

- $A \times B = \{(1,3),(1,4),(2,3),(2,4),(3,3),(3,4)\}$;
- $B \times A = \{(3,1),(3,2),(3,3),(4,1),(4,2),(4,3))\}$;
- $A^2 = \{(1,1),(1,2),(1,3),(2,1),(2,2),(2,3),(3,1),(3,2),(3,3)\}$;
- $A \times \emptyset = \emptyset \times A = \emptyset$. ∎

A Definição 2.4.1 estende-se a quaisquer n conjuntos com $n \geq 2$.

Definição 2.4.3 Dados n conjuntos $A_1, \ldots, A_n$, com $n \geq 2$, o *produto cartesiano* de $A_1, \ldots, A_n$ é o conjunto que se representa por $A_1 \times \ldots \times A_n$ e é definido como se segue:

$$A_1 \times \ldots \times A_n = \{(y_1, \ldots, y_n) : y_1 \in A_1 \wedge \ldots \wedge y_n \in A_n\}.$$

Em particular, quando $A_1 = \ldots = A_n = A$, o conjunto $A_1 \times \ldots \times A_n$ diz-se a n-ésima *potência cartesiana de* A e representa-se usualmente por A^n. A noção de potência cartesiana de A é estendida aos casos em que $n = 0$ ou $n = 1$ considerando $A^0 = \{()\}$ e $A^1 = \{(x) : x \in A\}$. ∎

Muitas vezes identifica-se A^1 com o próprio conjunto A, fazendo corresponder a cada sequência unária (a) o objeto a, como se referiu atrás.

Exemplo 2.4.4 Considerando os conjuntos

$$A = \{1,2,3\} \qquad B = \{3,4\} \qquad C = \{a,b\} \qquad D = \{5\}$$

tem-se que

- $A \times B \times C = \{(1,3,a),(1,4,a),(2,3,a),(2,4,a),(3,3,a),(3,4,a),$
  $(1,3,b),(1,4,b),(2,3,b),(2,4,b),(3,3,b),(3,4,b)\}$;
- $A \times B \times D = \{(1,3,5),(1,4,5),(2,3,5),(2,4,5),(3,3,5),(3,4,5))\}$;
- $A \times D \times B = \{(1,5,3),(1,5,4),(2,5,3),(2,5,4),(3,5,3),(3,5,4))\}$;
- $A^0 = \{()\}$;
- $A^1 = \{(1),(2),(3)\}$ ou $A^1 = \{1,2,3\}$;
- $B^3 = \{(3,3,3),(3,4,3),(4,3,3)(4,4,3),(3,3,4),(3,4,4),(4,3,4)(4,4,4)\}$;
- $D^4 = \{(5,5,5,5)\}$. ∎

Usando as definições anteriores, pode ainda definir-se o conjunto A^* formado por todas as sequências de elementos de A, incluindo a sequência vazia, bem como o conjunto A^+ formado por todas as sequências não vazias de elementos de A.

Definição 2.4.5 Dado um conjunto A, definem-se os conjuntos A^* e A^+ do seguinte modo

1. $A^* = \bigcup_{i \geq 0} A^i$;

2. $A^+ = \bigcup_{i \geq 1} A^i$. ∎

Exemplo 2.4.6 Sendo $A = \{1, 2, 3\}$ tem-se que

- $() \in A^*$;
- $() \notin A^+$;
- (1), $(1, 1)$, $(1, 2)$, $(1, 2, 3)$, $(1, 2, 3, 2)$ são elementos de A^* e de A^+;
- $() \in \emptyset^*$;
- $() \notin \emptyset^+$. ∎

2.5 Exercícios

1. Indique quais das proposições seguintes são verdadeiras

   (a) $\emptyset \subseteq \emptyset$.
   (b) $1 \in \{1\}$.
   (c) $1 \in \{1, 2, 3\}$.
   (d) $2 \in \{1, 2\}$.
   (e) $1 \in \{2, 3\}$.
   (f) $1 \in \{\{1\}\}$.
   (g) $\{1\} \subseteq \{1\}$.
   (h) $\{1\} \in \{1\}$.
   (i) $\{1\} \subseteq \{1, \{2, 3\}\}$.
   (j) $\{\{1\}, 2\} \not\subseteq \{\{1\}, 2, 3\}$.
   (k) $\emptyset = \{x : x \in \mathbb{N} \wedge x = x + 1\}$.
   (l) $\emptyset = \{x : x \in \mathbb{Z} \wedge \forall_{y \in \mathbb{Z}}\, x \leq y\}$.

(m) $\emptyset = \{x : x \in \mathbb{N} \land \forall_{y \in \mathbb{Z}}\, x \leq y\}$.

2. Indique dois conjuntos A e B que satisfaçam $A \subseteq B$ e $A \in B$.

3. Demonstre que quaisquer que sejam os conjuntos A e B se tem

   (a) $A \subseteq A$.

   (b) $\emptyset \subseteq A$.

   (c) $A = B \Leftrightarrow A \subseteq B \land B \subseteq A$.

4. Indique o cardinal dos seguintes conjuntos

   (a) $\{2, 3, 1\}$.

   (b) $\{2, 3, 2\}$.

   (c) $\emptyset$.

   (d) $\{\emptyset\}$.

   (e) $\{\emptyset, 2\}$.

   (f) $\{1, \{1\}\}$.

   (g) $\{\{1, 2\}\}$.

   (h) $\{\mathbb{N}\}$.

   (i) $\{\{a, b, c\}, \{1, 2\}\}$.

5. Diga a que são iguais os seguintes conjuntos

   (a) $\wp(\{1, 2, 3\})$.

   (b) $\wp(\wp(\{0, 1\}))$.

   (c) $\wp(\{\mathbb{N}\})$.

   (d) $\wp(\{1, \{2\}, \{1, \{2\}\}\})$.

   (e) $\wp(\wp(\{1, 2\}))$.

   (f) $\wp(\{1, \{1\}, \{2\}, \{3, 4\}\})$.

6. Demonstre que $A \subseteq B \Leftrightarrow \wp(A) \subseteq \wp(B)$.

7. Demonstre que quaisquer que sejam os conjuntos A, B e C se tem

   (a) $A \cup \emptyset = A$.

   (b) $A \cup A = A$.

   (c) $A \cup B = B \cup A$ ($\cup$ é comutativa).

   (d) $(A \cup B) \cup C = A \cup (B \cup C)$ ($\cup$ é associativa).

(e) $A \subseteq A \cup B$.

(f) $A \subseteq B \Leftrightarrow A \cup B = B$.

8. Demonstre que quaisquer que sejam os conjuntos A, B e C se tem

(a) $A \cap \emptyset = \emptyset$.

(b) $A \cap A = A$.

(c) $A \cap B = B \cap A$ ($\cap$ é comutativa).

(d) $(A \cap B) \cap C = A \cap (B \cap C)$ ($\cap$ é associativa).

(e) $A \cap B \subseteq A$.

(f) $B \subseteq A \Leftrightarrow A \cap B = B$.

9. Dê exemplos de conjuntos A, B e C tais que

(a) $A \backslash B \neq B \backslash A$.

(b) $A \backslash (B \backslash C) \neq (A \backslash B) \backslash C$.

10. Demonstre as seguintes propriedades, ditas *distributivas*, onde A, B e C designam conjuntos quaisquer

(a) $A \cap (B \cup C) = (A \cap B) \cup (A \cap C)$.

(b) $A \cup (B \cap C) = (A \cup B) \cap (A \cup C)$.

11. Demonstre as seguintes propriedades, ditas *leis de De Morgan*, onde A, B e C designam conjuntos quaisquer

(a) $A \backslash (B \cup C) = (A \backslash B) \cap (A \backslash C)$.

(b) $A \backslash (B \cap C) = (A \backslash B) \cup (A \backslash C)$.

12. Demonstre que quaisquer que sejam os conjuntos A, B e C se tem

(a) $A \backslash B = A \backslash (A \cap B)$.

(b) $A \backslash B = (A \cup B) \backslash B$.

(c) $A = (A \backslash B) \cup (A \cap B)$.

(d) $(A \backslash B) \backslash C = A \backslash (B \cup C)$.

(e) $A \backslash (B \backslash C) = (A \backslash B) \cup (A \cap C)$.

(f) $A \cap (B \backslash C) = (A \cap B) \backslash (A \cap C)$.

(g) $(A \cup B) \backslash C = (A \backslash C) \cup (B \backslash C)$.

(h) $(A \cap B) \backslash C = (A \backslash C) \cap (B \backslash C)$.

(i) $(A \backslash B) \cap (C \backslash D) = (A \cap C) \backslash (B \cup D)$.

(j) $A \backslash B = A \Leftrightarrow A \cap B = \emptyset$.

(k) $(A \backslash B) \cup B = (A \cup B) \backslash B \Leftrightarrow B = \emptyset$.

13. Supondo fixado um conjunto universal $\mathcal{U}$, demonstre as seguintes propriedades da operação de passagem ao complementar

    (a) $\emptyset^c = \mathcal{U}$.

    (b) $\mathcal{U}^c = \emptyset$.

    (c) $(A^c)^c = A$.

    (d) $A \subseteq B \Leftrightarrow B^c \subseteq A^c$.

14. (a) Interprete geometricamente, como subconjuntos de $\mathbb{R}$, os conjuntos $A = \{x : |x| < 2\}$ $B = \{x : |x - 5| < 0.5\}$ e $C = \{x : |x| \geq 1\}$.

    (b) Interprete geometricamente, como subconjuntos de $\mathbb{R}$, os conjuntos $A \cap C$, $B \cap C$, $A \cup C$ e $B \cup C$ onde A, B e C são os conjuntos da alínea anterior.

15. Seja $A_i = \{0, ..., i - 1\}$, para $i \in \mathbb{N}_1$. Calcule $\bigcap\{A_i : i \in \mathbb{N}_1\}$.

16. Seja E um conjunto qualquer. Demonstre que $\bigcup \wp(E) = E$.

17. Seja A um conjunto e $\mathcal{B}$ um conjunto não vazio de conjuntos. Demonstre que se têm as chamadas *leis distributivas generalizadas*

    (a) $A \cap (\bigcup \mathcal{B}) = \bigcup\{A \cap X : X \in \mathcal{B}\}$.

    (b) $A \cup (\bigcap \mathcal{B}) = \bigcap\{A \cup X : X \in \mathcal{B}\}$.

18. Seja A um conjunto e $\mathcal{B}$ um conjunto não vazio de conjuntos. Demonstre que se têm as chamadas *leis de De Morgan generalizadas*

    (a) $A \backslash (\bigcup \mathcal{B}) = \bigcap\{A \backslash X : X \in \mathcal{B}\}$.

    (b) $A \backslash (\bigcap \mathcal{B}) = \bigcup\{A \backslash X : X \in \mathcal{B}\}$.

19. Diga se as afirmações seguintes são verdadeiras ou falsas

    (a) $\#([0, 1, 1, 2, 2, 3, 3, 3]) = 4$.

    (b) $[0, 0, 1, 2, 3] = [0, 1, 2, 3]$.

    (c) $[0, 0, 1, 2, 3] \subseteq [0, 1, 2, 3]$.

20. Calcule

    (a) $[0, 1, 1, 2, 2, 3, 3, 3] + [0, 1, 2, 3]$.

    (b) $[0, 1, 1, 2, 2, 3, 3, 3] \cup [0, 1, 2, 3]$.

(c) $[0,1,1,2,2,3,3,3] \cap [0,1,2,3]$.

21. Para cada inteiro $x > 1$, seja $FP(x)$ o multiconjunto de números primos que ocorrem na fatorização em números primos de x. Por exemplo, $FP(12) = [2,2,3]$.

    (a) Calcule

    i. $FP(50)$ e $FP(200)$.

    ii. $FP(50) + FP(200)$.

    iii. $FP(50) \cup FP(200)$.

    iv. $FP(50) \cap FP(200)$.

    (b) Sejam a e b números inteiros maiores que 1. Mostre que

    i. $FP(a) + FP(b) = FP(a \times b)$.

    ii. o produto de todos os elementos de $FP(a) \cup FP(b)$ é o menor múltiplo comum a a e b.

    iii. o produto de todos os elementos de $FP(a) \cap FP(b)$ é o maior divisor comum a a e b.

Dados $x, y \in \mathbb{N}$, diz-se que x múltiplo de y se existe $k \in \mathbb{N}$ tal que $x = k \times y$, e diz-se que x é divisor de y se y é múltiplo de x. Recorde também que $x \in \mathbb{N}$ é um número primo se $x > 1$ e os únicos divisores positivos de x são 1 e x.

22. Encontre um multiconjunto B que satisfaça simultaneamente $B \cup [2,2,3,4] = [2,2,3,3,4,4,5]$ e $B \cap [2,2,3,4,5] = [2,3,4,5]$.

23. Como definiria uma operação de diferença para multiconjuntos? Procure que a sua definição de $A \backslash B$ coincida com a definição dessa operação para conjuntos, sempre que os multiconjuntos sejam como os conjuntos, isto é, sempre que os multiconjuntos não tenham repetições de quaisquer elementos.

24. Seja A o conjunto $\{3,4,7,8,9,23\}$. Sem calcular A^3, diga quantos elementos tem esse conjunto.

25. Considere os conjuntos $A = \{a,b,c\}$ e $B = \{a,b\}$. Calcule

    (a) $A \times B$.

    (b) $B \times A$.

    (c) A^1.

    (d) A^2.

(e) A^3.

(f) $A^2 \cap (A \times B)$.

26. Sejam A, B, C, D conjuntos quaisquer. Demonstre que

    (a) se A, B, C, D são conjuntos não vazios, então $A \times B = C \times D \Leftrightarrow A = C \wedge B = D$.

    (b) se A e B são conjuntos não vazios, então $A \times B \subseteq C \times D \Leftrightarrow A \subseteq C \wedge B \subseteq D$.

    (c) $A \times (B \cup C) = (A \times B) \cup (A \times C)$.

    (d) $(A \cup B) \times C = (A \times C) \cup (B \times C)$.

    (e) $A \times (B \cap C) = (A \times B) \cap (A \times C)$.

    (f) $(A \cap B) \times C = (A \times C) \cap (B \times C)$.

    (g) $(A \backslash B) \times C = (A \times C) \backslash (B \times C)$.

27. Por vezes queremos obter um novo conjunto juntando dois conjuntos A e B de modo a que, ao contrário do que se passa com a união usual, não se identifiquem elementos iguais provenientes de A e B. Tal é conseguido, efetuando "cópias" dos elementos de modo a que cópias provenientes de A e B sejam necessariamente distintas. A esta operação dá-se usualmente o nome de *união disjunta*, denotando-se por $A \oplus B$ a união disjunta dos conjuntos A e B. Proponha uma forma de definir esta operação, notando que $A \oplus B$ tem de ser também um conjunto.

Capítulo 3

Relações

Muitos conceitos matemáticos podem definir-se ou explicar-se em termos de conjuntos e operações com conjuntos. Um exemplo é o importante conceito de relação. Um outro exemplo é o conceito de função, que é um caso particular de relação. Neste capítulo introduz-se o conceito de relação, deixando-se a noção de função para o Capítulo 4. Particular atenção é dada às relações binárias. Faz-se referência às relações de equivalência e à partição de um conjunto que estas induzem (o conjunto quociente). Estudam-se também as relações de ordem, analisando-se as ordens parciais, totais e boas ordens, e estudam-se ainda as relações bem fundadas.

3.1 A noção de relação

3.1.1 Relação n-ária

No dia a dia estamos constantemente a associar objetos do mesmo ou de diferentes tipos. Por exemplo, quando dizemos "este aluno está inscrito nesta disciplina" estamos a associar/relacionar pessoas e disciplinas. Quando pedimos a tabela dos salários de uma determinada empresa estamos a associar/relacionar pessoas, ou nomes de pessoas, e números (os salários). Embora possamos associar dois objetos de um modo arbitrário, em muitas situações tal associação corresponde a uma propriedade que esses objetos satisfazem: "estar inscrito em", por exemplo.

Uma forma prática e muito usual de apresentar graficamente uma certa associação/relação consiste em recorrer a uma tabela. Por exemplo, na Tabela 3.1 apresenta-se uma forma de representação da relação de inscrição de um aluno numa disciplina. Podemos ver cada linha da tabela como correspondendo a um par ordenado em que a primeira componente é o elemento que está na primeira coluna e a segunda componente é o que está na segunda coluna. O facto de existir uma linha da tabela correspondente ao par

(José António, Análise Matemática I)

significa que o José António está inscrito na disciplina Análise Matemática I.

Aluno	**Disciplina**
José António	Análise Matemática I
José António	Paradigmas da Programação
Maria Couceiro	Análise Matemática I
...	...

Tabela 3.1: Inscrições de alunos

No exemplo anterior apenas se consideraram associações entre pares de elementos. É uma situação comum, e de grande interesse, pelo que ela terá um tratamento especial neste texto. No entanto, podemos facilmente conceber outros tipos de associações/relações relevantes. Um exemplo corresponderá a uma tabela que nos dê os dados de cada empregado de uma empresa, como a apresentada na Tabela 3.2, em que cada linha da tabela expressa uma associa-

Nome	**Morada**	**Telefone**	**Salário**
José António	Av. da Liberdade 15	964352208	1000 €
José Marçal	Rua do Alecrim 3	938417147	1500 €
Maria Couceiro	Praça da Alegria 10	916475562	2000 €
...	...	...	...

Tabela 3.2: Informação sobre empregados de uma empresa

ção entre nomes de pessoas (sequências de caracteres), moradas (sequências de caracteres), telefones (números naturais), salários (números positivos). Cada linha da tabela pode ser vista como correspondendo a um quádruplo. Para gerir este tipo de informação numa empresa existem normalmente aplicações informáticas. Em geral, essas aplicações gerem bases de dados. No modelo relacional de bases de dados [60, 68] a informação é precisamente guardada em diferentes tabelas. Estas tabelas correspondem a relações. Neste modelo, as consultas à base de dados para obter informação relevante correspondem à aplicação de operações sobre relações.

Uma forma natural de caracterizar rigorosamente este conceito de associação/relação consiste em recorrer à teoria de conjuntos, e ver uma dada relação como um conjunto de tuplos. Genericamente falando, em Matemática, uma relação é um conjunto de sequências, todas com o mesmo comprimento. O facto de uma sequência pertencer a esse conjunto significa que os elementos que a constituem estão associados/relacionados pela relação em questão.

Definição 3.1.1 Uma *relação n-ária* R, com $n \geq 1$, é um qualquer conjunto de sequências de n elementos.

Se $n = 1$ diz-se que R é uma relação unária, se $n = 2$ diz-se que R é uma relação binária, se $n = 3$ diz-se que R é uma relação ternária, e assim sucessivamente. ∎

Se $(x_1, \ldots, x_n) \in R$ diz-se que o tuplo $(x_1, \ldots, x_n)$ está em relação por R, ou satisfaz a relação R. Se $(x_1, \ldots, x_n) \notin R$ diz-se que o tuplo $(x_1, \ldots, x_n)$ não está em relação por R.

Exemplo 3.1.2 Alguns exemplos de relações n-árias:

- $\{(1, a), (3, a), (3, b)\}$ é uma relação binária;
- $\{(a, b) \in \mathbb{Z} \times \mathbb{Z} : a$ é múltiplo[1] de $b\}$ é uma relação binária;
- $\{(a, b, c) \in \mathbb{N} \times \mathbb{N}_1 \times \mathbb{N} : c$ é o resto da divisão inteira de a por $b\}$ é uma relação ternária;
- $\{(1, a, 2, 5), (1, b, 2, 7), (3, a, 7, 2)\}$ é uma relação quaternária.

O conjunto $\{(1, 2), (1, 3, 4)\}$ já não é uma relação, pois é formado por tuplos de diferentes comprimentos. ∎

É usual considerar também uma outra definição em que se indica, à partida, quais são os conjuntos a que podem pertencer os elementos que formam as sequências que compõem a relação.

Definição 3.1.3 Dados n conjuntos $A_1, \ldots, A_n$, com $n \geq 1$, uma *relação n-ária R sobre* $A_1, \ldots, A_n$ é um subconjunto do produto cartesiano $A_1 \times \ldots \times A_n$.

Quando $n = 1$ diz-se que R é uma relação unária sobre A_1, se $n = 2$ diz-se que R é uma relação binária sobre A_1 e A_2, se $n = 3$ diz-se que R é uma relação ternária sobre A_1, A_2 e A_3, e assim sucessivamente. Se $A_1 = \ldots = A_n = A$ diz-se que R é uma relação n-ária em A. ∎

Em vez de se dizer que R é uma relação n-ária sobre $A_1, \ldots, A_n$, pode também dizer-se que R é uma relação n-ária entre $A_1, \ldots, A_n$ ou que R é uma relação n-ária em $A_1, \ldots, A_n$ (ou nos conjuntos $A_1, \ldots, A_n$).

---

[1]Recorde-se que $a \in \mathbb{Z}$ é múltiplo de $b \in \mathbb{Z}$ se existe $k \in \mathbb{Z}$ tal que $a = k \times b$.

Ao longo deste texto usaremos "relação" para nos referirmos a uma relação no sentido da Definição 3.1.1, e usaremos "relação sobre os conjuntos ..." (ou equivalente) para nos referirmos a uma relação no sentido da Definição 3.1.3. Em certos textos é adotada a Definição 3.1.1, noutros a Definição 3.1.3, e noutros ambas são referidas. Ambas as definições são adequadas para a maior parte das aplicações, podendo, no entanto, haver vantagem na adoção de uma ou de outra em certos casos. Note-se que se considerarmos uma relação entre conjuntos, e esquecermos a referência aos conjuntos, ficamos com uma relação no sentido da Definição 3.1.1. Todos os conceitos envolvendo relações que iremos definir também se aplicam a relações entre conjuntos.

Como referido na Secção 2.4, o conjunto A^1 pode ser identificado com o conjunto A. Assim, qualquer subconjunto de A pode ser visto como uma relação unária em A que, tipicamente, traduz alguma propriedade relevante que certos elementos de A possuem. Por exemplo, no conjunto de empregados de uma certa empresa, pode considerar-se a relação unária constituída pelo conjunto dos empregados que ganham mais de 2500 € como salário mensal.

Exemplo 3.1.4 Alguns exemplos ilustrativos, considerando que $A = \{1, 2, 3\}$, $B = \{a, b\}$ e $C = \{1, 4, 5\}$:

- $\{(1, a), (3, a), (3, b)\}$ é uma relação binária sobre A e B;
- $\{(1, a, 1), (1, a, 4), (3, b, 5)\}$ é uma relação ternária sobre A, B e C;
- $\{(1, 1), (1, 2), (1, 3), (2, 2), (2, 3), (3, 3)\}$ é uma relação binária em A;
- $\{1, 3\}$ pode ser visto como uma relação unária em A;
- $\{(a, b) \in \mathbb{Z} \times \mathbb{Z} : a \text{ é múltiplo de } b\}$ é uma relação binária em $\mathbb{Z}$. ∎

Dado um conjunto A, o conjunto $\emptyset$ é, por exemplo, uma relação binária em A. Isto significa que nenhum par (a, b) de elementos de A pertence à relação, isto é, não existe nenhum elemento de A que esteja associado consigo próprio ou com outro elemento de A. O conjunto $\emptyset$ é também uma relação unária, ternária, etc. em A e a interpretação é semelhante à apresentada para o caso binário. Diz-se que o conjunto $\emptyset$ é a relação vazia.

Um outro conceito por vezes útil é o de restrição de uma relação.

Definição 3.1.5 Sejam R uma relação n-ária num conjunto A, com $n \geq 1$, e $B \subseteq A$. A *restrição* de R a B é a relação n-ária $R \cap B^n$ em B. ∎

Exemplo 3.1.6 Considere-se a relação binária R em $A = \{1, 2, 3\}$ dada por $R = \{(1, 1), (1, 2), (1, 3), (2, 2), (2, 3), (3, 3)\}$. A restrição de R ao conjunto $\{1, 3\}$ é a relação $S = \{(1, 1), (1, 3), (3, 3)\}$. ∎

A terminar esta secção apresentamos dois exemplos de aplicação do conceito de relação, o primeiro relativo a bases de dados e o segundo relativo à semântica de linguagens de programação imperativas.

Exemplo 3.1.7 Recorde a Tabela 3.2 apresentada anteriormente, que podemos ver como um fragmento de uma base de dados relacional que gere informação sobre os empregados de uma empresa. Esta tabela (relação), que designaremos por T, é uma relação quaternária envolvendo nomes, moradas, números de telefone e salários.

Se for relevante saber quais são os nomes e moradas dos funcionários que auferem um salário mensal superior ou igual a 1500 €, pode fazer-se a consulta correspondente à base de dados. O resultado desta consulta é a relação binária

$$\{(n,m) : \exists_{(n,m,t,s)\in T} \text{ tal que } s \geq 1500\}$$

cuja representação (incompleta) se encontra na Tabela 3.3. Neste contexto, diz-se que esta tabela foi obtida por *seleção* dos tuplos de T que satisfazem a propriedade indicada, seguida de *projeção* que conserva apenas as componentes relevantes (nome e morada). ■

Nome	Morada
José Marçal	Rua do Alecrim 3
Maria Couceiro	Praça da Alegria 10
...	...

Tabela 3.3: Resultado da consulta

Exemplo 3.1.8 Nas linguagens de programação imperativa, como por exemplo a linguagem C [44], a semântica dos comandos, ou seja, o significado rigoroso desses comandos, pode ser dada através de relações entre estados. Cada estado representa o valor das variáveis num dado momento da execução de um programa. Assim, dado um conjunto de variáveis, um estado é um conjunto de pares, em que cada par é constituído pelo nome da variável e pelo seu valor nesse estado. Por exemplo, considerando apenas as variáveis x, y e z, o conjunto $E_1 = \{(x,0),(y,0),(z,0)\}$ representa o estado em que o valor das variáveis x, y e z é 0. Nos exemplos seguintes usamos a sintaxe da linguagem *Mathematica*, cujos aspetos essenciais são descritos no Apêndice B.

A execução do comando de atribuição `x=5` no estado E_1, comando que atribui a x o valor 5, transforma E_1 no novo estado $E_2 = \{(x,5),(y,0),(z,0)\}$. Se designarmos por $E[x = 5]$ o estado que resulta do estado E substituindo o valor de x por 5, então a semântica desta atribuição é a relação binária

$$\{(E, E') : E \text{ é um estado e } E' = E[x = 5]\}.$$

Ilustramos ainda o significado de outros comandos típicos das linguagens imperativas. Por exemplo, da execução do comando `If[x>1,y=x,z=x]` no estado E_2 resulta o estado $E_3 = \{(x, 5), (y, 5), (z, 0)\}$. Por sua vez, da execução de `While[x>0,x=x-1]` no estado E_3 resulta o estado $E_4 = \{(x, 0), (y, 5), (z, 0)\}$. Naturalmente que a semântica de cada um destes comando é uma relação binária no conjunto dos estados que é definida de forma análoga à referida acima para a atribuição `x=5`, ou seja, é um conjunto de pares (E, E') onde E' é o estado que se obtiver por execução do comando em causa a partir de E.

Pode ainda fazer-se referência à composição sequencial de comandos. Por exemplo, a expressão

```
x=5;If[x>1,y=x,z=x];While[x>0,x=x-1]
```

representa a composição sequencial dos 3 comandos anteriores, ou seja, o comando cuja execução corresponde à execução de `x=5`, seguida da execução de `If[x>1,y=x,z=x]`, seguida, por fim, da execução de `While[x>0,x=x-1]`. É de esperar que começando a execução desta composição em E_1 se obtenha E_4 no final. Em geral, a semântica da composição sequencial de dois comandos é obtida por intermédio da composição das relações correspondentes à semântica de cada um deles. A noção de composição de relações binárias é apresentada na secção seguinte. Naturalmente que a composição de dois comandos pode ser generalizada a três ou mais comandos da forma esperada.

Está fora do âmbito deste texto a definição rigorosa da semântica dos comandos aqui referidos. O leitor interessado em aprofundar os seus conhecimentos sobre semântica de programas imperativos pode consultar, por exemplo, [74]. ∎

3.1.2 Relações binárias

É usual introduzir algumas noções e notações específicas relativas a relações binárias, dada a importância deste tipo de relações.

Seja R uma relação binária. Em vez de $(x, y) \in R$ pode escrever-se

$$xRy \qquad \text{ou} \qquad x \stackrel{R}{\longrightarrow} y$$

e dizer-se que x está em relação com y por R, ou que x está na relação R com y, omitindo-se a referência a R sempre que não houver ambiguidade. Escreve-se também por vezes $x \not R y$ para significar que $(x, y) \notin R$.

Para relações binárias introduzem-se as noções de domínio e contradomínio de uma relação, bem assim como a noção de relação inversa.

Definição 3.1.9 Seja R uma relação binária. O *domínio* de R é o conjunto que se representa por $dom(R)$ e é definido como se segue:

$$dom(R) = \{x : \exists_y\, xRy\}.$$

Para designar o domínio de R também se usa a notação dom_R. ■

Definição 3.1.10 Seja R uma relação binária. O *contradomínio*, ou *imagem*, de R é o conjunto que se representa por $cod(R)$ e é definido como se segue:

$$cod(R) = \{y : \exists_x\, xRy\}.$$

Para designar o contradomínio de R também se usa a notação cod_R. ■

Exemplo 3.1.11 Seguem-se alguns exemplos ilustrativos:

- se $R = \{(1,2),(1,4),(3,5),(6,4)\}$
  então $dom(R) = \{1,3,6\}$ e $cod(R) = \{2,4,5\}$;
- se $D = \{(a,b) \in \mathbb{N} \times \mathbb{N} : a$ é o dobro de $b\}$
  então $dom(D)$ é o conjunto dos naturais pares e $cod(D) = \mathbb{N}$;
- se $M = \{(a,b) \in \mathbb{N} \times \mathbb{N} : a$ é metade de $b\}$
  então $dom(M) = \mathbb{N}$ e $cod(M)$ é o conjunto dos naturais pares. ■

Dada uma relação binária R obtém-se uma outra relação binária trocando os elementos de cada par $(x,y) \in R$.

Definição 3.1.12 Seja R uma relação binária. A *inversa*, ou *recíproca*, de R é a relação binária

$$\{(y,x) : (x,y) \in R\}.$$

É usual denotar por R^{-1} a inversa de R. ■

Exemplo 3.1.13 Para ilustrar a noção de relação inversa, considerem-se os seguintes exemplos, onde R e D são as relações referidas no Exemplo 3.1.11:

- a relação inversa de R é a relação $R^{-1} = \{(2,1),(4,1),(5,3),(4,6)\}$;
- a relação inversa de D é a relação $D^{-1} = \{(a,b) \in \mathbb{N}\times\mathbb{N} : a$ é metade de $b\}$ (isto é, D^{-1} é a relação M do Exemplo 3.1.11). ■

A terminar apresenta-se a noção de composição de relações binárias.

Definição 3.1.14 Sejam R e S relações binárias. A *composição* de R com S é a relação binária

$$\{(a,c) : \exists_{b \in cod(R) \cap dom(S)}((a,b) \in R \wedge (b,c) \in S)\}.$$

É usual denotar por $S \circ R$ a composição de R com S. ∎

Note-se que no cálculo da composição $S \circ R$, primeiro considera-se R e depois S, pelo que, por vezes, se lê informalmente $S \circ R$ como "S após R".

Exemplo 3.1.15 Sejam R e M as relações referidas no Exemplo 3.1.11:

- a composição de R com M é a relação $M \circ R = \{(1,4),(1,8),(3,10),(6,8)\}$;
- a composição de M com R é a relação $R \circ M = \{(3,4)\}$. ∎

A noção de composição de relações permite definir algumas noções úteis como a de fecho transitivo de uma relação binária e a de fecho reflexivo e transitivo de uma relação binária (ver Exercício 16 da Secção 3.4). A composição de relações binárias é também útil em diversas aplicações. Veja-se, a propósito, o Exemplo 3.1.8.

3.2 Relações de equivalência e conjunto quociente

De entre as relações binárias têm particular interesse as relações binárias num dado conjunto A, isto é, relações $R \subseteq A \times A$. De entre estas relações, merecem particular destaque as relações de equivalência e as relações de ordem. Esta secção é dedicada às primeiras e a próxima secção às segundas.

3.2.1 Relações de equivalência

Definição 3.2.1 Seja R uma relação binária num conjunto A. Diz-se que

- R é *reflexiva* se $\forall_{x \in A}\, xRx$;
- R é *simétrica* se $\forall_{x,y \in A}(xRy \Rightarrow yRx)$;
- R é *transitiva* se $\forall_{x,y,z \in A}(xRy \wedge yRz \Rightarrow xRz)$;
- R é uma relação de *equivalência* se R é reflexiva, simétrica e transitiva. ∎

Dizer que R é uma relação de equivalência num conjunto A significa, naturalmente, dizer que R é uma relação binária em A que é uma relação de equivalência. Pode omitir-se a referência ao conjunto A se não há ambiguidade sobre qual é o conjunto em causa, ou se este é irrelevante.

É imediato que se R é uma relação de equivalência em A, então, como tem de ser reflexiva, tem-se $R \neq \emptyset$, exceto no caso $A = \emptyset$. Fixada uma relação de equivalência R num conjunto A, diz-se que dois elementos x e y de A são *equivalentes* se xRy.

Ilustremos estas propriedades das relações com alguns exemplos.

Exemplo 3.2.2 Alguns exemplos relativos à reflexividade, à simetria e à transitividade:

- a relação $<$ (menor que) no conjunto $\mathbb{R}$, por exemplo, é transitiva, mas não é simétrica nem reflexiva;

- a relação $\leq$ (menor ou igual que) no conjunto $\mathbb{R}$, por exemplo, é transitiva e reflexiva mas não é simétrica;

- a relação $R = \{(a, b), (a, a), (b, c), (b, a), (c, b)\}$ em $A = \{a, b, c\}$ é simétrica, mas não é transitiva (por exemplo, aRb e bRc, mas $a \not R c$), nem reflexiva (por exemplo, $b \not R b$);

- a relação $\{(1, 1), (1, 2), (2, 2), (2, 3), (3, 3)\}$ no conjunto $A = \{1, 2, 3\}$ é reflexiva, mas não é simétrica (porquê?), nem transitiva (porquê?);

- a relação $\{(1, 1), (2, 2), (3, 3)\}$ no conjunto $A = \{1, 2, 3, 4\}$ é simétrica e transitiva, mas não é reflexiva; esta relação já seria reflexiva se considerada como uma relação no conjunto $A = \{1, 2, 3\}$;

- a relação $\{(a, b) \in \mathbb{Z}\times\mathbb{Z} : a \text{ é múltiplo de } b\}$ em $\mathbb{Z}$ é reflexiva e transitiva, mas não é simétrica;

- a relação $\{(a, b) \in \mathbb{N} \times \mathbb{N} : a \text{ é o dobro de } b\}$ em $\mathbb{N}$ não é nem reflexiva, nem simétrica, nem transitiva;

- a relação de perpendicularidade no conjunto das retas de um plano não é reflexiva, nem transitiva, embora seja simétrica. ■

Exemplo 3.2.3 Referem-se agora alguns exemplos de relações de equivalência:

- relação de igualdade em qualquer conjunto;

- relação $\{(a, b) \in \mathbb{N}\times\mathbb{N} : a \text{ e } b \text{ têm o mesmo resto na divisão inteira por } 5\}$ em $\mathbb{N}$;

- relação de paralelismo no conjunto das retas de um plano, admitindo que se considera a coincidência como um caso particular do paralelismo;
- relação "ter a mesma idade que" no conjunto das pessoas;
- relação "ter a mesma cor de olhos que" no conjunto das pessoas.

As relações referidas no Exemplo 3.2.2 não são relações de equivalência. ∎

3.2.2 Conjunto quociente

As relações de equivalência num conjunto desempenham um papel importante em Matemática. Em particular, elas permitem "partir" tal conjunto em classes. Porém, antes de discutirmos como tal se processa, analisemos primeiro o conceito geral de partição de um conjunto.

Definição 3.2.4 Seja A um conjunto não vazio. Uma *partição* de A é um conjunto $\mathsf{B} \subseteq \wp(A)$ tal que

- todo o elemento de B é não vazio;
- os elementos de B são disjuntos dois a dois, isto é

$$\forall_{S_1, S_2 \in \mathsf{B}} (S_1 \neq S_2 \Rightarrow S_1 \cap S_2 = \emptyset);$$

- a união do conjunto B é igual a A, isto é, $\bigcup \mathsf{B} = \bigcup\limits_{S \in \mathsf{B}} S = A$. ∎

Note-se que esta definição também se pode estender ao caso em que $A = \emptyset$. Neste caso a única partição possível de A é $\mathsf{B} = \emptyset$.

Aos elementos de uma partição B de um conjunto A chama-se, por vezes, *células*, ou *classes de partição*. Note-se que da Definição 3.2.4 decorre que em cada célula só podem estar elementos de A. Das duas últimas condições decorre que cada elemento de A pertence a uma e uma só célula.

Exemplo 3.2.5 Na Figura 3.1 estão representadas as partições

$$\mathsf{B}_1 = \{\{a, d\}, \{b\}, \{c, e\}\} \quad \text{e} \quad \mathsf{B}_2 = \{\{a\}, \{b, c, d\}, \{e\}\}$$

do conjunto $A = \{a, b, c, d, e\}$. ∎

Em geral, há muitas maneiras de partir um conjunto A não vazio. Por exemplo, dado um qualquer subconjunto próprio $X \neq \emptyset$ de A, então

$$\{X, A \backslash X\}$$

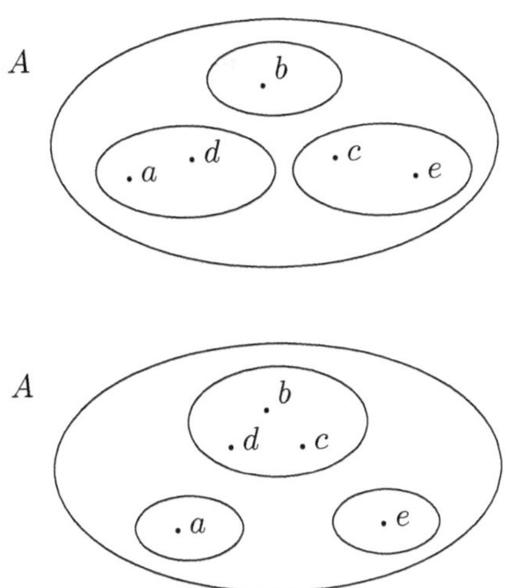

Figura 3.1: Exemplos de partições do conjunto $A = \{a, b, c, d, e\}$

constitui uma partição de A. De igual modo o conjunto

$$\{\{x\} : x \in A\}$$

constitui uma partição de A. Mas quando fazemos a partição de um conjunto estamos interessados, normalmente, não numa qualquer partição, mas sim em partições que traduzam alguma propriedade relevante, isto é, em que os elementos que se encontram em cada célula se relacionam de alguma maneira relevante.

É importante sublinhar que as propriedades que nos permitem efetuar partições são aquelas que definem relações de equivalência. De facto, as relações de equivalência têm um papel fundamental no contexto das partições de um conjunto pois não só a qualquer partição de A se pode associar uma relação de equivalência em A, como qualquer relação de equivalência em A induz uma partição de A, como se mostra de seguida.

Proposição 3.2.6 Seja B uma partição dum conjunto A não vazio e seja R_{B} a relação binária em A dada por $xR_{\mathsf{B}}y$ sse existe $S \in \mathsf{B}$ tal que $x, y \in S$. A relação R_{B} é uma relação de equivalência.

Demonstração: Há que demonstrar que R_{B} é reflexiva, simétrica e transitiva. A relação R_{B} é obviamente simétrica pelo que basta demonstrar a reflexividade e a transitividade.

(i) Comecemos por demonstrar a reflexividade. Pela definição de partição tem-se $A = \bigcup \mathsf{B}$ e portanto, dado $x \in A$, existe $S \in \mathsf{B}$ tal que $x \in S$. Assim, $xR_{\mathsf{B}}x$, o que permite concluir que R_{B} é reflexiva.

(ii) Demonstremos agora a transitividade. Sejam $x, y, z \in A$ quaisquer, tais que $xR_{\mathsf{B}}y$ e $yR_{\mathsf{B}}z$. Existem então $S, S' \in \mathsf{B}$ tais que $x, y \in S$ e $y, z \in S'$. Logo, $S \cap S' \neq \emptyset$. Mas, por definição de partição, se $S \neq S'$ então $S \cap S' = \emptyset$. Assim $S = S'$, e portanto $xR_{\mathsf{B}}z$. ∎

A relação de equivalência R_{B} construída a partir duma partição B dum conjunto $A \neq \emptyset$ como na Proposição 3.2.6 anterior é denominada *relação de equivalência induzida por* B.

Exemplo 3.2.7 Recordem-se as partições

$$\mathsf{B}_1 = \{\{a,d\},\{b\},\{c,e\}\} \quad \text{e} \quad \mathsf{B}_2 = \{\{a\},\{b,c,d\},\{e\}\}$$

de $A = \{a, b, c, d, e\}$ apresentadas no Exemplo 3.2.5. As relações

$$R_{\mathsf{B}_1} = \{(a,a),(a,d),(b,b),(c,c),(c,e),(d,a),(d,d),(e,c),(e,e)\}$$

$$R_{\mathsf{B}_2} = \{(a,a),(b,b),(b,c),(b,d),(c,c),(c,b),(c,d),(d,b),(d,c),(d,d),(e,e)\}$$

são as relações de equivalência induzidas por B_1 e B_2, respetivamente. ∎

Exemplo 3.2.8 Se pensarmos na partição $\mathsf{B} = \{\mathbb{P}, \mathbb{I}\}$ de $\mathbb{N}$, onde $\mathbb{P}$ é o conjunto dos naturais pares e $\mathbb{I}$ é o conjunto dos naturais ímpares, então R_{B} é relação de equivalência em $\mathbb{N}$ tal que $aR_{\mathsf{B}}b$ se e só se o resto da divisão inteira de a por 2 é igual ao resto da divisão inteira de b por 2. ∎

Introduz-se agora a noção de classe de equivalência de um elemento de um conjunto relativamente a uma relação de equivalência nesse conjunto, e demonstram-se algumas propriedades das classes de equivalência

Definição 3.2.9 Seja R uma relação de equivalência em A e seja c um qualquer elemento de A. A *classe de equivalência* de c *segundo* R, ou *módulo* R, que se representa usualmente por $[c]_R$, é o conjunto dos elementos de A que são equivalentes a c, isto é

$$[c]_R = \{x \in A : xRc\}.$$ ∎

Pode falar-se numa classe de equivalência de c e escrever simplesmente $[c]$, se não existir ambiguidade sobre a relação de equivalência em causa. Ao elemento c usado na notação $[c]_R$ para designar a classe $\{x \in A : xRc\}$ chama-se *representante* dessa classe. Como decorre da Proposição 3.2.11 adiante, qualquer elemento da classe pode ser escolhido para seu representante, no sentido de que se $a \in [c]_R$ então $[a]_R = [c]_R$.

Exemplo 3.2.10 Seguem-se vários exemplos ilustrativos, alguns dos quais relativos às relações de equivalência referidas no Exemplo 3.2.3:

- no caso da relação de paralelismo, a classe de equivalência de uma reta é o conjunto de todas as retas que têm a mesma direção da reta dada (ou seja, que lhe são paralelas);
- no caso da relação de igualdade num conjunto A, qualquer que seja o elemento $c \in A$ tem-se que $[c] = \{c\}$;
- no caso da relação em $\mathbb{N}$

  $$\{(a, b) \in \mathbb{N} \times \mathbb{N} : a \text{ e } b \text{ têm o mesmo resto na divisão inteira por } 5\}$$

  a classe de equivalência de 0, por exemplo, é o conjunto dos múltiplos de 5, isto é

  $$[0] = \{0, 5, 10, \ldots, (5k), \ldots\};$$
- no caso da relação "ter a mesma cor de olhos que", a classe de equivalência de uma pessoa com os olhos azuis, por exemplo, é o conjunto de todas as pessoas que têm os olhos azuis;
- no caso da relação $\{(a, a), (a, b), (b, a), (b, b), (c, c)\}$ em $A = \{a, b, c\}$ temos $[a] = [b] = \{a, b\}$ e $[c] = c$. ∎

Proposição 3.2.11 Seja R uma relação de equivalência num conjunto A, e sejam a e b elementos quaisquer de A. Tem-se

1. $a \in [a]$.
2. $aRb \Leftrightarrow [a] = [b]$.
3. $a \not R b \Leftrightarrow [a] \cap [b] = \emptyset$.

Demonstração:
1. Decorre de R ser reflexiva.

2. (i) Demonstre-se primeiro que $aRb \Rightarrow [a] = [b]$. Suponha-se que aRb e demonstremos que $[a] = [b]$. Seja $x \in [a]$ qualquer. Então xRa. Como aRb e R é transitiva tem-se xRb, e portanto $x \in [b]$. Conclui-se assim que $[a] \subseteq [b]$. De igual modo se conclui que $[b] \subseteq [a]$, usando aqui também o facto de R ser simétrica. Logo $[a] = [b]$ como se pretendia.

(ii) Demonstre-se agora que $[a] = [b] \Rightarrow aRb$. Suponha-se que $[a] = [b]$ e demonstremos que aRb. Por 1, $a \in [a]$, logo, usando a hipótese $[a] = [b]$, conclui-se que $a \in [b]$ e portanto aRb, como pretendido.

3. (i) Demonstre-se em primeiro lugar que $a \not\!R\, b \Rightarrow [a] \cap [b] = \emptyset$. Suponha-se, por absurdo, que $a \not\!R\, b$ e $[a] \cap [b] \neq \emptyset$ e vejamos que tal nos conduz a uma contradição. Como estamos a assumir que $[a] \cap [b] \neq \emptyset$, existe $c \in [a] \cap [b]$. Mas, qualquer que seja c, tem-se

$$\begin{array}{cl} c \in [a] \cap [b] & \\ \Downarrow & \\ c \in [a] \wedge c \in [b] & \\ \Downarrow & \text{(por definição de } [a] \text{ e de } [b]) \\ cRa \wedge cRb & \\ \Downarrow & (R \text{ é simétrica}) \\ aRc \wedge cRb & \\ \Downarrow & (R \text{ é transitiva}) \\ aRb. & \end{array}$$

Logo, como existe c tal que $c \in [a] \cap [b]$, e como $c \in [a] \cap [b] \Rightarrow aRb$ qualquer que seja c, conclui-se que aRb. Mas, por hipótese, $a \not\!R\, b$, obtendo-se, portanto, uma contradição (como pretendíamos).

(ii) Demonstre-se, para terminar, que $[a] \cap [b] = \emptyset \Rightarrow a \not\!R\, b$. Suponha-se então que $[a] \cap [b] = \emptyset$ e demonstre-se que $a \not\!R\, b$. Por 1, $a \in [a]$ e, por hipótese, $[a] \cap [b] = \emptyset$. Logo, $a \notin [b]$ e portanto $a \not\!R\, b$, por definição de $[b]$. ■

Introduz-se agora a noção de conjunto quociente.

Definição 3.2.12 Seja R uma relação de equivalência em A. O *conjunto quociente de A segundo R*, ou *módulo R*, representa-se por A/R e é o conjunto constituído pelas classes de equivalência segundo R de todos os elementos de A, isto é

$$A/R = \{[x]_R : x \in A\}.$$ ■

Observe-se que se $A = \emptyset$ então $A/R = \emptyset$. Se $A \neq \emptyset$, então o conjunto A/R é uma partição de A, como se mostra a seguir.

Proposição 3.2.13 Seja R uma relação de equivalência num conjunto A não vazio. Então A/R constitui uma partição de A.

Demonstração: Por 1 da Proposição 3.2.11, nenhuma classe de equivalência de um elemento de A é vazia. Também por 1 desta Proposição, todo o elemento c de A pertence a alguma classe de equivalência e, por definição de classe de equivalência, também se tem que estas são formadas só por elementos de A. Assim, conclui-se que a união de todas as classes é o próprio conjunto A.

Finalmente, por 2 e 3 da Proposição 3.2.11, quaisquer duas classes distintas são disjuntas. ■

Dada uma relação de equivalência R num conjunto A não vazio, a partição $A\backslash R$ é a *partição de A induzida por R.*

Exemplo 3.2.14 Sendo $R = \{(a,a),(a,b),(b,a),(b,b),(c,c)\}$ a relação de equivalência no conjunto $A = \{a,b,c\}$, tem-se

$$A/R = \{[a],[c]\} = \{\{a,b\},\{c\}\}.$$ ■

Exemplo 3.2.15 Na relação de equivalência R_2 em $\mathbb{N}$ definida por

$$R_2 = \{(a,b) \in \mathbb{N} \times \mathbb{N} : a \text{ e } b \text{ têm o mesmo resto na divisão inteira por } 2\}$$

cada classe de equivalência é formada pelos naturais que têm o mesmo resto na divisão inteira por 2. Assim

$$[0] = \{0,2,4,\ldots,(2k),\ldots\}$$

isto é, $[0]$ é o conjunto dos números naturais pares e

$$[1] = \{1,3,5,\ldots,(2k+1),\ldots\}$$

é, naturalmente, o conjunto dos números naturais ímpares. Tem-se então

$$\mathbb{N}/R_2 = \{[0],[1]\}.$$

Note-se que R_2 é precisamente a relação R_{B} do Exemplo 3.2.8 e, como seria de esperar, $\mathbb{N}/R_2 = \mathsf{B}$. ■

Exemplo 3.2.16 Na relação de equivalência R_5 em $\mathbb{N}$ definida por

$$R_5 = \{(a,b) \in \mathbb{N} \times \mathbb{N} : a \text{ e } b \text{ têm o mesmo resto na divisão inteira por } 5\}$$

tem-se, por exemplo, $[0] = \{0,5,10,\ldots,(5k),\ldots\}$, como referido no Exemplo 3.2.10. Naturalmente que

$$\mathbb{N}/R_5 = \{[0],[1],[2],[3],[4]\}.$$

Podem definir-se de modo análogo relações de equivalência R_n em $\mathbb{N}$, para cada $n \in \mathbb{N}_1$. Os correspondentes conjuntos quociente

$$\mathbb{N}/R_n = \{[0],\ldots,[n-1]\}$$

têm n classes de equivalência, sendo cada classe $[k]$ constituída pelos naturais cuja divisão inteira por n tem resto k, para cada $0 \leq k \leq n-1$. ■

Voltaremos a falar em conjuntos quociente no Capítulo 6, nas Secções 6.2.3 e 6.4.2.

Apresenta-se agora um exemplo mais elaborado de utilização do conceito de conjunto quociente em Matemática: a construção do conjunto dos racionais a partir do conjunto dos inteiros

Exemplo 3.2.17 CONSTRUÇÃO DOS NÚMEROS RACIONAIS
Suponha-se conhecido o conjunto dos números inteiros $\mathbb{Z}$ e veja-se como, a partir dele, se pode construir o conjunto $\mathbb{Q}$ dos números racionais. A ideia por detrás da construção dos números racionais é considerar como equivalentes todas as frações que representam o mesmo valor. Nalguns casos, como $\frac{6}{3}, \frac{8}{4}, \ldots$, todas estas frações representam um número já anteriormente conhecido, o 2. Noutros casos, como, por exemplo, em $\frac{3}{4}, \frac{6}{8}, \ldots$, estas frações representam também um número mas este é um novo número. Tecnicamente, como se verá, este novo número é definido como sendo a classe de equivalência de $\frac{3}{4}, \frac{6}{8}, \ldots$.

Para perceber esta construção recorde-se que o motivo que conduziu a esta extensão do conjunto dos números inteiros foi a de tornar resolúvel qualquer equação da forma

$$ax = b$$

com $a, b \in \mathbb{Z}$ e $a \neq 0$.

Note-se que para alguns pares de inteiros (a, b) a equação anterior tem uma solução inteira, quando existe um inteiro k tal que $b = ka$. Nesses casos a solução é única e pode ser representada por $\frac{b}{a}$. Por exemplo, no caso da equação $4x = 8$ a solução é 2 e pode ser representada por $\frac{8}{4}$. Existem naturalmente outras equações cuja solução é 2, como por exemplo a equação $3x = 6$. Podemos também representar a solução desta equação recorrendo aos seus coeficientes, escrevendo $\frac{6}{3}$, expressão que denotará o mesmo valor que $\frac{8}{4}$, no caso o inteiro 2.

Note-se que se as equações $ax = b$ e $cx = d$ (com $a, b, c, d \in \mathbb{Z}$, $a \neq 0$ e $c \neq 0$) têm soluções inteiras, somos capazes de caracterizar quando é que têm a mesma solução, mesmo sem termos de nos referir ao seu valor, recorrendo apenas aos coeficientes das equações e à multiplicação de inteiros. De facto, as equações $ax = b$ e $cx = d$ têm a mesma solução sse $ad = bc$. Isto permite que se possa estender a resolução de equações $ax = b$ aos casos em que estas não têm soluções inteiras.

Se quisermos que as equações $ax = b$, com $a, b \in \mathbb{Z}$ e $a \neq 0$, tenham sempre solução, a ideia é considerar que a cada par (a, b) corresponde um novo número que podemos representar por $\frac{b}{a}$. Mas, como ilustrado acima, diferentes equações podem ter a mesma solução, e portanto a diferentes pares de inteiros deverá corresponder o mesmo número, pelo que todos eles deverão ser identificados como esse novo número. A ideia é então encarar esse novo número como o conjunto de todos esses pares de inteiros. As observações do parágrafo anterior permitem-nos estabelecer qual o critério que esses pares de inteiros devem satisfazer para serem identificados com o novo número: os pares (a, b) e (c, d) correspondem ao mesmo número quando $ad = bc$.

Vejamos como concretizar rigorosamente este raciocínio. Considere-se o conjunto $W = (Z\backslash\{0\}) \times Z$ e a relação binária R em W dada por

$$(a, b)R(c, d) \quad \text{sse} \quad ad = bc.$$

Observe-se que esta relação é caracterizada apenas à custa de operações que estão definida nos inteiros, no caso a multiplicação. É fácil verificar que é uma relação de equivalência. Pode então definir-se o conjunto $\mathbb{Q}$ dos números racionais como sendo precisamente o conjunto quociente

$$W/R$$

e portanto cada número racional é uma classe de equivalência. Uma classe $[(a, b)]$ corresponderá a um número inteiro k se $b = ka$ e, caso não exista qualquer inteiro k tal que $b = ka$, a classe $[(a, b)]$ traduzirá um novo número.

Na prática, cada número inteiro e o número racional correspondente, à partida objetos matemáticos distintos, são mesmo "identificados", passando a considerar-se $\mathbb{Z} \subset \mathbb{Q}$: a classe $[(a, b)]$ é designada por $\frac{b}{a}$ e cada inteiro k é identificado com o racional $\frac{k}{1}$. ■

3.3 Relações de ordem e relações bem fundadas

Outra classe importante de relações binárias num conjunto são as chamadas relações de ordem. Analisaremos as ordens parciais e totais e introduziremos os conceitos de minorante, mínimo, ínfimo e elemento minimal, bem como os seus conceitos duais. Concluiremos esta secção apresentando as boas ordens e as relações bem fundadas.

3.3.1 Ordens parciais e ordem totais

Nesta secção apresentamos a noção de relação de ordem parcial (em sentido lato) e em sentido estrito. Uma relação de ordem total é um caso particular de relação de ordem parcial. Começamos com as noções de elementos comparáveis, de relação irreflexiva e de relação antissimétrica, relevantes para caracterizar as relações de ordem.

Definição 3.3.1 Seja R uma relação binária num conjunto A. Então

- $x, y \in A$ são *comparáveis por meio de* R se xRy ou yRx, e são *incomparáveis por meio de* R se não são comparáveis;

- R é *irreflexiva* se $\neg\exists_{x\in A} xRx$;
- R é *antissimétrica* se $\forall_{x,y\in A}(xRy \wedge yRx \Rightarrow x = y)$. ∎

Exemplo 3.3.2 Sejam $A = \{1,2,3,4,5\}$ e $B = \{1,2,3\}$. Então

- a relação $R = \{(1,2),(2,2),(2,3),(3,4),(4,5)\}$ em A não é irreflexiva, dado que $2R2$; também não é reflexiva, pois $3\not R 3$, por exemplo;
- a relação $R = \{(1,2),(2,1),(4,5)\}$ em A é irreflexiva; R não é antissimétrica pois $1R2$, $2R1$ e $1 \neq 2$, e também não é simétrica (porquê?); os elementos 1 e 3 de A não são comparáveis por R pois $1\not R 3$ e $3\not R 1$;
- a relação $R = \{(1,2),(2,3)\}$ em B é antissimétrica e irreflexiva; R não é transitiva pois $1R2$, $2R1$ e $1\not R 3$;
- a relação $R = \{(1,2),(2,3),(1,3)\}$ em B é antissimétrica, irreflexiva e transitiva. ∎

Apresentam-se agora as noções de ordem parcial em sentido lato, em sentido estrito e de pré-ordem.

Definição 3.3.3 Seja R uma relação binária num conjunto A. Então

- R é uma *relação de ordem parcial em sentido lato* se R é reflexiva, antissimétrica e transitiva;
- R é uma *relação de ordem parcial em sentido estrito* se R é irreflexiva e transitiva;
- R é uma *uma pré-ordem* se R é reflexiva e transitiva. ∎

Dizer que R é uma relação de ordem parcial em sentido lato (estrito) num conjunto A significa, naturalmente, dizer que R é uma relação binária em A que é uma relação de ordem parcial em sentido lato (estrito). O mesmo se passa relativamente às pré-ordens. Pode omitir-se a referência ao conjunto A se não há ambiguidade sobre qual é o conjunto em causa, ou se este é irrelevante.

Em vez de se dizer que R é uma relação de ordem parcial em sentido lato, também se diz, mais abreviadamente, que R é uma ordem parcial em sentido lato, ou que R é uma ordem parcial lata. Analogamente no que respeita a uma relação de ordem parcial em sentido estrito. Por vezes refere-se mesmo uma ordem parcial, sem dizer se é estrita ou lata. Nesse caso assume-se aqui, como é usual, que se trata de uma ordem parcial em sentido lato.

Exemplo 3.3.4 Tem-se que

- a relação $\{(a, b) \in \mathbb{Z} \times \mathbb{Z} : a \text{ é múltiplo de } b\}$ em $\mathbb{Z}$ é reflexiva, antissimétrica e transitiva, e, portanto, é uma relação de ordem parcial em sentido lato (ou apenas uma ordem parcial);

- a relação $\leq$, por exemplo no conjunto $\mathbb{R}$, é um exemplo típico de relação de ordem parcial em sentido lato, e a relação $<$ um exemplo típico de relação de ordem parcial em sentido estrito;

- a relação de inclusão $\subseteq$ no conjunto das partes de um conjunto A é uma relação de ordem parcial em sentido lato, e a relação $\subset$ é uma ordem parcial em sentido estrito;

- a relação $\preceq$ no conjunto das partes de um conjunto finito A dada por $X \preceq Y$ sse $\#X \leq \#Y$ é uma pré-ordem;

- toda a ordem parcial em sentido lato é uma pré-ordem e toda a relação de equivalência é uma pré-ordem.

Podemos conceber outro tipo de ordens parciais associadas a conceitos não matemáticos. Por exemplo, podemos querer ordenar os hotéis de uma cidade segundo o número de estrelas; mais precisamente, dados dois hotéis H_1 e H_2 podemos definir $H_1 \, R \, H_2$ sse o hotel H_1 tem menos estrelas que o hotel H_2. A relação R assim definida é uma relação de ordem parcial em sentido estrito, no conjunto dos hotéis dessa cidade. Hotéis com o mesmo número de estrelas não são comparáveis. De modo análogo podemos também ordenar pessoas segundo a sua altura. ∎

As relações de ordem parcial em sentido lato podem ser representadas graficamente de maneira sugestiva: os elementos são representados por pontos, e os elementos distintos que estão em relação são ligados por segmentos de reta, de modo a que xRy se e só se o ponto que representa x está por baixo e ligado (através de um ou mais segmentos de reta) ao ponto que representa y. Na Figura 3.2 representam-se três exemplos de ordens parciais em sentido lato. Em particular, a ordem parcial mais à direita é a ordem $\subseteq$ no conjunto das partes do conjunto $\{0, 1, 2\}$. Numa ordem parcial alguns elementos podem ser incomparáveis (daí, aliás, o termo "parcial"). Tal acontece por exemplo com os elementos $\{1\}$ e $\{2\}$ na ordem da direita.

Em certas ordens parciais todos os elementos distintos são comparáveis dois a dois, como, por exemplo, na ordem $\leq$ nos reais. Diz-se neste caso que estamos em presença de uma ordem total.

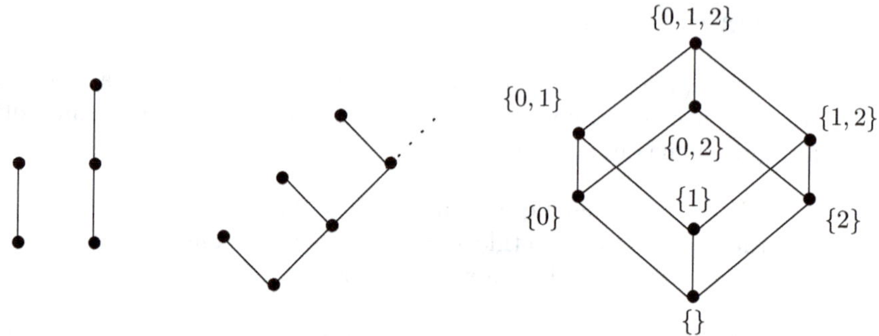

Figura 3.2: Exemplos de ordens parciais em sentido lato

Definição 3.3.5 Seja R uma relação binária num conjunto A. Então

- R satisfaz a propriedade *dicotómica* se $\forall_{x,y\in A}(xRy \vee yRx)$, isto é, se quaisquer dois elementos de A são comparáveis por R;
- R satisfaz a propriedade *tricotómica* se $\forall_{x,y\in A}(x = y \vee xRy \vee yRx)$, isto é, se quaisquer dois elementos distintos de A são comparáveis por R;
- R é *uma relação de ordem total*, ou *ordem linear*, em sentido lato (estrito) se R é uma ordem parcial em sentido lato (estrito) que satisfaz a propriedade tricotómica. ■

Quando uma relação binária satisfaz a propriedade tricotómica também se costuma dizer que essa relação é *conexa*.

De novo, dizer que R é uma relação de ordem total em sentido lato (estrito) num conjunto A, significa dizer que R é uma relação binária em A que é uma relação de ordem total em sentido lato (estrito), podendo omitir-se a referência ao conjunto se não há ambiguidade sobre qual ele é ou se é irrelevante. Em vez de relação de ordem total em sentido lato (estrito) também se pode falar em ordem total em sentido lato (estrito), ou em ordem total lata (estrita).

Tal como em relação às ordens parciais, quando se fala apenas numa ordem total, sem dizer se é estrita ou lata, assume-se que se trata de uma ordem total lata.

Uma ordem parcial em sentido lato satisfaz a propriedade tricotómica se e só se satisfaz a propriedade dicotómica. Logo, pode também dizer-se, de forma equivalente, que uma ordem total em sentido lato é uma ordem parcial em sentido lato que satisfaz a propriedade dicotómica.

A uma ordem total R (estrita ou lata) também se chama *ordem linear* (estrita ou lata) por ela se poder representar através de uma linha reta. Para dois elementos x e y distintos, xRy se e só se o ponto que representa x está à esquerda do ponto que representa y. Na Figura 3.3 encontra-se a representação da relação $\leq$ nos inteiros.

Figura 3.3: Ordem $\leq$ no conjunto dos números inteiros

Seguem-se alguns exemplos que descrevem diversas ordens totais e não totais.

Exemplo 3.3.6 Tem-se que

- a relação $\leq$ usual é uma ordem total no conjunto dos naturais, assim como no conjunto dos inteiros, no conjunto dos racionais ou no conjunto dos reais; o mesmo se pode dizer relativamente à relação $\geq$;

- a relação "x precede alfabeticamente y" definida no conjunto de todas as palavras da língua portuguesa da forma usual[2] é uma ordem total, em sentido estrito (é a ordem pela qual estão dispostas as palavras nos dicionários);

- a relação de inclusão $\subseteq$ no conjunto das partes de um conjunto A é uma ordem parcial que não é total (só será total se A tiver no máximo 1 elemento);

- a relação $R = \{(1,2),(2,3),(3,4),(4,5)\}$ em $A = \{1,2,3,4,5\}$, embora intuitivamente possa ser vista como "ordenando linearmente" os elementos de A, não é uma ordem linear estrita porque não só não é total, uma vez que 1 e 3 não são comparáveis, como não é mesmo uma ordem parcial estrita em A, pois não é transitiva;

- o fecho transitivo da relação $R = \{(1,2),(2,3),(3,4),(4,5)\}$ anterior, isto é, a relação

  $$R^+ = \{(1,2),(2,3),(3,4),(4,5),(1,3),(2,4),(3,5),(1,4),(2,5),(1,5)\}$$

  já é uma ordem linear estrita em A (a definição de fecho transitivo é apresentada no Exercício 16 da Secção 3.4);

[2] Informalmente, x precede y se a primeira letra de x precede, no alfabeto, a primeira letra de y, ou, no caso de começarem pela mesma letra, se a segunda letra de x ou não existe ou precede a segunda letra de y, e assim sucessivamente.

- a relação $\{(a,b) \in \mathbb{Z} \times \mathbb{Z} : a \text{ é múltiplo de } b\}$ em $\mathbb{Z} \times \mathbb{Z}$ é uma ordem parcial que também não é total, pois, por exemplo, 5 não é múltiplo de 3 e 3 não é múltiplo de 5;

- a relação $R = \{(1,2),(2,3),(1,3),(4,5)\}$ é uma ordem parcial estrita no conjunto $A = \{1,2,3,4,5\}$, que não é total, pois, por exemplo, 1 e 4 não são comparáveis por meio de R;

- a relação $R = \{(1,1),(2,2),(3,3),(4,4)\}$ é uma ordem parcial no conjunto $A = \{1,2,3,4\}$, que não é total, pois, por exemplo, 1 e 2 não são comparáveis por meio de R;

- a relação

$$R = \{(1,1),(1,2),(1,3),(1,4),(2,2),(2,3),(2,4),(3,3),(3,4),(4,4)\}$$

é uma ordem total no conjunto $A = \{1,2,3,4\}$. ∎

Usa-se frequentemente o símbolo $\preceq^A$, ou $\preceq_A$, para denotar que se está a considerar uma relação que é uma ordem parcial no conjunto A. Pode omitir-se a referência ao conjunto A sempre que não exista ambiguidade. O símbolo $\preceq$ pode ler-se "precede ou é igual a", ou mesmo "é menor ou igual que".

Dada uma ordem parcial $\preceq^A$, a *relação de ordem estrita associada* a $\preceq^A$, ou *induzida* por $\preceq^A$, é a relação binária $\prec^A$ em A que satisfaz

$$x \prec^A y \Leftrightarrow x \preceq^A y \wedge x \neq y.$$

O símbolo $\prec$ lê-se "precede", ou "é menor que".

De modo semelhante, a partir de uma ordem parcial em sentido estrito $\prec^A$ num conjunto A, pode definir-se a *relação de ordem lata associada* a $\prec^A$, ou *induzida por* $\prec^A$, que é a relação $\preceq^A$ em A que satisfaz

$$x \preceq^A y \Leftrightarrow x \prec^A y \vee x = y.$$

Igualmente se introduzem as relações

$$x \succ y \Leftrightarrow y \prec x \qquad \text{e} \qquad x \succeq y \Leftrightarrow x \succ y \vee x = y$$

onde se omite a referência a A, assumindo-se este conjunto implícito. São ainda úteis as seguintes convenções:

$$x \prec y \prec z \quad \text{significa} \quad x \prec y \wedge y \prec z$$
$$x \preceq y \preceq z \quad \text{significa} \quad x \preceq y \wedge y \preceq z$$
$$x \preceq y \prec z \quad \text{significa} \quad x \preceq y \wedge y \prec z$$
$$x \prec y \preceq z \quad \text{significa} \quad x \prec y \wedge y \preceq z.$$

Quando $\preceq$ é uma ordem total em A, também se definem, por vezes, as usuais noções

$$[a,b] = \{x \in A : a \preceq x \preceq b\} \qquad]a,b[= \{x \in A : a \prec x \prec b\}$$

$$[a,b[= \{x \in A : a \preceq x \prec b\} \qquad]a,b] = \{x \in A : a \prec x \preceq b\}$$

de intervalo aberto, fechado e semifechado, com extremos $a, b \in A$.

Introduz-se agora a noção de estrutura relacional, ou sistema relacional.

Definição 3.3.7 Um par ordenado (A, R) constituído por um conjunto A e uma relação binária R em A é uma *estrutura relacional.*

Se R for uma ordem parcial em A diz-se que (A, R) é uma estrutura relacional *parcialmente ordenada.* Se R for uma ordem total em A diz-se que (A, R) é uma estrutura relacional *totalmente ordenada* ■

Em vez de dizer que (A, R) é uma estrutura relacional parcialmente (totalmente) ordenada pode também dizer-se, simplesmente, que é uma estrutura parcialmente (totalmente) ordenada. Por abuso de linguagem, também se diz que (A, R) é um conjunto parcialmente (totalmente) ordenado, ou mesmo, apenas, que A é um conjunto parcialmente (totalmente) ordenado, quando não há ambiguidade sobre a ordem em causa.

3.3.2 Minorante, mínimo e ínfimo

Existem diversas noções importantes associadas ao conceito de conjunto parcialmente ordenado. Nesta secção apresentamos as noções de minorante, mínimo e ínfimo e as suas noções duais de majorante, máximo e supremo.

Definição 3.3.8 Seja $(A, \preceq)$ um conjunto parcialmente ordenado, X um subconjunto qualquer de A e seja $c \in A$. Então

- c é um *minorante* de X se $\forall_{x \in X}\, c \preceq x$;
- c é um *mínimo* de X se $c \in X \wedge \forall_{x \in X}\, c \preceq x$;
- c é um *ínfimo* de X se $\forall_{x \in X}\, c \preceq x \wedge \forall_{d \in A}(\forall_{x \in X} d \preceq x \Rightarrow d \preceq c))$.

Diz-se que $X \subseteq A$ *admite* ou *tem* mínimo (ínfimo) se existe um elemento c de A que é um mínimo (ínfimo) de X. ■

Dado um conjunto parcialmente ordenado A e $X \subseteq A$, um minorante de X é um elemento de A que, de acordo com a ordem em causa, é "menor ou igual" que todos os elementos de X. Por sua vez, um mínimo de um conjunto $X \subseteq A$ é um elemento de X que é "menor ou igual" que todos os elementos de X. Por último, um ínfimo de um conjunto $X \subseteq A$ é o maior dos minorantes de X (em A).

Analisaremos com um pouco mais de detalhe estas noções, começando pela noção de mínimo. Um subconjunto X de A pode não ter mínimo, quando se considera a uma certa ordem, mas se tiver ele é único, como se demonstra de seguida. Assim, quando existe, em vez de referir *um* mínimo do conjunto, refere-se *o* mínimo do conjunto e usa-se a notação $\min(X)$, ou $\min X$, para o designar.

Naturalmente, o mínimo de X, quando existe, é um minorante de X e qualquer minorante de X que seja elemento de X é o mínimo de X.

Proposição 3.3.9 Seja $(A, \preceq)$ um conjunto parcialmente ordenado e $X \subseteq A$. O mínimo de X, quando existe, é único.

Demonstração: Sejam $c_1, c_2 \in A$ mínimos de X. Por um lado, tem-se $c_1 \preceq c_2$ porque c_1 é mínimo. Por outro lado, tem-se $c_2 \preceq c_1$ porque c_2 é mínimo. Como $\preceq$ é antissimétrica, conclui-se que $c_1 = c_2$. ∎

Exemplo 3.3.10 Considerando a usual ordem $\leq$ nos reais, isto é, considerando o conjunto parcialmente ordenado $(\mathbb{R}, \leq)$, então

- qualquer real não positivo é um minorante do conjunto $]0, +\infty[$;
- o conjunto $]0, +\infty[$ não tem mínimo, pois nenhum dos seus minorantes pertence ao conjunto;
- os conjuntos $]-\infty, 0]$ e $\mathbb{R}$ não têm minorantes;
- 0 é um minorante do conjunto $[0, +\infty[$ e, como $0 \in [0, +\infty[$, tem-se que $0 = \min([0, +\infty[)$;
- os conjuntos $]-\infty, -3]$ e $]-\infty, -3]$ não têm mínimo. ∎

Exemplo 3.3.11 Seja $\leq$ a usual ordem no conjunto $\mathbb{N}$ (que se pode descrever graficamente como representado na Figura 3.4). Então

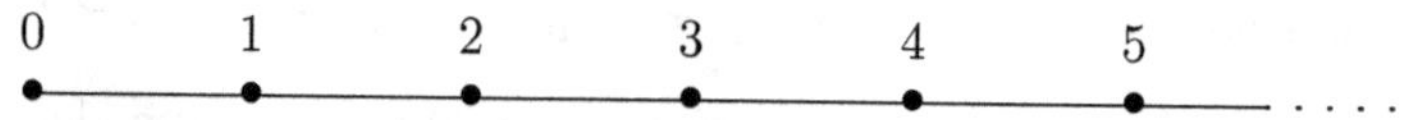

Figura 3.4: Ordem $\leq$ no conjunto dos números naturais

- os naturais 0, 1, 2 e 3 são minorantes do conjunto $\{3, 5, 7\}$;
- 4 não é um minorante de $\{3, 5, 7\}$;

- $3 = \min(\{3, 5, 7\})$;
- $0 = \min(\mathbb{N})$. ∎

Exemplo 3.3.12 Considere-se neste exemplo o conjunto parcialmente ordenado $(\wp(\{a, b, c\}), \subseteq)$. Então

- $\emptyset$ é minorante de qualquer subconjunto de $\wp(\{a, b, c\})$;
- $\emptyset = \min(\wp(\{a, b, c\}))$;
- $\emptyset$, $\{b\}$, $\{c\}$ e $\{b, c\}$ são minorantes de $X = \{\{b, c\}, \{a, b, c\}\}$ e, como $\{b, c\} \in X$, tem-se $\{b, c\} = \min(X)$;
- $\emptyset$ e $\{b\}$ são os minorantes de $\{\{a, b\}, \{b, c\}, \{a, b, c\}\}$, mas este conjunto não tem mínimo;
- $\emptyset$ é o único minorante de $\{\{a, b\}, \{a, c\}, \{b, c\}, \{a, b, c\}\}$. ∎

Façamos agora algumas observações sobre o conceito de ínfimo de um conjunto. Como referimos, um ínfimo de $X \subseteq A$ é o maior dos minorantes de X (em A). É fácil concluir que pode não existir ínfimo de X, mas se existir é único. Daí que quando c é *um* ínfimo de X se possa dizer que c é *o* ínfimo de X e designá-lo por $\inf(X)$, ou $\inf X$.

Como referimos acima, qualquer minorante de X que pertença ao próprio conjunto X é o mínimo de X. Assim, como o ínfimo de X é um minorante deste conjunto, se o ínfimo de X existir e pertencer a X, então o ínfimo de X coincide com o mínimo de X.

Por outro lado, se existir o mínimo de X ele coincide com o seu ínfimo, como se demonstra na Proposição 3.3.15. No entanto, um subconjunto X de um conjunto parcialmente ordenado A pode admitir ínfimo, sem que admita mínimo.

Observe-se, ainda, que como não existem minorantes de X maiores que o seu ínfimo, se $\preceq$ for uma ordem total, então o ínfimo de X, quando existe, satisfaz a seguinte condição "qualquer elemento maior do que ele é maior do que algum elemento de X". Este resultado é estabelecido Proposição 3.3.15.

Exemplo 3.3.13 Considere-se o conjunto parcialmente ordenado $(\mathbb{R}, \leq)$. Então

- 0 é o ínfimo de $]0, +\infty[$, mas este conjunto não tem mínimo;
- 5 é ínfimo e mínimo de $[5, 7[$;
- o conjunto $]-\infty, -4]$ não tem ínfimo. ∎

Exemplo 3.3.14 Considerando-se agora o conjunto parcialmente ordenado $(\wp(\{a,b,c\}),\subseteq)$, tem-se que

- $\{b\}$ é ínfimo de $\{\{a,b\},\{b,c\},\{a,b,c\}\}$, mas este conjunto não tem mínimo;
- como $\emptyset$ é o único minorante de $\{\{a,b\},\{a,c\},\{b,c\},\{a,b,c\}\}$ é também o seu ínfimo. ∎

Proposição 3.3.15 Seja $(A,\preceq)$ um conjunto parcialmente ordenado e $X\subseteq A$.

1. Se X tem mínimo então X também tem ínfimo e $\min(X)=\inf(X)$.
2. Se $\preceq$ é uma ordem total então $\forall_{z\in A}(c\prec z\Rightarrow \exists_{x\in X}\, x\prec z)$, onde c é o ínfimo de X.

Demonstração:
1. Seja $c\in A$ o mínimo de X. Vamos demonstrar que c é ínfimo de X. Dado que c é mínimo de X, tem-se $\forall_{x\in X}\, c\preceq x$. Falta demonstrar que, para cada $d\in A$, se $\forall_{x\in X}\, d\preceq x$ então $d\preceq c$. Seja então $d\in A$ verificando $\forall_{x\in X}\, d\preceq x$. Como c é mínimo de X, tem-se $c\in X$. Assim, $d\preceq c$, como se pretendia.
2. Seja $c=\inf(X)$. Demonstremos, por absurdo, que

$$\forall_{z\in A}(c\prec z\Rightarrow \exists_{x\in X} x\prec z).$$

Para tal, suponha-se que existe $z\in A$ tal que $c\prec z$ e $\neg\exists_{x\in X}\, x\prec z$, ou seja, $\forall_{x\in X}\, x\not\prec z$, e tentemos obter uma contradição.

Ora, é fácil verificar que se $\preceq$ é total então $\prec$ é total e, portanto, dizer que $x\not\prec z$ significa que $z=x$ ou $z\prec x$, isto é, $z\preceq x$. Tem-se então $\forall_{x\in X}\, z\preceq x$, o que por definição de ínfimo significa que $z\preceq c$, isto é, $z=c$ ou $z\prec c$.

Como por hipótese $c\prec z$, se $z=c$ então $c\prec c$ e obtém-se uma contradição com o facto de $\prec$ ser irreflexiva.

Se $z\prec c$ novamente se obtém uma contradição, porque de $c\prec z$ e da transitividade de $\prec$ se conclui também $c\prec c$. ∎

Como seria de esperar, existem os conceitos duais dos de minorante, mínimo e ínfimo. Eles são introduzidos na definição que se segue.

Definição 3.3.16 Seja $(A,\preceq)$ um conjunto parcialmente ordenado, X um subconjunto de A e seja $c\in A$. Então

- c é um *majorante* de X se $\forall_{x\in X}\, x\preceq c$;
- c é um *máximo* de X se $c\in X\wedge\forall_{x\in X}\, x\preceq c$;
- c é um *supremo* de X se $\forall_{x\in X}\, x\preceq c\wedge\forall_{d\in A}(\forall_{x\in X}x\preceq d\Rightarrow c\preceq d))$.

Diz-se que $X \subseteq A$ *admite* ou *tem* máximo (supremo) se existe um elemento c de A que é um máximo (supremo) de X. ■

Considerações análogas às apresentadas para as noções de minorante, mínimo e ínfimo podem ser feitas a propósito dos respetivos conceitos duais, isto é, a propósito dos majorantes, máximo e supremo de um subconjunto de um conjunto parcialmente ordenado, respetivamente. Em particular, refira-se que o máximo de X, quando existe, é único e denota-se por $\max(X)$, ou $\max X$, e que o supremo de X, quando existe, é único e denota-se por $\sup(X)$, ou $\sup X$.

Observe-se ainda que da definição de ínfimo decorre que podemos dizer também que o ínfimo de X é o máximo do subconjunto de A constituído por todos os minorantes de X em A. Por sua vez, como seria de esperar, o supremo de X é o mínimo do subconjunto de A constituído por todos os majorantes de X em A.

Exemplo 3.3.17 Considere-se o conjunto parcialmente ordenado $(\mathbb{R}, \leq)$. Então

- todos os reais não negativos são majorantes do conjunto $]-\infty, 0]$ e 0 é o seu máximo e, portanto, também o supremo;
- todos os reais não negativos são majorantes do conjunto $]-\infty, 0[$, mas este conjunto não tem máximo;
- o conjunto $[0, +\infty[$ não tem majorantes;
- o conjunto $[0, 1[$ não tem máximo, mas tem supremo, o 1;
- o conjunto $\mathbb{N}$ não tem máximo, e o mesmo acontece com $\mathbb{Z}$, $\mathbb{Q}$ e $\mathbb{R}$;
- os conjuntos $[0, 5[$ e $\mathbb{N}$ não têm máximo;
- 7 é o máximo dos conjuntos $\{2, 3, 7\}$ e $[2, 7]$;
- 1 é o supremo, e também o máximo, do conjunto $\{\frac{1}{n} : n \in \mathbb{N}_1\}$ dos inversos dos inteiros positivos. ■

Exemplo 3.3.18 Considerando-se agora o conjunto parcialmente ordenado $(\wp(\{a, b, c\}), \subseteq)$, tem-se que

- $\{a, b, c\}$ é majorante de qualquer subconjunto de $\wp(\{a, b, c\})$;
- $\{a, b\}$ é o supremo do conjunto $\{\{a\}, \{b\}\}$, mas este conjunto não tem máximo;
- $\{a, b, c\}$ é o supremo do conjunto $\{\{a\}, \{b\}, \{a, c\}\}$, mas este conjunto não tem máximo;

- $\{a, c\}$ é o máximo do conjunto $\{\{a\}, \{c\}, \{a, c\}\}$. ∎

Referem-se agora os conjuntos minorados, majorados e limitados.

Definição 3.3.19 Seja $(A, \preceq)$ um conjunto parcialmente ordenado e $X \subseteq A$. Então

- X é *minorado*, ou *limitado inferiormente* em A, se X tiver pelo menos um minorante em A;
- X é *majorado*, ou *limitado superiormente*, em A se X tiver pelo menos um majorante em A;
- X é *limitado* em A se for minorado e majorado. ∎

Nas noções anteriores pode omitir-se a referência ao conjunto A sempre não exista ambiguidade.

Exemplo 3.3.20 Seguem-se alguns exemplos que ilustram estes conceitos, considerando uma vez mais o conjunto parcialmente ordenado $(\mathbb{R}, \leq)$:

- o conjunto $\mathbb{R}$ não é minorado nem majorado;
- o conjunto $\mathbb{N}$ é minorado, pois qualquer real negativo é seu minorante, mas não é majorado, nem, portanto, limitado;
- o conjunto dos inteiros negativos é majorado, pois são majorantes todos os reais não negativos, mas não é limitado;
- o conjunto $]-5, 7[$ é limitado. ∎

Exemplo 3.3.21 Considerando-se agora o conjunto parcialmente ordenado $(\wp(\{a, b, c\}), \subseteq)$, tem-se que todos os subconjuntos de $\wp(\{a, b, c\})$ são minorados e majorados e são, portanto, limitados. ∎

3.3.3 Elemento minimal

Uma outra noção importante associada aos conjuntos parcialmente ordenados é a noção de elemento minimal, e a sua noção dual de elemento maximal. Elas são por vezes omitidas quando se trabalha apenas com as ordenações usuais no conjunto dos reais ou inteiros, por exemplo, uma vez que nesses casos estamos em presença de ordens totais, e no caso de ordens totais as noções de mínimo e de elemento minimal coincidem (tal como as de máximo e elemento maximal), como se verá adiante.

Definição 3.3.22 Sejam $(A, \preceq)$ um conjunto parcialmente ordenado, $X \subseteq A$ e $c \in A$. Diz-se que c é um *elemento minimal* de X se $c \in X \wedge \neg\exists_{x \in X}\, x \prec c$. ■

Um elemento minimal de X é, portanto, um elemento de X tal que não existem em X elementos menores que ele. Um elemento minimal pode também ser definido, de forma equivalente, por referência direta à relação $\preceq$, como se ilustra de seguida.

Proposição 3.3.23 Seja $(A, \preceq)$ um conjunto parcialmente ordenado, X um subconjunto de A e seja $c \in A$. Então c é um elemento minimal de X sse $c \in X \wedge \forall_{x \in X}\, (x \preceq c \Rightarrow c = x)$.

Demonstração: Este resultado decorre da definição de elemento minimal, uma vez que

$$\neg\exists_{x \in X}\, x \prec c$$
$$\Leftrightarrow$$
$$\forall_{x \in X}\, \neg\, x \prec c$$
$$\Leftrightarrow$$
$$\forall_{x \in X}\, \neg(x \preceq c \wedge x \neq c)$$
$$\Leftrightarrow$$
$$\forall_{x \in X}\, (x \preceq c \Rightarrow c = x).$$

■

Refira-se que se pode estender a Definição 3.3.22 e a Proposição 3.3.23 ao caso em que apenas se assume que $\preceq$ é uma relação reflexiva em A, e $\prec$ se define à custa de $\preceq$ por $x \prec y$ sse $x \preceq y \wedge x \neq y$ (ou, de forma equivalente, ao caso em que apenas se assume que $\prec$ é uma relação irreflexiva em A e que $x \preceq y$ sse $x \prec y \vee x = y$).

No caso de estarmos em presença de um conjunto parcialmente ordenado $(A, \preceq)$ pode demonstrar-se (ver Proposição 3.3.27) que se um subconjunto X de A tem mínimo então o mínimo é o único elemento minimal. No entanto, se X não tem mínimo, então X pode ter zero, um ou mais elementos minimais.

Exemplo 3.3.24 Considere-se neste exemplo o conjunto parcialmente ordenado $(\wp(\{a, b, c\}), \subseteq)$. Então

- como $\{b, c\}$ é mínimo de $X = \{\{b, c\}, \{a, b, c\}\}$, este conjunto é também o único elemento minimal de X;
- os elementos minimais de $\{\{a, b\}, \{b, c\}, \{a, b, c\}\}$ são $\{a, b\}$ e $\{b, c\}$;
- os elementos minimais de $\{\{a, b\}, \{a, c\}, \{b, c\}, \{a, b, c\}\}$ são $\{a, b\}$, $\{a, c\}$ e $\{b, c\}$. ■

Exemplo 3.3.25 Considerando a usual ordem $\leq$ nos números inteiros, seja $(A, \preceq)$ o conjunto parcialmente ordenado em que $A = \{a, b\} \cup \mathbb{Z}$ e

$$\preceq = \{(a,a), (a,b), (b,b)\} \cup \leq .$$

O conjunto $X = \{a\} \cup \mathbb{Z}$ possui um e um só elemento minimal, o elemento a, mas não possui mínimo. ∎

Exemplo 3.3.26 Considere-se o conjunto parcialmente ordenado $(\wp(\mathbb{N}), \subseteq)$. Para cada $k \in \mathbb{N}_1$, seja B_k o conjunto dos múltiplos de 2^k. Tendo em conta que $B_{k+1} \subset B_k$ para cada $k \in \mathbb{N}_1$, facilmente se conclui que $X = \{B_k : k \in \mathbb{N}_1\}$ não tem elementos minimais. ∎

Proposição 3.3.27 Seja $(A, \preceq)$ um conjunto parcialmente ordenado e $X \subseteq A$. O mínimo de X, quando existe, é o único elemento minimal.

Demonstração: Suponha-se que c é o mínimo de X.

Comecemos por demonstrar que c é elemento minimal. Seja $x \in X$ qualquer tal que $x \preceq c$. Queremos demonstrar que $c = x$. Ora, como c é mínimo, tem-se que $c \preceq x$. Logo, pela antissimetria de $\preceq$, conclui-se que $c = x$.

Suponha-se agora que m é um qualquer elemento minimal de X. Como c é mínimo, $c \preceq m$ e $c \in X$. Logo, por definição de elemento minimal, $c = m$, e portanto c é único elemento minimal. ∎

Se a ordem é total então um elemento minimal é necessariamente mínimo, pelo que nesse caso os dois conceitos coincidem.

Proposição 3.3.28 Seja $(A, \preceq)$ um conjunto totalmente ordenado. Um elemento minimal de um subconjunto X de A é o mínimo de X.

Demonstração: Seja $c \in A$ um elemento minimal de X. Por definição de elemento minimal, $c \in X$. Falta demonstrar que $\forall_{x \in X}\, c \preceq x$. Dado $x \in X$, como $\preceq$ é total, então $c \preceq x$ ou $x \preceq c$ ou $c = x$. Naturalmente que apenas se tem de analisar os dois últimos casos. Se $x \preceq c$, pela definição de elemento minimal, conclui-se que $x = c$. Como $\preceq$ é reflexiva, tem-se então $c \preceq x$. O caso $c = x$ é igual. ∎

Exemplo 3.3.29 Considere-se o conjunto parcialmente ordenado $(\mathbb{R}, \leq)$. Então

- 0 é mínimo e elemento minimal de $[0, +\infty[$;
- o conjunto $]0, +\infty[$ não tem mínimo nem elementos minimais; 0 é o ínfimo deste conjunto;

- o conjunto $]-\infty, 0[$ não tem mínimo, não tem elementos minimais e não tem ínfimo. ∎

O conceito dual do de elemento minimal é o de elemento maximal. Os elementos maximais satisfazem resultados idênticos (duais) aos estabelecidos para os elementos minimais.

Definição 3.3.30 Seja $(A, \preceq)$ um conjunto parcialmente ordenado, X um subconjunto de A e seja $c \in A$. Diz-se que c é um *elemento maximal* de X se $c \in X \wedge \neg\exists_{x \in X}\, c \prec x$. ∎

3.3.4 Boas ordens e relações bem fundadas

Para terminar apresentamos ainda duas outras noções importantes: a noção de boa ordem e a noção de relação bem fundada.

Definição 3.3.31 Uma ordem parcial (lata ou estrita) em A diz-se uma *boa ordem* se essa ordem for uma ordem total em A e qualquer subconjunto não vazio de A admite mínimo relativamente a essa ordem. ∎

Uma boa ordem num conjunto A é naturalmente uma ordem parcial (lata ou estrita) em A que é uma boa ordem, podendo omitir-se a referência ao conjunto quando não há ambiguidade, ou ele é irrelevante. Por outro lado, em vez de dizer que uma relação $\preceq$ ou $\prec$ é uma boa ordem num conjunto A, também se diz que $(A, \preceq)$ ou $(A, \prec)$ é um conjunto bem ordenado. Quando a ordem em causa é evidente pelo contexto, diz-se mesmo, simplesmente, que A é um conjunto bem ordenado.

Como $\prec$ é uma ordem total num conjunto A se e só se $\preceq$ o for, é imediato que uma relação $\prec$ é uma boa ordem em A se e só se $\preceq$ é uma boa ordem em A, sendo irrelevante considerar $\prec$ ou $\preceq$ nos resultados e exemplos relativos a boas ordem que se seguem.

Exemplo 3.3.32 Como exemplos de ordens que são boas ordens e de ordens que não o são podemos referir as seguintes:

- a relação de ordem $\leq$ em $\mathbb{N}$ é uma boa ordem em $\mathbb{N}$;
- a relação de ordem $\leq$ em $\mathbb{Z}$ não é uma boa ordem em $\mathbb{Z}$, pois, por exemplo, o conjunto dos números inteiros negativos é não vazio e não tem mínimo;
- a relação de ordem $\leq$ em $\mathbb{R}$ não é uma boa ordem em $\mathbb{R}$. ∎

Observe-se que a definição de boa ordem pode ser simplificada, não sendo necessário exigir explicitamente que a ordem seja total. Com efeito, o facto de qualquer subconjunto não vazio ter mínimo implica que a ordem é total. A proposição seguinte estabelece este resultado.

Proposição 3.3.33 Seja $(A, \preceq)$ um conjunto parcialmente ordenado. Então A é um conjunto bem ordenado sse qualquer subconjunto não vazio de A possui mínimo (em relação à ordem $\preceq$).

Demonstração: O facto de que A ser um conjunto bem ordenado implicar que qualquer seu subconjunto não vazio possui mínimo decorre diretamente da definição de boa ordem.

Demonstra-se agora o recíproco, isto é, se qualquer subconjunto não vazio de A possui mínimo então A é um conjunto bem ordenado. Tendo em conta a definição de conjunto bem ordenado, basta demonstrar que $\preceq$ é uma ordem total. Sejam $x, y \in A$ quaisquer. Então $\{x, y\} \neq \emptyset$ e $\{x, y\}$ tem mínimo, pelo que ou $x \preceq y$ ou $x \preceq y$. A ordem $\preceq$ é, assim, total. ■

Apesar de exemplos como a relação $\leq$ nos inteiros ou reais mostrarem que nem toda a ordem total constitui uma boa ordem, o princípio da boa ordenação diz-nos que é sempre possível definir uma boa ordenação num conjunto. No entanto, não nos diz como descobri-la. Em muitos casos pode não ser fácil encontrar uma boa ordenação.

PRINCÍPIO DA BOA ORDENAÇÃO (DE ZERMELO): Todo o conjunto admite uma boa ordem, isto é, dado um conjunto qualquer A, é possível definir uma relação R em A que constitui uma boa ordem em A.

Usámos a designação "princípio", e não "proposição", para fazer notar que a sua demonstração, que não faremos aqui, depende da aceitação do axioma da escolha. Mais precisamente, pode mostrar-se que este princípio é equivalente ao axioma da escolha, axioma que pode ser formulado como se segue: "dada uma família $(A_i)_{i \in I}$ de conjuntos não vazios é possível formar uma família $(x_i)_{i \in I}$ tal que, para cada $i \in I$, se tem que $x_i \in A_i$". A noção de família, bem como o enunciado do axioma da escolha, são apresentados adiante, na Secção 4.3.1. Neste texto assume-se o axioma da escolha.

Refira-se para terminar uma última noção importante, e fundamental para tópicos abordados no Capítulo 7.3, que corresponde a um enfraquecimento da noção de boa ordem.

Definição 3.3.34 Uma relação binária R num conjunto A é uma relação *bem fundada* se não existem cadeias descendentes infinitas, isto é, elementos a_0, a_1, a_2, ... de A, não necessariamente distintos, tais que

$$\ldots R\, a_n\, R \ldots R\, a_1\, R\, a_0.$$ ■

Dizer que R é uma relação bem fundada em A é naturalmente dizer que R é uma relação binária em A que é uma relação bem fundada. Pode omitir-se a referência a A quando não há ambiguidade sobre o conjunto em causa, ou ele é irrelevante. Por outro lado, quando a relação bem fundada no conjunto A é evidente a partir do contexto, pode abreviar-se e dizer que A é um *conjunto bem fundado*.

Se R é uma relação bem fundada, então R é obrigatoriamente irreflexiva, pois caso existisse $a \in A$ tal que aRa então existiria uma cadeia descendente infinita $\ldots R\, a\, R \ldots R\, a\, R\, a$.

Note-se que uma relação bem fundada pode não ser transitiva. Por exemplo, a relação R nos naturais dada por nRk se e só se $n = k - 1$ é uma relação bem fundada e não é transitiva.

Assim, uma relação bem fundada pode não ser uma ordem parcial estrita. Apesar disso, usa-se muitas vezes o símbolo $\prec$ para fazer genericamente referência a uma relação bem fundada. Quando $x \prec y$ costuma dizer-se também que x é um *predecessor*, ou um *antecessor*, de y. Igualmente se define $\preceq$ considerando $x \preceq y$ se e só se $x \prec y \vee x = y$, e diz-se que $\preceq$ é uma relação bem fundada num conjunto A se e só se $\prec$ é uma relação bem fundada em A.

Apresentam-se de seguida alguns exemplos que ilustram o conceito de relação bem fundada.

Exemplo 3.3.35 Como exemplos de relações bem fundadas e de outras que não o são podem referir-se os seguintes:

- a relação binária $<$ em $\mathbb{N}$ é uma relação bem fundada, mas a relação binária $\leq$ neste conjunto não é uma relação bem fundada;
- a relação binária $<$ em $\mathbb{Z}$ não é uma relação bem fundada;
- a relação binária $<$ no conjunto $\mathbb{R}_0^+$ não é uma relação bem fundada;
- a relação binária $\subset$ em $\wp(\{1,2,3\})$ é uma relação bem fundada;
- a relação binária $\subset$ em $\wp(\mathbb{N})$ não é uma relação bem fundada (para concluir que não é uma relação bem fundada considere-se, por exemplo, a cadeia descendente infinita $\ldots B_3 \subset B_2 \subset B_1$ em que B_k é o conjunto dos múltiplos de 2^k para cada $k \in \mathbb{N}_1$). ■

Exemplo 3.3.36 Seja B um conjunto e seja $A = B^*$, isto é, A é o conjunto constituído por todas as sequências de elementos de B, incluindo a sequência vazia (recorde a Definição 2.4.5). Assumindo que $n, k \geq 0$ e, recordando que se convenciona que $(a_1, \ldots, a_n) = ()$ quando $n = 0$ (ver Secção 2.3.1), diz-se que $(a_1, \ldots, a_n) \in A$ é uma *parte inicial* de $(b_1, \ldots, b_k) \in A$ se e só se $n \leq k$ e $a_i = b_i$ qualquer que seja $1 \leq i \leq n$. Em particular, a primeira sequência é uma *parte inicial estrita*, ou *própria*, da segunda quando $n < k$. Note-se que a sequência vazia () é uma parte inicial de qualquer sequência e qualquer sequência é uma parte inicial de si própria.

Seja $\prec_i$ a relação binária em A definida por

$$s_1 \prec_i s_2 \quad \text{sse} \quad s_1 \text{ é uma parte inicial estrita de } s_2$$

para quaisquer $s_1, s_2 \in A$. A relação $\prec_i$ é uma ordem parcial estrita em A que é bem fundada. Mas, se B tiver mais do que um elemento, então não é uma boa ordem, pois não é uma ordem total em A. Por exemplo, se b_1 e b_2 são dois elementos distintos de B, então as sequências (b_1) e (b_2) não são comparáveis por meio de $\prec_i$.

Seja $\prec$ a relação binária em A definida por

$$s_1 \prec s_2 \quad \text{sse} \quad s_1 \text{ é uma subsequência estrita de } s_2$$

para quaisquer $s_1, s_2 \in A$ (as noções de subsequência e de subsequência estrita foram caracterizadas na Secção 2.3.1). A relação $\prec$ é também uma ordem parcial estrita em A, bem fundada, que não é uma boa ordem, desde que B tenha mais que um elemento.

Igualmente se tem que a relação binária $<$ em A definida por

$$s_1 < s_2 \quad \text{sse} \quad \#s_1 < \#s_2$$

para quaisquer $s_1, s_2 \in A$, é uma ordem parcial estrita, bem fundada, que não é uma boa ordem, pois não é total, dado que sequências distintas com o mesmo comprimento não são comparáveis.

Considere-se agora a relação binária $\prec_i'$ em A definida por

$$s_1 \prec_i' s_2$$
$$\text{sse}$$
$$s_1 \text{ é uma parte inicial de } s_2 \text{ e } \#s_1 = \#s_2 - 1$$

para quaisquer $s_1, s_2 \in A$. Esta relação já não é uma ordem parcial estrita em A, pois não é transitiva (a menos que B seja vazio). Também não é, obviamente, total. Mas, $\prec_i'$ ainda é uma relação bem fundada. ∎

Na proposição seguinte enuncia-se uma caracterização alternativa da noção de relação bem fundada, que recorre à condição que caracteriza a noção de elemento minimal apresentada na Definição 3.3.22.

Proposição 3.3.37 Seja $(A, \prec)$ uma estrutura relacional. A relação $\prec$ é bem fundada sse existe $c \in A$ tal que $c \in X \wedge \neg\exists_{a \in X}\, a \prec c$ qualquer que seja o subconjunto não vazio X de A.

Demonstração: (i) Demonstra-se primeiro que se para qualquer $X \subseteq A$, não vazio, existe c tal que $c \in X \wedge \neg\exists_{a \in X}\, a \prec c$ então a relação $\prec$ é bem fundada.

Faz-se uma demonstração por absurdo, isto é, assume-se a hipótese e supõe-se que $\prec$ não é bem fundada. Isto significa que existe uma cadeia descendente infinita $\ldots \prec a_n \prec \ldots \prec a_1 \prec a_0$. O objetivo é encontrar uma contradição.

Considere-se o conjunto $X = \{a_0, a_1, \ldots, a_n, \ldots\} \subseteq A$ que é não vazio. Seja c o elemento cuja existência é garantida pela hipótese. Seja k o primeiro natural tal que $c = a_k$ (recorde-se que $c \in X$). Mas se $\neg\exists_{a \in X}\, a \prec c$ não podem existir em X elementos menores que $c\,(= a_k)$, o que entra em contradição com o facto de $a_{k+1} \prec a_k$.

(ii) Demonstra-se agora que se $\prec$ é bem fundada então para qualquer conjunto $X \subseteq A$, não vazio, existe c tal que $c \in X \wedge \neg\exists_{a \in X}\, a \prec c$. Faz-se de novo uma demonstração por absurdo, isto é, assume-se que $\prec$ é bem fundada e supõe-se que existe $X \subseteq A$, não vazio, para o qual não existe c que verifique a condição indicada. De novo o objetivo é encontrar uma contradição.

Seja $a_0 \in X$ qualquer. A existência de a_0 é garantida pelo facto de X não ser vazio. Como a asserção $\neg\exists_{a \in X}\, a \prec a_0$ é falsa, por hipótese, existe pelo menos um elemento $a_1 \in X$ tal que $a_1 \prec a_0$. Dado que a asserção $\neg\exists_{a \in X}\, a \prec a_1$ também é falsa, existe pelo menos um elemento $a_2 \in X$ tal que $a_2 \prec a_1$, e assim sucessivamente. Conclui-se então que existe uma cadeia descendente infinita

$$\ldots \prec a_n \prec \ldots \prec a_1 \prec a_0$$

o que contradiz a hipótese de $\prec$ ser bem fundada. ∎

A noção de elemento minimal pode obviamente também ser referida quando se tem uma relação bem fundada que não é necessariamente uma ordem parcial (como acontecia na Definição 3.3.22). Na sequência, sempre que, no âmbito de uma relação bem fundada $\prec$ em A e de um conjunto $X \subseteq A$, se fizer referência a um elemento minimal, tal deve ser entendido como um elemento $c \in A$ tal que $c \in X$ e $\neg\exists_{a \in X}\, a \prec c$.

Usando a Proposição 3.3.37 facilmente se estabelecem relacionamentos entre as noções de boa ordem e de relação bem fundada, verificando-se, nomeadamente, que a primeira é um caso particular da segunda.

Na proposição seguinte, ter $\preceq$ ou $\prec$ é indiferente, uma vez que $\preceq$ é uma boa ordem se e só se $\prec$ o é, e, como referido, dizer que $\preceq$ é uma relação bem fundada é equivalente a dizer que $\prec$ é uma relação bem fundada.

Proposição 3.3.38 Seja $(A, \prec)$ uma estrutura relacional.

1. Se $\prec$ é uma boa ordem então $\prec$ é uma relação bem fundada.

2. Se $\prec$ é bem fundada e quaisquer dois elementos distintos de A são comparáveis, então $\prec$ é uma boa ordem.

Demonstração:
1. Por definição de boa ordem, qualquer $X \subseteq A$, não vazio, possui mínimo e, num conjunto parcialmente ordenado, um mínimo é sempre um elemento minimal, pela Proposição 3.3.27.

2. Suponha-se que $\prec$ é bem fundada e que quaisquer dois elementos distintos de A são comparáveis, e demonstre-se-se que $\prec$ é uma boa ordem.

Demonstra-se em primeiro lugar que $\prec$ é transitiva. Sejam $x, y, z \in A$ quaisquer tais que $x \prec y$ e $y \prec z$. Como quaisquer dois elementos distintos são comparáveis, ou $x = z$, ou $z \prec x$, ou $x \prec z$. Se $x = z$, então existiria a cadeia infinita

$$\ldots x \prec y \prec x \prec y$$

o que é impossível por $\prec$ ser bem fundada. Se $z \prec x$, então existiria a cadeia infinita

$$\ldots z \prec x \prec y \prec z \prec x \prec y$$

o que de novo é impossível. Portanto, necessariamente, $x \prec z$. Conclui-se assim que $\prec$ é transitiva.

Como qualquer relação bem fundada é irreflexiva, e dado que a relação $\prec$ é transitiva podemos concluir que $\prec$ é uma ordem estrita. Para além disso é também total.

Para demonstrar que $\prec$ é boa ordem já só basta demonstrar que qualquer $X \subseteq A$, não vazio, tem mínimo. Ora, como $\prec$ é bem fundada, pela Proposição 3.3.37, qualquer $X \subseteq A$, não vazio, tem elemento minimal. Mas numa ordem total um elemento minimal é mínimo, pela Proposição 3.3.28. Logo, qualquer $X \subseteq A$, não vazio, tem mínimo. ■

Ao contrário do que poderá parecer à primeira vista, do facto de $\prec$ ser uma relação bem fundada, ou mesmo uma boa ordem, num conjunto A, não se pode concluir que todo o conjunto $\{x \in A : x \prec y\}$, com $y \in A$, seja necessariamente finito. Para o ver, considere-se a ordem $\prec$ em $A = \mathbb{N} \times \mathbb{N}$, dada por

$$(x_1, y_1) \prec (x_2, y_2) \quad \text{sse} \quad x_1 < x_2 \text{ ou } (x_1 = x_2 \text{ e } y_1 < y_2).$$

Trata-se de uma ordem total, em sentido estrito, em A (a relação lexicográfica descrita no Exercício 36 da Secção 3.4). Trata-se igualmente de uma relação bem fundada em A (Exercício 46 da Secção 3.4). Assim, pela Proposição 3.3.38, estamos mesmo em presença de uma boa ordem. No entanto, os únicos conjuntos $\{x \in A : x \prec y\}$ que são finitos são aqueles em que $y = (0, k)$ para algum $k \in \mathbb{N}$. Tem-se, por exemplo

- $\{(a, b) \in A : (a, b) \prec (1, 0)\} = \{(0, n) : n \in \mathbb{N}\}$;
- $\{(a, b) \in A : (a, b) \prec (1, 1)\} = \{(0, n) : n \in \mathbb{N}\} \cup \{(1, 0)\}\}$.

O leitor interessado em textos mais especializados sobre relações de ordem poderá consultar, por exemplo, [13, 16, 33].

3.4 Exercícios

1. Considere a relação binária $R = \{(0,1),(0,0),(0,2)\}$ e calcule $dom(R)$, $cod(R)$ e R^{-1}.
2. Determine os domínios, os contradomínios e as relações inversas das relações binárias seguintes
   (a) relação de igualdade em $\mathbb{N}_1$.
   (b) relação "menor que" em $\{1,2,3,4,5\}$.
   (c) relação $\subseteq$ em $\wp(A)$, sendo A um conjunto arbitrário.
3. Determine o domínio, o contradomínio e a relação inversa de cada uma das relações binárias em $\mathbb{R}$ seguintes
   (a) a relação constituída por todos os pares (x,y) tal que $x < y$.
   (b) a relação constituída por todos os pares (x,y) tal que $x = 5y + 1$.
   (c) a relação constituída por todos os pares (x,y) tal que $x^2 = y$.
4. Descreva, em extensão, a relação $\subseteq$ em $\wp(\{1,2\})$.
5. Considere a relação binária $R = \emptyset$ e calcule R^{-1}.
6. Seja R uma relação binária num conjunto X e seja $S = R \cup R^{-1}$. Mostre que
   (a) S é simétrica.
   (b) se R for reflexiva então S também o é.
   (c) o facto de R ser transitiva não garante que S também o seja.
7. Construa todas as possíveis partições de $\{a,b,c\}$.
8. Considere a relação no conjunto $B = \{a,b,c\}$ definida por
   $$R = \{(a,a),(a,b),(b,a),(b,b),(a,c),(c,a),(b,c)(c,b),(c,c)\}.$$
   Mostre que R é uma relação de equivalência e calcule B/R.
9. Considere a relação no conjunto $A = \{a,b,c,d\}$ definida por
   $$R = \{(a,a),(a,b),(b,a),(b,b),(c,d),(d,c),(c,c),(d,d)\}.$$
   Mostre que R é uma relação de equivalência e calcule A/R.

10. Seja $n \in \mathbb{N}_1$. Considere a relação

$$R_n = \{(a,b) \in R_n : \ a \text{ e } b \text{ têm o mesmo resto na divisão inteira por } n\}$$

em $\mathbb{N}$. Mostre que R_n é uma relação de equivalência e calcule $\mathbb{N}/R_n$.

11. Seja R a relação binária em $\mathbb{N}^2$ dada por $(a,b)R(c,d)$ sse $a+d=b+c$. Verifique que se trata de uma relação de equivalência.

12. Considere o conjunto $X=\{1,2,3,4\}$ e a relação binária S, em X^2, dada por $(a,b)S(c,d)$ sse $ad=bc$.

    (a) Mostre que S é uma relação de equivalência.

    (b) Calcule $[(2,1)]$.

    (c) Calcule X^2/S.

13. Suponha que R é uma relação de equivalência num conjunto X. A que é igual $dom(R)$? E $cod(R)$?

14. Suponha que R é uma relação de equivalência num conjunto X, e considere a relação $\overline{R}$ em X/R dada por $[a]\overline{R}[b]$ sse aRb. Mostre que $\overline{R}$ é a relação de igualdade em X/R.

15. Demonstre que a intersecção de duas relações de equivalência num mesmo conjunto X ainda é uma relação de equivalência em X.

16. Recorde a operação de composição de relações binárias apresentada na Definição 3.1.14. Como referido, à custa desta operação podem definir-se algumas noções úteis, como as que se seguem. Seja R uma relação binária num conjunto A. Então

    - $R^0 = id(A) = \{(x,x) : x \in A\}$;
    - $R^1 = R$;
    - $R^{n+1} = R^n o R$, qualquer que seja $n \geq 0$;
    - o fecho *reflexivo* de R é a relação binária $R \cup R^0$ em A;
    - o fecho *simétrico* de R é a relação binária $R \cup R^{-1}$ em A;
    - o fecho *transitivo* de R é a relação binária $R^+ = \bigcup_{n\geq 1} R^n$ em A;
    - o fecho *reflexivo* e *transitivo* de R é a relação binária $R^* = \bigcup_{n\geq 0} R^n$ em A.

    Por exemplo, se $A=\{1,2,3,4\}$ e $R=\{(1,2),(2,3),(4,1)\}$ então

$$R^0 = \{(1,1),(2,2),(3,3),(4,4)\}$$
$$R^1 = R = \{(1,2),(2,3),(4,1)\}$$
$$R^2 = R^1 o R = \{(1,3),(4,2)\}$$
$$R^3 = R^2 o R = \{(4,3)\}$$
$$R^4 = R^3 o R = \emptyset$$
$$R^5 = R^4 o R = \emptyset \text{ e } R^n = \emptyset \text{ para cada } n \geq 4$$
$$R^+ = \{(1,2),(2,3),(4,1),(1,3),(4,2),(4,3)\}$$

Seja R uma relação binária num conjunto A. Demonstre que

(a) o fecho reflexivo (respetivamente, simétrico, transitivo) de R é uma relação reflexiva (respetivamente simétrica e transitiva).

(b) $(R \cup R^{-1})^*$ é uma relação de equivalência em A.

(c) $R^* \cup (R^{-1})^*$ pode não ser uma relação de equivalência em A.

17. Indique um exemplo de uma relação binária num conjunto não vazio que não seja reflexiva e também não seja irreflexiva.

18. Será que uma relação binária reflexiva num conjunto não vazio pode ser vazia? E uma relação binária irreflexiva?

19. Indique um exemplo de uma relação binária num conjunto não vazio que não seja simétrica e também não seja antissimétrica.

20. Será que uma relação binária num conjunto não vazio pode ser simultaneamente simétrica e antissimétrica? Justifique.

21. Seja R uma relação binária num conjunto A. Demonstre que se R não é antissimétrica e é transitiva, então R não é irreflexiva.

22. Mostre que uma relação de ordem parcial estrita num conjunto A é necessariamente antissimétrica.

23. Determine todas as ordens parciais e totais em sentido lato que se podem definir nos conjuntos seguintes

    (a) $\emptyset$.

    (b) $\{a\}$.

    (c) $\{a,b\}$.

    (d) $\{a,b,c\}$.

24. Demonstre que se R é uma relação de ordem parcial num conjunto A, então a relação inversa, R^{-1}, também é uma relação de ordem parcial em A. O conjunto parcialmente ordenado (A, R^{-1}) é o *dual* do conjunto parcialmente ordenado (A, R).

25. Seja $\preceq$ uma pré-ordem num conjunto A.
    (a) Mostre que a relação binária $\sim$ em A dada por $a \sim b$ sse $a \preceq b$ e $b \preceq a$ é uma relação de equivalência.
    (b) Mostre que $\preceq$ induz uma ordem parcial $\leq$ em $A/\sim$ dada por $[a] \leq [b]$ sse $a \preceq b$.

26. Sejam R uma relação de ordem parcial num conjunto A, X um subconjunto de A e $c \in A$. Demonstre que
    (a) c é um minorante de X no conjunto parcialmente ordenado (A, R) se e só se c é um majorante de X no conjunto parcialmente ordenado dual (A, R^{-1}).
    (b) c é um elemento minimal de X no conjunto parcialmente ordenado (A, R) se e só se c é um elemento maximal de X no conjunto parcialmente ordenado dual (A, R^{-1}).
    (c) c é um mínimo de X no conjunto parcialmente ordenado (A, R) se e só se c é um máximo de X no conjunto parcialmente ordenado dual (A, R^{-1}).
    (d) c é um ínfimo de X no conjunto parcialmente ordenado (A, R) se e só se c é um supremo de X no conjunto parcialmente ordenado dual (A, R^{-1}).

27. Seja A um conjunto não vazio e R uma relação binária em A. Demonstre que R é simultaneamente uma ordem parcial (em sentido lato) e uma relação de equivalência se e só se R é a relação de identidade em A.

28. Sejam R_1 e R_2 duas relações binárias num conjunto A. Demonstre que se R_1 é reflexiva e R_2 é irreflexiva, então, quaisquer que sejam x e y pertencentes a A, a condição $xR_1y \Leftrightarrow xR_2y \vee x = y$ é equivalente à condição $xR_2y \Leftrightarrow xR_1y \wedge x \neq y$.

29. Seja $\preceq$ uma relação binária num conjunto A, reflexiva. Recorde-se que $\prec$ é a a relação binária, em A, que satisfaz $x \prec y \Leftrightarrow x \preceq y \wedge x \neq y$. Demonstre que
    (a) $\preceq$ é uma ordem parcial em sentido lato se e só se $\prec$ é uma ordem parcial em sentido estrito.

(b) $\preceq$ é uma ordem total em sentido lato se e só se $\prec$ é uma ordem total em sentido estrito.

30. Seja $\preceq$ uma relação binária num conjunto A, irreflexiva. Recorde-se que $\prec$ é a a relação binária, em A, que satisfaz $x \prec y \Leftrightarrow x \preceq y \wedge x \neq y$. Demonstre que

    (a) $\preceq$ é uma ordem parcial em sentido lato se e só se $\prec$ é uma ordem parcial em sentido estrito.

    (b) $\preceq$ é uma ordem total em sentido lato se e só se $\prec$ é uma ordem total em sentido estrito.

31. Mostre que relação binária $\preceq$ no conjunto das partes de um conjunto finito A dada por $X \preceq Y$ sse $\#X \leq \#Y$ é uma pré-ordem.

32. Seja $(A, \preceq)$ um conjunto parcialmente ordenado, X um subconjunto qualquer de A e c um minorante de X. Demonstre que se d é tal que $d \preceq c$, então d é também um minorante de X.

33. Demonstre que para que uma relação binária R num conjunto A seja uma relação de ordem total em sentido estrito é necessário e suficiente que seja transitiva e que, quaisquer que sejam x e y pertencentes a A, se verifique uma e uma só das seguintes três condições: (i) xRy, (ii) $x = y$ e (iii) yRx.

34. Considere o conjunto dos racionais parcialmente ordenado pela relação $\leq$. Seja $A = \{x : x \in \mathbb{Q} \wedge x^2 - 2x < 3\}$. O conjunto A é majorado? E tem supremo?

35. Seja $(A, \preceq)$ um conjunto parcialmente ordenado e sejam $X, Y \subseteq A$ tais que $X \subseteq Y$ e X e Y admitem supremo. Demonstre que $\sup(X) \preceq \sup(Y)$.

36. Sejam $\prec^A$ e $\prec^B$ ordens totais em sentido estrito nos conjuntos A e B, respetivamente. Mostre que $\prec^C$ em $C = A \times B$ dada por

$$(x_1, y_1) \prec^C (x_2, y_2)$$
$$\text{sse}$$
$$x_1 \prec^A x_2 \text{ ou } (x_1 = x_2 \text{ e } y_1 \prec^B y_2)$$

    é uma relação de ordem total em sentido estrito em C (chamada *ordem lexicográfica* em C).

37. Seja $(A, \preceq)$ um conjunto parcialmente ordenado e $X \subseteq A$. Demonstre que se X tiver máximo então o máximo de X é um elemento maximal de X.

38. Demonstre que se (A_1, R_1) e (A_2, R_2) são dois conjuntos parcialmente ordenados então o par $(A_1 \cap A_2, R_1 \cap R_2)$ também é um conjunto parcialmente ordenado.

39. Considere a relação binária $\preceq$ em $\mathbb{N}$ dada por $x \preceq y$ sse x é divisor de y. Quais são os elementos maximais de $X = \{2, 3, 4, 8, 9\}$?

40. Considere $(\wp(\{1,2,3,4\}), \subseteq)$ e $A = \{\{1\}, \{4\}, \{1,2\}, \{2,3\}, \{1,2,3\}\}$.

    (a) Quais os elementos maximais de A?

    (b) O conjunto A tem supremo? E tem máximo?

41. Verifique que um elemento maximal de um subconjunto X de um conjunto parcialmente ordenado pode não ser um máximo de X.

42. Seja $(A, \preceq)$ um conjunto parcialmente ordenado e $X \subseteq A$. Demonstre que se $\preceq$ for uma ordem total, então um elemento maximal de X é máximo de X.

43. Diga quais das estruturas seguintes são conjuntos bem ordenados

    (a) $(\mathbb{Z}, \leq)$.

    (b) $(\mathbb{R}^+, \leq)$.

    (c) $(\mathbb{N}, \geq)$.

    (d) $(\{\{1\}, \{1,2\}, \{1,2,3\}, \{1,2,3,4\}\}, \subseteq)$.

44. Seja B um conjunto e $A = B^*$. Diz-se que $(a_1, \ldots, a_n) \in A$ é uma *parte final* de $(b_1, \ldots, b_k) \in A$, onde $n, k \geq 0$, se $n \leq k$ e $a_i = b_{k-(n-i)}$, qualquer que seja $i = 1, \ldots n$. Se $n < k$ diz-se que se trata de uma parte estrita ou própria. Considere a relação binária $\prec$ em A dada por $s_1 \prec s_2$ sse s_1 é uma parte final estrita de s_2.

    A relação $\prec$ é uma ordem parcial estrita? É uma boa ordem? É uma relação bem fundada?

45. Seja $\prec$ uma relação bem fundada num conjunto A.

    (a) Esboce a demonstração de que o fecho transitivo de $\prec$, isto é, a relação $\prec^+$ (ver Exercício 16 desta secção) também é uma relação bem fundada.

    (b) Esboce a demonstração de que o fecho reflexivo e transitivo de $\prec$, isto é, a relação $\prec^*$ (ver Exercício 16 desta secção) é uma ordem parcial (lata).

46. Sejam $\prec^A$ e $\prec^B$ relações bem fundadas nos conjuntos A e B, respetivamente. Mostre que a ordem lexicográfica $\prec^C$ em $C = A \times B$, definida no Exercício 36 desta secção, é bem fundada.

    Sugestão: Considere um qualquer subconjunto D de C não vazio, e mostre que ele possui um elemento minimal como se segue: considere o conjunto $D_1 = \{a \in A : \exists_{b \in B}(a, b) \in D\}$ e sendo m_1 um elemento minimal de D_1 considere $D_2 = \{b \in B : (m_1, b) \in D\}$. Verifique que $m = (m_1, m_2)$ é um elemento minimal de D onde m_2 é um elemento minimal de D_2.

Capítulo 4

Funções

Neste capítulo abordaremos um dos conceitos matemáticos mais importantes: o conceito de função. O termo função foi usado pela primeira vez por Leibnitz, no século XVII, mas com o significado do que hoje é designado por função contínua. Além da sua relevância fundamental em Matemática, as funções desempenham também um papel central no paradigma da programação funcional [66, 72].

Neste capítulo começamos por apresentar a noção de função e de aplicação, bem como a operação de composição de funções. Seguem-se as noções de aplicação injetiva, sobrejetiva e bijetiva, e a de aplicação inversa de uma aplicação bijetiva. Apresentam-se depois alguns resultados relevantes envolvendo estes conceitos. A terminar o capítulo, introduzimos as noções de família e de sucessão, que são casos particulares de aplicações.

4.1 Funções e composição de funções

Nesta secção apresentamos as noções de função e de aplicação, bem assim como a operação de composição de funções.

4.1.1 Função, domínio e contradomínio

Começa-se por apresentar a definição de função.

Definição 4.1.1 Uma *função* f de A para B é um triplo $f = (A, B, R)$ onde A e B são conjuntos e R é uma relação binária entre A e B que satisfaz a seguinte propriedade

$$\forall_{x \in A} \forall_{y_1, y_2 \in B} ((x, y_1) \in R \wedge (x, y_2) \in R \Rightarrow y_1 = y_2)$$

dita propriedade funcional. O conjunto A é o *conjunto de partida* e o conjunto B é o *conjunto de chegada* da função. ∎

É comum usarem-se letras como f, g, h, ... como nomes genéricos usuais de funções.

Dada uma função $f = (A, B, R)$, a propriedade funcional diz-nos que se um elemento do conjunto de partida A está em relação com dois elementos do conjunto de chegada B, então estes dois elementos são necessariamente iguais. Assim, cada elemento de A está em relação com um elemento de B, no máximo. Se $x \in A$ não está em relação com nenhum elemento de B, diz-se que a função *não está definida em* x, ou *para* x. Se $x \in A$ está em relação com um elemento de B, diz-se que a função *está definida em* x, ou *para* x, e diz-se que esse elemento de B está associado a x por f, ou que f associa a x esse elemento, ou ainda que f faz corresponder a x esse elemento.

Numa função há uma direção clara no relacionamento que se estabelece entre dois conjuntos, como decorre da expressão "f é uma função de A para B", podendo ser vista como uma entidade que nos permite passar de elementos de A para elementos de B.

As noções de domínio e de contradomínio de uma função estão naturalmente relacionadas com as noções de domínio e de contradomínio da relação binária que faz parte da definição de função

Definição 4.1.2 Sendo $f = (A, B, R)$ uma função,

- o *domínio* de f é $dom(R)$ e denota-se por $dom(f)$, dom_f ou D_f;
- o *contradomínio* de f é $cod(R)$ e denota-se por $cod(f)$, cod_f ou C_f. ∎

Quando x pertence ao domínio da função $f = (A, B, R)$, decorre da propriedade funcional que x está em relação com um e um só elemento de B. Diz-se que este elemento de B é a *imagem de* x *por* f, ou a *imagem por* f *de* x, podendo omitir-se a referência a f sempre que não exista ambiguidade. A imagem de x por f denota-se por

$$f(x)$$

e escreve-se

$$y = f(x) \quad \text{ou} \quad f(x) = y$$

para dizer dizer que $y \in B$ é a imagem de x por f. Por vezes, quando $y = f(x)$, dá-se a x o nome de *variável independente* e a y o nome de *variável dependente*.

Exemplo 4.1.3 Considere-se a função $f = (\mathbb{R}, \mathbb{R}, R)$ onde R é constituída por todos os pares ordenados

$$(x, \sqrt{x})$$

com $x \in \mathbb{R}_0^+$. Observe-se que de facto esta relação binária satisfaz a propriedade funcional. O domínio desta função é $\mathbb{R}_0^+$, pois só inclui pares cuja primeira componente pertence a $\mathbb{R}_0^+$. Para cada elemento x do domínio, $f(x)$, a imagem por f de x, é $\sqrt{x}$. Por exemplo, a imagem de 4 por f é 2 e a imagem de 64 por f é 8, ou seja

$$f(4) = 2 \quad \text{e} \quad f(64) = 8.$$

A função f não está definida para números reais negativos. O contradomínio de f é também $\mathbb{R}_0^+$. ■

É usual na caracterização de funções não apresentar explicitamente o triplo correspondente, nem fazer referência explícita à relação binária subjacente. Assim, para além do conjunto de partida e do conjunto chegada, indica-se apenas o domínio e a expressão que permite calcular a imagem de cada elemento do domínio. Por exemplo, para caracterizar a função f do Exemplo 4.1.3 basta dizer que f é a função de $\mathbb{R}$ para $\mathbb{R}$, de domínio $\mathbb{R}_0^+$, dada por

$$f(x) = \sqrt{x}.$$

A expressão que permite calcular a imagem de cada elemento do domínio pode ser apresentada de diversas formas. Por exemplo, no caso desta função poderia também escrever-se

$$x \longmapsto \sqrt{x}.$$

É usual dar o nome de aplicação a uma função que esteja definida em todos os elementos do seu conjunto de partida. Estas funções são particularmente importantes e merecem referência especial.

Definição 4.1.4 Uma *aplicação* de A para B é uma função f de A para B que está definida em todos os elementos de A, isto é, o seu domínio coincide com o conjunto de partida. Escreve-se

$$f : A \to B$$

para denotar que f é uma aplicação de A para B. ■

Certos autores dizem que f é uma *função parcial* de A para B quando se trata de uma função que poderá estar apenas definida em alguns elementos do conjunto de partida A, e dizem que f é uma *função total* de A para B se f

está definida em todos os elementos de A. Na escola matemática portuguesa usa-se"aplicação de A para B" para referir uma função total de A para B. Por seu turno, as funções parciais são normalmente designadas simplesmente por funções. Refira-se, contudo, que quando se trabalha essencialmente com aplicações é frequente em muitos textos falar-se genericamente em "funções" quando se está, de facto, a falar de aplicações. Neste texto usamos, em geral, o termo aplicação quando queremos tornar explícito que nos estamos a referir a uma função definida em todos os elementos do seu conjunto de partida, e usaremos função, ou função parcial, quando nos quisermos referir a uma função entre dois conjuntos que poderá ser ou não uma aplicação. Note-se que dizer que f é uma função parcial de A para B, ou função de A para B, não exclui assim a hipótese de f estar definida em todo o A. Simplesmente não o garante, nem o impõe, pelo que se usa com frequência apenas o termo função mesmo quando a função em causa é uma aplicação.

Em termos notacionais, é praticamente generalizada a notação

$$f : A \to B$$

para expressar que f é uma aplicação de A para B. Para expressar que f é uma função de A para B nem sempre se considera uma notação específica. No entanto, como é útil dispormos de uma notação simbólica que nos permita expressar tal facto, poderá em certas situações escrever-se

$$f : A \rightharpoonup B$$

para referir que f é uma função de A para B.

Em vez de se dizer que f é uma função de A para B, também se pode dizer que f é uma função de A em B, que f é uma função entre A e B, ou ainda que f é uma função com valores em B e de variável com valores em A. No caso das aplicações, pode dizer-se ainda que f aplica A em B ou que f é uma função definida em A e com valores em B. Quando a imagem de x por uma aplicação f é y, diz-se ainda que f aplica x em y.

Se os conjuntos envolvidos são conjuntos de números são também frequentes algumas designações particulares, como por exemplo as seguintes:

- funções de $\mathbb{R}$ para $\mathbb{R}$ dizem-se *funções reais de variável real*;
- funções de $\mathbb{N}$ para $\mathbb{R}$ dizem-se *funções reais de variável natural*;
- funções de $\mathbb{N}$ para $\mathbb{Z}$ dizem-se *funções inteiras de variável natural*.

Fixados os conjuntos de partida e de chegada de uma função f, esta pode também ser caracterizada descrevendo-se apenas uma expressão explícita que permite calcular a imagem de cada elemento x, sem se indicar o domínio da função. Assume-se em tais casos, se nada se disser em contrário, que o domínio de f é o maior possível, ou seja, é o subconjunto do conjunto de partida constituído por todos os elementos x para as quais a expressão indicada está definida. A este subconjunto dá-se o nome de *domínio natural* da função. Por exemplo, poder-se-ia ter definido a função f do Exemplo 4.1.3 simplesmente como

$$f \text{ é a função de } \mathbb{R} \text{ em } \mathbb{R} \text{ dada por } f(x) = \sqrt{x}$$

ou

$$f \text{ é a função real de variável real dada por } f(x) = \sqrt{x}$$

assumindo-se que está implícito nesta caracterização que $dom(f) = \mathbb{R}_0^+$. Esta função é um exemplo de função que não é aplicação.

Ao longo deste capítulo faremos sobretudo referência a aplicações. No entanto, alguns dos conceitos introduzidos em secções ulteriores para aplicações são facilmente generalizáveis a funções.

Exemplo 4.1.5 Alguns exemplos de funções reais de variável real:

- função g de $\mathbb{R}$ em $\mathbb{R}$ dada por $g(x) = x^2$
  $dom(g) = \mathbb{R} \quad cod(g) = \mathbb{R}_0^+$;
- função h de $\mathbb{R}$ em $\mathbb{R}$ dada por $h(x) = \text{sen}(x)$
  $dom(h) = \mathbb{R} \quad cod(h) = [-1, 1]$;
- função j de $\mathbb{R}$ em $\mathbb{R}$ dada por $j(x) = \dfrac{1}{x}$
  $dom(j) = \mathbb{R} \setminus \{0\} \quad cod(j) = \mathbb{R} \setminus \{0\}$;
- função p de $\mathbb{R}$ em $\mathbb{R}$ dada por[1] $p(x) = \ln(x)$
  $dom(p) = \mathbb{R}^+ \quad cod(p) = \mathbb{R}$.

As funções g e h são aplicações, mas as funções j e p não o são. De acordo com a notação acima apresentada, para caracterizar a aplicação g poder-se-ia ter escrito "$g : \mathbb{R} \to \mathbb{R}$ dada por $g(x) = x^2$" ou "$g : \mathbb{R} \rightharpoonup \mathbb{R}$ dada por $g(x) = x^2$". De modo análogo para h. No caso da função j poder-se-ia escrever "$j : \mathbb{R} \rightharpoonup \mathbb{R}$ dada por $j(x) = \frac{1}{x}$", e analogamente para p. Em geral, privilegiaremos notações deste tipo ao longo do texto. ■

[1] Recorde-se que as notações relativas a logaritmos usadas neste texto se encontram em apêndice ao Capítulo 10.

Exemplo 4.1.6 Mais alguns exemplos de funções, todas elas aplicações, sendo as três primeiras funções inteiras de variável real, e a quarta natural de variável natural:

- *teto* : $\mathbb{R} \to \mathbb{Z}$ dada por $teto(x) = \lceil x \rceil$, onde $\lceil x \rceil$ denota o menor inteiro maior ou igual a x

  $dom(teto) = \mathbb{R} \quad cod(teto) = \mathbb{Z}$;

- *característica* : $\mathbb{R} \to \mathbb{Z}$ dada por $característica(x) = \lfloor x \rfloor$, onde $\lfloor x \rfloor$ denota o maior inteiro menor ou igual a x

  $dom(característica) = \mathbb{R} \quad cod(característica) = \mathbb{Z}$;

- $c : \mathbb{R} \to \mathbb{Z}$ dada por $c(x) = 1$

  $dom(c) = \mathbb{R} \quad cod(c) = \{1\}$;

- $resto_5 : \mathbb{N} \to \mathbb{N}$ tal que $resto_5(x)$ é o resto da divisão inteira de x por 5

  $dom(resto_5) = \mathbb{N} \quad cod(resto_5) = \{0, 1, 2, 3, 4\}$;

- $mmc : \mathbb{N}_1 \times \mathbb{N}_1 \to \mathbb{N}_1$ que a cada par de inteiros positivos (x, y) associa o menor inteiro positivo que é simultaneamente múltiplo de x e de y (menor múltiplo comum a x e y)

  $dom(mmc) = \mathbb{N}_1 \times \mathbb{N}_1 \qquad cod(mmc) = \mathbb{N}_1$.

A título de exemplo observe-se que $\lceil 1.3 \rceil = 2$ e $\lceil -1.3 \rceil = -1$. Note-se também que $\lfloor 1.3 \rfloor = 1$ e $\lfloor -1.3 \rfloor = -2$.

Observe-se que a expressão que calcula a imagem por c de cada real x não depende de x, pelo que a imagem é a mesma, neste caso 1, para todos os elementos do conjunto de partida. Diz-se então que a função c é uma função *constante*.

■

É importante salientar que para que duas funções sejam iguais não basta que tenham o mesmo domínio e que associem o mesmo objeto y a cada elemento x do seu domínio. É necessário, para além disso, que tenham o mesmo conjunto de partida e o mesmo conjunto de chegada.

Definição 4.1.7 Duas funções f e g são *iguais*, o que se denota escrevendo

$$f = g$$

se são verdadeiras todas as afirmações seguintes:

- f e g têm o mesmo conjunto de partida;
- f e g têm o mesmo conjunto de chegada;

- f e g têm o mesmo domínio;
- associam o mesmo elemento a cada elemento do seu domínio, isto é, $\forall_{x \in D_f} f(x) = g(x)$. ■

Exemplo 4.1.8 Considere-se a função $t : \mathbb{R} \to \mathbb{R}$ dada por $t(x) = \lceil x \rceil$. Esta função é diferente da função *teto* referida no Exemplo 4.1.6, pois os respetivos conjuntos de chegada são diferentes.

Também $q : \mathbb{R}_0^+ \to \mathbb{R}$ dada por $q(x) = \sqrt{x}$ é diferente da função f do Exemplo 4.1.3, pois agora são os respetivos conjuntos de partida que são diferentes. Note-se que q é uma aplicação. O mesmo se pode dizer da função $inv : \mathbb{R}\backslash\{0\} \to \mathbb{R}$ dada por $inv(x) = \frac{1}{x}$ relativamente à função j do Exemplo 4.1.5. ■

A noção de imagem de um elemento do conjunto de partida pode ser estendida a um subconjunto do conjunto de partida. Pode também considerar-se o conjunto dos elementos do conjunto de partida cuja imagem pertence a um dado subconjunto do conjunto de chegada.

Definição 4.1.9 Seja f uma função entre A e B. Então

- dado $E \subseteq A$, designa-se por *imagem* de E por f o conjunto $f[E]$ constituído pelas imagens por f de todos os elementos em E, isto é,

$$f[E] = \{f(x) : x \in dom(f) \land x \in E\};$$

- dado $E \subseteq B$, designa-se por *imagem inversa*, *imagem recíproca* ou *pré-imagem*, de E por f o conjunto $f^{-1}[E]$ constituído por todos os elementos de A cuja imagem por f está em E, isto é

$$f^{-1}[E] = \{x \in A : f(x) \in E\}.$$ ■

Por vezes, no caso da imagem de um conjunto por f, escreve-se mesmo $f(E)$, mas aqui preferimos escrever $f[E]$, para salientar que E não é um elemento do domínio da função f.

Observe-se que o contradomínio de uma função f entre A e B não é mais do que o conjunto $f[A]$ e que $f^{-1}[B]$ coincide com o seu domínio.

Exemplo 4.1.10 Seguem-se alguns exemplos ilustrativos.

- Seja f a função do Exemplo 4.1.3. Então

$$f[\{1, 9, 16\}] = \{f(1), f(9), f(16)\} = \{1, 3, 4\}$$

$$f^{-1}[\{1,9\}] = \{x \in \mathbb{R} : f(x) = 1 \vee f(x) = 9\} = \{1, 81\}$$

$$f[\mathbb{R}] = \mathbb{R}_0^+ \text{ e } f^{-1}[\mathbb{R}] = \mathbb{R}_0^+.$$

- Seja g a função do Exemplo 4.1.5. Então

$$g[\{-1,1,2\}] = \{g(-1), g(1), g(2)\} = \{1,4\}$$

$$g^{-1}[\{-5,-2\}] = \emptyset$$

$$g^{-1}[\{1,4\}] = \{-1,1,-2,2\}$$

$$g[\mathbb{R}] = \mathbb{R}_0^+ \text{ e } g^{-1}[\mathbb{R}] = \mathbb{R}.$$

- Seja $p : \{1,2,\{1,2\}\} \to \{a,b,c\}$ a aplicação dada por $p(1) = a$, $p(2) = b$ e $p(\{1,2\}) = c$. Então

$$p[\{1,2\}] = \{p(1), p(2)\} = \{a,b\}.$$

  Observe-se que $p[\{1,2\}] \neq p(\{1,2\})$, o que justifica a notação escolhida para a imagem por uma função de um subconjunto do seu conjunto de partida. ∎

É ainda relevante a noção de restrição de uma função a um conjunto.

Definição 4.1.11 Seja f uma função de A para B e $E \subseteq A$. A *restrição* de f ao conjunto E representa-se por $f|_E$ e é a função de E para B cujo domínio é $dom(f) \cap E$ e é dada por $f|_E(x) = f(x)$. ∎

Exemplo 4.1.12 A restrição da função *teto* ao intervalo $I =]0,1]$ é a função constante $teto|_I$ dada por

$$teto|_I(x) = 1$$

e a restrição da função *característica* ao mesmo intervalo é a função constante $característica|_I$ dada por

$$característica|_I(x) = 0.$$

Por outro lado, a restrição da função *teto* a $\mathbb{Z}$ é a função $teto|_{\mathbb{Z}}$ dada por

$$teto|_{\mathbb{Z}}(x) = x$$

e a restrição da função *característica* a $\mathbb{Z}$ é igual, ou seja,

$$teto|_{\mathbb{Z}} = característica|_{\mathbb{Z}}.$$

∎

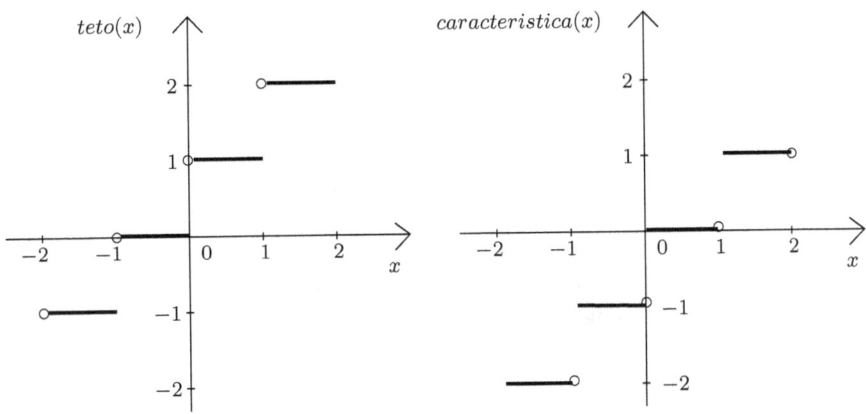

Figura 4.1: Restrição das funções *teto* e *característica* ao intervalo $]-2,2]$

Para terminar esta secção refira-se que a relação binária R que faz parte de uma função f é por vezes denominada *gráfico*, ou *grafo*, da função f. Esta designação advém do facto de que, quando se trata de funções envolvendo conjuntos de números, ser possível representar o elementos do conjunto R num referencial cartesiano.

A título de exemplo, apresentam-se na Figura 4.1 as representações correspondentes ao grafo das restrições das funções *teto* (à esquerda) e *característica* (à direita) ao intervalo $]-2,2]$.

4.1.2 Casos particulares de interesse

Nesta secção apresentam-se algumas funções particulares, quase todas de uso muito frequente em diversos contextos. Começamos por mencionar a função identidade num conjunto e a função de inclusão de um conjunto noutro conjunto. Referem-se depois funções n-árias (ou de aridade n), e o caso particular das funções projeção associadas aos produtos cartesianos. Seguem-se as funções booleanas e o caso particular da função característica de um conjunto. Faz-se ainda referência à soma, à diferença, ao produto e ao quociente de funções reais de variável real. Menciona-se depois como uma função não total pode ser convertida numa aplicação que, de certa forma, disponibiliza a mesma informação que a função dada. A terminar, faz-se referência a alguns detalhes particulares das funções em que o conjunto de partida ou o conjunto de chegada é o conjunto vazio.

Definição 4.1.13 Dado um conjunto A, a *função identidade* em A é a aplicação $id_A : A \to A$ dada por $id_A(x) = x$. ∎

Para além da notação id_A também se usa a notação I_A para denotar a função identidade em A. Dado que id_A é um aplicação diz-se também por vezes que id_A é a aplicação identidade em A.

Definição 4.1.14 Dado um conjunto B e $A \subseteq B$, a *função de inclusão* de A *em* B é a aplicação $inc_A^B : A \to B$ dada por $inc_A^B(x) = x$. ∎

Na notação inc_A^B as referências aos conjuntos A e B podem ser omitidas quando não existir ambiguidade.

Exemplo 4.1.15 Como exemplos de funções de inclusão podem referir-se a função inteira de variável natural e a função real de variável inteira

$$inc_{\mathbb{N}}^{\mathbb{Z}} : \mathbb{N} \to \mathbb{Z} \quad \text{e} \quad inc_{\mathbb{Z}}^{\mathbb{R}} : \mathbb{Z} \to \mathbb{R}$$

dadas, naturalmente, por $inc_{\mathbb{N}}^{\mathbb{Z}}(x) = x$ e $inc_{\mathbb{Z}}^{\mathbb{R}}(x) = x$. A primeira corresponde à inclusão do conjunto dos números naturais no conjunto dos números inteiros, e a segunda à inclusão do conjunto dos números inteiros no conjunto dos números reais. Naturalmente pode também definir-se, de forma análoga, uma função de inclusão do conjunto dos números naturais no conjunto dos números reais. ∎

Sendo $n \in \mathbb{N}_1$, por função de *aridade* n, função n*-ária*, ou função com n *argumentos*, entende-se uma função cujo conjunto de partida é o produto cartesiano $A_1 \times \ldots \times A_n$ de n conjuntos. Em particular, a função diz-se unária se $n = 1$, binária se $n = 2$, e assim por diante. Uma função $f : A_1 \times \ldots \times A_n \rightharpoonup B$ associa a cada tuplo $(x_1, \ldots, x_n)$ pertencente ao seu domínio um elemento do conjunto B. Em vez de se escrever $f((x_1, \ldots, x_n))$ para designar esse elemento de B, escreve-se muitas vezes apenas $f(x_1, \ldots, x_n)$.

Um caso particular é o das funções projeção. As funções projeção permitem aceder às componentes (ou projecções) de cada tuplo $(a_1, \ldots, a_n)$ pertencente a um produto cartesiano $A_1 \times \ldots \times A_n$.

Definição 4.1.16 Dados os conjuntos $A_1, \ldots, A_n$ com $n \in \mathbb{N}_1$, e $1 \leq i \leq n$, a *projeção* de $A_1 \times \ldots \times A_n$ em A_i é a aplicação $\text{proj}_i : A_1 \times \ldots \times A_n \to A_i$ dada por

$$\text{proj}_i(a_1, \ldots, a_n) = a_i.$$ ∎

Dada a sua relevância, as funções com conjunto de chegada $\{0, 1\}$ merecem especial referência.

Definição 4.1.17 Qualquer função cujo conjunto de chegada seja $\{0, 1\}$ é uma *função booleana*. ∎

Exemplo 4.1.18 A função de variável natural

$$f : \mathbb{N} \to \{0,1\}$$

dada por

$$f(x) = \begin{cases} 1 & \text{se } x \text{ tem exatamente dois divisores em } \mathbb{N}_1 \\ 0 & \text{caso contrário} \end{cases}$$

é uma função booleana. ∎

As aplicações em $\{0,1\}$ são também denominadas *predicados*, e podem ser usadas para caracterizar diversos conceitos.

Definição 4.1.19 Dado um conjunto A e $S \subseteq A$, a *função característica de S em A* é a aplicação $c_S^A : A \to \{0,1\}$ dada por

$$c_S^A(x) = \begin{cases} 1 & \text{se } x \in S \\ 0 & \text{caso contrário.} \end{cases}$$

∎

Quando o conjunto A é evidente pelo contexto, como, por exemplo, quando se fixa um dado universo de trabalho e A é esse universo, pode falar-se simplesmente na função característica de S e escrever apenas c_S.

Dado um conjunto A, qualquer seu subconjunto pode ser caracterizado por uma aplicação de A em $\{0,1\}$ e, vice-versa, é fácil verificar que qualquer aplicação de A em $\{0,1\}$ caracteriza, de modo análogo, um subconjunto de A (constituído pelos elementos que são aplicados em 1).

Exemplo 4.1.20 Alguns exemplos ilustrativos:

- a função característica do conjunto $S = \{0,1,2,3\}$ em $\mathbb{N}$ é a aplicação $c_S : \mathbb{N} \to \{0,1\}$ dada por

$$c_S(x) = \begin{cases} 1 & \text{se } x \leq 3 \\ 0 & \text{se } x > 3 \end{cases}$$

- a aplicação f do Exemplo 4.1.18 caracteriza o conjunto dos números primos;

- a aplicação $c : \mathbb{N} \to \{0,1\}$ dada por $c(x) = 0$ para todo o $x \in \mathbb{N}$ caracteriza o conjunto vazio. ∎

Uma relação sobre vários conjuntos, sendo um subconjunto do seu produto cartesiano, pode portanto ser igualmente caracterizada por um predicado.

Definição 4.1.21 Dada uma relação n-ária R sobre os conjuntos $A_1, \ldots, A_n$ com $n \geq 1$, a *função característica de* R é a aplicação $c_R : A_1 \times \ldots \times A_n \to \{0,1\}$ dada por

$$c_R(x_1, \ldots, x_n) = \begin{cases} 1 & \text{se } (x_1, \ldots, x_n) \in R \\ 0 & \text{caso contrário.} \end{cases}$$

■

Reciprocamente, qualquer aplicação de $A_1 \times \ldots \times A_n$ em $\{0,1\}$ pode ser vista como definindo uma relação sobre os conjuntos $A_1, \ldots, A_n$. Esta relação é constituída pelos tuplos que são aplicados em 1.

Exemplo 4.1.22 A relação binária $R = \{(1,1),(1,2),(3,2)\}$ em $A = \{1,2,3\}$ tem como função característica a aplicação $c_R : A^2 \to \{0,1\}$ dada por

$$\begin{array}{lll} c_R(1,1) = 1 & c_R(1,2) = 1 & c_R(1,3) = 0 \\ c_R(2,1) = 0 & c_R(2,2) = 0 & c_R(2,3) = 0 \\ c_R(3,1) = 0 & c_R(3,2) = 1 & c_R(3,3) = 0. \end{array}$$

■

Define-se agora a soma de duas aplicações reais de variável real, bem como a sua diferença, multiplicação e quociente.

Definição 4.1.23 Dadas duas aplicações $f : \mathbb{R} \to \mathbb{R}$ e $g : \mathbb{R} \to \mathbb{R}$, a *soma de* f e g é a aplicação $h : \mathbb{R} \to \mathbb{R}$ dada por

$$h(x) = f(x) + g(x).$$

É usual escrever $f + g$ para denotar esta aplicação. De modo análogo se define a *diferença de* f e g, o *produto de* f e g e o *quociente* f e g, sendo que neste último caso, o domínio é $\{x \in \mathbb{R} : g(x) \neq 0\}$.

Naturalmente pode também definir-se a soma de duas aplicações $f : A \to B$ e $g : A \to B$ sempre que A e B sejam subconjuntos de $\mathbb{R}$. O mesmo acontece no caso da diferença, do produto e do quociente. ■

Por vezes é conveniente transformar uma função parcial $f : A \rightharpoonup B$ numa aplicação que de certa forma disponibilize a mesma informação que essa função parcial. Tal pode ser conseguido mantendo o mesmo conjunto de partida e aumentando o conjunto de chegada com um elemento que não pertença a B, que a seguir designaremos por "$\star$", o qual pode intuitivamente ser visto como codificando o valor "indefinido". Assim, uma função parcial $f : A \rightharpoonup B$ pode ser transformada na aplicação

$$f^T : A \to B \cup \{\star\}$$

tal que

$$\forall_{x \in dom(f)} f^T(x) = f(x) \qquad \text{e} \qquad \forall_{x \in A \setminus dom(f)} f^T(x) = \star.$$

A terminar esta secção apresentam-se algumas observações relativas a funções em que o conjunto de chegada ou o conjunto de partida são vazios. Seja então $f : A \rightharpoonup B$ uma função e designe-se por R_f a relação binária subjacente a f.

Comece-se pelo caso em que $A = \emptyset$. Como

$$R_f \subseteq \emptyset \times B = \emptyset$$

conclui-se que necessariamente $R_f = \emptyset$. Note-se que R_f satisfaz de facto a propriedade funcional. Assim, para cada conjunto de chegada B, existe uma e uma só função com conjunto de partida vazio e conjunto de chegada B, a função $(\emptyset, B, \emptyset)$. Esta função é, em particular, uma aplicação, pois não há nenhum elemento $x \in A$ onde a função não esteja definida. Designa-se usualmente esta aplicação por *aplicação vazia em* B.

Considere-se agora o caso em que $B = \emptyset$. Conclui-se de forma semelhante que necessariamente $R_f = \emptyset$. Para cada conjunto de partida A, existe assim uma e uma só função com conjunto de chegada vazio e conjunto de partida A, a função $(A, \emptyset, \emptyset)$, que é a função que não está definida em nenhum elemento do conjunto A. Esta função não é uma aplicação se $A \neq \emptyset$.

4.1.3 Composição de funções

Uma das principais operações sobre funções é a operação de composição de funções. Esta operação é uma caso particular da composição de relações binárias entre conjuntos referida no Capítulo 3. Dada a sua importância, merece referência especial.

Definição 4.1.24 Dadas as funções $f : A \rightharpoonup B$ e $g : B \rightharpoonup C$, a *função composta de* f e g, ou *de* f *com* g, é a função $g \circ f : A \rightharpoonup C$ tal que

- $dom(g \circ f) = \{x : x \in dom(f) \land f(x) \in dom(g)\}$;
- $\forall_{x \in dom(g \circ f)}\, g \circ f(x) = g(f(x))$. ∎

Para evitar ambiguidades, escreve-se por vezes $(g \circ f)(x)$ em vez de $g \circ f(x)$.

À semelhança do referido a propósito da composição de relações, no cálculo da imagem por $g \circ f$ primeiro aplica-se f e depois g, pelo que, por vezes, se lê $g \circ f$ como "g após f". A Figura 4.2 ilustra esta situação.

Nos casos em que $f : A \to B$ e $g : B \to C$ são aplicações então

$$g \circ f : A \to C$$

também é uma aplicação.

Apresentam-se de seguida alguns exemplos ilustrativos.

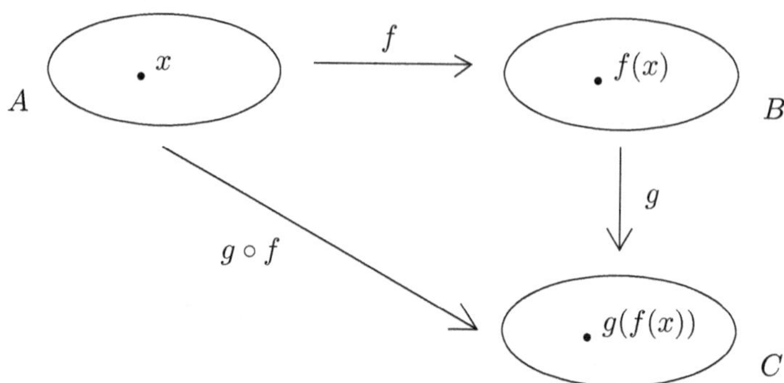

Figura 4.2: A função $g \circ f$

Exemplo 4.1.25 Sejam f e i as funções reais de variável real dadas por

$$f(x) = \sqrt{x} \qquad \text{e} \qquad i(x) = \frac{1}{x^2}.$$

Tem-se $dom(f) = \mathbb{R}_0^+$ e $dom(i) = \mathbb{R}\backslash\{0\}$. Então

- $i \circ f$ é uma função de $\mathbb{R}$ para $\mathbb{R}$ com domínio

$$\begin{aligned} dom(i \circ f) &= \{x : x \in dom(f) \wedge f(x) \in dom(i)\} \\ &= \{x : x \in \mathbb{R}_0^+ \wedge \sqrt{x} \in \mathbb{R} - \{0\}\} = \mathbb{R}^+ \end{aligned}$$

  dada por

$$i \circ f(x) = i(f(x)) = i(\sqrt{x}) = \frac{1}{(\sqrt{x})^2} = \frac{1}{x}.$$

  Note-se que $i \circ f(x) = \frac{1}{x}$ somente quando $i \circ f(x)$ está definida. Assim, apesar da expressão $\frac{1}{x}$ estar definida em todo o real diferente de zero, o domínio de $i \circ f$ é $\mathbb{R}^+$, e não $\mathbb{R}\backslash\{0\}$.

- $f \circ i$ é a aplicação real de variável real com domínio

$$\begin{aligned} dom(f \circ i) &= \{x : x \in dom(i) \wedge i(x) \in dom(f)\} \\ &= \{x : x \in \mathbb{R} - \{0\} \wedge \frac{1}{x^2} \in \mathbb{R}_0^+\} = \mathbb{R} - \{0\} \end{aligned}$$

  dada por

$$f \circ i(x) = f(i(x)) = f\left(\frac{1}{x^2}\right) = \sqrt{\frac{1}{x^2}} = \frac{1}{|x|}.$$

■

Exemplo 4.1.26 Sejam as funções g e p reais de variável real dadas por

$$g(x) = x^2 \qquad \text{e} \qquad p(x) = \ln(x).$$

Como vimos no Exemplo 4.1.5, $dom(g) = \mathbb{R}$ e $dom(p) = \mathbb{R}^+$. Então

- $p \circ g$ é a função real de variável real, de domínio $\mathbb{R}\backslash\{0\}$, dada por

$$p \circ g\,(x) = p(g(x)) = p(x^2) = \ln(x^2) = 2\ln(|x|);$$

- $g \circ p$ é a função real de variável real, de domínio $\mathbb{R}^+$, dada por

$$g \circ p\,(x) = g(p(x)) = g(\ln(x)) = (\ln(x))^2;$$

- $p \circ p$ é a função real de variável real, de domínio $\mathbb{R}\backslash]-\infty, 1]$, dada por $p \circ p(x) = \ln(\ln(x))$. ■

É possível generalizar a noção de função composta e definir a composta $g \circ f$ mesmo quando o conjunto de chegada de f não coincide com o conjunto de partida de g, mas não consideraremos neste texto tais generalizações.

Uma das propriedades da composição de funções é o facto de ser associativa.

Proposição 4.1.27 A composição de funções é associativa, isto é, quaisquer que sejam as funções $f : A \rightharpoonup B$, $g : B \rightharpoonup C$ e $h : C \rightharpoonup D$ tem-se que

$$h \circ (g \circ f) = (h \circ g) \circ f.$$

Demonstração: Pela Definição 4.1.7, para demonstrar que as funções $h \circ (g \circ f)$ e $(h \circ g) \circ f$ são iguais, há que demonstrar o seguinte: (i) as funções têm o mesmo conjunto de chegada e têm o mesmo conjunto de partida; (ii) as funções têm o mesmo domínio; e (iii) $h \circ (g \circ f)(x) = (h \circ g) \circ f(x)$ para qualquer elemento x do domínio.

(i) Pela Definição 4.1.24, $g \circ f : A \rightharpoonup C$ e $h \circ (g \circ f) : A \rightharpoonup D$. Por outro lado, $h \circ g : B \rightharpoonup D$ e $(h \circ g) \circ f : A \rightharpoonup D$. Conclui-se então que as funções têm o mesmo conjunto de partida e de chegada.

(ii) Pela Definição 4.1.24 tem-se, por um lado

$$\begin{aligned}
dom(h \circ (g \circ f)) &= \{x : x \in dom(g \circ f) \wedge g \circ f(x) \in dom(h)\} \\
&= \{x : x \in \{y : y \in dom(f) \wedge f(y) \in dom(g)\} \\
&\qquad\qquad \wedge\, g(f(x)) \in dom(h)\} \\
&= \{x : x \in dom(f) \wedge f(x) \in dom(g) \\
&\qquad\qquad \wedge\, g(f(x)) \in dom(h\}
\end{aligned}$$

e, por outro

$$\begin{aligned} dom((h \circ g) \circ f) &= \{x : x \in dom(f) \wedge f(x) \in dom(h \circ g)\} \\ &= \{x : x \in dom(f) \\ &\qquad \wedge f(x) \in \{y : y \in dom(g) \wedge g(y) \in dom(h)\}\} \\ &= \{x : x \in dom(f) \wedge f(x) \in dom(g) \\ &\qquad\qquad \wedge g(f(x)) \in dom(h\}. \end{aligned}$$

Conclui-se assim que os domínios das duas funções são iguais.

(iii) Seja x um elemento pertencente ao domínio das duas funções. Pela Definição 4.1.24 conclui-se que

$$(h \circ (g \circ f))(x) = h((g \circ f)(x)) = h(g(f(x))) = (h \circ g)(f(x)) = ((h \circ g) \circ f)(x)$$

o que termina a demonstração. ■

4.2 Propriedades das aplicações

As aplicações desempenham um papel fundamental em muitos domínios. Nesta secção introduzem-se os conceitos de aplicação injetiva, sobrejetiva e bijetiva, e enunciam-se e demonstram-se ainda alguns resultados relevantes.

4.2.1 Aplicação injetiva, sobrejetiva e bijetiva

Apresentam-se de seguida as noções de aplicação injetiva, de aplicação sobrejetiva e de aplicação bijetiva.

Definição 4.2.1 Seja $f : A \to B$ uma aplicação. Então

- f é *injetiva* se quaisquer dois elementos distintos de A têm imagens distintas por f, isto é, $\forall_{x,y \in A}(x \neq y \Rightarrow f(x) \neq f(y))$;
- f é *sobrejetiva* se qualquer elemento de B for imagem por f de algum elemento de A, isto é, $\forall_{y \in B} \exists_{x \in A}\, y = f(x)$;
- f é *bijetiva*, se é injetiva e sobrejetiva.

Uma aplicação injetiva é também designada por *injeção*, uma aplicação sobrejetiva por *sobrejeção*, e uma aplicação bijetiva por *bijeção*. ■

Uma forma equivalente de caracterizar a noção de aplicação injetiva é a seguinte: uma aplicação $f : A \to B$ é injetiva sempre que se as imagens de dois elementos de A são iguais então esses elementos são necessariamente iguais, isto é, $\forall_{x,y\in A}(f(x) = f(y) \Rightarrow x = y)$.

Na literatura inglesa é frequentemente usada a expressão *one-to-one* para designar aplicações injetivas.

O conceito de aplicação injetiva pode estender-se de modo imediato a funções que não são necessariamente aplicações. Dizemos então que uma *função é injetiva* se não existirem dois elementos distintos do seu domínio que tenham a mesma imagem por essa função.

Observe-se também que $f : A \to B$ é sobrejetiva se e só se o seu contradomínio coincide com o conjunto de chegada, isto é, $cod(f) = B$. Na literatura inglesa é frequentemente usada a expressão *function from A onto B* para designar uma aplicação $f : A \to B$ sobrejetiva.

Às aplicações bijetivas $f : A \to B$ chamam-se também *correspondências biunívocas* entre A e B. Em inglês a expressão *one-to-one correspondence* é também usada para designar as aplicações bijetivas.

Usa-se por vezes a designação *permutação* de A para referir uma bijeção $f : A \to A$.

Exemplo 4.2.2 A aplicação $j : [0,1] \to [5,15]$ dada por

$$j(x) = 10x + 5$$

é uma bijeção.

Para concluir que j é injetiva, demonstremos que se as imagens por j de dois reais em $[0,1]$ são iguais então esses reais são iguais. Sejam então x e y reais quaisquer no intervalo $[0,1]$ e suponha-se que $j(x) = j(y)$. Ora,

$$\begin{gathered} j(x) = j(y) \\ \Downarrow \\ 10x + 5 = 10y + 5 \\ \Downarrow \\ 10x = 10y \\ \Downarrow \\ x = y \end{gathered}$$

concluindo-se assim que j é injetiva.

Para concluir que j é sobrejetiva, demonstremos que todo o real no intervalo $[5,15]$ é imagem por j de algum real no intervalo $[0,1]$. Considere-se então um qualquer real y no intervalo $[0,1]$. Ora,

$$j(x) = y \quad \Leftrightarrow \quad 10x + 5 = y \quad \Leftrightarrow \quad x = \tfrac{y-5}{10}$$

e portanto $j(\frac{y-5}{10}) = y$. Resta agora verificar que $\frac{y-5}{10} \in [0,1]$. Ora, uma vez que $y \in [5,15]$, tem-se

$$\begin{gathered} 5 \leq y \leq 15 \\ \Leftrightarrow \\ 5-5 \leq y-5 \leq 15-5 \\ \Leftrightarrow \\ 0 \leq y-5 \leq 10 \\ \Leftrightarrow \\ \frac{0}{10} \leq \frac{y-5}{10} \leq \frac{10}{10} \\ \Leftrightarrow \\ 0 \leq \frac{y-5}{10} \leq 1 \end{gathered}$$

como pretendido.

Como j é injetiva e sobrejetiva, está justificado que a aplicação j é bijetiva. É fácil concluir que é também bijetiva qualquer aplicação $j' : [0,1] \to [a,b]$, com $a, b \in \mathbb{R}$ e $a < b$, dada por $j'(x) = (b-a)x + a$ (Exercício 21a da Secção 4.4). ■

Exemplo 4.2.3 Seja $u : \mathbb{Z} \to \mathbb{N}$ dada por

$$u(x) = \begin{cases} -2x & \text{se } x \leq 0 \\ 2x-1 & \text{se } x > 0. \end{cases}$$

Observe-se que a imagem por u de qualquer inteiro positivo é um número ímpar, e que a imagem por u de qualquer inteiro não positivo é um número par. Esta aplicação é bijetiva.

Para concluir que u é injetiva, demonstremos que se as imagens por u de dois números inteiros x e y são iguais então $x = y$. Sejam então $x, y \in \mathbb{Z}$ quaisquer e suponha-se que $u(x) = u(y)$. Tendo em conta a observação do parágrafo anterior, e o facto de, por hipótese, $u(x) = u(y)$, conclui-se que ou x e y são ambos inteiros não positivos, ou x e y são ambos inteiros positivos. No primeiro caso conclui-se que $x = y$, uma vez que

$$\begin{gathered} u(x) = u(y) \\ \Downarrow \\ -2x = -2y \\ \Downarrow \\ x = y. \end{gathered}$$

No segundo caso, por raciocínio análogo, conclui-se também que $x = y$.

Para mostrar que u é sobrejetiva, demonstremos que qualquer elemento de $\mathbb{N}$ é imagem por u de algum número inteiro. Considere-se então $y \in \mathbb{N}$ qualquer. Então, ou y é par ou y é ímpar. No primeiro caso, y é a imagem de $-\frac{y}{2}$, pois, se $y \in \mathbb{N}$ é par, então $-\frac{y}{2} \in \mathbb{Z}$ e $-\frac{y}{2} \leq 0$ e portanto

$$u\left(-\frac{y}{2}\right) = -2\left(-\frac{y}{2}\right) = y.$$

No segundo caso, y é a imagem de $\frac{y+1}{2}$, uma vez que, neste caso, $\frac{y+1}{2} \in \mathbb{Z}$ e $\frac{y+1}{2} > 0$, pelo que

$$u\left(\frac{y+1}{2}\right) = 2\left(\frac{y+1}{2}\right) - 1 = y. \qquad \blacksquare$$

Exemplo 4.2.4 Mais alguns exemplos ilustrativos:

- $f : \mathbb{R} \to \mathbb{R}$ dada por $f(x) = x^2$

  f não é injetiva, pois, por exemplo, $f(-1) = f(1)$

  f não é sobrejetiva pois, por exemplo, -1 não é imagem de nenhum número real;

- $g : \mathbb{R} \to \mathbb{R}_0^+$ dada por $g(x) = x^2$

  g não é injetiva, pois, de novo, $g(-1) = g(1)$

  g é sobrejetiva;

- $h : \mathbb{R}_0^+ \to \mathbb{R}$ dada por $h(x) = x^2$

  h é injetiva

  h não é sobrejetiva;

- $i : \mathbb{R}_0^+ \to \mathbb{R}_0^+$ dada por $i(x) = x^2$ é bijetiva;

- $s : \mathbb{N} \to \mathbb{N}$ dada por $s(x) = x + 1$

  s é injetiva

  s não é sobrejetiva pois 0 não é imagem de nenhum elemento de $\mathbb{N}$;

- $t : \mathbb{N} \to \mathbb{N}_1$ dada por $t(x) = x + 1$ é bijetiva;

- $r : \mathbb{Z} \to \mathbb{Z}$ dada por $r(x) = -x$ é bijetiva;

- a função identidade em A, onde A é um qualquer conjunto, é bijetiva, e portanto uma permutação de A;

- $p : \{0, 1, 2, 3\} \to \{0, 1, 2, 3\}$ dada por $p(x) = 3 - x$ é bijetiva, e portanto uma permutação de $\{0, 1, 2, 3\}$;
- $v : \wp(A) \to \wp(A)$ dada por $v(B) = A \backslash B$, onde A é um qualquer conjunto, é bijetiva. ∎

Exemplo 4.2.5 Como foi referido anteriormente, para cada conjunto B existe uma só função de $\emptyset$ para B. Esta função é uma aplicação, a aplicação vazia em B.

A aplicação vazia em B é injetiva, pois não existem dois elementos $x, x' \in \emptyset$, distintos, a que a esta aplicação associe o mesmo elemento de B. Se $B \neq \emptyset$, a aplicação vazia em B não é sobrejetiva, pois, dado um qualquer $y \in B$, não existe $x \in \emptyset$ cuja imagem seja y. Quando $B = \emptyset$, a aplicação vazia em B é sobrejetiva, pois não existe nenhum elemento $y \in B$ que não seja imagem por esta aplicação de algum elemento do domínio. ∎

Quando $f : A \to B$ é uma bijeção, então cada elemento y de B é imagem por f de um e um só elemento x de A. Com efeito, como f é sobrejetiva, existe pelo menos um elemento x de A que é aplicado por f nesse elemento y de B e, por outro lado, como f é injetiva, não poderá existir mais do que um elemento de A que seja aplicado por f em y. Podemos assim falar na aplicação de B em A que para cada elemento y de B associa o elemento x de A de que y é imagem por f. Esta função é a aplicação inversa de f.

Definição 4.2.6 Dada um bijeção $f : A \to B$, a *aplicação inversa*, ou *função inversa*, de f é a aplicação $f^{-1} : B \to A$ tal que

$$f^{-1}(y) = x \qquad \text{sse} \qquad f(x) = y.$$

Uma aplicação diz-se *invertível* se é uma aplicação bijetiva. ∎

Exemplo 4.2.7 Para ilustrar a noção de função invertível, considerem-se os seguintes exemplos:

- $i : \mathbb{R}_0^+ \to \mathbb{R}_0^+$ dada por $i(x) = x^2$ é invertível

  $i^{-1} : \mathbb{R}_0^+ \to \mathbb{R}_0^+$ é dada por $i^{-1}(y) = \sqrt{y}$ pois

  $$i(x) = y \text{ sse } x^2 = y \text{ sse } \sqrt{y} = x;$$

- $t : \mathbb{N} \to \mathbb{N}_1$ dada por $t(x) = x + 1$ é invertível

  $t^{-1} : \mathbb{N}_1 \to \mathbb{N}$ é dada por $t^{-1}(y) = y - 1$ pois

  $$t(x) = y \text{ sse } x + 1 = y \text{ sse } y - 1 = x;$$

- $r : \mathbb{Z} \to \mathbb{Z}$ dada por $r(x) = -x$ é invertível;

  $r^{-1} : \mathbb{Z} \to \mathbb{Z}$ é dada por $r^{-1}(y) = -y$ pois

  $$r(x) = y \text{ sse } -x = y \text{ sse } -y = x$$

  e portanto a inversa de r é a própria aplicação r, isto é, $r^{-1} = r$;

- a função identidade em A, onde A é um qualquer conjunto, é invertível, e a sua inversa é a própria função identidade em A;

- $p : \{0, 1, 2, 3\} \to \{0, 1, 2, 3\}$ dada por $p(x) = 3 - x$ é invertível, e a sua inversa é a própria aplicação p;

- $v : \wp(A) \to \wp(A)$ dada por $v(B) = A \backslash B$, onde A é um qualquer conjunto, é invertível, e a sua inversa é a própria aplicação v. ∎

Relativamente à função inversa i^{-1} referida no Exemplo 4.2.7, usámos

$$i^{-1}(y) = \sqrt{y}$$

para caracterizar a expressão que calcula a imagem por i^{-1} de cada elemento do respetivo domínio. Esta expressão foi obtida usando diretamente a Definição 4.2.6. Mas o nome da variável que se usa nestas expressões de cálculo é irrelevante. Assim, poder-se-ia ter definido a função i^{-1} escrevendo

$$i^{-1}(x) = \sqrt{x}.$$

Comentários semelhantes se aplicam a todas as outras funções inversas.

É fácil verificar que a noção de função inversa se pode estender a outras funções para além de aplicações bijetivas. O requisito essencial é que se esteja perante uma função f *injetiva*. De facto, nesse caso, dado um elemento y de B, se este for imagem por f de algum elemento de A, então, como f é injetiva, existirá um e um só elemento x de A tal que $f(x) = y$, definindo-se $f^{-1}(y)$ como sendo esse x. Por outro lado, se y não for imagem por f de nenhum elemento de A, então $f^{-1}(y)$ não está definido. Como decorre do que se acabou de observar, se f for injetiva mas não sobrejetiva então a inversa de f não será uma aplicação.

Define-se então a inversa de uma função $f : A \rightharpoonup B$ injetiva como sendo a função $f^{-1} : B \rightharpoonup A$ de domínio $\mathit{cod}(f)$ e tal que $f^{-1}(y) = x$ se e só se $f(x) = y$, para todo $y \in \mathit{cod}(f)$ e todo $x \in \mathit{dom}(f)$.

Exemplo 4.2.8 A aplicação $h : \mathbb{R}_0^+ \to \mathbb{R}$ dada por $h(x) = x^2$ é, como vimos, injetiva, mas não é sobrejetiva, pois os reais negativos não são imagem por h de nenhum elemento de $\mathbb{R}_0^+$. Deste modo, a inversa de h é a função

$$h^{-1} : \mathbb{R} \rightharpoonup \mathbb{R}_0^+$$

de domínio $\mathbb{R}_0^+$ dada por

$$h^{-1}(x) = \sqrt{x}$$

para cada x no domínio, isto é, para cada $x \in \mathbb{R}_0^+$. Observe-se que h^{-1} não está definida para os reais negativos. ∎

Na Secção 4.1.1 definimos a noção de imagem e de pré-imagem de um conjunto por uma aplicação $f : A \to B$. Embora a noção de pré-imagem esteja definida independentemente de existir a aplicação inversa de f, para que a notação $f^{-1}[E]$ não seja problemática é conveniente que, no caso em que existe a aplicação inversa, a pré-imagem de E por f coincida com a imagem por f^{-1} de E. De facto os dois conjuntos coincidem. Com efeito, dado $a \in A$, tem-se

$$a \text{ pertence à imagem por } f^{-1} \text{ de } E$$

sse

$$\exists_x(x \in E \wedge a = f^{-1}(x))$$

sse

$$\exists_x(x \in E \wedge f(a) = x)$$

sse

$$f(a) \in E$$

sse

$$a \text{ pertence à pré-imagem por } f \text{ de } E.$$

Como referido, $f^{-1}[E]$ existe sempre, mesmo que f não seja injetiva.

4.2.2 Alguns resultados relevantes

As bijeções desempenham um papel importante em Matemática. O facto de existir uma bijeção entre um conjunto A e um conjunto B significa que os elementos de A e B podem ser postos em correspondência de um para um. No próximo capítulo tiraremos partido deste importante facto.

Quando compomos uma bijeção com a sua inversa obtemos a função identidade num dado conjunto. Resta a questão: a identidade em que conjunto? O diagrama da Figura 4.3 ajuda a visualizar a resposta a esta questão, ao identifi-

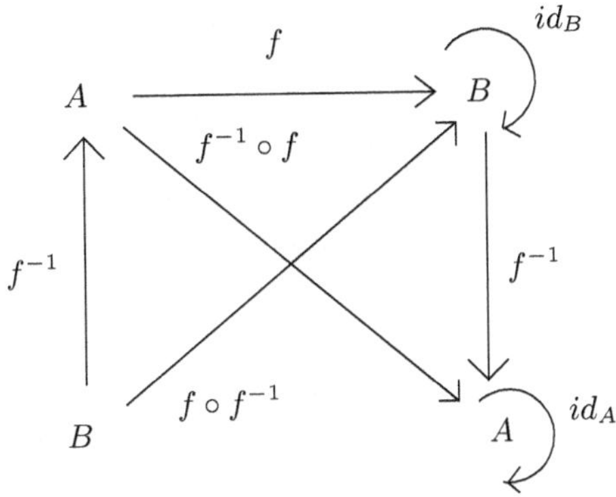

Figura 4.3: Composição de uma função com a sua inversa

car a origem e o destino das setas que denotam as diferentes funções em causa. Com o mesmo fim, podemos também recorrer ao diagrama mais simples da Figura 4.4 onde se omitem as setas correspondentes às composições de funções em causa.

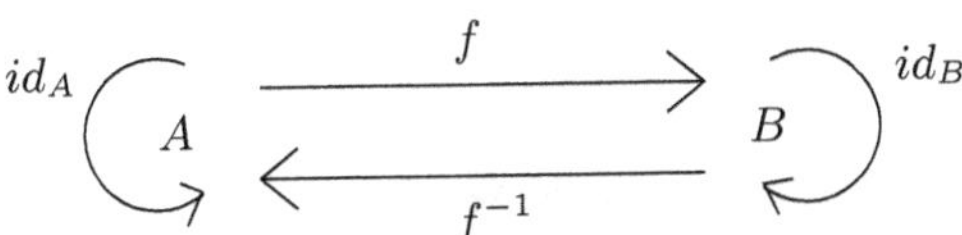

Figura 4.4: Composição de uma função com a sua inversa

Proposição 4.2.9 Se $f : A \to B$ é uma aplicação bijetiva, a aplicação inversa $f^{-1} : B \to A$ é também bijetiva e tem-se $f \circ f^{-1} = id_B$ e $f^{-1} \circ f = id_A$.

Demonstração: Seja $f : A \to B$ uma aplicação bijetiva.

(i) Comecemos por demonstrar que $f^{-1} : B \to A$ é injetiva. Sejam $y_1, y_2 \in B$ quaisquer tais que $y_1 \neq y_2$. Queremos demonstrar que $f^{-1}(y_1) \neq f^{-1}(y_2)$. Ora, como f é sobrejetiva, existem $x_1, x_2 \in A$ tais que $f(x_1) = y_1$ e $f(x_2) = y_2$. Como $y_1 \neq y_2$ e f é uma função, tem de ter-se $x_1 \neq x_2$ (em caso contrário x_1 teria duas imagens por f). Uma vez que $f^{-1}(y_1) = x_1$ e $f^{-1}(y_2) = x_2$, conclui-se que $f^{-1}(y_1) \neq f^{-1}(y_2)$.

(ii) Demonstremos agora que $f^{-1} : B \to A$ é sobrejetiva. Seja $x \in A$ e $y = f(x)$. Então, por definição de f^{-1}, tem-se $f^{-1}(y) = x$. Logo $\forall_{x \in A} \exists_{y \in B}\, x = f^{-1}(y)$, como pretendido.

(iii) Demonstremos por fim que $f \circ f^{-1} = id_B$. Note-se que a demonstração de que $f^{-1} \circ f = id_A$ é semelhante. Por definição de composição de funções e de id_B, é imediato que $f \circ f^{-1}$ e id_B têm o mesmo conjunto de partida e mesmo conjunto de chegada, ambos B. Resta-nos demonstrar que $f \circ f^{-1}$ e id_B atribuem o mesmo valor a cada elemento do seu conjunto de partida. Seja $y \in B$ qualquer. Por definição de id_B, tem-se $id_B(y) = y$. Como f é sobrejetiva, existe $x \in A$ tal *que* $f(x) = y$. Então, por definição de f^{-1}, $f^{-1}(y) = x$ e tem-se

$$f \circ f^{-1}(y) = f(f^{-1}(y)) = f(x) = y.$$

Logo $id_B(y) = f \circ f^{-1}(y) = y$. ■

Demonstra-se agora que a operação composição de funções preserva a injetividade, a sobrejetividade e, portanto, a bijetividade. Isto significa que a composição de aplicações injetivas ainda é injetiva e a composição de aplicações sobrejetivas ainda é sobrejetiva.

Proposição 4.2.10 Sejam $f : A \to B$ e $g : B \to C$ duas aplicações.

1. Se f e g são injetivas então $g \circ f$ também é injetiva.

2. Se f e g são sobrejetivas então $g \circ f$ também é sobrejetiva.

3. Se f e g são bijetivas, $g \circ f$ também é bijetiva e $(g \circ f)^{-1} = f^{-1} \circ g^{-1}$.

Demonstração: Demonstramos 3, deixando as demonstrações de 1 e 2 como exercício. Suponha-se que $f : A \to B$ e $g : B \to C$ são bijeções. Por 1 e 2 é imediato que $g \circ f : A \to C$ é uma bijeção. Resta-nos demonstrar a igualdade $(g \circ f)^{-1} = f^{-1} \circ g^{-1}$. O diagrama da Figura 4.5 ajuda-nos a visualizar quais são

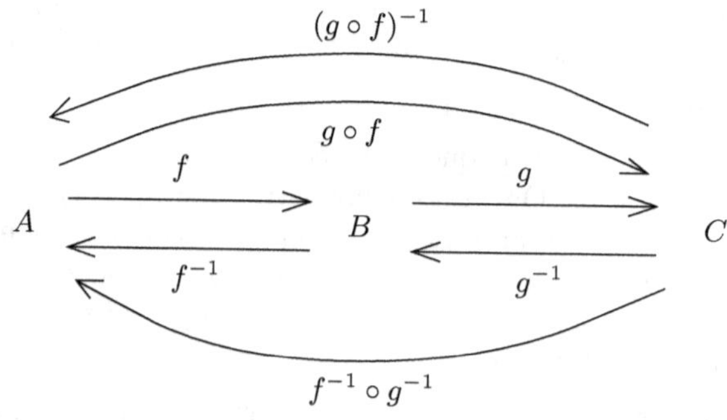

Figura 4.5: Função inversa de $g \circ f$

os conjuntos de partida e de chegada de cada aplicação relevante. É imediato que $(g \circ f)^{-1}$ e $f^{-1} \circ g^{-1}$ têm o mesmo conjunto de partida, C, e o mesmo conjunto de chegada, A. Para completar a demonstração de que as aplicações são iguais, há que demonstrar que elas aplicam cada elemento de C no mesmo elemento de A. Seja então $c \in C$ qualquer. Como $g \circ f$ é bijetiva, existe um e um só $a \in A$ tal que $c = g \circ f(a) = g(f(a))$. Por definição de função inversa, tem-se então $(g \circ f)^{-1}(c) = a$ e

$$c = g(f(a))$$
$$\Downarrow$$
$$g^{-1}(c) = g^{-1}(g(f(a))) = f(a)$$
$$\Downarrow$$
$$f^{-1}(g^{-1}(c)) = f^{-1}(f(a)) = a.$$

Logo $(g \circ f)^{-1}(c) = f^{-1} \circ g^{-1}(c)$, como se pretendia demonstrar. ■

A demonstração de que $(g \circ f)^{-1} = f^{-1} \circ g^{-1}$ na alínea 3 da Proposição 4.2.10 pode ser feita de uma forma diferente, recorrendo às propriedades já conhecidas da composição de aplicações e das aplicações identidade, como se ilustra de seguida.

Por um lado, pela Proposição 4.2.9, $(g \circ f)^{-1} \circ (g \circ f) = id_A$. Logo, usando o Exercício 15 da Secção 4.4,

$$((g \circ f)^{-1} \circ (g \circ f)) \circ f^{-1} \circ g^{-1} = f^{-1} \circ g^{-1}.$$

Por outro lado, tem-se

$$\begin{aligned}
&((g\circ)^{-1} f \circ (g \circ f)) \circ (f^{-1} \circ g^{-1}) \\
&\quad = (((g \circ f)^{-1} \circ (g \circ f)) \circ f^{-1}) \circ g^{-1} && \text{(associatividade de } \circ\text{)} \\
&\quad = ((g \circ f)^{-1} \circ ((g \circ f) \circ f^{-1})) \circ g^{-1} && \text{(associatividade de } \circ\text{)} \\
&\quad = ((g \circ f)^{-1} \circ (g \circ (f \circ f^{-1}))) \circ g^{-1} && \text{(associatividade de } \circ\text{)} \\
&\quad = ((g \circ f)^{-1} \circ (g \circ id_B)) \circ g^{-1} && \text{(Proposição 4.2.9)} \\
&\quad = ((g \circ f)^{-1} \circ g) \circ g^{-1} && \text{(Exerc. 15 da Secção 4.4)} \\
&\quad = ((g \circ f)^{-1}) \circ (g \circ g^{-1}) && \text{(associatividade de } \circ\text{)} \\
&\quad = (g \circ f)^{-1} \circ id_C && \text{(Proposição 4.2.9)} \\
&\quad = (g \circ f)^{-1} && \text{(Exerc. 15 da Secção 4.4)}
\end{aligned}$$

Assim, como se pretendia $(g \circ f)^{-1} = f^{-1} \circ g^{-1}$.

Proposição 4.2.11 Se $f : A \to B$ e $g : B \to C$ são duas aplicações tais que $g \circ f = id_A$, então f é injetiva e g é sobrejetiva.

Demonstração: Sejam f e g aplicações $f : A \to B$ e $g : B \to A$ tais que $g \circ f = id_A$.
(i) Comecemos por demonstrar que f é injetiva. Sejam $x_1, x_2 \in A$ quaisquer. Então

$$\begin{aligned} f(x_1) &= f(x_2) \\ &\Downarrow \\ g(f(x_1)) &= g(f(x_2)) \\ &\Downarrow \qquad \text{(definição de } g \circ f) \\ (g \circ f)(x_1) &= (g \circ f)(x_2) \\ &\Downarrow \qquad (g \circ f = id_A) \\ id_A(x_1) &= id_A(x_2) \\ &\Downarrow \qquad \text{(definição de } id_A) \\ x_1 &= x_2. \end{aligned}$$

Logo, $f(x_1) = f(x_2) \Rightarrow x_1 = x_2$ e portanto f é injetiva.
(ii) Demonstremos agora que g é sobrejetiva. Seja $y \in A$. Como $g \circ f = id_A$, tem-se $y = id_A(y) = g \circ f(y) = g(f(y))$. Logo, existe $x \in B$ tal que $g(x) = y$ (basta considerar $x = f(y)$). ∎

Note-se que de $g \circ f = id_A$ não se pode concluir que f ou g sejam bijetivas. Por exemplo, seja $f : \mathbb{N} \to \mathbb{N}$ dada por $f(n) = n+1$ para qualquer natural n e seja $g : \mathbb{N} \to \mathbb{N}$ dada por $g(0) = 0$ e $g(n) = n-1$ para qualquer natural positivo. Estas aplicações não são bijetivas mas verificam $g \circ f = id_{\mathbb{N}}$. No entanto, se também se verificar que $f \circ g = id_B$, então, por aplicação da Proposição 4.2.11, conclui-se que f e g são ambas bijecções, sendo uma a inversa da outra (ver Exercício 25 da Secção 4.4).

Proposição 4.2.12 Seja $f : A \to B$ uma aplicação.

1. Se f é injetiva e $A \neq \emptyset$, então existe uma aplicação $g : B \to A$ tal que $g \circ f = id_A$.

2. Se f é sobrejetiva então existe uma aplicação $g\colon B \to A$ tal que $f \circ g = id_B$.

Demonstração:
1. Suponha-se que f é injetiva e que $A \neq \emptyset$. Escolha-se um elemento $a \in A$ e defina-se uma aplicação $g : B \to A$ como se segue: para cada $x \in B$

- se $x \in cod(f)$ então $g(x)$ é o elemento y de A que é aplicado por f em x (ou seja, tal que $f(y) = x$);
- se $x \notin cod(f)$ então $g(x) = a$.

Resta-nos demonstrar que $g \circ f = id_A$. Seja então $y \in A$. Queremos demonstrar que $(g \circ f)(y) = y$. Ora $(g \circ f)(y) = g(f(y)) = y$, pois $x = f(y) \in cod(f)$.

2. Suponha-se que f é sobrejetiva. Se $A = \emptyset$ então $B = \emptyset$ e basta considerar $g = f$. Em caso contrário, defina-se uma aplicação $g : B \to A$ escolhendo para $g(x)$ um dos elementos em $f^{-1}[\{x\}]$, para cada $x \in B$. Note-se que o conjunto $f^{-1}[\{x\}]$ não é vazio, uma vez que f é sobrejetiva e se está a assumir que $A \neq \emptyset$. Resta-nos demonstrar que $f \circ g = id_B$. Mas, por definição de $f^{-1}[\{x\}]$, é imediato que, qualquer que seja $x \in B$, $f(g(x)) = x$. ∎

Observe-se que, pela Proposição 4.2.11, a aplicação g cuja existência é garantida na alínea 1 da Proposição 4.2.12 é sobrejetiva, e a aplicação g cuja existência é garantida na alínea 2 é injetiva. Também é fácil de concluir que, em ambos os casos, estas aplicações g não são únicas.

Note-se também que a possibilidade de fazermos múltiplas escolhas de elementos de conjuntos não vazios, como fizemos na demonstração da Proposição 4.2.12, é garantida pelo axioma da escolha referido na Secção 4.3.1 (observe-se que $(f^{-1}[\{x\}])_{x \in B}$ é uma família de conjuntos não vazios).

Os resultados seguintes decorrem das Proposições 4.2.11 e 4.2.12.

Proposição 4.2.13 Seja $f : A \to B$ uma aplicação.

1. Se $A \neq \emptyset$, então f é injetiva se e só se existe uma aplicação $g : B \to A$ tal que $g \circ f = id_A$.
2. A aplicação f é sobrejetiva se e só se existe uma aplicação $g\colon B \to A$ tal que $f \circ g = id_B$. ∎

Proposição 4.2.14 Sejam A e B dois conjuntos, com $A \neq \emptyset$. Existe uma aplicação injetiva entre A e B se e só se existe uma aplicação sobrejetiva entre B e A. ∎

No que respeita à restrição $A \neq \emptyset$ no enunciado da Proposição anterior, note-se que se $A = \emptyset$ então, como se referiu anteriormente, qualquer que seja o conjunto B existe uma e uma só aplicação de A em B, a aplicação vazia em B, a qual é injetiva. Mas, nessa situação, só existirá uma aplicação de B em A no caso de B ser também um conjunto vazio. Essa aplicação será naturalmente sobrejetiva.

A Proposição 4.2.14 anterior estabelece um resultado importante que será utilizado no âmbito do estudo da cardinalidade de um conjunto a efetuar no próximo capítulo.

Para terminar esta secção, refira-se ainda um outro resultado importante e de grande aplicação que utilizaremos adiante no estudo da cardinalidade de um conjunto. A importância deste resultado advém de que é em geral mais fácil mostrar que existem injeções de A para B e de B para A, do que descobrir uma bijeção entre A e B. A sua demonstração, apresentada no Apêndice deste capítulo, é mais um pouco mais elaborada e pode ser omitida numa primeira leitura.

Proposição 4.2.15 TEOREMA DE CANTOR - SCHRÖDER - BERNSTEIN
Quaisquer que sejam os conjuntos A e B, se existe uma injeção entre A e B e uma injeção entre B e A, então existe uma bijeção entre A e B. ■

4.3 Famílias e sucessões

Nesta secção apresenta-se a noção de família. A noção de sequência, já referida anteriormente, pode ser vista como um caso particular de família. Faz-se também referência a sucessões, um outro caso particular de família.

4.3.1 Famílias

A linguagem e as notações que introduzimos para as aplicações sofre por vezes algumas modificações que são úteis em certos contextos. Para entendermos com clareza as situações em que venhamos a encontrá-las, é importante conhecê-las. Um exemplo é o caso das chamadas famílias indexadas.

Definição 4.3.1 Sejam E e I dois conjuntos. Uma *família de elementos de E indexada*, ou *com índices, em I* é uma aplicação $u : I \to E$. O conjunto I é o *conjunto dos índices* da família.

Uma família diz-se *finita* se I é finito. O número de elementos de I é o *número de elementos da família*. No caso particular de $I = \emptyset$, a família diz-se *vazia*. ■

Quando vemos uma aplicação $u : I \to E$ como uma família de elementos de E indexada em I, é frequente alterar as designações e notações associadas, como se segue

- para cada $i \in I$, diz-se que $u(i)$ é o *termo*, ou o *elemento*, de índice i da família, e em vez de $u(i)$ é usual escrever u_i;
- para a família u usa-se a notação

$$(u_i)_{i \in I} \qquad \text{ou} \qquad u_i : i \in I$$

podendo mesmo omitir-se a referência ao conjunto I, e escrever apenas (u_i), se o conjunto I for evidente pelo contexto (naturalmente, em vez de i podem usar-se outras letras para representar os índices, como k, j ou n, por exemplo);

- o contradomínio de u, ou seja, o conjunto $u[I] = \{u_i : i \in I\}$, é o *conjunto dos elementos da família.*

Dado que uma família é uma aplicação, podemos pensar em restrições dessa aplicação a subconjuntos do respetivo domínio. A restrição de uma família $u = (u_i)_{i \in I}$ a um subconjunto J de I diz-se *subfamília* de u.

Exemplo 4.3.2 Para ilustrar estes conceitos apresentam-se agora alguns exemplos de famílias:

- $q = (q_i)_{i \in \mathbb{N}_1}$ em que o termo de índice i é o quadrado de i, isto é, $q_i = i^2$ (nesta família, o termo de índice 1 é 1, o termo de índice 2 é 4, etc., ou seja, $q_1 = 1$, $q_2 = 4$, etc.);

- $t = (t_j)_{j \in \{1,2,\ldots,50\}}$ em que o termo de índice j, t_j, é o número de vezes que o número j fez parte da chave de um sorteio do Euromilhões desde Fevereiro de 2004 até ao fim de Junho de 2013; verifica-se que, por exemplo, $t_1 = 68$ e $t_{32} = 45$;

- $p = (p_k)_{k \in A}$ em que A é o conjunto dos nomes dos alunos inscritos numa dada disciplina e o termo de índice k, p_k, é um elemento do conjunto $\{0, 1, \ldots, 20\}$ correspondente à classificação obtida pelo aluno k nessa disciplina (a pauta das classificações dos alunos numa disciplina pode assim ser vista como uma família). ■

Existem certos casos particulares de famílias que recebem nomes específicos e para as quais se consideram notações especiais.

Quando $I = \mathbb{N}_1$ diz-se que a família é uma *sucessão*. O caso particular das sucessões será referido com mais detalhe na Secção 4.3.2.

Na Secção 2.3.1 introduzimos a noção de sequência, bem como as notações mais frequentemente usadas para as denotar. Uma sequência pode ser vista como uma família: uma sequência de $k \in \mathbb{N}_1$ elementos de um conjunto E pode ser vista como a família $u : I \to E$ com $I = \{j : j \in \mathbb{N}_1 \wedge j \leq k\} = \{1, \ldots, k\}$. Certos autores designam as sequências por sucessões finitas. Outros autores designam as sucessões por sequências infinitas. Aqui não tomaremos qualquer uma dessas opções, usando os termos sequência e sucessão para cada um dos casos acima referidos.

Por sua vez, uma família u com índices num conjunto I de pares ordenados diz-se *família dupla.* Neste caso, para cada par $(j,k) \in I$, o elemento

$$u_{(j,k)}$$

representa-se normalmente apenas por

$$u_{j,k} \quad \text{ou} \quad u_{jk}$$

e a família u representa-se por

$$(u_{jk})_{(j,k)\in I}.$$

Definem-se de modo semelhante famílias triplas, quádruplas, etc., sendo usadas convenções análogas.

Um outro caso particular é o caso em que todos os elementos da família u são conjuntos. Dada uma família $u : I \to E$ em que E é o conjunto das partes de um conjunto, ou um qualquer outro conjunto de conjuntos, dizemos que estamos em presença de uma *família de conjuntos.* Dada uma família de conjuntos podemos definir a intersecção e a união da família. A intersecção de uma família de conjuntos é definida à custa da noção de intersecção de um conjunto de conjuntos que, recorde-se, foi definida no Capítulo 2. O mesmo se aplica ao caso da união. Assim, dada uma família de conjuntos $(A_i)_{i\in I}$ com I não vazio, a intersecção de $(A_i)_{i\in I}$, denotada por $\bigcap\limits_{i\in I} A_i$, é a intersecção do conjunto $\{A_i : i \in I\}$, dos elementos da família, isto é

$$\bigcap_{i\in I} A_i = \bigcap\{A_i : i \in I\}$$

e, de modo análogo, a união de $(A_i)_{i\in I}$, denotada por $\bigcup\limits_{i\in I} A_i$, é a união

$$\bigcup_{i\in I} A_i = \bigcup\{A_i : i \in I\}.$$

Dada uma família $u : I \to E$ de conjuntos, se $I = \emptyset$ então

$$\bigcap_{i\in I} A_i = \emptyset.$$

Tal como observámos no Capítulo 2, a definição da intersecção de um conjunto vazio de conjuntos é problemática. No entanto, se $E = \wp(B)$, pode definir-se $\bigcap\limits_{i\in\emptyset} A_i = B$. Mais geralmente, quando $u : I \to E$ com $I = \emptyset$ e E um conjunto não vazio de conjuntos, define-se

$$\bigcap_{i\in I} A_i = \bigcup E.$$

Exemplo 4.3.3 Considere-se em primeiro lugar a família de conjuntos $(A_i)_{i\in\mathbb{N}_1}$ em que $A_i = \{x \in \mathbb{N}_1 : x \leq i\}$. Então

- $\bigcap_{i\in\mathbb{N}_1} A_i = A_1 \cap A_2 \cap \ldots \cap A_i \cap \ldots = \{1\}$;
- $\bigcup_{i\in\mathbb{N}_1} A_i = A_1 \cup A_2 \cup \ldots \cup A_i \cup \ldots = \mathbb{N}_1$.

Considerando agora a família de conjuntos $(A_i)_{i\in\mathbb{N}_1}$ com $A_i = \{i\}$ tem-se

- $\bigcap_{i\in\mathbb{N}_1} A_i = A_1 \cap A_2 \cap \ldots \cap A_i \cap \ldots = \emptyset$;
- $\bigcup_{i\in\mathbb{N}_1} A_i = A_1 \cup A_2 \cup \ldots \cup A_i \cup \ldots = \mathbb{N}_1$. ■

Vejamos como se pode estender a operação de produto cartesiano a famílias de conjuntos. No Capítulo 2 definimos o produto cartesiano de n conjuntos $A_1, \ldots, A_n$, como sendo o conjunto

$$A_1 \times \ldots \times A_n = \{(a_1, \ldots, a_n) : a_1 \in A_1 \wedge \ldots \wedge a_n \in A_n\}.$$

À luz do conceito de família, podemos ver uma sequência $(A_1, ..., A_n)$ como uma família de conjuntos indexada por $\{1, ..., n\}$, e os elementos $(a_1, ..., a_n)$ de $A_1 \times \ldots \times A_n$ como sendo as famílias indexadas por $\{1, ..., n\}$ que satisfazem a condição $\forall_{1\leq i\leq n}\, a_i \in A_i$. Surge assim natural a seguinte extensão do produto cartesiano a quaisquer famílias de conjuntos.

Definição 4.3.4 O *produto cartesiano* de uma família de conjuntos $(A_i)_{i\in I}$ é o conjunto denotado por

$$\prod_{i\in I} A_i$$

e constituído por todas as famílias $a = (a_i)_{i\in I}$ que satisfazem a condição $\forall_{i\in I}\, a_i \in A_i$. Se todos os conjuntos A_i são iguais a um dado conjunto A então o produto cartesiano da família é a *potência cartesiana de A de expoente I*, denotada por A^I. ■

Pode também formular-se o produto cartesiano de uma família de conjuntos $(A_i)_{i\in I}$ em termos de aplicações dizendo que $\prod_{i\in I} A_i$ é o conjunto constituído por todas as aplicações $a : I \to \bigcup_{i\in I} A_i$ que satisfazem $\forall_{i\in I}\, a_i \in A_i$. Quando todos os conjuntos A_i são iguais a um conjunto A então, deste ponto de vista, é fácil concluir que A^I designa o conjunto de todas as aplicações de I em A.

Se o conjunto dos índices I é vazio, então existe uma só aplicação a de I em $\bigcup_{i\in I} A_i$. Esta aplicação é a função vazia em $\bigcup_{i\in I} A_i$, a qual satisfaz vacuosamente a condição $\forall_{i\in I}\, a_i \in A_i$. Assim, neste caso, $\prod\limits_{i\in I} A_i$ tem um e um só elemento (essa aplicação vazia).

Suponha-se agora que o conjunto dos índices I não é vazio mas que para um certo $k \in I$ se tem que A_k é conjunto vazio. Então não pode existir nenhuma aplicação $a : I \to \bigcup\limits_{i\in I} A_i$ que satisfaça $\forall_{i\in I}\, a_i \in A_i$. Logo, neste caso, $\prod\limits_{i\in I} A_i = \emptyset$.

De posse do conceito de produto cartesiano de uma família de conjuntos, podemos então enunciar o importante axioma da escolha.

AXIOMA DA ESCOLHA: Se todo o conjunto A_i da família $(A_i)_{i\in I}$ é não vazio, então o produto cartesiano da família, $\Pi_{i\in I} A_i$, é não vazio. ∎

Informalmente, o axioma da escolha diz-nos que dada uma qualquer família $(A_i)_{i\in I}$ de conjuntos não vazios é sempre possível escolher um elemento de cada conjunto da família, de modo a obter uma família $(a_i)_{i\in I}$ formada por um elemento a_i de cada conjunto A_i.

Um discussão mais aprofundada sobre o papel desempenhado por este axioma no âmbito da teoria dos conjuntos está fora do âmbito deste texto. O leitor interessado poderá consultar, por exemplo, [41, 57].

4.3.2 Sucessões

Como referido, quando o conjunto dos índices é todo o conjunto $\mathbb{N}_1$, é usual dar à família $u=(u_n)_{n\in\mathbb{N}_1}$ o nome de *sucessão*. Pode também usar-se a notação

$$u = (u_n)_{n\geq 1}$$

para designar uma sucessão.

Exemplo 4.3.5 A título ilustrativo considerem-se os seguintes exemplos de sucessões:

- $u = (u_n)_{n\geq 1}$ em que u_n é o resto da divisão inteira de n por 2;
- $v = (v_n)_{n\geq 1}$ em que v_n é o número de divisores positivos de n;
- a família $q = (q_i)_{i\in\mathbb{N}_1}$ do Exemplo 4.3.2, dada por $q_i = i^2$. ∎

Dada uma sucessão $u = (u_n)_{n\geq 1}$, é usual usar-se a designação "primeiro termo da sucessão" para referir o termo de índice 1, "segundo termo da sucessão" para referir o termo de índice 2, e assim por diante. Para fazer referência à expressão u_n, podem também usar-se as designações termo de ordem n, enésimo termo ou, ainda, termo geral da sucessão.

Embora seja natural ver uma sucessão u como uma família indexada pelo conjunto $\mathbb{N}_1$, nada impede, contudo, que para se definirem sucessões se fixem outros conjuntos adequados de índices. É usual escolher para conjunto de índices de uma sucessão um qualquer conjunto I cujos elementos estejam ordenados por uma ordem $\preceq$ tal que $(I, \preceq)$ seja isomorfo[2] a $(\mathbb{N}_1, \leq)$. Em particular, em certos contextos, facilita poder considerar-se que os índices de uma sucessão começam em 0, sendo assim $\mathbb{N}$ o conjunto de índices. O primeiro elemento da sucessão é então o termo de índice 0, o segundo elemento é o termo de índice 1, e assim sucessivamente. Uma outra situação consiste em tomar para conjunto de índices o conjunto constituído por todos os inteiros maiores ou iguais que um dado inteiro k, ou seja, o conjunto

$$\{k, k+1, k+2, k+3, \ldots\}.$$

Assim, embora em sentido estrito se possa continuar a considerar que uma sucessão é uma família indexada por $\mathbb{N}_1$, facilita poder considerar a noção de sucessão, em sentido lato, como uma qualquer família indexada por um conjunto da forma

$$\mathbb{Z}_{\geq k} = \{k, k+1, k+2, k+3, \ldots\}$$

liberdade que utilizaremos neste texto. Mas tal liberdade torna conveniente a existência de uma designação sucinta que identifique imediatamente qual o conjunto dos índices das sucessões em consideração, quando tal for importante e não for evidente pelo contexto. Assim, chamaremos *sucessões*$_k$, k-*sucessões* ou *sucessões indexadas por* $\mathbb{Z}_{\geq k}$ às famílias indexadas por $\mathbb{Z}_{\geq k}$, continuando a reservar o termo sucessão (sem subscrito) para as sucessões em sentido estrito, isto é, para as sucessões$_1$.

Observe-se que, sendo $u = (u_n)_{n \geq k}$ uma sucessão$_k$, é imediato transformar u numa correspondente sucessão em sentido estrito $v = (v_n)_{n \geq 1}$. Para tal basta aplicar uma translação apropriada ao seu conjunto de índices, isto é, a aplicação $f : \mathbb{N}_1 \to \mathbb{Z}_{\geq k}$ dada por $f(n) = n + k - 1$, obtendo-se a sucessão v pretendida considerando, para cada $n \geq 1$

$$v_n = u(f(n)) = u_{n+k-1}.$$

Exemplo 4.3.6 Dada a sucessão$_5$ $u = (u_n)_{n \geq 5}$ em que $u_n = 2n$, a correspondente sucessão $v = (v_n)_{n \geq 1}$ é, para cada $n \geq 1$, definida por

$$v_n = u_{n+5-1} = 2(n+4).$$ ■

[2] Ver Secção 6.4.

4.4 Exercícios

1. Considere a função $f : \mathbb{R} \rightharpoonup \mathbb{R}$ dada por $f(x) = \sqrt{1-x^2}$. Qual é o seu domínio? E o contradomínio?

2. Sejam $f : \mathbb{R} \to \mathbb{R}$ dada por $f(x) = |x|$ e $g : \mathbb{R} \to \mathbb{R}$ dada por $g(x) = 2^x$. Calcule $f[\mathbb{Z}]$, $f[\mathbb{R}]$, $g[\mathbb{R}_0^+]$ e $g[\mathbb{R}_0^-]$.

3. Considere a função $f : \mathbb{R} \rightharpoonup \mathbb{R}$ dada por $f(x) = \sqrt{x}$. Calcule $f[\{-2,2\}]$ e $f^{-1}[\{-4,0,2\}]$.

4. Sejam $f : \mathbb{R} \to \mathbb{R}$ dada por $f(x) = x+1$ e $g : \mathbb{R} \to \mathbb{R}$ dada por $g(x) = x^4$. Calcule $f[\{3,5,8\}]$, $f^{-1}[\{3,5,8\}]$, $g[\{3,7\}]$ e $g^{-1}[\{4,16\}]$.

5. Uma aplicação $f : A \to B$ diz-se *constantemente igual a* $c \in B$ quando $\forall_{x\in A}\, f(x) = c$. Considere a aplicação $f : \mathbb{N} \to \mathbb{N}$ constantemente igual a 1 e calcule $f[\{5,7,8\}]$, $f^{-1}[\{1\}]$, $f^{-1}[\mathbb{N}]$ e $f^{-1}[\{3\}]$.

6. Sejam $B = \mathbb{N}$ e $A = \{1,3,5\}$. Calcule $inc[\{3,5\}]$, $inc^{-1}[\{1,5,7\}]$ e $inc^{-1}[\{4,8\}]$ onde inc é a função de inclusão de A em B.

7. Sejam $A = \mathbb{N}$ e $S = \{1,3,5\}$. Calcule $c_S[\{3,5\}]$, $c_S[\{0,1,5\}]$, $c_S^{-1}[\{0\}]$ e $c_S^{-1}[\{0,1\}]$ onde c_S é a função característica de S em A.

8. Sendo $f : \mathbb{R} \rightharpoonup \mathbb{R}$ demonstre que

   (a) $X \subseteq Y \Rightarrow f[X] \subseteq f[Y]$ quaisquer que sejam $X, Y \subseteq A$.

   (b) $X \subseteq Y \Rightarrow f^{-1}[X] \subseteq f^{-1}[Y]$ quaisquer que sejam $X, Y \subseteq B$.

9. Seja $R = \{(0,1),(0,0),(0,2)\}$ uma relação binária em $\{0,1,2,3\}$. Defina a sua função característica.

10. Considere a relação binária R em $\mathbb{R}^2$ dada por $R = \emptyset$ e caracterize a sua função característica.

11. Seja $R = \{(0,0,1),(0,1,1),(1,-2,2)\}$ uma relação ternária sobre $\mathbb{N}$, $\mathbb{Z}$ e $\mathbb{N}_1$. Defina a sua função característica.

12. Sejam f e g funções reais de variável real dadas por $f(x) = \frac{1}{\sqrt{x+1}}$ e $g(x) = x^2$. Caracterize as funções $g \circ f$ e $f \circ g$.

13. Considere a função $f : \mathbb{R} \rightharpoonup \mathbb{R}$ dada por $f(x) = \sqrt{x}$ e a função $g : \mathbb{R} \rightharpoonup \mathbb{R}$ dada por $g(x) = x^2$. Caracterize as funções $g \circ f$ e $f \circ g$.

14. Sejam $f : \mathbb{R} \rightharpoonup \mathbb{R}$ dada por $f(x) = |x|$, $g : \mathbb{R} \rightharpoonup \mathbb{R}$ dada por $g(x) = \frac{x+1}{x-1}$ e $h : \mathbb{R} \rightharpoonup \mathbb{R}$ dada por $h(x) = 3^x - 1$. Caracterize as funções

    $$g \circ f \quad f \circ g \quad g \circ h \quad h \circ g \quad g \circ g \quad h \circ g \quad (g \circ f) \circ h.$$

15. Sendo $f : A \to B$ verifique que $f \circ id_A = id_B \circ f = f$.

16. Dê exemplos de aplicações de $\mathbb{R}$ em $\mathbb{R}$ que sejam

    (a) bijetivas.
    (b) injetivas, mas não sobrejetivas.
    (c) sobrejetivas, mas não injetivas.
    (d) nem injetivas, nem sobrejetivas.

17. Dê exemplos de aplicações de $\mathbb{N}$ em $\mathbb{N}$ que sejam

    (a) bijetivas.
    (b) injetivas, mas não sobrejetivas.
    (c) sobrejetivas, mas não injetivas.
    (d) nem injetivas, nem sobrejetivas.

18. Seja $g : \mathbb{R} \to \mathbb{R}$ dada por $g(x) = x^2 + 2$.

    (a) Diga, justificando, se g é injetiva.
    (b) Diga, justificando, se g é sobrejetiva.
    (c) Calcule $g^{-1}[\{4\}]$ e $g^{-1}[\{1\}]$.

19. De entre as aplicações seguintes identifique as que são injetivas, as que são sobrejetivas, e as que são bijetivas

    (a) $f : \mathbb{R} \to \mathbb{R}$ dada por $f(x) = x$.
    (b) $g : \mathbb{Z} \to \mathbb{N}$ dada por $g(x) = |x|$.
    (c) $h : \mathbb{N} \to \mathbb{N}_1$ dada por $h(x) = x^2 + 2$.
    (d) $i : \mathbb{Z} \to \mathbb{Q}$ dada por $i(x) = 2^x$.
    (e) $resto_5 : \mathbb{N} \to \mathbb{N}$ em que $resto_5(x)$ é o resto da divisão inteira de x por 5.
    (f) $mmc : \mathbb{N}_1 \times \mathbb{N}_1 \to \mathbb{N}_1$ em que $mmc(x, y)$ é o menor inteiro positivo que é simultaneamente múltiplo de x e de y (menor múltiplo comum).
    (g) $j : \wp(\mathbb{N}_1) \times \wp(\mathbb{N}_1) \to \wp(\mathbb{N}_1)$ dada por $j(x, y) = x \cup y$.
    (h) $k : \wp(\mathbb{N}_1) \times \wp(\mathbb{N}_1) \to \wp(\mathbb{N}_1)$ dada por $k(x, y) = x \cap y$.

20. De entre as aplicações seguintes identifique as que são invertíveis e, para essas, caracterize a correspondente inversa

    (a) $f : \mathbb{R} \to \mathbb{R}$ dada por $f(x) = x^3$.

(b) $g : \mathbb{R} \to \mathbb{R}$ dada por $g(x) = 2x + 3$.

(c) $h : \mathbb{R} \to \mathbb{R}$ dada por $h(x) = |x|$.

(d) $i : \mathbb{R}\backslash\{0\} \to \mathbb{R}\backslash\{0\}$ dada por $i(x) = \frac{1}{x}$.

(e) $j : \mathbb{N} \to \mathbb{P}$ dada por $j(x) = 2x$, onde $\mathbb{P} = \{n \in \mathbb{N} : n \text{ é par}\}$.

21. Sejam $a, b \in \mathbb{R}$ tais que $a < b$. Mostre que são bijetivas as aplicações seguintes e caracterize as respetivas aplicações inversas

    (a) $f : [0,1] \to [a,b]$ dada por $f(x) = (b-a)x + a$.

    (b) $g :]0,1[\to]a,b[$ dada por $g(x) = (b-a)x + a$.

22. Recorde a aplicação $u : \mathbb{Z} \to \mathbb{N}$ dada por

$$u(x) = \begin{cases} -2x & \text{se } x \leq 0 \\ 2x - 1 & \text{se } x > 0 \end{cases}$$

referida no Exemplo 4.2.3. Caracterize a sua aplicação inversa.

23. Considere a aplicação $f : \mathbb{N} \times \mathbb{N} \to \mathbb{N}_1$ dada por $f(m,n) = 2^m(2n+1)$.

    (a) Mostre que f é uma bijeção.

    Sugestão: use o facto de que qualquer inteiro positivo x tem uma decomposição única em fatores primos, isto é, x pode escrever-se de forma única (a menos de troca na ordem dos fatores) como um produto de potências de números primos, e observe que se m é o expoente de 2 na decomposição de x em fatores primos, então $\frac{x}{2^m}$ é um número ímpar.

    (b) Verifique que $f^{-1} : \mathbb{N}_1 \to \mathbb{N} \times \mathbb{N}$ é dada por $f(x) = (m,n)$ onde m é o expoente de 2 na decomposição de x em fatores primos e $n = \frac{x}{2^{m+1}} - \frac{1}{2}$.

24. Demonstre que se $f : A \to B$ é uma bijeção e se $g : B \to A$ é uma aplicação tal que $f \circ g = id_B$, então g é igual a f^{-1}.

    Sugestão: desenvolva a igualdade $f^{-1} \circ (f \circ g) = f^{-1} \circ id_B$.

25. Demonstre que para qualquer aplicação $f : A \to B$ as duas condições seguintes são equivalentes

    (i) f é uma bijeção

    (ii) existe uma aplicação $g : B \to A$ tal que $f \circ g = id_B$ e $g \circ f = id_A$.

    Sugestão: use as Proposições 4.2.9 e 4.2.11.

26. Demonstre as alíneas 1 e 2 da Proposição 4.2.10.

27. Demonstre que se existe uma injeção entre A e B então existe uma bijeção entre A e um subconjunto de B.

28. Demonstre que uma aplicação $f : A \to B$ é injetiva sse para quaisquer $X, Y \subseteq A$ se tem $f[X \cap Y] = f[X] \cap f[Y]$.

29. Demonstre que se $\{f^{-1}[\{y\}] : y \in B\}$ constitui uma partição de A quando $f : A \to B$ é uma aplicação sobrejetiva.

30. Seja $f : A \to B$ uma aplicação.

    (a) Suponha que, quaisquer que sejam as aplicações $g, h : X \to A$, se $f \circ g = f \circ h$ então $g = h$. Mostre que f é injetiva.

    (b) Mostre que o recíproco da alínea anterior se verifica, isto é, demonstre que se f é injetiva, então, quaisquer que sejam as aplicações $g, h : X \to A$, se $f \circ g = f \circ h$ então $g = h$.

31. Seja $f : A \to B$ uma aplicação.

    (a) Suponha que, quaisquer que sejam as aplicações $g, h : B \to X$, se $g \circ f = h \circ f$ então $g = h$. Mostre que f é sobrejetiva.

    (b) Mostre que o recíproco da alínea anterior se verifica, isto é, mostre que se f é sobrejetiva, então, quaisquer que sejam as aplicações $g, h : B \to X$, se $g \circ f = h \circ f$ então $g = h$.

32. Dada uma aplicação $f : A \to B$, seja R a relação binária no conjunto A dada por xRy se e só se $f(x) = f(y)$.

    (a) Mostre que se trata de uma relação de equivalência (por vezes designada relação de equivalência induzida por f).

    (b) Quais são as classes de equivalência se f for injetiva?

33. Considere-se uma relação de equivalência R num conjunto A. A *aplicação natural*, ou *canónica*, de A em A/R é a aplicação $f : A \to A/R$ dada por $f(x) = [x]_R$.

    (a) A aplicação natural de A em A/R é sobrejetiva?

    (b) Mostre que a aplicação natural pode não ser injetiva.

    (c) Diga qual é a condição que R deve satisfazer para que tal aplicação seja injetiva.

34. Dada uma aplicação $h : A \to B$, mostre que é possível *decompor*, ou *fatorizar*, h numa composição de aplicações $g \circ f$, em que f é sobrejetiva e g é injetiva, isto é, existe um conjunto C e aplicações $f : A \to C$ e $g : C \to B$, tais que f é sobrejetiva, g é injetiva e $h = g \circ f$. A condição $h = g \circ f$ pode ser expressa através de um diagrama dizendo que o diagrama representado na Figura 4.6 é *comutativo*, ou que *comuta* (e daí o símbolo $=$).

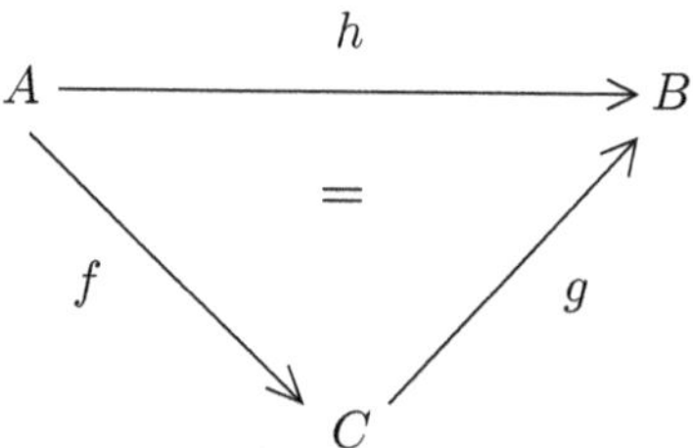

Figura 4.6: A função $g \circ f$

Sugestão: Designando por R a relação de equivalência induzida por h (ver Exercício 32) comece por considerar que $C = A/R$ e que f é a aplicação natural de A em A/R (ver Exercício 33). Considere, em seguida, $g : A/R \to B$ dada por $g([x]_R) = h(x)$, para cada classe $[x]_R$ em A/R, e mostre que

(i) g está bem definida, no sentido em que o valor de $g([x]_R)$ não depende do representante escolhido para identificar a classe $[x]_R$, isto é, quaisquer que sejam $x, y \in A$, se $[x]_R = [y]_R$ então $g([x]_R) = g([y]_R)$.

(ii) g é injetiva e $h = g \circ f$.

Apêndice

Apresenta-se neste apêndice a demonstração da Proposição 4.2.15, demonstração que pode ser omitida numa primeira leitura.

Proposição 4.2.15 TEOREMA DE CANTOR - SCHRÖDER - BERNSTEIN
Quaisquer que sejam os conjuntos A e B, se existe uma injeção entre A e B e uma injeção entre B e A, então existe uma bijeção entre A e B.

Demonstração:
(i) Demonstremos em primeiro lugar que se existir uma injeção entre um conjunto e um seu subconjunto, então existe uma bijeção entre ambos.

Seja A um conjunto qualquer e seja $B \subseteq A$, Suponha-se ainda que existe uma injeção $f : A \to B$. Quer-se demonstrar que existe uma bijeção $h : A \to B$. Se $B = A$, a aplicação id_A é uma bijeção entre A e B. Se $B \subset A$, considerem-se os conjuntos $C_1, C_2, C_3, \ldots$ com

$$C_1 = A \backslash B \qquad \text{e} \qquad C_{n+1} = f[C_n] \quad \text{para cada } n \geq 1.$$

Note-se que $C_1 \neq \emptyset$. É imediato que $\forall_{n \geq 1} C_n \subseteq A$ e que $\forall_{n \geq 2} C_n \subseteq B$ (uma demonstração rigorosa pode ser efetuadas através de provas por indução, tópico que é abordado no Capítulo 7).

Defina-se $h : A \to B$ como se segue:

$$h(x) = \begin{cases} f(x) & \text{se } x \in \bigcup\limits_{n \geq 1} C_n \\ x & \text{caso contrário.} \end{cases}$$

Isto significa que $h(x)$ coincide com $f(x)$, se x pertence a $A \backslash B$, ou x pertence a algum dos conjuntos que resultam de $A \backslash B$ por sucessivas aplicações da função f. Para os restantes elementos x de A, $h(x)$ define-se como sendo o próprio x.

Demonstra-se que h é injetiva como se segue. Dados x e y elementos distintos de A, demonstremos que $h(x) \neq h(y)$. Há a considerar 3 casos.

Caso 1: x e y pertencem ambos a $\bigcup\limits_{n \geq 1} C_n$
Então $h(x) = f(x)$ e $h(y) = f(y)$. Por hipótese, f é injetiva e $x \neq y$, pelo que se conclui $f(x) \neq f(y)$. Logo, $h(x) \neq h(y)$.

Caso 2: nem x nem y pertencem a $\bigcup\limits_{n \geq 1} C_n$
Então $h(x) = x$, $h(y) = y$ e, por hipótese, $x \neq y$.
Logo $h(x) \neq h(y)$.

Caso 3: existe $n \geq 1$ tal que $x \in C_n$ e $y \notin \bigcup\limits_{n \geq 1} C_n$

Então $h(x) = f(x) \in C_{n+1}$, e, por definição de h, $h(y) = y$. Uma vez que, por hipótese, $y \notin \bigcup_{n \geq 1} C_n$, tem-se que $y \notin C_{n+1}$. Logo, $h(x) \neq h(y)$.

Caso 4: existe $n \geq 1$ tal que $y \in C_n$ e $x \notin \bigcup_{n \geq 1} C_n$
Análogo ao caso 3 anterior.

Demonstra-se agora que h é sobrejetiva. Seja z um qualquer elemento de B. Quer-se demonstrar que existe um elemento x de A tal que $h(x) = z$. Note-se que como $z \in B$ não se pode ter $z \in C_1$, pois $C_1 = A \backslash B$. Há a considerar 2 casos.

Caso 1: existe $n \geq 1$ tal que $z \in C_{n+1}$
Então, por definição de C_{n+1}, existe $x \in C_n (\subseteq A)$ tal que $f(x) = z$. Assim, por definição de h, tem-se $h(x) = f(x) = z$.

Caso 2: $z \notin \bigcup_{n \geq 1} C_n$
Então, por definição de h, $h(z) = z$ e $z \in A$, pois $z \in B \subseteq A$.

(ii) Demonstremos agora que o resultado enunciado em (i) implica o resultado pretendido.

Suponha-se que existem duas injeções $f : A \to B$ e $g : B \to A$. Queremos demonstrar que existe uma bijeção entre A e B, supondo que se verifica o resultado enunciado em (i). Ora, como $g : B \to A$ é injetiva, é imediato que existe uma bijeção j entre B e $g[B]$: basta considerar a função $j : B \to g[B]$ dada por $j(x) = g(x)$.

Logo, para demonstrar que existe uma bijeção entre A e B, basta demonstrar que existe uma bijeção k entre A e $g[B]$, pois se $k : A \to g[B]$ for bijetiva, então, por 3 da Proposição 4.2.10, $j^{-1} \circ k : A \to B$ será uma bijeção. Mas, $g[B] \subseteq A$ e $j \circ f : A \to g[B]$ é uma injeção, por 2 da Proposição 4.2.10. Logo, pelo resultado em (i), existe uma bijeção k entre o conjunto A e $g[B]$. ∎

Capítulo 5

Cardinalidade de conjuntos

Neste capítulo aborda-se a questão da cardinalidade de conjuntos, ou seja, informalmente, a questão de saber quantos elementos tem um conjunto. Esta questão é simples no caso dos conjuntos finitos, mas a cardinalidade de conjuntos infinitos colocou diversos problemas durante muito tempo. No século XIX, o trabalho desenvolvido por G. Cantor sobre este assunto foi fundamental, levando a conclusões por vezes surpreendentes, como, por exemplo, o facto de um conjunto poder ter a mesma cardinalidade que um seu subconjunto próprio, ou a existência de infinitos cardinais infinitos. Apresentam-se neste capítulo a noção de equipotência de conjuntos e as noções de conjunto finito, infinito, contável e numerável. São também descritos critérios e técnicas que nos permitem estabelecer se um conjunto é finito, infinito, numerável ou não numerável.

5.1 Introdução ao problema da cardinalidade

Como referimos informalmente no Capítulo 2, o cardinal de um conjunto (finito) A é o número de elementos de A, e escreve-se

$$\#A \qquad \text{ou} \qquad \#(A)$$

para denotar o cardinal de A. Recorde-se que alguns autores usam também a notação $|A|$. Intuitivamente, se $A \subseteq B$, isto é, se todo o elemento de A é elemento de B, então A tem tantos ou menos elementos que B pelo que se espera que se $A \subseteq B$ então $\#A \leq \#B$. De forma similar, se $A \subset B$, espera-se que $\#A < \#B$, porque, intuitivamente, neste caso A tem menos elementos que B. Estas afirmações são verdadeiras se A e B forem conjuntos finitos.

No entanto, como então referimos, algumas destas ideias acerca da cardinalidade de um conjunto, aparentemente tão evidentes, nem sempre são verdadeiras quando consideramos conjuntos infinitos. Na verdade, quando passamos ao infinito, muitas das nossas intuições falham. Por exemplo, apesar do conjunto dos naturais estar estritamente contido no conjunto dos inteiros, veremos que os dois conjuntos têm a mesma cardinalidade. Ou seja, embora $\mathbb{N}_1 \subset \mathbb{Z}$ não é verdade que o cardinal de $\mathbb{N}_1$ seja inferior ao de $\mathbb{Z}$. O mesmo se passa ainda com o conjunto dos números naturais pares e o conjunto dos números naturais.

Para percebermos porquê torna-se necessário clarificar o que se entende por conjunto infinito, e qual o significado a dar à noção de número de elementos de um conjunto infinito. Há ainda que esclarecer o que significa dizer que dois conjuntos infinitos têm o mesmo número de elementos, ou a mesma cardinalidade. A isso procuraremos responder nesta secção sem, para já, entrar em detalhes demasiado técnicos.

Comecemos por procurar analisar o significado de contar o número de elementos de um conjunto. Considere-se em primeiro lugar o caso dos conjuntos finitos, assumindo, de momento, apenas uma noção intuitiva deste conceito. Pensemos, por exemplo, em conjuntos tão distintos como um rebanho, isto é, um conjunto de ovelhas, o conjunto das cinco vogais do alfabeto, ou o conjunto dos livros que estão numa dada biblioteca. Procuremos abstrair qual o procedimento genérico que seguimos quando queremos contar o número de elementos desses conjuntos. Podemos dizer que procedemos genericamente como se segue: retiramos um elemento desse conjunto e associamos-lhe o número 1, extraímos um elemento do conjunto restante e associamos-lhe o número 2, e assim sucessivamente até se esgotarem os elementos do conjunto a contar. Podemos visualizar uma associação dos elementos de $\{a, e, i, o, u\}$ aos inteiros de 1 a 5 na Figura 5.1. Naturalmente, a ordem com que vamos extraindo os ele-

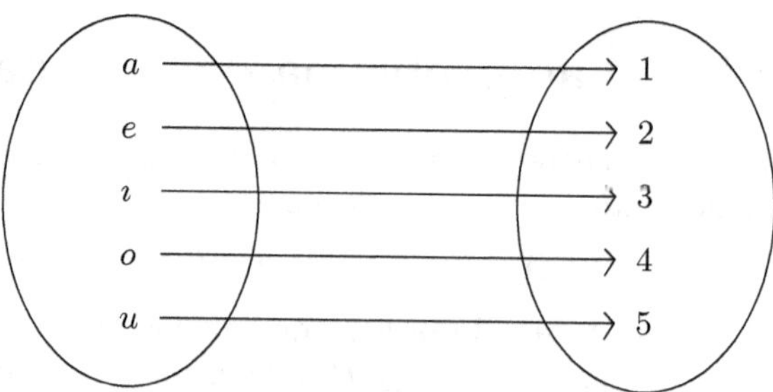

Figura 5.1: Contagem do número de elementos do conjunto $\{a, e, i, o, u\}$

mentos do conjunto em contagem é irrelevante. Qualquer outro procedimento semelhante conduziria ao mesmo número de elementos. Uma outra associação possível é a representada na Figura 5.2.

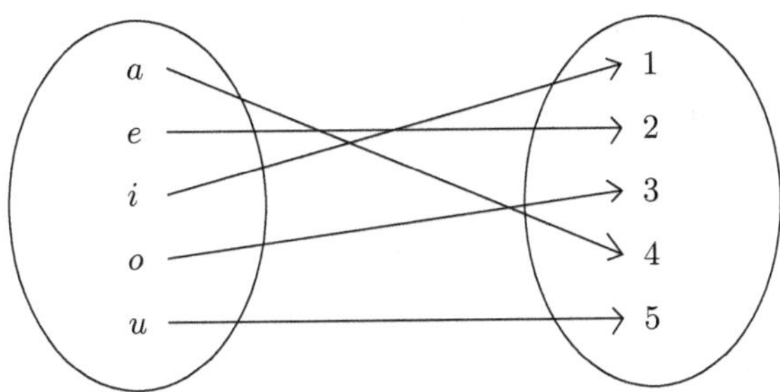

Figura 5.2: Contagem do número de elementos do conjunto $\{a, e, i, o, u\}$

Generalizando, podemos dizer que um conjunto A tem n elementos, com $n > 0$, se podemos estabelecer uma correspondência de um para um entre os elementos de A e os inteiros de 1 a n, isto é, mais rigorosamente, se podemos estabelecer uma bijeção entre A e o conjunto $\{1, \ldots, n\}$.

Por outro lado, um conjunto tem 0 elementos se e só se for o conjunto vazio. Como vimos na Secção 4.2.1, existe uma bijeção entre um conjunto A e o conjunto vazio se e só se A também for vazio. Assim, podemos generalizar a definição anterior para qualquer natural $n \in \mathbb{N}$. Podemos então dizer que $\#A = n$ se e só se podemos estabelecer uma bijeção entre A e o conjunto dos números $\{1, \ldots, n\}$. Recorde que $\{1, \ldots, n\}$ denota o conjunto vazio se n for 0. A partir desta noção de cardinal podemos dizer quando é que um conjunto é finito e quando é infinito.

Na sequência designa-se por J_n o conjunto $\{k \in \mathbb{N} : 1 \leq k \leq n\}$, para cada $n \in \mathbb{N}$. Naturalmente que $J_n = \emptyset$ quando $n = 0$.

Definição 5.1.1 Dado um natural n, diz-se que um conjunto A *tem n elementos*, ou que A *tem cardinal* n ou *potência* n, se podemos estabelecer uma bijeção entre A e o conjunto J_n. Escreve-se $\#A = n$ para dizer que A tem n elementos.

Um conjunto A diz-se *finito* se $\#A = n$ para algum natural n. Um conjunto que não é finito diz-se *infinito*. ■

Um dos problemas em aplicar o procedimento de contagem acima descrito a conjuntos infinitos é que este procedimento não teria fim, pelo que não poderíamos dizer qual o número dos seus elementos. Temos assim de procurar um outro caminho. Em vez de pensarmos qual o número de elementos, ou qual o cardinal, de um dado conjunto, procuremos primeiro caracterizar quando é que dois conjuntos têm o mesmo número de elementos, ou seja, o mesmo cardinal.

Se pensarmos em conjuntos finitos, facilmente concluímos que dois conjuntos finitos A e B têm o mesmo número de elementos se e só se podemos pôr os seus elementos em correspondência de um para um, isto é, se é possível estabelecer uma bijeção entre esses conjuntos. Consideremos esta definição para quaisquer conjuntos finitos ou infinitos e analisemos quais as consequências da sua extensão aos conjuntos infinitos.

Definição 5.1.2 Diz-se que um conjunto A é *equipotente* a um conjunto B, e escreve-se

$$\#A = \#B \qquad \text{ou} \qquad A \sim B$$

se existe uma bijeção entre A e B. ∎

Se um conjunto A é equipotente a um conjunto B, pode dizer-se também que A tem o mesmo número de elementos que B, que tem o mesmo cardinal que B, ou ainda, que A e B têm a mesma cardinalidade.

Definindo conjunto finito como anteriormente, pode demonstrar-se (ver Secção 5.2.2) que um conjunto finito satisfaz as duas propriedades intuitivamente associadas ao cardinal de um conjunto, isto é,

$$\text{se } A \subseteq B \text{ então } \#A \leq \#B$$

e

$$\text{se } A \subset B \text{ então } \#A < \#B.$$

O que se passa quando consideramos conjuntos infinitos? Como veremos, a primeira propriedade mantém-se, mas a segunda nem sempre. Embora ainda não tenhamos definido o que significa $\#A \leq \#B$, ou $\#A < \#B$, quando estamos em presença de conjuntos infinitos, o que só faremos na Secção 5.2, podemos desde já ilustrar o facto de a segunda asserção nem sempre se verificar, mostrando que existem conjuntos infinitos A e B para os quais $\#A = \#B$, apesar de $A \subset B$.

Um exemplo simples desta situação são os conjuntos

$$\mathbb{N}_1 = \{1, 2, 3, \ldots\} \qquad \text{e} \qquad \mathbb{N} = \{0, 1, 2, 3, \ldots\}.$$

Naturalmente que $\mathbb{N}_1 \subset \mathbb{N}$, e a primeira intuição diz-nos que $\mathbb{N}$ deve ter um cardinal superior a $\mathbb{N}_1$, pois $\mathbb{N}$ tem mais um elemento que $\mathbb{N}_1$ (o zero). Mas $\mathbb{N}_1$ pode ser obtido de $\mathbb{N}$ simplesmente "mudando os nomes" dos elementos de $\mathbb{N}_1$, adicionando 1 a cada elemento de $\mathbb{N}$. Portanto, devemos concluir que ambos os conjuntos têm o mesmo número de elementos. Dito de outra forma, a aplicação $f : \mathbb{N} \to \mathbb{N}_1$ dada por $f(n) = n + 1$ é uma bijeção e portanto $\#\mathbb{N}_1 = \#\mathbb{N}$.

A existência de uma bijeção entre dois conjuntos A e B significa, intuitivamente, que podemos ver os elementos de um conjunto como uma mera mudança "de nome" dos elementos do outro. Nesta perspetiva, já faz intuitivamente sentido dizer que dois conjuntos A e B (finitos ou infinitos) têm o mesmo número de elementos (o mesmo cardinal) se é possível estabelecer uma bijeção entre eles.

Aceitando a Definição 5.1.2, existem conjuntos que têm o mesmo número de elementos, o mesmo cardinal, que uma sua parte própria. Ora, como faremos adiante, pode demonstrar-se que é precisamente esta propriedade, aparentemente estranha, que separa os conjuntos finitos dos conjuntos infinitos, pelo que até poderíamos considerar a seguinte definição alternativa de conjunto infinito: um conjunto A é *infinito* se e só se é equipotente a uma sua parte própria. Naturalmente, um conjunto é finito se não é infinito.

A terminar esta introdução sobre conjuntos finitos e infinitos e cardinalidade, sublinhe-se que não chegámos a definir a que é igual o cardinal de um conjunto infinito. Tal pode ser feito, mas não o faremos neste texto. O leitor interessado em aprofundar este assunto poderá consultar os textos [19, 31, 40, 57]. Aqui, no que respeita aos conjuntos infinitos, limitar-nos-emos a comparar os seus cardinais.

5.2 Cardinalidade, conjuntos finitos e infinitos

Nesta secção aprofundamos o estudo das noções de equipotência de conjuntos, comparação de cardinais, conjunto finito e conjunto infinito, apresentando diversos exemplos e resultados relevantes. Algumas das demonstrações podem ser omitidas numa primeira leitura e são apresentadas no Apêndice a este capítulo.

5.2.1 Conjuntos equipotentes

Recorde-se que segundo a Definição 5.1.2 dois conjuntos A e B são conjuntos equipotentes, ou têm a mesma cardinalidade, o que se representa por $A \sim B$, se existe uma bijeção entre A e B. Apresentamos de seguida diversos exemplos.

Exemplo 5.2.1 Considerem-se os seguintes exemplos envolvendo os conjuntos $\mathbb{N}_1$, $\mathbb{N}$ e $\mathbb{Z}$.

(i) Como já referimos na Secção 5.1,

$$\mathbb{N} \sim \mathbb{N}_1.$$

Um exemplo de bijeção entre estes dois conjuntos, que comprova que são equipotentes, é a aplicação $t : \mathbb{N} \to \mathbb{N}_1$ dada por $t(x) = x + 1$, já apresentada no Exemplo 4.2.4.

(ii) O conjunto $\mathbb{P} = \{n \in \mathbb{N} : n \text{ é par}\}$ dos naturais pares é equipotente a $\mathbb{N}$, ou seja,

$$\mathbb{N} \sim \mathbb{P}.$$

Um exemplo de aplicação bijetiva entre $\mathbb{N}$ e $\mathbb{P}$ é $g : \mathbb{N} \to \mathbb{P}$ dada por $g(x) = 2x$.

(iii) Tem-se ainda

$$\mathbb{N} \sim \mathbb{Z}.$$

Para verificar que estes conjuntos têm a mesma cardinalidade, basta estabelecer uma bijeção entre eles. Ora, se existe uma bijeção entre $\mathbb{N}$ e $\mathbb{Z}$, também existe uma bijeção entre $\mathbb{Z}$ e $\mathbb{N}$, e vice-versa. Assim, basta-nos exibir uma bijeção num desses sentidos. Ora a aplicação $u : \mathbb{Z} \to \mathbb{N}$ dada por

$$u(x) = \begin{cases} -2x & \text{se } x \leq 0 \\ 2x - 1 & \text{se } x > 0 \end{cases}$$

já referida no Exemplo 4.2.3, é uma bijeção.

(iv) Tem-se também

$$\mathbb{N} \times \mathbb{N} \sim \mathbb{N}_1.$$

Uma bijeção entre $\mathbb{N} \times \mathbb{N}$ e $\mathbb{N}_1$ é a aplicação $f : \mathbb{N} \times \mathbb{N} \to \mathbb{N}_1$ dada por $f(m, n) = 2^m(2n + 1)$ (Exercício 23 da Secção 4.4). ■

Exemplo 5.2.2 Apresentam-se agora vários exemplos envolvendo o conjunto $\mathbb{R}$ e diversos intervalos de reais.

(i) Para quaisquer $a, b \in \mathbb{R}$, com $a < b$, tem-se

$$[a, b] \sim [0, 1].$$

Para comprovar que o intervalo $[a, b]$ é equipotente ao intervalo $[0, 1]$ basta ter em conta que a aplicação $f : [0, 1] \to [a, b]$ dada por $f(x) = (b-a)x+a$ é uma bijeção (Exercício 21a da Secção 4.4).

(ii) O conjunto $\mathbb{R}$ é equipotente ao conjunto dos reais positivos, isto é,

$$\mathbb{R} \sim]0, +\infty[$$

uma vez que a função exponencial, ou seja, a função que a cada real x faz corresponder e^x, é uma bijeção entre $\mathbb{R}$ e $]0, +\infty[$.

(iii) Tem-se também que

$$]0,1[\sim [0,1]$$

e pode usar-se o Teorema de Cantor-Schröder-Bernstein (a Proposição 4.2.15) para demonstrar esta afirmação: a inclusão $inc :]0,1[\to [0,1]$ é obviamente uma injeção de $]0,1[$ para $[0,1]$ e, por exemplo, a aplicação $j : [0,1] \to]0,1[$ dada por $j(x) = \frac{x}{2} + \frac{1}{4}$ constitui também uma injeção de $[0,1]$ para $]0,1[$ (verifique).

(iv) Observe-se ainda que o conjunto $\mathbb{R}$ tem o mesmo cardinal que o intervalo $]0,1[$, isto é,

$$\mathbb{R} \sim]0,1[$$

e para o demonstrar recorre-se ao Teorema de Cantor-Schröder-Bernstein, tal como no exemplo anterior. A função de inclusão de $]0,1[$ em $\mathbb{R}$ serve como uma das injeções necessárias. Para a outra pode usar-se aplicação $k : \mathbb{R} \to]0,1[$ dada por $k(x) = \frac{1}{e^x+1}$. ∎

Apresentam-se agora alguns resultados simples sobre conjuntos equipotentes que mostram que a relação "ser equipotente a" entre conjuntos é reflexiva, simétrica e transitiva.

Proposição 5.2.3 Sejam A, B e C conjuntos.

1. $A \sim A$.
2. Se $A \sim B$ então $B \sim A$.
3. Se $A \sim B$ e $B \sim C$ então $A \sim C$.

Demonstração: A demonstração de 1 é imediata uma vez que id_A é uma bijeção de A em A. A afirmação 2 é uma consequência da Proposição 4.2.9. A afirmação 3 é uma consequência da alínea 3 da Proposição 4.2.10. ∎

Tendo em conta a Proposição 5.2.3 e os exemplos referidos, conclui-se, por exemplo, que qualquer um dos conjuntos $\mathbb{R}$, $\mathbb{R}^+$, $[0,1]$, $]0,1[$ e $[a,b]$, com $a,b \in \mathbb{R}$ e $a < b$, é equipotente a qualquer um dos outros. Mas, como se verá adiante, $\mathbb{N}$ não é equipotente a $[0,1]$.

Tendo sido definido o que se entende por dois conjuntos terem a mesma cardinalidade, uma possibilidade de abordar o problema da definição do cardinal de um conjunto de uma forma abstrata, seria definir o cardinal de um conjunto A como a propriedade que caracteriza todos os conjuntos que lhe são equipotentes. Esta propriedade é a seguinte: os seus elementos podem ser postos em correspondência de um para um com os elementos de A. Mas torna-se conveniente poder concretizar esse conceito ou propriedade abstrata.

Uma possibilidade consiste em associar um número a cada uma dessas classes de conjuntos equipotentes, ou a um particular conjunto representante de cada uma dessas classes. Foi precisamente isso que na Secção 5.1 foi feito no caso dos conjuntos finitos: associámos o número n à classe de todos os conjuntos com n elementos. Uma estratégia análoga pode ser seguida para os conjuntos infinitos, obrigando à introdução de novos tipos de números, podendo mesmo definir-se uma aritmética dos chamados *números cardinais*. Por exemplo, o cardinal do conjunto dos naturais é denominado *alef-zero* e é representado pelo símbolo $\aleph_0$. O cardinal do conjunto dos reais é denominado *potência do contínuo* e representado por $\mathfrak{C}$. No entanto, como referimos, no que respeita aos conjuntos infinitos limitar-nos-emos neste texto a comparar os seus cardinais. Antes, porém, vamos analisar certos detalhes importantes relativos à noção de cardinal de um conjunto finito apresentada na Secção 5.1.

Recorde-se que na Definição 5.1.1 estipulámos que um conjunto A tem cardinal n se podemos estabelecer uma bijeção entre A e o conjunto J_n, isto é, se A e J_n são equipotentes. Mas repare-se que para que esta definição não seja problemática é preciso que se demonstre que não é possível A ser equipotente simultaneamente a J_n e a J_k com $n \neq k$. Para que isto aconteça, pela Proposição 5.2.3, basta mostrar que se $n \neq k$ então J_n e J_k não são equipotentes. Para demonstrar esta última propriedade, basta demonstrar que nenhum conjunto J_n é equipotente a uma sua parte própria. Apesar de parecer intuitivamente evidente, esta afirmação não tem demonstração imediata. Como não é essencial para os objetivos deste capítulo, a demonstração é apresentada apenas no final do capítulo.

Lema 5.2.4 O conjunto J_n não é equipotente a uma sua parte própria, qualquer que seja $n \in \mathbb{N}$.

Demonstração: A demonstração encontra-se no Apêndice este capítulo. ■

O resultado enunciado no Lema 5.2.4, com esta ou outra formulação equivalente, é designado por certos autores como o "teorema dos cacifos" [57] devido à seguinte interpretação: se distribuirmos n objetos por menos de n cacifos, pelo menos um dos cacifos receberá mais de um objeto. Na literatura anglo-saxónica este resultado é conhecido por *pigeonhole principle*.

Proposição 5.2.5

1. Se um conjunto é equipotente a J_n e a J_k, com $n, k \in \mathbb{N}$, então $n = k$.

2. Um conjunto finito é equipotente a um único conjunto J_n, com $n \in \mathbb{N}$.

3. Se A e B são finitos e se $n = \#A$ e $k = \#B$, então $n = k$ se e só se $A \sim B$.

Demonstração:
1. Suponha-se que A é um conjunto equipotente a J_n e a J_k. Então, pela Proposição 5.2.3, J_n é equipotente a J_k. Mas, pelo Lema 5.2.4, tal implica que terá de se ter $n = k$, porque se $n < k$ então $J_n \subset J_k$, e se $k < n$ então $J_k \subset J_n$.

2. Decorre da própria definição de conjunto finito que um conjunto finito é equipotente a algum conjunto J_n. Por 1, um conjunto finito não pode ser equipotente a mais do que um conjunto J_n.

3. Suponha-se que $A \sim J_n$ e $B \sim J_k$. Se $n = k$ então $A \sim J_n$ e $B \sim J_n$, logo, pela Proposição 5.2.3, $A \sim B$. Reciprocamente, se $A \sim B$, então, pela Proposição 5.2.3, $J_k \sim J_n$ e, tal como na demonstração de 1, conclui-se que $n = k$. ■

O Lema 5.2.4 pode generalizar-se como se segue.

Proposição 5.2.6 Nenhum conjunto finito é equipotente a uma sua parte própria.

Demonstração: A demonstração encontra-se no Apêndice este capítulo. ■

A Proposição 5.2.6 estabelece um critério simples que nos permite demonstrar que um dado conjunto é infinito: basta demonstrar que ele é equipotente a uma sua parte própria.

Exemplo 5.2.7 Usando Proposição 5.2.6 podemos concluir desde já que existem vários conjuntos infinitos:

- o conjunto $\mathbb{N}$ dos naturais é infinito pois $\mathbb{N}_1 \subset \mathbb{N}$ e $\mathbb{N} \sim \mathbb{N}_1$;
- o conjunto $\mathbb{Z}$ dos inteiros é infinito pois $\mathbb{N} \subset \mathbb{Z}$ e $\mathbb{N} \sim \mathbb{Z}$;
- o conjunto $\mathbb{R}$ dos reais é infinito pois $]0, +\infty[\subset \mathbb{R}$ e $\mathbb{R} \sim]0, +\infty[$. ■

Podemos também concluir que um conjunto é finito se este for equipotente a um conjunto que já demonstrámos ser finito. O mesmo acontece no caso de conjuntos infinitos.

Proposição 5.2.8 Sejam A e B conjuntos.

1. Se B é finito e $A \sim B$, então A é finito.
2. Se B é infinito e $A \sim B$, então A é infinito.

Demonstração:
1. Se B é finito então, por 2 da Proposição 5.2.5, existe um natural n tal que $B \sim J_n$. Logo, existe uma bijeção $f : B \to J_n$. Se A é equipotente a B, então existe uma bijeção $g : A \to B$. Mas então, por 3 da Proposição 4.2.10, $f \circ g : A \to J_n$ é uma bijeção, pelo que A é finito, por definição.

2. Suponha-se que B é infinito e $A \sim B$ e que, por absurdo, A é finito. Então, por 1 e alínea 2 da Proposição 5.2.3, B também seria finito. Mas isto contradiz a hipótese de B ser infinito. ∎

Exemplo 5.2.9 Usando a Proposição 5.2.8 e os Exemplos 5.2.1 e 5.2.2, é imediato concluir que, dos vários conjuntos que temos vindo a referir, são conjuntos infinitos, por exemplo, os seguintes:

- o conjunto $\mathbb{N}_1$ é infinito porque $\mathbb{N}$ é infinito e $\mathbb{N} \sim \mathbb{N}_1$;
- $]0, +\infty[$ é infinito porque $\mathbb{R}$ é infinito e $\mathbb{R} \sim]0, +\infty[$;
- o conjunto $\mathbb{P} = \{n \in \mathbb{N} : n \text{ é par}\}$ dos naturais pares é infinito porque $\mathbb{N}$ é infinito e $\mathbb{N} \sim \mathbb{P}$. ∎

5.2.2 Comparação de cardinais

Já definimos conjuntos finitos e infinitos, assim como já caracterizámos quando é que dois conjuntos (finitos ou infinitos) têm a mesma cardinalidade. Vimos também que existem conjuntos infinitos. Como mostrámos no caso dos conjuntos infinitos, um conjunto com menos elementos do que outro pode ter a mesma cardinalidade. Referimos, por exemplo, o caso dos conjuntos $\mathbb{N}$ e $\mathbb{Z}$. À luz destes resultados, à primeira vista pouco intuitivos, pode colocar-se a questão de saber se todos os conjuntos infinitos têm a mesma cardinalidade ou se existem conjuntos infinitos com diferentes cardinalidades. Se nem todos os conjuntos infinitos tiverem a mesma cardinalidade, como se poderão comparar os cardinais de conjuntos infinitos não equipotentes? Para isso é necessário que se defina um critério que permita comparar cardinais de conjuntos, e dizer quando é que um conjunto, finito ou infinito, tem menor cardinalidade que outro conjunto. Naturalmente, este critério deverá comportar-se para os conjuntos finitos da forma usual.

Referimos anteriormente que, intuitivamente, podemos dizer que dois conjuntos A e B têm o mesmo número de elementos se podemos pôr os seus elementos em correspondência de um para um, isto é, se é possível estabelecer uma bijeção entre esses conjuntos. Usando um raciocínio análogo, podemos dizer que A tem um menor número de elementos que B se a cada elemento de A podemos fazer corresponder, um elemento de B, mas essa correspondência não esgota todos os elementos de B. Esta ideia conduz-nos à definição seguinte.

Definição 5.2.10 Sejam A e B dois conjuntos. Diz-se que a *cardinalidade*, ou a *potência*, de A é *inferior* à de B, o que se pode denotar escrevendo $A \prec B$, se se verificarem as duas condições seguintes:

(i) existe uma aplicação injetiva de A em B;

(ii) não existe nenhuma aplicação bijetiva de A em B.

Diz-se que a *cardinalidade*, ou a *potência*, de A é *inferior ou igual* à de B, o que se pode denotar escrevendo $A \preceq B$, se existe uma aplicação injetiva de A em B. ∎

Observe-se que recorrendo ao Teorema de Cantor-Schröder-Bernstein (a Proposição 4.2.15) a condição (ii) da Definição 5.2.10 pode ser substituída por "não existe nenhuma aplicação injetiva de B em A". Pode pois afirmar-se que

$$A \prec B \Leftrightarrow A \preceq B \wedge B \not\preceq A.$$

Quando a cardinalidade de A é inferior ou igual à de B diz-se também que A é *dominado* por B.

Proposição 5.2.11 Sejam A, B e C conjuntos.

1. Se $A \sim B$ então $A \preceq B$.
2. $A \preceq A$.
3. Se $A \preceq B$ e $B \preceq A$ então $A \sim B$.
4. Se $A \preceq B$ e $B \preceq C$ então $A \preceq C$.
5. $A \preceq B$ se e só se $A \prec B$ ou $A \sim B$.

Demonstração: A demonstração destes resultados deixa-se como exercício. ∎

O próximo resultado estabelece a relação existente entre $\subseteq$ e $\preceq$. Como esperado, se $A \subseteq B$ então A tem cardinal inferior ou igual ao de B. Mas se A for um subconjunto próprio de B, não se pode garantir que o seu cardinal seja inferior ao de B, a menos que B seja finito.

Proposição 5.2.12 Sejam A e B conjuntos.

1. Se $A \subseteq B$ então $A \preceq B$.
2. $A \preceq B$ se e só se existe $B_1 \subseteq B$ tal que $A \sim B_1$.

Demonstração:
1. Imediato, porque se $A \subseteq B$ então podemos considerar a função de inclusão de A em B a qual é, naturalmente, uma aplicação injetiva.

2. Demonstra-se, em primeiro lugar, que se $A \preceq B$ então existe $B_1 \subseteq B$ tal que $A \sim B_1$. Suponha-se então que $A \preceq B$. Por definição de $\preceq$, existe uma aplicação injetiva $f : A \to B$. Logo, $g : A \to f[A]$ dada por $g(x) = f(x)$ é uma bijeção entre A e o subconjunto $f[A]$ de B, como se pretendia.

Demonstra-se agora que se existe $B_1 \subseteq B$ tal que $A \sim B_1$ então $A \preceq B$. Seja então B_1 nas condições indicadas. Logo, existe $f : A \to B_1$ bijectiva. Mas então $g : A \to B$ dada por $g(x) = f(x)$ é uma aplicação injetiva entre A e B. Assim, $A \preceq B$. ■

A proposição seguinte estabelece que um subconjunto próprio de um conjunto finito tem cardinal inferior ao do conjunto. Este resultado é importante para demonstrar a Proposição 5.2.14 adiante. Estas demonstrações estão no Apêndice este capítulo, e podem ser omitidas numa primeira leitura.

Proposição 5.2.13 Se B é finito e $A \subset B$ então $\#A < \#B$.

Demonstração: A demonstração encontra-se no Apêndice este capítulo.

Recorde-se que na Secção 5.1, após definirmos a noção de conjuntos equipotentes, referimos que esta noção se comporta como esperado no caso dos conjuntos finitos, isto é, em particular, $\#A = \#B$ se e só se $A \sim B$, quando A e B são finitos.

Concluímos agora esta secção fazendo algo de semelhante relativamente às noções aqui apresentadas, isto é, vamos ver que no caso dos conjuntos finitos, como seria de esperar, dizer que um conjunto tem cardinalidade inferior (inferior ou igual) a outro é equivalente a dizer que o cardinal do primeiro é menor (menor ou igual) que o cardinal do segundo.

Proposição 5.2.14 Sejam A e B conjuntos finitos.

1. $\#A \leq \#B$ se e só se $A \preceq B$.

2. $\#A < \#B$ se e só se $A \prec B$.

Demonstração: A demonstração encontra-se no Apêndice este capítulo. ■

Assim, no caso dos conjuntos finitos, é indiferente escrever $A \preceq B$ ou escrever $\#A \leq \#B$, pois estas expressões são equivalentes. O mesmo acontece relativamente a $A \prec B$ e $\#A < \#B$. Naturalmente, tem-se ainda

$$\text{se } A \subseteq B \text{ então } \#A \leq \#B$$

tendo em conta as Proposições 5.2.12, e 5.2.14.

No caso dos conjuntos infinitos, como já referimos, não é objetivo deste texto definir exatamente a que é igual o cardinal de um conjunto infinito, mas apenas saber comparar os cardinais desses conjuntos. No entanto, torna-se por vezes conveniente escrever $\#A \leq \#B$ ou $\#A < \#B$ mesmo quando os conjuntos envolvidos, ou algum dos conjuntos envolvidos, são infinitos. Recorde-se que tal deverá ser interpretado como significando apenas que $A \preceq B$ ou $A \prec B$, respetivamente.

5.2.3 O menor conjunto infinito

Fazendo um breve resumo dos conceitos apresentados até ao momento neste capítulo, temos que

(i) sabemos como comparar cardinais de quaisquer dois conjuntos;

(ii) no que respeita a conjuntos finitos, as definições apresentadas:

- dado $n \in \mathbb{N}$, diz-se que um conjunto A tem cardinal n, $\#(A) = n$, se existe uma bijeção entre A e o conjunto J_n
- um conjunto A diz-se finito se existe $n \in \mathbb{N}$ tal que $\#(A) = n$

estão de acordo com a nossa intuição;

(iii) no que respeita aos conjuntos infinitos, vimos que se mantêm algumas das nossas intuições, como por exemplo se $A \subseteq B$ então $\#A \leq \#B$, mas não todas, como por exemplo poder acontecer que $A \subset B$ mas $\#A = \#B$;

(iv) dispomos de alguns critérios relativamente simples que nos permitem concluir que certos conjuntos são infinitos, como por exemplo mostrar que são equipotentes a uma sua parte própria, ou que são equipotentes a um outro conjunto que já sabemos infinito.

No entanto, no que respeita aos conjuntos infinitos, existem ainda muitas questões interessantes a que não demos resposta. Uma primeira questão é a de se saber se será que todos os conjuntos infinitos têm o mesmo cardinal. À partida poderia parecer evidente que existem conjuntos infinitos com maior número de elementos que outros conjuntos infinitos. Mas, como já vimos, nem sempre a intuição nos dá as respostas corretas quando se trata de conjuntos infinitos. Este assunto é abordado mais adiante, na Secção 5.4.

Um outro assunto relevante é saber se quaisquer dois conjuntos infinitos são comparáveis por intermédio da relação $\preceq$. Na verdade, aceitando o axioma da escolha (ver Secção 4.3.1), pode demonstrar-se que a resposta é afirmativa, mas tal demonstração está fora do âmbito deste texto. O leitor interessado pode consultar, por exemplo, [19, 41, 57].

Uma terceira questão é saber se existe um conjunto infinito menor ou igual, em termos de cardinalidade, que todos os outros. Observe-se que se a resposta for positiva então o principal candidato é intuitivamente o conjunto $\mathbb{N}_1$, ou qualquer outro conjunto que lhe seja equipotente, uma vez que todos os conjuntos $J_n = \{1, ..., n\}$ são finitos e $\mathbb{N}_1$ é infinito.

Nesta secção vamos responder a esta última questão esboçando a demonstração de que $\mathbb{N}_1$ é efetivamente menor ou igual, em termos de cardinal, que todos os conjuntos infinitos. Este resultado tem várias implicações, permitindo concluir que é precisamente a propriedade de ser equipotente a uma parte de si próprio que distingue os conjuntos infinitos dos conjuntos finitos, como se verá na Secção 5.2.4

Proposição 5.2.15 Tem-se $\mathbb{N}_1 \preceq A$ qualquer que seja o conjunto infinito A.

Demonstração (esboço): Suponha-se que A é um conjunto infinito. Mostra-se que existe uma injeção $f : \mathbb{N}_1 \to A$. A ideia informal é simples:

(i) define-se $f(1) = a_1$ em que a_1 é um elemento qualquer de A (note-se que $A \neq \emptyset$, pois A é infinito)

(ii) define-se $f(2) = a_2$ em que a_2 é um elemento qualquer de $A \backslash \{a_1\}$ (note-se que $A \backslash \{a_1\} \neq \emptyset$ pois, em caso contrário, $A = \{a_1\}$ o que não se pode verificar porque A é infinito e $\{a_1\}$ é finito)

(iii) define-se $f(3) = a_3$ em que a_3 é um elemento qualquer de $A \backslash \{a_1, a_2\}$ ($A \backslash \{a_2, a_3\} \neq \emptyset$ por razões semelhantes às referidas acima)

e assim sucessivamente.

No Apêndice que se encontra no final deste capítulo concretiza-se esta ideia de modo mais rigoroso. ∎

5.2.4 Caracterização alternativa de conjunto infinito

A Proposição 5.2.15 tem várias implicações e, em particular, permite-nos obter uma outra caracterização equivalente de conjunto infinito. Pela Proposição 5.2.6 já sabemos que um conjunto ser equipotente a uma sua parte própria é uma condição suficiente para ser infinito. Mostra-se a seguir que é também uma condição necessária.

Proposição 5.2.16 Um conjunto A é infinito se e só se é equipotente a uma sua parte própria.

Demonstração: A demonstração de que se A é equipotente a uma sua parte própria então A é infinito é imediata, tendo em conta a Proposição 5.2.6.

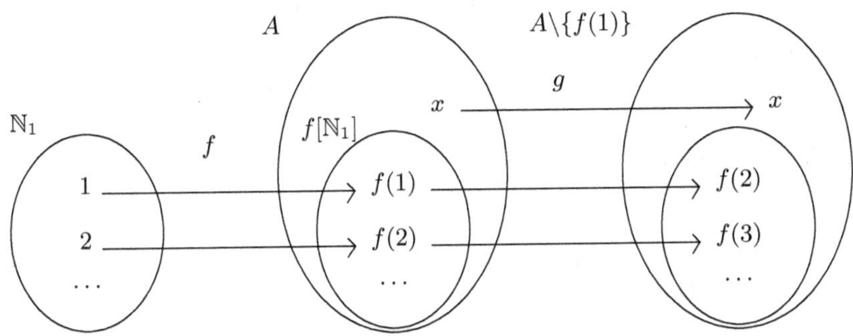

Figura 5.3: Função $g : A \to A \backslash \{f(1)\}$

Demonstremos então que se A é infinito então é equipotente a uma sua parte própria. Se A é infinito, pela Proposição 5.2.15, existe uma injeção $f : \mathbb{N}_1 \to A$.

Seja então $g : A \to A \backslash \{f(1)\}$ dada por (ver Figura 5.3).

$$g(x) = \begin{cases} x & \text{se } x \notin f[\mathbb{N}_1] \\ f(n+1) & \text{se } x = f(n) \text{ para } n \in \mathbb{N}_1. \end{cases}$$

O objetivo é mostrar agora que g é bijetiva.

Para verificar que g é sobrejetiva, observe-se que

$$\begin{aligned} g[A] &= g[f[\mathbb{N}_1] \cup (A \backslash f[\mathbb{N}_1])] \\ &= g[f[\mathbb{N}_1]] \cup g[(A \backslash f[\mathbb{N}_1])] \\ &= \{f(2), f(3), \ldots\} \cup (A \backslash f[\mathbb{N}_1]) \\ &= A \backslash \{f(1)\}. \end{aligned}$$

Demonstra-se agora que g é injetiva.

(i) Se $x \neq y$ com $x, y \in (A \backslash f[\mathbb{N}_1])$, então $g(x) = x \neq y = g(y)$. Conclui-se então que $g(x) \neq g(y)$.

(ii) Se $x \neq y$ com $x, y \in f[\mathbb{N}_1]$, existem $n, k \in \mathbb{N}_1$, com $n \neq k$, tais que $x = f(n)$ e $y = f(k)$. Como f é injetiva, tem-se $g(x) \neq g(y)$ pois

$$g(x) = g(f(n)) = f(n+1) \neq f(k+1) = g(f(k)) = g(y).$$

(iii) Se $x \neq y$ com $x \in f[\mathbb{N}_1]$ e $y \in (A \backslash f[\mathbb{N}_1])$, então existe $n \in \mathbb{N}_1$ tal que $x = f(n)$ e portanto $g(x) = g(f(n)) = f(n+1) \in f[\mathbb{N}_1]$. Como $g(y) = y \in A \backslash f[\mathbb{N}_1]$, tem-se uma vez mais $g(x) \neq g(y)$. ∎

A partir deste resultado podem estabelecer-se outros critérios úteis para poder concluir que um certo conjunto é finito ou infinito.

Proposição 5.2.17

1. Se B é infinito e $B \subseteq A$, então A é infinito.

2. Se B é finito e $A \subseteq B$, então A é finito.

Demonstração:
1. Suponha-se que B é infinito e $B \subseteq A$. Pela Proposição 5.2.16, existe uma bijeção $f : B \to D$ com $D \subset B$.

Vamos agora demonstrar que existe uma bijeção entre A e uma sua parte própria. A existência desta bijeção garante, de novo pela Proposição 5.2.16, que A é infinito. Seja então $E = D \cup (A \backslash B)$. Note-se que $E \subset A$, uma vez que $D \subset B$. Seja $g : A \to E$ tal que

$$g(x) = \begin{cases} f(x) & \text{se } x \in B \\ x & \text{se } x \in A \backslash B. \end{cases}$$

O objetivo é mostrar que g é bijetiva.

Para verificar que g é sobrejetiva, observe-se que, como f é sobrejetiva, se tem $f[B] = D$, pelo que

$$g[A] = g[B] \cup g[A \backslash B] = f[B] \cup (A \backslash B) = D \cup (A \backslash B) = E.$$

Logo, g é sobrejetiva.

Demonstra-se agora que g é injetiva.

(i) Se $x \neq y$ com $x, y \in A \backslash B$, então $g(x) = x \neq y = g(y)$. Logo, $g(x) \neq g(y)$.

(ii) Se $x \neq y$ com $x, y \in B$, então, como f é injetiva, tem-se $g(x) = f(x) \neq f(y) = g(y)$. Conclui-se então que $g(x) \neq g(y)$.

(iii) Se $x \neq y$ com $x \in B$ e $y \in A \backslash B$, então $g(x) = f(x)$ e $g(y) = y$. Ora, $f[B] = D \subset B$ e portanto $f[B] \cap (A \backslash B) = \emptyset$. Assim, como $f(x) \in f[B]$ e $y \in A \backslash B$, conclui-se que $g(x) \neq g(y)$.

2. Suponha-se, por absurdo, que B é finito, $A \subseteq B$ e A é infinito. Por 1, ter-se-ia que B é infinito o que contradiz a hipótese. Conclui-se então que A é necessariamente finito. ■

Exemplo 5.2.18 Como já vimos, o conjunto $\mathbb{N}_1$ é infinito. Usando a Proposição 5.2.17 podemos portanto concluir, por exemplo, que é também infinito o conjuntos $\mathbb{Q}$ dos racionais. Naturalmente que pelo mesmo motivo se conclui que são também infinitos todos os conjuntos que contêm $\mathbb{N}_1$, como é o caso de $\mathbb{N}$, $\mathbb{Z}$ e $\mathbb{R}$. ■

O resultado seguinte estende a Proposição 5.2.17, uma vez que, pela Proposição 5.2.12, se $A \subseteq B$ então $A \preceq B$. Estende também a Proposição 5.2.8, dado que, pela Proposição 5.2.11, se $A \sim B$ então $A \preceq B$.

Proposição 5.2.19

1. Se B é finito e $A \preceq B$, então A é finito.

2. Se B é infinito e $B \preceq A$, então A é infinito.

Demonstração:
1. Suponha-se que B é finito e $A \preceq B$. Então, por 2 da Proposição 5.2.12, existe $B_1 \subseteq B$ tal que $A \sim B_1$. Logo, por 2 da Proposição 5.2.17, B_1 é finito e, por 1 da Proposição 5.2.8, A também é finito.
2. É consequência de 1. ∎

Corolário 5.2.20 Dados dois conjuntos não vazios, se um deles é infinito então o produto cartesiano dos dois é também infinito.

Demonstração: Suponha-se que A é um conjunto infinito e B é um conjunto qualquer, não vazio. Pela Proposição 5.2.19 podemos facilmente concluir que $A \times B$ também é infinito: como $B \neq \emptyset$, existe pelo menos um elemento $b \in B$, logo $f : A \to A \times B$ dada por $f(x) = (x, b)$ é injetiva (verifique) e portanto $A \preceq A \times B$. O caso em que B é infinito e A é um qualquer conjunto não vazio é análogo. ∎

Como caso particular, tem-se que $\mathbb{N} \times \mathbb{N}$ é um conjunto infinito.

5.3 Conjuntos contáveis e conjuntos numeráveis

Comecemos por recordar que demonstrámos na Proposição 5.2.15 que todo o conjunto infinito é maior ou igual que $\mathbb{N}_1$, em termos de cardinalidade. Sabemos também que $\mathbb{N}_1$ é um conjunto infinito. Consequentemente, pela Proposição 5.2.19, todo o conjunto maior ou igual que $\mathbb{N}_1$ é infinito.

Veremos agora que todo o conjunto finito é menor que $\mathbb{N}_1$, em termos de cardinalidade. Veremos também que, reciprocamente, todo o conjunto que é menor que $\mathbb{N}_1$ é finito.

Proposição 5.3.1

1. $A \prec \mathbb{N}_1$ se e só se A é finito.

2. $A \preceq \mathbb{N}_1$ se e só se A é finito ou $A \sim \mathbb{N}_1$.

Demonstração:
1. Comecemos por demonstrar que se A é finito então $A \prec \mathbb{N}_1$. Suponha-se então que A é equipotente a algum J_n, com $n \geq 0$. Como $J_n \subseteq \mathbb{N}_1$, por 2 da Proposição 5.2.12, $A \preceq \mathbb{N}_1$. Mas A é finito e $\mathbb{N}_1$ infinito, pelo que não podem ser equipotentes, por 2 da Proposição 5.2.8. Logo $A \prec \mathbb{N}_1$.

Demonstra-se agora que se $A \prec \mathbb{N}_1$ então A é finito. Suponha-se então, por absurdo, que $A \prec \mathbb{N}_1$ e A é infinito. O objetivo é chegar a uma contradição. Dado que $A \prec \mathbb{N}_1$ então $A \preceq \mathbb{N}_1$. Como A é infinito então $\mathbb{N}_1 \preceq A$. Assim, $A \preceq \mathbb{N}_1$ e $\mathbb{N}_1 \preceq A$ e portanto, por 3 da Proposição 5.2.11, $A \sim \mathbb{N}_1$, o que contradiz a hipótese $A \prec \mathbb{N}_1$.

2. A equivalência decorre de 1, pois $A \preceq \mathbb{N}_1$ se e só se ou $A \prec \mathbb{N}_1$ ou $A \sim \mathbb{N}_1$, isto é, se e só se ou A é finito ou $A \sim \mathbb{N}_1$. ∎

Informalmente, podemos assim dizer que na ordenação dos conjuntos pelo "número" dos seus elementos podemos distinguir três tipos de conjuntos

- os conjuntos "menores" que $\mathbb{N}_1$, ou seja, os conjunto finitos;
- os conjuntos "iguais" a $\mathbb{N}_1$, ou seja, os conjunto com o mesmo cardinal de $\mathbb{N}_1$;
- os conjuntos "maiores" que $\mathbb{N}_1$, ou seja, os conjuntos com maior cardinal que $\mathbb{N}_1$.

Note-se que ainda não foi aqui demonstrado que existem conjuntos maiores que $\mathbb{N}_1$, pelo que poderá não haver qualquer conjunto na terceira categoria acima referida. Se assim fosse, qualquer conjunto seria ou finito ou equipotente a $\mathbb{N}_1$. Mas tal não é o caso. Como se verá na Secção 5.4, existem conjuntos cujo cardinal é maior do que o de $\mathbb{N}_1$. Aos conjuntos das duas primeiras categorias, isto é, os conjuntos finitos e os conjuntos equipotentes a $\mathbb{N}_1$, é usual atribuir designações particulares. Estes conjuntos desempenham um papel fundamental em várias áreas da Matemática. No resto desta secção vamos estudar um pouco mais estes conjuntos.

Definição 5.3.2 Um conjunto A diz-se *numerável* se $A \sim \mathbb{N}_1$ e diz-se *contável* se é finito ou numerável. ∎

Pode então reformular-se a alínea 2 da Proposição 5.3.1 como se segue:

$$A \preceq \mathbb{N}_1 \text{ se e só se } A \text{ é contável.}$$

Refira-se que alguns autores usam designações distintas das acima mencionadas. Em [57], por exemplo, um conjunto diz-se infinito numerável se é equipotente a $\mathbb{N}_1$, e diz-se numerável se é finito ou infinito numerável. As designações usadas no presente texto são as adotadas em, por exemplo, [23].

Dada a relevância dos conjuntos contáveis e dos conjuntos numeráveis em diversos contextos, é importante dispormos de critérios que nos permitam verificar, de modo tão simples quanto possível, se um dado conjunto é numerável ou é contável. Naturalmente, o conjunto vazio é contável porque é finito. As próximas proposições são úteis para estabelecer tais critérios no caso de conjuntos não vazios.

Proposição 5.3.3 Se A é um conjunto não vazio então A é contável se e só se existe uma sobrejeção $g : \mathbb{N}_1 \to A$.

Demonstração: Suponha-se que A é um conjunto não vazio. Então

$$\begin{array}{ll} A \text{ é contável} & \\ \quad \text{sse} & \text{(Proposição 5.3.1)} \\ A \preceq \mathbb{N}_1 & \\ \quad \text{sse} & \text{(definição de } \preceq) \\ \text{existe uma injeção } f : A \to \mathbb{N}_1 & \\ \quad \text{sse} & \text{(Proposição 4.2.14)} \\ \text{existe uma sobrejeção } g : \mathbb{N}_1 \to A. & \end{array}$$

■

Se for possível encontrar uma forma de enumerar todos os elementos de um conjunto não vazio A, isto é, se for possível encontrar uma forma de dispor todos os elementos de A numa sucessão

$$a_1, a_2, a_3, \ldots$$

eventualmente com repetições (ou seja, podem existir $i, j \in \mathbb{N}_1$ com $i \neq j$ mas $a_i = a_j$), então existe uma aplicação sobrejetiva de $\mathbb{N}_1$ para A, a aplicação que associa a cada $i \in \mathbb{N}_1$ o elemento a_i. Logo, pode concluir-se que A é contável. É também fácil concluir que se não existirem repetições então A é numerável. Podem então estabelecer-se os critérios descritos na proposição seguinte.

Proposição 5.3.4 Seja A um conjunto não vazio.

1. A é contável se e só se podemos enumerar todos os seus elementos, isto é, se podemos dispor todos os seus elementos numa sucessão $a_1, a_2, a_3, \ldots$, eventualmente com repetições.

2. A é numerável se e só se podemos enumerar todos os seus elementos sem repetições, isto é, se podemos dispor todos os seus elementos numa sucessão $a_1, a_2, a_3, \ldots$ sem repetições.

3. Se A é infinito então A é numerável se e só se podemos enumerar todos os seus elementos.

Demonstração:
1. A aplicação $g : \mathbb{N}_1 \to A$ dada por $g(i) = a_i$ para cada $i \in \mathbb{N}_1$ é sobrejetiva, uma vez que, por hipótese, se estão a enumerar todos os elementos de A. Assim, o critério enunciado decorre da Proposição 5.3.3.
2. Tem-se

$$\begin{gathered} A \text{ é numerável} \\ \text{sse} \\ \text{existe uma bijeção } g : \mathbb{N}_1 \to A \\ \text{sse} \\ \text{existe } g : \mathbb{N}_1 \to A \text{ injetiva e sobrejetiva} \\ \text{sse} \\ \text{existe a sucessão } g(1), g(2), \ldots \text{ dos elementos de } A, \text{ sem repetições.} \end{gathered}$$

3. Imediato por 1, dado que um conjunto infinito é numerável se e só se é contável. ∎

Dado um conjunto não vazio A, a uma sobrejeção $g : \mathbb{N}_1 \to A$ pode também chamar-se *enumeração* de A. Diz-se que é uma enumeração sem repetições se for também injetiva. Ilustramos de seguida com alguns exemplos a utilização dos critérios acima referidos.

Exemplo 5.3.5 Este exemplo envolve o conjunto $\mathbb{Z}$ dos números inteiros. Já na Secção 5.2.1 havíamos visto que $\mathbb{Z} \sim \mathbb{N}$ e, como também $\mathbb{N} \sim \mathbb{N}_1$, conclui-se facilmente que

$$\mathbb{Z} \sim \mathbb{N}_1$$

ou seja, conclui-se que $\mathbb{Z}$ é numerável. No entanto, como queremos ilustrar a utilização dos critérios acima, vejamos como se pode concluir que $\mathbb{Z}$ é numerável usando 2 da Proposição 5.3.4. Para tal basta mostrarmos como enumerar, sem repetições, todos os inteiros. Há várias maneiras de o fazer. A ideia essencial é simples e consiste em começar por notar que $\mathbb{Z}$ é constituído pelo zero e por dois conjuntos numeráveis: o conjunto dos inteiros positivos e o dos inteiros negativos. Então, observando esta particular disposição dos inteiros

$$\begin{array}{cccccc} & 1 & 2 & 3 & 4 & \ldots \\ 0 & & & & & \\ & -1 & -2 & -3 & -4 & \ldots \end{array}$$

facilmente se encontra uma forma de enumerar os inteiros: começa-se pelo 0 e depois vai-se buscar, alternadamente, um elemento ao conjunto de cima (o conjunto dos inteiros positivos) e ao conjunto de baixo (o conjunto dos inteiros negativos), seguindo a forma como eles estão enumerados nesses conjuntos. Podem então dispor-se os elementos de $\mathbb{Z}$ da seguinte forma

$$0, \quad 1, \quad -1, \quad 2, \quad -2, \quad 3, \quad -3, \quad 4, \quad -4, \ldots$$

o que corresponde à bijeção g ilustrada na Figura 5.4. Rigorosamente, esta

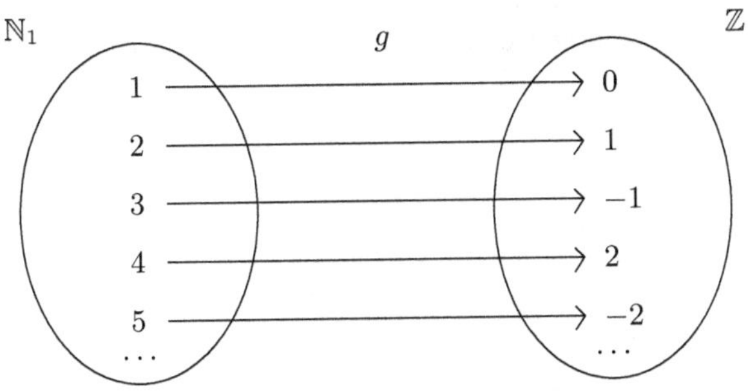

Figura 5.4: Bijeção $g : \mathbb{N}_1 \to \mathbb{Z}$

bijeção $g : \mathbb{N}_1 \to \mathbb{Z}$ é dada por

$$g(n) = \begin{cases} \frac{n}{2} & \text{se } n \text{ é par} \\ -(\frac{n-1}{2}) & \text{se } n \text{ é ímpar.} \end{cases}$$

Note-se que se fez aqui apenas o esboço da demonstração de que $\mathbb{Z}$ é numerável. A demonstração rigorosa exigiria ainda que se demonstrasse que g é de facto uma enumeração de $\mathbb{Z}$ sem repetições, isto é, uma bijeção, e que portanto se estão de facto a enumerar todos os inteiros sem repetições. Nos próximos exemplos, e tal como neste caso, limitar-nos-emos a efetuar apenas esboços das demonstrações de que certos conjuntos são numeráveis, podendo mesmo por vezes omitir a caracterização rigorosa das aplicações envolvidas. ∎

Exemplo 5.3.6 Um outro exemplo de conjunto numerável é o conjunto $\mathbb{Q}$ dos números racionais. Como entre cada dois racionais há uma infinidade de racionais, esta afirmação não é à primeira vista nada óbvia. No entanto, $\mathbb{Q}$ é de facto numerável como se mostrará mais adiante.

Para demonstrar que $\mathbb{Q}$ é numerável vamos começar por mostrar que o conjunto $\mathbb{Q}^+$ dos números racionais positivos é numerável. Observe-se, em primeiro lugar, que $\mathbb{Q}^+$ é infinito, pois $\mathbb{N}_1 \subseteq \mathbb{Q}^+$ e $\mathbb{N}_1$ é infinito. Podemos então aplicar

3 da Proposição 5.3.4, e portanto concluir que $\mathbb{Q}^+$ é numerável, mostrando como enumerar todos os seus elementos numa sucessão (eventualmente com repetições).

Ora sabemos que cada elemento de $\mathbb{Q}^+$ é representável por uma fração $\frac{m}{n}$, com m e n inteiros positivos. Aliás, esta representação pode ser efetuada de infinitas maneiras distintas, tendo em conta que, por exemplo, $2 = \frac{2}{1} = \frac{4}{2} = \ldots$. Assim, basta-nos enumerar todas essas frações $\frac{m}{n}$, ou seja, todos esses pares (m, n).

Para enumerar todas as frações começa-se por considerar uma matriz/tabela infinita que tem os inteiros positivos como índices das linhas e das colunas. Percorre-se depois os elementos da tabela como se ilustra na Figura 5.5.

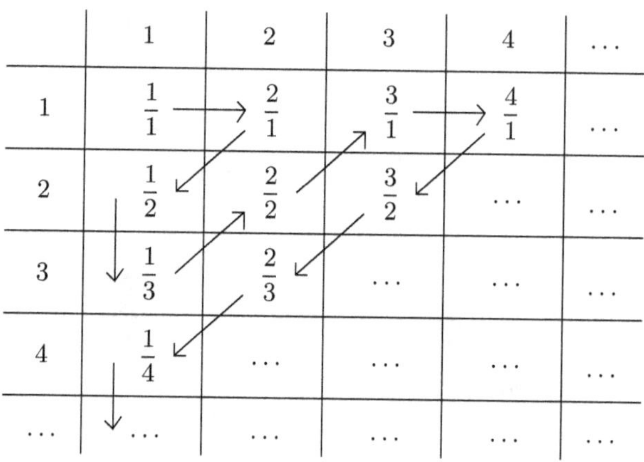

Figura 5.5: Enumeração de $\mathbb{Q}^+$

Ao percorrer os elementos da tabela da forma indicada obtém-se

$$\frac{1}{1}, \frac{2}{1}, \frac{1}{2}, \frac{1}{3}, \frac{2}{2}, \frac{3}{1}, \frac{4}{1}, \frac{3}{2}, \frac{2}{4}, \frac{1}{4}, \ldots$$

o que corresponde a dispor todas as frações $\frac{m}{n}$ da forma seguinte:

(i) primeiro dispõem-se as frações para as quais a soma $m + n$ é a menor possível, isto é, a soma é 2: tem-se apenas a fração $\frac{1}{1}$

(ii) a seguir dispõem-se as frações tais que $m + n = 3$: são as frações $\frac{2}{1}$ e $\frac{1}{2}$, não sendo relevante a ordem por que se dispõem

(iii) a seguir temos as frações tais que $m + n = 4$: são as frações $\frac{1}{3}$, $\frac{2}{2}$ e $\frac{3}{1}$, não sendo também relevante a ordem por que se dispõem e assim sucessivamente.

Naturalmente que de modo em tudo semelhante se pode concluir que o conjunto $\mathbb{Q}^-$ dos racionais negativos é também numerável. Uma outra forma de concluir que $\mathbb{Q}^-$ é numerável é usar a bijeção $p : \mathbb{Q}^+ \to \mathbb{Q}^-$ dada por $f(x) = -x$ e o facto de já sabermos que $\mathbb{Q}^+$ é numerável.

Podemos então agora demonstrar que

$$\mathbb{Q} \sim \mathbb{N}_1$$

isto é, que o conjunto $\mathbb{Q}$ é numerável, usando um estratégia semelhante à utilizada na demonstração de que $\mathbb{Z}$ é numerável. Como $\mathbb{Q}^+$ e $\mathbb{Q}^-$ são numeráveis existem bijeções $f : \mathbb{N}_1 \to \mathbb{Q}^+$ e $g : \mathbb{N}_1 \to \mathbb{Q}^-$ que permitem enumerar $\mathbb{Q}^+$ e $\mathbb{Q}^-$, respetivamente. Como $\mathbb{Q} = \mathbb{Q}^+ \cup \{0\} \cup \mathbb{Q}^-$, podem enumerar-se os racionais da seguinte forma

$$0, \quad f(1), \quad g(1), \quad f(2), \quad g(2), \quad f(3), \quad g(3), \quad f(4), \quad g(4), \ldots$$

e considerar a aplicação $h : \mathbb{N}_1 \to \mathbb{Q}$ dada por

$$h(n) = \begin{cases} 0 & \text{se } n = 1 \\ f(\frac{n}{2}) & \text{se } n > 1 \text{ e } n \text{ é par} \\ g(\frac{n-1}{2}) & \text{se } n > 1 \text{ e } n \text{ é ímpar} \end{cases}$$

que é uma bijeção (verifique). ∎

Métodos análogos aos que acabámos de usar para mostrar que os conjuntos $\mathbb{Z}$ e $\mathbb{Q}^+$ são numeráveis podem ser utilizados para demonstrar certos resultados sobre conjuntos numeráveis arbitrários. Vamos começar por demonstrar que a união de dois conjuntos numeráveis é numerável.

Proposição 5.3.7 A união de um conjunto numerável com um conjunto contável é numerável

Demonstração: Suponha-se que A é numerável e que B é contável. Como A é numerável existe uma bijeção $f : \mathbb{N}_1 \to A$. Relativamente a B existem 3 casos possíveis: $B = \emptyset$, B é finito mas não vazio e B é numerável. Analisam-se de seguida estes três casos.

Suponha-se que $B = \emptyset$. Então $A \cup B = A$ pelo que $A \cup B$ é numerável.

Suponha-se que B é finito mas não vazio. Então $B = \{b_1, \ldots, b_n\}$ com $n \in \mathbb{N}_1$. Assim, é possível enumerar todos os elementos de $A \cup B$ dispondo-os como se segue:

$$b_1, \quad \ldots, \quad b_n, \quad f(1), \quad f(2), \quad f(3), \quad f(4), \quad \ldots$$

Pode haver repetições, pois A e B podem ter elementos em comum. Mas tal não é problemático. Como $A \cup B$ é infinito (verifique), por 3 da Proposição 5.3.4, $A \cup B$ é numerável.

Suponha-se por fim que B é numerável. Existe então uma bijeção $g : \mathbb{N}_1 \to B$ que permite enumerar todos os elementos de B. Considerando

$$f(1),\quad g(1),\quad f(2),\quad g(2),\quad f(3),\quad g(3),\quad f(4),\quad g(4),\quad \ldots$$

é possível enumerar todos os elementos de $A \cup B$ e, portanto o conjunto $A \cup B$ é numerável. ∎

O resultado estabelecido na Proposição 5.3.7 pode ser generalizado. Na Proposição 5.3.8 o resultado é generalizado ao caso da união de um número finito de conjuntos. Na Proposição 5.3.9 é generalizado à união de conjuntos numeráveis de conjuntos.

Proposição 5.3.8 Se $A_1, \ldots, A_n$, com $n \geq 2$, são conjuntos contáveis e existe $1 \leq j \leq n$ tal que A_j é numerável, então $\bigcup_{i=1}^{n} A_i$ é numerável.

Demonstração: Este resultado demonstra-se por indução, assunto abordado no Capítulo 7. Esta demonstração é o Exemplo 7.2.5 do referido capítulo. ∎

Estende-se agora o resultado anterior à união de conjuntos numeráveis de conjuntos. A demonstração, um pouco mais complexa, pode ser omitida numa primeira leitura.

Proposição 5.3.9

1. Se $\mathcal{B}$ é um conjunto numerável de conjuntos contáveis em que pelo menos um deles é numerável, então $\bigcup \mathcal{B}$ é numerável.

2. Se $\mathcal{B}$ é um conjunto numerável de conjuntos contáveis não vazios e disjuntos dois a dois, então $\bigcup \mathcal{B}$ é numerável.

Demonstração: A demonstração encontra-se no Apêndice este capítulo. ∎

Uma aplicação simples do caso 2 da Proposição 5.3.9 anterior é enunciada na proposição seguinte.

Proposição 5.3.10 Se A é um conjunto finito e não vazio, então o conjunto A^* de todas as sequências de elementos de A é numerável.

Demonstração: Para cada $i \in \mathbb{N}$, seja A_i o conjunto de todas as sequências de elementos de A com comprimento i. Cada um destes conjuntos é finito (e portanto contável) e não vazio. Estes conjuntos são ainda disjuntos dois a dois. Seja $\mathcal{B} = \{A_0, A_1, \ldots\}$ o conjunto constituído pelos conjuntos A_i com $i \in \mathbb{N}$. O conjunto $\mathcal{B}$ é numerável e $\bigcup \mathcal{B}$ é o conjunto A^*. O resultado pretendido decorre assim do caso 2 da Proposição 5.3.9. ∎

Termina-se esta introdução aos conjuntos numeráveis enunciando mais alguns resultados sobre estes conjuntos. As respetivas demonstrações, por serem mais elaboradas, pode ser omitida numa primeira leitura.

Proposição 5.3.11 Seja A um conjunto numerável.

1. O conjunto de todos os subconjuntos finitos de A é numerável.
2. O conjunto de todas todas as sequências não vazias de elementos de A é numerável.

Demonstração: A demonstração encontra-se no Apêndice este capítulo. ∎

5.4 Conjuntos não contáveis

Recorde-se que uma das questões formuladas na Secção 5.2.3 era a de se saber se todos os conjuntos infinitos têm ou não o mesmo cardinal. Tendo em conta que já vimos diversos exemplos de conjuntos que contêm estritamente $\mathbb{N}_1$, mas que na verdade têm o mesmo cardinal de $\mathbb{N}_1$, como é o caso do conjunto dos inteiros $\mathbb{Z}$ e do conjunto dos racionais $\mathbb{Q}$, poderemos pensar que talvez todos os conjuntos infinitos possam ser de facto numeráveis. Nesta secção, e para terminar esta introdução ao tópico da cardinalidade, mostramos que esta conjetura está errada porque se demonstra que existem conjuntos não contáveis. Um exemplo de conjunto não contável é o conjunto $\mathbb{R}$ dos reais.

5.4.1 O método da diagonal

A demonstração de que um conjunto não é contável utiliza com frequência o método da diagonal (ou da diagonalização). Vejamos genericamente em que consiste este método antes de ilustrar a sua aplicação a casos concretos. Seja $\mathcal{C}$ uma coleção de entidades de um certo género, como por exemplo funções, conjuntos ou números, que queremos mostrar ser não contável. Suponha-se, por absurdo, que $\mathcal{C}$ é contável. Então podemos enumerar todos os seus elementos. Seja

$$c_1, \quad c_2, \quad c_3, \quad c_4, \quad \ldots \tag{5.1}$$

uma forma de enumerar todos os elementos de $\mathcal{C}$. Então, se conseguirmos definir uma entidade c desse género que seja distinta de todas as entidades c_n, com $n \in \mathbb{N}_1$, obtemos uma contradição, pois estamos a assumir que (5.1) enumera todas essas entidades. Para conseguir definir uma entidade c que seja diferente de todas as entidades c_n, procura-se definir c de modo a que seja diferente de c_n nalguma propriedade relacionada com n.

Se pensarmos numa matriz/tabela infinita como a da Figura 5.6, a ideia "fazer c diferente de c_n em n" sugere, informalmente, que para a definição de

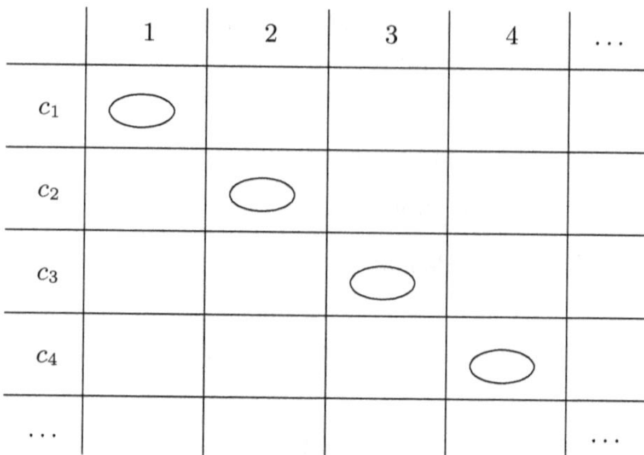

Figura 5.6: Método da diagonal

c nos concentremos nos elementos da diagonal, ou seja, nos elementos que se encontram na linha c_n e coluna n, para cada $n \in \mathbb{N}_1$. O nome deste método resulta deste facto. Naturalmente, a interpretação do que significa fazer com que c e c_n difiram em n depende das entidades envolvidas. Por exemplo, se as entidades forem funções, a interpretação natural é fazer com que $c(n)$ seja um valor diferente de $c_n(n)$. Por sua vez, se as entidades forem conjuntos, a ideia estará relacionada com a pertença ou não pertença de n a c.

5.4.2 Exemplos e teorema de Cantor

Nesta secção usa-se o método da diagonal para demonstrar que certos conjuntos não são contáveis.

Proposição 5.4.1 O conjunto $\wp(\mathbb{N}_1)$ não é contável.

Demonstração: Suponha-se, por absurdo, que $\wp(\mathbb{N}_1)$ é contável. Então podem enumerar-se todos os seus elementos, que, no caso, são conjuntos. Suponha-se que

$$A_1, \ A_2, \ A_3, \ A_4, \ \ldots \tag{5.2}$$

é uma forma de enumerar os elementos de $\wp(\mathbb{N}_1)$.

O objetivo é agora construir um elemento de $\wp(\mathbb{N}_1)$ que, para cada $n \in \mathbb{N}_1$, difira de A_n em algo relacionado com n, como sugere a tabela da Figura 5.7.

Seja então $B \subseteq \mathbb{N}_1$ tal que, para cada $n \in \mathbb{N}_1$,

$$n \in B \text{ sse } n \notin A_n$$

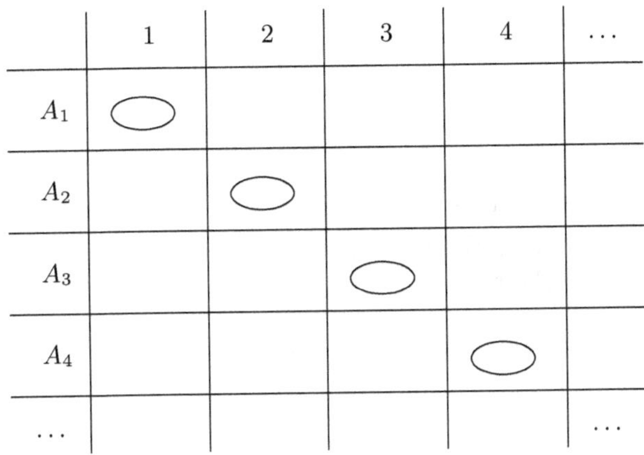

Figura 5.7: O conjunto $\wp(\mathbb{N}_1)$ não é contável

isto é, $B = \{n \in \mathbb{N}_1 : n \notin A_n\}$. É então imediato que $B \neq A_n$ para cada $n \in \mathbb{N}_1$. Como $B \in \wp(\mathbb{N}_1)$, chega-se a uma contradição com o facto de em (5.2) estarem presentes todos os elementos de $\wp(\mathbb{N}_1)$. ■

Antes de vermos outros exemplos de aplicação do método da diagonal, saliente-se que o resultado anterior pode ser generalizado. De facto, o que de essencial é estabelecido no resultado anterior é que $\mathbb{N}_1 \not\sim \wp(\mathbb{N}_1)$. Ora, pode demonstrar-se que a propriedade de um conjunto não ser equipotente ao conjunto das suas partes não é um exclusivo do conjunto $\mathbb{N}_1$, verificando-se para qualquer conjunto. Este importante resultado é estabelecido de seguida.

Proposição 5.4.2 TEOREMA DE CANTOR
Seja A um conjunto.

1. $A \not\sim \wp(A)$.
2. $A \prec \wp(A)$.

Demonstração:
1. Suponha-se, por absurdo, que $A \sim \wp(A)$. Então existe uma aplicação bijetiva $f : A \to \wp(A)$. A aplicação f desempenha nesta demonstração o mesmo papel que desempenhava a sobrejeção (enumeração) $f : A \to \wp(\mathbb{N}_1)$, deixada implícita na demonstração da Proposição 5.4.1, que está na origem da enumeração (5.2) (com $A_n = f(n)$).

Para obter uma contradição, vamos mostrar que existe $B \in \wp(A)$ tal que $B \notin f[A]$. Como f é sobrejetiva, $f[A] = \wp(A)$, pelo que a existência de um conjunto B verificando as condições referidas é de facto uma contradição.

Seja então

$$B = \{x \in A : x \notin f(x)\}.$$

Como $B \subseteq A$, tem-se que $B \in \wp(A)$. Por outro lado,

$$x \in B \Leftrightarrow x \notin f(x)$$

para cada $x \in A$, pelo que $B \neq f(x)$ qualquer que seja $x \in A$. Logo $B \notin f[A]$.
2. A aplicação $g : A \to \wp(A)$ dada por $g(x) = \{x\}$ é injetiva. Assim, $A \preceq \wp(A)$. Mas, por (i), $A \not\sim \wp(A)$, portanto $A \prec \wp(A)$. ∎

Este resultado é também importante porque permite concluir que não há um cardinal maior que todos os outros (relativamente a $\prec$) uma vez que dado um conjunto qualquer, o conjunto de todos os seus subconjuntos tem sempre um cardinal (estritamente) superior.

Por outro lado, pode usar-se também o teorema de Cantor (a Proposição 5.4.2) para demonstrar, de forma diferente da considerada na Secção 2.1.3, que nem todas as coleções podem ser um conjunto. Suponha-se então, por absurdo, que todas as coleções são conjuntos. Considere-se então a coleção, designada na sequência por $\mathcal{B}$, constituída por todos os conjuntos. Por hipótese, $\mathcal{B}$ é um conjunto. Então $\wp(\mathcal{B})$ também é um conjunto e, pelo teorema de Cantor, $\mathcal{B} \prec \wp(\mathcal{B})$. Mas, $\wp(\mathcal{B}) \subseteq \mathcal{B}$, pois $\mathcal{B}$ inclui todos os conjuntos e cada elemento de $\wp(\mathcal{B})$ é um conjunto. Logo, $\wp(\mathcal{B}) \preceq \mathcal{B}$ e portanto obtém-se uma contradição.

Vejamos mais alguns exemplos de aplicação do método da diagonal.

Proposição 5.4.3 Seja $\mathcal{A}$ o conjunto das aplicações do conjunto $\mathbb{N}_1$ em $\mathbb{N}_1$.

1. $\mathcal{A} \not\sim \mathbb{N}_1$.

2. $\mathbb{N}_1 \prec \mathcal{A}$.

Demonstração:
1. Suponha-se, por absurdo, que o conjunto $\mathcal{A}$ das aplicações de $\mathbb{N}_1$ em $\mathbb{N}_1$ é contável. Podem então enumerar-se todos os seus elementos, que, neste caso, são aplicações. Suponha-se que

$$f_1, \quad f_2, \quad f_3, \quad f_4, \quad \ldots \tag{5.3}$$

é uma forma de enumerar todo as aplicações de $\mathbb{N}_1$ em $\mathbb{N}_1$.

Para obter uma contradição, o objetivo é agora construir uma aplicação $h : \mathbb{N}_1 \to \mathbb{N}_1$ que não esteja presente em (5.3). Na tabela da Figura 5.8 temos esta enumeração bem assim como a imagem de cada natural por cada uma das aplicações envolvidas. Para a construção da aplicação pretendida, o método da diagonal sugere que se deve fazer com que h seja diferente de f_n em n, isto é, $h(n) \neq f_n(n)$ para cada $n \in \mathbb{N}_1$. Uma forma de o fazer é considerar

	1	2	3	4	...
f_1	$f_1(1)$	$f_1(2)$	$f_1(3)$	$f_1(4)$	...
f_2	$f_2(1)$	$f_2(2)$	$f_2(3)$	$f_2(4)$	...
f_3	$f_3(1)$	$f_3(2)$	$f_3(3)$	$f_3(4)$	...
f_4	$f_4(1)$	$f_4(2)$	$f_4(3)$	$f_4(4)$	...
...	...	...	...	...	...

Figura 5.8: O conjunto $\mathcal{A}$ das aplicações de $\mathbb{N}_1$ em $\mathbb{N}_1$

$$h(n) = f_n(n) + 1$$

para cada $n \in \mathbb{N}_1$. É então imediato que $h \neq f_n$ para cada $n \in \mathbb{N}_1$, como se pretendia.

2. Tendo em conta o resultado em 1, sabemos que não existe nenhuma bijeção entre $\mathbb{N}_1$ e $\mathcal{A}$. Logo, de acordo com a Definição 5.2.10, para concluir que $\mathbb{N}_1 \prec \mathcal{A}$ basta demonstrar que existe uma injeção de $\mathbb{N}_1$ para $\mathcal{A}$. Considere-se, por exemplo, $i : \mathbb{N}_1 \to \mathcal{A}$ que a cada $n \in \mathbb{N}_1$ associa a aplicação $i_n : \mathbb{N}_1 \to \mathbb{N}_1$ dada por $i_n(m) = n$ para todo $m \in \mathbb{N}_1$. ■

Exemplo 5.4.4 O conjunto P de todos os programas de uma linguagem de programação, como por exemplo a linguagem *Mathematica*, é numerável. De facto, um programa não é mais do que uma sequência de elementos de um conjunto finito e não vazio de símbolos (os símbolos que podem ser escritos através de um teclado), e o conjunto P de todas estas sequências é numerável (ver Exercício 19 da Secção 5.5).

Uma consequência da Proposição 5.4.3 é que existem mais aplicações de $\mathbb{N}_1$ em $\mathbb{N}_1$ do que números naturais, e portanto do que programas em P. Um programa calcula uma função (parcial) que a cada *input* faz corresponder o respetivo *output*, caso a sua execução termine. A função não está definida para um dado *input* se a execução não terminar para esse *input*.

Podemos portanto concluir que existem aplicações de $\mathbb{N}_1$ em $\mathbb{N}_1$ que não são calculadas por nenhum programa. Esta conclusão é mais importante do que poderia parecer à primeira vista, porque, usando codificações apropriadas, qualquer programa executável num computador digital pode ser visto como calculando uma função de $\mathbb{N}_1$ em $\mathbb{N}_1$. Assim, tudo o que um computador digital possa calcular pode ser visto como uma função de $\mathbb{N}_1$ em $\mathbb{N}_1$. Ou seja, o facto de existirem aplicações de $\mathbb{N}_1$ em $\mathbb{N}_1$ que não são calculadas por nenhum programa, significa que existem problemas que não podem ser resolvidos por um computador digital.

A demonstração rigorosa das afirmações informais do parágrafo anterior está fora do âmbito deste texto. Estas questões relativas à caracterização dos problemas que têm solução computacional é do âmbito da *teoria da computabilidade* [37, 51, 69]. Nesta área de estudo desempenham um papel importante diversos resultados e diversas técnicas (como por exemplo o método da diagonal) que foram referidos ao longo deste capítulo. ∎

De seguida mostramos que o conjunto dos reais não é contável, mas para tal é necessário o conceito de dízima infinita própria. Uma *dízima infinita própria* é uma dízima da forma

$$z, d_1 d_2 d_3 \ldots$$

em que $z \in \mathbb{Z}$, $d_i \in \{0, \ldots, 9\}$ para todo $i \geq 1$, e não existe $k \in \mathbb{N}_1$ tal que $d_i = 0$ para todo o $i \geq k$. O inteiro z é a parte inteira e $d_1 d_2 d_3 \ldots$ é parte decimal. O dígito d_1 é o dígito das décimas, o dígito d_2 o das centésimas, e assim sucessivamente. Naturalmente, toda a dízima infinita própria representa um número real e, reciprocamente, também se demonstra que todo o real pode ser representado por uma (única) dízima infinita própria. Tem-se, por exemplo

$$\pi = 3,14159\ldots \qquad -3 = -2,999\ldots \qquad 0,46 = 0,45999\ldots \qquad 23 = 22,999\ldots$$

A título ilustrativo mostra-se que $23 = 22,999\ldots$. A demonstração envolve o conceito de série geométrica e de soma de uma série geométrica: $\sum_{i=1}^{+\infty} r^i$ é a série geométrica de razão $r \in \mathbb{R}$, e, quando $|r| < 1$, a soma desta série é $\frac{1}{1-r}$. Uma abordagem detalhada deste assunto está fora do âmbito deste texto, mas para o propósito que aqui nos interessa podemos considerar que, nas condições indicadas,

$$\sum_{i=1}^{+\infty} r^i = \frac{1}{1-r}.$$

Tem-se então

$$\begin{aligned} 22,999\ldots &= 22 + 9 \times 0,1 + 9 \times 0,01 + 9 \times 0,001 + \ldots \\ &= 22 + 0,9 \times \sum_{i=1}^{+\infty} (0,1)^i \\ &= 22 + 0,9 \times \tfrac{1}{1-0,1} \\ &= 22 + 1 \\ &= 23. \end{aligned}$$

O leitor interessado pode encontrar uma abordagem detalhada da noção de série e de soma de série em [4, 23, 70], por exemplo.

Proposição 5.4.5 O conjunto $\mathbb{R}$ não é contável.

Demonstração: Suponha-se, por absurdo, que $\mathbb{R}$ é contável. Podem então enumerar-se todos os reais, e portanto todas as dízimas infinitas próprias. Suponha-se que

$$x_1, x_2, x_3, x_4 \ldots$$

é uma forma de enumerar todas as dízimas infinitas próprias, com

$$x_n = z_n, d_{n1} d_{n2} d_{n3} \ldots$$

para cada $n \in \mathbb{N}_1$. Para obter uma contradição, vamos construir uma dízima infinita própria y tal que $y \neq x_n$ para cada $n \in \mathbb{N}_1$. A ideia é fazer y diferir de x_n no n-ésimo dígito da parte decimal. Seja então

$$y = 0, d_1 d_2 d_3 d_4 \ldots$$

em que, para cada $n \in \mathbb{N}_1$, $d_n = 2$ se $d_{nn} = 1$ e $d_n = 1$ em caso contrário. É imediato que y é uma dízima infinita própria e $y \neq x_n$ para todo $n \in \mathbb{N}_1$, pois y e x_n diferem no n-ésimo dígito da parte decimal, isto é, $d_n \neq d_{nn}$ para todo $n \in \mathbb{N}_1$. ∎

Proposição 5.4.6 Os intervalos de números reais $[a, b]$, com $a < b$, não são contáveis.

Demonstração: Para demonstrar este resultado não necessitamos de recorrer ao método da diagonal, já que é consequência direta da Proposição 5.4.5, pois $[a, b] \sim \mathbb{R}$ (ver Secção 5.2.1). ∎

A cardinalidade de $\mathbb{R}$, e naturalmente a cardinalidade de qualquer conjunto que lhe seja equipotente, é usualmente denominada *potência do contínuo*. Relativamente ao conjunto $\mathbb{R}$ pode ainda demonstrar-se que

$$\mathbb{R} \sim \wp(\mathbb{N}_1).$$

A *hipótese do contínuo* consiste na seguinte conjetura:

"não existe qualquer conjunto S tal que $\#\mathbb{N}_1 < \#S < \#\mathbb{R}$"

ou, de modo equivalente

"não existe qualquer conjunto S tal que $\mathbb{N}_1 \prec S \prec \mathbb{R}$".

Por sua vez, a *hipótese generalizada do contínuo* consiste na conjetura seguinte:

"qualquer que seja o conjunto infinito B não existe conjunto S tal que $B \prec S \prec \wp(B)$".

De acordo com esta hipótese, e numa linguagem informal, podemos dizer que os cardinais dos conjuntos infinitos aumentam aos "saltos": primeiro temos o cardinal de $\mathbb{N}_1$, daí passamos para o cardinal de $\wp(\mathbb{N}_1)$, daí para o cardinal de $\wp(\wp(\mathbb{N}_1))$, e assim sucessivamente. Não se conseguiu demonstrar que esta hipótese é verdadeira, e também não se conseguiu demonstrar que esta hipótese é falsa. K. Gödel, nos anos 40 do século XX, demonstrou que a hipótese generalizada do contínuo não é inconsistente com os usuais axiomas da teoria dos conjuntos. Mais tarde, nos anos 60, P. Cohen demonstrou que esta hipótese é independente dos outros axiomas da teoria dos conjuntos. Para um estudo mais aprofundado sobre este assunto o leitor interessado pode consultar, por exemplo, [31, 57].

5.5 Exercícios

1. Demonstre que o conjunto $\mathbb{I} = \{n \in \mathbb{N} : n \text{ é ímpar}\}$ dos naturais ímpares é equipotente a $\mathbb{N}$. O conjunto $\mathbb{I}$ é finito ou infinito? Justifique.

2. Demonstre que se A é um conjunto finito, então $A \cup \{b\}$ também o é, qualquer que seja o elemento b.

3. Demonstre a Proposição 5.2.11.

4. Mostre que se $C \sim A$ e $A \preceq B$, então $C \preceq B$.

5. Mostre que se $C \sim B$ e $A \preceq B$, então $A \preceq C$.

6. Mostre que se $C \sim A$ e $A \prec B$, então $C \prec B$.

7. Mostre que se $C \sim B$ e $A \prec B$, então $A \prec C$.

8. Mostre que se $A \sim C$ e $B \sim D$, então $A \preceq B$ se e só se $C \preceq D$.

9. Mostre que se $A \prec B$ e $B \preceq C$, então $A \prec C$.

10. Mostre que se $A \preceq B$ e $B \prec C$, então $A \prec C$.

11. Mostre que se $A \prec B$ então existe $B_1 \subset B$ tal que $A \sim B_1$.

12. Mostre que se B é finito, então $A \prec B$ se e só se existe $B_1 \subset B$ tal que $A \sim B_1$.

13. Sejam A e B dois conjuntos.

    (a) Se A for infinito, o que pode concluir sobre $A \cup B$? Justifique.

    (b) Se A for finito, o que pode concluir sobre $A \cap B$? Justifique.

14. Demonstre que se A e B são numeráveis então existe uma bijeção entre A e B.

15. Demonstre que um subconjunto infinito de um conjunto numerável é numerável.

16. Esboce a demonstração de que $\mathbb{N}_1 \times \mathbb{N}_1$ é numerável.

17. Sabendo que $f : \mathbb{N}_1 \to A$ e $g : \mathbb{N}_1 \to B$ são bijeções e que A e B são dois conjuntos disjuntos, defina uma bijeção $h : \mathbb{N}_1 \to A \cup B$.

18. Será que $(\mathbb{N}_1 \times \mathbb{N}_1) \cup \mathbb{Z}$ é numerável?

19. Seja A um conjunto finito e não vazio. Recorde-se que A^* é o conjunto de todas as sequências de elementos de A.

    (a) Seja $B \subseteq A^*$ um conjunto infinito. Mostre que B é numerável.

    (b) Note que um programa de uma linguagem de programação não é mais do que uma sequência de símbolos. O conjunto S dos símbolos disponíveis é finito e não vazio: basta pensar que são os símbolos que podem ser escritos através de um teclado. Naturalmente que nem toda a sequência de elementos de S é um programa. Por outro lado, em geral, o conjunto P de todos os programas da linguagem é infinito. Usando a alínea anterior conclua que P é numerável.

20. Demonstre que o conjunto das aplicações de $\mathbb{Z}$ em $\mathbb{Z}$ não é contável.

21. Demonstre que o conjunto das funções de $\mathbb{N}_1$ em $\mathbb{N}_1$ não é contável.

Apêndice

Apresentamos agora as demonstrações de alguns resultados enunciados ao longo deste capítulo. Estas demonstrações podem ser omitidas numa primeira leitura deste texto.

Lema 5.2.4 O conjunto J_n não é equipotente a uma sua parte própria, qualquer seja $n \in \mathbb{N}$.

Demonstração: Suponha-se que existia $n \in \mathbb{N}$ tal que $B \subset J_n$ e $B \sim J_n$. Tal significava que existia uma bijeção $g : J_n \to B$. Mas então a aplicação $g_1 : J_n \to J_n$ dada por $g_1(x) = g(x)$ seria injetiva, mas não sobrejetiva, uma vez que $B \subset J_n$.

Logo, teremos demonstrado o lema se demonstrarmos que toda a injeção $f : J_n \to J_n$ é sobrejetiva. Mais precisamente, designemos por $C(n)$ a condição

"qualquer injeção entre J_n e J_n é sobrejetiva"

e demonstremos por indução finita que todo o natural n satisfaz $C(n)$. As demonstrações por indução são abordadas no Capítulo 7, pelo que o leitor que não esteja familiarizado com esta técnica de demonstração deverá consultar o referido capítulo antes de prosseguir.

Base de indução:
Demonstremos que a asserção $C(0)$ se verifica. Como $J_0 = \emptyset$, a única injeção entre J_0 e J_0, é a única aplicação entre J_0 e J_0: a aplicação vazia em J_0. Esta aplicação é necessariamente sobrejetiva, pois o seu contradomínio é o conjunto $\emptyset$ $(= J_0)$.

Passo de indução:
Suponha-se que se verifica $C(n)$, para $n \in \mathbb{N}$ qualquer, e demonstremos que se verifica $C(n+1)$.

Sendo $f : J_{n+1} \to J_{n+1}$ uma qualquer injeção, pretendemos demonstrar que $cod(f) = J_{n+1}$. Vamos definir a partir de f uma aplicação

$$g : J_{n+1} \to J_{n+1}$$

também injetiva, que satisfaz $g(x) \in J_n$ para todo o $x \in J_n$ e que é sobrejetiva se e só se f o for.

Se $f(x) \in J_n$ para cada $x \in J_n$, considera-se $g = f$.

Em caso contrário, existe $j \in J_n$ tal que $f(j) = n + 1$, e, como f é injetiva, este j é único. Considera-se então $g : J_{n+1} \to J_{n+1}$ tal que

$$g(i) = \begin{cases} f(i) & \text{se } i \neq j \text{ e } i \neq n+1 \\ f(n+1) & \text{se } i = j \\ f(j) & \text{se } i = n+1. \end{cases}$$

Em qualquer dos casos, é imediato que g é injetiva, porque f também o é. É fácil verificar que se g for sobrejetiva então f também terá de o ser. Assim, daqui em diante podemos esquecer f e demonstrar apenas que g é sobrejetiva.

Considere-se a aplicação $g_1 : J_n \to J_n$ dada por $g_1(x) = g(x)$. É imediato que g é uma injeção e, pela hipótese de indução, g_1 é necessariamente sobrejetiva. Como g_1 coincide com g em J_n, todo o elemento de J_n é imagem por g de algum elemento de J_n. Logo, como g é injetiva, $g(n+1) \notin J_n$, pelo que se terá de ter $g(n+1) = n+1$. Conclui-se, portanto, que g é sobrejetiva. ∎

Proposição 5.2.6 Nenhum conjunto finito é equipotente a uma sua parte própria.

Demonstração: Suponha-se, por absurdo, que existe um conjunto finito A que é equipotente a uma sua parte própria B, e tentemos obter uma contradição.

Como A é finito, existe $n \in \mathbb{N}$ tal que $A \sim J_n$, pelo que existe uma bijeção $f : A \to J_n$. Por outro lado, como estamos a supor que $A \sim B$, existe uma bijeção $g : A \to B$.

Seja $C = f[B]$ e $f_1 : B \to C$ dada por $f_1(x) = f(x)$. Tem-se que f_1 está bem definida porque $B \subset A$, f_1 é injetiva porque f também o é, e f_1 é sobrejetiva porque $f_1[B] = f[B] = C$.

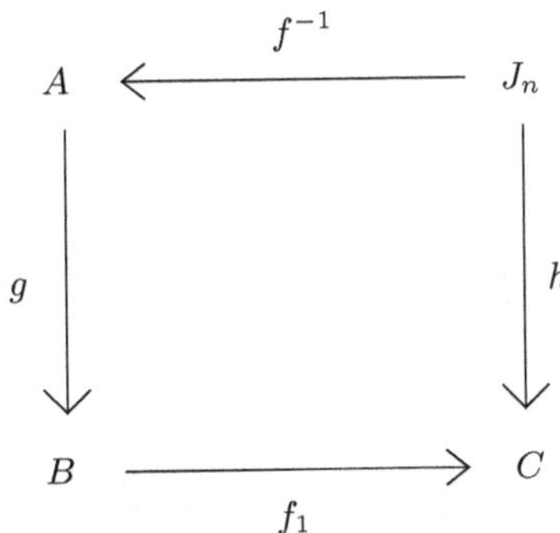

Figura 5.9: A composição $h = f_1 \circ g \circ f^{-1}$

Seja h a aplicação $h : J_n \to C$ definida por $h = f_1 \circ g \circ f^{-1}$ (ver Figura 5.9). É imediato que h é uma bijeção, pois f_1, g e f^{-1} também o são. Por outro lado, dado que $f : A \to J_n$ é uma bijeção, que $B \subset A$ e $f[B] = C$, conclui-se que $C \subset J_n$. Logo, existe uma bijeção entre J_n e uma sua parte própria, o que contradiz o Lema 5.2.4. ∎

Para demonstrar a Proposição 5.2.13 começa-se por demonstrar um lema auxiliar.

Lema 5.5.1 Para todo $n \in \mathbb{N}$ e todo conjunto B, se $B \subset J_n$ então B é finito e $\#B < n$.

Demonstração: A demonstração faz-se por indução (as provas por indução são estudadas no Capítulo 7). Seja $P(n)$ a asserção "se $B \subset J_n$ então B é finito e $\#B < n$".

Base de indução:
A asserção $P(0)$ é verdadeira porque não existe nenhum conjunto estritamente contido em J_0 $(= \emptyset)$.

Passo de indução:
Suponha-se que se verifica $P(n)$ e demonstre-se que se verifica $P(n+1)$.

Sendo B um qualquer conjunto tal que $B \subset J_{n+1}$, queremos demonstrar que B é finito e $\#B < n+1$. Se $B = J_n$ então $B \sim J_n$, pelo que B é finito e $\#B = n < n+1$. Se $B \subset J_n$ então, por hipótese de indução, B é finito e $\#B < n$, pelo que $\#B < n+1$. Por último, se $n+1 \in B$ então, como $B \subset J_{n+1}$ e $J_{n+1} = J_n \cup \{n+1\}$, tem-se que

$$\begin{aligned} B &= B \cap J_{n+1} \\ &= B \cap (J_n \cup \{n+1\}) \\ &= (B \cap J_n) \cup (B \cap \{n+1\}) \\ &= (B \cap J_n) \cup \{n+1\}. \end{aligned}$$

Ora, se $B \cap J_n = J_n$ então $B = (B \cap J_n) \cup \{n+1\} = J_n \cup \{n+1\} = J_{n+1}$, o que contradiz a assunção $B \subset J_{n+1}$. Assim, como $B \cap J_n \subseteq J_n$, tem-se necessariamente $B \cap J_n \subset J_n$. Logo, por hipótese de indução, $B \cap J_n$ é finito e existe $k < n$ tal que $\#(B \cap J_n) = k$, o que significa que existe uma bijeção $f : B \cap J_n \to J_k$. Considere-se então $g : B \to J_{k+1}$ tal que

$$g(x) = \begin{cases} f(x) & \text{se } x \in B \cap J_n \\ k+1 & \text{se } x = n+1. \end{cases}$$

Note-se que g está bem definida, pois como $B = (B \cap J_n) \cup \{n+1\}$ e $n+1 \notin B \cap J_n$, podemos atribuir a $g(n+1)$ o valor que quisermos do conjunto de chegada $J_{k+1} = J_k \cup \{k+1\}$. Como f é uma bijeção entre $B \cap J_n$ e J_k, $J_{k+1} = J_k \cup \{k+1\}$ e $k+1 \notin J_k$, é imediato que g é uma bijeção. Logo, B é finito e $\#B = k+1 < n+1$, como se pretendia. ∎

A partir deste lema facilmente se demonstra a Proposição 5.2.13.

Proposição 5.2.13 Se B é finito e $A \subset B$ então $\#A < \#B$.

Demonstração: Suponha-se que B é finito e $A \subset B$. Como B é finito existe $n \in \mathbb{N}$ tal que $\#B = n$. Assim, existe uma aplicação bijetiva $f : B \to J_n$.

Considere-se $g : A \to f[A]$ dada por $g(x) = f(x)$. É imediato que g é uma bijeção, pelo que $A \sim f[A]$. Por outro lado, como $A \subset B$ e f é injetiva, $f[A] \subset f[B](= J_n)$. Como $f[B] = J_n$ então $f[A] \subset J_n$, e portanto, pelo Lema 5.5.1, $f[A]$ é finito e $\#(f[A]) < n$. Logo, $\#A = \#(f[A]) < n = \#B$. ■

Proposição 5.2.14 Sejam A e B conjuntos finitos.

1. $\#A \leq \#B$ se e só se $A \preceq B$.

2. $\#A < \#B$ se e só se $A \prec B$.

Demonstração:
1. Sejam A e B finitos com $n = \#A$ e $k = \#B$.

Se $n \leq k$ então $J_n \subseteq J_k$, e pode definir-se a função de inclusão $inc : J_n \to J_k$. Por outro lado, como $n = \#A$ e $k = \#B$, existem bijeções $f : A \to J_n$ e $g : B \to J_k$. Mas então a aplicação $h : A \to B$ definida por $h = g^{-1} \circ inc \circ f$ é injetiva. Logo $A \preceq B$.

Suponha-se agora que $A \preceq B$. Pela Proposição 5.2.12 existe $B_1 \subseteq B$ tal que $A \sim B_1$. Portanto, pela Proposição 5.2.13, $\#B_1 \leq \#B$. Mas então, pela Proposição 5.2.5, $\#A = \#B_1 \leq \#B$.

2. Decorre de 1 e da Proposição 5.2.5, uma vez que $n < k \Leftrightarrow n \leq k \wedge n \neq k$ e $A \prec B \Leftrightarrow A \preceq B \wedge A \not\sim B$. ■

Apresenta-se agora um esboço da demonstração da Proposição 5.2.15.

Proposição 5.2.15 Tem-se $\mathbb{N}_1 \preceq A$ qualquer que seja o conjunto infinito A.

Demonstração: Recorde-se a ideia genérica para demonstrar este resultado. Dado um conjunto A infinito (e portanto não vazio) mostra-se que existe uma injeção $f : \mathbb{N}_1 \to A$ do seguinte modo:

(i) define-se $f(1) = a_1$ em que a_1 é um elemento qualquer de A (recorde-se que $A \neq \emptyset$)

(ii) define-se $f(2) = a_2$ em que a_2 é um elemento qualquer de $A \backslash \{a_1\}$ (o conjunto $A \backslash \{a_1\}$ não é vazio pois, em caso contrário, $A = \{a_1\}$ o que não se pode verificar porque A é infinito e $\{a_1\}$ é finito)

(iii) define-se $f(3) = a_3$ em que a_3 é um elemento qualquer de $A \backslash \{a_1, a_2\}$ (tem-se $A \backslash \{a_2, a_3\} \neq \emptyset$ por razões semelhantes às referidas acima) e assim sucessivamente.

A título meramente ilustrativo, vejamos como se pode concretizar mais rigorosamente esta ideia. Para mais detalhes e, em particular, para perceber a importância do axioma da escolha nesta demonstração, o leitor interessado pode consultar, por exemplo, [41, 57].

Considere-se o conjunto, ou família[1], das partes não vazias de A. Pelo axioma da escolha, dada uma qualquer família de conjuntos não vazios é sempre possível escolher um elemento de cada conjunto da família, de modo a obter uma família constituída por um elemento de cada um desses conjuntos. Assim, existe $s : \wp(A)\backslash\{\emptyset\} \to A$ (função de escolha) tal que $s(B) \in B$ para cada $B \in \wp(A)\backslash\{\emptyset\}$. Usando essa função de escolha pode definir-se uma aplicação $H : \mathbb{N}_1 \to \wp(A)$, por recursão[2], como se segue:

- $H(1) = \{s(A)\}$;
- $H(n+1) = H(n) \cup \{s(A\backslash H(n))\}$ para $n > 1$.

Demonstra-se, por indução finita, que $H(n)$ é finito e $H(n) \subseteq H(n+1)$, para todo $n \geq 1$.

Finalmente define-se a injeção $f : \mathbb{N}_1 \to A$ fazendo

$$f(n) = s(A\backslash H(n))$$

para cada $n \in \mathbb{N}_1$. Para verificar que f é injetiva, sejam $k, n \in \mathbb{N}_1$ tais que $k \neq n$, e suponha-se que $k < n$. Então, $k+1 < n$ ou $k+1 = n$. Logo $f(k) = s(A\backslash H(k)) \in H(k+1)$ e $H(k+1) \subseteq H(n)$. Mas

$$f(n) = s(A\backslash H(n)) \in A\backslash H(n)$$

e portanto, $f(k) \in H(n)$ e $f(n) \notin H(n)$, pelo que $f(k) \neq f(n)$. ∎

Proposição 5.3.9

1. Se $\mathcal{B}$ é um conjunto numerável de conjuntos contáveis em que pelo menos um deles é numerável, então $\bigcup \mathcal{B}$ é numerável.

2. Se $\mathcal{B}$ é um conjunto numerável de conjuntos contáveis não vazios e disjuntos dois a dois, então $\bigcup \mathcal{B}$ é numerável.

---

[1]Qualquer conjunto pode ser visto como uma família. Mais precisamente, qualquer conjunto B dá origem naturalmente a uma família da qual ele é o contradomínio: a família definida pela aplicação identidade em B. O próprio conjunto B é o conjunto dos índices da família.

[2]A definição de funções por recursão é abordada adiante, no Capítulo 9 e no Apêndice A.

Demonstração:
1. Como em $\mathcal{B}$ há pelo menos um conjunto A numerável, e portanto infinito, então $\bigcup\mathcal{B}$ é infinito, pois $A \subseteq \bigcup B$. Logo, para demonstrar que $\bigcup\mathcal{B}$ é numerável, basta mostrar que é possível enumerar todos os seus elementos, isto é, basta-nos mostrar que existe uma aplicação sobrejetiva $h : \mathbb{N}_1 \to \bigcup\mathcal{B}$.

Como $\mathcal{B}$ é um conjunto numerável, é possível enumerar numa sucessão todos os seus elementos. Sendo

$$A_1, A_2, A_3, \ldots \tag{5.4}$$

uma forma de enumerar todos os elementos de $\mathcal{B}$, tem-se $\bigcup\mathcal{B} = \bigcup_{n\geq 1} A_n$. Como cada conjunto A_n em (5.4) é contável, existe, para cada $n \geq 1$, uma sobrejeção $f_n : \mathbb{N}_1 \to A_n$, pelo que é possível enumerar os elementos de A_n considerando $f_n(1), f_n(2), f_n(3), \ldots$.

Seja $g : \mathbb{N}_1 \times \mathbb{N}_1 \to \bigcup_{n\geq 1} A_n$ tal que $g(n,k) = f_n(k)$. Esta aplicação é sobrejetiva (verifique). Por outro lado, como $\mathbb{N}_1 \sim \mathbb{N}_1 \times \mathbb{N}_1$, existe uma bijeção $j : \mathbb{N}_1 \to \mathbb{N}_1 \times \mathbb{N}_1$.

A sobrejeção $h : \mathbb{N}_1 \to \bigcup_{n\geq 1} A_n$ pretendida é então a composição $g \circ j$.

2. Suponha-se que $\mathcal{B}$ é um conjunto numerável de conjuntos contáveis, não vazios e disjuntos dois a dois. Se existir em $\mathcal{B}$ algum conjunto numerável, então, por 1, $\mathcal{B}$ é numerável. Logo, podemos supor que todos os conjuntos em $\mathcal{B}$ são finitos (e não vazios).

Dado que $\mathcal{B}$ é numerável, seja $A_1, A_2, A_3, \ldots$ uma forma de enumerar sem repetições todos os elementos de $\mathcal{B}$. Seja $f : \mathbb{N}_1 \to \bigcup_{n\geq 1} A_n$ tal que $f(i)$ é um elemento qualquer de A_i, para cada $i \geq 1$. É imediato que f é injetiva, pois os conjuntos em $\mathcal{B}$ são disjuntos dois a dois e enumeraram-se os elementos de $\mathcal{B}$ sem repetições. Logo $\mathbb{N}_1 \preceq A_n$, e portanto $\bigcup_{n\geq 1} A_n$ é infinito. Assim, se demonstrarmos que $\bigcup_{n\geq 1} A_n$ é contável, teremos demonstrado que $\bigcup_{n\geq 1} A_n$ é numerável, como pretendemos.

Seja $n \geq 1$ qualquer. Dado que A_n é um conjunto finito, existem k elementos $x_1, \ldots, x_k$ distintos entre si tais que $A_n = \{x_1, ..., x_k\}$, com $k \geq 1$. Por seu lado, o conjunto $B_n = \{x_1, \ldots, x_k, k+1, k+2, k+3, \ldots\}$ é numerável, e portanto, por 1, $\bigcup_{n\geq 1} B_n$ é numerável.

Mas $\bigcup_{n\geq 1} A_n \subseteq \bigcup_{n\geq 1} B_n$. Logo $\bigcup_{n\geq 1} A_n$ é contável (justifique). ■

Proposição 5.3.11 Seja A um conjunto numerável.

1. O conjunto de todos os subconjuntos finitos de A é numerável.

2. O conjunto de todas todas as sequências não vazias de elementos de A é numerável.

Demonstração:
1. Suponha-se que A é numerável e seja

$$\mathcal{B} = \{B : B \subseteq A \text{ e } B \text{ é finito}\}.$$

Queremos demonstrar que $\mathcal{B}$ é numerável.

É imediato que $A \preceq \mathcal{B}$, pois $h : A \to \mathcal{B}$ dada por $h(x) = \{x\}$ é uma injeção. Logo $\mathcal{B}$ é infinito. Assim, se mostrarmos que $\mathcal{B} \preceq \mathbb{N}_1$, isto é, se mostrarmos que existe uma injeção de $\mathcal{B}$ em $\mathbb{N}_1$, então temos que $\mathcal{B}$ é contável, pela Proposição 5.3.1, e, portanto, numerável.

Como A é numerável existe uma bijeção $f : \mathbb{N}_1 \to A$. Seja $g : \mathcal{B} \to \mathbb{N}_1$ tal que $g(B)$ é o produto dos primos p_n com $n \in f^{-1}[B]$, onde p_i, para $i \geq 1$, designa o i-ésimo número primo. Note-se que

$$f^{-1}[B] = \{f^{-1}(x) : x \in B\} \subseteq \mathbb{N}_1.$$

Se $B_1 \neq B_2$, com $B_1, B_2 \in \mathcal{B}$, então $f^{-1}[B_1] \neq f^{-1}[B_2]$, pois f é bijetiva, e, como duas sequências diferentes de números primos têm produtos distintos, $g(B_1) \neq g(B_2)$. Logo g é injetiva.

2. A demonstração é análoga à de 1. Seja A numerável e seja S o conjunto constituído por todas as sequências não vazias de elementos de A. Queremos demonstrar que S é numerável.

É imediato que $A \preceq S$, pois $h : A \to S$ dada por $h(x) = (x)$ é uma injeção. Logo S é infinito. Assim, se mostrarmos que $S \preceq \mathbb{N}_1$, isto é, se mostrarmos que existe uma injeção de S em $\mathbb{N}_1$, então temos que S é contável e portanto, numerável. Como A é numerável existe uma bijeção $f : \mathbb{N}_1 \to A$.

Seja $g : S \to \mathbb{N}_1$ tal que g associa à sequência vazia o natural 1 e, para cada sequência $(a_1 \ldots a_n)$ com $n \geq 1$

$$g((a_1 \ldots a_n)) = p_1^{e_1} p_2^{e_2} \ldots p_n^{e_n}$$

onde $e_i = f^{-1}(a_i)$ para cada $1 \leq i \leq n$, e p_i é o i-ésimo número primo. Como qualquer natural diferente de 1 é decomponível de forma única num produto de potências de números primos (a menos da ordem dos fatores), e como f é uma bijeção, pode concluir-se que g é injetiva. ∎

Capítulo 6

Estruturas e morfismos

Neste capítulo estudaremos os conceitos de estrutura e de morfismo entre estruturas. Quando se estudam estruturas de um certo tipo é importante conseguir relacioná-las entre si. Os morfismos constituem precisamente um instrumento apropriado para este fim. De entre os morfismos, os isomorfismos desempenham um papel relevante, pois se for possível estabelecer um isomorfismo entre duas estruturas, tal significa que, em certo sentido, estas estruturas são idênticas.

As estruturas que serão objeto de estudo neste texto estendem a noção de conjunto, dando ênfase, por exemplo, ao facto de os elementos de um conjunto poderem ser operados entre si tendo como resultado ainda elementos do conjunto, ou ao facto de esses elementos estarem muitas vezes relacionados entre si de certa forma. A noção de morfismo entre estas estruturas estende a noção de aplicação entre conjuntos. Um morfismo associa elementos de um conjunto a elementos de outro conjunto, tendo em conta, por exemplo, as operações definidas sobre eles, ou as relações relevantes nesses conjuntos. Estudaremos as estruturas algébricas e seus homomorfismos e isomorfismos, bem como as estruturas relacionais e respetivos morfismos e isomorfismos, com ênfase nas aplicações monótonas entre conjuntos parcialmente ordenados.

Além destas estruturas, estudam-se em Matemática muitas outras, juntamente com os morfismos respetivos. Refira-se que em muitos contextos tanto a noção de estrutura como a noção de morfismo podem ser de índole muito distinta das aqui apresentadas.

6.1 Operações num conjunto e suas propriedades

O primeiro tipo de estruturas que estudaremos neste texto são as estruturas algébricas. Para a noção de estrutura algébrica é relevante o conceito de operação num conjunto. Nesta secção introduz-se a noção de operação num conjunto e apresentam-se diversas propriedades relevantes. Um operação n-ária num conjunto é um caso particular de função n-ária (ver Secção 4.1.2).

Definição 6.1.1 Uma *operação* n-ária num conjunto não vazio A, com $n \in \mathbb{N}_1$, é uma função entre A^n e A.

Sendo $\theta : A^n \rightharpoonup A$ uma operação n-ária, diz-se que um subconjunto S de A, não vazio, é *fechado para* θ, se $\forall_{(x_1,\ldots,x_k)\in S^n\cap dom(\theta)}\theta(x_1,\ldots,x_k) \in S$. ■

Note-se que uma operação n-ária num conjunto A pode não estar definida em todos os elementos de A^n. É por esta razão que se pode dizer que a divisão é uma operação nos reais. Quando a operação for uma aplicação podemos designá-la por *operação total*. Nos assuntos estudados ao longo deste capítulo estão envolvidas apenas operações totais. Operações que não são necessariamente aplicações são relevantes em alguns dos assuntos abordados no próximo capítulo.

No caso de uma operação θ total, $S \subseteq A$ é fechado para θ se sempre que aplicamos a θ a elementos de S ainda obtemos um elemento de S. Naturalmente, se a operação não for uma aplicação só interessam os valores no domínio de θ.

Usaremos normalmente as letras gregas θ e ρ, eventualmente com índices ($\theta_1, \theta_2, \ldots, \rho_1, \rho_2, \ldots$), para nos referirmos genericamente a uma operação num conjunto. Certas operações específicas, como adição, subtração, etc., serão designadas pelos símbolos usuais. Quando θ é uma operação binária, para referir o resultado de aplicarmos a operação θ ao par (x, y) usa-se em geral a notação *infixa*, escrevendo-se $x\theta y$, em vez da notação *prefixa* $\theta(x, y)$.

Exemplo 6.1.2 A adição nos reais é uma operação binária $+ : \mathbb{R}^2 \to \mathbb{R}$ em $\mathbb{R}$. Como é usual, usa-se a notação infixa e portanto, por exemplo, escreve-se $2+3$ em vez de $+(2, 3)$. O conjunto dos inteiros $\mathbb{Z}$ é fechado para esta operação. No entanto, o conjunto $\{-1, 0, 1, 2, ...\}$ já não é fechado para a adição, pois o resultado que se obtém ao adicionar -1 com -1 não pertence ao conjunto.

A aplicação $f : \mathbb{N} \to \mathbb{N}$ dada por $f(n) = n + 2$ é uma operação unária em $\mathbb{N}$. O conjunto $\mathbb{P}^+ = \{2, 4, 6, \ldots\}$ dos números pares positivos é fechado para f, uma vez que se n é um par positivo então $n + 2$ também o é. Já o conjunto $S = \mathbb{P}^+ \cup \{1\}$ não é fechado para f, uma vez que $1 \in S$ mas $f(1) = 3 \notin S$. ■

As operações binárias são usadas com frequência em Matemática. Pense-se, por exemplo, nas operações de adição e multiplicação em conjuntos de números, ou nas operações de intersecção e união nas partes de um conjunto. Seguem-se algumas propriedades relevantes das operações binárias.

Definição 6.1.3 Seja θ uma operação binária total num conjunto A. Então

- $x, y \in A$ dizem-se *permutáveis* para θ se $x\theta y = y\theta x$;
- θ diz-se *comutativa* se todos os elementos de A são permutáveis para θ, isto é, $\forall_{x,y\in A}\, x\theta y = y\theta x$;
- θ diz-se *associativa* se $\forall_{x,y,z\in A}\, (x\theta y)\theta z = x\theta(y\theta z)$. ∎

Quando a operação θ é associativa, em geral, escreve-se simplesmente $x\theta y\theta z$ em vez de $(x\theta y)\theta z$.

Definição 6.1.4 Seja θ uma operação binária total num conjunto A. Então

- $e \in A$ diz-se *elemento neutro* para θ se $\forall_{x\in A}(x\theta e = x \wedge e\theta x = x)$;
- $e \in A$ diz-se *elemento absorvente* para θ se $\forall_{x\in A}(x\theta e = e \wedge e\theta x = e)$;
- se e é elemento neutro para θ, diz-se que um elemento $x \in A$
  - tem *inverso direito* para θ se $\exists_{y\in A}\, x\theta y = e$;
  - tem *inverso esquerdo* para θ se $\exists_{y\in A}\, y\theta x = e$;
  - tem *inverso* para θ se $\exists_{y\in A}\, (x\theta y = e \wedge y\theta x = e)$. ∎

Em vez se dizer que e é elemento neutro para θ, também se pode dizer que e é elemento neutro em relação, ou relativamente, a θ. Pode ainda dizer-se, com o mesmo significado, que θ tem, ou admite, elemento neutro e, podendo ser omitida a referência a e se não existir ambiguidade, ou for irrelevante qual é o elemento neutro. O mesmo se aplica à noção de elemento absorvente.

Analogamente, também se pode dizer que $x \in A$ tem inverso direito em relação, ou relativamente, a θ. Pode ainda omitir-se a referência θ, e dizer-se apenas que $x \in A$ tem inverso direito ou que x é *invertível à direita*, caso não exista ambiguidade. O mesmo se aplica à noção de inverso esquerdo e de inverso.

Quando $x\theta y = e$, o elemento y é, naturalmente, *inverso direito* de x, e x é *inverso esquerdo* de y.

Exemplo 6.1.5 Como exemplos ilustrativos considerem-se as seguintes operações:

- operação adição nos reais

  é comutativa e associativa
  elemento absorvente: não tem
  elemento neutro: 0
  qualquer real x tem inverso e o inverso é $-x$;

- operação multiplicação nos reais

  é comutativa e associativa
  elemento absorvente: 0
  elemento neutro: 1
  só os reais $x \neq 0$ têm inverso e o inverso é $\frac{1}{x}$;

- operação união no conjunto $\wp(A)$ dos subconjuntos de A

  é comutativa e associativa
  elemento absorvente: A
  elemento neutro: $\emptyset$
  só o conjunto $\emptyset$ tem inverso e o inverso é $\emptyset$;

- operação intersecção no conjunto $\wp(A)$ dos subconjuntos de A

  é comutativa e associativa
  elemento absorvente: $\emptyset$
  elemento neutro: A
  só o conjunto A tem inverso e o inverso é A;

- operação diferença no conjunto $\wp(A)$ dos subconjuntos de A;

  é comutativa e associativa se $A = \emptyset$
  não é comutativa e não é associativa se $A \neq \emptyset$
  elemento absorvente: $\emptyset$ se $A = \emptyset$ e não tem se $A \neq \emptyset$
  elemento neutro: $\emptyset$ se $A = \emptyset$ e não tem se $A \neq \emptyset$.

■

Exemplo 6.1.6 Dado $n \in \mathbb{N}_1$, denote-se por N_n o conjunto $\{0, \ldots, n-1\}$ constituído pelos inteiros não negativos que são menores que n. Neste conjunto podem definir-se operações aritméticas, ditas *operações aritméticas modulares*, como é o caso da operação $+_n$ (*adição módulo* n) e da operação $\times_n$ (*multiplicação módulo* n), que se definem como se segue: dados $x, y \in N_n$

- $x +_n y$ é o resto da divisão inteira de $x + y$ por n
- $x \times_n y$ é o resto da divisão inteira de $x \times y$ por n

onde $+$ e $\times$ são as operações usuais de adição e multiplicação de inteiros, respetivamente. As tabelas seguintes ilustram as operações $+_5$ e $\times_5$ no conjunto $N_5 = \{0, 1, 2, 3, 4\}$:

$+_5$	0	1	2	3	4
0	0	1	2	3	4
1	1	2	3	4	0
2	2	3	4	0	1
3	3	4	0	1	2
4	4	0	1	2	3

$\times_5$	0	1	2	3	4
0	0	0	0	0	0
1	0	1	2	3	4
2	0	2	4	1	3
3	0	3	1	4	2
4	0	4	3	2	1

Algumas propriedades destas operações:

- operação $+_n$ em N_n
  é comutativa e associativa
  elemento absorvente: não tem
  elemento neutro: 0
  qualquer elemento x de N_n tem inverso e o inverso é $n - x$;

- operação $\times_n$ em N_n
  é comutativa e associativa
  elemento absorvente: 0
  elemento neutro: 1 se $n > 1$ e 0 se $n = 1$
  0 só tem inverso se $n = 1$
  se $n \geq 2$, então $x \in N_n \backslash \{0\}$ tem inverso sse x e n são coprimos[1].

Observe-se que todos os elementos de N_5 distintos de 0 têm inverso relativamente à operação $\times_5$. Mas se considerarmos a operação $\times_4$ em $N_4 = \{0, 1, 2, 3\}$, por exemplo, é fácil verificar que 1 e 3 têm inverso, pois $1 \times_4 1 = 1$ e $3 \times_4 3 = 1$, mas 2 não tem inverso.

A demonstração de que, dado $n \in \mathbb{N}_1$, se tem que $x \in N_n \backslash \{0\}$ tem inverso relativamente a $\times_n$ sse x e n são coprimos está fora do âmbito deste texto, mas o leitor interessado pode consultar, por exemplo, [10, 43, 61].

Usando este resultado, é fácil concluir que, dado $n \in \mathbb{N}_1$, todos os elementos de $N_n \backslash \{0\}$ têm inverso relativamente a $\times_n$ sse n é primo. Este facto será útil mais adiante.

A título ilustrativo, demonstremos que se $n \in \mathbb{N}_1$ é primo então todos os elementos de $N_n \backslash \{0\}$ têm inverso relativamente a $\times_n$, deixando a demonstração do recíproco como exercício. Seja então $n \in \mathbb{N}_1$ um número primo. Logo, os seus únicos divisores positivos são 1 e n. Ora, 1 é divisor de qualquer inteiro, e os divisores de qualquer inteiro positivo x são sempre menores ou iguais a x. Logo, dado um qualquer $x \in N_n \backslash \{0\}$, os seus divisores são menores ou iguais a x, e consequentemente, porque $x < n$, são menores que n. Assim, o único divisor positivo de x que é também divisor de n é 1. Conclui-se então que x e n são coprimos, e portanto, pelo resultado enunciado acima, $x \in N_n \backslash \{0\}$ tem inverso relativamente à operação $\times_n$.

Conjuntos deste tipo, em particular quando n é primo, são relevantes em diversas aplicações, nomeadamente em Criptografia. Existem sistemas criptográficos, como é o caso do sistema criptográfico RSA, em cuja definição e correção estão envolvidos conjuntos deste tipo e suas propriedades. No entanto, este assunto está fora do âmbito deste texto, remetendo-se o leitor para

[1] Diz-se que $n \in \mathbb{N}_1$ e $x \in \mathbb{N}$ são coprimos se 1 é o máximo divisor comum a n e x, ou seja, 1 é o maior inteiro positivo que é simultaneamente divisor de n e de x ($d \in \mathbb{Z}$ é divisor de $a \in \mathbb{Z}$ se existe $k \in \mathbb{Z}$ tal que $a = kd$).

[36, 54, 71], por exemplo, caso pretenda aprofundar o seu conhecimento sobre este tópico. ∎

Exemplo 6.1.7 Dado $n \in \mathbb{N}_1$, denote-se por A_n o conjunto $\{1, \ldots, n\}$ constituído pelos inteiros positivos menores ou iguais a n, e por P_n o conjunto das permutações de A_n. A operação $\circ$ (composição de funções) em P_n é associativa, o seu elemento neutro é a aplicação id_{A_n} e qualquer elemento $p \in P_n$ tem inverso (a aplicação p^{-1}). Esta operação não é comutativa quando $n \geq 3$ (Exercício 1 da Secção 6.6). A operação não possui elemento absorvente. ∎

Exemplo 6.1.8 Considere-se o conjunto de todas as aplicações de $\mathbb{Z}$ em $\mathbb{Z}$. A operação $\circ$ (composição de funções) neste conjunto é associativa e o seu elemento neutro é a aplicação $id_{\mathbb{Z}}$. Como se ilustra de seguida, este é um exemplo de uma situação em que pode existir inverso à esquerda, mas não existir inverso à direita, bem como a situação inversa.

- Seja $p : \mathbb{Z} \to \mathbb{Z}$ a aplicação dada por $p(x) = 2x$. Esta aplicação tem inverso à esquerda, pois é fácil concluir que $q \circ p = id_{\mathbb{Z}}$ onde $q : \mathbb{Z} \to \mathbb{Z}$ é dada por

$$q(x) = \begin{cases} \frac{x}{2} & \text{se } x \text{ é múltiplo de 2} \\ 0 & \text{caso contrário.} \end{cases}$$

  Ora, pela Proposição 4.2.11, se existir $r : \mathbb{Z} \to \mathbb{Z}$, tal que $p \circ r = id_{\mathbb{Z}}$, então p é sobrejetiva. Como p não é sobrejetiva (pois $p(x)$ é sempre um número inteiro par qualquer que seja $x \in \mathbb{Z}$), conclui-se que p não tem inverso à direita.

- A aplicação $q : \mathbb{Z} \to \mathbb{Z}$ acima referida tem inverso à direita, pois, como vimos, $q \circ p = id_{\mathbb{Z}}$. De novo pela Proposição 4.2.11, se existir $r : \mathbb{Z} \to \mathbb{Z}$, tal que $r \circ q = id_{\mathbb{Z}}$, então q é injetiva. Ora q não é injetiva pois, por exemplo, $q(1) = q(3)$, pelo que se conclui que q não tem inverso à esquerda.

É fácil concluir que qualquer aplicação $f : \mathbb{Z} \to \mathbb{Z}$ injetiva e não sobrejetiva, tem inverso à esquerda, pela Proposição 4.2.12, mas não tem inverso à direita, pela Proposição 4.2.11. Por um raciocínio análogo, qualquer aplicação $f : \mathbb{Z} \to \mathbb{Z}$ sobrejetiva, mas não injetiva, tem inverso à direita mas não tem inverso à esquerda. ∎

Definição 6.1.9 Sejam θ_1 e θ_2 duas operações binárias totais num conjunto A. Então

- θ_1 é *distributiva* em relação a θ_2 *à esquerda* se

$$\forall_{x,y,z \in A}\, x\theta_1(y\theta_2 z) = (x\theta_1 y)\theta_2(x\theta_1 z);$$

- θ_1 é *distributiva* em relação a θ_2 *à direita* se

$$\forall_{x,y,z\in A}\,(y\theta_2 z)\theta_1 x = (y\theta_1 x)\theta_2(z\theta_1 x).$$ ∎

Observe-se que se θ_1 for comutativa, então θ_1 é distributiva em relação a θ_2 à direita se e só se θ_1 é distributiva em relação a θ_2 à esquerda, podendo dizer-se simplesmente que θ_1 é *distributiva*, ou que verifica a *propriedade distributiva*, em relação a θ_2.

Exemplo 6.1.10 Voltando às operações nos Exemplos 6.1.5 e 6.1.6:

- a multiplicação nos reais é distributiva em relação à adição;
- a adição nos reais não é distributiva em relação à multiplicação pois, por exemplo, $4+(2\times 3) = 10 \neq 72 = (4+2)\times(4+3)$;
- a união no conjunto $\wp(A)$ dos subconjuntos de um conjunto A é distributiva em relação à intersecção, e vice-versa;
- a intersecção de conjuntos é distributiva em relação à diferença em $\wp(A)$;
- a união de conjuntos é distributiva em relação à diferença em $\wp(A)$ se $A=\emptyset$, mas não se $A\neq\emptyset$ pois considerando $\wp(\{1\})$, por exemplo, tem-se $\{1\}\cup(\{1\}\backslash\{1\}) = \{1\}$ mas $(\{1\}\cup\{1\})\backslash(\{1\}\cup\{1\}) = \emptyset$;
- a diferença de conjuntos é distributiva em relação à união à direita em $\wp(A)$, mas a distributividade em relação à união à esquerda verifica-se se $A=\emptyset$, mas não se $A\neq\emptyset$, pois em, por exemplo, $\wp(\{1\})$ tem-se $\{1\}\backslash(\{1\}\cup\emptyset) = \emptyset$ mas $(\{1\}\backslash\{1\})\cup(\{1\}\backslash\emptyset) = \{1\}$; o mesmo acontece se em vez da união se considerar a intersecção (verifique);
- $\times_n$ é distributiva em relação a $+_n$, para cada $n\in\mathbb{N}_1$. ∎

Apresentam-se de seguida duas propriedades do elemento neutro de uma operação. A primeira refere-se à unicidade do elemento neutro.

Proposição 6.1.11 Seja θ uma operação binária total num conjunto (não vazio) A. O elemento neutro da operação θ, se existir, é único.

Demonstração: Suponha-se, por absurdo, que θ admitia dois elementos neutros, e_1 e e_2, tais que $e_1\neq e_2$, e vejamos que tal nos conduz a uma contradição.

Então, como e_1 e e_2 são ambos elementos neutros, pela Definição 6.1.4, tem-se, por um lado $e_1\theta e_2 = e_2$ (e_1 é elemento neutro) e, por outro, $e_1\theta e_2 = e_1$ (e_2 é elemento neutro). Conclui-se assim $e_1 = e_2$, o que contradiz o facto de se ter assumido $e_1\neq e_2$. ∎

A próxima proposição permite estabelecer que, no caso de θ ser uma operação associativa, quando um elemento x tem inverso direito e esquerdo, então os inversos são iguais e x é invertível.

Proposição 6.1.12 Seja θ uma operação binária total num conjunto não vazio A que é associativa e admite elemento neutro e. Então

$$\forall_{x,y,z\in A}(x\theta y = e \land z\theta x = e \Rightarrow y = z).$$

Demonstração: Sejam $x, y, z \in A$ quaisquer tais que $x\theta y = e$ e $z\theta x = e$. Como θ é associativa, $z\theta(x\theta y) = (z\theta x)\theta y$. Dado que

$$\begin{array}{cl} z\theta(x\theta y) = (z\theta x)\theta y & \\ \Downarrow & (x\theta y = e \text{ e } z\theta x = e) \\ z\theta e = e\theta y & \\ \Downarrow & (e \text{ é elemento neutro para } \theta) \\ z = y & \end{array}$$

conclui-se que $z = y$. ∎

Exemplo 6.1.13 Recorde-se a operação $\circ$ no conjunto das aplicações de $\mathbb{Z}$ em $\mathbb{Z}$, e considere-se a aplicação $g : \mathbb{Z} \to \mathbb{Z}$ dada por $g(x) = x + 1$. Como referido no Exemplo 6.1.8, dado que g é injetiva, então g tem inverso à esquerda, e, como é sobrejetiva, então tem inverso à direita. A operação $\circ$ é associativa e tem elemento neutro, e portanto, pela Proposição 4.2.12, o inverso à esquerda e à direita são iguais, pelo que g tem inverso. É fácil concluir que o inverso de g é a aplicação $h : \mathbb{Z} \to \mathbb{Z}$ dada por $h(x) = x - 1$. Esta aplicação h é precisamente g^{-1}, a função inversa de g (no sentido da Definição 4.2.6).

Naturalmente que qualquer aplicação bijetiva $f : \mathbb{Z} \to \mathbb{Z}$ tem inverso (relativamente a $\circ$), e o inverso é precisamente a função inversa f^{-1}. ∎

Observe-se que da Proposição 6.1.12 decorre que o inverso de um elemento x invertível é único, no caso de θ ser uma operação associativa e admitir elemento neutro. Nestes casos, é frequente denotar o inverso de x por x^{-1}, embora se considerem também outras notações para certo tipo de operações.

6.2 Estruturas algébricas e homomorfismos

No Capítulo 3 já fizemos referência a estruturas relacionais. Em vez de se considerar um conjunto e relações nele definidas, podemos também considerar estruturas formadas por um conjunto e por operações definidas nesse conjunto. Diz-se então que estamos em presença de uma estrutura algébrica. Nesta secção apresentam-se as estruturas algébricas, fazendo referência a algumas estruturas algébricas de destaque, como grupoides, semigrupos, monoides, grupos, anéis e corpos. As estruturas algébricas podem relacionar-se por intermédio de morfismos. Os morfismos entre estruturas algébricas são usualmente denominados homomorfismos.

6.2.1 Estruturas algébricas

Em muitas situações torna-se conveniente considerar, não apenas conjuntos, mas sim conjuntos aos quais estão associadas certas operações ou relações específicas. Por exemplo, quando se diz que trabalhamos com os inteiros não pensamos apenas no conjunto dos números inteiros, mas sim em toda a estrutura que habitualmente o equipa. Tipicamente, assumimos de imediato que esses números estão ordenados da forma usual, que dispomos das habituais operações aritméticas no conjunto dos inteiros, etc.

Podemos olhar para um conjunto e para as operações/relações associadas como uma única entidade a que chamamos genericamente *estrutura*, ou *conjunto equipado com estrutura*, ou ainda *conjunto com estrutura*. O conjunto envolvido é o *suporte da estrutura*. Exemplos de conjuntos com estrutura são as estruturas relacionais, já referidas no Capítulo 3 e que serão revisitadas adiante na Secção 6.3, e as estruturas algébricas que apresentamos de seguida.

Definição 6.2.1 Uma *estrutura algébrica*, ou *sistema algébrico*, é constituída por

- um conjunto não vazio A, dito *conjunto suporte* da estrutura ou *suporte* da estrutura
- n operações totais $\theta_1, \ldots, \theta_n$ em A, com $n \geq 1$
- r elementos $e_1, \ldots, e_r$ de A, ditos elementos *distinguidos*, com $r \geq 0$

e representa-se usualmente por

$$(A, \theta_1, \ldots, \theta_n, e_1, \ldots, e_r) \quad \text{ou} \quad (A; \theta_1, \ldots, \theta_n, e_1, \ldots, e_r).$$

Diz-se que duas estruturas algébricas

$$(A, \theta_1, \ldots, \theta_n, e_1, \ldots, e_r) \quad \text{e} \quad (B, \rho_1, \ldots, \rho_m, c_1, \ldots, c_p)$$

são do *mesmo tipo* quando têm o mesmo número de operações, isto é, $n = m$, a aridade de θ_i é igual à aridade de ρ_i qualquer que seja $1 \leq i \leq n$, e têm o mesmo número de elementos distinguidos, isto é, $r = p$. ∎

O essencial de uma estrutura algébrica é o seu conjunto suporte e as operações $\theta_1, \ldots, \theta_n$ consideradas. Podíamos considerar que uma estrutura algébrica era constituída apenas por estas componentes, indicando-se apenas quais as propriedades que as operações têm de satisfazer.

No entanto, na apresentação de uma estrutura algébrica facilita, por vezes, poder dispor de formas de identificação de certos elementos especiais do suporte (tipicamente elementos neutros das operações em causa, quando existam), e daí a inclusão de $e_1, \ldots, e_r$ na definição anterior. Podemos ter $r = 0$ no caso em que não pretendemos distinguir qualquer elemento.

Um dos casos mais simples e importantes de estruturas algébricas consiste em considerar apenas um conjunto não vazio equipado com uma operação binária, estrutura que se designa genericamente por grupoide.

Definição 6.2.2 Uma estrutura algébrica (A, θ) em que θ uma operação binária em A é um *grupoide*. O conjunto A é o *suporte* do grupoide. ∎

Exemplo 6.2.3 Exemplos de estruturas algébricas que são grupoides e de outras que o não são (as operações $+$, $-$ e $\times$ referidas são, respetivamente, a adição, a subtração e a multiplicação usuais nos conjuntos indicados):

- $(\mathbb{N}, +)$, $(\mathbb{Z}, +)$ $(\mathbb{R}, +)$, $(\mathbb{N}, \times)$, $(\mathbb{Z}, \times)$ e $(\mathbb{R}, \times)$ são grupoides;
- $(\mathbb{Z}, -)$ e $(\mathbb{R}, -)$ também são grupoides, mas $(\mathbb{N}, -)$ não é um grupoide porque a subtração não é uma operação total em $\mathbb{N}$;
- $(\mathbb{P}, +)$ e $(\mathbb{P}, \times)$, onde $\mathbb{P} = \{n \in \mathbb{N} : n \text{ é par}\}$ é o conjunto dos naturais pares, são grupoides;
- $(\mathbb{I}, \times)$, onde $\mathbb{I} = \{n \in \mathbb{N} : n \text{ é ímpar}\}$ é o conjunto dos naturais ímpares, é um grupoide, mas $(\mathbb{I}, +)$ não o é (porquê?);
- para cada $n \in \mathbb{N}_1$, são também grupoides $(N_n, +_n)$ e $(N_n, \times_n)$, onde $+_n$ é a adição módulo n em N_n e $\times_n$ é a multiplicação módulo n em N_n (ver Exemplo 6.1.6);
- para cada $n \in \mathbb{N}_1$, a estrutura $(P_n, \circ)$, onde P_n é o conjunto das permutações de A_n e $\circ$ é a composição de funções (ver Exemplo 6.1.7), é um grupoide;
- para cada conjunto $A \neq \emptyset$, a estrutura $(Apl(A, A), \circ)$, onde $Apl(A, A)$ é o conjunto das aplicações de A em A e $\circ$ é a composição de funções, é um grupoide;
- para cada conjunto A, os pares $(\wp(A), \cap)$, $(\wp(A), \cup)$ e $(\wp(A), \setminus)$ são grupoides. ∎

Conforme as propriedades que a operação θ possui, são dados ao grupoide (A, θ) nomes específicos. Por exemplo, se θ for associativa, diz-se que estamos em presença de um semigrupo.

Definição 6.2.4 Uma estrutura algébrica (A, θ) é um *semigrupo* se (A, θ) é um grupoide e θ é uma operação associativa. ∎

Exemplo 6.2.5 Todos os grupoides referidos no Exemplo 6.2.3 são semigrupos, com a exceção de $(\mathbb{Z}, -)$ e de $(\wp(A), \setminus)$, quando $A \neq \emptyset$. Com efeito, nem a subtração em $\mathbb{Z}$, nem a diferença de conjuntos em $\wp(A)$ (com $A \neq \emptyset$) são associativas. ∎

Quando, além de ser associativa, θ tem elemento neutro e, diz-se que estamos em presença de um monoide. Neste caso, o elemento neutro é o elemento distinguido desta estrutura.

Definição 6.2.6 Uma estrutura algébrica (A, θ, e) é um *monoide* se (A, θ) é um semigrupo e e é elemento neutro para θ. ∎

Exemplo 6.2.7 Recordem-se as estruturas referidas no Exemplo 6.2.3. São exemplos de monoides as seguintes estruturas algébricas:

- $(\mathbb{N}, +, 0)$, $(\mathbb{Z}, +, 0)$ e $(\mathbb{R}, +, 0)$;
- $(\mathbb{N}, \times, 1)$, $(\mathbb{Z}, \times, 1)$ e $(\mathbb{R}, \times, 1)$;
- $(\mathbb{P}, +, 0)$ e $(\mathbb{I}, \times, 1)$;
- $(N_n, +_n, 0)$;
- $(N_1, \times_1, 0)$ e $(N_n, \times_n, 1)$ para cada $n \geq 2$;
- $(P_n, \circ, id_{A_n})$ e $(Apl(A, A), \circ, id_A)$;
- $(\wp(A), \cap, A)$ e $(\wp(A), \cup, \emptyset)$.

O semigrupo $(\mathbb{P}, \times)$ não é um monoide pois $1 \notin \mathbb{P}$. ∎

Se num monoide todos os elementos têm inverso então estamos em presença de um grupo.

Definição 6.2.8 Uma estrutura algébrica (A, θ, e) é um *grupo* se (A, θ, e) é um monoide e todo o elemento de A é invertível. ∎

Exemplo 6.2.9 Recordem-se os monoides referidos no Exemplo 6.2.7. Alguns desses monoides são grupos mas outros não o são:

- $(\mathbb{Z}, +, 0)$ e $(\mathbb{R}, +, 0)$ são grupos, pois todos os elementos têm inverso, (usualmente designado por simétrico, neste caso), mas nem $(\mathbb{N}, +, 0)$ nem $(\mathbb{P}, +, 0)$ são grupos porque só 0 é invertível;

- $(\mathbb{N}, \times, 1)$ e $(\mathbb{I}, \times, 1)$ não são grupos porque só 1 é invertível, e $(\mathbb{Z}, \times, 1)$ também não é grupo porque só 1 e -1 são invertíveis;

- $(\mathbb{R}, \times, 1)$ não é grupo porque 0 não tem inverso, mas o triplo $(\mathbb{R}\backslash\{0\}, \times, 1)$ já é um grupo;

- $(N_n, +_n, 0)$ é grupo;

- $(N_1, \times_1, 0)$ é grupo, mas, para cada $n \geq 2$, $(N_n, \times_n, 1)$ não é grupo porque 0 não tem inverso;

- $(N_n\backslash\{0\}, \times_n, 1)$, com $n \geq 2$, é grupo se e só se n é um natural primo (ver Exemplo 6.1.6);

- $(P_n, \circ, id_A)$ é grupo, por vezes denominado *grupo simétrico de n elementos*;

- $(Apl(A, A), \circ, id_{A_n})$ não é grupo porque só as aplicações bijetivas são invertíveis;

- em $(\wp(A), \cap, A)$ só A é invertível e em $(\wp(A), \cup, \emptyset)$ só $\emptyset$ é invertível, logo estes monoides só são grupos no caso em que $A = \emptyset$. ∎

Refira-se ainda que qualquer uma das estruturas algébricas anteriores (grupoide, semigrupo, monoide ou grupo) se diz *comutativa*, ou *abeliana*, se a respetiva operação binária θ for comutativa.

Exemplo 6.2.10 Recordem-se os monoides referidos no Exemplo 6.2.7. O monoide $(P_n, \circ, id_{A_n})$ é abeliano no caso de $n = 1$ ou $n = 2$, mas já não é abeliano se $n \geq 3$ (Exercício 1 da Secção 6.6). Por sua vez, o monoide $(Apl(A, A), \circ, id_A)$ é abeliano se A for um conjunto singular, e não é abeliano se A tiver pelo menos dois elementos (Exercício 2 da Secção 6.6). Os restantes monoides referidos no Exemplo 6.2.7 são monoides abelianos. No caso de serem grupos, os monoides abelianos acima referidos são naturalmente grupos abelianos. ∎

As estruturas anteriores envolvem apenas uma operação. Existem, naturalmente, muitas outras estruturas algébricas de interesse. Referem-se agora outras estruturas algébricas importantes, as quais envolvem mais de uma operação binária.

Definição 6.2.11 Uma estrutura algébrica $(A, \theta_1, \theta_2, e_1)$ é um *anel* se

- (A, θ_1, e_1) é um grupo comutativo;
- (A, θ_2) é um semigrupo;
- θ_2 é distributiva em relação a θ_1 tanto à esquerda como à direita.

Quando a operação θ_2 é comutativa diz-se que o anel é comutativo. ∎

Exemplo 6.2.12 São anéis as seguintes estruturas algébricas:

- $(\mathbb{Z}, +, \times, 0)$, $(\mathbb{Q}, +, \times, 0)$ e $(\mathbb{R}, +, \times, 0)$ onde $+$ e $\times$ são as usuais operações adição e multiplicação;
- $(N_n, +_n, \times_n, 0)$, para cada $n \in \mathbb{N}_1$, onde $N_n = \{0, \ldots, n\}$, e $+_n$ e $\times_n$ são, respetivamente, a adição e a multiplicação módulo n descritas no Exemplo 6.1.6.

Já $(\mathbb{N}, +, \times, 0)$ não é um anel pois $(\mathbb{N}, +, 0)$ não é um grupo, uma vez que só 0 é invertível. ∎

Um anel é muitas vezes denotado genericamente por

$$(A, +, \times, 0)$$

em que

- se usa notação aditiva para designar a operação θ_1, denotando-a por $+$ e designando-a por adição;
- se usa notação multiplicativa para designar a operação θ_2, denotando-a por $\times$ e designando-a por multiplicação;
- o elemento neutro e_1 é denotado por 0.

Neste caso, é ainda usual denotar por $-x$ o inverso de x em relação a θ_1 e designá-lo por *simétrico* de x. O elemento neutro e_1 é também designado por elemento *zero* do anel. À componente $(A, +, 0)$ (ou seja, (A, θ_1, e_1)), chama-se o *grupo aditivo* do anel. Quando a multiplicação (ou seja, θ_2) tem elemento neutro, este é frequentemente denominado elemento *um*, ou elemento *unidade* do anel, e representado por 1.

Um outro tipo de estrutura algébrica é o corpo.

Definição 6.2.13 Um *corpo* é uma estrutura algébrica $(A, \theta_1, \theta_2, e_1, e_2)$ tal que

- $(A, \theta_1, \theta_2, e_1)$ é um anel comutativo;

- θ_2 tem elemento neutro e_2 e $e_2 \neq e_1$;
- todo o elemento de A distinto de e_1 tem inverso em relação a θ_2. ∎

Um corpo é muitas vezes denotado genericamente por

$$(A, +, \times, 0, 1)$$

e é um anel comutativo que tem elemento unidade (isto é, elemento neutro para a operação dita de multiplicação), o qual tem de ser distinto do zero do anel, e em que todos os elementos distintos do zero do anel são invertíveis em relação à multiplicação. O inverso de x em relação à multiplicação é denotado por x^{-1}.

Exemplo 6.2.14 Recordem-se os anéis apresentados no Exemplo 6.2.12. Alguns desses anéis têm elemento unidade distinto do zero do anel, e todos os elementos distintos do zero têm inverso em relação ao produto do anel, mas em outros tal não acontece:

- $(\mathbb{Z}, +, \times, 0, 1)$ não é corpo pois em $\mathbb{Z}$ só 1 e -1 têm inverso relativamente a $\times$;
- $(\mathbb{Q}, +, \times, 0, 1)$ e $(\mathbb{R}, +, \times, 0, 1)$ são corpos;
- $(N_1, +_1, \times_1, 0, 0)$ não é corpo porque os elementos neutros de $+_1$ e $\times_1$ são ambos 0 e portanto não são diferentes;
- $(N_n, +_n, \times_n, 0, 1)$, com $n \geq 2$, é corpo se e só se n é um número primo, pois todos os elementos de $N_n \backslash \{0\}$ têm inverso relativamente a $\times_n$ se e só se n é primo (ver Exemplo 6.1.6); por exemplo, $(N_5, +_5, \times_5, 0)$ é corpo, mas $(N_4, +_4, \times_4, 0)$ não é. ∎

Uma outra estrutura algébrica relevante é a álgebra de Boole. Esta estrutura pode ser apresentada de várias maneiras, tendo-se aqui escolhido a que se considera mais adequada aos fins ilustrativos em vista.

Definição 6.2.15 Um *álgebra de Boole*, ou *álgebra booleana*, é uma estrutura algébrica $(A, \theta_1, \theta_2, \theta_3, e_1, e_2)$ tal que

- (A, θ_1, e_1) e (A, θ_2, e_2) são monoides comutativos;
- θ_1 é distributiva em relação a θ_2;
- θ_2 é distributiva em relação a θ_1;

- θ_3 é uma operação unária em A que satisfaz a seguinte propriedade: para cada $x \in A$, e designando por $\overline{x}$ o valor de $\theta_3(x)$, tem-se

$$x\,\theta_1\,\overline{x} = e_2 \quad \text{e} \quad x\,\theta_2\,\overline{x} = e_1. \qquad \blacksquare$$

Exemplo 6.2.16 São exemplos de álgebras de Boole as seguintes estruturas algébricas:

- $(\{0,1\}, \vee, \wedge, \neg, 0, 1)$ onde $\vee$, $\wedge$ e $\neg$ são as operações binárias em $\{0,1\}$ (conjunção, disjunção e negação, respetivamente) definidas de acordo com as tabelas de verdade apresentadas na Secção 1.1.3;
- $(\wp(B), \cup, \cap, \backslash_B, \emptyset, B)$ onde B é um qualquer conjunto e $\backslash_B(C) = B \backslash C$, para cada $C \subseteq B$. $\blacksquare$

Uma álgebra de Boole é muitas vezes denotada genericamente por

$$(A, \vee, \wedge, \neg, 0, 1)$$

designando-se assim a operação θ_1 por $\vee$, a operação θ_2 por $\wedge$ e os elementos e_1 e e_2 por 0 e 1, respetivamente. Também se usa $\sqcup$ em vez de $\vee$, $\sqcap$ em vez de $\wedge$, $\top$ em vez de 1 e $\bot$ em vez de 0.

Uma generalização das estruturas algébricas aqui apresentadas consiste em considerar vários conjuntos suporte (apresentados por vezes como uma família de conjuntos), bem como operações envolvendo diferentes conjuntos. Estas estruturas algébricas constituem o enquadramento matemático para uma abordagem rigorosa aos tipos de dados abstratos [64].

O leitor interessado em aprofundar o conhecimento sobre estruturas algébricas poderá ainda consultar, por exemplo, [18, 21, 24, 50, 53].

6.2.2 Homomorfismos

Uma das principais formas de relacionar dois conjuntos consiste em estabelecer uma aplicação entre eles. Mas, em geral, quando procuramos relacionar dois conjuntos com estrutura não nos limitamos apenas a estabelecer uma aplicação entre os respetivos conjuntos suporte. Procuramos frequentemente saber como é que essa aplicação relaciona a estrutura de um com a estrutura do outro. Quando uma aplicação entre os conjuntos suportes de duas estruturas preserva a estrutura do conjunto de partida, diz-se genericamente que estamos em presença de um *morfismo*. Resta esclarecer o que significa *preservar a estrutura*. No caso das estruturas algébricas (do mesmo tipo), um morfismo $f : A \to B$ preserva a estrutura se preservar as operações e os elementos distinguidos. Preservar um elemento distinguido de A significa que a sua imagem por f tem de ser o elemento distinguido correspondente de B. No caso particular da preservação de uma operação binária θ em A, por exemplo, teremos que existe uma operação ρ em B que lhe corresponde verificando-se que $f(x\theta y) = f(x)\rho f(y)$. Isto significa que os elementos distinguidos e as operações em A podem ser traduzidas para elementos distinguidos e operações em B. O caso das estruturas relacionais será estudado adiante na Secção 6.3.2.

A definição de morfismo entre estruturas algébricas é apresentada na Definição 6.2.21. É usual designar os morfismos entre estruturas algébricas por homomorfismos, designação que usaremos com frequência ao longo deste capítulo. Antes de apresentarmos esta definição para o caso geral, iremos motivá-la introduzindo os casos particulares mais simples dos morfismos entre grupoides e entre monoides.

Definição 6.2.17 Um *homomorfismo entre os grupoides* (A, θ) e (B, ρ) é uma aplicação $f : A \to B$ tal que $\forall_{a_1,a_2 \in A} f(a_1 \theta a_2) = f(a_1) \rho f(a_2)$. ■

Um homomorfismo entre os grupoides (A, θ) e (B, ρ) é assim uma aplicação entre os respetivos suportes que preserva a operação θ, no sentido em que, quaisquer que sejam os elementos a_1 e a_2 de A, a imagem de $a_1 \theta a_2$ é precisamente o resultado de aplicar a operação ρ às imagens de a_1 e de a_2.

Exemplo 6.2.18 Alguns exemplos que ilustram este conceito:

- a aplicação $f : \mathbb{N} \to \mathbb{P}$ dada por $f(x) = 2x$ é um homomorfismo entre os grupoides $(\mathbb{N}, +)$ e $(\mathbb{P}, +)$, onde $\mathbb{P} = \{n \in \mathbb{N} : n \text{ é par}\}$, uma vez que

  $$f(n + k) = 2(n + k) = 2n + 2k = f(n) + f(k)$$

  quaisquer que sejam $n, k \in \mathbb{N}$, mas esta aplicação já não é um homomorfismo entre os grupoides $(\mathbb{N}, \times)$ e $(\mathbb{P}, \times)$, pois, por exemplo

  $$f(3 \times 4) = 2 \times 12 = 24 \neq 48 = (2 \times 3) \times (2 \times 4) = f(3) \times f(4)$$

  e portanto f não preserva a operação $\times$;

- a aplicação $f : \mathbb{R} \to \mathbb{R}$ dada por $f(x) = 0$ é um homomorfismo entre os grupoides $(\mathbb{R}, +)$ e $(\mathbb{R}, \times)$ dado que

  $$f(x + y) = 0 = 0 \times 0 = f(x) \times f(y)$$

  para quaisquer $x, y \in \mathbb{R}$; a aplicação f é também um homomorfismo entre o grupoide $(\mathbb{R}, +)$ e ele próprio e ainda entre o grupoide $(\mathbb{R}, \times)$ e ele próprio;

- a aplicação $f : \mathbb{R} \to \mathbb{R}$ dada por $f(x) = e^x$ é um homomorfismo entre os grupoides $(\mathbb{R}, +)$ e $(\mathbb{R}, \times)$, pois

$$f(x + y) = e^{x+y} = e^x \times e^y = f(x) \times f(y)$$

para quaisquer $x, y \in \mathbb{R}$, mas f não é um homomorfismo entre o grupoide $(\mathbb{R}, +)$ e ele próprio, nem entre o grupoide $(\mathbb{R}, \times)$ e ele próprio. ∎

Consideremos agora o caso de morfismo entre dois monoides. Como o elemento neutro é o elemento distinguido do monoide, e se pretende que um morfismo entre duas estruturas do mesmo tipo preserve toda a estrutura, um morfismo entre monoides, para além de ter de ser um homomorfismo entre grupoides, tem de preservar o elemento neutro[2], no sentido de fazer corresponder ao elemento neutro do monoide de partida o elemento neutro do monoide de chegada.

Definição 6.2.19 Um *homomorfismo entre os monoides* (A, θ, e) e (B, ρ, c) é uma aplicação $f : A \to B$ tal que

- $\forall_{a_1,a_2 \in A} f(a_1 \theta a_2) = f(a_1) \rho f(a_2)$;
- $f(e) = c$. ∎

Nem todos os homomorfismos entre os grupoides subjacentes a dois monoides dão origem a morfismos entre esses monoides, pois o elemento neutro pode não ser preservado, como se ilustra de seguida.

Exemplo 6.2.20 Considerem-se os seguintes exemplos:

- a aplicação $f : \mathbb{N} \to \mathbb{P}$ dada por $f(x) = 2x$ é um homomorfismo entre os monoides $(\mathbb{N}, +, 0)$ e $(\mathbb{P}, +, 0)$;
- a aplicação $f : \mathbb{R} \to \mathbb{R}$ dada por $f(x) = 0$ não é homomorfismo entre os monoides $(\mathbb{R}, +, 0)$ e $(\mathbb{R}, \times, 1)$ uma vez que $f(0) = 0 \neq 1$;
- a aplicação $f : \mathbb{Z} \to \mathbb{Z}$ dada por $f(x) = -x$ é um homomorfismo entre o monoide $(\mathbb{Z}, +, 0)$ e ele próprio;
- a aplicação $f : \mathbb{R} \to \mathbb{R}$ dada por $f(x) = e^x$ é um homomorfismo entre os monoides $(\mathbb{R}, +, 0)$ e $(\mathbb{R}, \times, 1)$;
- a aplicação $f : \mathbb{N}_1 \to \mathbb{N}_1$ dada por $f(x) = x^2$ é um homomorfismo entre entre o monoide $(\mathbb{N}_1, \times, 1)$ e ele próprio;

[2]Em certos contextos, as constantes são vistas como operações 0-árias (isto é, operações sem argumentos). Nessa perspetiva, a preservação do elemento neutro pode ser vista como um caso particular de preservação de uma operação.

- a aplicação $f : \mathbb{N} \to \mathbb{N}$ dada por $f(x) = x^2$ não é um homomorfismo entre o monoide $(\mathbb{N}, +, 0)$ e ele próprio, pois, embora $f(0) = 0$, f não preserva a operação $+$, ou seja, f não é sequer um homomorfismo entre os grupoides subjacentes. ∎

Vejamos agora então a definição genérica de morfismo entre quaisquer duas estruturas algébricas do mesmo tipo. Usa-se a notação prefixa para denotar o resultado das operações, e não a notação infixa, uma vez que as operações poderão não ser operações binárias. Como se espera, um tal morfismo é uma aplicação entre os conjuntos suporte que preserva todas as operações e elementos distinguidos da estrutura origem.

Definição 6.2.21 Sejam $(A, \theta_1, \ldots, \theta_n, e_1, \ldots, e_r)$ e $(B, \rho_1, \ldots, \rho_n, c_1, \ldots, c_r)$ duas estruturas algébricas do mesmo tipo e seja $f : A \to B$ uma aplicação. Diz-se que

- f *preserva a operação* θ_i, com $1 \leq i \leq n$, se, sendo k aridade da θ_i, se tem que

$$\forall_{a_1,\ldots,a_k \in A} f(\theta_i(a_1, \ldots, a_k)) = \rho_i(f(a_1), \ldots, f(a_k));$$

- f *preserva o elemento distinguido* e_i, com $1 \leq i \leq r$, se $f(e_i) = c_i$.

Um *morfismo*, ou *homomorfismo, entre duas estruturas algébricas do mesmo tipo* $\mathcal{A}$ e $\mathcal{B}$ é uma aplicação do conjunto suporte de $\mathcal{A}$ para o conjunto suporte de $\mathcal{B}$ que preserva todas as operações de $\mathcal{A}$ e preserva todos os elementos distinguidos de $\mathcal{A}$. ∎

Para denotar que uma aplicação f é um morfismo entre as estruturas algébricas do mesmo tipo $\mathcal{A}$ e $\mathcal{B}$ pode escrever-se

$$f : \mathcal{A} \to \mathcal{B}.$$

Pode omitir-se a referência a que as estruturas são do mesmo tipo, ficando implícito que é esse o caso. Em vez de morfismo, ou homomorfismo, entre duas estruturas algébricas $\mathcal{A}$ e $\mathcal{B}$, também podemos dizer que temos um morfismo, ou homomorfismo, da estrutura algébrica $\mathcal{A}$ para a estrutura algébrica $\mathcal{B}$, ou de $\mathcal{A}$ para $\mathcal{B}$. Se as estruturas algébricas em causa são grupoides, por exemplo, podemos também dizer que estamos em presença de um morfismo, ou homomorfismo, de grupoides. O mesmo acontece no caso de outras estruturas com designações próprias. Se não existir ambiguidade, ou for irrelevante para o fim em vista, pode omitir-se a referência às estruturas algébricas em causa, ou ao tipo dessas estruturas, podendo então falar-se apenas de homomorfismo.

Consideram-se as seguintes classificações de homomorfismos.

Definição 6.2.22 Um homomorfismo f diz-se

- *monomorfismo* se f é uma aplicação injetiva;
- *epimorfismo* se f é uma aplicação sobrejetiva;
- *endomorfismo* se é um homomorfismo de uma estrutura algébrica para si própria;
- *automorfismo* se f é uma aplicação bijetiva e um endomorfismo. ∎

Dado que um homomorfismo é uma aplicação, é também frequente falar-se em homomorfismo injetivo, sobrejetivo e bijetivo.

Exemplo 6.2.23 Alguns exemplos que ilustram os conceitos anteriores, alguns dos quais relativos aos morfismos já referidos no Exemplo 6.2.20:

- o homomorfismo de monoides $f : (\mathbb{R}, +, 0) \to (\mathbb{R}, \times, 1)$ com f dada por $f(x) = e^x$ é monomorfismo mas não é epimorfismo;
- o homomorfismo de monoides $f : (\mathbb{N}_1, \times, 1) \to (\mathbb{N}_1, \times, 1)$ com f dada por $f(x) = x^2$ é endomorfismo e monomorfismo, mas não é epimorfismo;
- o homomorfismo de monoides $f : (\mathbb{Z}, +, 0) \to (\mathbb{Z}, +, 0)$ com f dada por $f(x) = -x$ é endomorfismo e é também automorfismo, uma vez que é uma bijeção;
- a aplicação $f : \mathbb{Z} \to \mathbb{Z}$ dada por $f(x) = -x$ não é um homomorfismo do anel $(\mathbb{Z}, +, \times, 0)$ para si próprio, pois, embora f preserve a operação $+$ e o elemento distinguido 0, ela não preserva a operação $\times$;
- a aplicação $f : \mathbb{Z} \to N_2$, dada por $f(x) = 0$ se x é um múltiplo de 2 e $f(x) = 1$ em caso contrário, é um homomorfismo entre os anéis $(\mathbb{Z}, +, \times, 0)$ e $(N_2, +_2, \times_2, 0)$, que é epimorfismo, mas não é monomorfismo;
- a aplicação $f : \mathbb{Q} \to \mathbb{R}$ dada por $f(x) = 1$ não é um homomorfismo entre os corpos $(\mathbb{Q}, +, \times, 0, 1)$ e $(\mathbb{R}, +, \times, 0, 1)$, pois, embora f preserve as operações $+$ e $\times$ e o elemento distinguido 1, ela não preserva o elemento distinguido 0;
- a aplicação $f : \mathbb{Q} \to \mathbb{R}$ dada por $f(x) = x$ é um homomorfismo entre os corpos $(\mathbb{Q}, +, \times, 0, 1)$ e $(\mathbb{R}, +, \times, 0, 1)$, que é monomorfismo, mas não é epimorfismo;

- a aplicação $f : \{0,1\} \to \wp(B)$ dada por $f(0) = \emptyset$ e $f(1) = B$ é um homomorfismo da álgebra de Boole $(\{0,1\}, \vee, \wedge, \neg, 0, 1)$ para a álgebra de Boole $(\wp(B), \cup, \cap, \backslash_B, \emptyset, B)$, que é monomorfismo sse $B \neq \emptyset$, e que é epimorfismo sse B tem no máximo um elemento. ∎

Vejamos agora algumas propriedades dos morfismos entre estruturas algébricas. Comecemos com a propriedade de que os homomorfismos de monoides preservam os inversos.

Proposição 6.2.24 Se a aplicação $f : A \to B$ é um homomorfismo entre os monoides (A, θ, e) e (B, ρ, c), então f preserva os inversos, isto é, se $a \in A$ tem inverso $a^{-1} \in A$ então $f(a) \in B$ tem inverso $f(a)^{-1} \in B$ e $f(a)^{-1} = f(a^{-1})$.

Demonstração: Seja a um elemento qualquer em A com inverso $a^{-1} \in A$. Então

$$\begin{aligned} f(a^{-1})\rho f(a) &= f(a^{-1}\theta a) && (f \text{ preserva } \theta) \\ &= f(e) && (a^{-1} \text{ é inverso de } a \text{ para } \theta) \\ &= c && (f \text{ preserva o elemento neutro}) \end{aligned}$$

e, analogamente, $f(a)\rho f(a^{-1}) = f(a\theta a^{-1}) = f(e) = c$. Logo, conclui-se que $f(a^{-1}) = f(a)^{-1}$. ∎

Por definição de morfismo entre estruturas algébricas do mesmo tipo, para que uma aplicação $f : A \to B$ seja um morfismo entre os grupos (A, θ, e) e (B, ρ, c), basta que preserve a operação θ e o elemento e, requisito que é o mesmo que é exigido para que a aplicação f seja um morfismo entre os monoides (A, θ, e) e (B, ρ, c) subjacentes. Num primeiro momento, tal pode parecer estranho, uma vez que sabemos que num grupo, para além da existência do elemento neutro, todos os elementos têm inverso. Ora, pareceria natural exigir que esses inversos fossem também preservados. No entanto, como consequência da Proposição 6.2.24 anterior, não é de facto necessário exigir essa preservação dos inversos, pois ela decorre da preservação da operação θ e do elemento neutro e, e portanto decorre do facto de se exigir apenas que se esteja em presença de um morfismo entre os monoides subjacentes.

Por sua vez, uma aplicação $f : A \to B$ é um morfismo entre os anéis $(A, \theta_1, \theta_2, e)$ e (B, ρ_1, ρ_2, c) se preservar θ_1, θ_2 e e. De modo análogo, tal é suficiente para garantir a preservação dos inversos em relação a θ_1. Observações semelhantes podem ser feitas quando estamos em presença de corpos $(A, \theta_1, \theta_2, e_1, e_2)$ e $(B, \rho_1, \rho_2, c_1, c_2)$, e não apenas anéis. Exigir que $f : A \to B$ também preserve e_2 vai implicar a preservação dos inversos em relação a θ_2.

Vejamos agora outras propriedades dos homomorfismos. Como já ilustrámos atrás, o facto de $f : (A, \theta) \to (B, \rho)$ ser um morfismo entre dois grupoides não garante que f preserve o eventual elemento neutro de θ. No entanto, esta preservação é garantida desde que se verifiquem algumas condições. Em primeiro lugar, a preservação do elemento neutro verifica-se desde que estejamos em presença de dois grupos. Portanto, para além de estarmos em presença de operações associativas e com elemento neutro, como nos monoides, sabemos que neste caso todos os elementos têm inverso.

Proposição 6.2.25 Sejam (A, θ, e) e (B, ρ, c) dois grupos e $f : A \to B$ uma aplicação que preserva a operação θ. Então, f preserva o elemento neutro e.

Demonstração: Sejam (A, θ, e), (B, ρ, c) e f nas condições do enunciado. Então

(i) como e é elemento neutro de θ e f preserva a operação θ tem-se que $f(e)\rho f(e) = f(e\theta e) = f(e)$;

(ii) como todo o elemento de B tem inverso tem-se $f(e)\rho f(e)^{-1} = c$;

(iii) finalmente, como ρ é associativa com elemento neutro c tem-se

$$\begin{array}{c} f(e)\,\rho\, f(e)^{-1} = c \\ \Downarrow \\ f(e)\,\rho\,(f(e)\,\rho\, f(e)^{-1}) = f(e)\,\rho\, c \\ \Downarrow \\ (f(e)\,\rho\, f(e))\,\rho\, f(e)^{-1} = f(e)\,\rho\, c \\ \Downarrow \quad (\text{por (i)}) \\ f(e)\,\rho\, f(e)^{-1} = f(e)\rho c \\ \Downarrow \quad (\text{por (ii)}) \\ c = f(e). \end{array}$$

■

Embora o facto de (A, θ, e) e (B, ρ, c) serem dois monoides não garanta que qualquer homomorfismo $f : (A, \theta) \to (B, \rho)$ entre os grupoides subjacentes preserve a estrutura do monoide, pois pode não haver preservação do elemento neutro, se os monoides forem grupos, então qualquer homomorfismo $f : (A, \theta) \to (B, \rho)$ preserva toda a estrutura do grupo.

Corolário 6.2.26 Se (A, θ, e) e (B, ρ, c) são grupos e se a aplicação $f : A \to B$ é um homomorfismo entre os grupoides (A, θ) e (B, ρ) então f é um homomorfismo entre os grupos (A, θ, e) e (B, ρ, c). ■

Igualmente se verifica a preservação do elemento neutro se um morfismo de grupoides $f : (A, \theta) \to (B, \rho)$ for sobrejetivo. Mais ainda, nesse caso, então, se θ for associativa ρ também o é, e se θ for comutativa ρ também o é, para além de serem preservados o elemento neutro e inversos, se existirem. Assim, e em particular, se $f : (A, \theta) \to (B, \rho)$ for um epimorfismo entre dois grupoides, então, se (A, θ, e) é um monoide, $(B, \rho, f(e))$ também o é e f é um homomorfismo entre esses monoides.

Proposição 6.2.27 Seja $f : (A, \theta) \to (B, \rho)$ um epimorfismo entre dois grupoides. Então

(i) se θ é associativa então ρ é associativa;

(ii) se θ é comutativa então ρ é comutativa;

(iii) se e é elemento neutro para θ então $f(e)$ é elemento neutro para ρ;

(iv) se $a \in A$ tem inverso então $f(a)$ tem inverso em B e $f(a)^{-1} = f(a^{-1})$.

Demonstração:

(i) Suponha-se que θ é associativa. Quer-se demonstrar que ρ é associativa. Sejam então $b_1, b_2, b_3 \in B$. Como f é sobrejetiva existem $a_1, a_2, a_3 \in A$ tais que $b_1 = f(a_1)$, $b_2 = f(a_2)$ e $b_3 = f(a_3)$. Assim

$$\begin{aligned}
(b_1 \,\rho\, b_2)\,\rho\, b_3 &= (f(a_1)\,\rho\, f(a_2))\,\rho\, f(a_3) \\
&= f(a_1\,\theta\, a_2)\,\rho\, f(a_3) && (f \text{ preserva } \theta) \\
&= f((a_1\,\theta\, a_2)\,\theta\, a_3) && (f \text{ preserva } \theta) \\
&= f(a_1\,\theta\,(a_2\,\theta\, a_3)) && (\theta \text{ é associativa}) \\
&= f(a_1)\,\rho\,(f(a_2\,\theta\, a_3)) && (f \text{ preserva } \theta) \\
&= f(a_1)\,\rho\,(f(a_2)\,\rho\, f(a_3)) && (f \text{ preserva } \theta) \\
&= b_1\,\rho\,(b_2\,\rho\, b_3).
\end{aligned}$$

(ii) Demonstração análoga à de (i).

(iii) Suponha-se que e é elemento neutro para θ. Quer-se demonstrar que $f(e)$ é elemento neutro para ρ. Seja $b \in B$ qualquer. Como f é sobrejetiva, existe $a \in A$ tal que $b = f(a)$. Então $b\,\rho\, f(e) = b$ porque

$$b\,\rho\, f(e) = f(a)\,\rho\, f(e) = f(a\,\theta\, e) = f(a) = b.$$

Do mesmo modo se demonstra que $f(e)\,\rho\, b = b$.

(iv) Decorre de (iii), tal como na demonstração da Proposição 6.2.24 (note-se que na demonstração dessa proposição não é necessário que a operação seja associativa). ■

6.2.3 Conjunto quociente e homomorfismo natural

Esta secção é dedicada à construção de estruturas algébricas baseadas em conjuntos quocientes e respetivos homomorfismos, ditos homomorfismos naturais, ou canónicos, entre a estrutura de base e a estrutura que envolve o conjunto quociente.

Suponha-se que temos um conjunto A e que R é uma relação de equivalência em A. Recorde-se que a noção de relação de equivalência foi introduzida na Definição 3.2.1. Pode então construir-se o conjunto quociente de A segundo R (recorde-se a Definição 3.2.12), ou seja

$$A/R = \{[x]_R : x \in A\}.$$

Suponha-se agora que temos uma operação n-ária em A, operação que vamos a seguir designar por θ_A, e que, ao construir o conjunto quociente A/R, queremos também equipá-lo com uma operação, que a seguir designaremos por $\theta_{A/R}$, que "imite" a operação θ_A no seguinte sentido

$$\theta_{A/R}([a_1]_R, \ldots, [a_n]_R) = [\theta_A(a_1, \ldots, a_n)]_R$$

quaisquer que sejam $a_1, \ldots, a_n \in A$. Usando a noção de morfismo, tal significa dizer que a aplicação natural, ou canónica, de A em A/R

$$f : A \to A/R \qquad \text{dada por} \qquad f(x) = [x]$$

é um homomorfismo entre (A, θ_A) e $(A/R, \theta_{A/R})$.

Uma questão que se pode colocar é a de saber se será sempre possível definir tal operação $\theta_{A/R}$. Ou saber que condições se terão de verificar para que seja possível defini-la. Uma vez que qualquer elemento de A/R é do tipo $[a]_R$ para algum elemento $a \in A$, à partida nada nos impede de definir a operação $\theta_{A/R}$ precisamente como sendo a aplicação

$$\begin{gathered} \theta_{A/R} : (A/R)^n \to A/R \\ \text{dada por} \\ \theta_{A/R}([a_1]_R, \ldots, [a_n]_R) = [\theta_A(a_1, \ldots, a_n)]_R. \end{gathered}$$

No entanto, quando se define uma função $\theta_{A/R}$ sobre classes de equivalência à custa de uma outra função θ que se aplica aos representantes dessas classes, é fundamental garantir, para que $\theta_{A/R}$ esteja bem definida, que o seu resultado não depende dos particulares representantes escolhidos para as classes. Mais precisamente, é necessário que

$$\begin{gathered}\text{se } [a_1]_R = [b_1]_R \text{ e} \ldots \text{ e } [a_n]_R = [b_n]_R \\ \text{então} \\ [\theta_A(a_1, \ldots, a_n)]_R \\ = \\ \theta_{A/R}([a_1]_R, \ldots, [a_n]_R) \\ = \\ \theta_{A/R}([b_1]_R, \ldots, [b_n]_R) \\ = \\ [\theta_A(b_1, \ldots, b_n)]_R\end{gathered} \tag{6.1}$$

quaisquer que sejam $a_1, \ldots, a_n, b_1, \ldots, b_n \in A$. Quando tal se verifica diz-se que a operação θ_A é compatível com a relação de equivalência R.

Definição 6.2.28 Seja R uma relação de equivalência num conjunto A. Uma operação n-ária θ_A em A, com $n \geq 1$, diz-se *compatível* com R se

$$\forall_{a_1,\ldots,a_n,b_1,\ldots,b_n \in A}(a_1 \, R \, b_1 \wedge \ldots \wedge a_n \, R \, b_n \Rightarrow \theta_A(a_1, \ldots, a_n) \, R \, \theta_A(b_1, \ldots, b_n)).$$

Se $\mathcal{A}$ é uma estrutura algébrica com conjunto suporte A e R é compatível com todas as operações sobre A definidas na estrutura, então R é uma *congruência*, ou uma *relação de congruência*, em $\mathcal{A}$. ■

Proposição 6.2.29 Seja R uma relação de equivalência num conjunto A e seja θ_A uma operação n-ária em A, com $n \geq 1$, compatível com R. A aplicação natural $f : A \to A/R$ é um homomorfismo entre (A, θ_A) e $(A/R, \theta_{A/R})$, onde $\theta_{A/R}$ é a operação n-ária em A/R dada por $\theta_{A/R}([a_1]_R, \ldots, [a_n]_R) = [\theta_A(a_1, \ldots, a_n)]_R$.

Demonstração: Tendo em conta (6.1), a Definição 6.2.28 e 2 da Proposição 3.2.11, conclui-se que $\theta_{A/R}$ está bem definida e portanto é de facto uma operação em A/R. Logo, dados $a_1, \ldots, a_n \in A$, tem-se

$$\begin{aligned} f(\theta_A(a_1, \ldots, a_n)) &= [\theta_A(a_1, \ldots, a_n)]_R \\ &= \theta_{A/R}([a_1]_R, \ldots, [a_n]_R) \\ &= \theta_{A/R}(f(a_1), \ldots, f(a_n)) \end{aligned}$$

e portanto f é um homomorfismo entre (A, θ_A) e $(A/R, \theta_{A/R})$. ■

A operação $\theta_{A/R}$ em A/R referida na Proposição 6.2.29 diz-se obtida da operação θ_A por passagem ao quociente pela relação R. O homomorfismo $f : A \to A/R$ referido na mesma proposição diz-se *homomorfismo natural*, ou *canónico*.

Exemplo 6.2.30 Recorde-se a relação R_2 definida sobre o conjunto $\mathbb{N}$ no Exemplo 3.2.15: $a\,R_2\,b$ se e só se a e b têm o mesmo resto na divisão inteira por 2. Vimos que

$$\mathbb{N}/R_2 = \{[0],[1]\}$$

onde $[0]$ é o conjunto dos naturais pares e $[1]$ é o conjunto dos naturais ímpares. A adição e a multiplicação em $\mathbb{N}$ são compatíveis com a relação R_2, pelo que R_2 é uma relação de congruência em $(\mathbb{N},+,\times)$. Podemos então definir sobre $\mathbb{N}/R_2$ as operações obtidas de $+$ e $\times$ por passagem ao quociente pela relação R_2, que designaremos pelo mesmo símbolo que as operações de adição e multiplicação de naturais, dadas por

$$[a]+[b]=[a+b] \qquad \text{e} \qquad [a]\times[b]=[a\times b]$$

para cada $[a],[b] \in \mathbb{N}/R_2$. Tem-se então

$+$	$[0]$	$[1]$
$[0]$	$[0]$	$[1]$
$[1]$	$[1]$	$[0]$

$\times$	$[0]$	$[1]$
$[0]$	$[0]$	$[0]$
$[1]$	$[0]$	$[1]$

Note-se, em particular, que $[1]+[1]=[1+1]=[2]=[0]$. A aplicação natural de $\mathbb{N}$ em $\mathbb{N}/R_2$ é um homomorfismo entre $(\mathbb{N},+,\times)$ e $(\mathbb{N}/R_2,+,\times)$.

Pode fazer-se um raciocínio semelhante considerando agora a relação de equivalência R_5 definida no Exemplo 3.2.16, e o mesmo acontece com as relações de equivalência R_n definidas por "$a\,R_n\,b$ se e só se a e b têm o mesmo resto na divisão inteira por n", para cada $n \in \mathbb{N}_1$.

A terminar, observe-se que a estrutura $(\mathbb{N}/R_2,+,\times,[0],[1])$ é um corpo, e o mesmo acontece com $(\mathbb{N}/R_5,+,\times,[0],[1])$, mas, por exemplo, embora a estrutura $(\mathbb{N}/R_4,+,\times,[0])$ seja um anel, $(\mathbb{N}/R_4,+,\times,[0],[1])$ não é um corpo ($[2]$ não tem inverso relativamente a $\times$, por exemplo). No caso geral, $(\mathbb{N}/R_n,+,\times,[0])$ é um anel para cada $n \in \mathbb{N}_1$, e $(\mathbb{N}/R_n,+,\times,[0],[1])$ é um corpo se e só se n é primo.

Deixa-se como exercício ao leitor a justificação das propriedades enunciadas neste exemplo (Exercício 15 da Secção 6.6). ∎

Um exemplo mais elaborado que ilustra estes conceitos será apresentado adiante, no Exemplo 6.5.5, em que revisitaremos a construção dos números racionais a partir do conjunto dos inteiros.

6.3 Estruturas relacionais e seus morfismos

No Capítulo 3 já apresentámos estruturas relacionais constituídas por um conjunto A e uma relação binária R em A. Nesta secção generalizamos a noção de estrutura relacional de forma a poder incluir várias relações, não necessariamente binárias. Apresenta-se também a noção de morfismo entre estruturas relacionais. Dá-se particular ênfase às estruturas envolvendo relações de ordem e aos morfismos entre elas.

6.3.1 Estruturas relacionais

Apresenta-se de seguida a noção de estrutura relacional.

Definição 6.3.1 Uma *estrutura relacional*, ou *sistema relacional*, é constituída por um conjunto A, dito conjunto *suporte* da estrutura, e por n relações $R_1, \ldots, R_n$ em A, com $n \geq 1$. Usa-se o tuplo

$$(A, R_1, \ldots, R_n)$$

para representar uma estrutura relacional.

Diz-se que duas estruturas $(A, R_1, \ldots, R_n)$ e $(B, S_1, \ldots, S_k)$ são *do mesmo tipo* se $n = k$ e as aridades de R_j e S_j são iguais para cada $1 \leq j \leq n$. ∎

Note-se que as relações envolvidas numa estrutura não têm de ser necessariamente binárias.

O número de relações na estrutura não tem de ser finito, embora aqui só consideremos esse caso. Também consideraremos na maior parte dos casos apenas estruturas com conjunto suporte não vazio.

Exemplo 6.3.2 Um *grafo*, ou *grafo orientado*, é constituído por um conjunto, a cujos elementos se dá o nome de *vértices* ou *pontos*, e um conjunto de *setas* entre esses vértices. Assim, um grafo pode ser representado por uma estrutura relacional

$$\mathcal{G} = (V, R)$$

onde V é conjunto dos vértices e R é uma relação binária em V. Se $(c, d) \in R$ diz-se que (c, d) é uma *seta de c para d* e que c e d são os pontos *origem* e *destino* da seta, respetivamente. Por exemplo,

$$\mathcal{G} = (\{a, b, c, d\}, \{(a, b), (b, a), (b, c)\})$$

corresponde ao grafo com quatro vértices e três setas representado graficamente na Figura 6.1. ∎

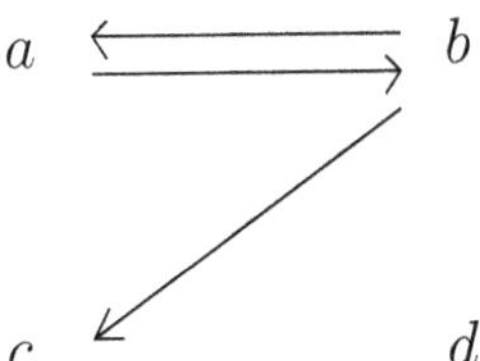

Figura 6.1: Exemplo de grafo

Exemplo 6.3.3 Um outro exemplo de estrutura relacional é $(\mathbb{R}^2, \prec_1, \prec_2)$ onde $\prec_1$ e $\prec_2$ são as relações binárias em $\mathbb{R}^2$ dadas por

- $(a_1, a_2) \prec_1 (b_1, b_2)$ se e só se $a_1 < b_1$ e $a_2 < b_2$;
- $(a_1, a_2) \prec_2 (b_1, b_2)$ se e só se $a_1 < b_1$ ou $(a_1 = b_1$ e $a_2 < b_2)$.

Nesta estrutura relacional estão presentes duas formas de ordenar pares de números reais. No caso de $\prec_1$ cada componente de um par é menor que respetiva componente do outro par. A relação $\prec_2$ corresponde ao que usualmente se designa por ordem lexicográfica (ver Exercício 36 da Secção 3.4). ■

Exemplo 6.3.4 Os conjuntos parcialmente ordenados são exemplos particularmente importantes de estruturas relacionais. Recorde (ver Secção 3.3.1) que um conjunto parcialmente ordenado é uma estrutura do tipo $(A, \preceq)$ onde a relação binária $\preceq$ no conjunto A é uma ordem parcial. Exemplos comuns de conjuntos parcialmente ordenados são as estruturas

$$(\mathbb{R}, \leq) \quad \text{e} \quad (\wp(A), \subseteq)$$

onde $\leq$ é a usual relação de ordem nos reais, A é um conjunto e $\subseteq$ a relação "é subconjunto de" (ou, "contido ou igual a"). ■

6.3.2 Morfismos de estruturas relacionais

Apresenta-se agora a noção de morfismo entre duas estruturas relacionais do mesmo tipo. Como referimos, um morfismo é uma aplicação que preserva a estrutura. Um morfismo entre duas estruturas relacionais do mesmo tipo é uma aplicação entre os respetivos conjuntos suporte que preserva as relações associadas ao conjunto de partida quando as passa para o conjunto de chegada, no sentido que se indica na definição seguinte.

Definição 6.3.5 Sejam $(A, R_1, \ldots, R_n)$ e $(B, S_1, \ldots, S_n)$ duas estruturas relacionais do mesmo tipo e seja $f : A \to B$ uma aplicação. Diz-se que f *preserva* a relação R_i, com $1 \leq i \leq n$, se, sendo k aridade de R_i, se tem que

$$\forall_{x_1,\ldots,x_k \in A}((x_1, \ldots, x_k) \in R_i \Rightarrow (f(x_1), \ldots, f(x_k)) \in S_i).$$

Um *morfismo* entre estruturas relacionais do mesmo tipo $\mathcal{A}$ e $\mathcal{B}$ é uma aplicação do conjunto suporte de $\mathcal{A}$ para o conjunto suporte de $\mathcal{B}$ que preserva todas as relações de $\mathcal{A}$. ■

Para denotar que uma aplicação f é um morfismo entre as estruturas relacionais do mesmo tipo $\mathcal{A}$ e $\mathcal{B}$ pode escrever-se

$$f : \mathcal{A} \to \mathcal{B}.$$

A existência de um morfismo f entre duas estruturas relacionais do mesmo tipo garante que se um dado tuplo de elementos do conjunto suporte da primeira estrutura satisfaz uma relação R, então o tuplo das respetivas imagens por f também satisfaz a relação S correspondente.

Para simplificar, pode omitir-se a referência a que as estruturas são do mesmo tipo, ficando implícito que é esse o caso. Em vez de morfismo entre duas estruturas relacionais $\mathcal{A}$ e $\mathcal{B}$, também podemos dizer que temos um morfismo da estrutura relacional $\mathcal{A}$ para a estrutura relacional $\mathcal{B}$, ou de $\mathcal{A}$ para $\mathcal{B}$. Se não houver ambiguidade, ou for irrelevante para o fim em vista, pode omitir-se a referência às estruturas relacionais em causa, ou ao tipo dessas estruturas, podendo falar-se apenas de morfismo.

Entre as estruturas relacionais mais importantes estão as estruturas constituídas simplesmente por um conjunto e uma relação binária nesse conjunto. Quando consideramos apenas tais estruturas relacionais podemos reformular a definição de morfismo usando as notações usuais para as relações binárias: um morfismo entre (A, R) e (B, S) é uma aplicação $f : A \to B$ que satisfaz

$$\forall_{x,y \in A}(xRy \Rightarrow f(x)Sf(y)).$$

Os morfismos entre conjuntos parcialmente ordenados têm particular interesse em diversas áreas, sendo também objeto de terminologia própria. É frequente designar um morfismo $f : (A, \preceq_A) \to (B, \preceq_B)$ entre conjuntos parcialmente ordenados por *aplicação monótona* entre A e B, ou de A para B.

Exemplo 6.3.6 Seguem-se mais alguns exemplos que ilustram este conceito:

- a função identidade em $\mathbb{N}$ é um morfismo entre $(\mathbb{N}, =)$ e $(\mathbb{N}, \leq)$ e também é um morfismo entre $(\mathbb{N}, =)$ e $(\mathbb{N}, \geq)$;

- a função inclusão de $\mathbb{N}$ em $\mathbb{Z}$ é um morfismo entre $(\mathbb{N}, \leq)$ e $(\mathbb{Z}, \leq)$, bem como um morfismo entre $(\mathbb{N}, <)$ e $(\mathbb{Z}, \neq)$;
- a aplicação $f : \mathbb{N}_1 \to \mathbb{Z}$ dada por $f(x) = 2x$ é um morfismo entre $(\mathbb{N}_1, \leq)$ e $(\mathbb{Z}, \leq)$;
- a aplicação $f : \mathbb{N}_1 \to \mathbb{Z}$ dada por $f(x) = -x$ não é um morfismo entre $(\mathbb{N}_1, \leq)$ e $(\mathbb{Z}, \leq)$ pois

$$2 \leq 3 \quad \text{e} \quad f(2) = -2 \not\leq -3 = f(3)$$

por exemplo, mas f já é um morfismo entre $(\mathbb{N}_1, \leq)$ e $(\mathbb{Z}, \geq)$;
- a aplicação $f : \wp(A) \to \wp(A)$ dada por $f(B) = A \backslash B$ não é um morfismo entre $(\wp(A), \subseteq)$ e $(\wp(A), \subseteq)$ quando A é um conjunto não vazio, pois

$$\emptyset \subseteq A \quad \text{e} \quad f(\emptyset) = A \backslash \emptyset = A \not\subseteq \emptyset = A \backslash A = f(A)$$

por exemplo, mas f é um morfismo entre $(\wp(A), \subseteq)$ e $(\wp(A), \supseteq)$, qualquer que seja o conjunto A;
- a aplicação $f : \wp(A) \to \mathbb{N}$ dada por $f(B) = \#B$, onde A é um conjunto finito, é um morfismo entre $(\wp(A), \subseteq)$ e $(\mathbb{N}, \leq)$. ∎

Exemplo 6.3.7 Este exemplo envolve morfismos de grafos. Sejam

$$\mathcal{G}_1 = (\{1, 2, 3\}, \{(1, 2), (2, 3)\}) \text{ e } \mathcal{G}_2 = (\{a, b, c, d\}, \{(a, b), (a, c), (b, d)\})$$

dois grafos que podemos representar graficamente como na Figura 6.2.

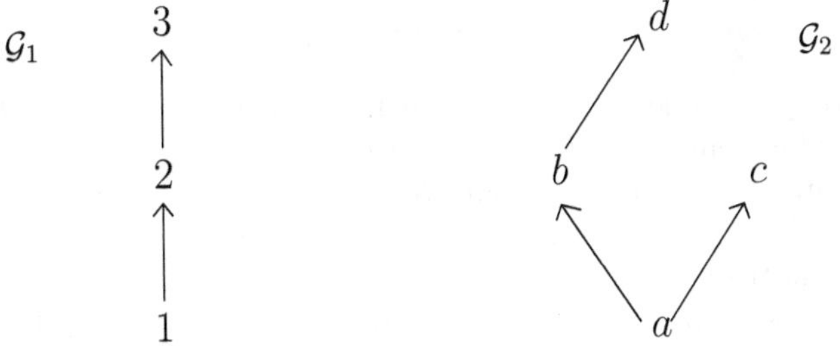

Figura 6.2: Grafos $\mathcal{G}_1$ e $\mathcal{G}_2$

A aplicação $f : \{1, 2, 3\} \to \{a, b, c, d\}$ dada por $f(1) = a$, $f(2) = b$ e $f(3) = d$ é um morfismo entre $\mathcal{G}_1$ e $\mathcal{G}_2$. Com efeito, e designando por R_1 e R_2 as relações envolvidas em $\mathcal{G}_1$ e $\mathcal{G}_2$, respetivamente, tem-se que $1R_12$ e $f(1)R_2f(2)$ bem como $2R_13$ e $f(2)R_2f(3)$. Observe-se que, graficamente, tal corresponde ao facto de cada seta de $\mathcal{G}_1$ ser transformada numa seta de $\mathcal{G}_2$ cujo ponto origem é imagem do ponto origem da seta de $\mathcal{G}_1$, o mesmo acontecendo relativamente ao ponto destino, como se ilustra na Figura 6.3.

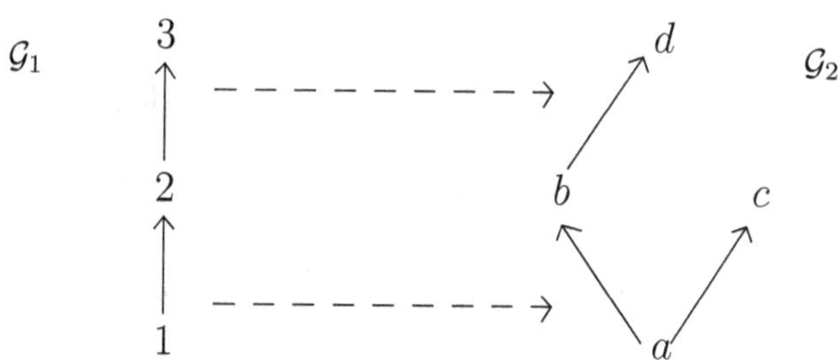

Figura 6.3: Morfismo entre $\mathcal{G}_1$ e $\mathcal{G}_2$

Já a aplicação $f : \{1,2,3\} \to \{a,b,c,d\}$ dada por $f(1) = a$, $f(2) = d$ e $f(3) = c$ não é um morfismo entre $\mathcal{G}_1$ e $\mathcal{G}_2$. Em particular, tem-se $2R_13$ mas não é verdade que $f(2)R_2f(3)$. Isto significa que há uma seta de 2 para 3 mas não há uma seta de $f(2)$ para $f(3)$.

Também a aplicação $f : \{1,2,3\} \to \{a,b,c,d\}$ dada por $f(1) = a$, $f(2) = d$ e $f(3) = b$ não é um morfismo entre $\mathcal{G}_1$ e $\mathcal{G}_2$ (porquê?). ∎

Os morfismos entre conjuntos parcialmente ordenados têm particular interesse em certas áreas, sendo frequentemente objeto de terminologia própria. Como referimos, um morfismo

$$f : (A, \preceq_A) \to (B, \preceq_B)$$

entre conjuntos parcialmente ordenados é também muitas vezes referido por *aplicação monótona* entre A e B.

São ainda úteis as seguintes designações que envolvem também as relações $\prec$, $\succ$, $\succeq$ associadas a uma relação de ordem $\preceq$ (ver Secção 3.3.1).

Seja uma aplicação $f : A \to B$, e suponha-se que aos conjuntos A e B estão associadas relações de ordem $\preceq_A$ e $\preceq_B$, respetivamente. Diz-se então que

- f é *antimonótona* se $\forall_{x,y \in A}(x \preceq_A y \Rightarrow f(x) \succeq_B f(y))$;
- f é *estritamente monótona* se $\forall_{x,y \in A}(x \prec_A y \Rightarrow f(x) \prec_B f(y))$;
- f é *estritamente antimonótona* se $\forall_{x,y \in A}(x \prec_A y \Rightarrow f(x) \succ_B f(y))$.

Exemplo 6.3.8 Apresentam-se alguns exemplos que ilustram estes conceitos. Considere-se a ordem $\leq$ usual dos reais. Então

- a aplicação $f : \mathbb{R} \to \mathbb{R}$ dada por $f(x) = 2x$ é estritamente monótona;
- a aplicação $f : \mathbb{R} \to \mathbb{R}$ dada por $f(x) = -2x$ é estritamente antimonótona;
- a aplicação identidade em $\mathbb{R}$ é estritamente monótona;
- as aplicações constantes são monótonas e antimonótonas.

Seja A um conjunto e $\subseteq$ a relação em $\wp(A)$. A aplicação $f : \wp(A) \to \wp(A)$ dada por $f(B) = A \backslash B$ é estritamente antimonótona. ■

Seguem-se alguns resultados relevantes que podemos estabelecer para este tipo de aplicações.

Proposição 6.3.9 Sejam $(A, \preceq_A)$ e $(B, \preceq_B)$ dois conjuntos parcialmente ordenados e suponha-se que a ordem $\preceq_A$ é uma ordem total.

1. Se $f : A \to B$ é estritamente monótona ou estritamente antimonótona então f é injetiva.
2. Se $f : A \to B$ é uma bijeção estritamente monótona então $f^{-1} : B \to A$ também é estritamente monótona.
3. Se $f : A \to B$ é uma bijeção estritamente antimonótona então $f^{-1} : B \to A$ também é estritamente antimonótona.

Demonstração: Sejam $(A, \preceq_A)$ e $(B, \preceq_B)$ nas condições do enunciado.

1. Suponha-se que $f : A \to B$ é estritamente monótona (o caso em que é estritamente antimonótona é análogo). Sejam $a_1, a_2 \in A$ tais que $a_1 \neq a_2$. Tem de demonstrar-se que $f(a_1) \neq f(a_2)$.

Como $\preceq_A$ é uma ordem total, temos necessariamente que ou $a_1 \preceq_A a_2$ ou $a_2 \preceq_A a_1$. Mas como $a_1 \neq a_2$, tem-se ou $a_1 \prec_A a_2$ ou $a_2 \prec_A a_1$. Logo, porque f é estritamente monótona, ou $f(a_1) \prec_B f(a_2)$ ou $f(a_2) \prec_B f(a_1)$. Assim, em qualquer dos casos, tem-se $f(a_1) \neq f(a_2)$ como pretendido.

2. Suponha-se que $f : A \to B$ é uma bijeção estritamente monótona. Quer-se demonstrar que $f^{-1} : B \to A$ também é estritamente monótona. Assim, dados $b_1, b_2 \in B$ tais que $b_1 \prec_B b_2$, tem de demonstrar-se que $f^{-1}(b_1) \prec_A f^{-1}(b_2)$.

Como $\preceq_A$ é uma ordem total, existem três hipóteses

$$f^{-1}(b_1) = f^{-1}(b_2) \tag{6.2}$$

$$f^{-1}(b_1) \prec_A f^{-1}(b_2) \tag{6.3}$$

$$f^{-1}(b_2) \prec_A f^{-1}(b_1) \tag{6.4}$$

No caso (6.2) tem-se

$$f(f^{-1}(b_1)) = f(f^{-1}(b_2))$$

isto é, $b_1 = b_2$, o que contradiz $b_1 \prec_B b_2$. No caso (6.4), como f é estritamente monótona, tem-se

$$f(f^{-1}(b_1)) \prec_B f(f^{-1}(b_2))$$

isto é, $b_2 \prec_B b_1$, o que contradiz $b_1 \prec_B b_2$ (porquê?). Logo ter-se-á necessariamente (6.3).

3. Demonstração semelhante a 2. ∎

Um *ponto fixo* de uma função f é um valor y tal que $f(y) = y$. Em certas condições, a aplicação repetida da mesma função f a um valor inicial x, ou seja, $f(f(f(...f(x)...)))$ estabiliza num valor final y, que já não é alterado por adicionais aplicações da função, ou seja, é um ponto fixo de f. No contexto das linguagens de programação, no âmbito do que é designado por semântica denotacional de programas [74], o significado rigoroso de diversas construções é definido à custa da noção de ponto fixo. A aplicação repetida de uma função pode servir também de ferramenta de programação. A título ilustrativo refira-se que a linguagem *Mathematica* disponibiliza a construção `FixedPoint` que, dada uma função e um valor inicial, determina, da forma atrás descrita, um ponto fixo da função, se existir. Muitos dos algoritmos usuais na literatura, como, por exemplo, algoritmos para a procura de zeros de uma função, podem ser desenvolvidos usando esta construção.

O resultado seguinte assegura a existência de pontos fixos em certas condições.

Proposição 6.3.10
Seja $(A, \preceq)$ um conjunto parcialmente ordenado tal que todo o subconjunto de A tem supremo relativamente à ordem $\preceq$. Se $f : A \to A$ é monótona então existe um ponto fixo de f isto é, existe $y \in A$ tal que $f(y) = y$.

Demonstração: Note-se que A é não vazio pois o supremo de um subconjunto de A tem de pertencer a A, e qualquer conjunto A tem pelo menos um subconjunto (o próprio A). Considere-se o conjunto

$$B = \{x \in A : x \preceq f(x)\}$$

e seja $m = \sup(B)$.

Demonstra-se em primeiro lugar que $f(m)$ é um majorante de B. Seja $x \in B$ qualquer. Tem-se $x \preceq m$ por m ser supremo de B e $x \in B$. Como f é monótona, $f(x) \preceq f(m)$. Mas $x \preceq f(x)$ porque $x \in B$. Logo, pela transitividade de $\preceq$, tem-se $x \preceq f(m)$. Assim, pode concluir-se que $f(m)$ é um majorante de B, como pretendido.

Como m é supremo de B, pelo facto de $f(m)$ ser um majorante de B, tem-se que $m \preceq f(m)$. Dado que f é monótona tem-se

$$f(m) \preceq f(f(m))$$

o que implica que $f(m)$ também pertence ao conjunto B, o que por sua vez implica que $f(m) \preceq m$, pois $m = sup(B)$. Mas então $m \preceq f(m)$ e $f(m) \preceq m$, o que, pela antissimetria de $\preceq$, implica que $f(m) = m$, como se pretendia. ∎

Existem diversos resultados envolvendo a existência de ponto fixo. O mais conhecido é o teorema do ponto fixo de Knaster-Tarski que estabelece a existência do maior e do menor ponto fixo (relativamente à ordem $\preceq$), quando para além da existência de supremo de todo o subconjunto de A, também se exige a existência de ínfimo (caso em que se diz que $(A, \preceq)$ é um *reticulado completo*). Este assunto pode ser aprofundado em [16], por exemplo.

6.4 Isomorfismos entre estruturas

O conceito de isomorfismo entre estruturas do mesmo tipo é um conceito fundamental. Nesta secção apresentamos a noção geral de isomorfismo entre estruturas e estudamos depois os casos particulares dos isomorfismos entre estruturas relacionais e dos isomorfismos entre estruturas algébricas.

6.4.1 A noção de isomorfismo

Começamos por motivar a noção de isomorfismo entre duas estruturas. Informalmente, a existência de um isomorfismo entre duas estruturas significa que estas são essencialmente a mesma, a menos de mudanças de nomes.

Considere-se a bijeção $g : \mathbb{N}_1 \to \mathbb{Z}$ definida no Exemplo 5.3.5, e que se ilustra de novo na Figura 6.4. Esta bijeção não é um morfismo entre $(\mathbb{N}_1, \leq)$ e $(\mathbb{Z}, \leq)$ pois, por exemplo, $2 \leq 3$ mas $g(2) = 1 \not\leq -1 = g(3)$. Este caso ilustra bem a diferença entre pensarmos apenas em conjuntos ou nesses conjuntos equipados com uma certa estrutura. É possível definir uma bijeção entre o conjunto $\mathbb{N}_1$ e o conjunto $\mathbb{Z}$. A existência de tal bijeção significa que podemos ver os elementos de um conjunto como meras designações diferentes dos elementos do outro conjunto. Nesta perspetiva, $\mathbb{N}_1$ e $\mathbb{Z}$ não são conjuntos essencialmente distintos. Mas quando pensamos no conjunto dos naturais positivos e no conjunto dos inteiros, tipicamente pensamos nesses conjuntos com toda a estrutura que habitualmente os equipa: a ordenação dos seus elementos, as habituais operações aritméticas, etc. Nessa perspetiva, $\mathbb{N}_1$ e $\mathbb{Z}$ já são conjuntos essencialmente distintos. Por exemplo, a operação $+$ em $\mathbb{Z}$ tem elemento neutro, mas a operação

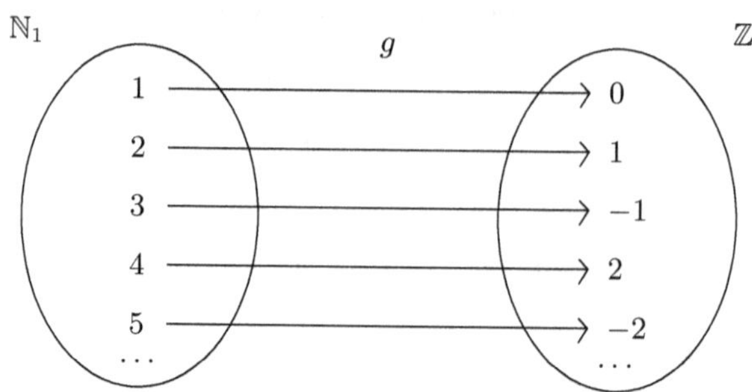

Figura 6.4: Bijeção $g : \mathbb{N}_1 \to \mathbb{Z}$

$+$ em $\mathbb{N}_1$ não tem elemento neutro. Um outro exemplo: se olharmos para os naturais positivos ordenados da forma usual $1, 2, 3, 4, 5, \ldots$ e os substituirmos pelas suas novas designações como inteiros dadas pela bijeção g acima, o que obtemos é a ordenação dos inteiros $0, 1, -1, 2, -2, \ldots$ que não é a ordenação usual dos inteiros.

Uma situação totalmente diferente tem lugar quando conseguimos definir uma bijeção f entre os conjuntos suporte de duas estruturas do mesmo tipo, tal que quer f quer a sua inversa f^{-1} são morfismos. Nesse caso dizemos que a bijeção f é um *isomorfismo* e que as duas estruturas são *isomorfas*. Quando isto acontece as duas estruturas são *essencialmente idênticas*. Por um lado, os elementos de um conjunto podem ser vistos como meras designações diferentes dos elementos do outro, pois temos uma bijeção entre eles. Por outro lado, como f e f^{-1} são morfismos, cada componente (relação ou operação) de uma das estruturas pode ser vista como "idêntica" à correspondente componente da outra, no que respeita ao modo como são operados/relacionados os elementos de uma estrutura e as respetivas imagens na outra. Isto permite demonstrar propriedades de um objeto numa das estruturas sabendo propriedades (da imagem) desse objeto na outra: um objeto x satisfaz uma certa propriedade numa das estruturas se e só se a sua imagem satisfaz a correspondente propriedade na outra estrutura.

Apresenta-se agora a noção de isomorfismo.

Definição 6.4.1 Um *isomorfismo* f entre uma estrutura $\mathcal{A}$ e uma estrutura $\mathcal{B}$ é uma bijeção do conjunto suporte de $\mathcal{A}$ para o conjunto suporte de $\mathcal{B}$ tal que quer $f : \mathcal{A} \to \mathcal{B}$ quer $f^{-1} : \mathcal{B} \to \mathcal{A}$ são morfismos.

Duas estruturas $\mathcal{A}$ e $\mathcal{B}$ são *isomorfas* se existe um isomorfismo entre elas, o que se denota por $\mathcal{A} \cong \mathcal{B}$. ∎

Uma consequência óbvia da Definição 6.4.1 é que se f é um isomorfismo entre $\mathcal{A}$ e $\mathcal{B}$ então f^{-1} é um isomorfismo entre $\mathcal{B}$ e $\mathcal{A}$.

Quando existes um isomorfismo entre duas estruturas, tudo se passa como se uma estrutura fosse uma "reetiquetação" da outra: uma estrutura pode obter-se da outra mudando os "nomes" dos elementos e os "símbolos" das operações/relações.

Exemplo 6.4.2 Seja $f : \mathbb{Z} \to \text{POT}_2$ a aplicação dada por $f(x) = 2^x$, onde $\text{POT}_2 = \{2^x : x \in \mathbb{Z}\}$. Esta aplicação é um isomorfismo entre o grupo $(\mathbb{Z}, +, 0)$ e o grupo $(\text{POT}_2, \times, 1)$ pois, para além de ser bijetiva, tem-se que

- f é um morfismo entre $(\mathbb{Z}, +, 0)$ e $(\text{POT}_2, \times, 1)$, dado que $f(0) = 1$ e $f(x + y) = 2^{x+y} = 2^x \times 2^y = f(x) \times f(y)$;
- $f^{-1} : \text{POT}_2 \to \mathbb{Z}$, dada por[3] $f^{-1}(x) = \lg(x)$, é um morfismo entre $(\text{POT}_2, \times, 1)$ e $(\mathbb{Z}, +, 0)$, pois $f^{-1}(1) = 0$ e $f^{-1}(x \times y) = \lg(x \times y) = \lg(x) + \lg(y) = f^{-1}(x) + f^{-1}(y)$.

Neste caso, a "reetiquetação" substitui números inteiros por certos racionais positivos, mais precisamente, cada inteiro x é substituído pelo racional positivo 2^x. Assim, por exemplo, o novo "nome" de -1 é $\frac{1}{2}$, o de 0 é 1, o de 1 é 2, e o de 2 é 4. Por sua vez, a operação $+$ é substituída pela operação $\times$, e o elemento neutro deixa de ser 0 e passa ser 1 ($= 2^0$). ∎

Exemplo 6.4.3 Considere-se de novo $f : \mathbb{Z} \to \text{POT}_2$ dada por $f(x) = 2^x$ referida no Exemplo 6.4.2. Esta aplicação é também um isomorfismo entre os conjuntos parcialmente ordenados $(\mathbb{Z}, \leq)$ e $(\text{POT}_2, \leq)$, pois é uma aplicação bijetiva e

- f é um morfismo entre $(\mathbb{Z}, \leq)$ e $(\text{POT}_2, \leq)$, dado que se $x \leq y$ então $2^x \leq 2^y$, e portanto $f(x) \leq f(y)$;
- $f^{-1} : \text{POT}_2 \to \mathbb{Z}$ é um morfismo entre $(\text{POT}_2, \leq)$ e $(\mathbb{Z}, \leq)$, uma vez que se $x \leq y$ então $\lg(x) \leq \lg(y)$, e portanto $f^{-1}(x) \leq f^{-1}(y)$.

A "reetiquetação" é naturalmente igual à descrita no Exemplo 6.4.2. Neste caso a relação de ordem continua a ser a mesma. ∎

Exemplo 6.4.4 Seja $s : \mathbb{N} \to \mathbb{N}_1$ a aplicação dada por $s(x) = x + 1$. Esta aplicação é um isomorfismo entre $(\mathbb{N}, \leq)$ e $(\mathbb{N}_1, \leq)$, pois é bijetiva e

- s é um morfismo entre $(\mathbb{N}, \leq)$ e $(\mathbb{N}_1, \leq)$, dado que se $x \leq y$ então $x + 1 \leq y + 1$, e portanto $s(x) \leq s(y)$;

[3] As notações relativas a logaritmos usadas neste texto encontram-se em apêndice ao Capítulo 10. Em particular, $\lg(x)$ denota o logaritmo na base 2 de x.

- $s^{-1} : \mathbb{N}_1 \to \mathbb{N}$ é dada por $s^{-1}(x) = x - 1$, e é um morfismo entre $(\mathbb{N}_1, \leq)$ e $(\mathbb{N}_1, \leq)$, pois se $x \leq y$ então $x - 1 \leq x - 1$, ou seja, $s^{-1}(x) \leq s^{-1}(y)$.

No entanto, a mesma aplicação não é um isomorfismo entre os grupoides $(\mathbb{N}, +)$ e $(\mathbb{N}_1, +)$, pois embora seja uma bijeção, não é um morfismo entre estes grupoides, pois, por exemplo, $s(2 + 3) = 6 \neq 7 = s(2) + s(3)$. ∎

Exemplo 6.4.5 Os seguintes morfismos não são isomorfismos pelas razões que se apontam:

- a aplicação identidade em $\mathbb{N}$ não é um isomorfismo entre $(\mathbb{N}, =)$ e $(\mathbb{N}, \leq)$ porque, apesar de $id_{\mathbb{N}}$ ser um morfismo entre $(\mathbb{N}, =)$ e $(\mathbb{N}, \leq)$ e ser bijetiva, a sua inversa, (que é também $id_{\mathbb{N}}$), não é um morfismo entre $(\mathbb{N}, \leq)$ e $(\mathbb{N}, =)$ uma vez que, por exemplo, $3 \leq 5$ mas $id_{\mathbb{N}}(3) = 3 \neq 5 = id_{\mathbb{N}}(5)$;

- a aplicação $f : \wp(A) \to \mathbb{N}$ dada por $f(B) = \#B$, onde A um conjunto finito, não é um isomorfismo entre $(\wp(A), \subseteq)$ e $(\mathbb{N}, \leq)$, pois embora seja um morfismo entre estas estruturas, f não é sobrejetiva, e portanto também não é bijetiva (se $\#A > 1$ então f também não é injetiva). ∎

Exemplo 6.4.6 Recorde o Exemplo 6.3.2 no qual definimos um grafo como um par (V, R) em que V é um conjunto (o conjunto dos vértices) e R é uma relação binária em V (o conjunto das setas). Suponha-se que V é um conjunto finito e não vazio.

Como os nomes dados aos vértices não são essenciais, podemos representar um grafo (V, R) por qualquer estrutura que lhe seja isomorfa. A escolha mais simples consiste em supor que o conjunto dos vértices é sempre da forma

$$\{1, .., j\}$$

para algum $j > 0$. Isto significa que identificamos o conjunto V dos vértices com o conjunto $\{1, .., \#V\}$. Esta identificação pode ter algumas vantagens do ponto de vista computacional, face a V, uma vez que deste modo é apenas necessário ter a informação sobre o número de elementos do conjunto dos vértices.

Por exemplo, o grafo (V, R) onde

- $V = \{\text{Faro, Lisboa, Porto}\}$

- $R = \{(\text{Faro}, \text{Lisboa}), (\text{Faro}, \text{Porto}), (\text{Lisboa}, \text{Porto}), (\text{Porto}, \text{Lisboa})\})$

é isomorfo ao grafo (V', R') onde

- $V' = \{1, 2, 3\}$

- $R' = \{(1, 2), (1, 3), (2, 3), (3, 2)\}$.

De facto, a aplicação $f : V \to V'$ tal que

$$f(\text{Faro}) = 1 \qquad f(\text{Lisboa}) = 2 \qquad f(\text{Porto}) = 3$$

é um morfismo de (V, R) para (V', R') (verifique), é bijetiva, pelo que existe a aplicação inversa $f^{-1} : V' \to V$, e f^{-1} é um morfismo de (V', R') para (V, R) (verifique). ■

Se $f : A \to B$ for um isomorfismo entre as estruturas algébricas (A, θ) e (B, ρ), por exemplo, então podem substituir-se cálculos numa estrutura por cálculos na outra estrutura, trabalhando com as imagens dos objetos relevantes, e retornando o resultado à estrutura inicial. Com efeito, dados $a_1, a_2 \in A$

$$a_1 \theta a_2 = f^{-1}(f(a_1 \theta a_2)) = f^{-1}(f(a_1) \rho f(a_2))$$

e dados $b_1, b_2 \in B$

$$b_1 \rho b_2 = f(f^{-1}(b_1 \rho b_2)) = f(f^{-1}(b_1) \theta f^{-1}(b_2)).$$

Exemplo 6.4.7 Considere-se a bijecção $f : \mathbb{R} \to \mathbb{R}^+$ e a correspondente inversa $f^{-1} : \mathbb{R}^+ \to \mathbb{R}$ dadas por

$$f(x) = e^x \qquad \text{e} \qquad f^{-1}(x) = \ln(x).$$

Tem-se que f é um morfismo entre $(\mathbb{R}, +)$ e $(\mathbb{R}^+, \times)$, e f^{-1} é um morfismo entre $(\mathbb{R}^+, \times)$ e $(\mathbb{R}, +)$ (verifique). Logo, f é um isomorfismo.

Para multiplicar dois números reais positivos x e y podemos somar os respetivos logaritmos naturais e depois calcular o valor de $e^{\ln x + \ln y}$, pois

$$x \times y = f(f^{-1}(x \times y)) = f(f^{-1}(x) + f^{-1}(y))$$

isto é

$$x \times y = e^{\ln(x \times y)} = e^{\ln(x) + \ln(y)}.$$

Este exemplo é ilustrativo da relevância que pode ter o facto de se poder substituir cálculos numa estrutura por cálculos na outra estrutura, mostrando como se podem usar somas e logaritmos para calcular produtos.

Antes da generalização do uso de máquinas de calcular sofisticadas, ou mesmo computadores, usavam-se tabelas com os valores dos logaritmos para determinar multiplicações e divisões por intermédio de somas e subtrações. A primeira destas tabelas de logaritmos deve-se a Henry Briggs em 1617. Os logaritmos também simplificam o cálculo de potências e raízes. Até cerca de 1970 era comum usar-se em cálculos de engenharia, ao invés de tabelas de logaritmos, réguas de cálculo com duas escalas logarítmicas que permitiam cálculos de somas e subtrações de logaritmos, ou seja, de produtos e quocientes. Estas réguas tinham a vantagem de permitir cálculos mais rápidos que os efetuados com as tabelas. ■

Exemplo 6.4.8 Assuma-se que sabemos que a aplicação $f : \mathbb{N} \to \mathbb{P}$ dada por $f(x) = 2x$ é um isomorfismo entre os grupoides $(\mathbb{N}, \theta)$ e $(\mathbb{P}, \times)$. Podemos então calcular o valor de $x\theta y$ para quaisquer $x, y \in \mathbb{N}$. Tem-se

$$\begin{aligned} x\,\theta y &= f^{-1}(f(x\theta y)) && (f^{-1} \text{ é inversa de } f) \\ &= f^{-1}(f(x) \times f(y)) && (f \text{ preserva } \theta) \\ &= f^{-1}(4xy) \\ &= 2xy. \end{aligned}$$

Assim, $x\,\theta y = 2xy$ para quaisquer $x, y \in \mathbb{N}$. ■

No caso de certos tipos de estruturas, para que um morfismo f entre duas estruturas desse tipo seja um isomorfismo entre elas, basta que a aplicação f entre os conjuntos suporte seja bijetiva. Para outros tipos de estruturas tal não é suficiente, mas existem outras condições adicionais, envolvendo apenas f, que garantem que um morfismo bijetivo f é um isomorfismo. Nas Secções 6.4.2 e 6.4.3 estudaremos o que se passa a este respeito no caso das estruturas que temos vindo a estudar com mais detalhe, isto é, as estruturas algébricas e as estruturas relacionais.

6.4.2 Isomorfismos entre estruturas algébricas

Esta secção é dedicada ao caso particular dos isomorfismos entre estruturas algébricas. Para que um morfismo entre estruturas algébricas, isto é, um homomorfismo, seja um isomorfismo, basta que a aplicação em causa seja bijetiva. Demonstraremos de seguida este resultado para o caso dos grupoides, deixando a demonstração do caso geral ao cuidado do leitor.

Proposição 6.4.9 Sejam (A, θ) e (B, ρ) dois grupoides. Então f é um isomorfismo entre (A, θ) e (B, ρ) se e só se f é um homomorfismo entre (A, θ) e (B, ρ) e f é uma aplicação bijetiva.

Demonstração: Da definição de isomorfismo resulta que um isomorfismo entre (A, θ) e (B, ρ) é um homomorfismo entre (A, θ) e (B, ρ) bijetivo.

Resta-nos demonstrar que se f é um homomorfismo entre (A, θ) e (B, ρ) bijetivo, então f é um isomorfismo. Seja $f : (A, \theta) \to (B, \rho)$ um homomorfismo bijetivo. Há que demonstrar que $f^{-1} : (B, \rho) \to (A, \theta)$ é um homomorfismo, isto é, que $f^{-1}(b_1\,\rho\, b_2) = f^{-1}(b_1)\theta f^{-1}(b_2)$ quaisquer que sejam $b_1, b_2 \in B$. Ora tendo em conta que $f(f^{-1}(b_1)) = b_1$ e $f(f^{-1}(b_2)) = b_2$ tem-se

$$f^{-1}(b_1\,\rho\, b_2) = f^{-1}(f(f^{-1}(b_1))\,\rho\, f(f^{-1}(b_2)))$$

$$= f^{-1}(f(f^{-1}(b_1)\,\theta\, f^{-1}(b_2))) \qquad (f \text{ é homomorfismo})$$

$$= f^{-1} \circ f(f^{-1}(b_1)\,\theta\, f^{-1}(b_2))$$

$$= f^{-1}(b_1)\,\theta\, f^{-1}(b_2) \qquad (f^{-1} \circ f = id_A)$$

■

Assim, por exemplo, para concluir que $f : \mathbb{Z} \to \textsc{Pot}_2$ dada por $f(x) = 2^x$ é um isomorfismo entre $(\mathbb{Z}, +, 0)$ e $(\textsc{Pot}_2, \times, 1)$, não é necessário demonstrar que f^{-1} é um morfismo entre $(\textsc{Pot}_2, \times, 1)$ e $(\mathbb{Z}, +, 0)$ (como fizemos no Exemplo 6.4.2). Pela Proposição 6.4.9, basta demonstrar que f é um morfismo entre $(\mathbb{Z}, +, 0)$ e $(\textsc{Pot}_2, \times, 1)$ e que é bijetiva.

Enuncia-se de seguida a generalização da Proposição 6.4.9 a todas as estruturas algébricas.

Proposição 6.4.10 Sejam $\mathcal{A}$ e $\mathcal{B}$ duas estruturas algébricas do mesmo tipo. Então f é um isomorfismo entre $\mathcal{A}$ e $\mathcal{B}$ se e só se f é um homomorfismo entre $\mathcal{A}$ e $\mathcal{B}$ e f é uma aplicação bijetiva.

Demonstração: A demonstração é deixada ao leitor como exercício (Exercício 35 da Secção 6.6). ■

Da Proposição 6.4.10 decorre, em particular, que qualquer automorfismo (ver Definição 6.2.22) é um isomorfismo. Seguem-se alguns exemplos de isomorfismos entre estruturas algébricas cuja justificação tira já partido da Proposição 6.4.10.

Exemplo 6.4.11 As seguintes aplicações são isomorfismos entre as estruturas algébricas indicadas:

- a aplicação $f : \mathbb{N} \to \mathbb{P}$ dada por $f(x) = 2x$, onde $\mathbb{P}$ é o conjunto dos naturais pares, é um isomorfismo entre os monoides $(\mathbb{N}, +, 0)$ e $(\mathbb{P}, +, 0)$, pois é um homomorfismo entre $(\mathbb{N}, +, 0)$ e $(\mathbb{P}, +, 0)$ (Exemplo 6.2.23) e é bijetiva;

- a aplicação $f : \mathbb{Z} \to \mathbb{Z}$ dada por $f(x) = -x$ é um isomorfismo do grupo $(\mathbb{Z}, +, 0)$ para si próprio, pois, como vimos no Exemplo 6.2.23, é um automorfismo;

- a aplicação $f : \wp(A) \to \wp(A)$ dada por $f(B) = A\backslash B$, onde A é um conjunto, é um isomorfismo entre $(\wp(A), \cup, \cap)$ e $(\wp(A), \cap, \cup)$, dado que f é bijetiva e, para quaisquer $B, C \in \wp(A)$, se tem

$$f(B \cup C) = A\backslash(B \cup C) = (A\backslash B) \cap (A\backslash C) = f(B) \cap f(C)$$

bem como

$$f(B \cap C) = A \backslash (B \cap C) = (A \backslash B) \cup (A \backslash C) = f(B) \cup f(C);$$

- a aplicação identidade em $\{0,1\}$ é um isomorfismo entre $(\{0,1\}, \wedge)$ e $(\{0,1\}, \times)$, onde a operação binária $\wedge$ em $\{0,1\}$ é definida de acordo com a tabela de verdade apresentada na Secção 1.1.3 e $\times$ é a multiplicação usual, pois f é bijetiva e (os outros casos são semelhantes e deixam-se como exercício)

$$id_{\{0,1\}}(1 \wedge 0) = id_{\{0,1\}}(0) = 0 = 1 \times 0 = id_{\{0,1\}}(1) \times id_{\{0,1\}}(0);$$

- a aplicação $f : \{0,1\} \to \wp(B)$ dada por $f(0) = \emptyset$ e $f(1) = B$ só é um isomorfismo entre a álgebra de Boole $(\{0,1\}, \vee, \wedge, \neg, 0, 1)$ e a álgebra de Boole $(\wp(B), \cup, \cap, \backslash, \emptyset, B)$ se B for um conjunto singular, uma vez que, embora f seja um homomorfismo entre as estruturas referidas (Exemplo 6.2.23), f só é uma bijeção se B for um conjunto singular. ■

Exemplo 6.4.12 Sejam $(N_2, +_2, \times_2, 0, 1)$ e $(\mathbb{N}/R_2, +, \times, [0], [1])$ os corpos referidos nos Exemplos 6.2.14 e 6.2.30, respetivamente. É fácil concluir que a aplicação $f : N_2 \to \mathbb{N}/R_2$ dada por $f(x) = [x]$ é um homomorfismo entre estas estruturas. Como f é bijetiva, então esta aplicação é um isomorfismo entre $(N_2, +_2, \times_2, 0, 1)$ e $(\mathbb{N}/R_2, +, \times, [0], [1])$.

Este raciocínio estende-se facilmente ao caso de todos os corpos

$$(N_n, +_n, \times_n, 0, 1) \quad \text{e} \quad (\mathbb{N}/R_n, +, \times, [0], [1])$$

em que n é um natural primo (Exercício 31 da Secção 6.6). Como referido nos Exemplos 6.2.12 e 6.2.30, se n é um qualquer inteiro positivo

$$(N_n, +_n, \times_n, 0) \quad \text{e} \quad (\mathbb{N}/R_n, +, \times, [0])$$

são anéis. A aplicação $f : N_n \to \mathbb{N}/R_n$ dada por $f(x) = [x]$ é neste caso um isomorfismo entre estes anéis (Exercício 30 da Secção 6.6). ■

Terminamos esta secção com um resultado que, mais uma vez, ilustra o facto de que dadas duas estruturas isomorfas, um objeto de uma estrutura satisfaz uma certa propriedade se e só se o correspondente objeto da outra estrutura satisfaz idêntica propriedade. Neste caso está envolvida a noção de elemento neutro num grupoide.

Proposição 6.4.13 Seja $f : (A, \theta) \to (B, \rho)$ um isomorfismo entre dois grupoides. Então $e \in A$ é elemento neutro para θ se e só se $f(e)$ é elemento neutro para ρ.

Demonstração: Se $e \in A$ é elemento neutro para θ, por (iii) da Proposição 6.2.27, $f(e)$ é elemento neutro para ρ.

Reciprocamente, se $f(e)$ é elemento neutro para ρ, então, como f^{-1} é um morfismo e também é sobrejetivo, novamente por (iii) da Proposição 6.2.27, conclui-se que $f^{-1}(f(e))$ é elemento neutro para θ, e $f^{-1}(f(e)) = e$, pois f^{-1} é inversa de f. ∎

Notamos, a terminar esta secção, que o leitor interessado poderá consultar as referências bibliográficas [18, 21, 24, 50, 53], já referidas na Secção 6.2.1, também para um estudo mais aprofundado sobre homomorfismos.

6.4.3 Isomorfismos entre estruturas relacionais

Nesta secção caracterizamos o caso particular dos isomorfismos entre estruturas relacionais estabelecendo uma condição necessária e suficiente para que uma aplicação entre os conjuntos suporte de duas estruturas relacionais seja um isomorfismo entre essa estruturas.

Ao contrário do que acontece com as estruturas algébricas (ver Secção 6.4.2), o facto de f ser um morfismo bijetivo não garante que f seja um isomorfismo. Como foi ilustrado numa das situações do Exemplo 6.4.16, a aplicação identidade em $\mathbb{N}$ é bijetiva e é um morfismo entre $(\mathbb{N}, =)$ e $(\mathbb{N}, \leq)$, mas f^{-1} não é um morfismo entre $(\mathbb{N}, \leq)$ e $(\mathbb{N}, =)$.

No entanto, é possível estabelecer condições necessárias e suficientes (que não envolvem f^{-1}) para caracterizar isomorfismos entre estruturas relacionais.

Proposição 6.4.14 Se R e S são duas relações binárias em A e B, respetivamente, então f é um isomorfismo entre (A, R) e (B, S) se e só se $f : A \to B$ é uma aplicação bijetiva que satisfaz $\forall_{x,y \in A}(x\, R\, y \Leftrightarrow f(x)\, S\, f(y))$.

Demonstração: Considerem-se relações binárias R e S nas condições do enunciado.

(i) Comecemos por demonstrar que se f é um isomorfismo entre (A, R) e (B, S) então $f : A \to B$ é bijetiva e $\forall_{x,y \in A}(x\, R\, y \Leftrightarrow f(x)\, S\, f(y))$.

Suponha-se que f é um isomorfismo entre (A, R) e (B, S). Pela Definição 6.4.1, a aplicação $f : A \to B$ é bijetiva. Falta-nos demonstrar que sendo $x, y \in A$ se tem

$$x\, R\, y \Leftrightarrow f(x)\, S\, f(y).$$

Ora, tem-se $x\, R\, y \Rightarrow f(x)\, S\, f(y)$ pela definição de morfismo entre estas estruturas, uma vez que um isomorfismo, é um caso particular de morfismo. Reciprocamente, se $f(x)\, S\, f(y)$ então, porque f^{-1} é um morfismo, tem-se

$$f^{-1}(f(x))\, R\, f^{-1}(f(y))$$

e portanto $x\,R\,y$, uma vez que $f^{-1}(f(x)) = x$ e $f^{-1}(f(y)) = y$. Também se verifica assim a implicação $f(x)\,S\,f(y) \Rightarrow x\,R\,y$.

(ii) Demonstremos agora que se a aplicação $f : A \to B$ é bijetiva e se verifica $\forall_{x,y\in A}(x\,R\,y \Leftrightarrow f(x)\,S\,f(y))$, então f é um isomorfismo entre (A, R) e (B, S).

Suponha-se o que $f : A \to B$ é uma aplicação bijetiva e

$$\forall_{x,y\in A}(x\,R\,y \Leftrightarrow f(x)\,S\,f(y)) \tag{6.5}$$

Pela Definição 6.4.1, teremos demonstrado que f é um isomorfismo se demonstrarmos que f e f^{-1} são ambos morfismos.

A partir de (6.5) conclui-se

$$\forall_{x,y\in A}(x\,R\,y \Rightarrow f(x)\,S\,f(y)) \tag{6.6}$$

e

$$\forall_{x,y\in A}(f(x)\,S\,f(y) \Rightarrow x\,R\,y) \tag{6.7}$$

Ora, por (6.6), tem-se que $f : (A, R) \to (B, S)$ é de facto um morfismo. Resta-nos então demonstrar que $f^{-1} : (B, S) \to (A, R)$ também é um morfismo, isto é, falta-nos demonstrar que sendo $b_1, b_2 \in B$ quaisquer se tem

$$b_1\,S\,b_2 \Rightarrow f^{-1}(b_1)\,R\,f^{-1}(b_2)).$$

Como f é bijetiva tem-se $b_1 = f(f^{-1}(b_1))$ e $b_2 = f(f^{-1}(b_2))$. Assim, se $b_1\,S\,b_2$ então $f(f^{-1}(b_1))\,S\,f(f^{-1}(b_2))$ e, por (6.7), conclui-se, como pretendido, que $f^{-1}(b_1)\,R\,f^{-1}(b_2)$. ∎

Assim, por exemplo, para demonstrarmos que $f : \mathbb{Z} \to \text{POT}_2$ dada por $f(x) = 2^x$ é um isomorfismo entre $(\mathbb{Z}, \leq)$ e $(\text{POT}_2, \leq)$, não é necessário demonstrar que f^{-1} é um morfismo entre $(\text{POT}_2, \leq)$ e $(\mathbb{Z}, \leq)$ (como fizemos no Exemplo 6.4.3). Pela Proposição 6.4.14, basta demonstrar que f é bijetiva e que, para quaisquer $x, y \in \mathbb{Z}$, se tem $x \leq y$ se e só se $2^x \leq 2^y$, isto é, $x \leq y$ se e só se $f(x) \leq f(y)$.

O resultado estabelecido na Proposição 6.4.14 é generalizável a isomorfismos entre quaisquer estruturas relacionais do mesmo tipo.

Proposição 6.4.15 Sejam $(A, R_1, \ldots, R_n)$ e $(B, S_1, \ldots, S_n)$ duas estruturas relacionais do mesmo tipo. Então f é um isomorfismo entre as estruturas $(A, R_1, \ldots, R_n)$ e $(B, S_1, \ldots, S_n)$ se e só se $f : A \to B$ é uma aplicação bijetiva e, para cada $1 \leq j \leq n$, se R_j tem aridade $k \geq 1$ então

$$\forall_{x_1,\ldots,x_n\in A}((x_1, \ldots, x_n) \in R_j \Leftrightarrow (f(x_1), \ldots, f(x_n)) \in S_j).$$

Demonstração: A demonstração é semelhante à da Proposição 6.4.14 e deixa-se como exercício. ∎

Apresentam-se a seguir mais alguns exemplos de isomorfismos entre estruturas relacionais cuja justificação tira já partido da Proposição 6.4.15.

Exemplo 6.4.16 As seguintes aplicações são isomorfismos entre as estruturas relacionais indicadas:

- a aplicação $f : \mathbb{N} \to \mathbb{P}$ dada por $f(x) = 2x$, onde $\mathbb{P}$ é o conjunto dos naturais pares, é um isomorfismo entre $(\mathbb{N}, \leq)$ e $(\mathbb{P}, \leq)$, pois f é bijetiva e $x \leq y$ sse $2x \leq 2y$, quaisquer que sejam $x, y \in \mathbb{N}$;
- a aplicação $f : \mathbb{Z} \to \mathbb{Z}$ dada por $f(x) = -x$ é um isomorfismo entre $(\mathbb{Z}, \leq)$ e $(\mathbb{Z}, \geq)$, pois f é bijetiva e $x \leq y$ sse $-x \geq -y$, quaisquer que sejam $x, y \in \mathbb{Z}$;
- a aplicação $f : \wp(A) \to \wp(A)$ dada por $f(B) = A \backslash B$, onde A é um qualquer conjunto, é um isomorfismo entre $(\wp(A), \subseteq)$ e $(\wp(A), \supseteq)$, pois f é bijetiva e $B \subseteq C$ sse $A \backslash B \supseteq A \backslash C$, quaisquer que sejam $B, C \in \wp(A)$. ■

A terminar esta secção, e a título ilustrativo, apresentam-se alguns resultados interessantes sobre conjuntos parcialmente ordenados que envolvem a noção de isomorfismo.

O primeiro resultado mostra que qualquer conjunto parcialmente ordenado $(A, \preceq)$ é isomorfo a uma estrutura $(B, \subseteq)$ onde $B \subseteq \wp(A)$. Isto significa que qualquer conjunto parcialmente ordenado pode ser "representado" por uma estrutura que envolve conjuntos e a relação $\subseteq$.

Proposição 6.4.17 Para cada conjunto parcialmente ordenado $(A, \preceq)$ existe um conjunto $B \subseteq \wp(A)$ tal que $(A, \preceq) \cong (B, \subseteq)$.

Demonstração: Seja $(A, \preceq)$ um conjunto parcialmente ordenado. Para cada $a \in A$ considere-se o conjunto

$$M_a = \{x \in A : x \preceq a\}.$$

Seja B o conjunto formado por todos estes conjuntos, isto é

$$B = \{M_a : a \in A\}$$

e seja $f : A \to B$ dada por $f(a) = M_a$.

(i) Demonstra-se em primeiro lugar que f é injetiva. Dados $a_1, a_2 \in A$ tal que $a_1 \neq a_2$, pelo facto de $\preceq$ ser antissimétrica, não se pode ter simultaneamente $a_1 \preceq a_2$ e $a_2 \preceq a_1$. Assim, suponha-se que $a_1 \not\preceq a_2$. Como $a_1 \preceq a_1$, porque $\preceq$ é reflexiva, tem-se que $a_1 \in M_{a_1}$. Mas $a_1 \notin M_{a_2}$, pelo que $M_{a_1} \neq M_{a_2}$, isto é $f(a_1) \neq f(a_2)$. No caso de se ter $a_2 \not\preceq a_1$, o raciocínio é análogo.

O facto de f ser sobrejetiva decorre da definição de f e B. Conclui-se então que f é bijetiva.

(ii) Demonstra-se agora que $a_1 \preceq a_2$ sse $f(a_1) \subseteq f(a_2)$, com $a_1, a_2 \in A$.

Sejam $a_1, a_2 \in A$ tais que $a_1 \preceq a_2$. Dado $a \in A$, como $\preceq$ é transitiva, se $a \preceq a_1$ então $a \preceq a_2$. Logo, se $a \in M_{a_1}$ então $a \in M_{a_2}$. Assim, $M_{a_1} \subseteq M_{a_2}$, isto é, $f(a_1) \subseteq f(a_2)$.

Reciprocamente, se $f(a_1) \subseteq f(a_2)$, uma vez que $a_1 \in f(a_1)$, então tem-se $a_1 \in f(a_2) = M_{a_2}$, e portanto $a_1 \preceq a_2$. ∎

Como já observámos, quando duas estruturas são isomorfas podemos ver cada uma delas como uma "reetiquetação" da outra, pelo que um objeto de uma estrutura satisfaz uma certa propriedade se e só se o correspondente objeto da outra estrutura satisfaz idêntica propriedade. Ilustramos esta afirmação com a noção de mínimo no âmbito dos conjuntos parcialmente ordenados.

Proposição 6.4.18 Sejam $(A, \preceq_A)$ e $(B, \preceq_B)$ dois conjuntos parcialmente ordenados, e sejam $m \in A$ e $X \subseteq A$. Se $f : (A, \preceq_A) \to (B, \preceq_B)$ é um isomorfismo então m é mínimo de X se e só se $f(m)$ é mínimo de $f[X]$.

Demonstração: Considerem-se $(A, \preceq)$, $(B, \preceq_B)$, m, X e f nas condições no enunciado.

(i) Demonstra-se em primeiro lugar que se m é mínimo de X então $f(m)$ é mínimo de $f[X]$. Note-se que este resultado se verifica apenas pelo facto de f ser um morfismo.

Queremos então demonstrar que $f(m) \in f[X]$ e que $f(m) \preceq_B b$ para qualquer $b \in f[X]$. Ora, se $m \in X$ então $f(m) \in f[X]$. Seja agora $b \in f[X]$ qualquer. Então existe $a \in X$ tal que $b = f(a)$. Como $m = min(X)$, tem-se $m \preceq_A a$. Logo, como f é um morfismo, tem-se $f(m) \preceq_A f(a)$, isto é, $f(m) \preceq_A b$, como se pretendia.

(ii) Demonstra-se agora que se $f(m) = min(f[X])$ então $m = min(X)$.

Suponha-se que $f(m) = min(f[X])$. Então $f(m) \in f[X]$ e $f(m) \preceq_B b$ para todo $b \in f[X]$. Tem de se demonstrar que $m \in X$ e que $m \preceq_A a$ para todo $a \in X$.

Como $f(m) \in f[X]$, existe $b \in X$ tal que $f(b) = f(m)$. Mas, como f é injetiva, por ser um isomorfismo, tem-se que $b = m$, pelo que $m \in X$.

Seja agora $a \in X$. Uma vez que $f(m) = min(f[X])$ e $f(a) \in f[X]$, tem-se $f(m) \preceq_B f(a)$. Como f^{-1} é um morfismo, porque f é isomorfismo, $f^{-1}(f(m)) \preceq_A f^{-1}(f(a))$, isto é, $m \preceq_A a$. ∎

6.5 Outras estruturas

As estruturas relacionais e as estruturas algébricas não esgotam, de forma alguma, o tipo de estruturas de interesse. Nesta secção apresentam-se exemplos de outros tipos de estrutura. Termina-se com breves comentários relativos à construção dos racionais a partir dos inteiros, assunto já mencionada no Capítulo 3, fazendo-se agora referência ao modo como a noção de isomorfismo está presente nesta construção.

Exemplo 6.5.1 A noção de multiconjunto, já referida na Secção 2.3.2, pode também ser definida através de uma estrutura como se segue.

Um *multiconjunto* é um par

$$(A, m)$$

onde A é um conjunto e $m : A \to \mathbb{N}_1$ é uma aplicação que a cada elemento a de A associa o número de ocorrências (ou multiplicidade) de a no multiconjunto. Por exemplo, o par $(\{b, p\}, m)$, onde $m : \{b, p\} \to \mathbb{N}_1$ é dada por $m(b) = 3$ e $m(p) = 2$, corresponde ao multiconjunto denotado por $[b, b, b, p, p]$ na Secção 2.3.2. ■

Para além das estruturas relacionais e das estruturas algébricas, podemos também considerar, por exemplo, estruturas mistas, ou seja, estruturas constituídas por um conjunto suporte, não vazio, equipado quer com relações, quer com operações, e eventuais elementos distinguidos.

Exemplo 6.5.2 Como exemplos simples de isomorfismos entre estruturas mistas podem referir-se os seguintes:

- a bijeção $f : \mathbb{R} \to \mathbb{R}^+$ dada por $f(x) = e^x$ é um isomorfismo entre as estruturas $(\mathbb{R}, \leq, +)$ e $(\mathbb{R}, \leq, \times)$;
- a aplicação $suc : \mathbb{N} \to \mathbb{N}_1$ dada por $suc(x) = x + 1$ é um isomorfismo entre $(\mathbb{N}, \leq)$ e $(\mathbb{N}_1, \leq)$, mas não entre $(\mathbb{N}, \leq, +)$ e $(\mathbb{N}_1, \leq, +)$. ■

Para além destas estruturas mistas podemos ainda conceber outros tipos de estruturas. Embora não se dê aqui nenhuma definição rigorosa de estrutura genérica, a ideia intuitiva de estrutura é simples: trata-se de um agrupamento de informações que têm relacionamentos entre si e que, no caso de estruturas matemáticas, é tipicamente constituído por objetos matemáticos como conjuntos, operações e outras funções, relações, etc.

Apresentamos agora dois exemplos de outros tipos de estruturas que correspondem a generalizações do conceito de grafo.

Exemplo 6.5.3 GRAFO COM PESOS
Um grafo com pesos é, informalmente, um grafo no qual a cada seta se associa um peso, que podemos supor ser um número inteiro positivo. Em aplicações que envolvam grafos este peso pode estar a representar distâncias, custos, etc.

Mais rigorosamente, um grafo com pesos é uma estrutura

$$\mathcal{G} = (V, R, P)$$

em que

- V é um conjunto não vazio (o conjunto dos vértices);
- R é uma relação binária em V (que representa o conjunto das setas);
- $P : R \to \mathbb{N}_1$ é uma aplicação que associa a cada seta o seu peso.

Um problema básico associado a um grafo com pesos é, não só saber se existe um caminho entre dois vértices, mas determinar também, de entre todos os eventuais caminhos existentes entre dois vértices, um caminho com peso mínimo. O peso de um caminho $v_1, \ldots, v_{k+1}$ é a soma dos pesos das setas nele envolvidas, isto é, $P(v_1, v_2) + ... + P(v_k, v_{k+1})$. Quando se associa o peso unitário 1 a todas as setas então o caminho com menor peso entre dois vértices é o caminho de menor comprimento, isto é, aquele que envolve menos setas.

Um problema clássico não trivial envolvendo grafos com pesos é o chamado problema do caixeiro viajante. O problema consiste em, considerando os caminhos que começam num qualquer vértice e incluem cada vértice uma e uma só vez, encontrar um que menor peso tenha.

A teoria de grafos é um assunto importante, com aplicações em diversos domínios, mas está fora do âmbito deste texto. O leitor interessado poderá consultar, por exemplo, [2, 8, 17, 30, 63]. Em [15] são também apresentados e analisados diversos algoritmos envolvendo grafos.

Um morfismo $f : (V_1, R_1, P_1) \to (V_2, R_2, P_2)$ entre dois grafos com pesos é uma aplicação $f : V_1 \to V_2$ que preserva as setas do grafo de partida, bem como o seu peso, isto é

- se (a, b) é uma seta no grafo de partida (V_1, R_1, P_1) então $(f(a), f(b))$ é uma seta no grafo destino (V_2, R_2, P_2);
- o peso de uma seta (a, b) no grafo de partida coincide com o peso da correspondente seta no grafo destino.

Naturalmente que em vez de números inteiros positivos podem também associar-se a cada seta elementos de um qualquer conjunto. Este conjunto é por vezes denominado *conjunto das etiquetas* (das setas). A aplicação P é neste caso uma aplicação do conjunto R das setas para o conjunto das etiquetas. Grafos deste tipo são frequentemente denominados *grafos etiquetados.* ■

Exemplo 6.5.4 MULTIGRAFOS
Uma outra generalização de grafo consiste em permitir que possa existir mais do que uma seta entre dois vértices. Há quem designe tais estruturas por *multigrafos* e há quem os designe apenas por grafos, designando por grafos simples o caso particular dos grafos que vimos anteriormente.

Em multigrafos, a representação das setas como um conjunto de pares de vértices não serve, pois não permite a existência de mais de uma seta entre os mesmos vértices. Uma maneira de resolver este problema consiste em introduzir as setas como elementos primitivos, isto é, não representados à custa dos vértices. A cada uma destas setas é então necessário associar a informação sobre os seus vértices origem e destino.

Mais rigorosamente, um multigrafo é uma estrutura

$$\mathcal{G} = (V, S, orig, dest)$$

em que

- V é um conjunto não vazio (o conjunto dos vértices);
- S é um conjunto (o conjunto das setas);
- $orig : S \to V$ e $dest : S \to V$ são aplicações que associam a cada seta o seu vértice origem e o seu vértice destino, respetivamente.

Por exemplo, ao grafo $(\{a, b, c, d\}, \{(a, b), (b, a), (b, c)\})$ referido no Exemplo 6.3.2, corresponde o multigrafo

$$\mathcal{G} = (V, S, orig, dest)$$

onde

- $V = \{a, b, c, d\}$ e $S = \{s_1, s_2, s_3\}$;
- $orig : S \to V$ é dada por
  $orig(s_1) = a$, $orig(s_2) = b$ e $orig(s_3) = b$;
- $dest : S \to V$ é dada por
  $dest(s_1) = b$, $dest(s_2) = a$ e $dest(s_3) = c$.

Um outro exemplo de multigrafo, representado graficamente na Figura 6.5, é

$$\mathcal{G}' = (V', S', orig', dest')$$

onde

- $V' = \{p, q, r\}$ e $S' = \{t_1, t_2, t_3, t_4\}$;

- $orig'\!:\!S'\!\to\!V'$ é dada por
  $orig'(t_1)\!=\!orig'(t_2)\!=\!orig'(t_3)\!=\!p$ e $orig'(t_3)\!=\!q$;
- $dest'\!:\!S'\!\to\!V'$ é dada por
  $dest'(t_1)\!=\!p$, $dest'(t_2)\!=\!dest'(t_3)\!=\!q$ e $dest'(t_4)\!=\!r$.

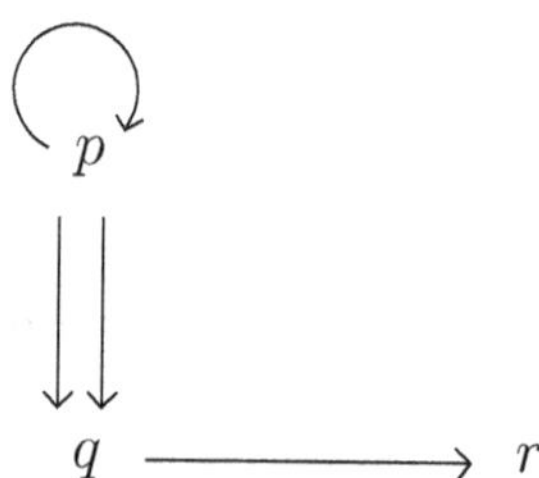

Figura 6.5: Exemplo de multigrafo

Este multigrafo não corresponde a nenhum grafo pois há duas setas que têm origem p e destino q.

Um morfismo $f\ :\ (V_1, S_1, orig_1, dest_1) \to (V_2, S_2, orig_2, dest_2)$ entre dois multigrafos é um par

$$(f_V, f_S)$$

de aplicações $f_V : V_1 \to V_2$ e $f_S : S_1 \to S_2$ que respeita as setas, isto é

$$orig_2(f_S(s)) = f_V(orig_1(s)) \qquad \text{e} \qquad dest_2(f_S(s)) = f_V(dest_1(s))$$

qualquer que seja $s \in S_1$.

Um exemplo de morfismo $f : \mathcal{G} \to \mathcal{G}'$ entre os dois multigrafos apresentados acima é o par (f_V, f_S) em que

- $f_V : V \to V'$ é dado por $f_V(a) = f_V(b) = p$, $f_V(c) = q$ e $f_V(d) = r$;
- $f_S : S \to S'$ é dado por $f_S(s_1) = f_S(s_2) = t_1$ e $f_S(s_3) = t_2$.

Tal como no caso dos grafos, pode incluir-se uma aplicação associando a cada seta um elemento de um dado conjunto (o conjunto das etiquetas), obtendo-se assim *multigrafos etiquetados.* ∎

Exemplo 6.5.5 CONSTRUÇÃO DOS RACIONAIS REVISITADA

No Exemplo 3.2.17 mostrámos como se pode construir o conjunto $\mathbb{Q}$ dos racionais a partir do conjunto $\mathbb{Z}$ dos inteiros. O conjunto $\mathbb{Q}$ foi aí definido como sendo o conjunto quociente

$$W/R$$

com $W = (\mathbb{Z}\backslash\{0\}) \times Z$ e R a relação binária em W dada por

$$(a,b)R(c,d) \quad \text{sse} \quad ad = bc$$

ou seja, cada racional foi definido como uma classe $[(a,b)]$ constituída por pares de inteiros, e usualmente designada por $\frac{b}{a}$. Como referimos então, cada inteiro k e o racional $[(1,k)]$, à partida objetos matemáticos distintos, são usualmente "identificados". Dito de outra forma, o que esta "identificação" significa é que podemos estabelecer uma bijeção

$$f : \mathbb{Z} \to \{[(1,k)] : k \in \mathbb{Z}\} \tag{6.8}$$

dada por

$$f(k) = [(1,k)].$$

Note-se que f é de facto uma bijeção: é imediato que é sobrejetiva, e é injetiva, pois se j e k são dois inteiros distintos, então $k \times 1 \neq j \times 1$ e portanto $(1,k) \not{R} (1,j)$.

Mas, à luz dos conceitos já apresentados até ao momento neste texto, dizer que se identifica $\mathbb{Z}$ e $\{[(1,k)] : k \in \mathbb{Z}\}$ exige mais do que estabelecer uma simples bijeção entre os dois conjuntos. Com efeito, quando pensamos no conjunto dos inteiros, pensamos neste conjunto equipado com a sua estrutura usual (operações algébricas, relação de ordem, etc.), isto é, pensamos numa estrutura constituída por $\mathbb{Z}$, suas operações e ordem usuais. Assim, torna-se necessário equipar o conjunto $\mathbb{Q}$ $(=W/R)$ com operações e relação de ordem correspondentes, definindo uma estrutura tal que a bijeção (6.8) seja um isomorfismo entre a estrutura usual associada a $\mathbb{Z}$ e a subestrutura de $\mathbb{Q}$ que assim se obtém quando se considera como suporte o conjunto $\{[(1,k)] : k \in \mathbb{Z}\}$. Dito de modo mais informal, precisamos de equipar o novo conjunto $\mathbb{Q}$ dos racionais com as várias operações algébricas e relação de ordem relevantes, por forma que elas operem com as representações dos inteiros tal como as correspondentes operações nos inteiros operam com eles.

A título ilustrativo, vejamos como se pode definir uma operação de adição em $\mathbb{Q}$ com as características acima indicadas, de modo a que a bijeção (6.8) seja um isomorfismo entre $(\mathbb{Z},+)$ e $(\{[(1,k)] : k \in \mathbb{Z}\},+)$. Note-se que, para simplificar, estamos a usar o mesmo símbolo $+$ para denotar as diferentes operações de adição envolvidas, pois o contexto se encarregará de clarificar a qual das operações nos estamos a referir em cada situação. Comecemos por definir uma operação de adição de pares de inteiros, mais precisamente de elementos de W, como se segue:

$$(a,b) + (c,d) = (ac, ad + bc).$$

Esta operação é compatível com a relação R, pois quaisquer que sejam os pares $(a,b), (c,d), (a',b'), (c',d') \in W$

$$\text{se } (a,b)R(a',b') \text{ e } (c,d)R(c',d') \text{ então } ((a,b)+(c,d))R((a',b')+(c',d')).$$

De facto, se $(a,b)R(a',b')$ e $(c,d)R(c',d')$ então $ab' = a'b$ e $cd' = c'd$. Mas então $a'c'(ad+bc) = ac(a'd'+b'c')$ (verifique), pelo que

$$(ac, ad+bc)R(a'c', a'd'+b'c')$$

isto é, $((a,b)+(c,d))R((a',b')+(c',d'))$, como se pretendia.

Podemos assim definir a operação $+ : \mathbb{Q} \to \mathbb{Q}$ como sendo a operação que se obtém da operação anterior por passagem ao quociente pela relação R, ou seja, definindo

$$[(a,b)] + [(c,d)] = [(a,b)+(c,d)] = [(ac, ad+bc)]$$

quaisquer que sejam $(a,b),(c,d) \in W$, de que resulta

$$\frac{b}{a} + \frac{d}{c} = \frac{ad+bc}{ac}$$

usando a notação referida.

Pode verificar-se que o subconjunto $\{[(1,k)] : k \in \mathbb{Z}\}$ de W é fechado para esta operação, pois

$$[(1,k)] + [(1,k')] = [(1,k'+k)]$$

pelo que ela ainda é uma operação em $\{[(1,k)] : k \in \mathbb{Z}\}$.

Finalmente, podemos verificar que, como se pretendia, a bijeção (6.8) preserva a operação de adição de inteiros, pois, dados $k, k' \in \mathbb{Z}$

$$f(k+k') = [(1,k+k')] = [(1,k)] + [(1,k')] = f(k) + f(k').$$

Para terminar, vejamos como se definem a multiplicação de racionais e a relação de ordem usual, deixando como exercício ao leitor a demonstração de que estão bem definidas. Quaisquer que sejam $(a,b),(c,d) \in W$, a multiplicação é dada por

$$[(a,b)] \times [(c,d)] = [(ac, bd)]$$

e a ordem $<$ é definida por

$$[(a,b)] < [(c,d)] \quad \text{se e só se} \quad bc < da$$

ou seja

$$\frac{b}{a} \times \frac{d}{c} = \frac{bd}{ac} \quad \text{e} \quad \frac{b}{a} < \frac{d}{c} \quad \text{se e só se} \quad bc < da.$$

Note-se que, como caso particular, se obtém $[(1,b)] < [(1,d)]$ sse $b < d$, pelo que as representações dos inteiros nos racionais estão aí ordenadas tal como esses inteiros estão ordenados no conjunto dos inteiros. ∎

O leitor interessado em textos mais especializados sobre relações de ordem e respetivos morfismos poderá consultar as obras [13, 16, 33], já referidas no Capítulo 3.

6.6 Exercícios

1. Dado $n \in \mathbb{N}_1$, denote-se por A_n o conjunto $\{1, \ldots, n\}$, e por P_n o conjunto das permutações de A_n. Mostre que a operação $\circ$ (composição de funções) em P_n

   (a) é comutativa se $n = 1$ ou $n = 2$.

   (b) não é comutativa se $n \geq 3$.

2. Seja A um conjunto não vazio e $Apl(A, A)$ o conjunto das aplicações de A em A. Mostre que a operação $\circ$ (composição de funções) em $Apl(A, A)$ é comutativa se A é um conjunto singular e não é comutativa se A tem mais de um elemento.

3. Considere a operação binária θ em $\mathbb{N}$ em que $x\theta y$ é o menor valor entre x e y. Esta operação tem elemento neutro? E se considerar a operação θ' em $\mathbb{N}$ em que $x\theta' y$ é o maior valor entre x e y?

4. Sejam $\mathbb{P} = \{n \in \mathbb{N} : n \text{ é par}\}$ e $\mathbb{I} = \{n \in \mathbb{N} : n \text{ é ímpar}\}$, e sejam $+$ e $\times$ as usuais operações adição e multiplicação. Mostre que

   (a) $(\mathbb{P}, +, 0)$ é um monoide abeliano.

   (b) $(\mathbb{I}, \times, 1)$ é um monoide abeliano.

5. Seja $k \in \mathbb{N}_1$ e seja $\times$ a usual operação multiplicação. Mostre que

   (a) $(\{k^n : n \in \mathbb{N}\}, \times, 1)$ é um monoide abeliano. Para que valores de k é este monoide um grupo?

   (b) $(\{k^n : n \in \mathbb{Z}\}, \times, 1)$ é um grupo abeliano.

6. Mostre que $(]0, 1], \times, 1)$, onde $\times$ a usual operação multiplicação, é um monoide abeliano.

7. Considere a operação binária $\oplus$ no conjunto $\mathbb{R} \times \mathbb{R}$ definida por $(a, b) \oplus (c, d) = (a + c, b + d)$ onde $+$ é a operação adição usual. Mostre que $(\mathbb{R} \times \mathbb{R}, \oplus, (0, 0))$ é um grupo abeliano.

8. Considere as operações binárias $\wedge$, $\vee$ e $\Rightarrow$ em $\{0, 1\}$ (conjunção disjunção e implicação, respetivamente) definidas de acordo com as tabelas de verdade apresentadas na Secção 1.1.3. Mostre que

   (a) $(\{0, 1\}, \Rightarrow)$ é um grupoide mas não é um semigrupo.

   (b) $(\{0, 1\}, \vee, 1)$ é um monoide abeliano, mas não é um grupo.

   (c) $(\{0, 1\}, \wedge, 0)$ é um monoide abeliano, mas não é um grupo.

9. Demonstre que num monoide, o inverso de um elemento, quando existe, é único.

10. Considere um grupo (A, θ, e) e demonstre que

    (a) $\forall_{a \in A}(a\theta a = a \Rightarrow a = e)$.
    (b) $\forall_{a,b,c \in A}(a\theta b = a\theta c \Rightarrow b = c)$ (lei do corte à esquerda).
    (c) $\forall_{a,b,c \in A}(b\theta a = c\theta a \Rightarrow b = c)$ (lei do corte à direita).
    (d) $\forall_{a \in A}\, (a^{-1})^{-1} = a$.
    (e) $\forall_{a,b \in A}\, (a\theta b)^{-1} = b^{-1}\theta a^{-1}$.
    (f) quaisquer que sejam $a, b \in A$, as equações $a\theta x = b$ e $y\theta a = b$ têm solução única em A, dada por $x = a^{-1}\theta b$ e $y = b\theta a^{-1}$.

11. Considere um semigrupo (A, θ) e $e \in A$ tal que

    (i) $\forall_{a \in A}\, e\theta a = a$, ou seja, e é elemento neutro à esquerda
    (ii) $\forall_{a \in A}\exists_{b \in A}\, b\theta a = e$, ou seja, todo o elemento de A tem inverso à esquerda.

    Demonstre que se trata de um grupo demonstrando que

    (a) $\forall_{a \in A}(a\theta a = a \Rightarrow a = e)$.
    (b) $\forall_{a \in A}\, a\theta b = e$, onde b é o inverso à esquerda de a (isto é, demonstre que o inverso à esquerda é também o inverso à direita).
    Sugestão: desenvolva expressão $(a\theta b)\theta(a\theta b)$ e utilize (a).
    (c) $\forall_{a \in A}\, a\theta e = a$ (isto é, o elemento neutro à esquerda é também o elemento neutro à direita e, portanto, é elemento neutro).

12. Mostre que o semigrupo (A, θ) é grupo se e só se as equações $a\theta x = b$ e $y\theta a = b$ têm soluções em A, quaisquer que sejam $a, b \in A$.

    Sugestão: use o Exercício 11.

13. Seja (A, θ, e) um grupo e seja B um subconjunto não vazio de A tal que $\forall_{x,y \in B}\, x\,\theta\, y^{-1} \in B$. Mostre que (B, θ, e) é um grupo, demonstrando que

    (i) $e \in B$.
    (ii) $\forall_{y \in B}\, y^{-1} \in B$.
    (iii) B é fechado para a operação θ.

14. Seja $N_n = \{0, \ldots, n\}$ para cada $n \in \mathbb{N}_1$, e sejam $+_n$ e $\times_n$ a adição e a multiplicação módulo n descritas no Exemplo 6.1.6, respetivamente. Mostre que

(a) $(N_2, +_2, \times_2, 0, 1)$ é um corpo.
(b) $(N_5, +_5, \times_5, 0, 1)$ é um corpo.
(c) $(N_4, +_4, \times_4, 0)$ é um anel, mas $(N_4, +_4, \times_4, 0, 1)$ não é um corpo.

15. Para cada $n \in \mathbb{N}_1$, seja R_n a relação de equivalência em $\mathbb{N}$ dada por "aR_nb sse a e b têm o mesmo resto na divisão inteira por n" (Exercício 10 da Secção 3.4).

    (a) Mostre que R_2, R_4 e R_5 são relações de congruência em $(\mathbb{N}, +, \times)$.
    (b) Recorde que se R_n é uma relação de congruência em $(\mathbb{N}, +, \times)$ então podem definir-se as operações binárias $+$ e $\times$ em $\mathbb{N}/R_n$ dadas por $[a]_{R_n} + [b]_{R_n} = [a+b]_{R_n}$ e $[a]_{R_n} \times [b]_{R_n} = [a \times b]_{R_n}$. Mostre que
        (i) $(\mathbb{N}/R_2, +, \times, [0], [1])$ é um corpo.
        (ii) $(\mathbb{N}/R_5, +, \times, [0], [1])$ é um corpo.
        (iii) $(\mathbb{N}/R_4, +, \times, [0])$ é um anel mas $(\mathbb{N}/R_4, +, \times, [0], [1])$ não é um corpo.

16. Considere uma álgebra de Boole $(A, \vee, \wedge, \neg, 0, 1)$. Mostre que

    (a) $a \wedge a = a$ e $a \vee a = a$ qualquer que seja $a \in A$.
    Sugestão: use o facto de $a = a \wedge 1$ e $1 = a \vee (\neg a)$.
    (b) $a \wedge 0 = 0$ e $a \vee 1 = 1$ qualquer que seja $a \in A$.
    Sugestão: use a alínea anterior e o facto de $0 = a \wedge (\neg a)$.
    (c) $a \wedge (a \vee b) = a$ quaisquer que sejam $a, b \in A$.
    Sugestão: mostre que $\neg a \wedge (a \wedge (a \vee b)) = 0$ e desenvolva ambos os membros da igualdade $a \vee (\neg a \wedge (a \wedge (a \vee b))) = a \vee 0$.
    (d) $a \vee (a \wedge b) = a$ quaisquer que sejam $a, b \in A$.
    Sugestão: mostre que $a \wedge (a \vee b) = a \vee (a \wedge b)$.

17. Verifique que são de facto homomorfismos as aplicações indicadas como tal no Exemplo 6.2.23.

18. Considere a bijeção $f : \mathbb{Z} \to \mathbb{N}$ dada por

$$f(n) = \begin{cases} 2n & \text{se } n \geq 0 \\ -2n-1 & \text{se } n < 0. \end{cases}$$

    Será que f é um homomorfismo entre $(\mathbb{Z}, +)$ e $(\mathbb{N}, +)$? Justifique.

19. Mostre que as seguintes aplicações são homomorfismos de $(\mathbb{R}^+, \times, 1)$ para si próprio

(a) $f : \mathbb{R}^+ \to \mathbb{R}^+$ dada por $f(x) = \frac{1}{x}$.

(b) $f : \mathbb{R}^+ \to \mathbb{R}^+$ dada por $f(x) = x^3$.

(c) $f : \mathbb{R}^+ \to \mathbb{R}^+$ dada por $f(x) = \sqrt{x}$.

As aplicações anteriores são automorfismos? Justifique.

20. Sabendo que $f : (\mathbb{R}, \times) \to (\mathbb{R}, +)$ é um homomorfismo e sabendo que $f(2) = 0.5$ e $f(3) = 0.3$, diga a que é igual $f(6)$.

21. Demonstre que se $f_1 : (A_1, \theta_1) \to (A_2, \theta_2)$ e $f_2 : (A_2, \theta_2) \to (A_3, \theta_3)$ são homomorfismos entre grupoides, então também é um homomorfismo a composição $f_2 \circ f_1 : (A_1, \theta_1) \to (A_3, \theta_3)$.

22. Verifique que o resultado do exercício anterior é generalizável e ainda é verdadeiro quando se considera homomorfismos entre quaisquer duas estruturas algébricas do mesmo tipo.

23. Sejam R e S relações binárias em A e B, respetivamente, e seja $f : A \to B$ um morfismo entre (A, R) e (B, S). Demonstre que se S é bem fundada, então R também o é.

24. Sejam (A_1, R_1), (A_2, R_2) e (A_3, R_3) três estruturas relacionais do mesmo tipo. Demonstre que a composição de um morfismo entre (A_1, R_1) e (A_2, R_2) com um morfismo entre (A_2, R_2) e (A_3, R_3) ainda é um morfismo.

25. Seja f um morfismo entre os conjuntos parcialmente ordenados $(A, \preceq_A)$ e $(B, \preceq_B)$.

    (a) Será que se um subconjunto X de A admite mínimo, então $f[X]$ também admite mínimo? Apresente uma demonstração caso a asserção seja verdadeira, e apresente um contraexemplo, em caso contrário.

    (b) Será que c ser um elemento minimal de um subconjunto X de A implica que $f[c]$ é um elemento minimal de $f[X]$? Apresente uma demonstração caso a asserção seja verdadeira, e apresente um contraexemplo, em caso contrário.

26. Verifique que são de facto morfismos as aplicações indicadas como tal no Exemplo 6.3.6.

27. Recorde o grupo abeliano $(\mathbb{R} \times \mathbb{R}, \oplus, (0,0))$ referido no Exercício 7 da Secção 4.4. Mostre que a aplicação $f : \mathbb{R} \times \mathbb{R} \to \mathbb{R} \times \mathbb{R}$ dada por $f((a,b)) = (b,a)$ é um isomorfismo de $(\mathbb{R} \times \mathbb{R}, \oplus, (0,0))$ para si próprio.

28. Mostre que a aplicação $f : \{0,1\} \to \{T,F\}$ dada por $f(1) = T$ e $f(0) = F$ é um isomorfismo entre $(\{0,1\}, \wedge, \vee, \neg)$ e $(\{T,F\}, \wedge, \vee, \neg)$, onde as operação binárias $\wedge$ e $\vee$ e a operação unária $\neg$ em $\{0,1\}$ são definidas de acordo com as tabelas de verdade apresentadas na Secção 1.1.3, e as operação binárias $\wedge$ e $\vee$ e a operação unária $\neg$ em $\{T,F\}$ são definidas de acordo com as tabelas seguintes

x	$\neg x$
T	F
F	T

x	y	$x \wedge y$
T	T	T
T	F	F
F	T	F
F	F	F

x	y	$x \vee y$
T	T	T
T	F	T
F	T	T
F	F	F

29. Mostre que a aplicação identidade em $\{0,1\}$ é um isomorfismo entre $(\{0,1\}, \wedge, \vee, \neg)$ e $(\{0,1\}, \times, \dagger, s)$ onde

   - as operação binárias $\wedge$ e $\vee$ e a operação unária $\neg$ em $\{0,1\}$ são definidas de acordo com as tabelas de verdade apresentadas na Secção 1.1.3;
   - $\times$ é a multiplicação usual;
   - $\dagger : \{0,1\} \times \{0,1\} \to \{0,1\}$ é dada por $\dagger(x,y) = x + y - x \times y$;
   - $s : \{0,1\} \to \{0,1\}$ é dada por $s(x) = 1 - x$.

30. Para cada $n \in \mathbb{N}_1$, sejam $(N_n, +_n, \times_n, 0)$ e $(\mathbb{N}/R_n, +, \times, [0])$ os anéis referidos nos Exemplos 6.2.12 e 6.2.30, respetivamente. Mostre que a aplicação $f : N_n \to \mathbb{N}/R_n$ dada por $f(x) = [x]$ é um isomorfismo entre estes anéis.

31. Para cada $n \in \mathbb{N}_1$ primo, considerem-se os corpos $(N_n, +_n, \times_n, 0, 1)$ e $(\mathbb{N}/R_n, +, \times, [0], [1])$ referidos nos Exemplos 6.2.14 e 6.2.30, respetivamente. Mostre que a aplicação $f : N_n \to \mathbb{N}/R_n$ dada por $f(x) = [x]$ é um isomorfismo entre estes corpos.

32. Suponha que existe um isomorfismo $f : (A, \theta) \to (\mathbb{N}, \times)$. Que número natural é $f(f^{-1}(3)\theta f^{-1}(5))$.

33. Suponha que existe um isomorfismo $f : (A, \theta) \to (\mathbb{N}, +)$. Calcule $f^{-1}(0)\theta b$ para cada $b \in A$.

34. Sabendo que $(\mathbb{R}, \theta, 5)$ é um monoide e que $f : (\mathbb{R}, \theta, 5) \to (\mathbb{R}, \times, 1)$ é um isomorfismo entre dois monoides, calcule $f^{-1}(2)\theta f^{-1}(\frac{1}{2})$.

35. Sejam $\mathcal{A}$ e $\mathcal{B}$ duas estruturas algébricas do mesmo tipo. Mostre que f é um isomorfismo entre $\mathcal{A}$ e $\mathcal{B}$ se e só se $f : \mathcal{A} \to \mathcal{B}$ é um homomorfismo bijetivo.

36. Seja $(A, \preceq)$ um conjunto parcialmente ordenado com $A = \{a, b, c, d\}$, e seja $f : A \to \{1, 2, 3, 4\}$ dada por $f(a) = 2$, $f(b) = 3$, $f(c) = 1$ e $f(d) = 4$. Sabendo que f é um isomorfismo entre $(A, \preceq)$ e $(\{1, 2, 3, 4\}, \leq)$, indique como estão ordenados os elementos de A por $\preceq$.

37. Sejam $A = \{-2, -1, 1, 2\}$, $B = \{a, b, c, d\}$, R a relação binária em A dada por xRy se e só se $xy > 0$, e S uma relação binária em B. Sabendo que f é um isomorfismo entre as estruturas relacionais (A, R) e (B, S), e que $f(-2) = b$, $f(-1) = a$, $f(1) = d$ e $f(2) = c$, diga quais são os elementos z de B tais que aSz.

38. Sejam $(A, \preceq_A)$ e $(B, \preceq_B)$ dois conjuntos totalmente ordenados. Demonstre que se $f : A \to B$ é uma bijeção estritamente monótona, então $f : (A, \preceq_A) \to (B, \preceq_B)$ é um isomorfismo.

39. Demonstre que se f é um isomorfismo entre os conjuntos parcialmente ordenados $(A, \preceq_A)$ e $(B, \preceq_B)$ e se c é um elemento minimal de um subconjunto X de A, então $f(c)$ é um elemento minimal de $f[X]$.

40. Como representaria através de uma estrutura o conceito de "multigrafo com pesos"? O que seriam os morfismos entre as estruturas desse tipo?

41. Um *autómato finito determinístico* é uma estrutura $(Q, \Sigma, \delta, q_0, F)$ onde

    - Q é um conjunto não vazio (conjunto dos estados);
    - Σ é um conjunto não vazio (conjunto dos símbolos ou alfabeto);
    - $\delta : Q \times \Sigma \to Q$ é uma aplicação (função de transição);
    - $q_0 \in Q$ (estado inicial);
    - $F \subseteq Q$ (conjunto dos estados finais).

    O conceito de autómato finito determinístico é mais um exemplo de estrutura. Neste caso, a estrutura inclui dois conjuntos (o conjunto dos estados Q e o alfabeto Σ), uma aplicação, um elemento distinguido de Q (o estado inicial) e ainda um conjunto de elementos distinguidos de Q (o conjunto dos estados finais). Este conceito é relevante, nomeadamente, em Teoria da Computação. O leitor interessado pode consultar, por exemplo, [37, 69].

    Cada autómato finito determinístico reconhece uma linguagem: diz-se que uma sequência $a_1 \ldots a_n$ de elementos de Σ, com $n \in \mathbb{N}$, é *aceite* pelo autómato $(Q, \Sigma, \delta, q_0, F)$ se existe uma sequência $p_1 \ldots p_{n+1}$ de elementos de Q tal que p_1 é o estado inicial q_0, $p_{n+1} \in F$ e, para cada $1 \leq i \leq n$, verifica-se que $\delta(p_i, a_i) = p_{i+1}$; finalmente, a *linguagem reconhecida pelo autómato*, ou a *linguagem do autómato*, é o conjunto de todas as sequências de elementos de Σ que são aceites pelo autómato.

(a) Considere o autómato finito determinístico

$$(\{s,t\},\{0,1\},\delta,s,\{t\})$$

em que a função de transição $\delta : \{s,t\} \times \{0,1\} \to \{s,t\}$ é dada por $\delta(s,0) = s$, $\delta(s,1) = t$, $\delta(t,0) = t$ e $\delta(t,1) = s$. Este autómato pode ser representado graficamente do seguinte modo:

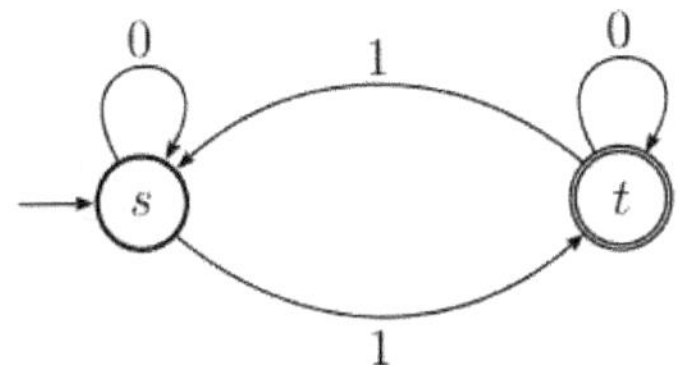

A pequena seta do lado esquerdo do estado s indica que este é o estado inicial. Os estados finais são identificados por serem representados por duas circunferências concêntricas. Neste caso, t é o único estado final. O facto de $\delta(s,1) = t$, por exemplo, é representado por uma seta de s para t com etiqueta 1. Os outros casos são semelhantes.

(i) Mostre que 10011 é aceite pelo autómato, mas 01100 não é.

(ii) Verifique que a linguagem reconhecida pelo autómato é o conjunto das sequências de elementos de {0,1} que têm um número ímpar de 1's.

(b) Defina um autómato finito determinístico tal que a sua linguagem seja o conjunto das sequências de dígitos em $\{0,1,2,3,4,5,6,7,8,9\}$ que representem números naturais pares.

(c) Defina um autómato finito determinístico tal que a sua linguagem seja o conjunto das sequências de dígitos em $\{0,1,2,3,4,5,6,7,8,9\}$ que representem números naturais divisíveis por 3.

Capítulo 7

Indução

Um dos principais métodos para demonstrar que uma certa propriedade se verifica para todos os naturais é a demonstração por indução finita ou indução matemática, já conhecido na antiguidade clássica, mas só explicitado por Pascal no século XVII. A primeira parte deste capítulo é dedicada a este método de demonstração, ilustrando-se a sua aplicação e estabelecendo-se a equivalência entre o princípio de indução finita e o princípio da boa ordenação do conjunto dos naturais. Mostra-se, em seguida, como o princípio de indução finita pode ser generalizado a um princípio de indução sobre conjuntos nos quais esteja disponível uma relação bem fundada. Apresenta-se, por fim, a noção de conjunto definido indutivamente e as demonstrações, ditas por indução estrutural, sobre estes conjuntos, bem como o caso particular dos conjuntos livremente gerados. Do ponto de vista das aplicações é prestada particular atenção à demonstração de propriedades de programas definidos recursivamente.

7.1 Indução finita

Para demonstrar que uma certa propriedade se verifica para todos os naturais pode fazer-se uma demonstração por indução. Uma demonstração por indução no conjunto dos naturais baseia-se no chamado *princípio de indução finita*, ou *princípio de indução matemática*. Na Secção 7.1.1 apresentam-se duas versões deste princípio: a versão fraca, também denominada versão simples, e a versão forte, também denominada versão completa. Na Secção 7.1.2 faz-se referência a certos erros que são cometidos com alguma frequência na realização de demonstrações por indução. Na Secção 7.1.3 mostra-se que as duas versões do princípio de indução são equivalentes, e na Secção 7.1.4 aborda-se a relação existente entre o princípio de indução finita e o princípio de boa ordenação nos naturais.

7.1.1 Princípio de indução finita

Seja $P(n)$ uma condição definida sobre todos os naturais. Quando queremos demonstrar que a propriedade P correspondente é verdadeira para todos os naturais, podemos usar a técnica da demonstração por indução. Neste caso é também usual dizer, informalmente, que se vai demonstrar por "indução em n" que se tem $P(n)$ para todo o natural n.

A demonstração por indução baseia-se no *princípio de indução finita*, também chamado *princípio de indução matemática*. Começamos por uma formulação deste princípio, denominada versão simples ou fraca.

Na sequência, escreveremos por vezes "propriedade $P(n)$" quando nos queremos referir à propriedade P correspondente à condição $P(n)$. Este abuso de linguagem é usual em muitos textos.

> PRINCÍPIO DE INDUÇÃO FINITA (VERSÃO SIMPLES OU FRACA)
>
> Seja $P(n)$ uma condição definida sobre todos os naturais. Se
>
> (i) $P(0)$ é verdadeira
>
> (ii) qualquer que seja o natural n,
> se $P(n)$ é verdadeira então $P(n+1)$ também é verdadeira
>
> então $P(n)$ é verdadeira para todo o natural n.

O princípio da indução finita apresentado corresponde à fórmula

$$(P(0) \wedge \forall_{n \in \mathbb{N}}(P(n) \Rightarrow P(n+1))) \Rightarrow \forall_{n \in \mathbb{N}} P(n).$$

De acordo com este princípio de indução, para demonstrar que $\forall_{n \in \mathbb{N}} P(n)$ basta

- demonstrar que se verifica $P(0)$ (*base de indução*)
- demonstrar que se verifica $\forall_{n \in \mathbb{N}}(P(n) \Rightarrow P(n+1))$ (*passo de indução*)

No passo de indução há que demonstrar que a condição $P(n) \Rightarrow P(n+1)$ se verifica para todo o natural n. Começa-se assim por considerar um natural arbitrário n. Assume-se então que se verifica $P(n)$, a chamada *hipótese de indução*, normalmente designada pelo acrónimo *HI*. Sob esta assunção demonstra-se que se pode concluir que também se verifica $P(n+1)$. A condição $P(n+1)$ é a *tese de indução*.

A razão pela qual o princípio de indução pode ser usado para demonstrar propriedades dos números naturais decorre da definição do conjunto dos números naturais. Este conjunto pode ser definido axiomaticamente de diversas formas equivalentes e, na axiomática de Peano, o princípio de indução finita é um dos axiomas. Outras axiomáticas, em vez deste princípio, incluem como axioma o princípio da boa ordenação. Veremos adiante que estes dois princípios são equivalentes. Não aprofundaremos neste texto o tema da definição axiomática dos números naturais, remetendo o leitor para a consulta de, por exemplo, [19, 23, 56].

Vejamos alguns exemplos simples de aplicação do princípio de indução finita apresentado acima.

Exemplo 7.1.1 Seja $r \in \mathbb{N}\backslash\{0,1\}$ e $a \in \mathbb{R}$. Considere-se a asserção

$$ar^0 + ar + \ldots + ar^n = \frac{a(r^{n+1}-1)}{r-1}$$

que podemos designar por $P(n)$. Demonstremos que se tem $\forall_{n\in\mathbb{N}}P(n)$ usando o princípio de indução finita.

Base de indução:
Há que demonstrar que se tem $P(0)$, isto é, $ar^0 = \frac{a(r^1-1)}{r-1}$. O resultado é imediato pois, por um lado, $ar^0 = a$ e, por outro, $\frac{a(r^1-1)}{r-1} = a \times 1 = a$.

Passo de indução:
Por ser o primeiro exemplo apresentamos a demonstração mais pormenorizadamente. Seja $n \in \mathbb{N}$ qualquer. Suponha-se que se verifica $P(n)$, ou seja

$$ar^0 + ar + \ldots + ar^n = \frac{a(r^{n+1}-1)}{r-1} \qquad \textit{Hipótese de indução (HI)}$$

Há que demonstrar que se verifica $P(n+1)$, isto é

$$ar^0 + ar + \ldots + ar^n + ar^{n+1} = \frac{a(r^{n+2}-1)}{r-1} \qquad \textit{Tese de indução}$$

Somando ar^{n+1} a ambos os lados da igualdade *HI*, tem-se então que

$$\begin{aligned}
(ar^0 + ar + \ldots + ar^n) + ar^{n+1} &= \frac{a(r^{n+1}-1)}{r-1} + ar^{n+1} \qquad \text{(por } HI\text{)} \\
&= \frac{a(r^{n+1}-1)}{r-1} + \frac{ar^{n+1}(r-1)}{r-1} \\
&= \frac{ar^{n+1}-a}{r-1} + \frac{ar^{n+2}-ar^{n+1}}{r-1} \\
&= \frac{a(r^{n+2}-1)}{r-1}
\end{aligned}$$

obtendo-se assim a tese de indução que se pretendia demonstrar. ∎

Exemplo 7.1.2 Demonstremos agora, por indução, o resultado sobre a cardinalidade das partes de um conjunto finito enunciado na Proposição 2.1.8. Queremos então demonstrar que $\forall_{n\in\mathbb{N}} P(n)$, sendo $P(n)$ a condição

> "Qualquer que seja o conjunto A, se A tem n elementos então $\wp(A)$ tem 2^n elementos."

Base de indução:
Há que demonstrar que se verifica $P(0)$, isto é, que se A tem 0 elementos então $\wp(A)$ tem 2^0 elementos. Ora, se A tem 0 elementos então $A = \emptyset$. Tem-se também $\wp(\emptyset) = \{\emptyset\}$. Assim, $\#(\wp(A)) = \#(\wp(\emptyset)) = \#(\{\emptyset\}) = 1 = 2^0$ como se pretendia.

Passo de indução:
Seja $n \in \mathbb{N}$ qualquer. Suponha-se que se verifica $P(n)$, a hipótese de indução (*HI*), e demonstre-se que se tem $P(n+1)$, isto é, demonstre-se que é verdadeira a tese de indução "Qualquer que seja o conjunto A, se A tem $n+1$ elementos, então $\wp(A)$ tem 2^{n+1} elementos."

Considere-se então um conjunto A qualquer com $n+1$ elementos. Fixemos um elemento $c \in A$ e designemos por B o conjunto formado pelos restantes elementos de A. Naturalmente, B será o conjunto vazio se A só tiver um elemento. Como B tem n elementos, por *HI*, conclui-se que $\#(\wp(B)) = 2^n$. Por outro lado, é fácil verificar que os subconjuntos de A são todos os subconjuntos de B, mais os conjuntos que se obtêm juntando a cada um destes o elemento c, isto é

$$\wp(A) = \wp(B) \bigcup \left(\bigcup_{X\in\wp(B)} (X \cup \{c\}) \right).$$

Como $c \in A \backslash B$, os conjuntos $X \cup \{c\}$, com $X \in \wp(B)$, são diferentes de qualquer em $\wp(B)$. Consequentemente, $\#(\wp(A)) = 2\#(\wp(B))$ e portanto

$$\#(\wp(A)) = 2\#(\wp(B)) = 2 \times 2^n = 2^{n+1}$$

como se pretendia. ∎

Exemplo 7.1.3 Demonstremos agora por indução que se tem

$$n! \geq 2^{n-1}$$

para qualquer natural n. Designemos por $P(n)$ a asserção em causa.

Base de indução:
Há que demonstrar que se tem $P(0)$, isto é, $0! \geq 2^{0-1}$. Recordando que, por definição, $0! = 1$, tem-se $0! = 1 \geq \frac{1}{2} = 2^{-1}$.

Passo de indução:
Seja $n \in \mathbb{N}$ qualquer. Suponha-se que se verifica $n! \geq 2^{n-1}$ (*HI*) e mostre-se que se verifica a tese de indução $(n+1)! \geq 2^{(n+1)-1}$. Ora,

$$\begin{aligned}(n+1)! &= (n+1)n! \\ &\geq (n+1)2^{n-1} && \text{(por } HI\text{)} \\ &\geq 2 \times 2^{n-1} && \text{(se } n \geq 1\text{)} \\ &= 2^n.\end{aligned}$$

Está assim demonstrada a tese de indução, mas apenas para o caso $n \geq 1$. No entanto, quando $n = 0$, tem-se igualmente $P(n+1)$, isto é, $P(1)$, pois $1! = 1 = 2^0 = 2^{1-1}$, pelo que $1! \geq 2^{1-1}$.

Note-se que embora o usual numa demonstração por indução seja que a demonstração de $P(n) \Rightarrow P(n+1)$ seja análoga para todo $n \in \mathbb{N}$, nada impede que a demonstração de alguns casos tenha de ser feita de forma diferente, como aconteceu nesta demonstração. ∎

Para no passo da indução se demonstrar a tese da indução torna-se por vezes conveniente poder assumir uma hipótese de indução mais forte do que a simples assunção de que se verifica $P(n)$. Concretamente, pode ser útil assumir que não só se verifica $P(n)$, como também $P(k)$ para qualquer $0 \leq k \leq n$. Quando assumimos esta hipótese de indução, diz-se que fazemos a demonstração por *indução forte (ou completa)*, para a distinguir da demonstração por indução em que apenas se assume $P(n)$ como hipótese de indução. Como mostraremos na Secção 7.1.3, os dois princípios de indução são equivalentes. no sentido em que um é verdadeiro se e só se o outro é também verdadeiro.

PRINCÍPIO DE INDUÇÃO FINITA (VERSÃO FORTE OU COMPLETA)

Seja $P(n)$ uma condição definida sobre todos os naturais. Se

(i) $P(0)$ é verdadeira

(ii) qualquer que seja o natural n,
se $P(0), \ldots, P(n)$ são verdadeiras
então $P(n+1)$ também é verdadeira

então $P(n)$ é verdadeira para todo o natural n.

O princípio da indução finita apresentado corresponde à fórmula

$$(P(0) \wedge \forall_{n\in\mathbb{N}}((\forall_{k\in\mathbb{N}}(k \leq n \Rightarrow P(k)) \Rightarrow P(n+1))) \Rightarrow \forall_{n\in\mathbb{N}} P(n)$$

onde $\leq$ designa a usual relação de ordem nos naturais. Usando uma notação mais informal pode também escrever-se

$$(P(0) \wedge \forall_{n\in\mathbb{N}}((P(0) \wedge P(1) \wedge \ldots \wedge P(n)) \Rightarrow P(n+1))) \Rightarrow \forall_{n\in\mathbb{N}} P(n).$$

Ilustremos a aplicação deste princípio com um exemplo relacionado com a solução de uma relação de recorrência, tópico que abordaremos em maior profundidade no Capítulo 9.

Exemplo 7.1.4 Demonstremos por indução completa que se uma sucessão $a = (a_n)_{n\in\mathbb{N}}$ satisfaz as condições

- $a_0 = 7$
- $a_1 = 16$
- $a_{n+1} = 5\,a_{n-1} - 6\,a_{n-2}$ para todo o $n \geq 1$

então $a_n = 5 \times 2^n + 2 \times 3^n$ qualquer que seja $n \in \mathbb{N}$. Designe-se esta asserção por $P(n)$.

Base de indução:
Verifica-se $P(0)$ pois $a_0 = 7 = 5 \times 2^0 + 2 \times 3^0$.

Passo de indução:
Seja $n \in \mathbb{N}$ qualquer. Quer-se demonstrar que

$$(P(0) \wedge P(1) \wedge \ldots \wedge P(n)) \Rightarrow P(n+1).$$

O caso $n = 0$ é tratado em primeiro lugar. Note-se que se verifica $P(1)$ pois $a_1 = 16 = 5 \times 2^1 + 2 \times 3^1$. Logo, a implicação $P(0) \Rightarrow P(1)$ verifica-se trivialmente.

Seja agora $n \geq 1$ e assuma-se que se tem $P(0) \wedge P(1) \wedge \ldots \wedge P(n)$, isto é, que se verifica *HI*. Demonstra-se que se verifica $P(n+1)$, ou seja,

$$a_{n+1} = 5 \times 2^{n+1} + 2 \times 3^{n+1}.$$

Com efeito tem-se que

$$\begin{aligned}
a_{n+1} &= 5\,a_{(n+1)-1} - 6\,a_{(n+1)-2} && \text{(por definição da sucessão, dado que } n+1 \geq 2)\\
&= 5\,a_n - 6\,a_{n-1}\\
&= 5(5 \times 2^n + 2 \times 3^n) - 6(5 \times 2^{n-1} + 2 \times 3^{n-1}) && \text{(por } \textit{HI} \text{ verifica-se } P(n) \text{ e } P(n-1))\\
&= 25 \times 2^n - 15 \times 2^n + 10 \times 3^n - 4 \times 3^n\\
&= 10 \times 2^n + 6 \times 3^n\\
&= 5 \times 2^{n+1} + 2 \times 3^{n+1}.
\end{aligned}$$

■

Note-se que no passo de indução apresentado no Exemplo 7.1.4 anterior foi necessário usar o facto de se verificar $P(n)$ e $P(n-1)$ para concluir que se verifica $P(n+1)$.

Facilmente se conclui que o princípio de indução (simples) é um caso particular do princípio de indução completa: o caso particular em que no passo de indução, das asserções $P(0), \ldots, P(n)$ basta assumir $P(n)$, por ser a única a ser usada na demonstração de $P(n+1)$. Como veremos, o princípio de indução completa pode também ser obtido a partir do princípio de indução (simples).

7.1.2 Erros frequentes em demonstrações por indução

Recorde-se que na demonstração por indução efetuada no Exemplo 7.1.3 o passo de indução não decorre do mesmo modo para todos os valores de n. A demonstração para o caso em que $n = 0$ teve de ser distinta dos outros casos. Nesse exemplo particular, embora usando um raciocínio diferente, foi de facto possível efetuar a demonstração também para $n = 0$. Mas existem outros casos em que embora exista um demonstração para a maioria dos valores de n, ela não existe para certos valores de n (em regra valores iniciais). Se não nos apercebermos de tal situação podemos ser levados a concluir, erradamente, que certas propriedades são verdadeiras por as termos "demonstrado" por indução.

Os dois exemplos seguintes descrevem situações deste tipo. Nestes dois exemplos sabemos que tem de existir alguma falha na demonstração, pois sabemos que os resultados "demonstrados" são falsos. Mas podem existir outros casos em que não dispomos dessa evidência, pelo que é bom ter conhecimento destes problemas que podem ocorrer numa demonstração deste tipo.

Exemplo 7.1.5 Suponha-se que se quer demonstrar que

$$\forall_{a,b \in \mathbb{N}}(n = max\{a, b\} \Rightarrow a = b)$$

para qualquer natural n. Na sequência, designaremos por $P(n)$ a asserção $\forall_{a,b\in\mathbb{N}}(n = max\{a,b\} \Rightarrow a = b)$.

Base de indução:
Há que demonstrar que se tem $P(0)$, isto é, $\forall_{a,b\in\mathbb{N}}(0 = max\{a,b\} \Rightarrow a = b)$. Dados $a, b \in \mathbb{N}$ quaisquer, se $0 = max\{a,b\}$ então necessariamente $a = b = 0$, concluindo-se assim que $P(0)$ se verifica.

Passo de indução:
Seja $n \in \mathbb{N}$ qualquer. Suponha-se que se verifica *HI*, isto é, $P(n)$. Com o objetivo de concluir $P(n+1)$, isto é, $\forall_{a,b\in\mathbb{N}}(n+1 = max\{a,b\} \Rightarrow a = b)$, considerem-se dois naturais x e y quaisquer tais que $n+1 = max\{x,y\}$ e demonstre-se que $x = y$. Então,

$$\begin{array}{c} n+1 = max\{x,y\} \\ \Downarrow \\ n = max\{x-1, y-1\} \\ \Downarrow \quad \text{(por } HI\text{)} \\ x-1 = y-1 \\ \Downarrow \\ x = y \end{array}$$

o que termina a demonstração.

Observe-se que se para qualquer $n \in \mathbb{N}$ se verificar

$$\forall_{a,b\in\mathbb{N}}(n = max\{a,b\} \Rightarrow a = b)$$

então poderemos concluir que todos os naturais são iguais. Com efeito, dados $x, y \in \mathbb{N}$ quaisquer, existe o máximo do conjunto $\{x,y\}$, o qual é necessariamente um natural m, isto é, $m = \max\{x,y\}$. Mas então, pela asserção anterior $x = y$.

Como os elementos de $\mathbb{N}$ não são todos iguais, a asserção

$$\forall_{a,b\in\mathbb{N}}(n = \max\{a,b\} \Rightarrow a = b)$$

não se verifica. Onde está o erro na "demonstração" por indução acima efetuada?

O erro está no passo de indução no caso em que $n = 0$. Se x e y são naturais e $1 = max\{x,y\}$, então ou $x = y = 1$ ou um deles (suponha-se x) é 1 e o outro é 0. Mas, neste último caso, $y-1$ é $0-1$, que não é um número natural. Não se pode então concluir $x-1=y-1$ a partir de $n=max\{x-1,y-1\}$, pois a hipótese de indução só garante a veracidade da implicação $n=\max\{a,b\} \Rightarrow a=b$ quando a e b são naturais. ■

Exemplo 7.1.6 Suponha-se que se quer demonstrar que para qualquer natural n se tem que[1]

"Qualquer que seja o conjunto de n pessoas, se nesse conjunto há pelo menos um benfiquista, então todos os elementos desse conjunto são benfiquistas."

Seja $P(n)$ a asserção anterior.

Base de indução:
Tem-se $P(0)$, pois num conjunto de 0 pessoas, o antecedente da implicação "se nesse conjunto há pelo menos um benfiquista, então todos são benfiquistas" é necessariamente falso (num conjunto vazio não há qualquer benfiquista), pelo que a implicação é verdadeira.

Passo de indução:
Seja $n \in \mathbb{N}$ qualquer. Suponha-se que se verifica *HI*, isto é, $P(n)$. Com o objetivo de demonstrar $P(n+1)$, considere-se um qualquer conjunto A de $n+1$ pessoas, e suponha-se que em A há pelo menos um benfiquista, a seguir designado b. Pretendemos demonstrar que todas as pessoas em A são benfiquistas. Considerem-se dois conjuntos de n pessoas cada, B e C, tais que $B \cup C = A$, $b \in B$ e $b \in C$. Então, como B tem n pessoas e pelo menos um benfiquista, b, por *HI*, todas as pessoas em B são benfiquistas. Analogamente, todas as pessoas em C são benfiquistas. Logo, como $A = B \cup C$, todas as pessoas em A são benfiquistas, o que termina a demonstração.

Observe-se que se a asserção referida no início se verificar, então pode demonstrar-se mesmo que todos os portugueses são benfiquistas. De facto, o conjunto de todas as pessoas de nacionalidade portuguesa é um conjunto finito, constituído por um certo número $n \in \mathbb{N}_1$ de pessoas. Nele há pelo menos um benfiquista (um dos autores deste texto!). Logo, podemos concluir que todos os portugueses são benfiquistas! Como existem algumas exceções à afirmação anterior, algum erro deve ter sido cometido na "demonstração" por indução acima efetuada.

Para começar, note-se que o facto de se verificar $P(0)$, por corresponder a uma implicação vacuosamente verdadeira (ver Secção 1.2.3), não constitui um problema. Também não há problema com a implicação $P(0) \Rightarrow P(1)$. Esta implicação é verdadeira, uma vez que a asserção $P(1)$, isto é, "qualquer que seja

[1]Este exemplo é uma variante do exemplo apresentado em [58], onde se apresenta uma "demonstração" de que num qualquer conjunto de n raparigas todas elas têm olhos da mesma cor, solicitando, como exercício, que se descubra o erro existente em tal demonstração.

o conjunto com 1 pessoa, se nesse conjunto há pelo menos um benfiquista, então todos os elementos desse conjunto são benfiquistas", é obviamente verdadeira. O que se passa é que a demonstração apresentada no passo de indução para demonstrar que $P(n) \Rightarrow P(n+1)$ só está correta quando $n \geq 2$, e não é verdade que $P(1)$ implique $P(2)$. Se $n = 2$, por exemplo, dado $A = \{a, b, c\}$, e assumindo que b é benfiquista, podemos construir dois conjuntos de $n = 2$ elementos tal que cada um inclui b e cuja união é A: os conjuntos $\{a, b\}$ e $\{b, c\}$. Isto significa que $P(2) \Rightarrow P(3)$. Mas o mesmo já não se consegue fazer se $n = 1$: dado $A = \{a, b\}$, onde b é benfiquista, não se conseguem construir dois conjuntos com $n = 1$ elementos cuja união seja A e incluindo ambos b. ∎

7.1.3 Equivalência entre as versões simples e completa

Demonstramos nesta secção que a versão simples (ou fraca) e a versão completa (ou forte) do princípio de indução finita são equivalentes. Antes, porém, reformulamos estas duas versões do princípio de indução finita, uma vez que tal reformulação é útil, não só para a demonstração desta equivalência, como para a análise da relação entre a indução finita e a boa ordenação dos naturais, a efetuar na próxima secção.

Em vez de formularmos o princípio de indução finita à custa de *propriedades definidas sobre todos os naturais* podemos formulá-lo à custa de *conjuntos de naturais*. Com efeito, a uma propriedade $P(n)$ definida sobre todos os naturais podemos fazer corresponder o conjunto dos naturais que verificam tal propriedade, isto é, o conjunto

$$A = \{n \in \mathbb{N} : P(n)\}$$

que é constituído pelos naturais para os quais tal propriedade é verdadeira. Reciprocamente, a cada conjunto de naturais A podemos fazer corresponder a propriedade

$$P(n) = \text{“}n \in A\text{”}$$

definida sobre todos os naturais.

Em termos de conjuntos, obtém-se assim a seguinte formulação da versão simples do princípio de indução finita.

PRINCÍPIO DE INDUÇÃO FINITA (VERSÃO FRACA OU SIMPLES)

Qualquer que seja o conjunto de naturais A, se

(i) $0 \in A$

(ii) qualquer que seja o natural n,
se $n \in A$ então $n + 1 \in A$

então $A = \mathbb{N}$.

Tal como na formulação anterior, a demonstração de (i) corresponde à base de indução e a de (ii) ao passo de indução. Na sequência, a asserção

"Se

(i) $0 \in A$

(ii) qualquer que seja o natural n, se $n \in A$ então $n+1 \in A$

então $A = \mathbb{N}$."

será designada por (PIndS-A), como mnemónica de princípio de indução simples relativo (ou aplicado) ao conjunto A.

Ilustra-se a utilização desta formulação do princípio de indução com o seguinte exemplo.

Exemplo 7.1.7 Suponha-se que f é uma função natural, de variável natural, que satisfaz

- $f(0) = 1$
- $f(n) = \frac{3f(n-1)}{n}$ para $n \geq 1$

e que se pretende demonstrar que

$$\forall_{n \in \mathbb{N}} f(n) = \frac{3^n}{n!} \tag{7.1}$$

Define-se então A como sendo o conjunto dos naturais que satisfazem a propriedade em causa, isto é

$$A = \{n \in \mathbb{N} : P(n)\} = \left\{n \in \mathbb{N} : f(n) = \frac{3^n}{n!}\right\}$$

e mostra-se que $A = \mathbb{N}$, o que permite então concluir (7.1). Para demonstrar que $A = \mathbb{N}$, recorre-se ao princípio de indução acima referido.

Base de indução:
Há que demonstrar que $0 \in A$. Isto significa que tem de demonstrar que é verdadeira a igualdade $f(0) = \frac{3^0}{0!}$, o que decorre da igualdade $f(0) = 1$, uma vez que $\frac{3^0}{0!} = \frac{1}{1} = 1$.

Passo de indução:
Seja $n \in \mathbb{N}$ qualquer. Suponha-se que $n \in A$ (*HI*) e mostre-se que $n+1 \in A$.

Ora, tem-se

$$
\begin{aligned}
f(n+1) &= \frac{3f(n)}{n+1} && \text{(por definição de } f\text{,} \\
& && \text{tendo em conta que } n+1 \geq 1) \\
&= \frac{3\frac{3^n}{n!}}{n+1} && \text{(por } HI\text{)} \\
&= \frac{3 \times 3^n}{(n+1)n!} \\
&= \frac{3^{n+1}}{(n+1)!}.
\end{aligned}
$$

Logo, $n+1 \in A$, como se pretendia demonstrar. ■

Segue-se a versão completa do princípio de indução formulada em termos de conjuntos.

> <u>PRINCÍPIO DE INDUÇÃO FINITA</u> (VERSÃO FORTE OU COMPLETA)
>
> Qualquer que seja o conjunto de naturais A, se
>
> (i) $0 \in A$
>
> (ii) qualquer que seja o natural n,
> se $k \in A$ para todo o natural $k \leq n$, então $n+1 \in A$
>
> então $A = \mathbb{N}$.

Na sequência, designaremos por (PIndC-A) a asserção

"Se

(i) $0 \in A$

(ii) qualquer que seja o natural n,
se $k \in A$ para todo o natural $k \leq n$, então $n+1 \in A$

então $A = \mathbb{N}$."

como mnemónica de princípio de indução completa relativo (ou aplicado) ao conjunto A.

De novo, a demonstração de (i) corresponde à base de indução e a de (ii) ao passo de indução. Observe-se, ainda, que (ii) pode ser descrita como se segue

(ii) qualquer que seja o natural n, $\{k \in \mathbb{N} : k \leq n\} \subseteq A \Rightarrow n+1 \in A$

isto é, usando uma notação mais informal

(ii) qualquer que seja o natural n, se $\{0, \ldots, n\} \subseteq A$ então $n+1 \in A$.

Mostra-se seguidamente que a versão completa do princípio de indução finita implica, como seria de esperar, a sua versão simples.

Proposição 7.1.8 Seja A um qualquer conjunto de naturais. Se se verifica (PIndC-A) então também se verifica (PIndS-A).

Demonstração: Seja A um qualquer conjunto de naturais e suponha-se que se verifica (PIndC-A). Quer demonstrar-se que se verifica (PIndS-A). Suponha-se então que se verificam as asserções

$$0 \in A \tag{7.2}$$

e

$$\text{qualquer que seja o natural } n,\ n \in A \text{ implica } n+1 \in A. \tag{7.3}$$

Há que demonstrar que $A = \mathbb{N}$. Para tal vamos usar (PIndC-A). A asserção (i) de (PIndC-A) é trivialmente verificada por (7.2). Para demonstrar (ii), considere-se um qualquer natural n. Se $\{0, \ldots, n\} \subseteq A$ então, em particular, $n \in A$ e portanto, por (7.3), $n+1 \in A$. Verifica-se assim a asserção (ii) de (PIndC-A). Por (PIndC-A), conclui-se então que $A = \mathbb{N}$. ■

No que respeita ao recíproco, embora não se consiga demonstrar que, para o mesmo conjunto de naturais A, (PIndS-A) implica (PIndC-A) tem-se, contudo, que se (PIndS-A) se verificar para todo o conjunto de naturais A, então (PIndC-A) também se verifica para todo o conjunto de naturais A. Tal é estabelecido na proposição seguinte.

Proposição 7.1.9 A versão simples do princípio de indução finita implica a versão completa do princípio de indução finita.

Demonstração: Suponha-se que se verifica a versão simples do princípio de indução. Seja A um qualquer conjunto de naturais. Há que demonstrar que se tem (PIndC-A). Suponha-se então que se verificam as asserções

$$0 \in A \tag{7.4}$$

e

$$\text{qualquer que seja o natural } n,\ \{0, \ldots, n\} \subseteq A \text{ implica } n+1 \in A \tag{7.5}$$

Tem de demonstrar-se que $A = \mathbb{N}$. Defina-se então o conjunto naturais

$$B = \{n \in \mathbb{N} : \{0, \ldots, n\} \subseteq A\}$$

isto é, assumindo que n e k são variáveis naturais, $B = \{n : \forall_{k \leq n}\, k \in A\}$.

Por (7.4), tem-se $\{0\} \subseteq A$, pelo que se verifica

$$0 \in B \tag{7.6}$$

Seja n um qualquer natural. Suponha-se que $n \in B$. Então, por definição de B, $\{0, \ldots, n\} \subseteq A$ e, por (7.5), $n + 1 \in A$. Deste modo, $\{0, \ldots, n + 1\} \subseteq A$, ou seja, $n + 1 \in B$. Logo, verifica-se a asserção

$$\text{qualquer que seja o natural } n,\ n \in B \text{ implica } n + 1 \in B \tag{7.7}$$

Ora, como se está a assumir que se verifica a versão simples do princípio de indução finita, verifica-se, em particular, a asserção (PIndS-B). Logo, de (7.6) e (7.7), decorre que $B = \mathbb{N}$. Mas então pode concluir-se que $A = \mathbb{N}$. De facto, por hipótese, $A \subseteq \mathbb{N}$. Por outro lado, $B \subseteq A$ por definição de B, pelo que $\mathbb{N} \subseteq A$. ■

7.1.4 Indução finita *versus* boa ordenação

Analisamos agora a relação estreita existente entre o principio de indução finita e a noção de conjunto bem ordenado. Definindo-se a ordenação dos naturais como é usual, demonstra-se na Proposição 7.1.10 seguinte que a assunção do princípio de indução finita tem como consequência que $(\mathbb{N}, \leq)$, ou seja, o conjunto dos naturais equipado com a ordem total usual $\leq$, é um conjunto bem ordenado. Recorde-se que um conjunto equipado com uma ordem total é bem ordenado se qualquer seu subconjunto não vazio tem mínimo (ver Proposição 3.3.33).

Proposição 7.1.10 Qualquer subconjunto não vazio de $\mathbb{N}$ tem mínimo.

Demonstração: Seja B um qualquer subconjunto não vazio de $\mathbb{N}$. Quer-se demonstrar que B possui mínimo, ou seja, que existe um elemento $m \in B$ tal que $m \leq x$ qualquer que seja $x \in B$.

Suponha-se, por absurdo, que B não tinha mínimo. Com o propósito de obter uma contradição, comecemos por considerar o conjunto

$$A = \{k \in \mathbb{N} : \forall_{x \in B}\, k \leq x\}$$

dos naturais k que são menores ou iguais que todos os elementos de B. Se demonstrarmos que existe $m \in A \cap B$, isto é, que $A \cap B \neq \emptyset$, então $m \in B$ e, como também $m \in A$, tem-se $\forall_{x \in B}\, m \leq x$, pelo que se conclui que m é mínimo de B, obtendo-se assim uma contradição, como pretendido.

Concluamos então que $A \cap B \neq \emptyset$ sob a assunção de que B não tem mínimo. Para tal, assumimos que B não tem mínimo, e demonstramos, usando o princípio de indução, que $A = \mathbb{N}$. Esta igualdade permite concluir que $A \cap B \neq \emptyset$, pois B é um subconjunto de $\mathbb{N}$ não vazio.

Base de indução:
Tem-se $0 \in A$, pois 0 é menor ou igual que qualquer natural e, portanto, também menor ou igual que todos os elementos em B.

Passo de indução:
Seja $n \in \mathbb{N}$ qualquer e suponha-se que $n \in A$. Então, $\forall_{x \in B}\, n \leq x$. Logo, como estamos a assumir que B não tem mínimo, $n \notin B$. Assim, $\forall_{x \in B}\, n < x$, o que significa que $\forall_{x \in B}\, n + 1 \leq x$, de onde se conclui que $n + 1 \in A$.

Como $A \subseteq \mathbb{N}$, pela versão simples do princípio de indução, pode então concluir-se que $A = \mathbb{N}$, como se pretendia. ■

Reciprocamente, a assunção da boa ordenação de $\mathbb{N}$ também implica que $\mathbb{N}$ satisfaz a versão simples do princípio de indução finita. Para demonstrar esta afirmação, pela Proposição 7.1.8, podemos optar por demonstrar que se $\mathbb{N}$ é bem ordenado então $\mathbb{N}$ satisfaz a versão completa do princípio de indução finita. Na demonstração da proposição seguinte usa-se o facto de a asserção

(ii) qualquer que seja o natural n, $\{k \in \mathbb{N} : k \leq n\} \subseteq A \Rightarrow n + 1 \in A$

ser equivalente (ver Exercício 12 na Secção 7.4) à asserção

(ii.a) qualquer que seja o natural $n > 0$, $\{k \in \mathbb{N} : k < n\} \subseteq A \Rightarrow n \in A$.

Proposição 7.1.11 Se $\mathbb{N}$ é bem ordenado então $\mathbb{N}$ satisfaz a versão completa do princípio de indução finita, isto é

Qualquer que seja o conjunto de naturais A, se

(i) $0 \in A$

(ii) qualquer que seja $n \in \mathbb{N}_1$, se $\{k \in \mathbb{N} : k < n\} \subseteq A$ então $n \in A$

então $A = \mathbb{N}$.

Demonstração: Suponha-se que $\mathbb{N}$ é bem ordenado e seja A um qualquer conjunto de naturais verificando (i) e (ii). Quer-se demonstrar que $A = \mathbb{N}$. Suponha-se, por absurdo, que $A \neq \mathbb{N}$ e tentemos obter uma contradição.

Assumindo que $A \neq \mathbb{N}$, tem-se que $\mathbb{N} \backslash A \neq \emptyset$, e portanto, dado que $\mathbb{N}$ é bem ordenado, existe $m = min(\mathbb{N} \backslash A)$. Ora, por (i), $0 \in A$ logo, uma vez que $m \in \mathbb{N} \backslash A$, tem-se $m \neq 0$. Mas $0 = min(\mathbb{N})$, portanto $0 \leq m$. Consequentemente, $0 < m$.

Como $m = min(\mathbb{N} \backslash A)$, não existe $k \in \mathbb{N} \backslash A$ tal que $k < m$. Logo tem-se que $\{k \in \mathbb{N} : k < m\} \subseteq A$. Como $m > 0$, por (ii), conclui-se que $m \in A$. Mas tal entra em contradição com o facto de $m \in (\mathbb{N} \backslash A)$. ■

7.2 Indução sobre uma relação bem fundada

Nesta secção generaliza-se o princípio de indução sobre os naturais a conjuntos equipados com uma relação de ordem bem fundada. Na Proposição 7.1.11 mostrámos que o facto de $\mathbb{N}$ ser bem ordenado garante que $\mathbb{N}$ satisfaz o seguinte princípio de indução:

> Qualquer que seja o conjunto de naturais A, se
>
> (i) $min(\mathbb{N}) \in A$
>
> (ii) qualquer que seja o natural $n \neq min(\mathbb{N})$,
> se $\{k \in \mathbb{N} : k < n\} \subseteq A$ então $n \in A$
>
> então $A = \mathbb{N}$.

Este resultado não é específico do conjunto dos naturais. Qualquer conjunto bem ordenado satisfaz um princípio de indução análogo. Estabelece-se a seguir este resultado, começando por considerar o caso mais genérico em que o conjunto está equipado com uma relação bem fundada (e não apenas com uma boa ordem).

Proposição 7.2.1 Considere-se uma relação bem fundada $\prec$ num conjunto X. O conjunto X satisfaz o seguinte princípio de indução, dito de indução bem fundada:

> Se $A \subseteq X$ é tal que
>
> (i) todos os elementos minimais de X pertencem a A
>
> (ii) qualquer que seja o elemento $x \in X$ não minimal,
> se $\{y \in X : y \prec x\} \subseteq A$ então $x \in A$
>
> então $A = X$.

Demonstração: A demonstração é semelhante à da Proposição 7.1.11.

Seja $\prec$ uma relação bem fundada em X e seja $A \subseteq X$ verificando as condições (i) e (ii) do enunciado. Suponha-se, por absurdo, que $A \neq X$ e tentemos chegar a uma contradição.

Assumindo que $A \neq X$, tem-se que $X \backslash A \neq \emptyset$, e portanto, pela Proposição 3.3.37, $X \backslash A$ possui elementos minimais. Seja m um elemento minimal de $X \backslash A$. Tem-se que $m \notin A$, pois $m \in X \backslash A$. Logo, por (i), m não é um elemento minimal de X.

Considere-se agora $y \in X$ tal que $y \prec m$. Se $y \in X \backslash A$ então, como $y \prec m$, m não seria elemento minimal de $X \backslash A$. Logo, tem-se necessariamente $y \in A$. Mas então, por (ii), $m \in A$. Chega-se assim a uma contradição, pois no parágrafo anterior concluímos que $m \notin A$. ■

Observe-se que as condições (i) e (ii) do princípio enunciado na Proposição 7.2.1 podem ser substituídas por uma única condição, a condição

"qualquer que seja $x \in X$, se $\{y \in X : y \prec x\} \subseteq A$ então $x \in A$".

De facto, se $x \in X$ é um elemento minimal do conjunto X então o conjunto $\{y \in X : y \prec x\}$ é vazio, e portanto o antecedente da implicação, isto é, a asserção $\{y \in X : y \prec x\} \subseteq A$, é verdadeiro. Logo, se $x \in X$ é um elemento minimal de X, a implicação

$$\{y \in X : y \prec x\} \subseteq A \Rightarrow x \in A$$

verifica-se se e só se $x \in A$. A formulação escolhida na Proposição 7.2.1 tem, contudo, a vantagem de tornar explícito o facto de se ter de demonstrar que os elementos minimais de X pertencem ao conjunto A.

Por outro lado, note-se que a demonstração da Proposição 7.2.1 garante que um conjunto X satisfaz o referido princípio de indução bem fundada sempre que qualquer seu subconjunto não vazio possua elemento minimal. No entanto, para garantir que um conjunto X "bem fundado" (isto é, no qual não ocorrem cadeias infinitas descendentes) satisfaz a propriedade de todo o seu subconjunto não vazio ter elementos minimais (Proposição 3.3.37), é necessário usar a indução finita nos naturais. Apresentaremos mais adiante uma demonstração direta do princípio de indução bem fundada, à custa da indução finita, sem recorrer à Proposição 3.3.37.

Se a relação bem fundada referida na Proposição 7.2.1 for uma boa ordem em X, então o resultado pode simplificar-se como se segue.

Corolário 7.2.2 Seja $\preceq$ uma boa ordem num conjunto X não vazio. Se $A \subseteq X$ é tal que

(i) $min(X) \in A$

(ii) qualquer que seja $x \in X$ distinto de $min(X)$,
se $\{y \in X : y \prec x\} \subseteq A$ então $x \in A$

então $A = X$.

Demonstração: É uma consequência da Proposição 7.2.1. Se a relação bem fundada for mesmo uma boa ordem então X só poderá admitir um elemento minimal e este será o mínimo de X (ver Proposição 3.3.27). ∎

A condição de X ser não vazio imposta no Corolário 7.2.2 é necessária para que $min(X)$ esteja definido. O caso em que $X = \emptyset$ não tem qualquer interesse no contexto deste resultado, pois se $X = \emptyset$ então qualquer subconjunto A de X é igual a X.

Reescrevendo a Proposição 7.2.1 em termos de propriedades, considerando $A = \{x \in X : P(x)\}$, obtém-se a seguinte formulação do princípio da indução bem fundada.

> PRINCÍPIO DE INDUÇÃO BEM FUNDADA
>
> Seja $\prec$ uma relação bem fundada em X. Seja $P(x)$ uma propriedade definida sobre todos os elementos de X. Se
>
> (i) $P(x)$ se verifica para todos os elementos x que são elementos minimais de X em relação a $\prec$
>
> (ii) qualquer que seja $x \in X$ não minimal, se $P(y)$ se verifica para todo $y \prec x$, então verifica-se $P(x)$
>
> então tem-se $\forall_x P(x)$.

Antes de prosseguir, veja-se, intuitivamente, a razão pela qual se verifica o princípio de indução bem fundada. Suponha-se, por absurdo, que apesar de se verificar (i) e (ii), se tinha que a propriedade P não era verdadeira para algum elemento de X. Designemos por a_0 um tal elemento, ou seja, tem-se $\neg P(a_0)$. Tendo em conta (i), conclui-se que a_0 não é minimal e portanto, por (ii), existirá $y \in X$ tal que $y \prec a_0$ e $\neg P(y)$. Designando por a_1 um desses elementos tem-se

$$a_1 \prec a_0 \quad \text{e} \quad \neg P(a_1).$$

Raciocinando de modo análogo, podemos também concluir que existe $a_2 \in X$ tal que

$$a_2 \prec a_1 \prec a_0 \quad \text{e} \quad \neg P(a_2)$$

e assim sucessivamente, obtendo-se

$$\ldots \prec a_2 \prec a_1 \prec a_0 \quad \text{e} \quad \neg P(a_2)$$

o que contradiz o facto de $\prec$ ser uma relação bem fundada em X.

A título ilustrativo, vejamos como formular rigorosamente o esboço de demonstração anterior. Refira-se que, considerando a propriedade $P(x)$ em X correspondente a "$x \in A$", tal nos conduz a uma demonstração alternativa da Proposição 7.2.1 que não recorre à Proposição 3.3.37.

DEMONSTRAÇÃO DIRETA DO PRINCÍPIO DA INDUÇÃO BEM FUNDADA:
Seja então $\prec$ uma relação bem fundada em X e $P(x)$ uma propriedade em X satisfazendo as asserções (i) e (ii) relativas ao princípio da indução bem fundada, e suponha-se, por absurdo, que existe pelo menos um elemento $b \in X$ tal que $\neg P(b)$.

Considere-se uma qualquer função de escolha $s : \wp(X)\backslash\{\emptyset\} \to X$ tal que $s(B) \in B$, para cada $B \in \wp(X)\backslash\{\emptyset\}$. Considere-se a aplicação $T : X \to X$ dada por

$$T(x) = \begin{cases} s(\{y \in X : y < x \wedge \neg P(y)\}) & \text{se } \{y \in X : y < x \wedge \neg P(y)\} \neq \emptyset \\ x & \text{caso contrário.} \end{cases}$$

Então, pela Proposição A.1.1 (ver Apêndice A), pode definir-se uma aplicação $a : \mathbb{N} \to X$, por recorrência, como se segue

- $a_0 = b$
- $a_{n+1} = T(a_n)$ para cada $n \in \mathbb{N}$.

Finalmente, podemos demonstrar por indução finita que se verifica $\forall_n Q(n)$ onde $Q(n)$ é a condição

$$\neg P(a_n) \wedge (n \neq 0 \Rightarrow a_n < a_{n-1}).$$

Note-se que da veracidade de $\forall_n Q(n)$ decorre que $\ldots \prec a_2 \prec a_1 \prec a_0$, ou seja, $a_{n+1} \prec a_n$ para todo $n \in \mathbb{N}$, contrariando o facto de $\prec$ ser bem fundada em X. Demonstremos então que $\forall_n Q(n)$ por indução finita (simples).

Base de indução:
Como $\neg P(b)$ e $a_0 = b$, é imediato que se verifica $Q(0)$.

Passo de indução:
Seja $n \in \mathbb{N}$ qualquer e suponha-se que se verifica (*HI*), isto é, $Q(n)$. Queremos concluir que se verifica $Q(n+1)$, isto é

$$\neg P(a_{n+1}) \wedge (n+1 \neq 0 \Rightarrow a_{n+1} < a_n)$$

ou, de forma equivalente, dado que $n + 1 \neq 0$

$$\neg P(a_{n+1}) \wedge a_{n+1} < a_n.$$

Ora, por (*HI*), verifica-se $Q(n)$, e portanto tem-se, em particular, $\neg P(a_n)$. Assim, por (i), a_n não é um elemento minimal de X. Por (ii), conclui-se

$$\{y \in X : y < a_n \wedge \neg P(y)\} \neq \emptyset.$$

Mas então, por definição de a_{n+1} tem-se que

$$a_{n+1} = T(a_n) = s(\{y \in X : y < a_n \wedge \neg P(y)\}) \in \{y \in X : y < a_n \wedge \neg P(y)\}.$$

Logo, tem-se $a_{n+1} < a_n \wedge \neg P(a_{n+1})$, como pretendido. ■

Apresentamos agora alguns casos particulares do princípio de indução bem fundada que se obtêm considerando certas estruturas bem fundadas concretas.

Exemplo 7.2.3 Neste exemplo refere-se o princípio de indução finita sobre o conjunto dos inteiros maiores que um dado inteiro r. Este princípio de indução é uma generalização imediata da indução finita sobre os naturais. Seja r um qualquer inteiro e considere-se a relação bem fundada sobre $\mathbb{Z}_{\geq r}$ dada por

$$k \prec n \text{ se e só se } k = n - 1.$$

Recorde-se que $\mathbb{Z}_{\geq r}$ é o conjunto de todos os inteiros maiores ou iguais a r.

Ora, o único elemento minimal de $\mathbb{Z}_{\geq r}$ é r. Por outro lado, dizer que

"qualquer que seja $x \in \mathbb{Z}_{\geq r}$ não minimal,
se $P(y)$ se verifica para todo $y \prec x$, então verifica-se $P(x)$"

é equivalente a afirmar que

"qualquer que seja o inteiro $x > r$,
se $P(x-1)$ se verifica então verifica-se $P(x)$"

ou ainda que

"qualquer que seja o inteiro $x \geq r$,
se $P(x)$ se verifica então verifica-se $P(x+1)$".

Logo, o princípio de indução bem fundada relativamente à ordem $\prec$ assim definida é equivalente ao seguinte princípio de indução finita sobre $\mathbb{Z}_{\geq r}$ (versão simples).

Seja $P(n)$ uma propriedade definida sobre $\mathbb{Z}_{\geq r}$. Se

(i) $P(r)$ se verifica

(ii) qualquer que seja o inteiro $n \geq r$,
se $P(n)$ se verifica então $P(n+1)$ também se verifica

então verifica-se $P(n)$ para todo $n \in \mathbb{Z}_{\geq r}$. ∎

Exemplo 7.2.4 Este exemplo diz respeito à versão completa (forte) do princípio de indução finita sobre $\mathbb{Z}_{\geq r}$. Seja r um qualquer inteiro e considere-se a relação bem fundada sobre $\mathbb{Z}_{\geq r}$, que é também uma boa ordem, dada por

$$k \prec n \text{ se e só se } k < n$$

onde $<$ é a usual ordenação dos inteiros.

O princípio de indução bem fundada relativamente a esta ordem $\prec$ é equivalente à seguinte versão forte do princípio de indução finita sobre $\mathbb{Z}_{\geq r}$:

Seja $P(n)$ uma propriedade definida sobre $\mathbb{Z}_{\geq r}$. Se

(i) $P(r)$ se verifica

(ii) qualquer que seja o inteiro $n \geq r$,
se $P(r)$ e $P(r+1)$ e ... e $P(n)$ são verdadeiras
então $P(n+1)$ também é verdadeira

então verifica-se $P(n)$ para todo $n \in \mathbb{Z}_{\geq r}$. ■

Exemplo 7.2.5 Ilustra-se agora o princípio de indução descrito no Exemplo 7.2.3 apresentando a demonstração da Proposição 5.3.8. Demonstra-se neste caso uma propriedade de todos os elementos de $\mathbb{Z}_{\geq 2}$. O objetivo é demonstrar que $P(n)$ se verifica para qualquer inteiro $n \geq 2$, sendo $P(n)$ a asserção

"Quaisquer que sejam os n conjuntos $A_1, \ldots, A_n$, se todos são contáveis e existe $1 \leq j \leq n$ tal que A_j é numerável então $\bigcup_{i=1}^{n} A_i$ é numerável".

Base de indução :
$P(2)$ é verdadeira pela Proposição 5.3.7.

Passo de indução :
Seja $n \geq 2$ qualquer e suponha-se, por hipótese de indução, que $P(n)$ se verifica. Demonstremos que se verifica $P(n+1)$.

Sejam $A_1, \ldots, A_{n+1}$ conjuntos quaisquer, todos contáveis, e em que pelo menos um deles é numerável. Se A_{n+1} não é numerável, então em $A_1, \ldots, A_n$ existe um conjunto numerável e portanto, pela hipótese de indução, $\bigcup_{i=1}^{n} A_i$ é numerável. Logo, pela Proposição 5.3.7, tem-se

$$\bigcup_{i=1}^{n+1} A_i = (\bigcup_{i=1}^{n} A_i) \cup A_{n+1}$$

é numerável. Se A_{n+1} é numerável, listam-se os conjuntos por ordem inversa, $B_1 = A_{n+1}, B_2 = A_n, \ldots$, etc, ou seja, considerem-se os conjuntos $B_1, \ldots, B_{n+1}$ em que $B_i = A_{n+2-i}$ para cada $1 \leq i \leq n+1$. O conjunto B_1 é agora numerável e portanto, raciocinando como no caso anterior e tendo em conta que $\bigcup_{i=1}^{n+1} A_i = \bigcup_{i=1}^{n+1} B_i$, conclui-se que o conjunto $\bigcup_{i=1}^{n+1} A_i$ é numerável. ■

Exemplo 7.2.6 Neste exemplo mostra-se como o princípio da indução bem fundada permite demonstrar propriedades de sequências de elementos de um dado conjunto. Seja B um conjunto e seja $X = B^*$. Recorde-se que B^* é o conjunto de todas as sequências de elementos de B, incluindo a sequência vazia, $()$. Considere-se a relação binária $\prec$ em X dada por

$$s_1 \prec s_2 \text{ se e só se } (s_1 \text{ é uma parte final de } s_2 \text{ e } \#s_1 = \#s_2 - 1)$$

ou seja, s_1 obtém-se de s_2 eliminando o seu primeiro elemento. Esta relação é uma relação bem fundada.

Assim, pelo princípio de indução bem fundada, para demonstrar que uma propriedade $P(s)$ se verifica para toda a sequência s em X basta demonstrar que

(i) $P(())$ é verdadeira (*base de indução*)

(ii) qualquer que seja a sequência s não vazia, (*passo de indução*) se $P(s')$ é verdadeira, onde s' é a sequência que se obtém de s eliminando o seu primeiro elemento, então $P(s)$ também é verdadeira.

Observe-se que neste caso a sequência vazia, $()$, é o único elemento minimal de X, em relação a $\prec$. ∎

Exemplo 7.2.7 PROGRAMAS RECURSIVOS - EXEMPLO 1
Neste exemplo usa-se o princípio de indução descrito no Exemplo 7.2.6 para demonstrar que uma dada função definida em *Mathematica* para a pesquisa de um número numa lista está correta, isto é, informalmente, realiza de facto a pesquisa pretendida.

No Apêndice B apresenta-se uma breve introdução ao sistema computacional *Mathematica*. Em *Mathematica* dispomos de um conjunto de tipos de dados básicos, incluindo, por exemplo, os tipos dos números inteiros e dos números reais. Para além dos tipos básicos, dispomos também de listas. Na sua essência, uma lista não é mais do que uma sequência de elementos, sobre a qual estão disponíveis operações que são úteis para a sua manipulação de uma forma simples e eficiente.

Para além de ser possível construir listas recorrendo a operações apropriadas, é possível também definir uma lista por extensão, enumerando os seus elementos, e colocando-os entre chavetas ou como argumentos da função `List` (função pré-definida de construção de listas). Assim, por exemplo, quer

```
{2,5,2}
```

quer

```
List[2,5,2]
```

representam a mesma lista: a lista formada por três elementos, em que o primeiro é 2, o segundo é 5 e o terceiro é igualmente 2. Por sua vez, a lista vazia pode ser denotada por `{}` ou por `List[]`. Em *Mathematica* as funções são aplicadas aos argumentos colocando-se estes entre parênteses retos, e não entre parênteses curvos como é usual na linguagem matemática.

Podemos guardar listas (ou outros objetos) em variáveis através de atribuições. A atribuição

```
b=List[4,-3,5]
```

por exemplo, guarda em `b` a lista constituída pelos números 4, -3 e 5. A tal variável passamos a poder aplicar as operações disponíveis sobre listas. Por exemplo, `First[b]` retorna o primeiro da lista em `b`, isto é, 4 e `Rest[b]` a lista que se obtém quando se retira o primeiro elemento da lista `b`, ou seja, a lista `List[-3,5]`. Mais exemplos de operações sobre listas podem ser encontrados no Apêndice B.

Como na atribuição se recorre ao símbolo `=`, o teste de igualdade em *Mathematica* usa `==`. Assim, `2==3` é uma expressão booleana que retornará o valor `False`, e `3+2==6-1` é uma expressão booleana que retornará o valor `True`. No entanto, recorremos a `==` apenas em expressões da linguagem *Mathematica*, usando no restante texto apenas $=$ para nos referirmos ao teste de igualdade.

Segue-se um exemplo de uma função, definida recursivamente

```
f=Function[{s,n},
    If[s=={},
       False,
       If[First[s]==n,
          True,
          f[Rest[s],n]]]]
```

à qual atribuímos o nome `f`. Ao definir a função recorre-se à construção `Function` e, se a função em causa tiver mais de um argumento, os correspondentes parâmetros são colocados entre chavetas. Na definição de `f` recorre-se à construção `If[`*condição*`,`*exp1*`,`*exp2*`]` cuja avaliação corresponde a retornar o valor da expressão *exp1* se o valor de *condição* for `True`, e a retornar o valor da expressão *exp2* se o valor de *condição* for `False`.

No Apêndice A analisa-se o problema de como demonstrar que uma função definida recursivamente está bem definida. Neste exemplo apenas se pretende demonstrar que a função acima definida nos permite pesquisar se um número `n` ocorre numa lista `s`, retornando `True` se for esse o caso, e retornando `False` em caso contrário. Assim, por exemplo, a invocação `f[{3,4,7},4]` deverá retornar `True`, ao passo que a invocação `f[{3,4,7},5]` deverá retornar `False`.

Seja B um conjunto de números e X o conjunto das listas (em *Mathematica*) de elementos de B. Por exemplo, B pode ser o conjunto dos números inteiros e X o conjunto das listas de inteiros. Seja n um qualquer elemento de B. Pretende-se demonstrar que

$$\forall_{s \in X}\, P(s)$$

com $P(s)$ a condição "`f[`s`,`n`]`$=$`True` se e só se n ocorre na lista s".

Defina-se em X a relação bem fundada $\prec$ dada por

$$v \prec s \text{ se e só se } v = \texttt{Rest[}s\texttt{]}.$$

Note-se que a operação `Rest` só está definida para listas não vazias, pelo que se $v \prec s$ então s não é a lista vazia. Como as listas, na sua essência, são sequências, é fácil verificar que a relação bem fundada acabada de definir não é mais do que a relação bem fundada considerada no Exemplo 7.2.6, reescrita à luz das operações disponíveis sobre as listas. Como referido, o presente exemplo ilustra também a aplicação do princípio de indução descrito no Exemplo 7.2.6. À luz desse princípio de indução, temos então de demonstrar que se verifica (i) P(`List[]`) (base de indução), e (ii) qualquer que seja a lista s não vazia, P(`Rest[`s`]`) $\Rightarrow P(s)$ (passo de indução).

Base de indução :
Por definição da função `f`, tem-se que `f[List[],`n`]=False`, e n não ocorre numa lista vazia. Logo verifica-se P(`List[]`).

Passo de indução :
Seja s uma qualquer lista em X, não vazia. Suponha-se que P(`Rest[`s`]`) (a hipótese de indução *HI*) se verifica. Há que demonstrar que se tem $P(s)$. Ora, é fácil verificar que, do modo como `f` está definida, se tem que se s não é a lista vazia, então

$$\texttt{f[}s\texttt{,}n\texttt{]} = \begin{cases} \texttt{True} & \text{se } \texttt{First[}s\texttt{]} = n \\ \texttt{f[Rest[}s\texttt{],}n\texttt{]} = n & \text{se } \texttt{First[}s\texttt{]} \neq n \end{cases}$$

pelo que

$$\texttt{f[}s\texttt{,}n\texttt{]=True} \text{ sse } (\texttt{First[}s\texttt{]} = n \text{ ou } \texttt{f[Rest[}s\texttt{],}n\texttt{]=True}) \qquad (7.8)$$

Assim,

$$\begin{array}{c} n \text{ ocorre em } s \\ \Leftrightarrow \qquad (s \text{ não é vazia}) \\ \texttt{First[}s\texttt{]} = n \text{ ou } n \text{ ocorre em } \texttt{Rest[}s\texttt{]} \\ \Leftrightarrow \qquad (\text{por } HI \text{ verifica-se } P(\texttt{Rest[}s\texttt{]})) \\ \texttt{First[}s\texttt{]} = n \text{ ou } \texttt{f[Rest[}s\texttt{],}n\texttt{]=True} \\ \Leftrightarrow \qquad (\text{por } (7.8)) \\ \texttt{f[}s\texttt{,}n\texttt{]=True}. \end{array}$$

Logo, verifica-se $P(s)$, como se pretendia. ∎

Exemplo 7.2.8 Neste exemplo apresenta-se uma versão forte de um princípio da indução sobre sequências. Seja B um conjunto e seja $X = B^*$. A relação binária $\prec$ em X dada por

$$s_1 \prec s_2 \text{ se e só se } s_1 \text{ é uma parte inicial estrita de } s_2$$

é uma relação bem fundada.

Logo, pelo princípio de indução bem fundada, para demonstrar que a propriedade $P(s)$ se verifica para toda a sequência s em X, basta demonstrar que

(i) $P(())$ é verdadeira (*base de indução*)

(ii) qualquer que seja a sequência s não vazia, (*passo de indução*)
se $P(s')$ é verdadeira qualquer que seja a parte inicial estrita s'
de s, então $P(s)$ também é verdadeira. ∎

Exemplo 7.2.9 PROGRAMAS RECURSIVOS - EXEMPLO 2
Considere-se o mesmo problema do Exemplo 7.2.7, isto é, o problema de determinar se um certo número ocorre numa dada lista de números, mas suponha-se agora que se dispõe da informação de que a lista em causa está ordenada de forma crescente (ou crescente em sentido lato, isto é, cada elemento da lista é menor ou igual que o elemento seguinte).

Podemos então construir o seguinte programa recursivo que permite fazer a pesquisa mais rapidamente. O programa efetua uma "pesquisa binária do número `n` na lista `s`" no qual, em cada passo (da recursão), a lista a pesquisar é dividida ao meio, pesquisando-se apenas uma das metades (ver Capítulo 10 sobre a análise de programas quanto à sua eficiência/tempo de execução).

```
f=Function[{s,n},
   If[s=={},
      False,
      If[Length[s]==1,
         If[s[[1]]==n,True,False],
         If[n≤s[[Quotient[Length[s],2]]],
            f[Take[s,Quotient[Length[s],2]],n],
            f[Drop[s,Quotient[Length[s],2]],n]]]]]
```

Na construção da função `f` recorre-se à possibilidade de aceder a um elemento de uma *lista* pela referência à sua *posição* através da construção *lista*`[[`*posição*`]]`, bem como a algumas outras funções pré-definidas em *Mathematica*, cujo significado se descreve sucintamente (ver também Apêndice B)

- `Length[s]`: retorna o comprimento (número de elementos) da lista `s`;
- `s[[k]]`: retorna o elemento que está na lista `s` na posição `k` indicada (por exemplo, se `s` é `List[5,7,9,11]` então `s[[1]]` é 5 e `s[[2+1]]` é 9);
- `Take[s,k]`: retorna a lista formada pelos primeiros `k` elementos de `s`;

- `Drop[s,k]`: retorna a lista `s` sem os seus primeiros `k` elementos;
- `Quotient[k,r]`: retorna o quociente da divisão inteira de um inteiro `k` por um inteiro `r`.

Assume-se neste exemplo que X denota o conjunto das listas de números que estão ordenadas de forma crescente. Observe-se que X é fechado para subsequências, no sentido em que se $s \in X$ e v é uma subsequência de s, então $v \in X$. Suponha-se que, tal como Exemplo 7.2.7, se fixa um número n arbitrário e se pretende demonstrar (por indução "em s") que se tem

$$\forall_{s \in X} P(s)$$

com $P(s)$ a condição "`f[`s`,`n`]=True` se e só se n ocorre em s".

Repare-se que a função `f` não define o resultado para a lista s à custa do seu valor na parte final `Rest[`s`]`, pelo que é natural que a relação bem fundada $\prec$ considerada no Exemplo 7.2.7 não sirva agora (o facto de a função `f` estar bem definida decorre dos resultados apresentados no Apêndice A). Uma relação bem fundada em X que se pode considerar é dada por

$v \prec s$ se e só se v é uma sublista (subsequência) estrita de s.

No entanto, podemos restringir a relação $\prec$ a considerar, ajustando-a ainda mais ao caso que nos interessa, e definir

$v \prec s$ se e só se (`Length[`s`]`> 1 e v é uma sublista estrita de s).

Pelo princípio de indução bem fundada temos então de demonstrar que se verifica $P(s)$ para qualquer elemento minimal s (base de indução), e de demonstrar que, qualquer que seja o elemento não minimal s, se $P(v)$ se verifica para qualquer v tal que $v \prec s$, então verifica-se $P(s)$ (passo de indução).

Base de indução :
Os elementos minimais são ou a sequência vazia ou as sequências com um elemento. No primeiro caso tem-se que `f[List[],`n`]=False` e n não ocorre na lista vazia. No segundo, sendo b um qualquer número, tem-se

n ocorre em `List[`b`]`

$\Leftrightarrow$

$n = b$

$\Leftrightarrow$ (por definição de `f`)

`f[List[`b`],`n`]=True`.

Passo de indução :
Suponha-se que s é uma lista ordenada não minimal (logo `Length[`s`]`>1) e assuma-se que $P(v)$ se verifica para qualquer $v \prec s$ (*HI*). Há que demonstrar que se tem $P(s)$.

Seja k =`Length[`s`]` e suponha-se que $n \leq$ s`[[Quotient[`k`,2]]]`. Então, por definição de `f`, tem-se

$$\texttt{f[}s\texttt{,}n\texttt{]=f[Take[}s\texttt{,Quotient[}k\texttt{,2]],}n\texttt{]} \tag{7.9}$$

e, como s está ordenada, tem-se

$$n \text{ ocorre em } s \text{ sse } n \text{ ocorre em } \texttt{Take[}s\texttt{,Quotient[}k\texttt{,2]]} \tag{7.10}$$

Assim, designando por w a lista `Take[`s`,Quotient[`k`,2]]`, tem-se

$$
\begin{array}{c}
P(s) \\
\Leftrightarrow \\
\texttt{f[}s\texttt{,}n\texttt{]=True} \text{ sse } n \text{ ocorre em } s \\
\Leftrightarrow \quad \text{(por (7.10))} \\
\texttt{f[}s\texttt{,}n\texttt{]=True} \text{ sse } n \text{ ocorre em } w \\
\Leftrightarrow \quad \text{(por (7.9))} \\
\texttt{f[}w\texttt{,}n\texttt{]=True} \text{ sse } n \text{ ocorre em } w \\
\Leftrightarrow \\
P(w).
\end{array}
$$

Mas $w \prec s$, e portanto tem-se $P(w)$, por *HI*. Logo, verifica-se $P(s)$. Analogamente se demonstra que se verifica $P(s)$ se $n >$ s`[[Quotient[`k`,2]]]`. ∎

7.3 Indução estrutural

Nesta secção introduzimos a noção de conjunto definido indutivamente e apresentamos uma técnica para demonstrar propriedades dos elementos destes conjuntos que explora o modo como eles são definidos. Esta técnica de demonstração denomina-se indução estrutural e é útil em diversas áreas como, por exemplo, no estudo da sintaxe e semântica de linguagens.

Os conjuntos livremente gerados são um caso particular de conjuntos definidos indutivamente e são também apresentados nesta secção. Termina-se com uma breve referência à relação entre indução bem fundada e conjuntos definidos indutivamente.

7.3.1 Conjuntos definidos indutivamente

Introduzimos na Secção 7.2 um mecanismo poderoso para demonstrar que todo o elemento de um conjunto X satisfaz uma propriedade P definida sobre esse conjunto: o princípio da indução bem fundada. Para aplicarmos este método de indução temos de definir uma relação bem fundada apropriada sobre X. Como os exemplos apresentados na Secção 7.2 mostram, sobre um mesmo conjunto podemos definir várias relações bem fundadas e estamos interessados em escolher aquela que for mais apropriada ao problema em causa, isto é, aquela que der origem ao princípio de indução mais simples possível que se aplique ao caso.

Ora certos conjuntos podem ser definidos de um modo que não só sugere um procedimento operacional para a geração dos seus elementos, como permite a definição de um princípio de indução para esses conjuntos, de enunciado simples e fácil aplicação, dito *princípio de indução estrutural*, por a indução acompanhar a estrutura da construção dos conjuntos em causa. Tais conjuntos ocorrem com frequência em diversas áreas da Matemática e diz-se que são *conjuntos definidos indutivamente.* Mais ainda, na maior parte dos casos, os elementos desses conjuntos podem ser gerados de uma única forma, dizendo-se então que os conjuntos em causa são *livremente gerados.* Conclui-se facilmente que partindo da estrutura de geração desses elementos se pode definir uma *relação bem fundada* nesses conjuntos, e o princípio de indução estrutural é precisamente equivalente ao princípio de indução bem fundada que está associado a essa relação.

Esta secção é dedicada à caracterização dos conjuntos definidos indutivamente, começando por definir a noção de conjunto indutivo em relação a um conjunto S e a um conjunto de operações Ops. Define-se depois a noção de conjunto gerado, ou definido indutivamente, a partir de S por Ops.

Antes de apresentarmos as definições propriamente ditas, vejamos um exemplo muito simples de um conjunto definido indutivamente e expliquemos informalmente as ideias que estão por detrás da construção/definição de tais conjuntos.

Exemplo 7.3.1 Consideremos o conjunto dos pares positivos, que na sequência designaremos por $\mathbb{P}^+$. Podemos definir este conjunto em compreensão escrevendo, por exemplo

$$\mathbb{P}^+ = \{n \in \mathbb{N} : \exists_{i \in \mathbb{N}_1}\ n = 2i\}.$$

No entanto, esta definição, de "tipo declarativo", no sentido que diz/declara qual a propriedade que um natural tem de satisfazer para ser um par positivo, diz-nos o que é um par positivo, mas não nos diz explicitamente como gerar os pares positivos. Ora, por vezes, é conveniente ter uma definição de "tipo operacional", que cumpra essa missão. Uma possível definição desse tipo é a seguinte:

(i) 2 é par positivo, isto é, $2 \in \mathbb{P}^+$;

(ii) se n é par positivo então $n+2$ também o é,
isto é, se $n \in \mathbb{P}^+$ então $n+2 \in \mathbb{P}^+$;

(iii) nada mais é um par positivo, isto é, nada mais pertence a $\mathbb{P}^+$.

Este procedimento é um exemplo de uma definição indutiva de um conjunto. A condição (i) diz-nos que há um primeiro elemento, neste caso o natural 2. Por seu lado, (ii) dá-nos uma operação de construção e (iii) é uma "afirmação de fecho" que nos diz que não existem outros elementos no conjunto em definição. Um conjunto de objetos assim definido diz-se um conjunto indutivamente gerado, ou definido indutivamente. Estes conjuntos são constituídos por objetos que são construídos, de algum modo, a partir de outros objetos que já existem no conjunto. Assim, nada pode ser construído a não ser que exista pelo menos um objeto no conjunto para iniciar o processo. ∎

Generalizando o exemplo anterior, podemos dizer que a definição indutiva de um conjunto X consiste nos seguintes passos:

Base: listam-se alguns elementos (pelo menos um) que fazem parte de X;

Passo de indução: dá-se uma ou mais regras para construir novos elementos a partir de elementos já existentes em X;

Fecho: É afirmado que X é constituído exatamente pelos elementos obtidos a partir da base e do passo de indução.

A última afirmação é usualmente assumida sem a explicitar. Mas, apesar de ficar usualmente implícita, ela é fundamental. Sem ela, existiriam imensos conjuntos que satisfaziam a base e o passo de indução.

Exemplo 7.3.2 Os conjuntos

$$X = \mathbb{N} \qquad X = \{1,2,3,4,5,6,7,8,9,10,\ldots\}$$
$$X = \{2,3,4,5,6,7,8,9,10\ldots\} \qquad X = \{2,4,5,6,7,8,9,10\ldots\}$$

por exemplo, satisfazem as condições

(i) $2 \in X$

(ii) se $n \in X$ então $n+2 \in X$

apesar de conterem elementos que não são pares positivos. Estes conjuntos contêm assim elementos supérfluos face ao objetivo em causa, que é definir um conjunto constituído exclusivamente pelos números pares positivos. ■

O conjunto definido indutivamente é o "menor" conjunto, relativamente à a relação $\subseteq$, que satisfaz a base e o passo da indução, o que significa que é o único conjunto que satisfaz a base e o passo da indução e que não tem elementos supérfluos.

Apresentamos em seguida as definições e resultados relevantes para a caracterização rigorosa desta noção de conjunto definido indutivamente.

No que se segue assume-se que E designa um conjunto não vazio. Os conjuntos que pretendemos definir indutivamente serão subconjuntos de E que pretendemos gerar a partir de um conjunto de operações disponíveis sobre E. Recorde-se da Definição 6.1.1 que uma operação k-ária em E, ou sobre E, é uma função de E^k para E. Na mesma definição, introduz-se a noção de conjunto fechado para uma operação.

Note-se a noção de conjunto fechado para uma operação pode também ser estendida de forma natural a relações binárias entre E^k e E. Neste caso, as "imagens" por R de elementos que pertencem a U ainda pertencem a U. Mais rigorosamente, diz-se que U é *fechado* para uma relação binária $R \subseteq E^k \times E$ se para quaisquer $x_1, \ldots, x_k \in U$ e $y \in E$, se $(x_1, \ldots, x_k)\, R\, y$ então $y \in U$. Todas as noções que a seguir se introduzem em termos de operações k-árias sobre E podem também ser estendidas de modo óbvio ao caso de relações binárias entre E^k e E.

Apresenta-se agora a noção de conjunto indutivo relativamente a um dado conjunto e a um conjunto de operações.

Definição 7.3.3 Seja $S \subseteq E$ um conjunto não vazio e Ops um conjunto não vazio de operações em E. Diz-se que um conjunto $U \subseteq E$ é *indutivo relativamente ao conjunto S e ao conjunto de operações Ops* se

- $S \subseteq U$;
- U é fechado para cada uma das operações em Ops.

Diz-se ainda que o conjunto S é a *base* ou *conjunto inicial.* ■

Escreveremos na sequência "*U é indutivo em relação a (S, Ops)*" para indicar que o conjunto U é indutivo relativamente ao conjunto base S e ao conjunto de operações Ops. Escreveremos também *U é indutivo em relação a $(S, f_1, \ldots, f_n)$* quando Ops é o conjunto finito de operações $\{f_1, \ldots, f_n\}$ com $n \geq 1$, caso em que podemos dizer que U é *indutivo relativamente a S e às operações $f_1, \ldots, f_n$*. Em qualquer dos casos, a referência às operações pode ser omitida se estas forem evidentes do contexto, dizendo-se então apenas que U é *indutivo*.

Note-se que, dado $S \subseteq E$ e um conjunto não vazio de operações em E, existe sempre pelo menos um conjunto que é indutivo com respeito à base S e a esse conjunto de operações: o próprio E. Na maior parte das situações relevantes, o conjunto Ops é finito. No entanto, tal não é exigido nas noções e resultados que se seguem. O que é relevante é que a aridade de cada operação seja finita.

Exemplo 7.3.4 Seja $f : \mathbb{N} \to \mathbb{N}$ dada por $f(n) = n + 2$. Então

- o conjunto $\mathbb{P}^+ = \{2, 4, 6, \ldots\}$ é indutivo relativamente ao conjunto $\{2\}$ e à operação f;
- o conjunto $\{2, 4, 5, 6, 7, 8, 9, 10 \ldots\}$ é igualmente indutivo relativamente a $\{2\}$ e à operação f;
- o conjunto $\{1, 2, 4, 6, \ldots\}$ não é indutivo relativamente a $\{2\}$ e a f pois, como vimos no Exemplo 6.1.2, não é fechado para f;
- o conjunto $\{4, 6, 8, 10, \ldots\}$ é fechado para a operação f, mas não é indutivo relativamente a $\{2\}$ e a f, pois não contém $\{2\}$. ∎

Dado um conjunto base S e um conjunto de operações Ops, existem, como vimos, vários conjuntos indutivos relativamente a S e Ops, devido à possível presença de elementos supérfluos. O menor conjunto de entre eles, ou seja, aquele que está contido em todos os outros, é o conjunto definido indutivamente a partir de S por Ops. Naturalmente temos que assegurar que este conjunto existe de facto, o que fazemos de seguida.

Proposição 7.3.5 Seja $S \neq \emptyset$ e Ops um conjunto de operações em E. Existe um conjunto indutivo em relação a (S, Ops) que é menor que todos os outros, no sentido de que está contido em todos os outros conjuntos indutivos em relação a (S, Ops). Este conjunto é o conjunto

$$\bigcap_{U \in \mathcal{B}} U$$

com $\mathcal{B} = \{U : U \text{ é indutivo em relação a } (S, Ops)\}$, ou, de modo equivalente, é o conjunto

$$\{x \in E : x \in U \text{ para cada conjunto } U \text{ indutivo em relação a } (S, Ops)\}.$$

Demonstração: Designemos por S^g o conjunto $\bigcap_{U \in \mathcal{B}} U$. Há que demonstrar que S^g é indutivo em relação a (S, Ops) e que está contido em qualquer conjunto indutivo em relação a (S, Ops).

Tem-se $S \subseteq S^g$, uma vez que S está contido em qualquer conjunto U indutivo em relação a (S, Ops). O conjunto S^g é também fechado para qualquer operação $f \in Ops$. Com efeito, assumindo que f tem aridade k tem-se que

$$x_1, \ldots, x_k \in S^g \quad \text{e} \quad y = f(x_1, \ldots, x_k)$$

$$\Downarrow \qquad \text{(definição de } S^g\text{)}$$

$$x_1, \ldots, x_k \in U \quad \text{e} \quad y = f(x_1, \ldots, x_k)$$

para cada U indutivo em relação a (S, Ops)

$$\Downarrow \qquad \text{(definição de conjunto indutivo)}$$

$$y \in U$$

para cada U indutivo em relação a (S, Ops)

$$\Downarrow \qquad \text{(definição de } S^g\text{)}$$

$$y \in S^g.$$

Assim, o conjunto S^g é indutivo em relação a (S, Ops).

O facto de S^g estar contido em qualquer conjunto indutivo decorre imediatamente da definição de S^g. ∎

Pode agora finalmente introduzir-se o conceito de conjunto definido indutivamente.

Definição 7.3.6 CONJUNTO DEFINIDO INDUTIVAMENTE
Seja $S \subseteq E$ um conjunto não vazio e Ops um conjunto de operações em E. O menor conjunto indutivo em relação a (S, Ops) denota-se por S^g_{Ops} e diz-se *o conjunto gerado a partir de S pelas operações em Ops*, ou *o conjunto definido indutivamente a partir de S pelas operações em Ops*. ∎

Quando o conjunto Ops das operações é $\{f_1, \ldots, f_n\}$, pode usar-se também a notação $S^g_{f_1,\ldots,f_n}$ para denotar o conjunto definido indutivamente a partir de S pelas operações em Ops. Pode ainda omitir-se a referência às operações se estas forem evidentes a partir do contexto.

Exemplo 7.3.7 O conjunto $\mathbb{P}^+ \subseteq \mathbb{N}$ é o conjunto gerado a partir de $\{2\}$ pela operação $f : \mathbb{N} \to \mathbb{N}$ dada por $f(n) = n + 2$. Com efeito, em primeiro lugar e como referido no Exemplo 7.3.4, $\mathbb{P}^+$ é indutivo em relação a $(\{2\}, f)$. Em segundo lugar, $\mathbb{P}^+$ está contido em qualquer outro conjunto indutivo em relação a $(\{2\}, f)$.

Por sua vez, o conjunto $\{2, 4, 5, 6, 7, 8, 9, 10 \ldots\}$ não é gerado a partir de $\{2\}$ pela referida operação f, pois não está contido em todos os conjuntos indutivos em relação a $(\{2\}, f)$. Não está contido no conjunto $\mathbb{P}^+$, por exemplo. ∎

Exemplo 7.3.8 O conjunto dos naturais $\mathbb{N}$ pode ser visto como o subconjunto de $\mathbb{R}$ gerado a partir de $\{0\}$ pela operação $f : \mathbb{R} \to \mathbb{R}$ dada por $f(x) = x + 1$. ■

Naturalmente que qualquer conjunto que seja indutivo em relação a (S, Ops), e esteja contido no conjunto indutivamente gerado a partir de S pelas operações em Ops, tem de coincidir com o próprio conjunto indutivamente gerado a partir de S pelas operações em Ops.

Corolário 7.3.9 Se $U \subseteq S^g_{Ops}$ e U é um conjunto indutivo em relação a (S, Ops) então $U = S^g_{Ops}$.

Demonstração: Imediato, pois como S^g_{Ops} é o menor conjunto indutivo em relação a (S, Ops) tem-se $S^g_{Ops} \subseteq U$. ■

Para afirmar que um dado conjunto X é o conjunto gerado a partir de um conjunto base S pelas operações em Ops, é usual dizer apenas o seguinte:

o conjunto X define-se indutivamente como se segue

(i) $S \subseteq X$

(ii) X é fechado para as operações em Ops.

Naturalmente, em vez da condição (ii) apresentada pode estar uma qualquer outra que lhe seja equivalente.

Exemplo 7.3.10 Para definir o conjunto $\mathbb{P}^+ \subseteq \mathbb{N}$ poder-se-ia também escrever o seguinte:

$\mathbb{P}^+$ define-se indutivamente como se segue

(i) $\{2\} \subseteq \mathbb{P}^+$

(ii) $\mathbb{P}^+$ é fechado para a operação $f : \mathbb{N} \to \mathbb{N}$ dada por $f(n) = n + 2$.

A condição (ii) poderia também ter sido formulada, de forma equivalente, escrevendo "se $n \in \mathbb{P}^+$ então $n + 2 \in \mathbb{P}^+$". ■

Exemplo 7.3.11 FÓRMULAS PROPOSICIONAIS
Vejamos agora um exemplo um pouco mais elaborado, relativo à sintaxe das fórmulas proposicionais. Concretamente, vejamos como definir indutivamente o conjunto das fórmulas proposicionais referidas no Capítulo 1. Para simplificar a apresentação, suponha-se que apenas se considera as operações lógicas de negação e implicação.

Começa-se por considerar um conjunto de símbolos, o alfabeto da linguagem formal proposicional que pretendemos definir, que se denota por $Alf^*_{\neg,\Rightarrow}$ e é constituído pelos seguintes símbolos

- parênteses curvos
- $p_1, p_2, \ldots$ (os símbolos proposicionais)
- $\neg$ e $\Rightarrow$ (os símbolos de operadores lógicos considerados)

Designe-se por E o conjunto $Alf^*_{\neg,\Rightarrow}$, constituído por todas as sequências de símbolos do alfabeto em causa. A cada conectivo associa-se uma operação de construção, ou geração, de palavras (da linguagem proposicional) como se segue

- $f_\neg : E \to E$ dada por $f_\neg(\varphi) = (\neg\varphi)$;
- $f_\Rightarrow : E \to E$ dada por $f_\Rightarrow(\varphi, \psi) = (\varphi \Rightarrow \psi)$.

O conjunto das palavras bem formadas da linguagem proposicional que estamos a definir, a que chamamos fórmulas proposicionais, é então o subconjunto de E gerado a partir $S = \{p_1, p_2, \ldots\}$ pelas operações $f_\neg$ e $f_\Rightarrow$. Para denotar este conjunto, em vez de usarmos $S^g_{f_\neg, f_\Rightarrow}$ escreveremos, mais simplesmente, $For_{\neg,\Rightarrow}$ (como mnemónica de conjunto de fórmulas geradas pelos conectivos $\neg$ e $\Rightarrow$).

O conjunto anterior é normalmente apresentado dizendo-se que o conjunto $For_{\neg,\Rightarrow}$ das fórmulas proposicionais se define indutivamente como se segue:

- os símbolos proposicionais p_1, p_2, ... são fórmulas proposicionais;
- se φ é uma fórmula proposicional, então $(\neg\varphi)$ também é;
- se φ e ψ são fórmulas proposicionais, então $(\varphi \Rightarrow \psi)$ também é. ■

Exemplo 7.3.12 LISTAS DA LINGUAGEM *Mathematica*
No Exemplo 7.2.7 considerámos um conjunto B de números e o conjunto X das listas *Mathematica* de elementos de B. Este conjunto pode ser definido indutivamente como se descreve de seguida. Mais geralmente, designemos por B um conjunto de expressões *Mathematica* e por X o conjunto das listas *Mathematica* de elementos de B. Vejamos como definir indutivamente o conjunto X.

Seja E o conjunto das expressões *Mathematica*. A cada $x \in B$ podemos associar uma operação (não total)

- $f_x : E \rightharpoonup E$ dada por $f_x(exp) =$ `Prepend[`exp, x`]`

onde `Prepend` é uma função pré-definida em *Mathematica*, de dois argumentos, que, quando[2] o primeiro argumento é uma lista, retorna a lista que se obtém quando se acrescenta o elemento correspondente ao segundo argumento

[2]`Prepend[`exp, x`]` está definido desde que o primeiro argumento exp não seja uma expressão atómica. Nesse caso, exp é representável numa forma funcional do tipo `g[`$a_1, \ldots, a_n$`]` e `Prepend[`exp, x`]` corresponde a `Prepend[g[`$a_1, \ldots, a_n$`],`x`]`, que retorna a expressão `g[`$x, a_1, \ldots, a_n$`]`.

no início dessa lista. Por exemplo, `Prepend[List[5,3,4],3]` retorna a lista `List[3,5,3,4]`. Podemos então dizer que o conjunto X é o subconjunto de E gerado a partir do conjunto inicial $S = \{$`List[]`$\}$ (o conjunto constituído pela lista vazia), pelo conjunto de operações $Ops = \{f_x : x \in B\}$.

Quando B é o próprio conjunto E então X representa o conjunto de todas as listas *Mathematica*. Diz-se por vezes, informalmente, que é o conjunto gerado a partir da lista vazia pela função `Prepend`. ∎

Referimos no início desta secção, a propósito dos conjuntos definidos indutivamente, que o modo como eles são definidos sugere o que podemos designar, informalmente, por "procedimento operacional" para a geração dos seus elementos. Para concluir esta secção vejamos então como caracterizar esse aspeto.

A ideia é que um elemento y de um conjunto definido indutivamente S^g_{Ops} pode ser obtido a partir dos elementos da base S por aplicação das operações em Ops um número finito de vezes. Mais ainda, tal pode ser explicitado através da elaboração de uma sequência de elementos na qual esse processo de construção/geração (de y) pode ser observado passo a passo. No seguimento iremos precisar esta ideia, começando por introduzir terminologia apropriada.

Definição 7.3.13 Uma *sequência com comprimento $r \geq 1$ gerada a partir de um conjunto não vazio $S \subseteq E$ por um conjunto Ops de operações em E* é uma sequência $y_1, ..., y_r$ de r elementos de E tal que para todo $j = 1, \ldots, r$

- $y_j \in S$

  ou

- y_j resulta de aplicar uma das operações em Ops a elementos anteriores da sequência, no sentido em que $y_j = f(y_{i_1}, ..., y_{i_k})$, com $1 \leq i_1, \ldots, i_k < j$ e f alguma operação em Ops de aridade k.

Se uma tal sequência termina em $y \in E$, diz-se que é uma *sequência de construção de y a partir de S por* Ops.

Denota-se por $\widehat{S}_{r,Ops}$, $r \geq 1$, o conjunto dos elementos $y \in E$ para os quais existe alguma sequência de construção a partir de S por Ops com comprimento r. Denota-se por $\widehat{S}_{Ops}$ o conjunto $\bigcup_{r \in \mathbb{N}_1} \widehat{S}_{r,Ops}$. Sempre que não haja ambiguidade, omite-se a referência às operações e escreve-se apenas $\widehat{S}_r$ e $\widehat{S}$. ∎

É imediato que $\widehat{S}_1 = S$ e que $\widehat{S}_1 \subseteq \widehat{S}_2 \subseteq \widehat{S}_3 \subseteq \ldots$, pois o mesmo elemento pode ser repetido numa sequência gerada. É também fácil de verificar que uma parte inicial de uma sequência gerada ainda é uma sequência gerada. É igualmente fácil de verificar que se s_1 e s_2 são duas sequências geradas, então a concatenação das sequências s_1 e s_2 ainda é uma sequência gerada.

Proposição 7.3.14 CARACTERIZAÇÃO ALTERNATIVA DE CONJUNTO GERADO
Os conjuntos S^g_{Ops} e $\widehat{S}_{Ops}$ são iguais.

Demonstração Para demonstrar esta igualdade vamos demonstrar duas inclusões.

Comecemos por demonstrar que $S^g_{Ops} \subseteq \widehat{S}_{Ops}$. Para simplificar a notação, omitiremos a referência às operações. Ora, para demonstrar a inclusão pretendida basta-nos demonstrar que $\widehat{S}$ é indutivo em relação a (S, Ops), pois S^g é o menor conjunto indutivo em relação a (S, Ops).

(i) Como $\widehat{S}_1 = S$, logo $S \subseteq \widehat{S}$.

(ii) Demonstra-se agora que $\widehat{S}$ é fechado para qualquer uma das operações f. Suponha-se que f tem aridade k e sejam $x_1, \ldots, x_k \in \widehat{S}$ e $y \in E$ quaisquer tais que $y = f(x_1, \ldots, x_k)$. Sejam $s_1, \ldots, s_k$ as sequências terminando, respetivamente, em $x_1, \ldots, x_k$, cuja existência é garantida por $x_1, \ldots, x_k \in \widehat{S}$. Então, se fizermos a concatenação destas sequências e acrescentarmos y no fim, obtemos a sequência

$$s_1, s_2, \ldots, s_k, y$$

que é uma sequência gerada que termina em y. Logo, $y \in \widehat{S}$.

Demonstre-se agora que $\widehat{S}_{Ops} \subseteq S^g_{Ops}$. Omitamos de novo a referência às operações. Basta-nos demonstrar que $\forall_{n \geq 1}(\widehat{S}_n \subseteq S^g)$, o que demonstraremos por indução (versão forte) nos naturais positivos, isto é, por indução forte em $\mathbb{Z}_{\geq 1}$ (ver Exemplo 7.2.4).

Base de indução:
$\widehat{S}_1 \subseteq S^g$, pois S^g é indutivo em relação a (S, Ops) e $\widehat{S}_1 = S$.

Passo de indução:
Seja $n \geq 1$ qualquer. A hipótese de indução (*HI*) é $\forall_{1 \leq j \leq n}(\widehat{S}_j \subseteq S^g)$. Há que demonstrar que $\widehat{S}_{n+1} \subseteq S^g$. Seja então $x \in \widehat{S}_{n+1}$ qualquer. Por definição de $\widehat{S}_{n+1}$, existe uma sequência gerada

$$y_1, ..., y_n, y_{n+1}$$

com $y_{n+1} = x$. Mas então, por definição de sequência gerada, apenas as seguintes duas situações podem ocorrer

$$x \in S \quad \text{ou} \quad x = f(y_{i_1}, ..., y_{i_k})$$

com $1 \leq i_1, \ldots, i_k < n$ e para alguma operação f. No primeiro caso tem-se $x \in S^g$, pois S^g contém S. No segundo caso, uma vez que $y_{i_1} \in \widehat{S}_{i_1}, \ldots,$

$y_{i_k} \in \widehat{S}_{i_k}$ e $1 \leq i_1, \ldots, i_k \leq n$, por *HI*, $y_{i_1}, ..., y_{i_k} \in S^g$. Logo, como S^g é fechado para f, por o conjunto S^g ser indutivo em relação a (S, *Ops*), tem-se também que $x \in S^g$. ■

Para terminar este tópico, vejamos dois exemplos simples que ilustram este procedimento de geração de elementos de um conjunto definido indutivamente.

Exemplo 7.3.15 Considere-se um número par positivo, como por exemplo o número 8. Tem-se a seguinte sequência de construção de 8, a partir de 2 (do conjunto $\{2\}$, mais precisamente) pela função f dada por $f(n) = n + 2$

	Par positivo	Justificação
1.	2	pertence à base $\{2\}$
2.	4	resulta de aplicar f ao par em 1 (é $f(2)$)
3.	6	resulta de aplicar f ao par em 2 (é $f(4)$)
4.	8	resulta de aplicar f ao par em 3 (é $f(6)$)

Esta sequência de construção de 8 pode ser apresentada, de modo mais simples, da seguinte forma: 2, 4, 6, 8. ■

Exemplo 7.3.16 FÓRMULAS PROPOSICIONAIS
Considere-se o conjunto $For_{\neg,\Rightarrow}$ das fórmulas proposicionais definido indutivamente como no Exemplo 7.3.11. Recorde-se que o conjunto base é $\{p_1, p_2, \ldots\}$ e as operações são $f_\neg$ e $f_\Rightarrow$. Pode mostrar-se que a expressão

$$((\neg p_1) \Rightarrow ((\neg p_3) \Rightarrow p_4))$$

pertence a esse conjunto, indicando, por exemplo a seguinte sequência de construção para esta expressão

	Fórmula	Justificação
1.	p_1	pertence à base
2.	$(\neg p_1)$	resulta de aplicar $f_\neg$ à fórmula em 1
3.	p_3	pertence à base
4.	$(\neg p_3)$	resulta de aplicar $f_\neg$ à fórmula em 3
5.	p_4	pertence à base
6.	$((\neg p_3) \Rightarrow p_4)$	resulta de aplicar $f_\Rightarrow$ às fórmulas em 4 e 5
7.	$((\neg p_1) \Rightarrow ((\neg p_3) \Rightarrow p_4))$	resulta de aplicar $f_\Rightarrow$ às fórmulas em 2 e 6

■

7.3.2 Princípio de indução estrutural

Sobre conjuntos definidos indutivamente pode definir-se um princípio de indução, que designamos por princípio de indução estrutural. Nesta secção apresentamos o referido princípio e vários exemplos de aplicação.

A ideia do princípio de indução estrutural é simples: pode afirmar-se que qualquer elemento x de um conjunto S^g_{Ops} (conjunto gerado a partir de um conjunto S por um conjunto de operações Ops) satisfaz uma propriedade P se todos os elementos do conjunto base S satisfazem a propriedade, e a propriedade P é ainda preservada pelas operações em Ops. Precisemos esta ideia, começando por introduzir a noção de preservação de uma propriedade por uma operação.

Definição 7.3.17 Uma propriedade P definida em $X \subseteq E$ é *preservada por* $f : E^k \rightharpoonup E$ *em* X se, qualquer que seja $(x_1, \ldots, x_k)$ em $dom(f)$, se $x_1, \ldots, x_k$ pertencem a X e satisfazem a propriedade então $f(x_1, \ldots, x_k)$ também satisfaz a propriedade. Quando $X = E$, pode dizer-se simplesmente que P é preservada por f. ∎

Informalmente, f preserva P em X se as imagens por f de elementos de X que satisfazem P ainda satisfazem P. Este conceito pode estender-se facilmente a uma qualquer relação binária R entre E^k e E, dizendo-se, como se espera, que R preserva P em $X \subseteq E$ se quaisquer que sejam $x_1, \ldots, x_k \in X$ e $y \in E$, se $x_1, \ldots, x_k$ satisfazem P e $(x_1, \ldots, x_k)Ry$, então y também satisfaz P.

Considere-se agora $X = S^g_{Ops}$ e seja $f : E^k \rightharpoonup E$ uma operação em Ops. Sejam P uma propriedade em X e $U = \{x \in X : P(x)\}$. Se f preserva P em X, então, quaisquer que sejam $x_1, \ldots, x_k \in U$ tais que $(x_1, \ldots, x_k) \in dom(f)$

- verifica-se $P(f(x_1, \ldots, x_k))$ (por f preservar P em X)

- $f(x_1, \ldots, x_k) \in X$, pois $X(=S^g_{Ops})$ é fechado para f

e portanto $f(x_1, \ldots, x_k) \in U$. Assim, se f preserva P em X então U é fechado para f. Logo, se U contiver S e as operações em Ops preservarem P, então U é indutivo em relação a (S, Ops) e, pelo Corolário 7.3.9, U é igual a X, pelo que $\forall_{x \in X} P(x)$.

Obtém-se assim o seguinte princípio de indução, dito princípio de indução estrutural, por a indução acompanhar a estrutura da geração do conjunto X em causa.

PRINCÍPIO DE INDUÇÃO ESTRUTURAL

Seja X o conjunto gerado a partir do conjunto S por um conjunto de operações Ops, e seja $P(x)$ uma condição definida em X. Se

(i) todos os elementos de S satisfazem P

(ii) P é preservada por todas as operações de Ops em X

então todo o elemento de x satisfaz P, ou seja, $\forall_{x \in X} P(x)$.

Como seria de esperar, a demonstração de (i) corresponde à base da indução e a de (ii) ao passo de indução. Refira-se que, na maior parte dos casos em que este princípio de indução se pode aplicar, a propriedade $P(x)$ é preservada pelas operações em Ops no próprio conjunto E, e não apenas quando nos restringimos ao seu subconjunto $X = S^g_{Ops}$.

Exemplo 7.3.18 Suponha-se que se pretende demonstrar que todo o elemento de $\mathbb{P}^+$ é a soma de dois ímpares.

Usando a definição indutiva de $\mathbb{P}^+$ apresentada no Exemplo 7.3.7, pode demonstrar-se este resultado por indução estrutural. Seja $P(n)$ a propriedade "n é a soma de dois ímpares".

Base de indução:
Verifica-se $P(2)$ pois $2 = 1 + 1$.

Passo de indução:
Há que demonstrar que a operação $f : \mathbb{N} \to \mathbb{N}$, dada por $f(x) = x + 2$, preserva P em $\mathbb{P}^+$. De facto, como se demonstra a seguir, neste caso a propriedade P em causa é sempre preservada pela operação f, isto é, P é preservada por f em todo o conjunto $\mathbb{N}$. Seja n um natural qualquer. Quer-se demonstrar que se se verifica $P(n)$ então também se verifica $P(n + 2)$. Ora, tem-se que

$$
\begin{array}{c}
P(n) \\
\Downarrow \\
\text{existem } x \text{ e } y \text{ ímpares tais que } n = x + y \\
\Downarrow \\
\text{existem } x \text{ e } y \text{ ímpares tais que } n + 2 = x + (y + 2) \\
\Downarrow \quad \text{(se } y \text{ é ímpar então } z = y + 2 \text{ também é)} \\
\text{existem } x \text{ e } z \text{ ímpares tais que } n = x + z.
\end{array}
$$

■

Vejamos agora um exemplo cujo propósito é apenas ilustrar de forma simples a situação em que a propriedade $P(x)$, que se pretende demonstrar que se verifica para qualquer $x \in X = S^g_{Ops}$, não é sempre preservada pelas operações em Ops, embora o seja quando nos restringirmos ao conjunto gerado, X, em causa.

Exemplo 7.3.19 Seja X o subconjunto dos inteiros gerado a partir do conjunto $S = \{4\}$ pela operação $f : \mathbb{Z} \to \mathbb{Z}$ dada por

$$f(x) = \begin{cases} x+4 & \text{se } x \geq 3 \\ x+3 & \text{se } x < 3. \end{cases}$$

Pretende-se demonstrar que todo o elemento de X é múltiplo de 2, isto é, pretende-se demonstrar que se verifica

$$\forall_{x \in X}\, P(x)$$

com $P(x)$ a condição $\exists_{k \in \mathbb{Z}}\, x = 2k$. A demonstração desta asserção é realizada por indução estrutural.

Base de indução:
Verifica-se $P(4)$ pois $4 = 2 \times 2$.

Passo de indução:
Neste caso a propriedade P não é sempre preservada pela operação f. De facto, verifica-se $P(2)$, mas não se verifica $P(f(2))$, uma vez que $f(2) = 5$ e 5 não é múltiplo de 2. No entanto, a propriedade P é preservada por f em X, como se demonstra de seguida.

A demonstração, por indução estrutural, de que se verifica

$$\forall_{x \in X}\, x \geq 3 \tag{7.11}$$

é deixada como exercício.

Para demonstrar que f preserva P em X, considera-se então um qualquer elemento x de X que satisfaça $P(x)$, e mostra-se que se verifica $P(f(x))$. Ora, como se verifica $P(x)$, sabemos que $x = 2k$ para algum inteiro k. Mas, como $x \in X$, por (7.11), tem que $x \geq 3$. Logo

$$\begin{aligned} f(x) &= x + 4 && (x \geq 3) \\ &= 2k + 4 && (x = 2k) \\ &= 2(k+2) \end{aligned}$$

pelo que $f(x)$ é múltiplo de 2, como se pretendia demonstrar. ∎

Vejamos agora alguns exemplos de outra índole.

Exemplo 7.3.20 Uma linguagem formal é um conjunto de sequências de elementos de um outro conjunto, o chamado alfabeto da linguagem. É usual designar estas sequências por palavras da linguagem. Um caso particular é o caso do conjunto das fórmulas proposicionais referido no Exemplo 7.3.11.

Considere-se a linguagem L, muito simples, definida como se segue:

- o alfabeto de L, *Alf*, é o conjunto de caracteres $\{a, b\}$;
- o conjunto das palavras de L define-se indutivamente do seguinte modo, onde w designa uma qualquer sequência, eventualmente vazia, de elementos do alfabeto

  (i) uma sequência formada apenas pelo símbolo a é uma palavra de L;

  (ii) se wa é uma palavra de L então waa também o é;
  se wa é uma palavra de L então wab também o é;
  se wb é uma palavra de L então wbb também o é.

Como já havíamos observado no Capítulo 2, nas sequências de caracteres costuma-se omitir os parênteses curvos e as vírgulas. Para designar a sequência vazia, usaremos aqui o símbolo ε.

O conjunto das palavras de L, que a seguir designaremos apenas por L, é assim o conjunto gerado a partir de $S = \{a\}$ pelas operações

$$f_a : Alf^* \rightharpoonup Alf^* \text{ dada por } f_a(wa) = waa$$

$$f_b : Alf^* \rightharpoonup Alf^* \text{ dada por } f_b(wa) = wab \text{ e } f_b(wb) = wbb$$

onde, recorde-se, Alf^* é o conjunto formado por todas as sequências de elementos de *Alf*.

Observe-se que f_a só está definida para sequências terminadas em a e f_b está definida para todas as sequências, exceto a sequência vazia. É fácil verificar que a sequência aab, por exemplo, é uma palavra da linguagem, mostrando que ela pode ser obtida a partir da base por aplicação sucessiva de operações:

	Palavra	Justificação
1.	a	palavra que é o único elemento de S
2.	aa	é $f_a(a)$
3.	aab	é $f_b(aa)$

Vamos agora demonstrar uma propriedade relativa à sintaxe da linguagem L: cada palavra $w \in L$ é igual a $a^n b^k$ para algum $n \geq 1$ e $k \geq 0$, onde a^n designa uma sequência de n a's consecutivos e, naturalmente, b^k designa uma sequência de k b's consecutivos, sendo b^0 a sequência vazia, ε. Mais precisamente, queremos demonstrar que

$$\forall_{w \in L}\, P(w)$$

onde $P(w)$ é a propriedade $\exists_{n\geq 1}\exists_{k\geq 0}\,(w = a^n b^k)$. Demonstremos este resultado por indução estrutural.

Base de indução:
Verifica-se $P(a)$ pois $a = a^1 b^0$.

Passo de indução:
Há que demonstrar que a propriedade P é preservada pelas operações f_a e f_b.

Comecemos por f_a e demonstremos que a propriedade P é preservada por esta operação. Seja $w \in \mathit{Alf}^*$ qualquer e suponha-se que $P(w)$ se verifica e f_a está definida em w. Quer-se demonstrar que $P(f_a(w))$ também se verifica. Ora, verificando-se $P(w)$, então $w = a^n b^k$ com $n \geq 1$ e $k \geq 0$. Mas, como assumimos que $w \in dom(f_a)$, então $k = 0$. Assim, $w = a^n$ com $n \geq 1$. Logo,

$$f_a(w) = f_a(a^n) = a^{n+1} = a^{n+1}b^0$$

e, portanto, tem-se $P(f_a(w))$, como se pretendia.

Demonstremos agora que a propriedade P é preservada por f_b. Tal como no caso anterior, suponha-se que $w \in \mathit{Alf}^*$, que $P(w)$ se verifica e que f_b está definida em w. Ora, por $P(w)$, tem-se $w = a^n b^k$ com $n \geq 1$ e $k \geq 0$. Logo,

$$f_b(w) = f_b(a^n b^k) = a^n b^{k+1}$$

e tem-se $P(f_b(w))$, como se pretendia mostrar. ∎

Exemplo 7.3.21 Considere-se de novo o conjunto $For_{\neg,\Rightarrow}$ das fórmulas proposicionais (construídas usando apenas os conectivos $\neg$ e $\Rightarrow$) definido indutivamente como no Exemplo 7.3.11 e, com o propósito de ilustrar a aplicação do princípio de indução estrutural, demonstremos uma propriedade muito simples de todas as fórmulas $\varphi \in For_{\neg,\Rightarrow}$

"o número de parênteses esquerdos de φ é igual
ao números de parênteses direitos".

Designemos por $P(\varphi)$ a propriedade anterior.

Base de indução:
Verifica-se $P(p_i)$, para cada $i \geq 1$, dado que cada fórmula atómica (isto é, cada símbolo proposicional) p_i tem 0 parênteses esquerdos e 0 parênteses direitos.

Passo de indução:
Há que demonstrar que a propriedade P é preservada pelas operações $f_\neg$ e $f_\Rightarrow$.

Para simplificar, denotemos por $ne(\varphi)$ o número de parênteses esquerdos de uma fórmula $\varphi \in For_{\neg,\Rightarrow}$, e por $nd(\varphi)$ o seu número de parênteses direitos.

Demonstra-se primeiro que P é preservada por $f_\neg$, isto é, se $P(\varphi)$ se verifica então $P(f_\neg(\varphi))$ também se verifica (note-se que $dom(f_\neg) = For_{\neg,\Rightarrow}$). Ora, $f_\neg(\varphi) = (\neg\varphi)$. Mas, se $P(\varphi)$ se verifica, então $ne(\varphi) = nd(\varphi)$. Logo,

$$ne(f_\neg(\varphi)) = ne(\varphi) + 1 = nd(\varphi) + 1 = nd(f_\neg(\varphi))$$

e, portanto, tem-se $P(f_\neg(\varphi))$.

Demonstremos agora que P é preservada por $f_\Rightarrow$, isto é, se $P(\varphi_1)$ e $P(\varphi_2)$ se verificam então $P(f_\Rightarrow(\varphi_1, \varphi_2))$ também se verifica (também neste caso $f_\Rightarrow$ está sempre definida). Tem-se $f_\Rightarrow(\varphi_1, \varphi_2) = (\varphi_1 \Rightarrow \varphi_2)$. Dado que $P(\varphi_1)$ e $P(\varphi_2)$ se verificam, então $ne(\varphi_i) = nd(\varphi_i)$, $i = 1, 2$. Então

$$\begin{aligned} ne(f_\Rightarrow(\varphi_1, \varphi_2)) &= ne(\varphi_1) + ne(\varphi_2) + 1 \\ &= nd(\varphi_1) + nd(\varphi_2) + 1 \\ &= nd(f_\Rightarrow(\varphi_1, \varphi_2)) \end{aligned}$$

e portanto tem-se $P(f_\Rightarrow(\varphi_1, \varphi_2))$. ■

O exemplo que se segue ilustra a relevância da indução estrutural no âmbito do estudo das propriedades de sistemas dedutivos.

Exemplo 7.3.22 O conjunto dos teoremas da chamada lógica ou cálculo proposicional pode ser definido como o subconjunto das fórmulas proposicionais que é gerado a partir do conjunto dos axiomas por certas regras de inferência.

Considerando linguagem proposicional do Exemplo 7.3.21, podemos escolher para axiomas todas as fórmulas em $For_{\neg,\Rightarrow}$ que são instâncias dos esquemas

$$\varphi_1 \Rightarrow (\varphi_2 \Rightarrow \varphi_1) \tag{CP1}$$

$$(\varphi_1 \Rightarrow (\varphi_2 \Rightarrow \varphi_3)) \Rightarrow ((\varphi_1 \Rightarrow \varphi_2) \Rightarrow (\varphi_1 \Rightarrow \varphi_3)) \tag{CP2}$$

$$((\neg\varphi_1) \Rightarrow (\neg\varphi_2)) \Rightarrow (\varphi_2 \Rightarrow \varphi_1) \tag{CP3}$$

e considerar o *Modus Ponens*

$$\frac{\varphi_1 \quad \varphi_1 \Rightarrow \varphi_2}{\varphi_2}\ \mathrm{MP}$$

como única regra de inferência. Observe-se que a regra MP pode ser vista como uma relação binária entre $For^2_{\neg,\Rightarrow}$ e $For_{\neg,\Rightarrow}$, ou como uma operação binária (não total) em $For_{\neg,\Rightarrow}$, em que $\mathrm{MP}(\varphi, \psi)$ só está definida se ψ for da forma $\varphi \Rightarrow \varphi'$, em cujo caso $\mathrm{MP}(\varphi, \psi) = \varphi'$. Então, pelo princípio de indução estrutural, se quisermos demonstrar que todo o teorema satisfaz uma dada propriedade P basta

(i) demonstrar que todo o axioma satisfaz P (*base de indução*)

(ii) demonstrar que a regra MP preserva P no conjunto dos teoremas (*passo de indução*)

Naturalmente, (ii) ficará demonstrado se se verificar mesmo que a regra MP preserva sempre P (no conjunto das fórmulas), isto é, se, dadas quaisquer duas fórmulas φ_1 e φ_2, se verificar $P(\varphi_2)$ sempre que $P(\varphi_1)$ e $P(\varphi_1 \Rightarrow \varphi_2)$ se verificarem. Deixa-se como exercício (ver Exercício 20 da Secção 7.4) demonstrar que todo o teorema é (uma instância de) uma tautologia. ∎

Vejamos agora dois exemplos que ilustram a aplicação da indução estrutural na verificação de propriedades de programas, começando por um exemplo muito simples.

Exemplo 7.3.23 Considere-se a função *Mathematica*

```
comp=Function[w,If[w=={},0,1+comp[Rest[w]]]].
```

Pretende-se demonstrar que a função `comp` permite calcular o comprimento de uma qualquer lista, isto é, sendo X o conjunto de listas (em *Mathematica*), pretende-se demonstrar que se tem

$$\forall_{w \in X}\, P(w)$$

com $P(w)$ a condição `comp[`w`]`=`Length[`w`]` (recorde-se que `Length` é a função pré-definida em *Mathematica* que retorna o comprimento da lista).

Ora, como referido no Exemplo 7.3.12, o conjunto X pode ser definido como o conjunto gerado a partir do conjunto inicial $S = \{$`List[]`$\}$ pelo conjunto de operações $Ops = \{f_x : x \in E\}$, com E o conjunto de expressões *Mathematica* e $f_x : E \rightharpoonup E$ dada por $f_x(exp) =$ `Prepend[`exp, x`]`, definida para uma qualquer expressão não atómica exp da linguagem *Mathematica*. Podemos assim recorrer ao princípio de indução estrutural para demonstrar que se tem $\forall_{w \in X}\, P(w)$.

Base de indução:
Por definição de `comp` tem-se que `comp[List[]]` é igual a 0. Logo, verifica-se $P($`List[]`$)$.

Passo de indução:
Seja f_x uma qualquer operação em Ops. Seja $w \in X$ qualquer tal que se verifica $P(w)$. Note-se que $f_x(w)$ está sempre definida para $w \in X$. Quer-se demonstrar que se verifica $P(f_x(w))$, isto é, $P($`Prepend[`w, x`]`$)$.

Ora, `Length[Prepend[`w, x`]]`=`1+Length[`w`]` e, por definição de `comp`, como `Prepend[`w, x`]`$\neq$`List[]` e `Rest[Prepend[`w, x`]]`$= w$, tem-se

$$\texttt{comp[Prepend[}w,x\texttt{]]}=\texttt{1+comp[}w\texttt{]}.$$

Logo, como se verifica $P(w)$, tem-se $\texttt{comp[}w\texttt{]}=\texttt{Length[}w\texttt{]}$ e portanto

$$\texttt{comp[Prepend[}w,x\texttt{]]}=\texttt{Length[Prepend[}w,x\texttt{]]}$$

como se pretendia demonstrar. ∎

Exemplo 7.3.24 Suponha-se agora que se pretende definir uma função em *Mathematica* que, quando aplicada a uma lista $w = \texttt{List[}b_1\texttt{,...,}b_k\texttt{]}$ de números inteiros deverá retornar a lista dos respetivos quadrados $\texttt{List[}b_1^2\texttt{,...,}b_k^2\texttt{]}$, que representaremos abreviadamente por w^2. Assume-se que se w for a lista vazia, então w^2 deverá ser igualmente a lista vazia. Naturalmente poder-se-iam também considerar listas de quaisquer números para os quais está definida a noção "quadrado de".

Considere-se função

```
h=Function[w,
    If[w=={},
       {},
       Prepend[h[Rest[w]],First[w]^2]]].
```

Pretende-se demonstrar que a função `h` satisfaz aquilo que se pretende, isto é, que se verifica $\forall_{w\in X}\, P(w)$, com B o conjunto dos números inteiros, X o conjunto das listas *Mathematica* constituídas por elementos de B e $P(w)$ a condição $\texttt{h[}w\texttt{]}= w^2$. Observando que X é o conjunto gerado a partir do conjunto $S = \{\texttt{List[]}\}$ pelo conjunto de operações $Ops = \{f_x : x \in B\}$, com f_x definida de forma análoga à referida no Exemplo 7.3.23, podemos então recorrer ao princípio de indução estrutural para demonstrar que se verifica

$$\forall_{w\in X}\, P(w).$$

Base de indução:
Tem-se $\texttt{h[\{\}]}=\texttt{\{\}}$ e $\{\}^2 = \{\}$. Logo, tem-se $P(\{\})$, isto é, $P(\texttt{List[]})$.

Passo de indução:
Seja $x \in B$ e $w = \texttt{List[}b_1\texttt{,...,}b_k\texttt{]}$, com $k \geq 0$, uma qualquer lista de elementos de B, e suponha-se que se verifica $P(w)$. Quer-se demonstrar que se verifica $P(f_x(w))$, isto é, $P(\texttt{Prepend[}w,x\texttt{]})$.

Ora, por um lado, tem-se

$$\texttt{h[Prepend[}w,x\texttt{]]}=\texttt{h[List[}x,b_1,\ldots,b_k\texttt{]]} \tag{7.12}$$

e, por outro,

$$\texttt{h[List[}x,b_1,\ldots,b_k\texttt{]]}=\texttt{Prepend[h[List[}x,b_1,\ldots,b_k\texttt{]],}x^2\texttt{]} \tag{7.13}$$

dado que $\texttt{List[}x,b_1,\ldots,b_k\texttt{]}\neq\texttt{\{\}}$, que $\texttt{First[List[}x,b_1,\ldots,b_k\texttt{]]}= x$ e

$$\texttt{Rest[List[}x, b_1, \ldots, b_k\texttt{]]=List[}x, b_1, \ldots, b_k\texttt{]}.$$

Como se verifica $P(\texttt{List[}b_1, \ldots, b_k\texttt{]})$ tem-se

$$\texttt{h[List[}b_1, \ldots, b_k\texttt{]]=List[}b_1^2\texttt{,}\ldots\texttt{,}b_k^2\texttt{]} \tag{7.14}$$

e assim, por (7.12), (7.13), (7.14), conclui-se que

$$\begin{aligned}\texttt{h[Prepend[}w, x\texttt{]]} &= \texttt{Prepend[List[}b_1, \ldots, b_k\texttt{]}, x^2\texttt{]} \\ &= \texttt{List[}x^2, b_1^2\texttt{,}\ldots\texttt{,}b_k^2\texttt{]}.\end{aligned}$$

Tem-se ainda

$$\texttt{Prepend[}w, x\texttt{]}^2 \texttt{=List[}x, b_1, \ldots, b_k\texttt{]}^2 \texttt{=List[}x^2, b_1^2, \ldots, b_k^2\texttt{]}.$$

Logo, verifica-se $P(\texttt{Prepend[}w, x\texttt{]})$ como se pretendia demonstrar. ∎

7.3.3 Conjuntos livremente gerados

Esta secção é dedicada a um tipo particular de conjuntos gerados: os conjuntos livremente gerados.

Pela Proposição 7.3.14, qualquer elemento y de um conjunto definido indutivamente a partir de um conjunto base S, por um conjunto de operações Ops, pode ser obtido a partir dos elementos de S através de um número finito de aplicações das operações. A geração de y corresponde à construção de uma sequência de elementos do conjunto indutivamente definido em causa, sequência essa que tem y como último elemento. Mas, de acordo com a definição destas sequências, é possível construir várias sequências de construção de um mesmo elemento y. Em particular, é possível incluir numa sequência de construção de y elementos que são irrelevantes para a construção desse elemento.

Considere-se uma vez mais o conjunto $\mathbb{P}^+$ dos pares positivos, que é gerado a partir do conjunto $\{2\}$ pela operação $f : \mathbb{N} \to \mathbb{N}$ dada por $f(x) = x + 2$ (ver Exemplo 7.3.7). É imediato verificar que embora qualquer uma das seguintes sequências

2, 4, 4, 6, 8, 6

2, 2, 4, 6

2, 4, 6

constitua uma sequência de construção de 6, somente a última é formada apenas pelos elementos que são estritamente necessários para a geração do 6. Podemos dizer que a sequência 2, 4, 6 constitui a *forma reduzida*, ou *forma canónica*, de uma sequência de construção do elemento 6 a partir de $\{2\}$ pela operação f indicada.

Podemos dizer, de uma forma geral, que uma sequência de construção de um elemento y de E a partir de um conjunto base S por um conjunto *Ops* de operações é *irredutível*, ou está na *forma reduzida*, se qualquer uma sua subsequência estrita não constitui uma sequência de construção de y a partir de S por *Ops*. Numa sequência irredutível, não só não há elementos repetidos como nela só ocorrem os elementos que são essenciais à "geração" de y. Não se podem eliminar elementos sem que ela deixe de ser uma sequência de construção de y.

Note-se que não se pode dizer que exista sempre uma única forma reduzida de uma sequência de construção de um elemento y. Por exemplo, se $S = \{a\}$ e $Ops = \{f, g, h\}$, com f e g unárias e h binária, então a sequência

$$a,\ f(a),\ g(a),\ f(a),\ h(f(a), g(a))$$

admite duas formas reduzidas

$$a,\ f(a),\ g(a),\ h(f(a), g(a)) \quad \text{e} \quad a,\ g(a),\ f(a),\ h(f(a),\ g(a)).$$

Sob certas condições, das quais falaremos adiante, a forma reduzida de uma sequência de construção de um elemento y é necessariamente única, à parte eventuais permutações de lugar de alguns dos seus elementos, como as que acabámos de ilustrar. Quando tal acontece estamos em presença de um conjunto livremente gerado. Antes ainda de apresentar a definição de conjunto livremente gerado, aprofundemos um pouco mais o raciocínio que conduz a essa definição.

Embora não se apresente aqui uma demonstração rigorosa para o facto, é fácil verificar intuitivamente que, dada uma sequência de construção de um elemento y, podemos sempre extrair dela uma sua subsequência que é uma sequência irredutível de construção de y. Descreve-se seguidamente um procedimento que permite transformar uma sequência de construção de y numa sua forma reduzida.

Construção da forma reduzida de sequência de construção

Seja $S \subseteq E$, não vazio, e *Ops* um conjunto de operações em E. A função *redução* abaixo definida recebe uma sequência s gerada a partir de S por *Ops*. Esta sequência corresponde a uma sequência de construção do seu último elemento, *último*(s). A função *redução* retorna uma sequência irredutível de construção de *último*(s). Para tal, invoca o procedimento *reduz* que tem três argumentos: o primeiro é a sequência s que se pretende reduzir, o segundo é um natural menor ou igual que o comprimento de s e que representa a posição do elemento de s em análise, e o terceiro é um conjunto de elementos de E

que são fundamentais à construção em causa, isto é, que há que garantir que ocorrem na sequência reduzida.

Assim, dada uma sequência s gerada a partir de S por Ops tem-se

$$redução(s) = reduz(s, \#s, \{último(s)\})$$

e, sendo $0 \leq i \leq r$ e $G \subseteq E$, tem-se que $reduz(y_1 \dots y_r, i, G)$ é igual a

(1) $y_1 \dots y_r$ se $i = 0$

(2) $reduz(y_1 \dots y_{i-1} y_{i+1} \dots y_r, i-1, G)$ se $i \geq 1$ e $y_i \notin G$

(3) $reduz(y_1 \dots y_{i-1} y_{i+1} \dots y_r, i-1, G)$
se $i \geq 1$, $y_i \in G$ e $\exists_{1 \leq j < i}(y_j = y_i)$

(4) $reduz(y_1 \dots y_r, i-1, G \backslash \{y_i\})$
se $i \geq 1$, $y_i \in G$, $\forall_{1 \leq j < i}(y_j \neq y_i)$ e $y_i \in S$

(5) $reduz(y_1 \dots y_r, i-1, (G \backslash \{y_i\}) \cup \{y_{i_1} \dots y_{i_k}\})$
se $i \geq 1$, $y_i \in G$, $\forall_{1 \leq j < i}(y_j \neq y_i)$, $y_i \notin S$ e $y_i = f(y_{i_1} \dots y_{i_k})$ e $f \in Ops$

Observe-se que quando $i \geq 1$ e $y_i \notin G$, o elemento y_i não é essencial à construção em causa, pelo que é retirado da sequência. Por outro lado, quando $i \geq 1$, $y_i \in G$ e $\exists_{1 \leq j < i}(y_j = y_i)$, a ideia é remover as repetições ficando-se só com a primeira ocorrência de y_i na sequência. Por último, note-se ainda que sempre que $y_i \in G$ mas $y_i \notin S$ então necessariamente $y_i = f(y_{i_1} \dots y_{i_k})$ com $f \in Ops$.

Embora não apresentemos aqui a demonstração, pode demonstrar-se que se s é gerada a partir de S por Ops então

$$reduz(s, \#s, \{último(s)\}) = reduz(s_1, 0, \emptyset) = s_1$$

para alguma sequência s_1. A sequência s_1 é precisamente uma forma reduzida da sequência s, constituindo uma sequência irredutível de construção de y $(=último(s))$.

Exemplo 7.3.25 Para ilustrar o processo de redução de sequências de construção acima descrito consideremos o caso do conjunto $\mathbb{P}^+$ gerado a partir de $\{2\}$ pela operação $f : \mathbb{N} \to \mathbb{N}$ dada por $f(x) = x + 2$. Vejamos como se obtém uma forma reduzida da sequência

$$2, 4, 4, 6, 2, 8, 6$$

que é uma sequência de construção de 6. Para facilitar a leitura, no primeiro argumento de *reduz* a sequência em causa é escrita entre os símbolos $<$ e $>$.

Tem-se então

$$\begin{aligned}
\mathit{redução}(<2,4,4,6,2,8,6>) &= \mathit{reduz}((<2,4,4,6,2,8,6>,7,\{6\}) \\
&= \mathit{reduz}((<2,4,4,6,2,8>,6,\{6\}) && \text{(caso (3))} \\
&= \mathit{reduz}((<2,4,4,6,2>,5,\{6\}) && \text{(caso (2))} \\
&= \mathit{reduz}((<2,4,4,6>,4,\{6\}) && \text{(caso (2))} \\
&= \mathit{reduz}((<2,4,4,6>,3,\{4\}) && \text{(caso (5))} \\
&= \mathit{reduz}((<2,4,6>,2,\{4\}) && \text{(caso (3))} \\
&= \mathit{reduz}((<2,4,6>,1,\{2\}) && \text{(caso (5))} \\
&= \mathit{reduz}((<2,4,6>,0,\{\}) && \text{(caso (4))} \\
&= 2,4,6 && \text{(caso (1))}
\end{aligned}$$

∎

Considere-se agora que continuamos a trabalhar no conjunto dos naturais, isto é, que $E = \mathbb{N}$ e que X é o conjunto gerado a partir de $\{2\}$ pelas operações $g : \mathbb{N} \to \mathbb{N}$ dada por $g(x) = x + 3$ e $h : \mathbb{N}^2 \to \mathbb{N}$ dada por $h(x, y) = x + y$. Neste caso, qualquer uma das duas sequências

$$2,\ 5,\ 8,\ 11,\ 14 \quad \text{e} \quad 2,\ 4,\ 7,\ 14$$

pode ser vista como uma sequência irredutível de construção de 14. No primeiro caso usa-se apenas a operação g. No segundo caso usa-se primeiro a operação h, considerando $h(2, 2)$, seguida da operação g e de novo da operação h.

Num grande número de casos em que se geram conjuntos indutivamente, os elementos do conjunto são obtidos a partir da base por aplicação das operações de uma forma "determinista". Neste caso a forma reduzida de uma qualquer sequência de construção de um elemento y de tais conjuntos é necessariamente única, à parte eventuais permutações de lugar de alguns dos seus elementos. Dito de outra forma, nesses casos, dado um qualquer elemento de um conjunto X gerado indutivamente, podemos ir decompondo esse elemento nos seus "elementos constituintes", à custa dos quais ele foi gerado por alguma operação, e essa decomposição é feita de forma única, sucessivamente, até se chegar a elementos da base.

A ideia é que se um elemento $y \in X$ pode ser obtido através de uma operação f, ou seja $y = f(x_1, \ldots, x_k)$, é porque tal elemento não pode ser "colocado" em X de outro modo. Isto significa que

(i) y não pertence à base;

(ii) y não pode ser obtido à custa de outra operação;

(iii) y não pode ser obtido à custa da mesma operação f de outro modo, isto é, não existe $(y_1, \ldots, y_k) \in X^k$, distinto de $(x_1, \ldots, x_k)$, e tal que $y = f(y_1, \ldots, y_k)$.

Este raciocínio conduz-nos à definição de conjunto livremente gerado que a seguir se apresenta. Nesta definição, por restrição de $f : E^k \rightharpoonup E$ ao conjunto $X \subseteq E$ entende-se a função $h : X^k \rightharpoonup X$ com domínio $dom(f) \cap X^k$ dada por $h(x_1, \ldots, x_k) = f(x_1, \ldots, x_k)$ para cada $(x_1, \ldots, x_k) \in dom(h)$. Note-se que quando $X = S^g_{Ops}$ e $f \in Ops$ então X é fechado para f, pelo que $h[X^k] \subseteq X$. Quando não há perigo de confusão, pode usar-se também a letra f para fazer referência à sua restrição a X.

Definição 7.3.26 CONJUNTO LIVREMENTE GERADO
Sejam $S \subseteq E$, não vazio, *Ops* um conjunto de operações em E e X o conjunto gerado a partir de S por *Ops*. Diz-se que X *é livremente gerado a partir de* S *pelas operações em Ops* se

(i) o contradomínio da restrição de f a X é disjunto da base S, qualquer que seja $f \in Ops$;

(ii) o contradomínio da restrição de f a X é disjunto do contradomínio da restrição de g a X, quaisquer que sejam as operações $f, g \in Ops$ distintas;

(iii) a restrição de f a X é injetiva, qualquer que seja a operação $f \in Ops$. ■

Apresentamos de seguida vários exemplos de conjuntos livremente gerados e de conjuntos que, embora sejam indutivamente gerados, não são livremente gerados.

Exemplo 7.3.27 O conjunto dos naturais é o conjunto livremente gerado a partir de $\{0\}$ pela operação $f : \mathbb{R} \to \mathbb{R}$ dada por $f(x) = x + 1$.

O conjunto $\mathbb{P}^+$ dos pares positivos é livremente gerado a partir de $\{2\}$ pela operação $f : \mathbb{N} \to \mathbb{N}$ dada por $f(x) = x + 2$.

Os conjuntos indutivamente gerados referidos nos Exemplos 7.3.11, 7.3.12 e 7.3.20 são também livremente gerados a partir dos conjuntos base e operações referidos para cada caso. ■

Exemplo 7.3.28 Considere-se agora o conjunto dos teoremas da lógica proposicional definido no Exemplo 7.3.22. Recorde-se que este conjunto pode ser visto como o conjunto gerado a partir do conjunto de axiomas (constituído por todas as fórmulas de $For_{\neg,\Rightarrow}$ que são instâncias dos esquemas (CP1), (CP2) e (CP3)) pela regra MP. No entanto, este conjunto não é livremente gerado como se demonstra de seguida.

- A fórmula $(p_1 \Rightarrow p_1)$ é um teorema da lógica proposicional. A demonstração desta afirmação, ao contrário do que se poderia esperar, não é muito intuitiva, e apresenta-se aqui apenas a título ilustrativo, pois não é relevante para o que se segue

  1. $((p_1 \Rightarrow ((p_1 \Rightarrow p_1) \Rightarrow p_1)) \Rightarrow ((p_1 \Rightarrow (p_1 \Rightarrow p_1)) \Rightarrow (p_1 \Rightarrow p_1)))$ instância de (CP2)
  2. $(p_1 \Rightarrow (p_1 \Rightarrow p_1))$ instância de (CP1)
  3. $((p_1 \Rightarrow (p_1 \Rightarrow p_1)) \Rightarrow (p_1 \Rightarrow p_1))$ MP aplicado a 2 e 1
  4. $(p_1 \Rightarrow (p_1 \Rightarrow p_1))$ instância de (CP1)
  5. $(p_1 \Rightarrow p_1)$ MP aplicado a 4 e 3

- A fórmula $((p_1 \Rightarrow p_1) \Rightarrow (p_1 \Rightarrow ((p_1 \Rightarrow p_1)))$ é um teorema, pois é um axioma (instância de (CP1)).
- A fórmula $(p_1 \Rightarrow (p_1 \Rightarrow p_1))$ pode assim ser obtida por MP a partir dos dois teoremas anteriores.

Mas $(p_1 \Rightarrow (p_1 \Rightarrow p_1))$ pertence à base, pois é um axioma (instância de (CP1)). Logo, não se verifica a propriedade (i) da Definição 7.3.26. ∎

7.3.4 Indução e conjuntos definidos indutivamente

Termina-se este tópico com uma breve referência às relações bem fundadas que, de forma natural, podem ser consideradas sobre conjuntos definidos indutivamente, analisando o que se passa no caso dos conjuntos livremente gerados.

A um conjunto definido indutivamente, $X = S^g_{Ops}$, podemos procurar associar diferentes relações bem fundadas. Existe, no entanto, uma relação de precedência $\prec$ que se pode considerar a propósito de tais conjuntos, e que surge como uma primeira candidata natural a uma relação bem fundada sobre esses conjuntos. Concretamente, surge natural dizer que um elemento x deve preceder um elemento y na construção do conjunto X, se x é essencial para a geração de y, ou seja

$$x \prec y \text{ sse } x \text{ é essencial à construção de } y \tag{7.15}$$

Claro que é necessário concretizar a ideia intuitiva anterior e mostrar que ela dá origem, de facto, a uma relação bem fundada. Uma forma de concretizar esta ideia consiste em recorrer às sequências geradas (ver Definição 7.3.13). Por exemplo, podemos dizer que

x é essencial à construção de y

sse

x é distinto de y e x ocorre necessariamente em qualquer sequência de construção de y a partir de S por Ops.

Designando a relação anterior por $\prec_l$ (por razões que serão claras mais adiante), podemos defini-la, de forma equivalente, como se segue.

Definição 7.3.29 Considere-se $X = S^g_{Ops}$. A relação binária $\prec_l$ sobre X é dada por $x \prec_l y$ sse em qualquer sequência gerada a partir de S por *Ops*, sempre que y ocorra, ocorre depois de x. ■

Proposição 7.3.30 Seja $X = S^g_{Ops}$ e seja $\prec$ uma qualquer relação binária em X contida em $\prec_l$ (se $x \prec y$ então $x \prec_l y$).

1. A relação $\prec$ é uma relação bem fundada em X.

2. Todo o elemento de S é minimal em relação a $\prec$.

Demonstração:
1. Considera-se uma qualquer cadeia descendente

$$\ldots \prec a_2 \prec a_1 \prec a_0 \tag{7.16}$$

de elementos de X. Como $a_0 \in X = S^g_{Ops}$, pela Proposição 7.3.14, existe uma sequência $s = y_1 \ldots y_r$ de construção de $a_0 (= y_r)$. Ora, como $a_1 \prec a_0$ implica $a_1 \prec_l a_0$, por definição de $\prec_l$, a_1 terá de ocorrer em s antes de a_0. Analogamente, a_2 terá de ocorrer em s antes de a_1, e assim sucessivamente. Mas então a cadeia (7.16) não poderá ter mais de r elementos, pelo que não poderá ser infinita.

2. Seja $y \in S$. Então a sequência unitária constituída apenas por y é uma sequência gerada a partir de S por *Ops*. Logo $\neg\exists_{x \in X}\, x \prec_l y$. Como $\prec$ está contido em $\prec_l$, tem-se $\neg\exists_{x\in X}\, x \prec y$. Assim, y é minimal em relação a $\prec$. ■

A relação $\prec_l$ definida acima traduz uma noção de precedência que podemos considerar em sentido lato (o que justifica o índice l): $x \prec_l y$ se x é "estritamente" essencial à construção de y, ou se x é essencial à construção de outros elementos que são essenciais à construção de y. Por exemplo, em $\mathbb{P}^+$, tem-se que $x \prec_l y$ se e só se $x < y$, pelo que 2, 4 e 6 são considerados essenciais para a construção de 8, de acordo com a relação de precedência $\prec_l$.

Tem ainda interesse caracterizar uma relação de precedência mais restrita, a seguir designada por $\prec_e$, em que $x \prec_e y$ sse x é "estritamente" essencial à geração de y (o que justifica o índice e). No caso de $\mathbb{P}^+$ tem-se, por exemplo, $x \prec_e 8$ sse $x = 6$. Ora, no caso de estarmos em presença de conjuntos livremente gerados, tal relação é simples de definir, surgindo naturalmente, verificando-se mesmo que o princípio de indução estrutural não é mais do que o princípio de indução bem fundada que está associada a essa relação $\prec_e$, como se mostra seguidamente.

Definição 7.3.31 Seja X o conjunto livremente gerado a partir de um conjunto $S \subseteq E$, não vazio, por um conjunto de operações *Ops*. A relação binária $\prec_e$ sobre X é dada por $x \prec_e y$ sse existe $f \in Ops$, de aridade $k \geq 1$, e existe $(z_1, \ldots, z_k) \in X^k$ tal que $y = f(z_1, \ldots, z_k)$ e existe $1 \leq i \leq k$ tal que $x = z_i$. ■

Note-se que a relação $\prec_e$ não é nem total, nem transitiva.

Lema 7.3.32 Seja X o conjunto livremente gerado a partir de um conjunto $S \subseteq E$, não vazio, por um conjunto de operações *Ops*. A relação $\prec_e$ está contida na relação $\prec_l$.

Demonstração: Se $a \prec_e b$ então existem $f \in Ops$ e $(z_1, \ldots, z_k) \in X^k$ tal que $b = f(z_1, \ldots, z_k)$ e existe $1 \leq i \leq k$ tal que $a = z_i$.

Seja $s = y_1 \ldots y_r$ uma sequência gerada a partir de S por *Ops* e suponha-se que b ocorre em s. Seja $1 \leq i \leq r$ tal que $b = y_i$.

Ora, por (i) da Definição 7.3.26, $b = y_i$ não pertence à base S, pois $b = f(z_1, \ldots, z_k)$ com $(z_1, \ldots, z_k) \in X^k$.

Por (ii) da Definição 7.3.26, $b = y_i$ não é igual a $g(y_{i_1}, ..., y_{i_n})$ para $g \neq f$ e $1 \leq i_1, \ldots, i_n \leq i$, com $g \in Ops$ de aridade n. Note-se que pela Proposição 7.3.14, todos os elementos de uma qualquer sequência gerada a partir de S por *Ops* pertencem a X ($= S^g_{Ops}$), pelo que $y_1, \ldots, y_r \in X$.

Por último, por (iii) da Definição 7.3.26, $b = y_i$ só pode ser igual à imagem por f de um só k-tuplo de elementos de X, que terá então de ser $(z_1, \ldots, z_k)$ e, para $b = y_i$ estar na sequência, $(z_1, \ldots, z_k)$ terão de ocorrer antes na sequência. Logo, a terá de ocorrer antes de b na sequência. ■

Proposição 7.3.33 Seja X o conjunto livremente gerado a partir de um conjunto $S \subseteq E$, não vazio, por um conjunto de operações *Ops*. A relação $\prec_e$ é uma relação bem fundada e os elementos minimais de X em relação a $\prec_e$ são os elementos da base S.

Demonstração: O facto de $\prec_e$ ser uma relação bem fundada é consequência do Lema 7.3.32 e da Proposição 7.3.30. Pelos mesmo resultados se conclui que se $y \in S$ então y é um elemento minimal de X em relação a $\prec_e$.

Demonstremos agora que não existe qualquer outro elemento minimal de X para além dos elementos em S. Suponha-se que $y \in X$ e $y \notin S$. Como $y \in X$, pela Proposição 7.3.14, existe uma sequência $s = y_1 \ldots y_r$ de construção de y ($=y_r$). Dado que y pertence à sequência e $y \notin S$, então necessariamente $y = f(y_{i_1}, \ldots, y_{i_k})$ com $1 \leq i_1, \ldots, i_k < r$ e $f \in Ops$ de aridade k. Pela Proposição 7.3.14, $y_{i_1}, \ldots, y_{i_k} \in X$. Logo, em particular, $y_{i_1} \prec_e y$, pelo que y não é um elemento minimal de X. ■

Lema 7.3.34 Seja X o conjunto livremente gerado a partir de $S \subseteq E$, não vazio, por um conjunto de operações *Ops*. Seja $P(x)$ uma condição definida para qualquer $x \in X$. São equivalentes as asserções

(i) qualquer que seja $y \in X$ não minimal,
se $P(z)$ para todo $z \in X$ tal que $z \prec_e y$ então $P(y)$

(ii) qualquer que seja a operação $f \in Ops$ de aridade k,
se $x_1, \ldots, x_k \in X$, e se verifica $P(x_1) \wedge \ldots \wedge P(x_k)$ e $y = f(x_1, \ldots, x_k)$, então $P(y)$.

Demonstração: Demonstra-se primeiro que se a asserção (ii) se verifica então (i) também se verifica. Suponha-se que (ii) se verifica e seja y um elemento não minimal de X. Assumindo que se verifica $P(z)$ para todo o $z \prec_e y$, quer demonstrar-se que se verifica $P(y)$. Como $y \in X$ $(=S^g_{Ops})$, pela Proposição 7.3.14, existe uma sequência $s = y_1 \ldots y_r$ de construção de y $(=y_r)$. Como y é um elemento não minimal de X, pela Proposição 7.3.33, $y \notin S$. Mas, como y pertence a uma sequência de construção, então

$$y = y_r = f(y_{i_1}, \ldots, y_{i_k}) \tag{7.17}$$

para valores $1 \leq i_1, \ldots, i_k < r$ e alguma operação f de aridade k. Então, $y_{i_1}, \ldots, y_{i_k} \in X$ e portanto $y_{i_1} \prec_e y$, ..., $y_{i_k} \prec_e y$. Como, por hipótese, se tem $P(z)$ para qualquer $z \prec_e y$, tem-se $P(y_{i_1}), \ldots, P(y_{i_k})$. Por (ii) e (7.17) verifica-se então $P(y)$.

Demonstra-se agora que se a asserção (i) se verifica então (ii) também se verifica. Suponha-se que (i) se verifica. Seja $f \in Ops$ de aridade k e sejam $x_1 \ldots x_k \in X$ tais que $P(x_1), \ldots, P(x_k)$ se verificam e $(x_1 \ldots x_k) \in dom(f)$. Quer-se demonstrar que se verifica $P(f(x_1 \ldots x_k))$. Seja $y = f(x_1 \ldots x_k)$ e $z \in X$ tal que $z \prec_e y$. Então, $z = x_1$ ou ... ou $z = x_k$. Dado que se tem $P(x_1), \ldots, P(x_k)$, conclui-se que se verifica $P(z)$ para todo $z \in X$ tal que $z \prec_e y$. Logo, por (i), tem-se $P(y)$, ou seja, $P(f(x_1 \ldots x_k))$. ∎

Proposição 7.3.35 Seja X o conjunto livremente gerado a partir de um subconjunto não vazio S de E por um conjunto de operações *Ops*. O princípio da indução bem fundada associado à relação $\prec_e$ é equivalente ao princípio de indução estrutural.

Demonstração: Resulta da Proposição 7.3.33 e do Lema 7.3.34. ∎

No caso de estarmos em presença de um conjunto definido indutivamente, $X = S^g_{Ops}$, que não seja livremente gerado, então os resultados anteriores não se aplicam. Tal não significa que não se possam definir relações bem fundadas sobre tais conjuntos, embora já não se garanta a equivalência entre os princípios de indução associados, o princípio de indução estrutural e o de indução bem fundada. Por exemplo, como mostrámos na Proposição 7.3.30, a relação $\prec_l$ considerada na Definição 7.3.29 é bem fundada.

Para terminar este tópico, refira-se ainda que podemos usar o resultado estabelecido na Proposição 7.3.14 para obter princípios de indução alternativos ao princípio de indução estrutural, os quais também podem ser usados para demonstrar que qualquer elemento x de um conjunto definido indutivamente $X = S^g_{Ops}$ satisfaz uma propriedade $P(x)$. De facto, designando por $Seq(S, Ops)$ o conjunto de todas as sequências geradas a partir de S por Ops (ver Definição 7.3.13), pela Proposição 7.3.14, tem-se

$$X = S^g_{Ops} = \widehat{S}_{Ops} = \{\textit{último}(s) : s \in Seq(S, Ops)\}$$

pelo que demonstrar que $\forall_{x \in X} P(x)$ é equivalente a demonstrar que

$$\forall_{s \in Seq(S,Ops)} P(\textit{último}(s))$$

propriedade que pode ser demonstrada por indução no conjunto $Seq(S, Ops)$ das sequências, definindo relações bem fundadas adequadas sobre este conjunto (como $s_1 \prec s_2$ sse $\#s_1 = \#s_2 - 1$, ou $s_1 \prec s_2$ sse $\#s_1 < \#s_2$) e usando o correspondente princípio de indução bem fundada. De qualquer modo, não aprofundaremos mais aqui este assunto.

7.4 Exercícios

1. Prove por indução que $n^3 - n + 3$ é sempre múltiplo de 3, qualquer que seja $n \in \mathbb{N}$.

2. Prove por indução que $n^5 - n$ é sempre múltiplo de 5, qualquer que seja $n \in \mathbb{N}$.

3. Prove por indução que qualquer que seja $n \in \mathbb{N}$ se tem

$$0^2 + 1^2 + \ldots + n^2 = \frac{n(n+1)(2n+1)}{6}.$$

4. Prove por indução que qualquer que seja $n \in \mathbb{N}$ se tem

$$(0^2 + 0) + (1^1 + 1) + \ldots + (n^2 + n) = \frac{n(n+1)(n+2)}{3}.$$

5. Prove por indução que qualquer que seja $n \in \mathbb{N}$ se tem

$$0x^0 + 1x^1 + \ldots + nx^n = \frac{x - (n+1)x^{n+1} + nx^{n+2}}{(x-1)^2}$$

   onde x é um real maior que 1.

6. Suponha que a sucessão $p = (p_n)_{n\geq 0}$ 0 satisfaz as seguintes condições

   - $p_0 = 1$
   - $p_1 = 1$
   - $p_n = 4p_{n-1} - 4p_{n-2}$ para $n \geq 2$.

   Prove por indução que $p_n = 2^n - \frac{1}{2}n2^n$ qualquer que seja $n \in \mathbb{N}$.

7. Suponha que a sucessão $(p_n)_{n\geq 0}$ satisfaz as seguintes condições

   - $p_0 = 200$
   - $p_1 = 220$
   - $p_n = 3p_{n-1} - 2p_{n-2}$ para $n \geq 2$.

   Prove por indução que $p_n = 5 \times 2^{n+2} + 180$ qualquer que seja $n \in \mathbb{N}_1$.

8. Prove por indução que $n^2 + n$ é sempre um número par, qualquer que seja $n \in \mathbb{N}_1$.

9. Prove por indução que soma dos $n \geq 1$ primeiros naturais ímpares é n^2, isto é, prove que qualquer que seja $n \in \mathbb{N}_1$ se tem

$$(2 \times 1 - 1) + (2 \times 2 - 1) + \ldots + (2 \times n - 1) = n^2.$$

10. Prove por indução que $2^n > n^2$ para qualquer natural $n \geq 5$.

11. Prove por indução que para qualquer inteiro $n \geq k$, com $k \in \mathbb{Z}$, se tem

$$k + (k+1) + (k+2) + \ldots + n = \frac{k+n}{2}(n - k + 1).$$

12. Mostre que são equivalentes as asserções

   (i) qualquer que seja $n \in \mathbb{N}$, $\{k \in \mathbb{N} : k \leq n\} \subseteq A \Rightarrow n + 1 \in A$

   (ii) qualquer que seja $n \in \mathbb{N}$, $\{k \in \mathbb{N} : k < n\} \subseteq A \Rightarrow n \in A$.

13. Seja B um conjunto e $X = B^*$ (recorde-se que B^* é o conjunto de todas as sequências de elementos de B). Descreva as versões dos princípios de indução para sequências que obtêm quando considera as seguintes relações bem fundadas sobre X:

   (a) $s_1 \prec s_2$ se e só se s_1 é uma parte final estrita de s_2.

   (b) $s_1 \prec s_2$ se e só se (s_1 é uma parte inicial de s_2 e $\#s_1 = \#s_2 - 1$).

   (c) $s_1 \prec s_2$ se e só se s_1 é uma parte inicial estrita de s_2.

(d) $s_1 \prec s_2$ se e só se (s_1 é uma subsequência de s_2 e $\#s_1 = \#s_2 - 1$).

(e) $s_1 \prec s_2$ se e só se $\#s_1 = \#s_2 - 1$.

(f) $s_1 \prec s_2$ se e só se $\#s_1 < \#s_2$.

14. Considere o conjunto $\mathbb{P}^+$ definido indutivamente como no Exemplo 7.3.10. Demonstre por indução estrutural que todo o elemento de $\mathbb{P}^+$ é múltiplo de 2.

15. Considere o conjunto X definido indutivamente tal como no Exemplo 7.3.19. Demonstre por indução estrutural que $\forall_{x \in X}\, x \geq 3$.

16. Considere o conjunto X definido indutivamente como se segue:

    (i) $2, 4 \in X$ (ii) se $x, y \in X$ então $x \times y \in X$.

    Demonstre por indução estrutural que $\forall_{x \in X} \exists_{k \in \mathbb{N}_1}\, x = 2^k$.

17. Considere o conjunto A definido indutivamente como se segue:

    (i) $4, 6 \in A$ (ii) se $x, y \in X$ então $x + y \in A$.

    (a) Mostre que $14 \in A$.

    (b) Demonstre por indução estrutural que $\forall_{x \in A} \exists_{k \in \mathbb{N}_1}\, x = 2k$.

18. Considere o conjunto A definido indutivamente como se segue:

    (i) $3, 6 \in A$ (ii) se $x, y \in X$ então $(x + y)^2 \in A$.

    (a) Mostre que $81 \in A$ e que $144 \in A$.

    (b) Demonstre por indução estrutural que $\forall_{x \in A} \exists_{k \in \mathbb{N}}\, x = 3k$.

19. Considere uma linguagem simbólica cujo alfabeto é o conjunto $\{a, b\}$ e cujo conjunto das palavras, que designaremos por L, se define indutivamente como se segue:

    (i) uma sequência formada por um só elemento do alfabeto é uma palavra de L;

    (ii) se $w \in L$ então $awb \in L$.

    (a) Mostre que $aabbb \in L$.

    (b) Demonstre por indução estrutural que se tem

    $$\forall_{w \in L} \exists_{n \in \mathbb{N}_1} \exists_{k \in \mathbb{N}_1} (w = a^n b^k \wedge |n - k| = 1)$$

    pnde $a^n b^k$ denota a sequência que é constituída por n a's seguidos de k b's.

20. Considere o conjunto de teoremas da lógica proposicional definido como no Exemplo 7.3.22. Mostre que todo o teorema é uma tautologia.

21. Considere a função *Mathematica* `f` definida no Exemplo 7.2.7. Neste exemplo demonstrou-se, recorrendo ao princípio de indução bem fundada, que esta função permite "pesquisar se um número n ocorre numa lista de números s" (retornando `True` se tal se verifica, e `False` em caso contrário). Demonstre o mesmo resultado mas recorrendo agora ao princípio de indução estrutural.

22. Sejam B o conjunto dos números inteiros, X o conjunto das listas *Mathematica* constituídas por elementos de B e E o conjunto das expressões em *Mathematica*. Sabendo que

    (i) `Append[w,x]` retorna a lista que se obtém quando se acrescenta `x` no fim da lista `w` (supondo que `w` é uma lista), `Most[w]` retorna a lista `w` sem o seu último elemento, e `Last[w]` retorna o último elemento de uma lista `w`

    (ii) X pode ser definido como o conjunto gerado a partir do conjunto inicial $S = \{$`List[]`$\}$ pelo conjunto de operações $Ops = \{f_x : x \in B\}$ com $f_x : E \rightharpoonup E$ dada por $f_x(exp) =$ `Append[`exp, x`]`

    demonstre por indução estrutural que a função *Mathematica*

```
g=Function[w,
    If[w=={},
       0,
       If[Last[w]>0,1+g[Most[w]],g[Most[w]]]]]
```

    permite calcular o número de elementos positivos que ocorrem na lista de inteiros argumento.

23. Seja $X = S^g_{Ops}$ e seja $W = Seq(S, Ops)$ o conjunto de todas as sequências geradas a partir de S por Ops. Recorde (ver Definição 7.3.13) que a sequência vazia não pertence a W.

    Suponha que $P(x)$ é uma propriedade definida em X, e que se pretende demonstrar que $\forall_{x \in X} P(x)$ demonstrando (de forma equivalente) que $\forall_{s \in W} Q(s)$ com $Q(s)$ a condição $P(\textit{último}(s))$. Para demonstrar $\forall_{s \in W} Q(s)$ pretende-se recorrer à indução bem fundada.

    (a) Diga em que consiste o respetivo princípio de indução bem fundada, quando se considera a relação bem fundada em W

$$s_1 \prec s_2 \text{ sse } \#s_1 = \#s_2 - 1.$$

(b) Diga em que consiste o respetivo princípio de indução bem fundada, quando se considera a relação bem fundada em W

$$s_1 \prec s_2 \text{ sse } \#s_1 < \#s_2.$$

Capítulo 8

Somatórios

Os somatórios desempenham um papel importante em múltiplas áreas. Na análise de eficiência de algoritmos, por exemplo, quer o tempo de execução de um algoritmo, quer o número de operações executadas por um algoritmo, são facilmente escritos como somatórios. Neste capítulo introduzem-se factos elementares sobre somatórios, bem como algumas das suas propriedades essenciais. Começa-se por apresentar diversas notações relativas a somatórios, referindo-se depois as suas principais propriedades. Apresentam-se ainda algumas técnicas para o cálculo de expressões explícitas para o valor dos somatórios. Faz-se por fim uma breve referência a somas múltiplas.

8.1 Notação

A operação adição pode ser generalizada a mais de dois argumentos, pelo que, em particular, dada uma sequência de números reais $a_1, \ldots, a_n$, podemos pensar na soma de todos os termos da sequência, soma que podemos representar por $a_1 + \ldots + a_n$.

A título essencialmente ilustrativo, vejamos como tal soma pode ser definida de forma rigorosa. Para esse efeito, podemos olhar para a sequência $(a_i)_{i=1,\ldots,n}$ como uma sucessão $(a_i)_{i\geq 1}$ em que os restantes termos, (isto é, a_i com $i > n$) são todos nulos e, sem perda de generalidade, concentrarmo-nos na questão de como definir a soma dos n primeiros termos de uma sucessão de reais. Por outro lado, embora no seguimento se vá assumir sempre que os elementos que se adicionam são números reais, eles poderiam ser elementos de um qualquer conjunto E sobre o qual esteja definida uma operação de adição com as propriedades usuais.

Dada uma sucessão de reais $(a_i)_{i\geq 1}$, podemos definir por recorrência uma função $S : \mathbb{N}_1 \rightarrow \mathbb{R}$ que a cada inteiro n faz corresponder a soma $a_1 + \cdots + a_n$.

Uma tal função S pode ser dada por

- $S(1) = a_1$
- $S(n) = S(n-1) + a_n \quad$ para $n \geq 2$.

O facto de a função S (de facto, uma sucessão) estar bem definida decorre dos resultados estabelecidos no Apêndice A, neste caso o Corolário A.3.3, uma vez que para $n \geq 2$ se tem $S(n) = F(n, S(n-1))$ com $F : \mathbb{N}_1 \times \mathbb{R} \to \mathbb{R}$ a função dada por $F(n,x) = x + a_n$.

O objetivo deste capítulo consiste em introduzir de modo informal uma notação que permita representar e manipular de forma simples as referidas somas. Pretende-se também apresentar algumas propriedades desta notação e certas técnicas que, para algumas sucessões $(a_i)_{i \geq 1}$, permitem obter fórmulas explícitas que possibilitam determinar a soma $a_1 + \ldots + a_n$, como função de n, sem recursão. Nesta secção concentramo-nos no primeiro aspeto.

Suponha-se que a é uma sucessão de números reais. Recorre-se à letra grega maiúscula sigma, Σ, para construir uma expressão que designa de forma condensada a soma de um número especificado de termos consecutivos da sucessão. Concretamente, de acordo com esta notação introduzida em 1820 por J. Fourier, usa-se a expressão

$$\sum_{i=1}^{n} a_i \tag{8.1}$$

na qual n designa um inteiro positivo, para representar $a_1 + \ldots + a_n$, isto é, a soma dos termos a_i, com i a tomar sucessivamente, de um em um, todos os valores entre o *limite inferior* 1 e o *limite superior* n. A expressão (8.1) lê-se "somatório com $i = 1$ até n de a_i", ou, por vezes, apenas "somatório". A variável i que aparece junto do limite inferior é denominada *variável índice do somatório* ou, simplesmente, *variável* ou *índice do somatório*. Esta variável está "muda", no sentido em que pode ser substituída uniformemente por qualquer outra variável que não ocorra já no somatório (seja no limite inferior, ou no limite superior, ou na expressão denotada por a_i). Assim, por exemplo, sendo j uma variável nas condições descritas, a expressão

$$\sum_{j=1}^{n} a_j$$

tem o mesmo significado que (8.1). Podemo-nos referir a a_i em (8.1) como o *termo de índice* i, ou *termo geral* do somatório. Note-se que enquanto na expressão denotada por a_i ocorre, em geral, a variável i, os limites inferior e superior podem ser denotados por expressões onde ocorram variáveis, mas não a variável índice do somatório i. Pode também escrever-se

$$\textstyle\sum_{i=k}^{n} a_i$$

em vez de (8.1).

Esta notação pode ser generalizada de várias formas. Em primeiro lugar, não só o limite inferior não tem de ser 1, como podemos mesmo assumir que o índice do somatório pode assumir valores inteiros não necessariamente positivos, no sentido em que podemos escrever a expressão

$$\sum_{i=k}^{n} a_i \tag{8.2}$$

com k e n inteiros tais que $k \leq n$, para representar $a_k + a_{k+1} + \ldots + a_n$, onde, naturalmente, os valores $k, k+1, \ldots, n$ têm de fazer parte do conjunto dos índices de a. Quando $n = k$ assume-se que (8.2) representa a_k. Assim, ao considerarmos esta generalização, está implícito que a não tem de ser uma sucessão em sentido estrito, podendo ser uma qualquer família indexada por um conjunto de inteiros (tipicamente um conjunto de inteiros consecutivos, eventualmente $\mathbb{Z}$) que inclua os valores dos índices envolvidos no somatório em causa.

Por outro lado, o somatório não tem de ser usado apenas para representar a soma de um certo número de termos consecutivos de uma família. Suponha-se, por exemplo, que a é uma sucessão de reais e que queremos denotar a soma dos primeiros 200 termos de índice par de a. Podemos então definir uma sucessão b tal que $b_i = a_{2i}$ para qualquer $i \in \mathbb{N}_1$ (ou seja, b é a função composta $a \circ \varphi$ onde $\varphi : \mathbb{N}_1 \to \mathbb{N}_1$ é a função dada por $\varphi(i) = 2i$) e escrever

$$\sum_{i=1}^{200} b_i.$$

Em vez disso, o que se faz usualmente é escrever

$$\sum_{i=1}^{200} a_{2i}$$

permitindo que o índice do termo geral do somatório não tenha de ser a variável do somatório, podendo no seu lugar escrever-se uma função desta. Assim, genericamente, supondo que φ aplica índices de a em índices de a, pode escrever-se

$$\sum_{i=k}^{n} a_{\varphi(i)}$$

com $k \leq n$, expressão que representa a soma $a_{\varphi(k)} + a_{\varphi(k+1)} + \ldots + a_{\varphi(n)}$. Por exemplo, se φ for a aplicação que aplica cada inteiro no seu dobro, então

$$\sum_{i=3}^{5} a_{\varphi(i)} = \sum_{i=3}^{5} a_{2i} = a_6 + a_8 + a_{10}$$

e se φ for aplicação constantemente igual a 1, então

$$\sum_{i=1}^{4} a_{\varphi(i)} = \sum_{i=1}^{4} a_1 = a_1 + a_1 + a_1 + a_1.$$

Podem ainda considerar-se outras generalizações. Por exemplo, em vez de (8.2) pode escrever-se a expressão

$$\sum_{k \leq i \leq n} a_i$$

na qual se indica a propriedade que caracteriza os valores dos índices dos elementos de a cuja soma queremos representar (valores que se assumem sempre inteiros). Mais geralmente, se for finito o conjunto dos inteiros que satisfazem um certa propriedade P, isto é, o conjunto $\{i \in \mathbb{Z} : P(i)\}$, então qualquer uma das expressões

$$\sum_{P(i)} a_i \quad \text{ou} \quad \sum_{i:P(i)} a_i \tag{8.3}$$

designa a soma dos elementos da família $a = (a_i)_{i \in \mathbb{Z}}$ cujos índices satisfazem a propriedade P. Por exemplo, o somatório

$$\sum_{i \text{ é par e } 0 \leq i \leq 8} a_i$$

designa a soma $a_0 + a_2 + a_4 + a_6 + a_8$, e o somatório

$$\sum_{i \in \{1,3,5\}} a_i$$

designa a soma $a_1 + a_3 + a_5$. Caso nenhum inteiro i satisfaça a propriedade P, então o conjunto $\{i \in \mathbb{Z} : P(i)\}$ é vazio e assume-se que qualquer das expressões em (8.3) designa o inteiro 0 (isto é, o elemento neutro para a adição). Se o conjunto $\{i \in \mathbb{Z} : P(i)\}$ não é finito, então deixamos de estar em presença de um somatório. Tal situação levar-nos-ia ao estudo das séries, e encontra-se fora do âmbito deste texto. O leitor interessado poderá consultar, por exemplo, [4, 23, 70].

Recordando que qualquer propriedade P dos números inteiros pode ser representada por um conjunto (o conjunto $\{i \in \mathbb{Z} : P(i)\}$ dos elementos que satisfazem a propriedade) e vice-versa (qualquer conjunto pode ser representado pela propriedade de pertença ao conjunto), podemos dizer que, de um modo geral, considerar-se-ão somatórios

$$\sum_{i \in I} a_i \tag{8.4}$$

onde o conjunto dos índices I é um conjunto finito de inteiros, e se assume que $\sum_{i\in\emptyset} a_i = 0$. Será dada particular ênfase a somatórios

$$\sum_{i=k}^{n} a_i \quad \text{com} \quad k,n \in \mathbb{Z} \text{ e } k \leq n \tag{8.5}$$

que correspondem ao caso particular de (8.4) em que I é um intervalo finito de inteiros. Um intervalo de inteiros é um conjunto de inteiros consecutivos $\{i \in \mathbb{Z} : k \leq i \leq n\}$, com $k, n \in \mathbb{Z}$ e $k \leq n$, que denotaremos por $[k, n]$.

Para terminar, refira-se que se poderia ainda generalizar esta notação permitindo que I em (8.4) possa ser um qualquer conjunto, desde que seja finito, mais precisamente, desde que seja um subconjunto finito do conjunto de índices de a. Note-se que neste caso é possível definir uma bijeção $\varphi : \{1, \ldots, n\} \to I$ com $n = \#I$, pelo que se pode escrever

$$\sum_{j=1}^{n} a_{\varphi(j)} \tag{8.6}$$

em vez de (8.4). O facto de a soma representada por (8.6) não depender da bijeção φ decorre da lei comutativa dos somatórios (ver Secção 8.2). Com esta generalização, pode escrever-se

$$\sum_{X\in\wp(\{1,5\})} \#X$$

por exemplo, expressão que poderíamos então interpretar como representando

$$\#\emptyset + \#\{1\} + \#\{5\} + \#\{1,5\}.$$

8.2 Principais propriedades dos somatórios

Sugerem-se algumas regras úteis de transformação de somatórios que nos permitem manipular somatórios de forma a obter expressões mais simples, ou mais adequadas aos objetivos em causa. As propriedades referidas serão apresentadas quer para o caso mais geral de expressões como (8.4), quer para o caso de utilização mais frequente (8.5). Em geral, as propriedades decorrem das propriedades usuais da adição de números reais e as respetivas demonstrações podem ser feitas usando indução. As demonstrações não serão aqui apresentadas por privilegiarmos neste texto uma abordagem mais informal a este tópico.

Na sequência, K, I e J designam conjuntos finitos de inteiros, a e b designam famílias de reais indexadas pelo conjunto dos inteiros, ou seus subconjuntos apropriados, e, salvo referência em contrário, k e n designam inteiros tais que $k \leq n$.

Apresenta-se em primeiro lugar a propriedade distributiva, ou lei distributiva. É uma generalização da propriedade distributiva da multiplicação de números reais em relação à adição de números reais. Podemos dizer, informalmente, que a lei distributiva permite mover constantes para dentro e fora de um somatório.

LEI DISTRIBUTIVA

Se c é uma qualquer expressão na qual i não ocorre então

$$\sum_{i \in K} ca_i = c \sum_{i \in K} a_i$$

Caso particular:

$$\sum_{i=k}^{n} ca_i = c \sum_{i=k}^{n} a_i$$

Segue-se a chamada lei associativa que nos permite dividir um somatório em dois ou combinar dois somatórios num só. Apesar da sua designação, não é só a propriedade associativa da adição que está aqui envolvida, mas também a propriedade comutativa. Refira-se que alguns autores a designam como propriedade aditiva dos somatórios.

LEI ASSOCIATIVA

$$\sum_{i \in I} (a_i + b_i) = \sum_{i \in I} a_i + \sum_{i \in I} b_i$$

Caso particular:

$$\sum_{i=k}^{n} (a_i + b_i) = \sum_{i=k}^{n} a_i + \sum_{i=k}^{n} b_i$$

Seguem-se outras leis que nos permitem combinar e decompor somatórios, agora sobre uma mesma família, mas com diferentes conjuntos de índices.

COMBINAÇÃO DE SOMATÓRIOS

$$\sum_{i \in I} a_i + \sum_{i \in J} a_i = \sum_{i \in I \cup J} a_i + \sum_{i \in I \cap J} a_i$$

Considerando na propriedade anterior o caso em que I e J são conjuntos disjuntos, obtém-se a seguinte lei de decomposição (partição) de um somatório.

<u>DECOMPOSIÇÃO DE SOMATÓRIOS</u>

Se K, I e J são tais que $K = I \cup J$ e $I \cap J = \emptyset$ então

$$\sum_{i \in K} a_i = \sum_{i \in I} a_i + \sum_{i \in J} a_i$$

Casos particulares:

$$\sum_{i=k}^{n} a_i = \sum_{i=k}^{j} a_i + \sum_{i=j+1}^{n} a_i \qquad \text{com } k \leq j < n$$

$$\sum_{i=k}^{n} a_i = a_k + \sum_{i=k+1}^{n} a_i$$

$$\sum_{i=k}^{n} a_i = \sum_{i=k}^{n-1} a_i + a_n \qquad \text{com } k < n$$

Apresenta-se de seguida a lei comutativa que nos diz que não é relevante a ordem das parcelas.

<u>LEI COMUTATIVA</u>

Se φ é uma permutação de I então

$$\sum_{i \in I} a_i = \sum_{i \in I} a_{\varphi(i)}$$

Exemplo 8.2.1 Seja $I = \{1, 2, 3\}$ e $\varphi : I \to I$ a permutação de I dada por $\varphi(1) = 3$, $\varphi(2) = 1$, $\varphi(3) = 2$. Então

$$a_1 + a_2 + a_3 = \sum_{i \in I} a_i = \sum_{i \in I} a_{\varphi(i)} = a_{\varphi(1)} + a_{\varphi(2)} + a_{\varphi(3)} = a_3 + a_1 + a_2. \quad \blacksquare$$

A lei comutativa pode ser vista como um caso particular da lei de mudança de variável que a seguir se discute. Considere-se o somatório

$$\sum_{i \in I} a_i \tag{8.7}$$

e suponha-se que pretendemos obter um somatório equivalente, isto é, representando a mesma soma, mas em que em vez de I podemos ter um conjunto de índices diferente. Designemos por J esse outro conjunto. Embora a escolha da variável índice do somatório não seja relevante (podendo, como já observámos, ser substituída por qualquer outra que não ocorra já no somatório em causa) como forma de enfatizar que os conjuntos dos índices podem ser diferentes, escolhe-se para o novo somatório uma variável índice distinta de i. Escolhendo a variável j, pretende-se então obter um novo somatório

$$\sum_{j \in J} b_j$$

que represente a mesma soma que (8.7). A ideia é desenvolver uma técnica genérica que nos permita apresentar de forma diferente um qualquer somatório, garantindo que o número de parcelas que se estão a adicionar é o mesmo (isto é, $\#J = \#I$), e que as parcelas que se estão a adicionar são também idênticas, ficando apenas eventualmente ordenadas de forma distinta.

Suponha-se então que dispomos de uma bijeção $\varphi : I \to J$, o que garante logo que $\#J = \#I$, e que existe sempre desde que $\#J = \#I$. Há que perceber como definir a família $(b_j)_{j \in J}$ de modo a que

$$\sum_{i \in I} a_i = \sum_{j \in J} b_j.$$

A ideia é definir o termo b_j como coincidindo com o termo a_i para o índice i que está em correspondência com j por φ, isto é, tal que $j = \varphi(i)$, ou, dito de outro modo, definir o termo b_j como coincidindo com o termo a_i tal que $i = \varphi^{-1}(j)$. Tem-se assim $b_j = a_{\varphi^{-1}(j)}$.

Considerando para fins ilustrativos que $I = [k_1, n_1]$ e $J = [k_2, n_2]$ são dois intervalos de inteiros, se $\varphi : I \to J$ é uma bijeção, a sua inversa $\varphi^{-1} : J \to I$ é igualmente uma bijeção, pelo que

$$\varphi^{-1}(k_2), \ldots, \varphi^{-1}(n_2)$$

constitui uma enumeração, sem repetições, dos inteiros $k_1, \ldots, n_1$. Mas então os somatórios

$$\sum_{i \in k_1}^{n_1} a_i \qquad \text{e} \qquad \sum_{j \in k_2}^{n_2} a_{\varphi^{-1}(j)}$$

representam somas das mesmas parcelas

$$a_{k_1}, \ldots, a_{n_1} \qquad \text{e} \qquad a_{\varphi^{-1}(k_2)}, \ldots, a_{\varphi^{-1}(n_2)}$$

respetivamente, apenas ordenadas de forma distinta. Logo, os somatórios em causa designam o mesmo valor. Por exemplo, se $I = [1, 3]$, $J = [5, 7]$ e $\varphi : I \to J$ é dada por $\varphi(1) = 7$, $\varphi(2) = 5$ e $\varphi(3) = 6$, os somatórios

$$\sum_{i\in 1}^{3} a_i \quad \text{e} \quad \sum_{j\in 5}^{7} a_{\varphi^{-1}(j)}$$

representam a soma das mesmas parcelas, isto é, $a_1 + a_2 + a_3$ e $a_2 + a_3 + a_1$, respetivamente.

As observações anteriores podem generalizar-se a outros conjuntos de índices, para além dos intervalos de inteiros. Por outro lado, não há razão para que a função φ que usamos para a "mudança de variável" $j = \varphi(i)$ só possa estar definida em I. Podemos permitir que φ seja uma qualquer função inteira de variável inteira, desde que a sua restrição que se usa para a mudança de variável seja uma bijeção entre I e J.

Assim, assume-se na sequência que φ é uma função $\varphi : \mathbb{Z} \rightharpoonup \mathbb{Z}$ e, para não sobrecarregar a notação, usa-se também φ para designar a restrição dessa função ao conjunto dos índices I do somatório inicial (8.7). Desde que a função φ esteja definida e seja injetiva em I, então a sua restrição a I será uma bijeção entre I e $J = \varphi[I]$, usando-se, em seguida, φ^{-1} para designar a respetiva função inversa.

De posse destas convenções e simplificações de notação, enuncia-se agora a lei de mudança de variável, bem como alguns casos particulares relevantes, como se segue.

MUDANÇA DE VARIÁVEL

Se φ é uma função definida e injetiva em I então

$$\sum_{i\in I} a_i = \sum_{j\in\varphi[I]} a_{\varphi^{-1}(j)}$$

Casos particulares:

$$\sum_{i=k_1}^{n_1} a_i = \sum_{j=k_2}^{n_2} a_{\varphi^{-1}(j)} \quad \text{onde } \varphi:[k_1,n_1]\to[k_2,n_2] \text{ é uma bijeção}$$

$$\sum_{i=k}^{n} a_i = \sum_{j=\varphi(k)}^{\varphi(n)} a_{\varphi^{-1}(j)} = \sum_{j=c+k}^{c+n} a_{j-c} \quad \text{com } \varphi:\mathbb{Z}\to\mathbb{Z} \text{ tal que } \varphi(i) = c+i \text{ e } c\in\mathbb{Z}$$

$$\sum_{i=k}^{n} a_i = \sum_{j=\varphi(n)}^{\varphi(k)} a_{\varphi^{-1}(j)} = \sum_{j=c-n}^{c-k} a_{c-j} \quad \text{com } \varphi:\mathbb{Z}\to\mathbb{Z} \text{ tal que } \varphi(i) = c-i \text{ e } c\in\mathbb{Z}$$

No caso particular de $\varphi : \mathbb{Z} \to \mathbb{Z}$ com $\varphi(i) = c + i$ e $c \in \mathbb{Z}$, tem-se que φ é uma bijeção entre $[k, n]$ e $[\varphi(k), \varphi(n)]$ pelo que se pode efetuar a mudança de variável $j = \varphi(i) = c + i$ obtendo-se

$$i = j - c = \varphi^{-1}(j).$$

Já no caso de $\varphi : \mathbb{Z} \to \mathbb{Z}$ com $\varphi(i) = c - i$ e $c \in \mathbb{Z}$, tem-se que φ é uma bijeção entre $[k, n]$ e $[\varphi(n), \varphi(k)]$, e de $j = \varphi(i) = c - i$ resulta

$$i = c - j = \varphi^{-1}(j).$$

Exemplo 8.2.2 Considere-se o somatório

$$\sum_{i=k}^{n} a_i$$

e suponha-se que se pretende obter um somatório que represente a mesma soma mas em que o limite inferior seja um dado inteiro k', que poderá ser maior ou menor que k. Ora $k' = (k' - k) + k$ pelo que se deve efetuar a mudança de variável $j = \varphi(i) = c + i$ com $c = k' - k$, de que resulta $\varphi^{-1}(j) = j - c = j + k - k'$, obtendo-se

$$\sum_{i=k}^{n} a_i = \sum_{j=c+k}^{c+n} a_{j-c} = \sum_{j=k'}^{n+k'-k} a_{j+k-k'}.$$

Por exemplo, se $k = 5$ e $k' = 0$ obtém-se

$$\sum_{i=5}^{n} a_i = \sum_{j=0}^{n-5} a_{j+5}$$

que corresponde à mudança de variável $j = \varphi(i) = -5 + i$.

No caso em que se pretende que o limite superior seja um dado inteiro k' o raciocínio é semelhante. ∎

Exemplo 8.2.3 Considere-se o somatório

$$\sum_{i=5}^{10} 4i.$$

Se se pretender escrever um somatório equivalente, mas que tenha limite inferior 8, então deve considerar-se $c = 8 - 5$ e efetuar a mudança de variável $j = \varphi(i) = c + i = 3 + i$, de que resulta $\varphi^{-1}(j) = j - 3$, e obtém-se

$$\sum_{i=5}^{10} 4i = \sum_{j=\varphi(5)}^{\varphi(10)} 4\varphi^{-1}(j) = \sum_{i=3+5}^{3+10} 4(j - 3) = \sum_{i=8}^{13} 4(j - 3).$$

Se se pretender agora que o limite superior seja 12 então deve considerar-se $c = 12 - 10$ e efetuar a mudança de variável $j = \varphi(i) = c + i = 2 + i$. Logo, $\varphi^{-1}(j) = j - 2$ e obtém-se

$$\sum_{i=5}^{10} 4i = \sum_{j=\varphi(5)}^{\varphi(10)} 4\varphi^{-1}(j) = \sum_{j=2+5}^{2+10} 4(j-2) = \sum_{j=7}^{12} 4(j-2). \qquad \blacksquare$$

Os exemplos anteriores ilustram situações em que as mudanças de variável têm como objetivo alterar os limites do somatório. Outras situações frequentes em que se recorre a uma mudança de variável ocorrem quando se pretende transformar ou simplificar o termo geral, como se ilustra no exemplo seguinte.

Exemplo 8.2.4 Considere-se o somatório

$$\sum_{i=2}^{11} ((i-4)^2 + i - 3) \tag{8.8}$$

e designe-se por b_i o seu termo geral. Como

$$(i-4)^2 + i - 3 = (i-4)^2 + (i-4) + 1$$

podemos ver b_i como uma função de $\varphi(i) = i - 4$ pois

$$b_i = (i-4)^2 + (i-4) + 1 = a(\varphi(i))$$

com a a função dada por $a(x) = x^2 + x + 1$. Assim, usando a notação $a_{\varphi(i)}$ mais usual para representar elementos de uma família, tem-se

$$\sum_{i=2}^{11} b_i = \sum_{i=2}^{11} a_{\varphi(i)} = \sum_{i=2}^{11} a_{i-4} \tag{8.9}$$

Dado que a função $\varphi : \mathbb{Z} \to \mathbb{Z}$ dada por $\varphi(i) = i - 4$ é uma injeção, podemos efetuar a mudança de variável $j = \varphi(i) = i - 4$ (de que resulta $i = \varphi^{-1}(j) = j + 4$) e permite escrever

$$\sum_{i=2}^{11} a_{i-4} = \sum_{j=2-4}^{11-4} a_{\varphi^{-1}(j)-4} = \sum_{j=-2}^{7} a_j = \sum_{j=-2}^{7} (j^2 + j + 1) \tag{8.10}$$

De (8.9) e (8.10) conclui-se que

$$\sum_{i=2}^{11} b_i = \sum_{j=-2}^{7} (j^2 + j + 1) \tag{8.11}$$

Comparando os dois somatórios em (8.11) conclui-se que o termo geral j^2+j+1 se obtém a partir do termo geral $b_i = ((i-4)^2 + (i-4) + 1)$ substituindo por j todas as expressões $i-4$, e que os limites inferior e superior do novo somatório se obtêm a partir dos limites inferior e superior de (8.8), respetivamente, por aplicação da função φ. ∎

No caso geral, considere-se um somatório

$$\sum_{i \in I} b_i$$

e suponha-se que na expressão b_i ocorre uma subexpressão $\varphi(i)$ e, além disso, a variável i só ocorre na expressão b_i no âmbito das ocorrências da subexpressão $\varphi(i)$. Nesta situação b_i pode ser visto como uma função de φ. Designando por a essa função, tem-se que $b_i = a(\varphi(i))$ e pode escrever-se

$$\sum_{i \in I} b_i = \sum_{i \in I} a_{\varphi(i)}.$$

O caso em que b_i coincide com $\varphi(i)$ corresponde ao caso particular em que a é a função identidade.

Suponha-se agora que não só a função φ está definida em todos os elementos do conjunto I, como também φ é injetiva em I. Pode então aplicar-se a mudança de variável $j = \varphi(i)$, obtendo-se

$$\sum_{i \in I} b_i = \sum_{j \in \varphi[I]} b_{\varphi^{-1}(j)}.$$

Mas $b_{\varphi^{-1}(j)} = a(\varphi(\varphi^{-1}(j))) = a(j) = a_j$ e portanto

$$\sum_{i \in I} b_i = \sum_{i \in I} a_{\varphi(i)} = \sum_{j \in \varphi[I]} a_j.$$

Isto significa que se pode proceder de duas formas quando se pretende transformar ou simplificar a expressão do termo geral b_i de um somatório que se encontre na situação descrita.

Por um lado, pode efetuar-se a mudança de variável $j = \varphi(i)$ como anteriormente (isto é, substituir o conjunto de índices I por $\varphi[I]$ e substituir toda a ocorrência de i na expressão b_i por $\varphi^{-1}(j)$) procurando depois simplificar a expressão obtida para o novo termo geral.

Por outro lado, a mudança de variável $j = \varphi(i)$ pode também efetuar-se de forma mais expedita, fazendo a alteração do conjunto de índices como no caso anterior, mas simplificando logo a expressão b_i através da substituição de todas as expressões $\varphi(i)$ por j.

Podemos assim enunciar a seguinte reformulação da técnica de mudança de variável, a qual é particularmente útil em situações como a descrita.

MUDANÇA DE VARIÁVEL REVISITADA

Se φ é uma função definida e injetiva em I então

$$\sum_{i\in I} a_{\varphi(i)} = \sum_{j\in\varphi[I]} a_j$$

Caso particular:

$$\sum_{i=k_1}^{n_1} a_{\varphi(i)} = \sum_{j=k_2}^{n_2} a_j \quad \text{onde } \varphi\colon [k_1,n_1]\to[k_2,n_2] \text{ é uma bijeção}$$

Note-se que se φ for uma permutação de I, então $\varphi[I] = I$ e a mudança de variável apresentada acima não é mais do que a lei comutativa enunciada atrás, se ignorarmos o facto de neste último caso se ter considerado a mesma variável nos dois somatórios.

Exemplo 8.2.5 Efetuando a mudança de variável $j = \varphi(i) = i + 3$ tem-se

$$\sum_{i=2}^{10}(i+3) = \sum_{j=2+3}^{10+3} j = \sum_{j=5}^{13} j$$

e, efetuando a mudança de variável $j = \varphi(i) = 3 - i$ obtém-se

$$\sum_{i=2}^{10}(3-i) = \sum_{j=3-10}^{3-2} j = \sum_{j=-7}^{1} j.$$

■

Exemplo 8.2.6 Considere-se o somatório

$$\sum_{i=2}^{4} i^2$$

cujo termo geral é da forma $\varphi(i) = i^2$. Uma vez que φ é injetiva no conjunto $[2,4] = \{2,3,4\}$ pode efetuar-se a mudança de variável $j = \varphi(i) = i^2$ de que resulta

$$\sum_{i=2}^{4} i^2 = \sum_{j\in\varphi[\{2,3,4\}]} j = \sum_{j\in\{4,9,16\}} j.$$

Note-se que não se pode escrever

$$\sum_{i=2}^{4} i^2 = \sum_{j=\varphi(2)}^{\varphi(4)} j \quad \left(= \sum_{j=4}^{16} j \right)$$

uma vez que φ não é uma bijeção entre o intervalo de inteiros $[2,4]$, que é o conjunto $\{2,3,4\}$, e o intervalo de inteiros $[\varphi(2),\varphi(4)]$, que é o conjunto $\{x \in \mathbb{Z} : 4 \leq x \leq 16\}$. A função φ é de facto uma bijeção, mas entre $[2,4]$ e $\varphi[\{2,3,4\}]$ que é o conjunto $\{4,9,16\}$. ■

Exemplo 8.2.7 Considere-se o somatório

$$\sum_{i=5}^{35} 2(i-5).$$

Pode efetuar-se a mudança de variável $j = \varphi(i) = i - 5$ obtendo

$$\sum_{i=5}^{35} 2(i-5) = \sum_{j=5-5}^{35-5} 2j = \sum_{j=0}^{30} 2j.$$

Pode também optar-se pela mudança de variável $j = \varphi(i) = 2(i-5)$ uma vez que a função φ dada por $\varphi(i) = 2(i-5)$ é igualmente injetiva em $[5,35]$. Obtém-se então

$$\sum_{i=5}^{35} 2(i-5) = \sum_{j \in J} j$$

com $J = \{2(i-5) : 5 \leq i \leq 35 \wedge i \in \mathbb{Z}\}$. No entanto, não se pode escrever

$$\sum_{i=5}^{35} 2(i-5) = \sum_{j=\varphi(5)}^{\varphi(35)} j \quad \left(= \sum_{j=0}^{60} j \right)$$

pois φ não é uma bijeção entre $[5,35]$ e $[0,60]$. ■

8.3 Fórmulas explícitas para somatórios

Nesta secção apresentam-se fórmulas explícitas para diversos somatórios. Dado o somatório

$$\sum_{i=k}^{n} a_i \tag{8.12}$$

é útil em muitas situações dispor de uma expressão que permita calcular a soma por ele representada sem adicionar explicitamente as parcelas envolvidas. Estas expressões, denominadas *fórmulas*, ou *expressões, explícitas* do somatório, ou *formas fechadas* do somatório, podem ser informalmente descritas como expressões cujo valor pode ser calculado aplicando um número fixo de operações aos argumentos, isto é, um número de operações independente do número de parcelas da soma representada por (8.12). Quando se transforma um somatório numa sua fórmula explícita diz-se que se *calcula* ou *resolve* o somatório.

Em certos casos é simples encontrar uma fórmula explícita, mas nem sempre isso acontece, e para certos somatórios não existem fórmulas explícitas. Para as encontrar pode consultar-se um livro de tabelas e fórmulas matemáticas, como por exemplo [1, 7, 52], que apresentam fórmulas explícitas para diversos somatórios. Uma outra alternativa consiste em recorrer a um sistema computacional que suporte computação simbólica, como por exemplo o sistema computacional *Mathematica* (ver Apêndice B), e tentar avaliar nesse sistema o somatório em causa. Por exemplo, se avaliarmos no sistema *Mathematica* a expressão

$$\sum_{\mathtt{i}=1}^{\mathtt{n}} \mathtt{i}^2$$

ou a expressão equivalente

$$\mathtt{Sum[i^2,\{i,1,n\}]}$$

obtemos

$$\frac{1}{6}\mathtt{n}(1+\mathtt{n})(1+2\mathtt{n}).$$

Convém no entanto conhecer algumas técnicas que permitem encontrar algumas fórmulas explícitas. Descrevem-se de seguida algumas dessas técnicas.

Famílias constantes

Os somatórios mais simples de resolver são os somatórios

$$\sum_{i\in I} 1$$

pois se está a somar 1 por cada elemento do conjunto I. São casos particulares de somas em que as parcelas constituem uma família $(a_i)_{i\in I}$ constante, isto é, uma família cujos elementos são todos iguais. Na sequência, recorde-se que $\#I$ denota o cardinal de I.

<u>SOMATÓRIOS DE FAMÍLIAS CONSTANTES</u>

Se c é uma expressão na qual i não ocorre então

1. $\sum_{i \in I} 1 = \# I$

2. $\sum_{i=k}^{n} 1 = n - k + 1$

3. $\sum_{i \in I} c = c \times \# I$

A igualdade 2 acima é um caso particular da igualdade 1. A igualdade 3 obtém-se por aplicação da lei distributiva e da igualdade 1.

Progressões aritméticas

Estuda-se agora o caso da soma de termos consecutivos de uma progressão aritmética.

Definição 8.3.1 Uma *progressão aritmética* é uma sequência $a_1, \ldots, a_n$ de $n \geq 1$ números reais em que qualquer termo com exceção do primeiro, a_1, pode ser obtido do anterior adicionando-lhe uma certa constante $r \in \mathbb{R}$, dita *razão da progressão*. O conceito de progressão aritmética generaliza-se a sucessões como se segue: uma sucessão$_k$ $(a_i)_{i \geq k}$ é uma progressão aritmética de razão r se $a_i = a_{i-1} + r$ para cada $i > k$. ∎

Facilmente se obtém uma expressão para o termo geral de uma progressão aritmética. Deixa-se como exercício demonstrar que dada uma progressão aritmética de razão r se tem que

$$a_i = a_j + (i - j)r \tag{8.13}$$

para quaisquer dois termos a_i e a_j com $i \geq j$. Assim, no caso particular de uma sucessão $(a_i)_{i \geq 1}$, o termo geral é $a_i = a_1 + (i - 1)r$.

Vejamos então como determinar a soma de um certo número de termos consecutivos de uma progressão aritmética, começando por considerar o caso mais simples em que queremos determinar a soma dos primeiros n termos da progressão aritmética

$$1, 2, 3, 4, \ldots$$

isto é, da progressão aritmética que tem razão 1 e cujo primeiro termo é 1. Pretende-se então calcular

$$\sum_{i=1}^{n} i \tag{8.14}$$

Uma forma de o fazer consiste em observar que

$$\begin{array}{cccccccccc} 1 & + & 2 & + & \ldots & + & (n-1) & + & n \\ n & + & (n-1) & + & \ldots & + & 2 & + & 1 \\ \hline (n+1) & + & (n+1) & + & \ldots & + & (n+1) & + & (n+1) \end{array}$$

de que resulta

$$S_n + S_n = 2S_n = n(n+1)$$

denotando a soma $1 + 2 + \ldots + n$ por S_n e tendo em conta que as duas somas referidas são iguais. Assim

$$S_n = \frac{n(n+1)}{2}$$

e portanto

$$\sum_{i=1}^{n} i = \frac{n(n+1)}{2} \tag{8.15}$$

Como curiosidade refira-se que este método foi sugerido em 1786 pelo matemático alemão J. Gauss quando tinha 9 anos.

Este resultado pode obter-se recorrendo às propriedades dos somatórios enunciadas na Secção 8.2 como se segue. Efetuando uma mudança de variável $j = n - i + 1$ obtém-se

$$\sum_{i=1}^{n}(n-i+1) = \sum_{i=n-n+1}^{n-1+1} j = \sum_{j=1}^{n} j \tag{8.16}$$

e assim

$$
\begin{aligned}
\sum_{i=1}^{n} i + \sum_{i=1}^{n} i &= \sum_{i=1}^{n} i + \sum_{j=1}^{n} j \\
&= \sum_{i=1}^{n} i + \sum_{i=1}^{n} (n-i+1) && \text{(por (8.16))} \\
&= \sum_{i=1}^{n} (i+n-i+1) && \text{(lei associativa)} \\
&= \sum_{i=1}^{n} (n+1) \\
&= (n+1)n
\end{aligned}
$$

de onde se conclui (8.15).

Considere-se agora o caso geral em que dada a progressão aritmética a se pretende determinar a soma de um certo número de termos consecutivos dessa progressão, isto é, dados dois índices k e n da progressão com $k \leq n$ pretende-se calcular

$$\sum_{i=k}^{n} a_i \tag{8.17}$$

Uma forma de obter a expressão pretendida, que se deixa como exercício ao leitor, consiste em proceder como caso anterior. Há que ter em conta que o termo geral é agora a_i e não i, usar a mudança de variável $j = \varphi(i) = n - i + k$, de que resulta

$$\sum_{i=k}^{n} a_{n-i+k} = \sum_{j=k}^{n} a_j$$

e usar a igualdade (8.13).

Uma outra forma proceder consiste em usar as propriedades dos somatórios para reduzir o cálculo de (8.17) ao cálculo de (8.14), somatório para o qual já conhecemos uma forma explícita. Tem-se então

$$\begin{aligned}
\sum_{i=k}^{n} a_i &= \sum_{i=k}^{n}(a_k + (i-k)r) && \text{(por (8.13))}\\
&= \sum_{i=k}^{n} a_k + \sum_{i=k}^{n}(i-k)r && \text{(lei associativa)}\\
&= a_k \sum_{i=k}^{n} 1 + r\sum_{i=k}^{n}(i-k) && \text{(lei distributiva)}\\
&= a_k(n-k+1) + r\sum_{i=k}^{n}(i-k) && \text{(somatório de constante)}\\
&= a_k(n-k+1) + r\sum_{j=0}^{n-k} j && \text{(mudança de variável } j{=}i-k)\\
&= a_k(n-k+1) + r\sum_{j=1}^{n-k} j\\
&= a_k(n-k+1) + r\tfrac{(n-k)(n-k+1)}{2} && \text{(por (8.15))}\\
&= (n-k+1)(a_k + r\tfrac{(n-k)}{2})\\
&= (n-k+1)(a_k + r\tfrac{(n-k)}{2})\\
&= (n-k+1)(\tfrac{a_k+a_k+(n-k)r}{2})\\
&= \tfrac{1}{2}(a_k+a_n)(n-k+1) && \text{(por (8.13))}
\end{aligned}$$

Note-se que a fórmula explícita

$$\frac{1}{2}(a_k + a_n)(n-k+1)$$

encontrada para (8.17) não envolve explicitamente a razão r.

Resumindo, podem então escrever-se as seguintes igualdades relativas à soma de termos de uma progressão aritmética.

SOMATÓRIO DE TERMOS DE UMA PROGRESSÃO ARITMÉTICA
Sejam $k, n \in \mathbb{Z}$ com $k \leq n$ e seja $a_i = a_{i-1} + r$ para cada $i > k$.
Então, tem-se $a_i = a_k + r(i-k)$ para cada $i \geq k$ e

$$\sum_{i=k}^{n} a_i = \frac{a_k + a_n}{2}(n-k+1)$$

Caso particular quando $a_i = i$ e $r = 1$:

$$\sum_{i=k}^{n} i = \frac{k+n}{2}(n-k+1)$$

Exemplo 8.3.2 Suponha-se que se pretende calcular $1+3+5+...+(2n+1)$ com $n \in \mathbb{N}$, isto é, pretende-se calcular a soma dos primeiros $n+1$ números ímpares. Observando que estamos em presença da soma dos primeiros $n+1$ termos de uma progressão aritmética de razão 2 e cujo primeiro termo é 1, o resultado, por aplicação da fórmula apresentada, é

$$\frac{1+2n+1}{2}(n+1)$$

pelo que

$$1+3+5+...+(2n+1) = (n+1)^2.$$

Note-se que também se poderia calcular o valor pretendido notando que

$$1+3+5+...+(2n+1) = \sum_{i=0}^{n}(2i+1)$$

e

$$\sum_{i=0}^{n}(2i+1) = 2\sum_{i=0}^{n} i + \sum_{i=0}^{n} 1 = 2\frac{0+n}{2}(n+1) + (n+1) = (n+1)^2. \quad \blacksquare$$

Progressões geométricas

Trata-se agora o caso da soma de termos consecutivos de uma progressão geométrica.

Definição 8.3.3 Uma *progressão geométrica* é uma sequência $a_1,\ldots,a_n$ de $n \geq 1$ números reais em que qualquer termo com exceção do primeiro, a_1, pode ser obtido do anterior multiplicando-o por uma certa constante $r \in \mathbb{R}$, dita *razão da progressão.* O conceito de progressão geométrica generaliza-se a sucessões como se segue: uma sucessão$_k$ $(a_i)_{i \geq k}$ é uma progressão geométrica de razão r se $a_i = r a_{i-1}$ para cada $i > k$. ■

O caso em que a razão r é 0 é obviamente pouco interessante, pois se trata de uma sucessão em que todos os termos, exceto eventualmente o primeiro, são nulos. Não consideraremos este caso, embora algumas das fórmulas que serão referidas também continuem válidas nessas situações.

É fácil de demonstrar, o que se deixa como exercício, que dada uma progressão geométrica de razão r se tem

$$a_i = a_j r^{i-j} \tag{8.18}$$

para quaisquer termos a_i e a_j com $i \geq j$. No caso particular de uma sucessão $(a_i)_{i\geq 1}$, o termo geral é assim $a_1 r^{i-1}$.

A fórmula da soma de n termos consecutivos de uma progressão geométrica que iremos deduzir só é válida para $r \neq 1$. Mas no caso em que $r = 1$ temos uma sucessão em que todos os termos são iguais ao primeiro, e portanto a soma pretendida é nc, sendo c o primeiro termo.

No seguimento consideramos progressões geométricas de razão r com $r \neq 0$ e $r \neq 1$. Comecemos pelo caso em que o primeiro termo da sucessão é o de índice 0 e é igual a 1. Mais concretamente, vejamos como calcular

$$\sum_{i=0}^{n} r^i \tag{8.19}$$

com $n \in \mathbb{N}$. Adicionando r^{n+1} obtém-se

$$\sum_{i=0}^{n} r^i + r^{n+1} = 1 + r + \ldots r^n + r^{n+1} = 1 + r(1 + r + \ldots r^n)$$

e portanto

$$\sum_{i=0}^{n} r^i + r^{n+1} = 1 + r\sum_{i=0}^{n} r^i.$$

Assim, designando (8.19) por S_n, e resolvendo

$$S_n + r^{n+1} = 1 + rS_n$$

em ordem a S_n obtém-se

$$S_n = \frac{r^{n+1} - 1}{r - 1}$$

isto é

$$\sum_{i=k}^{n} r^i = \frac{r^{n+1} - 1}{r - 1}.$$

Usando as propriedades dos somatórios, facilmente se generaliza o resultado anterior ao caso em que o limite inferior é qualquer $k \leq n$. Com efeito, tem-se que

$$\begin{aligned}\sum_{i=k}^{n} r^i &= \sum_{i=k}^{n} r^{i-k} r^k \\ &= r^k \sum_{i=k}^{n} r^{i-k} \\ &= r^k \sum_{j=0}^{n-k} r^j \\ &= r^k \frac{(r^{n-k+1} - 1)}{r - 1} \\ &= \frac{r^{n+1} - r^k}{r - 1}.\end{aligned}$$

Aplicando a lei distributiva pode obter-se uma expressão para o valor da soma de quaisquer termos consecutivos de uma qualquer progressão geométrica. Tem-se então

$$\sum_{i=k}^{n} a_i = \sum_{i=k}^{n} a_k r^{i-k} = a_k r^{-k} \sum_{i=k}^{n} r^i = a_k \frac{(r^{n-k+1} - 1)}{r - 1}.$$

Resumindo, podemos escrever a seguintes igualdades relativas à soma de termos consecutivos de uma progressão geométrica.

SOMATÓRIO DE TERMOS DE UMA PROGRESSÃO GEOMÉTRICA

Sejam $k, n \in \mathbb{Z}$ com $k \leq n$ e $r \in \mathbb{R} \backslash \{0, 1\}$. Então

$$\sum_{i=k}^{n} r^i = \frac{r^{n+1} - r^k}{r - 1}$$

Se $a_i = r a_{i-1}$ para cada $i > k$, então $a_i = a_k r^{i-k}$ para cada $i \geq k$ e

$$\sum_{i=k}^{n} a_i = a_k \frac{(r^{n-k+1} - 1)}{r - 1}$$

Exemplo 8.3.4 Suponha-se que se quer calcular $1+2+4+...+2^n$ com $n \in \mathbb{N}$, isto é, pretende-se calcular a soma das primeiras $n+1$ potências de 2. Estamos em presença da soma dos primeiros $n+1$ termos da progressão geométrica de razão 2 e cujo primeiro termo é 1, e portanto

$$\sum_{i=0}^{n} 2^i = \frac{2^{n+1}-1}{2-1} = 2^{n+1} - 1.$$ ∎

Técnica da extração de um elemento do somatório

A forma como foi acima calculada a soma de termos consecutivos de uma progressão geométrica ilustra uma técnica que em muitas situações se pode usar para calcular somatórios. Para calcular

$$\sum_{i=k}^{n} a_i \tag{8.20}$$

pode-se procurar encontrar uma igualdade entre duas expressões nas quais (8.20) ocorra, e a partir da qual se possa obter a expressão explícita pretendida. O método em causa é conhecido por *método da perturbação* e baseia-se na técnica da extração de uma parcela do somatório. Para obter a igualdade pretendida, tira-se partido da decomposição de somatórios apresentada na secção anterior, em particular o caso em que se separa a primeira parcela e o caso em se separa a última, como se descreve de seguida.

A ideia é reescrever

$$\sum_{i=k}^{n+1} a_i$$

de duas maneiras, usando a decomposição de somatórios. Começa-se por separar a sua última parcela

$$\sum_{i=k}^{n+1} a_i = \sum_{i=k}^{n} a_i + a_{n+1}$$

e separa-se depois a sua primeira parcela, seguida da mudança de variável $j = i - 1$

$$\sum_{i=k}^{n+1} a_i = a_k + \sum_{i=k+1}^{n+1} a_i = a_k + \sum_{j=k}^{n} a_{j+1}$$

obtendo-se a igualdade

$$\sum_{i=k}^{n} a_i + a_{n+1} = a_k + \sum_{j=k}^{n} a_{j+1} \tag{8.21}$$

Procura-se agora manipular a expressão no lado direito desta igualdade, por forma a obter uma expressão em que ocorra

$$\sum_{i=k}^{n} a_i.$$

O próximos exemplos ilustram a aplicação desta técnica.

Exemplo 8.3.5 Considere-se o somatório

$$\sum_{i=1}^{n} ix^i \tag{8.22}$$

com $n \in \mathbb{N}_1$ e $x \neq 1$, a seguir designado por S_n. Note-se que se $x = 1$ temos a soma de uma progressão aritmética. Usando (8.21) obtém-se

$$\sum_{i=1}^{n} ix^i + (n+1)x^{n+1} = x + \sum_{j=1}^{n}(j+1)x^{j+1}.$$

Manipulando o somatório na expressão do lado direito chega-se a

$$\sum_{i=1}^{n} ix^i + (n+1)x^{n+1} = x + x\left(\sum_{j=1}^{n} jx^j + \sum_{j=1}^{n} x^j\right)$$

ou seja, usando o caso da soma de termos de uma progressão geométrica de razão x, e tendo em conta que

$$\sum_{i=1}^{n} ix^i = \sum_{j=1}^{n} jx^j$$

obtém-se

$$\sum_{i=1}^{n} ix^i + (n+1)x^{n+1} = x + x\sum_{i=1}^{n} ix^i + x\frac{x^{n+1}-x}{x-1}.$$

Assim, obtém-se uma expressão explícita para (8.22) resolvendo

$$S_n + (n+1)x^{n+1} = x + xS_n + x\frac{x^{n+1}-x}{x-1} \tag{8.23}$$

em ordem a S_n. Ora, de (8.23) obtém-se

$$S_n = \frac{x-(n+1)x^{n+1}+nx^{n+2}}{(x-1)^2}$$

e portanto

$$\sum_{i=1}^{n} ix^i = \frac{x-(n+1)x^{n+1}+nx^{n+2}}{(x-1)^2}.$$

■

Exemplo 8.3.6 Considere-se o somatório

$$\sum_{i=1}^{n} i^2 \tag{8.24}$$

Tem-se

$$\sum_{i=1}^{n} i^2 + (n+1)^2 = \sum_{i=1}^{n+1} i^2 = 1 + \sum_{i=2}^{n+1} i^2$$

e, recorrendo à mudança de variável $j = i - 1$, obtém-se

$$\begin{aligned}\sum_{i=2}^{n+1} i^2 &= \sum_{j=1}^{n}(j+1)^2 \\ &= \sum_{j=1}^{n} j^2 + \sum_{j=1}^{n} 2j + \sum_{j=1}^{n} 1 \\ &= \sum_{i=1}^{n} i^2 + 2\sum_{j=1}^{n} j + n\end{aligned}$$

pelo que, designando (8.24) por S_n, se chega à igualdade

$$S_n + (n+1)^2 = 1 + S_n + 2\sum_{j=1}^{n} j + n.$$

Note-se que neste caso a estratégia não resultou pois S_n tem o mesmo coeficiente na expressão do lado esquerdo e na expressão do lado direito, o que não permite obter uma expressão para S_n como nos caso anteriores. Mas é interessante observar que da igualdade anterior se obtém a soma dos termos de uma progressão aritmética

$$\sum_{i=1}^{n} i = \frac{(n+1)n}{2}.$$

Este facto leva-nos a pensar que procurando resolver por este método o somatório

$$\sum_{i=1}^{n} i^3 \tag{8.25}$$

se poderá encontrar uma fórmula explícita para (8.24). Com efeito, e usando já a mudança de variável $j = i - 1$, obtém-se

$$\sum_{i=1}^{n} i^3 + (n+1)^3 = \sum_{i=1}^{n+1} i^3 = 1 + \sum_{j=1}^{n}(j+1)^3.$$

Uma vez que

$$\sum_{j=1}^{n}(j+1)^3 = \sum_{j=1}^{n}(j^3+3j^2+3j+1) = \sum_{i=1}^{n} i^3 + 3\sum_{i=1}^{n} i^2 + 3\frac{(n+1)n}{2} + n$$

conclui-se que

$$\sum_{i=1}^{n} i^3 + (n+1)^3 = \sum_{i=1}^{n} i^3 + 3\sum_{i=1}^{n} i^2 + 3\frac{(n+1)n}{2} + n + 1$$

e portanto

$$3\sum_{i=1}^{n} i^2 = (n+1)^3 - 3\frac{(n+1)n}{2} - (n+1).$$

Conclui-se então que

$$\sum_{i=1}^{n} i^2 = \frac{n(n+1)(2n+1)}{6}.$$

■

Uma estratégia análoga pode ser utilizada para calcular o somatório

$$\sum_{i=1}^{n} i^3$$

(Exercício 1 da Secção 8.5) e esta estratégia pode ser generalizada para o cálculo de qualquer somatório do tipo

$$\sum_{i=1}^{n} i^k$$

onde k é um inteiro positivo.

Técnica da substituição de uma variável por uma expressão

Uma outra técnica para calcular um somatório

$$\sum_{i=k}^{n} a_i$$

consiste em substituir alguma ocorrência da variável i em a_i por uma expressão equivalente, para, tal como no caso da técnica da extração de um elemento do somatório descrita acima, encontrar uma igualdade adequada que permita obter uma fórmula explícita. Vamos ilustrar esta técnica com um exemplo, apresentando uma outra forma de calcular o somatório referido no Exemplo 8.3.5.

Exemplo 8.3.7 Considere-se de novo o somatório

$$\sum_{i=1}^{n} ix^i \tag{8.26}$$

com $n \in \mathbb{N}_1$ e $x \neq 1$. No termo geral substitua-se i por $i - 1 + 1$ na ocorrência de i que não está em expoente. Obtém-se assim

$$\begin{aligned}\sum_{i=1}^{n} ix^i &= \sum_{i=1}^{n}(i-1+1)x^i \\ &= \sum_{i=1}^{n}(i-1)x^i + \sum_{i=1}^{n} x^i.\end{aligned}$$

Fazendo agora a mudança de variável $j = i - 1$ no primeiro somatório e usando a soma de termos de uma progressão geométrica no segundo tem-se

$$\begin{aligned}\sum_{i=1}^{n}(i-1)x^i + \sum_{i=1}^{n} x^i &= \sum_{j=0}^{n-1} jx^{j+1} + \frac{x^{n+1}-x}{x-1} \\ &= x\left(\sum_{j=1}^{n-1} jx^j\right) + \frac{x^{n+1}-x}{x-1}.\end{aligned}$$

Uma vez que

$$\begin{aligned}x\sum_{j=1}^{n-1} jx^j &= x\left(\sum_{i=1}^{n} ix^i - nx^n\right) \\ &= x\left(\sum_{i=1}^{n} ix^i\right) - nx^{n+1}\end{aligned}$$

pode escrever-se a igualdade

$$S_n = xS_n - nx^{n+1} + \frac{x^{n+1}-x}{x-1}$$

a partir da qual se obtém uma expressão explícita para (8.26), à semelhança dos casos anteriores. A expressão obtida é

$$\sum_{i=1}^{n} ix^i = \frac{x-(n+1)x^{n+1}+nx^{n+2}}{(x-1)^2}$$

tal como no Exemplo 8.3.5. ∎

Soma telescópica

Refere-se agora a soma telescópica, a qual permite calcular diretamente alguns somatórios que podem ser reformulados como uma soma deste tipo. O resultado seguinte é imediato, uma vez que cada um dos termos $a_{k+1}, \ldots, a_n$ é adicionado e subtraído uma vez.

SOMA TELESCÓPICA

$$\sum_{i=k}^{n}(a_i - a_{i+1}) = a_k - a_{n+1}$$

Exemplo 8.3.8 Suponha-se que se pretende calcular

$$\sum_{i=k}^{n} \frac{1}{i(i+1)}$$

com $k < n$. Ora

$$\frac{1}{i(i+1)} = \frac{1}{i} - \frac{1}{i+1}$$

pelo que fazendo $a_i = \dfrac{1}{i}$ se obtém

$$\sum_{i=k}^{n} \frac{1}{i(i+1)} = \sum_{i=k}^{n} \left(\frac{1}{i} - \frac{1}{i+1}\right) = \frac{1}{k} - \frac{1}{n+1}.$$

Como caso particular tem-se

$$\sum_{i=1}^{n-1} \frac{1}{i(i+1)} = 1 - \frac{1}{n} = \frac{n-1}{n}$$

quando $n > 1$. ∎

8.4 Somas múltiplas

A notação que temos vindo a usar pode ser generalizada ao caso em que as parcelas a adicionar são função de mais de uma variável, assunto que abordaremos nesta secção.

Até agora considerámos que o conjunto dos índices é um conjunto de inteiros, mas pode permitir-se também que o conjunto dos índices seja constituído por outros elementos, desde que seja possível enumerá-los. Escreve-se então

$$\sum_{P(k)} a_k \tag{8.27}$$

para designar a soma dos elementos da família a cujos índices satisfazem a propriedade P, assumindo que são em número finito. Particularmente importante é o caso em que o índice k pode ser visto como um tuplo de n elementos, ou tuplo de índices, em cujo caso se diz que estamos em presença de uma família múltipla a. No caso de $n = 2$ diz-se que é uma família dupla, no caso de $n = 3$ diz-se que é uma família tripla, e assim sucessivamente (ver Secção 4.3.1). Para simplificar a exposição, concentramo-nos, sem perda de generalidade, nas famílias duplas.

Considere-se então que a é uma família de reais indexada por pares de inteiros. Nesse caso, dado $k = (i, j)$, em vez de se escrever $a_{(i,j)}$ para denotar o elemento $a(k)$, escreve-se usualmente $a_{i,j}$, ou a_{ij}, e em vez de (8.27) pode escrever-se

$$\sum_{P(i,j)} a_{i,j}.$$

Se K for um conjunto finito de pares de inteiros pode escrever-se

$$\sum_{(i,j)\in K} a_{i,j}$$

para designar a soma de todos os elementos $a(i, j)$ da família a cujo índice (i, j) pertence ao conjunto K. Nesta secção apresentamos sucintamente algumas das propriedades mais importantes deste tipo de somatórios.

Troca dos somatórios

Comecemos por considerar somatórios

$$\sum_{(i,j)\in K} a_{i,j}$$

em que os valores de i e j são independentes um do outro, no sentido em que existem conjuntos finitos I e J tais que

$$(i, j) \in K \Leftrightarrow (i \in I) \wedge (j \in J).$$

Vejamos um exemplo simples de manipulação de somatórios deste tipo.

Exemplo 8.4.1 Considere-se o somatório

$$\sum_{(i,j)\in\{1,2,3\}^2} a_{i,j}$$

o qual corresponde a

$$a_{1,1} + a_{1,2} + a_{1,3} + a_{2,1} + a_{2,2} + a_{2,3} + a_{3,1} + a_{3,2} + a_{3,3}.$$

Analogamente, pode também escrever-se

$$\sum_{i\in\{1,2,3\}\wedge j\in\{1,2,3\}} a_{i,j} \quad \text{ou} \quad \sum_{1\leq i,j\leq 3} a_{i,j} \quad \text{ou} \quad \sum_{1\leq i\leq 3\wedge 1\leq j\leq 3} a_{i,j}.$$

Uma vez que a adição é comutativa e associativa, podemos agrupar as parcelas como quisermos e portanto

$$\sum_{(i,j)\in\{1,2,3\}^2} a_{i,j} = \sum_{j=1}^{3} a_{1,j} + \sum_{j=1}^{3} a_{2,j} + \sum_{j=1}^{3} a_{3,j} = \sum_{i=1}^{3}\left(\sum_{j=1}^{3} a_{i,j}\right).$$

É também possível escrever

$$\sum_{(i,j)\in\{1,2,3\}^2} a_{i,j} = \sum_{i=1}^{3} a_{i,1} + \sum_{i=1}^{3} a_{i,2} + \sum_{i=1}^{3} a_{i,3} = \sum_{j=1}^{3}\left(\sum_{i=1}^{3} a_{i,j}\right).$$

Note-se que em ambos os casos os parênteses podem ser omitidos. ∎

O Exemplo 8.4.1 ilustra uma primeira propriedade importante que corresponde ao facto de podermos trocar sem problema a ordem dos somatórios quando os conjuntos a que pertencem os dois índices são independentes um do outro. Esta propriedade pode ser vista como uma generalização da lei associativa.

TROCA DOS SOMATÓRIOS (LEI ASSOCIATIVA GENERALIZADA)

$$\sum_{i\in I\wedge j\in J} a_{i,j} = \sum_{i\in I}\sum_{j\in J} a_{i,j} = \sum_{j\in J}\sum_{i\in I} a_{i,j}$$

Esta propriedade é importante porque por vezes é mais fácil somar primeiro em relação a uma variável e depois em relação em relação à outra, e esta propriedade assegura que podemos escolher a ordem que for mais conveniente.

Vejamos agora o caso em que os valores dos índices estão relacionados entre si. Neste caso a ordem dos somatórios continua a poder ser trocada, mas tal troca exige alterações adequadas e tem de ser feita com cuidado. Suponha-se que estamos perante um duplo somatório como

$$\sum_{i\in I}\sum_{j\in J(i)} a_{i,j}$$

em que os valores que o índice j pode tomar pertencem a um conjunto $J(i)$ que depende do valor de i. O somatório anterior pode ser transformado num somatório da forma

$$\sum_{j\in J'}\sum_{i\in I'(j)} a_{i,j}$$

desde que os conjuntos

$$\{(i,j) : i \in I \wedge j \in J(i)\} \quad \text{e} \quad \{(i,j) : j \in J' \wedge i \in I'(j)\}$$

sejam iguais, uma vez que o conjunto dos elementos a adicionar tem de ser o mesmo nos dois casos. Refira-se contudo que existem algumas situações simples em que essa troca de somatórios se faz sem grande dificuldade, e que são importantes por ocorrerem frequentemente em várias aplicações. Considere-se, por exemplo, o duplo somatório

$$\sum_{i=k}^{n}\sum_{j=i}^{n} a_{i,j}$$

com $k \leq n$. O conjunto dos termos $a_{i,j}$ a adicionar é constituído por aqueles termos cujos índices satisfazem $k \leq i \leq n$ e $i \leq j \leq n$. A soma destes termos pode representada por

$$\sum_{k\leq i\leq j\leq n} a_{i,j}.$$

Facilmente se conclui que o conjunto dos termos a adicionar pode também ser expresso somando primeiro em i, do seguinte modo

$$\sum_{j=k}^{n}\sum_{i=k}^{j} a_{i,j}.$$

Uma outra situação semelhante é

$$\sum_{k\leq i<j\leq n} a_{i,j} = \sum_{i=k}^{n-1}\sum_{j=i+1}^{n} a_{i,j} = \sum_{j=k+1}^{n}\sum_{i=k}^{j-1} a_{i,j}.$$

Recorde-se que assumimos neste texto que o limite inferior de cada somatório deve ser menor ou igual que o respetivo limite superior.

Distributividade generalizada

Outros casos particulares de interesse ocorrem quando o termo geral do somatório $a_{i,j}$ corresponde ao produto de uma função de i por uma função de j.

Exemplo 8.4.2 Suponha-se que $a_{i,j} = b_i c_j$, onde se assume que a expressão que b_i denota não envolve a variável j e que a expressão que c_j denota não envolve a variável i. Recorrendo à lei distributiva, uma vez que b_i não envolve j, tem-se que

$$\sum_{i=1}^{3}\sum_{j=1}^{3} b_i c_j = \sum_{i=1}^{3} b_i \sum_{j=1}^{3} c_j.$$

Dado que em $\sum_{j=1}^{3} c_j$ não ocorre i, pela lei distributiva pode escrever-se

$$\sum_{i=1}^{3} b_i \sum_{j=1}^{3} c_j = \left(\sum_{j=1}^{3} c_j\right)\left(\sum_{i=1}^{3} b_i\right)$$

e portanto

$$\sum_{i=1}^{3}\sum_{j=1}^{3} b_i c_j = \left(\sum_{j=1}^{3} c_j\right)\left(\sum_{i=1}^{3} b_i\right).$$

Naturalmente, como a ordem dos fatores de um produto é irrelevante, igualmente se tem

$$\sum_{i=1}^{3}\sum_{j=1}^{3} b_i c_j = \left(\sum_{i=1}^{3} b_i\right)\left(\sum_{j=1}^{3} c_j\right).$$ ■

O raciocínio efetuado no Exemplo 8.4.2 pode generalizar-se obtendo-se a seguinte propriedade.

LEI DISTRIBUTIVA GENERALIZADA

Se para cada $i \in I$ a variável j não ocorre na expressão que b_i denota, e para cada $j \in J$ a variável i não ocorre na expressão que c_j denota, então

$$\sum_{i \in I}\sum_{j \in J} b_i c_j = \left(\sum_{i \in I} b_i\right)\left(\sum_{j \in J} c_j\right)$$

Exemplo 8.4.3 Neste exemplo pretende-se calcular

$$\sum_{1\leq i,j\leq n}(i+j)^2.$$

Usando a associatividade e a distributividade facilmente se conclui que

$$\sum_{1\leq i,j\leq n}(i+j)^2=\sum_{1\leq i,j\leq n}(i^2+2ij+j^2)=\sum_{1\leq i,j\leq n}i^2+2\sum_{1\leq i,j\leq n}ij+\sum_{1\leq i,j\leq n}j^2.$$

Tendo em conta que em cada um dos casos podemos escolher sobre que variável queremos somar primeiro, usando distributividade e o somatório de família constante tem-se

$$\sum_{i=1}^{n}\sum_{j=1}^{n}i^2=\sum_{i=1}^{n}\left(i^2\sum_{j=1}^{n}1\right)=\sum_{i=1}^{n}(i^2n)=n\sum_{i=1}^{n}i^2$$

e

$$\sum_{j=1}^{n}\sum_{i=1}^{n}j^2=\sum_{i=j}^{n}\left(j^2\sum_{i=1}^{n}1\right)=\sum_{j=1}^{n}(j^2n)=n\sum_{j=1}^{n}j^2.$$

Usando agora primeiro a distributividade generalizada, e depois a soma de termos de uma progressão aritmética, obtém-se

$$\sum_{i=1}^{n}\sum_{j=1}^{n}ij=\left(\sum_{i=1}^{n}i\right)\left(\sum_{j=1}^{n}j\right)=\frac{(n+1)n}{2}\frac{(n+1)n}{2}.$$

Conclui-se assim que

$$\begin{aligned}\sum_{1\leq i,j\leq n}(i+j)^2&=n\sum_{i=1}^{n}i^2+2\frac{(n+1)n}{2}\frac{(n+1)n}{2}+n\sum_{j=1}^{n}j^2\\&=2n\sum_{i=1}^{n}i^2+\frac{(n+1)^2n^2}{2}\\&=2n\frac{n(n+1)(2n+1)}{6}+\frac{(n+1)^2n^2}{2}\qquad\text{(Exemplo 8.3.6)}\\&=\frac{n^2(n+1)(7n+5)}{6}.\end{aligned}$$

■

Tudo o que foi referido relativamente a somatórios duplos se aplica a somatórios triplos e, de uma modo geral, a somatórios múltiplos envolvendo duas, três ou mais variáveis. Vejamos um exemplo de cálculo de somatórios triplos.

Exemplo 8.4.4 Tem-se que

$$\sum_{i=0}^{n}\sum_{j=0}^{n}\sum_{k=1}^{i} ke^{2+j} = \sum_{i=0}^{n}\sum_{j=0}^{n} e^{2+j}\sum_{k=1}^{i} k \qquad \text{(distributividade)}$$

$$= \sum_{i=0}^{n} e^2 \sum_{j=0}^{n} e^j \frac{(i+1)i}{2} \qquad \text{(progressão aritmética)}$$

$$= e^2 \sum_{i=0}^{n} \frac{(i+1)i}{2} \sum_{j=0}^{n} e^j \qquad \text{(distributividade)}$$

$$= \frac{e^2}{2}\left(\sum_{j=0}^{n} e^j\right)\sum_{i=0}^{n}(i+1)i \qquad \text{(distributividade)}$$

$$= \frac{e^2}{2}\frac{e^{n+1}-1}{e-1}\left(\sum_{i=0}^{n} i^2 + \sum_{i=0}^{n} i\right)$$
(prog. geométrica e associatividade)

$$= \frac{e^2}{2}\frac{e^{n+1}-1}{e-1}\left(\frac{n(n+1)(2n+1)}{6} + \frac{(n+1)n}{2}\right)$$
(prog. aritmética e Exemplo 8.3.6)

$$= \frac{e^2(e^{n+1}-1)n(n+1)(n+2)}{6(e-1)}. \qquad \blacksquare$$

8.5 Exercícios

1. Calcule

(a) $\sum_{i=1}^{50}(3^i + 2i + 1)$.

(b) $\sum_{i=1}^{20} 2(3^i + i)$.

(c) $\sum_{i=1}^{n}(2^i + 5)$ para $n \geq 1$.

(d) $\sum_{i=0}^{n} \frac{2^i}{3^{i-1}}$ para $n \geq 0$.

(e) $\sum_{k=1}^{n}(-1)^k$ para $n \geq 1$.

(f) $\sum_{i=0}^{n} i2^i$ para $n \geq 0$.

(g) $\sum_{j=1}^{n} \frac{j}{2^{j+1}}$ para $n \geq 1$.

(h) $\sum_{i=1}^{n}(-1)^i i^2$ para $n \geq 1$.

(i) $\sum_{k=1}^{n}(-1)^k k$ para $n \geq 1$.

(j) $\sum_{i=1}^{n} i^3$ para $n \geq 1$.

2. Mostre que para $n \geq 2$

$$\left(\sum_{i=2}^{n} \frac{1+i}{2}\right) - \left(\sum_{i=2}^{n} \frac{1}{i}\right) = \frac{n^2 + 3n}{4} - \left(\sum_{i=1}^{n} \frac{1}{i}\right).$$

3. Aplicando a soma telescópica calcule

(a) $\sum_{k=1}^{n} \frac{3}{(k+1)(k+2)}$ para $n \geq 1$.

(b) $\sum_{k=1}^{n} \frac{1}{k^2 + 5k + 6}$ para $n \geq 1$.

(c) $\sum_{k=2}^{n} \frac{1}{k^2 - 1}$ para $n \geq 2$.

4. Mostre que para $n \geq 1$

$$\sum_{k=1}^{n} \sum_{i=1}^{k} \frac{1}{i} = (n+1) \sum_{i=1}^{n} \frac{1}{i} - n.$$

5. Calcule

(a) $\displaystyle\sum_{i=1}^{2}\sum_{j=1}^{3}\frac{1}{i+j}$.

(b) $\displaystyle\sum_{i=1}^{7}\sum_{j=5}^{10}(2j-3ij)$.

(c) $\displaystyle\sum_{i=5}^{10}\sum_{k=0}^{20}(ik-5k)$.

(d) $\displaystyle\sum_{j=1}^{10}\sum_{k=1}^{j}\frac{2k}{j}$.

(e) $\displaystyle\sum_{i=1}^{n}\sum_{j=1}^{n}(j^2+i)$.

(f) $\displaystyle\sum_{i=1}^{n}\sum_{j=1}^{n}(2ij^2+1)$ para $n\geq 1$.

(g) $\displaystyle\sum_{i=1}^{n}\sum_{j=1}^{m}e^{i+j}$ para $n,m\geq 1$.

(h) $\displaystyle\sum_{i=0}^{n}\sum_{k=1}^{n}k2^{i+1}$.

Capítulo 9

Relações de recorrência

Neste capítulo aborda-se a definição de sucessões por recorrência, ou recursão, e apresentam-se algumas técnicas para resolução de recorrências, isto é, técnicas que permitem obter uma definição explícita do termo geral de uma sucessão a partir da sua definição por recorrência. As recorrências, muitas vezes designadas por equações de diferenças, ocorrem na modelação de sistemas dinâmicos tais como sistemas físicos, biológicos, químicos, sociais, económicos, etc., quando o tempo é medido em intervalos discretos, ou na discretização de equações diferenciais. Um dos domínios importantes de aplicação dos resultados apresentados neste capítulo é, mais uma vez, a análise de eficiência de algoritmos (recursivos). Este assunto será abordado no Capítulo 10, pelo que não consideraremos exemplos dessa área neste capítulo.

Analisam-se as relações de recorrência lineares e entre estas, em particular, as de coeficientes constantes, homogéneas e não homogéneas.

9.1 Definição de sucessões por recorrência

Uma forma de definir sucessões, muito útil em numerosas situações, é a chamada definição por recorrência, ou recursão.

Informalmente, uma função diz-se definida por recorrência, ou recursivamente, se a função se define à custa de si própria. Naturalmente, isto, dito apenas assim, diz pouco, e pode levantar dúvidas sobre se uma tal função está bem definida. Procuremos caracterizar melhor este conceito informal e saber se existem condições que garantam que este poderoso mecanismo de definição de funções não é problemático.

Começamos por apresentar uma primeira versão da definição por recorrência, ou recursão, de sucessões de elementos de um conjunto V. Na sequência considera-se como arquétipo as sucessões indexadas por $\mathbb{N}$, isto é, as aplicações $u : \mathbb{N} \to V$ (ver Secção 4.3), mas os resultados estabelecidos generalizam-se naturalmente a sucessões indexadas por qualquer conjunto de inteiros $\mathbb{Z}_{\geq q}$.

A definição de uma sucessão por recorrência consiste em:

(i) dizer explicitamente qual o valor do primeiro termo da sucessão (*base* da definição por recorrência ou *condição inicial*)

(ii) indicar como se calcula cada um dos outros termos à custa do termo anterior (*passo da recursão* ou *equação de recorrência*).

A base da definição por recorrência de uma sucessão $u : \mathbb{N} \to V$ corresponde assim a indicar um valor explícito para $u(0)$. No passo da recursão indica-se a regra de cálculo que permite obter o valor de $u(n)$ à custa do valor de $u(n-1)$ para cada índice $n \geq 1$. De forma equivalente, pode também dizer-se que o passo da recursão corresponde a indicar como obter o valor de $u(n+1)$ à custa do valor de $u(n)$ para cada índice $n \geq 0$. Para simplificar a exposição adotaremos na sequência a notação usual das sucessões, e escreveremos u_0, u_n, u_{n+1}, etc, em vez de $u(0)$, $u(n)$, $u(n+1)$, etc.

Ao par de componentes da definição por recorrência, isto é, ao par constituído pela condição inicial e pela equação de recorrência, chama-se *relação de recorrência*. Por vezes usa-se também a designação relação de recorrência para fazer referência apenas à equação de recorrência.

Exemplo 9.1.1 Pode definir-se uma sucessão de naturais u por recorrência como se segue

(i) $u_0 = 5$

(ii) $u_{n+1} = 2u_n$ para cada $n \geq 0$. ∎

Uma primeira questão que se põe é a de saber se a sucessão referida no Exemplo 9.1.1 está ou não bem definida, isto é, se há ou não uma e uma só aplicação de $\mathbb{N}$ em $\mathbb{N}$ que satisfaz simultaneamente as condições (i) e (ii). A discussão deste problema é deixada para o Apêndice A, limitando-nos aqui a demonstrar que não pode existir mais do que uma sucessão que verifica essas condições (a chamada unicidade da solução).

Uma outra questão relevante é a seguinte. Dada a definição por recorrência de uma sucessão u, para calcularmos u_{500}, por exemplo, temos de calcular sucessivamente u_1, u_2, u_3, ..., u_{499}. Para evitar estes cálculos, é útil tentar obter uma definição *explícita* de u_n que nos permita obter diretamente o seu valor como função de n, para qualquer $n \geq 0$. Ao longo do capítulo são apresentadas algumas técnicas para a resolução de relações de recorrência, isto é, técnicas que permitem precisamente obter "soluções explícitas" para o termo geral de sucessões definidas por essas relações de recorrência.

Abordemos então, sucintamente, o problema de garantir que a sucessão u do Exemplo 9.1.1 está bem definida. Este facto decorre de um resultado que estabelece que existe uma e uma só sucessão$_0$ de elementos de um conjunto V que verifica (i) $u_0 = a$, com $a \in V$ e (ii) $u_{n+1} = T(u_n)$ para cada natural n, com T uma qualquer aplicação de V em V.

Apesar do resultado estar de acordo com a nossa intuição, a sua demonstração, mais precisamente, a demonstração da parte da existência, é um pouco mais complexa do que se poderia esperar à primeira vista, podendo ser omitida numa primeira leitura.

Proposição 9.1.2 Sejam V um conjunto e $T : V \to V$ uma aplicação. Para cada $a \in V$ existe uma e uma só aplicação $u : \mathbb{N} \to V$ que verifica as seguintes condições:

(i) $u_0 = a$

(ii) $u_{n+1} = T(u_n)$ para cada $n \in \mathbb{N}$.

Demonstração: Há que demonstrar a existência e a unicidade da sucessão u. A demonstração da existência encontra-se no Apêndice A.

Unicidade: A demonstração decorre por indução. Suponha-se que existem aplicações $u : \mathbb{N} \to V$ e $v : \mathbb{N} \to V$ que verificam (i) e (ii). Demonstremos, usando a versão simples do princípio de indução finita que

$$\forall_{n\in\mathbb{N}}\, u_n = v_n.$$

Base de indução:
Por (i) tem-se que $u_0 = a = v_0$.

Passo de indução:
Seja $n \geq 0$ qualquer e suponha-se que se verifica $u_n = v_n$ (*HI*). Queremos então demonstrar que $u_{n+1} = v_{n+1}$. Ora, usando (ii), a hipótese de indução e de novo (ii), conclui-se que

$$u_{n+1} = T(u_n) = T(v_n) = v_{n+1}$$

como pretendido. ∎

A condição (ii) indicada na Proposição 9.1.2 pode ser reformulada, de forma equivalente, dizendo que "$u_n = T(u_{n-1})$ para cada $n \in \mathbb{N}_1$".

O resultado estabelecido na Proposição 9.1.2 pode ser generalizado em vários sentidos.

Uma generalização possível consiste em notar que não é obrigatório que a regra de cálculo de u_{n+1} à custa de u_n tenha de ser a mesma para todo o natural n. Por exemplo, a regra de cálculo pode ser diferente para o caso em que n é par e para o caso em que n é ímpar. Olhando para a demonstração da Proposição 9.1.2, pode constatar-se que ela pode ser adaptada ao seguinte caso, mais geral, em que em vez da aplicação T temos uma família de aplicações $(T_n)_{n \in \mathbb{N}}$:

(i) $u_0 = a$

(ii) $u_{n+1} = T_n(u_n)$ para cada $n \in \mathbb{N}$, onde $T_n : V \to V$ é a aplicação que permite construir u_{n+1} a partir de u_n.

Uma outra generalização importante consiste em permitir que para o cálculo do termo u_n se possa recorrer a vários termos anteriores, concretamente a um certo número $k \geq 1$ de termos anteriores u_{n-1}, u_{n-2},..., u_{n-k}, e não apenas ao termo u_{n-1}.

Estas generalizações serão abordadas no Apêndice A, onde se discutirá a questão mais geral da definição por recorrência quer de aplicações definidas sobre conjuntos livremente gerados, quer de aplicações definidas sobre conjuntos nos quais esteja disponível uma relação bem fundada.

Como referimos, este capítulo apresenta várias técnicas para resolução de relações de recorrência. Resolver uma relação de recorrência é encontrar uma expressão explícita para o termo geral da sucessão $(u_n)_{n \geq 0}$ que é solução dessa relação de recorrência. Uma expressão explícita para u_n é uma expressão que só depende de n, não referindo quaisquer termos anteriores da sucessão.

9.2 Técnicas para resolução de recorrências

Ao longo deste capítulo apresentam-se várias técnicas para resolução de recorrências. Nesta secção começamos por apresentar dois exemplos motivadores. Descreve-se depois o método iterativo para resolução de recorrências, e a seguir o método do cancelamento. A terminar, mostramos como através de mudanças de variável apropriadas certas relações podem ser transformadas noutras de mais simples resolução.

9.2.1 Dois exemplos motivadores

A definição de sucessões por recorrência surge naturalmente em diversas situações, no sentido em que as sucessões que descrevem adequadamente certos fenómenos podem ser definidas por recorrência de modo simples e fácil. No entanto, é importante dispormos de expressões que nos permitam calcular diretamente o valor de qualquer termo u_n apenas como função de n. Com efeito, dada a definição por recorrência da sucessão de naturais $u : \mathbb{N} \to \mathbb{N}$ em que

(i) $u_0 = 0$

(ii) $u_n = 2u_{n-1} + 1$ para cada $n \geq 1$

o cálculo do valor de u_{1000}, por exemplo, obriga a calcular todos os termos anteriores, como observámos atrás. O cálculo de u_{1000} será certamente mais simples (ou mais imediato) se tivermos uma expressão que nos permita calcular diretamente u_{1000} sem termos que calcular o valor dos outros termos, como, por exemplo, se soubermos que o termo geral é $u_n = 2^n - 1$.

Vejamos então dois exemplos motivadores: o problema da Torre de Hanói e o problema das n ovais.

Torre de Hanói

Consideremos como primeiro exemplo motivador um problema usualmente conhecido como o problema da *Torre de Hanói* (ou *Torre de Brahma*).

> Num mosteiro existem três postes verticais, num dos quais estão enfiados 64 discos por ordem estritamente decrescente de tamanho. Os monges desse mosteiro pretendem transferir os discos do poste inicial para um dos outros postes, mudando um disco de cada vez, usando o terceiro poste como auxiliar e nunca violando a seguinte restrição: um disco maior nunca pode ser colocado em cima de um disco mais pequeno. Os monges acreditam que quando tiverem terminado esta tarefa a humanidade terá ganho o acesso ao céu e o mundo acabará ...

Quanto tempo demoraria a efetuar a tarefa que os monges pretendem fazer, supondo que sabiam como executar tal tarefa? Para obter esse tempo, podemos tentar determinar qual o menor número de movimentos de discos que são necessários para realizar a tarefa, assumir que cada movimento de um disco demora (em média) um certo tempo e fazer as contas. Vejamos como resolver este problema.

O primeiro passo é generalizar o problema. Consideramos então que no poste inicial pode estar um qualquer número n de discos. Isto permite-nos considerar casos com poucos discos, que poderemos tentar resolver, e cuja solução nos poderá ajudar a intuir como proceder no caso geral.

O segundo passo consiste em introduzir uma notação apropriada, que nos permita descrever o problema de uma forma tão clara e simples quanto possível, e usá-la para caracterizar a solução do problema, estabelecendo uma relação de recorrência relevante.

Seja u_n o *menor* número de movimentos de discos necessários para transferir n discos de um poste para outro, e procuremos estabelecer a relação que u_n deve satisfazer.

Comecemos por calcular u_n para valores de n pequenos. É imediato que $u_1 = 1$, pois basta o mover o único disco para o poste escolhido como poste final. Também é imediato que $u_2 = 3$ pois basta mover o disco mais pequeno para o poste auxiliar, mover o disco maior para o poste final e, por último, mover o disco mais pequeno para cima deste.

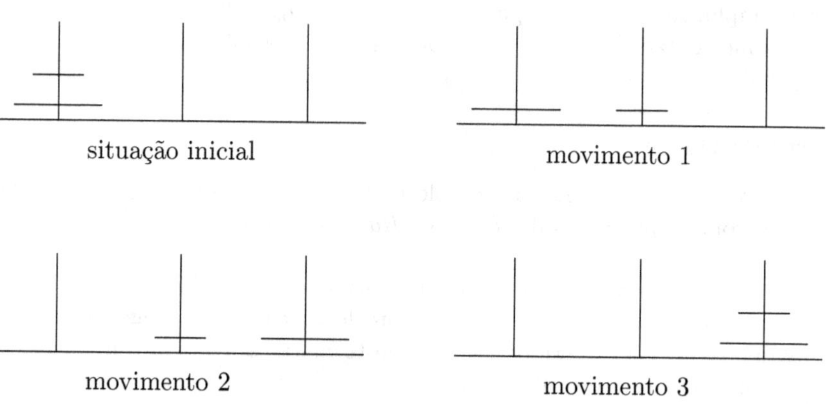

O valor de u_3 ainda se pode calcular com relativa facilidade, uma vez que é fácil de verificar que a mudança ótima de 3 discos de um poste para outro usando o terceiro poste como auxiliar se processa como se segue:

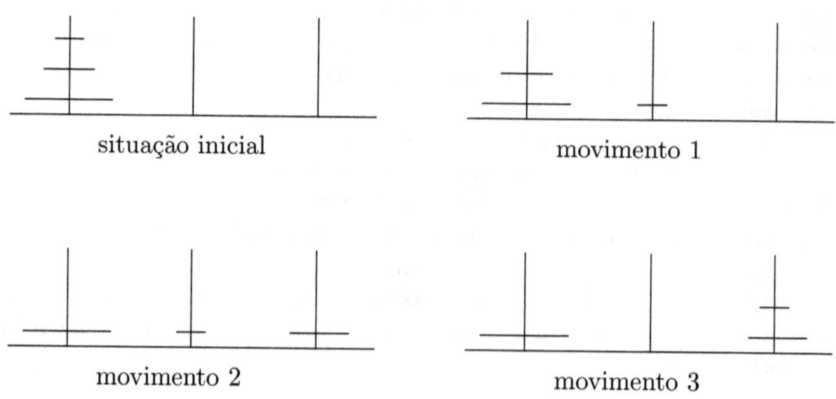

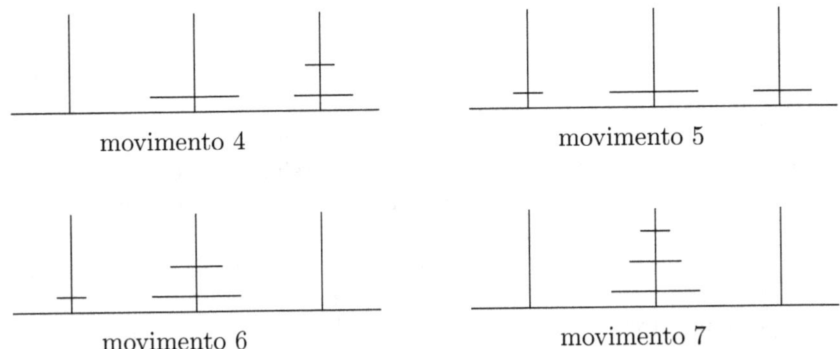

Conclui-se assim que o número mínimo de movimentos de discos quando se tem 3 discos é $u_3 = 7$.

Para valores maiores de n as contas começam a ser mais difíceis de fazer. Procuremos pensar recursivamente e definir u_n à custa de u_{n-1}. Se queremos mudar n discos de um poste A para outro poste B usando o terceiro poste C como auxiliar, sem violar a restrição imposta, o n-ésimo disco tem de ficar em baixo no poste B e a melhor solução é aquela em que quando mudamos o n-ésimo disco do poste A o mudamos logo para o poste B. Para que isso aconteça, o poste B tem de estar vazio e os primeiros $n-1$ discos têm de estar no poste C. Logo que se coloque o n-ésimo disco no poste B resta-nos mudar os primeiros $n-1$ discos do poste C para o poste B. O menor número de movimentos de discos necessários para mudar os primeiros $n-1$ discos do poste A para o poste C é dado por u_{n-1}. O menor número de movimentos de discos necessários para mudar os primeiros $n-1$ discos do poste C para o poste B é também dado por u_{n-1}. Chegamos assim à equação de recorrência $u_n = u_{n-1} + 1 + u_{n-1}$, isto é

$$u_n = 2u_{n-1} + 1$$

para $n \geq 2$. Como vimos acima, a condição inicial é

$$u_1 = 1.$$

Observe-se que de facto o valor de u_2 acima indicado se obtém a partir desta relação de recorrência.

Podemos igualmente considerar o caso em que $n = 0$ (não se movem discos), obtendo-se a relação de recorrência

(i) $u_0 = 0$

(ii) $u_n = 2u_{n-1} + 1$ para cada $n \geq 1$.

O terceiro passo para resolver este problema é resolver a relação de recorrência obtida, ou seja, obter uma expressão para u_n como função de n. Essa expressão explícita, para além de facilitar o cálculo de u_n, permite também ter uma ideia muito mais clara de como o número de movimentos de discos necessários evolui/cresce com o número de discos n.

Uma primeira estratégia para a resolução da relação de recorrência consiste em procurar intuir a expressão e depois demonstrar que ela está correta (o que tipicamente é feito por indução). Para intuir a expressão podem calcular-se os termos u_n da sucessão para valores de n pequenos, para se tentar perceber se os números obtidos exibem alguma tendência que nos permita abstrair a regra que os permite gerar. Neste caso, usando a relação de recorrência estabelecida obtém-se

$$u_0 = 0 \qquad u_1 = 1 \qquad u_2 = 3 \qquad u_3 = 7 \qquad u_4 = 15 \qquad \ldots$$

e, com alguma experiência, não é difícil intuir a regra que parece estar por detrás da geração destes números. De facto, notando que

$$u_0 = 2^0 - 1 \qquad u_1 = 2^1 - 1 \qquad u_2 = 2^2 - 1 \qquad u_3 = 2^3 - 1 \qquad u_4 = 2^4 - 1 \qquad \ldots$$

pode-se admitir que a expressão do termo geral pretendida é

$$u_n = 2^n - 1.$$

Naturalmente, há que demonstrar que de facto é este o termo geral da solução da relação de recorrência. A demonstração é tipicamente feita por indução. Neste caso uma indução simples basta, como se ilustra a seguir.

Queremos então demonstrar que se uma sucessão de naturais $(u_n)_{n\geq 0}$ satisfaz a relação de recorrência

(i) $u_0 = 0$

(ii) $u_n = 2u_{n-1} + 1$ para cada $n \geq 1$

então verifica-se $\forall_{n\geq 0} P(n)$ onde $P(n)$ é a propriedade $u_n = 2^n - 1$.

Base da indução:
Há que demonstrar que se verifica $P(0)$, o que é imediato usando a condição inicial, pois $u_0 = 0 = 2^0 - 1$.

Passo da indução:
Para $n \geq 0$, assuma-se que $u_n = 2^n - 1$ (*HI*). Há que demonstrar que $u_{n+1} = 2^{n+1} - 1$, o que se conclui facilmente como se segue

$$\begin{aligned} u_{n+1} &= 2u_n + 1 && \text{(equação de recorrência)} \\ &= 2(2^n - 1) + 1 && \text{(por } HI\text{)} \\ &= 2^{n+1} - 1. \end{aligned}$$

A título de curiosidade, calculemos o número de movimentos de discos necessários para resolver o problema inicialmente colocado. Tal como referido, no poste vertical do mosteiro existiam 64 discos, o que significa que são necessários

$$u_{64} = 2^{64} - 1 = 18446744073709551615 \simeq 1.8 \times 10^{19}$$

movimentos. Assumindo que cada movimento de 1 disco demora 1 microssegundo, isto é, 10^{-6} segundos obtém-se cerca de 1.8×10^{13} segundos o que corresponde a cerca de 5849 séculos!

Claro que nem sempre é fácil descobrir qual é a expressão explícita do termo geral da solução da relação de recorrência a partir dos primeiros termos da sucessão. Adiante veremos alguns resultados gerais que nos indicam como calcular diretamente a expressão explícita do termo geral da solução de relações de recorrência com determinadas características.

O problema das n ovais

Vejamos agora um outro exemplo que ilustra um segundo método que permite intuir facilmente o termo geral de sucessões definidas por recorrências com certas características. É um exemplo de natureza geométrica, o chamado problema das n ovais, onde por uma oval se entende, informalmente, uma curva fechada que não se intersecta a si própria.

> Suponha-se que n ovais são desenhadas num plano de modo a que três ovais nunca se intersectem num mesmo ponto e cada par de ovais se intersecte em exatamente dois pontos. Quantas regiões distintas do plano são criadas por essas n ovais?

Designemos por r_n o número de regiões do plano criadas por n ovais. No caso de termos 1, 2 e 3 ovais

$n = 1$ $n = 2$

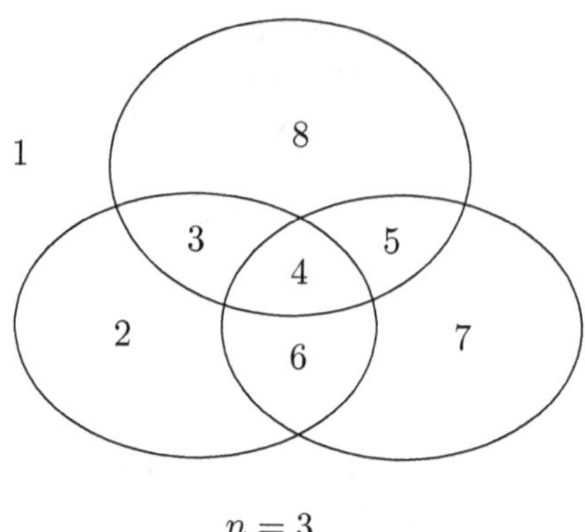

$$n = 3$$

é fácil concluir que $r_1 = 2$, $r_2 = 4$ e $r_3 = 8$. Embora os valores obtidos pareçam sugerir que

$$r_n = 2^n$$

há que demonstrar que assim é. Não é tão fácil visualizar geometricamente qual o valor de r_n para valores de n maiores. É mais simples generalizar e pensar recursivamente.

Reformulemos o problema, analisando-o recursivamente. Assuma-se que $n-1$ ovais dividem o plano em r_{n-1} regiões. A n-ésima oval cruza cada uma das $n-1$ ovais anteriores em 2 pontos e, portanto, como nenhumas três ovais se cruzam num mesmo ponto, a n-ésima oval cruza-se com o conjunto das $n-1$ ovais anteriores em $2(n-1)$ pontos. A n-ésima oval divide-se assim em $2(n-1)$ arcos, e cada um desses arcos vai dividir a região em que se encontra em duas (ver a figura acima com $n = 3$). Assim, a n-ésima oval vai dar origem a mais $2(n-1)$ regiões.

Obtemos então a equação de recorrência

$$r_n = r_{n-1} + 2(n-1)$$

para cada $n \geq 2$. A condição inicial é naturalmente $r_1 = 2$.

O objetivo é agora resolver esta relação de recorrência. Para isso podemos tentar aplicar a técnica aplicada no exemplo anterior, calculando o valor de r_n para valores pequenos de n, tentando intuir a expressão do termo geral e demonstrando em seguida que ela está correta. Os valores calculados até agora, $r_1 = 2$, $r_2 = 4$ e $r_3 = 8$, parecem sugerir que $r_n = 2^n$. Mas calculando o termo seguinte obtém-se $r_4 = r_3 + 2(4-1) = 14$ e conclui-se que esta conjetura está errada, e não parece fácil conseguir obter uma expressão explícita para o termo geral da sucessão.

O método que iremos aqui aplicar é designado por método iterativo (ou da iteração). O método iterativo consiste em ir escrevendo a expressão relativa a

r_n à custa dos termos antecessores r_{n-1}, r_{n-2}, r_{n-3}, etc., até sermos capazes de obter uma expressão explícita para o termo geral da sucessão.

Neste caso temos

$$\begin{aligned} r_n &= r_{n-1} + 2(n-1) && \text{(pela equação de recorrência } r_n = r_{n-1} + 2(n-1)) \\ &= r_{n-2} + 2(n-2) + 2(n-1) && \text{(pela equação de recorrência } r_{n-1} = r_{n-2} + 2(n-2)) \\ &= r_{n-3} + 2(n-3) + \\ &\quad + 2(n-2) + 2(n-1) && \text{(pela equação de recorrência } r_{n-2} = r_{n-3} + 2(n-3)) \\ &= \ldots \end{aligned}$$

e assim sucessivamente, isto é,

$$r_n = r_{n-k} + 2(n-k) + \ldots + 2(n-1)$$

para $1 \leq k < n$. Ora, no caso particular de $k = n - 1$, tem-se

$$r_n = r_1 + 2(1) + \ldots + 2(n-1).$$

A partir desta igualdade, substituindo r_1 pelo seu valor dado pela condição inicial, pondo 2 em evidência, obtém-se

$$r_n = 2 + 2\,(1 + \ldots + n - 1) = 2 + 2\sum_{i=1}^{n-1} i.$$

Recordando a expressão para o somatório dos k primeiros termos de uma progressão aritmética apresentado na Secção 8.3 conclui-se que o termo geral é

$$r_n = 2 + 2((n-1)\frac{1 + (n-1)}{2}) = n^2 - n + 2.$$

Comparando a forma como obtivemos a expressão para o termo geral neste caso e no caso do exemplo da Torre de Hanói, temos que nesse exemplo a expressão $2^n - 1$ que se obteve foi conseguida simplesmente a partir da observação do valor de alguns termos iniciais da sucessão. Nada nos garantia que não nos pudéssemos ter enganado na intuição dessa expressão, pelo que era fundamental demonstrar que a expressão intuída estava correta. Já no caso presente a situação é diferente, uma vez que podemos considerar que o método iterativo que usámos para obter r_n corresponde já a uma demonstração, ainda que informal, da expressão obtida para o termo geral da sucessão. De qualquer modo, podemos sempre efetuar uma prova por indução de que $r_n = n^2 - n + 2$, para $n \geq 1$, o que se deixa como exercício.

9.2.2 Método iterativo

Esta secção é dedicada a uma análise mais cuidada do método iterativo. Na secção anterior, no âmbito do exemplo do problema das n ovais, vimos como obter a expressão

$$r_n = n^2 - n + 2$$

a partir da equação de recorrência $r_n = r_{n-1}+2(n-1)$ para $n \geq 2$ e da condição inicial $r_1 = 2$. O raciocínio que conduziu à expressão $r_n = n^2 - n + 2$ constitui a essência de um método para resolver relações de recorrência, denominado *método iterativo.* O método iterativo funciona muitas vezes bem para relações de recorrência com uma forma genérica do tipo

(i) $u_0 = b_0$

(ii) $u_n = a_n u_{n-1} + b_n$

onde a_n e b_n são constantes ou expressões envolvendo n, mas não envolvendo qualquer termo da sucessão, a que chamaremos relações de recorrência lineares de grau 1 (ver Secção 9.3). No caso do problema das n ovais a_n é a constante 1 e b_n é $2(n-1)$. Recorde-se que a recorrência obtida no problema da Torre de Hanói é também deste tipo (ver página 387). Neste caso a_n é a constante 2 e b_n é a constante 1. Ilustremos então de novo o método iterativo, aplicando-o à resolução da relação de recorrência obtida para o exemplo da Torre de Hanói.

Exemplo 9.2.1 TORRE DE HANÓI - MÉTODO ITERATIVO
Neste caso temos a sucessão de termo geral u_n definida pela relação de recorrência $u_0 = 0$ e $u_n = 2u_{n-1} + 1$ para $n \geq 1$. Temos assim

$$\begin{aligned}
u_n &= 2u_{n-1} + 1 && \text{(pela equação } u_n = 2u_{n-1} + 1\text{)} \\
&= 2(2u_{n-2} + 1) + 1 && \text{(pela equação } u_{n-1} = 2u_{n-2} + 1\text{)} \\
&= 2^2 u_{n-2} + 2 + 1 \\
&= 2^2(2u_{n-3} + 1) + 2 + 1 && \text{(pela equação } u_{n-2} = 2u_{n-3} + 1\text{)} \\
&= 2^3 u_{n-3} + 2^2 + 2 + 1 \\
&= 2^3(2u_{n-4} + 1) + 2^2 + 2 + 1 && \text{(pela equação } u_{n-3} = 2u_{n-4} + 1\text{)} \\
&= 2^4 u_{n-4} + 2^3 + 2^2 + 2 + 1 \\
&= \ldots
\end{aligned}$$

e assim sucessivamente, concluindo-se que para cada $1 \leq k \leq n$

$$u_n = 2^k u_{n-k} + 2^{k-1} + 2^{k-2} + \ldots + 2^2 + 2 + 1$$

com $n \geq 1$. No caso de $k = n$ obtém-se

$$u_n = 2^n u_0 + 2^{n-1} + 2^{n-2} + \ldots + 2^2 + 2 + 1$$

o que, usando a condição inicial $u_0 = 0$ conduz a

$$u_n = 2^{n-1} + 2^{n-2} + \ldots + 2^2 + 2 + 1 = \sum_{i=0}^{n-1} 2^i.$$

Recordando a expressão para o somatório de termos de uma progressão geométrica apresentado na Secção 8.3 conclui-se que

$$u_n = \sum_{i=0}^{n-1} 2^i = \frac{2^n - 1}{2 - 1} = 2^n - 1. \qquad \blacksquare$$

Apresentam-se de seguida mais dois exemplos de resolução de relações de recorrência, começando por um da área da economia.

Exemplo 9.2.2 Suponha-se que o preço de um determinado produto de uma empresa vai sendo ajustado ao longo do tempo de modo a procurar obter um equilíbrio entre a oferta e a procura do produto.

Considerando sucessivos intervalos de tempo, designa-se por p_n o preço estabelecido para cada unidade do produto ao longo do n-ésimo intervalo de tempo, por e_n o número de unidades do produto encomendadas ao longo desse n-ésimo intervalo de tempo, e por f_n o número de unidades do produto fornecidas (produzidas) durante o mesmo período.

Assuma-se um modelo muito simples em que a oferta e a procura são determinadas por equações lineares. Concretamente, suponha-se que a procura é determinada por uma equação da forma

$$e_n = -ap_n + b$$

onde a e b são constantes reais positivas, traduzindo a ideia de que se o preço cresce os consumidores compram menos quantidade do produto. Suponha-se ainda que a oferta é determinada por uma equação da forma

$$f_{n+1} = cp_n + d$$

onde c e d são constantes reais tais que $c > 0$ e $d \geq 0$, significando que quanto maior o preço, maior capacidade e interesse terão os fornecedores em aumentar a produção do produto em causa (aumento que só se refletirá no intervalo de tempo seguinte).

O equilíbrio total entre a oferta e a procura

$$f_{n+1} = e_{n+1}$$

será então obtido quando os preços satisfizerem a equação

$$p_{n+1} = sp_n + r$$

para $n \geq 1$, com $s = -\frac{c}{a}$ e $r = \frac{b-d}{a}$. Observe-se que se $s = -1$, os preços oscilam entre o preço inicial p_1 e o preço p_2. Com efeito

- $p_2 = sp_1 + r = -p_1 + r$
- $p_3 = sp_2 + r = p_1$
- $p_4 = sp_3 + r = p_2$

e assim por diante. Procuremos resolver a relação de recorrência usando o método iterativo. Tem-se então

$$\begin{aligned}
p_n &= sp_{n-1} + r \\
&= s(sp_{n-2} + r) + r = s^2 p_{n-2} + sr + r \\
&= s(sp_{n-3} + r) + sr + r = s^3 p_{n-3} + s^2 r + sr + r \\
&\dots \\
&= s^k p_{n-k} + s^{k-1} r + s^{k-2} r + \ldots + sr + r \qquad (\text{para } 1 \leq k \leq n-1) \\
&\dots \\
&= s^{n-1} p_1 + s^{n-2} r + \ldots + sr + r \\
&= s^{n-1} p_1 + r \sum_{i=0}^{n-2} s^i \\
&= s^{n-1} p_1 + r \frac{s^{n-2+1} - 1}{s-1} = s^{n-1} \left(p_1 - \frac{r}{1-s} \right) + \frac{r}{1-s}.
\end{aligned}$$

Isto é, qualquer que seja $n \geq 1$ ter-se-á

$$p_{n+1} = s^n \left(p_1 - \frac{r}{1-s} \right) + \frac{r}{1-s} \tag{9.1}$$

A partir de (9.1) podemos tirar algumas conclusões sobre o modo como evoluem os preços em função do valor de s, recordando que $s = -\frac{c}{a} < 0$.

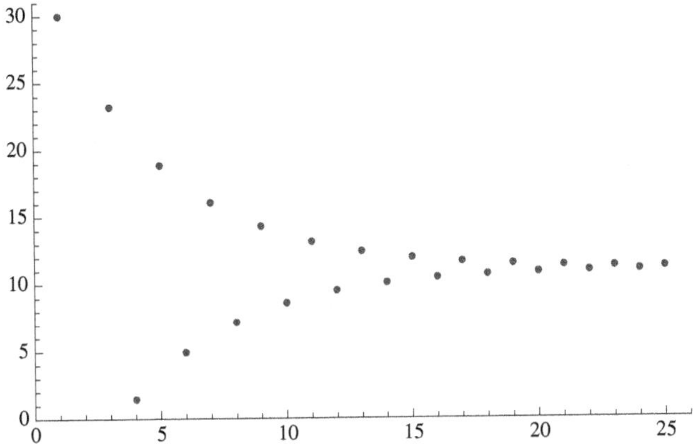

Figura 9.1: Primeiros termos de p com $p_1 = 30$, $s = -0.8$ e $r = 20$

- Se $-1 < s < 0$ então o valor da parcela

$$s^n \left(p_1 - \frac{r}{1-s}\right)$$

vai diminuindo à medida que n cresce. Os preços tendem a estabilizar à volta do "preço de equilíbrio"

$$\frac{r}{1-s}$$

para o qual a quantidade procurada é exatamente igual à quantidade oferecida. Na Figura 9.1 estão representados os primeiros 25 termos da sucessão p no caso em que $p_1 = 30$, $s = -0.8$ e $r = 20$.

- Se $s = -1$, como já tínhamos observado, os preços alternam entre p_1 e p_2. Na Figura 9.2 estão representados os primeiros 25 termos da sucessão p no caso em que $p_1 = 6$, $s = -1$ e $r = 20$.

- Se $s < -1$, as diferenças entre os preços consecutivos, dadas por

$$p_{n+1} - p_n = s^{n-1}((s-1)p_1 + r)$$

crescem, em valor absoluto, continuando os preços a oscilar à volta do "preço de equilíbrio" $\frac{r}{1-s}$, mas agora afastando-se progressivamente deste. Na Figura 9.3 estão representados os primeiros 25 termos da sucessão p no caso em que $p_1 = 5$, $s = -1.2$ e $r = 20$.

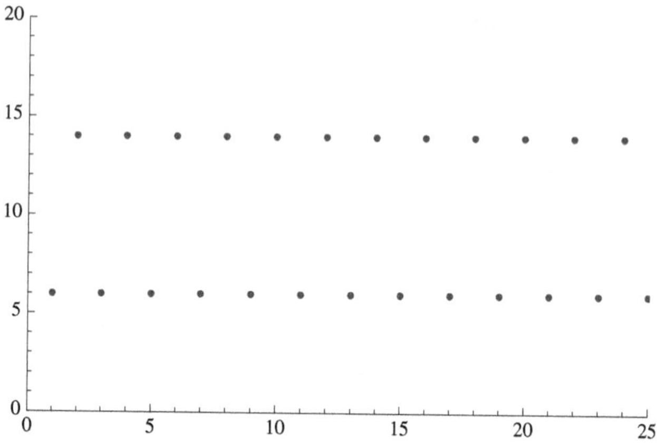

Figura 9.2: Primeiros termos de p com $p_1 = 6$, $s = -1$ e $r = 20$

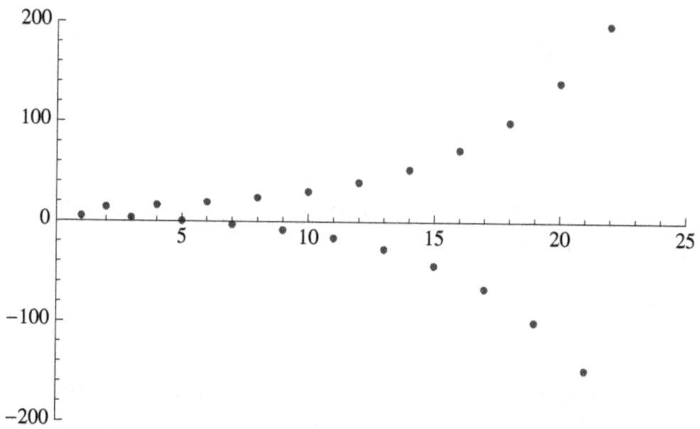

Figura 9.3: Primeiros termos de p com $p_1 = 5$, $s = -1.2$ e $r = 20$

Note-se que neste modelo os preços oscilarão sempre em torno do "preço de equilíbrio" $\frac{r}{1-s}$, afastando-se ou aproximando-se dele, conforme os casos. A exceção é o caso em que o preço inicial p_1 é já $\frac{r}{1-s}$, caso em que os preços se manterão inalteráveis. ∎

Exemplo 9.2.3 Considere-se a relação de recorrência

(i) $u_0 = 10$

(ii) $u_n = 3nu_{n-1}$ para cada $n \geq 1$

e procuremos resolvê-la recorrendo, de novo, ao método iterativo. Obtém-se

$$
\begin{aligned}
u_n &= 3nu_{n-1} \\
&= 3n(3(n-1)u_{n-2}) = 3^2n(n-1)u_{n-2} \\
&= 3^2n(n-1)(3(n-2)u_{n-3}) = 3^3n(n-1)(n-2)u_{n-3} \\
&\dots \\
&= 3^k n(n-1)\dots(n-k+1)u_{n-k} && (\text{com } 1 \le k \le n) \\
&= 3^n n(n-1)\dots 1u_0 && (\text{com } k = n) \\
&= 3^n n! u_0.
\end{aligned}
$$

Logo, conclui-se que o termo geral é

$$u_n = 3^n \times 10 \times n!$$

tendo em conta a condição inicial. ∎

9.2.3 Método do cancelamento

O método iterativo pode ser apresentado de outra forma, conhecida como *técnica do cancelamento* ou *método do cancelamento*. Ilustremos este método no caso das sucessões relativas ao problema das n ovais e ao problema da Torre de Hanói.

Exemplo 9.2.4 PROBLEMA n OVAIS - MÉTODO DO CANCELAMENTO
Recorde-se que a sucessão r é definida pela relação de recorrência $r_1 = 2$ e $r_n = r_{n-1} + 2(n-1)$ para cada $n \geq 2$. Tem-se então

$$
\begin{aligned}
r_n &= r_{n-1} + 2(n-1) && (\text{pela equação de recorrência}) \\
r_{n-1} &= r_{n-2} + 2(n-2) && (\text{pela equação de recorrência substituindo } n \text{ por } n-1) \\
r_{n-2} &= r_{n-3} + 2(n-3) && (\text{pela equação de recorrência substituindo } n \text{ por } n-2) \\
&\dots \\
r_3 &= r_2 + 2(2) && (\text{pela equação de recorrência substituindo } n \text{ por } 3) \\
r_2 &= r_1 + 2(1) && (\text{pela equação de recorrência substituindo } n \text{ por } 2)
\end{aligned}
$$

Somando as $n-1$ equações obtém-se

$$r_n + r_{n-1} + \ldots + r_2 = r_{n-1} + \ldots + r_2 + r_1 + 2(1+2+\ldots+n-1)$$

e cancelando os termos $r_{n-1}, \ldots, r_2$, usando a condição inicial e o símbolo de somatório, temos

$$r_n = r_1 + 2(1+2+\ldots+n-1) = 2 + 2\sum_{i=1}^{n-1} i$$

tal como anteriormente. ∎

Exemplo 9.2.5 TORRE DE HANÓI - MÉTODO DO CANCELAMENTO
Recorde-se que a sucessão u é neste caso definida pela relação de recorrência $u_0 = 0$ e $u_n = 2u_{n-1} + 1$ para cada $n \geq 1$. Usando a equação de recorrência e substituindo sucessivamente n por $n-1$, $n-2$, …,$n-k$ tem-se

$$\begin{aligned}
u_n &= 2u_{n-1} + 1 \\
2u_{n-1} &= 2(2u_{n-2} + 1) \\
&= 2^2 u_{n-2} + 2 \\
2^2 u_{n-2} &= 2^2(2u_{n-3} + 1) \\
&= 2^3 u_{n-2} + 2^2 \\
&\ldots \\
2^k u_{n-k} &= 2^k(2u_{n-(k+1)} + 1) \\
&= 2^{k+1} u_{n-(k+1)} + 2^k \\
&\ldots \\
2^{n-2} u_2 &= 2^{n-2}(2u_1 + 1) \\
&= 2^{n-1} u_1 + 2^{n-2} \\
2^{n-1} u_1 &= 2^{n-1}(2u_0 + 1) \\
&= 2^n u_0 + 2^{n-1}.
\end{aligned}$$

Somando as equações obtém-se

$$u_n + 2u_{n-1} + \ldots + 2^{n-1}u_1$$
$$=$$
$$2u_{n-1} + \ldots + 2^{n-1}u_1 + 2^n u_0 + 1 + 2 + 2^2 + \ldots + 2^{n-2} + 2^{n-1}$$

e cancelando os termos $2u_{n-1}, \ldots, 2^{n-1}u_1$ temos

$$u_n = 2^n u_0 + 1 + 2 + 2^2 + \ldots + 2^{n-2} + 2^{n-1}.$$

Usando a condição inicial $u_0 = 0$ e o símbolo de somatório obtemos

$$u_n = \sum_{i=0}^{n-1} 2^i$$

tal como anteriormente. ∎

Descrevamos o método do cancelamento no caso geral. A relação de recorrência que se pretende resolver é do tipo

(i) $u_0 = b_0$

(ii) $u_n = a_n u_{n-1} + b_n$ para $n \geq 1$

onde a_n e b_n são constantes ou expressões envolvendo n, mas não envolvendo qualquer termo da sucessão. A técnica do cancelamento consiste em aplicar sucessivamente a equação de recorrência (fazendo as simplificações adequadas), até que u_1 e u_0 sejam os únicos termos envolvidos na igualdade. Obtém-se deste modo

$$\begin{aligned}
u_n &= a_n u_{n-1} + b_n \\
\\
a_n u_{n-1} &= a_n(a_{n-1}u_{n-2} + b_{n-1}) \\
&= a_n a_{n-1} u_{n-2} + a_n b_{n-1} \\
\\
a_n a_{n-1} u_{n-2} &= a_n a_{n-1}(a_{n-2}u_{n-3} + b_{n-2}) \\
&= a_n a_{n-1} a_{n-2} u_{n-3} + a_n a_{n-1} b_{n-2} \\
&\ldots \\
a_n a_{n-1} a_{n-2} \ldots a_2 u_1 &= a_n a_{n-1} a_{n-2} \ldots a_2(a_1 u_0 + b_1) \\
&= a_n a_{n-1} a_{n-2} \ldots a_2 a_1 u_0 + \\
&\qquad a_n a_{n-1} a_{n-2} \ldots a_2 b_1.
\end{aligned}$$

Somando e cancelando $a_n u_{n-1}, \ldots, a_n a_{n-1} a_{n-2}, \ldots, a_2 u_1$ tem-se

$$\begin{aligned}
u_n &= a_n a_{n-1} a_{n-2} \ldots a_2 a_1 u_0 + b_n + a_n b_{n-1} + a_n a_{n-1} b_{n-2} + \\
&\qquad \ldots + a_n a_{n-1} a_{n-2} \ldots a_2 b_1.
\end{aligned}$$

Usando a condição inicial e reajustando a ordem das somas e dos produtos, chega-se ao termo geral

$$u_n = b_n + \sum_{i=0}^{n-1}(b_i a_{i+1} \dots a_n) \tag{9.2}$$

Note-se que esta dedução da expressão para o caso geral é aqui efetuada com fins meramente ilustrativos. Quando se quiser resolver uma recorrência deste tipo, tanto podemos aplicar esta forma geral a esse caso concreto, e depois tentar resolver o somatório em causa, como podemos aplicar diretamente a técnica do cancelamento como nos exemplos apresentados. Em certos casos esta segunda opção pode até ser mais simples.

Exemplo 9.2.6 Suponha-se que um banco disponibiliza uma aplicação de depósitos a prazo em que ao fim de cada seis meses a quantia depositada rende um juro de 3%, sujeito à condição de não poder haver alterações no montante depositado ao longo desse período de seis meses.

Suponha-se ainda que o Sr. A. tenciona recorrer a essa aplicação, efetuando um depósito inicial de 1000 euros e depositando mais 100 euros ao fim de cada período de seis meses. O Sr. A. tenciona também seguir a política referida, sem nunca levantar dinheiro desse depósito. Pretende-se então saber qual o montante que o Sr. A. terá disponível ao fim de três anos (isto é, no fim do sexto semestre).

Designando por d_n o valor do depósito do Sr. A. no início do $(n+1)$-ésimo semestre, isto é, d_0 é o valor do depósito inicial, d_1 é o montante do depósito quando se inicia o segundo semestre, e assim por diante, tem-se que $(d_n)_{n\geq 0}$ deverá satisfazer a seguinte relação de recorrência

(i) $d_0 = 1000$

(ii) $d_n = d_{n-1} + 0.03d_{n-1} + 100 = 1.03d_{n-1} + 100$ para cada $n \geq 1$

e o valor que o Sr. A. terá ao fim de 3 anos será igual a $d_6 - 100$, o valor com que iniciará o sétimo semestre se mantiver o depósito descontando os 100 euros que acrescenta ao depósito no início de cada semestre.

A título ilustrativo, resolvamos a relação de recorrência em causa aplicando (9.2). O termo geral é então

$$d_n = b_n + \sum_{i=0}^{n-1}(b_i a_{i+1} \dots a_n)$$

em que

- $d_0 = b_0 = 1000$

- $b_i = 100$ para cada $i \geq 1$
- $a_i = 1.03$ para cada $i \geq 1$.

Efetuando os cálculos, tem-se então

$$\begin{aligned}
d_n &= b_n + b_0 a_1 \dots a_n + \sum_{i=1}^{n-1} (b_i a_{i+1} \dots a_n) \\
&= 100 + 1000(1.03)^n + \sum_{i=1}^{n-1} 1000(1.03)^{n-i} \\
&= 100 + 1000(1.03)^n + 100 \sum_{j=1}^{n-1} 1000(1.03)^j \qquad (j = n - i) \\
&= 1000(1.03)^n + 100 \sum_{j=0}^{n-1} 1000(1.03)^j \\
&= 1000(1.03)^n + 100 \frac{(1.03)^n - 1}{1.03 - 1} \\
&= \frac{13000(1.03)^n - 10000}{3}.
\end{aligned}$$

Assim, ao fim de três anos, o Sr. A. terá disponível a quantia de

$$d_6 - 100 = \frac{13000(1.03)^6 - 10000}{3} - 100 \approx 1741 \text{ euros}$$

tendo investido ao longo desse tempo a quantia total de 1500 euros. ∎

9.2.4 Redução a relação de recorrência mais simples

Um outro método para resolver uma relação de recorrência consiste em procurar transformá-la numa outra relação de recorrência mais simples, ou numa outra relação de recorrência que já saibamos resolver. Isto pode ser conseguido através da manipulação da equação de recorrência em causa, e efetuando, eventualmente, uma substituição conveniente. Ilustremos esta técnica através de alguns exemplos.

Exemplo 9.2.7 O PROBLEMA DA TORRE DE HANÓI REVISITADO
No caso da Torre de Hanói foi possível intuir a expressão do termo geral da sucessão, u_n, a partir do cálculo do valor de alguns termos iniciais dessa sucessão. Mas, como já referimos, nem sempre será simples intuir a expressão a partir do cálculo desses valores. No caso desta sucessão tem-se

(i) $u_0 = 0$

(ii) $u_n = 2u_{n-1} + 1$ para $n \geq 1$

e facilmente se constata que é a soma de uma unidade que ocorre na equação de recorrência que faz com que a intuição da expressão do termo geral u_n possa não ser tão imediata. Ora a relação de recorrência em causa pode ser simplificada, ou, mais precisamente, pode ser transformada numa outra relação de recorrência mais simples, do seguinte modo:

- começa-se por adicionar 1 a ambos os membros das equações em causa

  (i) $u_0 + 1 = 0 + 1$

  (ii) $u_n + 1 = 2u_{n-1} + 2$

- a equação (ii) pode ser reescrita obtendo-se

$$u_n + 1 = 2(u_{n-1} + 1)$$

- designando-se $u_n + 1$ por v_n, isto é, efetuando-se a mudança de variável $v_n = u_n + 1$, obtém-se a seguinte relação de recorrência

  (i) $v_0 = 1$

  (ii) $v_n = 2v_{n-1}$.

Esta relação de recorrência é mais fácil de resolver que a inicial. Com efeito, usando o primeiro método que apresentámos para resolver relações de recorrência, calculemos alguns termos iniciais da sucessão v_n. Tem-se

$$v_0 = 1 \qquad v_1 = 2 \qquad v_2 = 4 \qquad v_3 = 8$$

e partir destes valores é imediato propor a expressão $v_n = 2^n$ para o termo geral da sucessão. Pode comprovar-se facilmente por indução simples que esta é de facto a solução desta relação de recorrência. A partir de v_n obtém-se a expressão

$$u_n = v_n - 1 = 2^n - 1$$

para u_n, como se pretendia. ■

Exemplo 9.2.8 Considere-se a versão do problema dos "desarranjos" apresentada em [42]. Antes de um certo jantar n pessoas deixam os seus sobretudos num bengaleiro, identificando-os previamente de forma adequada. Quando o jantar termina os sobretudos são devolvidos aleatoriamente, mas ninguém recebe o seu próprio sobretudo.

Designe-se por D_n o número de maneiras possíveis de distribuir n sobretudos por n pessoas de modo que nenhuma pessoa receba o seu sobretudo. Cada uma destas distribuições corresponde a uma permutação de n elementos na qual nenhum elemento está na sua posição original, permutação conhecida pelo nome de *desarranjo* (*derangement*, em língua inglesa). Pretende-se então saber calcular D_n para qualquer $n \geq 1$.

Comecemos por calcular alguns valores iniciais de D_n. É fácil concluir que $D_1 = 0$ e $D_2 = 1$.

Para o cálculo de D_3, comecemos por procurar uma notação simples que nos ajude a descrever a distribuição dos sobretudos. Escrevemos

$$< S_1, S_2, \ldots, S_n >$$

para designar que a pessoa i, com $1 \leq i \leq n$, recebeu o sobretudo S_i, em que $1 \leq S_i \leq n$ identifica o dono desse sobretudo. Assim, $< 3, 2, 1 >$ descreve a distribuição em que a pessoa 1 recebeu o sobretudo da pessoa 3, a pessoa 2 recebeu o seu próprio sobretudo e a pessoa 3 recebeu o sobretudo da pessoa 1. Procuremos então quantas maneiras existem de 3 pessoas receberem os sobretudos todos trocados. Em tal caso, das duas uma: a pessoa 1 ou recebeu o sobretudo 2 ou o sobretudo 3. Consideremos o caso em que a pessoa 1 recebeu o sobretudo 2

$$< 2, ???, ??? >$$

e procuremos as distribuições que possam conduzir a tal situação. As hipóteses são $< 2, 3, 1 >$ ou $< 2, 1, 3 >$, mas no último caso a pessoa 3 teria recebido o sobretudo certo. Logo a única possibilidade é $< 2, 1, 3 >$. Igualmente, a única distribuição possível que começa por 3, é $< 3, 2, 1 >$. Assim $D_3 = 2$.

Calculemos ainda D_4. A pessoa 1 terá o sobretudo 2, 3 ou 4. Suponha-se que a pessoa 1 tem o sobretudo 2 (os outros casos são análogos). Há as seguintes hipóteses:

- $< 2, 1, ???, ??? >$
  neste caso há os sobretudos 3 e 4 para distribuir e existe uma só forma "correta" de o fazer que é $< 2, 1, 4, 3 >$ (caso que corresponde à situação, já referida, em que temos dois sobretudos para distribuir pelos seus dois donos, sendo o número de maneiras de realizar a distribuição dado por $D_2 = 1$);

- $< 2, 3, ???, ??? >$
  neste caso há igualmente uma só forma "correta" de fazer a distribuição, que é $< 2, 3, 4, 1 >$;

- $< 2, 4, ???, ??? >$
  neste caso há também uma só forma "correta" de fazer a distribuição, que é $< 2, 4, 1, 3 >$.

Assim, se a pessoa 1 tem o sobretudo 2, há 3 possibilidades. Como os outros dois casos são análogos pode concluir-se que $D_4 = 3 \times 3 = 9$.

Podemos procurar calcular D_5, mas o melhor é pensar recursivamente e tentar abstrair os tipos de situações possíveis relevantes. Suponha-se que temos n pessoas e consideremos uma qualquer dessas pessoas. Sem perda de generalidade, podemos supor que se trata da pessoa 1. Seja j o sobretudo que recebeu a pessoa 1, isto é, $S_1 = j$. Para todas as pessoas terem os sobretudos errados, há $n - 1$ possibilidades para j: a pessoa 1 pode receber qualquer um dos sobretudos de 2 a n. Agora há duas situações possíveis.

(1) A pessoa j recebeu o sobretudo da pessoa 1. Por exemplo, supondo que a pessoa j é a pessoa 2, a distribuição será do tipo $< 2, 1, ???, \ldots, ??? >$ Então o conjunto das restantes $n - 2$ pessoas têm exatamente os seus sobretudos, embora todos trocados e existem precisamente D_{n-2} possibilidades de isso poder acontecer.

(2) A pessoa j não recebeu o sobretudo da pessoa 1. Sem perda de generalidade e para simplificar a exposição, podemos supor que a pessoa j é a pessoa 2. Temos então agora de ver quantas maneiras diferentes temos de distribuir os sobretudos 1, 3, 4, ..., n pelas pessoas 2, 3, 4, ..., n, de modo a que a pessoa 2 não fique com o sobretudo 1, e todas as pessoas fiquem com sobretudos errados. Como o sobretudo 1 não pode ir parar à pessoa 2 e o sobretudo 2 não está na lista de sobretudos disponíveis, o problema é exatamente análogo ao que se obtém se designarmos o sobretudo 1 por 2, e perguntarmos quantas maneiras há de distribuir os $n - 1$ sobretudos 2, 3, 4, , ..., n pelas pessoas 2, 3, 4, , ..., n, de modo a que todas as pessoas fiquem com sobretudos errados. Ora há exatamente D_{n-1} maneiras de isso acontecer.

Chegamos assim à relação de recorrência

(i) $D_1 = 0$ e $D_2 = 1$

(ii) $D_n = (n - 1)(D_{n-1} + D_{n-2})$ para $n \geq 3$.

Observe-se que a equação de recorrência (ii) está de acordo com os valores de D_3 e D_4 acima encontrados.

Chegados aqui, há que resolver esta relação de recorrência. O cálculo dos valores iniciais não parece induzir uma tendência clara, e a equação de recorrência sugere que o método iterativo também não funcionará bem. Mas podemos sempre tentar manipular a equação de recorrência, tentando reduzi-la a uma que saibamos resolver, recorrendo, se necessário, a uma substituição adequada. Ora, tem-se que

$$D_n = (n-1)(D_{n-1} + D_{n-2})$$
$$\Leftrightarrow$$
$$D_n = nD_{n-1} - D_{n-1} + (n-1)D_{n-2}$$
$$\Leftrightarrow$$
$$D_n - nD_{n-1} = -D_{n-1} + (n-1)D_{n-2}$$
$$\Leftrightarrow$$
$$D_n - nD_{n-1} = -(D_{n-1} - (n-1)D_{n-2})$$

e, fazendo a substituição $C_n = D_n - nD_{n-1}$, obtém-se

$$C_n = -C_{n-1}$$

para $n \geq 3$, tendo como condição inicial

$$C_2 = D_2 - 2 \times D_1 = 1.$$

Podemos agora tentar resolver esta recorrência usando, por exemplo, o método iterativo. Tem-se então

$$C_n = -C_{n-1} = (-1)^2 C_{n-2} = \ldots = (-1)^k C_{n-k}.$$

Fazendo $k = n - 2$, obtém-se

$$C_n = (-1)^{n-2} C_2 = (-1)^{n-2} = (-1)^n$$

para $n \geq 2$. A partir desta expressão para C_n podemos tentar resolver D_n. Como $C_n = D_n - nD_{n-1}$ para $n \geq 2$, obtém-se $D_n - nD_{n-1} = (-1)^n$, e portanto chega-se à equação de recorrência

$$D_n = nD_{n-1} + (-1)^n$$

para $n \geq 2$, que já se pode tentar resolver aplicando o método iterativo. Tem-se então

$$\begin{aligned}
D_n &= nD_{n-1} + (-1)^n \\
&= n((n-1)D_{n-2} + (-1)^{n-1}) + (-1)^n \\
&= n(n-1)D_{n-2} + n(-1)^{n-1} + (-1)^n \\
&= n(n-1)((n-2)D_{n-3} + (-1)^{n-2}) + n(-1)^{n-1} + (-1)^n \\
&= n(n-1)(n-2)D_{n-3} + n(n-1)(-1)^{n-2} + \\
&\qquad\qquad n(-1)^{n-1} + (-1)^n \\
&\dots \\
&= n(n-1)\dots(n-k+1)D_{n-k} + \\
&\quad n(n-1)\dots(n-k+2)(-1)^{n-k+1} + \dots + n(-1)^{n-1} + (-1)^n.
\end{aligned}$$

Fazendo $k = n-1$, obtém-se

$$D_n = n(n-1)\dots 2D_1 + n(n-1)\dots 3(-1)^2 + \dots + n(-1)^{n-1} + (-1)^n$$

o que, tendo em conta que $D_1 = 0$, conduz a

$$D_n = n(n-1)\dots 3(-1)^2 + \dots + n(-1)^{n-1} + (-1)^n$$

isto é

$$D_n = \sum_{i=2}^{n} (-1)^i \frac{n!}{i!} = n! \sum_{i=2}^{n} \frac{(-1)^i}{i!}.$$

Observando que $\frac{(-1)^0}{0!} + \frac{(-1)^1}{1!} = 0$, conclui-se que o termo geral é

$$D_n = n! \sum_{i=0}^{n} \frac{(-1)^i}{i!}.$$

■

9.3 Recorrências lineares de coeficientes constantes

Esta secção é dedicada a um tipo particular de relações de recorrência, as relações de recorrência lineares. De entre estas relações de recorrência, estudaremos as relações de recorrência de coeficientes constantes, homogéneas e não homogéneas. Para estas relações de recorrência existem técnicas de resolução genéricas que podemos aplicar, e que são relativamente simples, nomeadamente no que respeita às relações homogéneas.

9.3.1 Recorrências lineares

Comecemos por definir as noções de relação de recorrência linear, de relação de recorrência homogénea e de relação de recorrência de coeficientes constantes.

Definição 9.3.1 Uma *equação de recorrência linear* de *ordem*, ou *grau*, $k \geq 1$ é uma equação de recorrência da forma

$$u_n = c_1 u_{n-1} + c_2 u_{n-2} + \ldots + c_k u_{n-k} + b_n$$

onde

- u é uma sucessão$_q$, com $q \in \mathbb{Z}$, e $n \geq q + k$;
- $c_1, \ldots, c_k, b_n$ podem depender de n mas não podem depender de outros termos da sucessão u que está a ser definida por recorrência;
- $c_k \neq 0$.

Uma *relação de recorrência linear* de *ordem*, ou *grau*, $k \geq 1$ é constituída por uma equação de recorrência linear de ordem k e por k condições iniciais que definem explicitamente o valor dos primeiros k termos da sucessão u. ∎

Uma equação de recorrência com as características referidas na Definição 9.3.1 diz-se linear por não existirem na equação potências dos termos de u com expoentes diferentes de 1.

Exemplo 9.3.2 Como exemplos de equações de recorrência lineares e de outras que o não são, considerem-se os seguintes:

- a equação de recorrência $u_n = 2u_{n-1} + 1$ obtida no caso do problema da Torre de Hanói é uma equação de recorrência linear de ordem 1;
- a equação de recorrência $D_n = (n-1)D_{n-1} + (n-1)D_{n-2}$ apresentada no Exemplo 9.2.8 é uma equação de recorrência linear de ordem 2;
- a equação de recorrência $u_n = 3u_{n-1}u_{n-2}$ não é uma equação de recorrência linear. ∎

De acordo com os resultados estabelecidos no Apêndice A, nomeadamente o Corolário A.3.8, podemos concluir que uma relação de recorrência linear admite uma e uma só solução. Mas a questão que aqui se coloca é a de saber se existem métodos que permitam resolver qualquer relação deste tipo. Embora não existam tais métodos para todas as relações lineares, eles existem para uma subclasse importante destas: a classe das relações de recorrência lineares, homogéneas e de coeficientes constantes. Existem também métodos que nos permitem muitas vezes, embora não sempre, obter soluções para as relações de recorrência lineares de coeficientes constantes mas não homogéneas. Este assunto não será no entanto abordado com profundidade neste texto.

Definição 9.3.3 A equação de recorrência linear

$$u_n = c_1 u_{n-1} + \ldots + c_k u_{n-k} + b_n$$

de ordem $k \geq 1$ diz-se *homogénea* se $b_n = 0$ e diz-se *de coeficientes constantes* se $c_1, \ldots, c_k$ são constantes reais. Estas designações estendem-se às relações de recorrência com equações de recorrência deste tipo. ∎

Exemplo 9.3.4 A sucessão dos números fatoriais $u_n = n!$ pode ser definida pela relação de recorrência

(i) $u_0 = 1$

(ii) $u_n = nu_{n-1}$ para cada $n \geq 1$

que é uma relação de recorrência linear de ordem 1 que é homogénea, pois $b_n = 0$, mas cujos coeficientes não são constantes, pois $c_1 = n$. ∎

Exemplo 9.3.5 A equação de recorrência $u_n = u_{n-1} + r$ para cada $n \geq 1$, onde r é um real não nulo, é uma equação de recorrência linear de ordem 1 que não é homogénea, mas é de coeficientes constantes. Esta equação define a progressão aritmética de razão r com termo geral $u_n = u_0 + nr$. ∎

Exemplo 9.3.6 A relação de recorrência

(i) $u_0 = 1$

(ii) $u_n = ru_{n-1}$ para cada $n \geq 1$

onde r é um real não nulo, é uma relação de recorrência linear de ordem 1 que é homogénea, e de coeficientes constantes. Esta relação define a progressão geométrica de razão r com termo geral $u_n = r^n$. ∎

Exemplo 9.3.7 Outros exemplos de equações de recorrência lineares, homogéneas e não homogéneas, com coeficientes constantes ou não, são os seguintes:

- a equação de recorrência $u_n = 2u_{n-1} + 1$ obtida no caso da Torre de Hanói é uma equação de recorrência linear de ordem 1, de coeficientes constantes, não homogénea;

- a equação de recorrência $r_n = r_{n-1} + 2(n-1)$ obtida no caso das n ovais é uma relação de recorrência linear de ordem 1, de coeficientes constantes e não homogénea;

- a equação de recorrência $u_n = 2u_{n-1}$ é uma equação de recorrência linear de ordem 1, de coeficientes constantes e homogénea;

- a equação de recorrência $D_n = (n-1)D_{n-1} + (n-1)D_{n-2}$ do Exemplo 9.2.8 é uma equação de recorrência linear de ordem 2, homogénea, mas não tem coeficientes constantes;

- a equação de recorrência $a_n = 5a_{n-1} - 6a_{n-2}$ é uma equação de recorrência linear de ordem 2, de coeficientes constantes e homogénea;

- a equação de recorrência $u_n = 4u_{n-1} - 4u_{n-2} + 5n^2$ é uma equação de recorrência linear de ordem 2, de coeficientes constantes, mas não homogénea. ∎

9.3.2 Recorrências lineares homogéneas

Apresentamos agora uma técnica para resolver recorrências lineares homogéneas e de coeficientes constantes. Começamos por descrever com algum detalhe o caso da relação de recorrência que define a importante sucessão dos números de Fibonacci. Esta sucessão surge a partir de um problema colocado em 1202 por Leonardo de Pisa, mais conhecido por "Fibonacci" (filho de Bonacci).

Exemplo 9.3.8 NÚMEROS DE FIBONACCI
A sucessão conhecida como sucessão de números de Fibonacci surge a partir do seguinte problema.

> Um par de coelhos de sexo oposto, recém-nascidos, são colocados num local rodeado por uma cerca, no início de um ano. Começando no segundo mês, a coelha dá à luz no fim de cada mês um par de coelhos, de sexos opostos. Começando no segundo mês, cada novo par de coelhos também dá origem a um outro par de coelhos (de sexo oposto), no fim de cada mês. Pretende-se saber qual o número de pares de coelhos existente nesse cercado ao fim de um ano, supondo que não há mortes de coelhos.

Comecemos por definir uma notação apropriada e por generalizar o problema, procurando determinar antes o número de pares de coelhos existentes no início de cada mês, e não apenas ao fim de um ano, continuando a supor que não há mortes de coelhos. Designemos por f_n o número de pares de coelhos existentes no cercado no início do n-ésimo mês. Pretendemos calcular f_{13}. É imediato que

- $f_1 = 1$, pois no início do primeiro mês só existe o par de coelhos inicial, recém-nascido;

- $f_2 = 1$, pois durante o primeiro mês a coelha inicial não faz nascer qualquer par de coelhos;

- $f_3 = 2$, pois no fim do segundo mês a fêmea inicial deu origem a um novo par de coelhos, pelo que no início do terceiro mês já há dois pares de coelhos;

- $f_4 = 3$, pois no fim do terceiro mês a fêmea inicial deu origem a um novo par de coelhos, mas a segunda coelha ainda não deu à luz qualquer par de coelhos, uma vez que no fim do terceiro mês vai iniciar apenas o seu segundo mês de vida.

Podemos prosseguir com o cálculo de f_5, f_6,..., mas, para não nos perdermos na contagem dos pares de coelhos existentes no início de cada mês, o melhor é pensar recursivamente e definir uma relação de recorrência para f_n. No início do mês n, podemos dividir os pares de coelhos existentes em duas classes. São as classes E_{n-1} e RN_n em que

E_{n-1}: pares de coelhos que já existiam no início do mês $n-1$;

RN_n: pares de coelhos que nasceram no fim do mês $n-1$ e que são recém-nascidos no início do mês n.

Isto significa que

$$f_n = \#E_{n-1} + \#RN_n \quad \text{e} \quad \#E_{n-1} = f_{n-1}.$$

Analogamente, os pares de coelhos existentes no início do mês $n-1$ podem ser divididos nas classes E_{n-2} e RN_{n-1} em que

E_{n-2}: pares de coelhos que já existiam no início do mês $n-2$;

RN_{n-1} pares de coelhos que são recém-nascidos no início do mês $n-1$.

Os pares de coelhos em RN_{n-1} não dão origem a qualquer novo par de coelhos durante o mês $n-1$, o seu primeiro mês de vida. Por sua vez, no início do mês $n-1$, cada par em E_{n-2} estará a iniciar pelo menos o seu segundo mês de vida, pelo que no fim do mês $n-1$ darão origem a um novo par de coelhos. Logo

$$\#RN_n = \#E_{n-2} = f_{n-2}.$$

Chegamos assim à equação de recorrência

$$f_n = f_{n-1} + f_{n-2}$$

para $n \geq 3$. Trata-se de uma equação de recorrência linear de ordem 2, homogénea e de coeficientes constantes. A partir desta equação e dos valores iniciais indicados atrás, f_1 e f_2, podemos calcular o valor pretendido. Tem-se

$$f_3 = 2 \qquad f_4 = 3 \qquad f_5 = 5 \qquad f_6 = 8 \qquad f_7 = 13 \qquad f_8 = 21$$

e assim por diante. Conclui-se então que $f_{13} = 233$ (verifique).

Conseguimos resolver o problema concreto proposto por Fibonacci, mas agora pretende-se estudar a sucessão de números que tal problema origina, e que tem propriedades e aplicações muito interessantes. Gostaríamos, em particular, de encontrar uma expressão explícita para o termo geral de tal sucessão.

Observe-se que é imediato que se pode estender tal sucessão ao índice 0 mantendo a equação de recorrência $f_n = f_{n-1} + f_{n-2}$, mas agora para $n \geq 2$, e considerando as condições iniciais $f_0 = 0$ e $f_1 = 1$.

Olhando para os termos desta sucessão que já calculámos não parece emergir nenhum padrão que nos permita escrever já diretamente uma proposta de expressão explícita para o termo geral da sucessão. A relação de recorrência obtida também não se enquadra na forma geral das relações de recorrência para as quais dissemos atrás que o método iterativo, ou o método do cancelamento, funcionava bem. Igualmente não se vê como a podemos simplificar ou como uma mudança de variável poderá ajudar a resolver esta relação de recorrência.

Como se disse, a equação de recorrência que se obteve para esta sucessão é uma equação de recorrência linear de ordem 2, homogénea e de coeficientes constantes. Apresentamos na sequência métodos para encontrar soluções para este tipo de equações. ■

Vejamos então como resolver uma qualquer relação de recorrência linear, homogénea e de coeficientes constantes, isto é, uma relação de recorrência com uma equação de recorrência

$$u_n = c_1 u_{n-1} + \ldots + c_k u_{n-k}$$

em que $c_1, \ldots, c_k$ são constantes e $c_k \neq 0$, e sujeita a um conjunto de condições iniciais que explicitam o valor dos k primeiros termos de u.

Para simplificar a exposição, consideramos que u é uma sucessão$_0$. Não há perda de generalidade, uma vez que dada uma sucessão$_q$ $(a_n)_{n \geq q}$ podemos sempre obter uma sucessão$_0$ $(u_n)_{n \geq 0}$ através da igualdade $u_n = a_{n+q}$, e, depois desta resolvida, obter uma expressão explícita do termo geral de $(a_n)_{n \geq q}$ usando o facto de $a_n = u_{n-q}$.

O objetivo é tentar encontrar soluções gerais da equação de recorrência em causa, tentando depois obter soluções específicas, isto é, instâncias dessas soluções, que satisfaçam as condições iniciais pretendidas. Concretizando esta ideia, comecemos por procurar soluções da forma

$$q^n \qquad \text{com } q \neq 0$$

onde, à partida, q pode ser um qualquer número, eventualmente complexo, desde que seja não nulo. Ora, reescrevendo a equação de recorrência do seguinte modo

$$u_n - c_1 u_{n-1} - \ldots - c_k u_{n-k} = 0$$

para $n \geq k$, é imediato que $u_n = q^n$ é uma solução da equação se e só se

$$q^n - c_1 q^{n-1} - \ldots - c_k q^{n-k} = 0$$

e, como $q \neq 0$, tem-se que

$$\begin{gathered} q^n - c_1 q^{n-1} - \ldots - c_k q^{n-k} = 0 \\ \Leftrightarrow \\ q^{n-k}(q^k - c_1 q^{k-1} - \ldots - c_k q^{k-k}) = 0 \\ \Leftrightarrow \\ q^k - c_1 q^{k-1} - \ldots - c_k = 0. \end{gathered}$$

Assim, q^n, com $q \neq 0$, é uma solução da equação de recorrência se e só se q for uma raiz da equação

$$x^k - c_1 x^{k-1} - \ldots - c_k = 0.$$

Logo, se existir uma solução q da equação anterior tal que q^n satisfaz as condições iniciais, teremos resolvido a relação de recorrência.

Exemplo 9.3.9 Aplicando o método apresentado à sucessão de Fibonacci, reescreve-se a equação de recorrência

$$f_n = f_{n-1} + f_{n-2} \quad \text{com } n \geq 2$$

do seguinte modo

$$f_n - f_{n-1} - f_{n-2} = 0$$

e procura-se uma solução desta equação da forma q^n, com $q \neq 0$, através da equação

$$q^n - q^{n-1} - q^{n-2} = 0.$$

Dado que

$$q^n - q^{n-1} - q^{n-2} = 0 \ \Leftrightarrow \ q^{n-2}(q^2 - q - 1) = 0 \ \Leftrightarrow \ q^2 - q - 1 = 0$$

conclui-se que q^n é uma solução da equação de recorrência de Fibonacci se e só se q é uma solução da equação $q^2 - q - 1 = 0$, o que significa que

$$q = \frac{1+\sqrt{5}}{2} \quad \text{ou} \quad q = \frac{1-\sqrt{5}}{2}.$$

O problema é que nenhuma expressão da forma $f_n = q^n$ poderá satisfazer as condições iniciais de Fibonacci, uma vez que $q^0 = 1 \neq 0 = f_0$. Conclui-se assim que esta abordagem não teve sucesso neste caso. ∎

Como o exemplo anterior ilustra, se nos restringirmos a soluções da forma q^n para as equações de recorrência, nem sempre encontraremos soluções que satisfaçam as condições iniciais. De facto, basta que exista uma condição inicial com $u_0 \neq 1$ para que a solução não satisfaça essa condição inicial. Temos assim de procurar encontrar formas mais gerais para as soluções da equação de recorrência, de modo a permitir que elas se possam ajustar mais facilmente às condições iniciais. Acontece que como estamos a considerar equações de recorrência lineares e homogéneas

$$u_n = c_1 u_{n-1} + \ldots + c_k u_{n-k}$$

qualquer combinação linear de soluções desta equação ainda é uma sua solução. Com efeito, considerem-se $h_n^1, \ldots, h_n^m$ soluções desta equação, isto é

$$h_n^i = c_1 h_{n-1}^i + \ldots + c_k h_{n-k}^i$$

para cada $1 \leq i \leq m$. Sejam $a_1, \ldots, a_m$ constantes e considere-se a combinação linear

$$a_1 h_n^1 + a_2 h_n^2 + \ldots + a_m h_n^m$$

que designaremos por s_n. Tendo em conta que cada h_n^i, $1 \leq i \leq m$, é uma solução da equação tem-se que

$$\begin{aligned} s_n &= a_1 h_n^1 + a_2 h_n^2 + \ldots + a_m h_n^m \\ &= a_1(c_1 h_{n-1}^1 + \ldots + c_k h_{n-k}^1) + \ldots + a_m(c_1 h_{n-1}^m + \ldots + c_k h_{n-k}^m) \\ &= c_1(a_1 h_{n-1}^1 + \ldots + a_m h_{n-1}^m) + \ldots + c_k(a_1 h_{n-k}^1 + \ldots + a_m h_{n-k}^m) \\ &= c_1 s_{n-1} + \ldots + c_k s_{n-k} \end{aligned}$$

isto é, s_n é uma solução da equação $u_n = c_1 u_{n-1} + \ldots + c_k u_{n-k}$.

Assim, uma ideia que surge natural testar é considerar para solução geral da equação $u_n = c_1 u_{n-1} + \ldots + c_k u_{n-k}$ qualquer expressão do tipo

$$u_n = a_1 q_1^n + \ldots + a_k q_k^n$$

onde $q_1, \ldots, q_k$ são as k raízes, eventualmente complexas e não necessariamente distintas, da equação

$$x^k - c_1 x^{k-1} - c_2 x^{k-2} - \ldots - c_k = 0$$

e a seguir procurar determinar os valores de $a_1, \ldots, a_k$ que permitem que esta solução satisfaça as condições iniciais. Note-se que qualquer raiz desta equação polinomial é não nula, uma vez que $c_k \neq 0$. Esta equação polinomial é designada por equação característica da recorrência.

Resta saber se será sempre possível encontrar valores de $a_1, \ldots, a_k$ que permitam que esta solução genérica da equação de recorrência se ajuste às condições iniciais. Vejamos o que se passa a este respeito no caso particular mais simples das relações de recorrência deste tipo, de ordem 2. Mais concretamente, queremos determinar se será sempre possível encontrar a_1 e a_2 tais que a possível solução

$$u_n = a_1 q_1^n + a_2 q_2^n$$

satisfaça quaisquer duas condições iniciais da forma

$$u_0 = b_0 \quad \text{e} \quad u_1 = b_1.$$

Ora estas condições iniciais conduzem-nos ao sistema de duas equações

$$\begin{cases} a_1 + a_2 = b_0 \\ a_1 q_1 + a_2 q_2 = b_1 \end{cases}$$

em que as incógnitas são a_1 e a_2. Resolvendo este sistema chega-se a

$$\begin{cases} a_1 = b_0 - a_2 \\ a_2 = \dfrac{b_0 q_1 - b_1}{q_1 - q_2} \end{cases}$$

pelo que se as duas raízes q_1 e q_2 da equação forem distintas temos sempre solução. No caso em que $q_1 = q_2 = q$, é imediato que só teremos solução para o sistema se os valores iniciais satisfizerem

$$b_0 = \frac{b_1}{q}.$$

Vejamos o que se passa agora no caso geral. Sejam

$$u_0 = b_0, \quad u_1 = b_1, \quad \ldots, \quad u_{k-1} = b_{k-1}$$

as k condições iniciais. Então, o sistema de equações a resolver em ordem a $a_1, \ldots, a_k$ é constituído pelas seguintes equações

$$\begin{cases} a_1 + a_2 + \ldots + a_k = b_0 \\ a_1 q_1 + a_2 q_2 + \ldots + a_k q_k = b_1 \\ a_1 q_1^2 + a_2 q_2^2 + \ldots + a_k q_k^2 = b_2 \\ \ldots \\ a_1 q_1^{k-1} + a_2 q_2^{k-1} + \ldots + a_k q_k^{k-1} = b_{k-1}. \end{cases}$$

A matriz dos coeficientes deste sistema de equações é assim

$$\begin{bmatrix} 1 & 1 & \dots & 1 \\ q_1 & q_2 & \dots & q_k \\ \dots & \dots & \dots & \dots \\ q_1^{k-1} & q_2^{k-1} & \dots & q_k^{k-1} \end{bmatrix}$$

Esta matriz ocorre em diversos outros contextos e é conhecida como *matriz de Vandermonde*. É invertível se e só se $q_1, \dots, q_k$ forem todos distintos. Com efeito, o seu determinante é[1]

$$\prod_{1 \leq i \leq j \leq k} (q_i - q_j)$$

e portanto o determinante é não nulo exatamente quando $q_1, \dots, q_k$ são todos distintos. Assim, quando esta condição se verifica, o sistema de equações em causa tem sempre solução. Podemos agora enunciar um primeiro resultado sobre este tipo de soluções. Este resultado assume que as raízes da equação característica da recorrência são distintas. O caso em que as raízes podem não ser distintas é tratado adiante na Proposição 9.3.18.

Definição 9.3.10 Dada uma equação de recorrência linear de ordem k, homogénea e de coeficientes constantes

$$u_n = c_1 u_{n-1} + c_2 u_{n-2} + \dots + c_k u_{n-k}$$

com $c_k \neq 0$ e $n \geq k$, diz-se que a equação polinomial

$$x^k - c_1 x^{k-1} - c_2 x^{k-2} - \dots - c_k = 0$$

é a *equação característica* da recorrência e que as suas k raízes são as *raízes características*. ■

Proposição 9.3.11 Considere-se a equação de recorrência linear de ordem k, homogénea e de coeficientes constantes

$$u_n = c_1 u_{n-1} + c_2 u_{n-2} + \dots + c_k u_{n-k}$$

com $c_k \neq 0$ e $n \geq k$.

1. Se $q \neq 0$ então $u_n = q^n$ é uma solução da equação se e só se q é uma raiz da equação característica da recorrência.

[1] A letra grega maiúscula pi, $\prod$, é usada para construir expressões que designam de forma condensada o produto de um número finito de termos de uma sucessão. O significado destas expressões é análogo ao das expressões envolvendo somatórios (ver Capítulo 8), mas em vez de somas estão agora envolvidos produtos.

2. Se a equação característica da recorrência tiver k raízes distintas $q_1, \ldots, q_k$ então

$$u_n = a_1 q_1^n + a_2 q_2^n + \ldots + a_k q_k^n$$

é uma solução geral da equação de recorrência dada, no sentido em que esta solução satisfaz a equação de recorrência dada, quaisquer que sejam as constantes $a_1, \ldots, a_k$, e existem constantes $a_1, \ldots, a_k$ tais que esta solução é o termo geral da única sucessão que satisfaz simultaneamente a equação de recorrência dada e as k condições iniciais. ∎

Seguem-se dois corolários relativos à resolução de dois casos particulares de recorrências lineares, homogéneas e de coeficientes constantes. O primeiro diz respeito ao das relações de recorrência de ordem 1. O segundo diz respeito ao caso das relações de recorrência de ordem 2.

Corolário 9.3.12 A solução de uma relação de recorrência

(i) $u_0 = b$

(ii) $u_n = c u_{n-1}$ para $n \geq 1$

com c um real não nulo, tem termo geral $u_n = bc^n$. ∎

Corolário 9.3.13 Considere-se a relação de recorrência linear de ordem 2, homogénea e com coeficientes constantes

(i) $u_0 = b_0$ e $u_1 = b_1$

(ii) $u_n = c_1 u_{n-1} + c_2 u_{n-2}$ para $n \geq 2$

onde $c_2 \neq 0$. Se a equação característica $x^2 - c_1 x - c_2 = 0$ admite duas raízes distintas q_1 e q_2, então existem constantes a_1 e a_2 tais que

$$u_n = a_1 q_1^n + a_2 q_2^n$$

é o termo geral da única solução da relação de recorrência, sendo o valor de a_1 e a_2 obtidos resolvendo o sistema de equações

$$\begin{cases} a_1 + a_2 = b_0 \\ a_1 q_1 + a_2 q_2 = b_1. \end{cases}$$

∎

Aplica-se agora o corolário anterior ao caso da resolução da relação de recorrência relativa à sucessão de Fibonacci.

Exemplo 9.3.14 SOLUÇÃO DA RECORRÊNCIA DE FIBONACCI
Recorde-se que a relação de recorrência de Fibonacci é

(i) $f_0 = 0$ e $f_1 = 1$

(ii) $f_n = f_{n-1} + f_{n-2}$ para $n \geq 2$.

Resolvendo a equação característica da recorrência, a equação do 2º grau

$$x^2 - x - 1 = 0$$

obtém-se como raízes

$$x = \frac{1+\sqrt{5}}{2} \qquad \text{e} \qquad x = \frac{1-\sqrt{5}}{2}.$$

Assim, quaisquer que sejam as constantes a_1 e a_2, tem-se que

$$a_1 \left(\frac{1+\sqrt{5}}{2}\right)^n + a_2 \left(\frac{1-\sqrt{5}}{2}\right)^n$$

é uma solução de $f_n = f_{n-1} + f_{n-2}$, a equação de recorrência de Fibonacci. Os valores de a_1 e a_2 que satisfazem as condições iniciais são obtidos resolvendo o sistema de equações

$$\begin{cases} a_1 + a_2 = 0 \\ a_1 \dfrac{1+\sqrt{5}}{2} + a_2 \dfrac{1-\sqrt{5}}{2} = 1. \end{cases}$$

Resolvendo o sistema, conclui-se que

$$\frac{1}{\sqrt{5}} \left(\frac{1+\sqrt{5}}{2}\right)^n - \frac{1}{\sqrt{5}} \left(\frac{1-\sqrt{5}}{2}\right)^n \tag{9.3}$$

é o termo geral da única sucessão que satisfaz a relação de recorrência de Fibonacci.

É imediato que a sucessão definida pela relação de recorrência em causa é formada só por naturais (número de pares de coelhos). Assim, embora a expressão do termo geral da sucessão de Fibonacci envolva o número irracional $\sqrt{5}$, no cálculo dos sucessivos termos todas as ocorrências de $\sqrt{5}$ acabam por desaparecer. Refira-se ainda que como

$$\left|\frac{1-\sqrt{5}}{2}\right| < 1$$

temos

$$\frac{1}{\sqrt{5}}\left|\left(\frac{1-\sqrt{5}}{2}\right)^n\right| < \frac{1}{\sqrt{5}} < \frac{1}{2}$$

podendo concluir-se que o valor de f_n é igual a $\frac{1}{\sqrt{5}}\left(\frac{1+\sqrt{5}}{2}\right)^n$ arredondado para o inteiro mais próximo. ■

Vejamos ainda dois novos exemplos de aplicação deste resultado relativo a relações de recorrência lineares, homogéneas e de coeficientes constantes.

Exemplo 9.3.15 A população de uma dada espécie animal numa determinada zona era de 100 indivíduos num certo instante que designaremos por instante inicial $n = 0$. No instante de tempo $n = 1$, o instante em que foi realizada a contagem seguinte, a população em causa era formada por 110 indivíduos. Suponha-se que se verificou que o crescimento da população ocorrido entre o instante de contagem $n-1$ e o instante n é k vezes o crescimento ocorrido entre os instantes $n-2$ e $n-1$, onde $k \geq 0$. Assuma-se que os sucessivos instantes de contagem estão igualmente espaçados ao longo do tempo. Pretende-se estudar a evolução da população ao longo do tempo.

Designe-se por p_n o número de elementos da população em causa no instante n, com $n \geq 0$.

Quando $k = 1$ é fácil concluir que

$$p_n = 10n + 100 \qquad \text{para } n \geq 0.$$

Considerem-se agora os casos em que $k \neq 1$. Como o crescimento entre o instante $n-1$ e o instante n é k vezes o crescimento entre os instantes $n-2$ e $n-1$, tem-se $p_n - p_{n-1} = k(p_{n-1} - p_{n-2})$, e esta igualdade é equivalente a $p_n = (k+1)p_{n-1} - kp_{n-2}$. O número de elementos da espécie em causa satisfaz então a relação de recorrência

(i) $p_0 = 100$ e $p_1 = 110$

(ii) $p_n = (k+1)p_{n-1} - kp_{n-2}$ para $n \geq 2$.

Esta relação de recorrência é uma relação de recorrência linear de ordem 2, homogénea e com coeficientes constantes. Resolvendo a equação característica da recorrência, a equação do 2º grau

$$x^2 - (k+1)x + k = 0$$

obtém-se como raízes

$$x = k \quad \text{e} \quad x = 1.$$

Assim, quaisquer que sejam as constantes a_1 e a_2, tem-se que

$$p_n = a_1 k^n + a_2 1^n$$

é solução da equação de recorrência (ii). Como as duas raízes características são distintas, pois $k \neq 1$, sabemos que podemos sempre determinar os valores de a_1 e a_2 que satisfazem as condições iniciais, bastando para isso resolver o sistema de equações

$$\begin{cases} a_1 + a_2 = 100 \\ ka_1 + a_2 = 110. \end{cases}$$

Resolvendo o sistema conclui-se que $a_1 = \frac{10}{k-1}$ e $a_2 = 100 - \frac{10}{k-1}$ e portanto o termo geral é

$$p_n = \frac{10}{k-1} \times k^n + 100 - \frac{10}{k-1}.$$

Para estudar o comportamento da população há que considerar separadamente os casos $k = 0$, $0 < k < 1$ e $k > 1$.

O caso $k = 0$ é muito simples e significa que a população não se altera depois de $n = 1$. Portanto, $p_n = 110$ para $n \geq 1$.

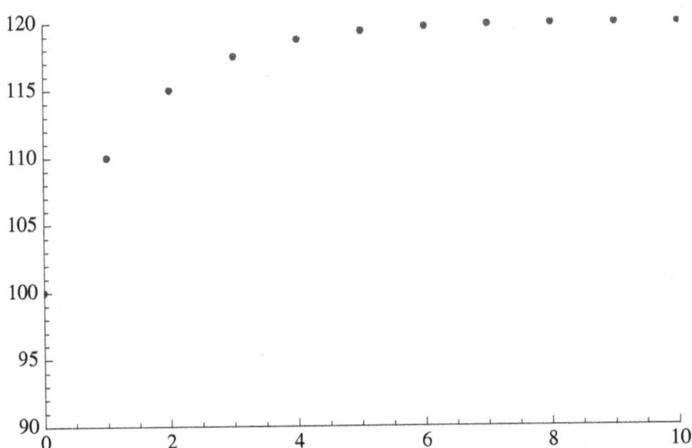

Figura 9.4: Primeiros termos da sucessão p quando $k = \frac{1}{2}$

Quando $0 < k < 1$, o termo k^n aproxima-se de 0 à medida que n aumenta, pelo que a população vai crescendo cada vez menos até atingir o valor de cerca de $100 - \frac{10}{k-1}$. Este comportamento é ilustrado no gráfico da Figura 9.4 em que $k = \frac{1}{2}$. Neste caso $100 - \frac{10}{k-1} = 120$.

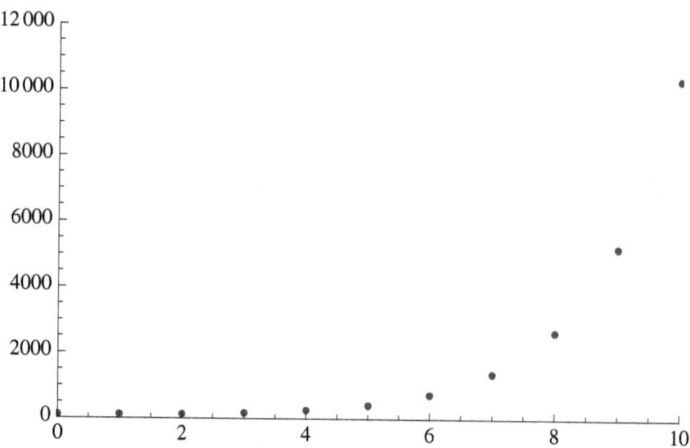

Figura 9.5: Primeiros termos da sucessão p quando $k = 2$

Quando $k > 1$, a população cresce exponencialmente, como se ilustra no gráfico da Figura 9.5 para $k = 2$. ■

Exemplo 9.3.16 Palavras de comprimento $n \geq 0$, usando apenas as letras a, b e c, podem ser transmitidas através de um canal de comunicação, sujeitas à seguinte restrição: nenhuma palavra com dois a's consecutivos pode ser transmitida nesse canal. Pretende-se saber qual o número de palavras de comprimento n que podem ser transmitidas nesse canal.

Designe-se por p_n o número de palavras de comprimento n que podem ser transmitidas. Admitindo que pode ser transmitida a palavra vazia, tem-se $p_0 = 1$ e, naturalmente, $p_1 = 3$, correspondendo às palavras a, b e c. Quanto às palavras de comprimento 2 que podem ser transmitidas elas são ab, ac, ba, bb, bc, ca, cb e cc, isto é, $p_2 = 8$. Queremos agora definir a equação de recorrência que p_n satisfaz. Pensando numa palavra $w = l_1...l_n$ de comprimento n satisfazendo a restrição indicada, há dois casos a considerar relativamente a l_1, a primeira letra de w:

(1) l_1 não é a letra a;

(2) l_1 é a letra a.

No caso (1), a palavra w satisfaz a restrição se e só se a palavra $l_2...l_n$ a satisfaz. Logo, como há duas letras diferentes de a, existem $2p_{n-1}$ palavras de comprimento n que satisfazem a restrição. No caso (2), se $n > 1$ então l_2 tem de ser diferente de a e portanto, tal como no caso anterior, $l_2...l_n$ satisfaz a restrição se e só se a palavra $l_3...l_n$ a satisfaz. Consequentemente, neste caso existem $2p_{n-2}$ palavras de comprimento n que satisfazem a restrição. Obtém-se assim a equação de recorrência linear de ordem 2, homogénea e de coeficientes constantes

$$p_n = 2p_{n-1} + 2p_{n-2} \qquad \text{para } n \geq 2.$$

Resolvendo a equação característica da recorrência

$$x^2 - 2x - 2 = 0$$

obtém-se como raízes

$$x = 1 + \sqrt{3} \qquad \text{e} \qquad x = 1 - \sqrt{3}.$$

Assim, quaisquer que sejam as constantes a_1 e a_2

$$p_n = a_1(1+\sqrt{3})^n + a_2(1-\sqrt{3})^n$$

é uma solução da equação de recorrência. Dado que as duas raízes características são distintas, podemos determinar os valores de a_1 e a_2 que satisfazem as condições iniciais resolvendo o sistema de equações

$$\begin{cases} a_1 + a_2 = 0 \\ a_1(1+\sqrt{3}) + a_2(1-\sqrt{3}) = 3. \end{cases}$$

Resolvendo este sistema conclui-se que o termo geral é

$$p_n = \frac{2+\sqrt{3}}{2\sqrt{3}}(1+\sqrt{3})^n + \frac{-2+\sqrt{3}}{2\sqrt{3}}(1-\sqrt{3})^n.$$

Este exemplo pode ser generalizado ao caso em que mais de 3 letras podem ser usadas para construir as palavras que são transmitidas (Exercício 16 da Secção 9.4). Assumindo que se usam k letras (incluindo a letra a), tem-se, neste caso, $p_0 = 1$, $p_1 = k$ e a equação de recorrência é

$$p_n = (k-1)p_{n-1} + (k-1)p_{n-2} \qquad \text{para } n \geq 2.$$

A equação característica da recorrência é $x^2 - (k-1)x - (k-1) = 0$ cujas raízes são $\frac{(k-1)+\sqrt{(k-1)^2+4(k-1)}}{2}$ e $\frac{(k-1)-\sqrt{(k-1)^2+4(k-1)}}{2}$. ■

Tratamos agora o caso em que as k raízes características não são todas distintas. Suponha-se então que a equação característica

$$x^k - c_1x^{k-1} - c_2x^{k-2} - \ldots - c_k = 0$$

de uma equação de recorrência linear de ordem k, homogénea e de coeficientes constantes

$$u_n = c_1u_{n-1} + c_2u_{n-2} + \ldots + c_ku_{n-k}$$

com $c_k \neq 0$ e $n \geq k$, admite uma raiz q de multiplicidade $s > 1$. Pode então demonstrar-se que não só $u_n = q^n$ é uma solução da equação de recorrência, como já sabíamos, como são igualmente soluções desta equação

$$u_n = nq^n, \quad u_n = n^2q^n, \quad \ldots, \quad u_n = n^{s-1}q^n$$

e, na pesquisa da solução geral, estas s soluções vão desempenhar o mesmo papel que é desempenhado pelas soluções $q_1^n, \ldots, q_s^n$ quando as raízes $q_1, \ldots, q_s$ são distintas. Enunciamos de seguida de modo mais preciso este resultado, e apresentamos a sua demonstração apenas para o caso das relações de recorrência de ordem 2.

Proposição 9.3.17 Considere-se a relação de recorrência linear de ordem 2, homogénea e com coeficientes constantes

(i) $u_0 = b_0$ e $u_1 = b_1$

(ii) $u_n = c_1u_{n-1} + c_2u_{n-2}$ para $n \geq 2$

onde $c_2 \neq 0$. Se a equação característica $x^2 - c_1x - c_2 = 0$ tem uma raiz dupla q, então existem constantes a_1 e a_2 tais que

$$u_n = a_1q^n + a_2nq^n$$

é o termo geral da única solução da relação de recorrência, sendo o valor de a_1 e a_2 obtidos resolvendo o sistema de equações

$$\begin{cases} a_1 = b_0 \\ a_1q + a_2q = b_1. \end{cases}.$$

Demonstração: Como vimos atrás, $u_n = q^n$ com $n \geq 0$ é solução da equação de recorrência $u_n = c_1u_{n-1} + c_2u_{n-2}$ com $n \geq 2$.

Demonstra-se agora que $u_n = nq^n$ também é solução da mesma equação. Com efeito, como q é a única raiz de $x^2 - c_1x - c_2 = 0$ tem-se

$$x^2 - c_1x - c_2 = (x - q)^2$$

e portanto

$$x^2 - c_1x - c_2 = x^2 - 2qx + q^2$$

pelo que $c_2 = -q^2$ e $c_1 = 2q$. Mas então

$$\begin{aligned} c_1((n-1)q^{n-1}) + c_2((n-2)q^{n-2}) &= 2q(n-1)q^{n-1} - q^2(n-2)q^{n-2} \\ &= 2(n-1)q^n - (n-2)q^n \\ &= (2(n-1) - (n-2))q^n \\ &= nq^n. \end{aligned}$$

Logo, $u_n = nq^n$ é solução da equação de recorrência.

Uma vez que qualquer combinação linear de soluções da equação de recorrência ainda é uma solução dessa equação, tem-se que

$$u_n = a_1 q^n + a_2 n q^n$$

é também solução da equação de recorrência, quaisquer que sejam as constantes a_1 e a_2.

Resta-nos verificar se existem constantes a_1 e a_2 para as quais a solução geral anterior satisfaz as condições iniciais. Para que tal aconteça, têm de verificar-se as condições $u_0 = b_0$ e $u_1 = b_1$, ou seja

$$\begin{cases} a_1 = b_0 \\ a_1 q + a_2 q = b_1 \end{cases}$$

e este sistema tem sempre solução, obtendo-se

$$\begin{cases} a_1 = b_0 \\ a_2 = \dfrac{b_1}{q} - b_0. \end{cases}$$

Note-se que $q \neq 0$, pois q é raiz de $x^2 - c_1 x - c_2 = 0$ e $c_2 \neq 0$. ∎

Enunciamos agora (sem demonstração) o resultado mais geral, isto é, quando se consideram relações de recorrência lineares de ordem $k \geq 2$. O caso das relações de recorrência de ordem $k = 1$ não está incluído no âmbito deste resultado, tendo sido completamente tratado no Corolário 9.3.12.

Proposição 9.3.18 Considere-se a equação de recorrência linear de ordem $k > 1$, homogénea e de coeficientes constantes

$$u_n = c_1 u_{n-1} + c_2 u_{n-2} + \ldots + c_k u_{n-k}$$

com $c_k \neq 0$ e $n \geq k$. Suponha-se que a sua equação característica

$$x^k - c_1 x^{k-1} - c_2 x^{k-2} - \ldots - c_k = 0$$

tem como raízes distintas $q_1, \ldots, q_m$ e que, para cada $1 \leq i \leq m$, a multiplicidade de q_i é $s_i \geq 1$. Então

$$u_n = a_{11}q_l^n + a_{12}nq_1^n + \ldots + a_{1s_1}n^{s_1-1}q_l^n + \ldots + \\ a_{m1}q_m^n + a_{m2}nq_m^n + \ldots + a_{ms_m}n^{s_m-1}q_m^n$$

é uma solução geral da equação de recorrência no seguinte sentido: por uma lado, satisfaz a equação de recorrência quaisquer que sejam as constantes $a_1, \ldots, a_k$, e, por outro, existem constantes $a_1, \ldots, a_k$ tais que esta solução é o termo geral da única sucessão que satisfaz simultaneamente a equação de recorrência e as k condições iniciais. ∎

Exemplo 9.3.19 Considere-se a relação de recorrência

(i) $p_0 = 1$ e $p_1 = 1$

(ii) $p_n = 4(p_{n-1} - p_{n-2}) \quad$ para $n \geq 2$.

Trata-se de uma relação de recorrência linear de ordem 2, homogénea e de coeficientes constantes, pois a equação de recorrência pode naturalmente ser reescrita obtendo-se

$$p_n = 4p_{n-1} - 4p_{n-2}.$$

Resolvendo a equação característica $x^2 - 4x + 4 = 0$ obtém-se a raiz dupla $x = 2$. Assim, quaisquer que sejam as constantes a_1 e a_2

$$p_n = a_1 2^n + a_2 n 2^n \qquad \text{para } n \geq 0$$

é uma solução da equação de recorrência, e sabemos que podemos sempre determinar os valores de a_1 e a_2 que satisfazem as condições iniciais resolvendo o sistema de equações

$$\begin{cases} a_1 = 1 \\ 2a_1 + 2a_2 = 1. \end{cases}$$

Obtém-se assim o termo geral $p_n = 2^n - \dfrac{1}{2}n2^n$. ∎

Antes de passar à análise de outros tipos de relações de recorrência lineares, refira-se que, por vezes, dada uma relação de recorrência que não é uma relação de recorrência linear, homogénea e de coeficientes constantes, é possível convertê-la numa relação de recorrência desse tipo, através de uma substituição apropriada (Exercícios 17 e 18 da Secção 9.4).

9.3.3 Recorrências lineares não homogéneas

Referimo-nos agora às recorrências lineares não homogéneas. As equações lineares de coeficientes constantes, mas não homogéneas, isto é, as equações

$$u_n = c_1u_{n-1} + c_2u_{n-2} + \ldots + c_ku_{n-k} + b_n$$

para $n \geq k$, com $c_1, \ldots, c_k$ constantes, $c_k \neq 0$ e $b_n \neq 0$, são mais difíceis de resolver, e requerem técnicas especiais dependentes da parte não homogénea da equação, isto é, do termo b_n. A técnica que ilustraremos para resolver este tipo de recorrências tem por base o resultado enunciado na Proposição 9.3.21.

Definição 9.3.20 Dada uma equação de recorrência linear de ordem k, não homogénea e de coeficientes constantes

$$u_n = c_1u_{n-1} + c_2u_{n-2} + \ldots + c_ku_{n-k} + b_n$$

para $n \geq k$, diz-se que a equação

$$u_n = c_1u_{n-1} + c_2u_{n-2} + \ldots + c_ku_{n-k}$$

é a sua *equação homogénea associada.* ■

Proposição 9.3.21 Considere-se a equação de recorrência linear de ordem k, não homogénea e de coeficientes constantes

$$u_n = c_1u_{n-1} + c_2u_{n-2} + \ldots + c_ku_{n-k} + b_n$$

para $n \geq k$. Se g_n é uma solução da equação dada e f_n é uma solução da equação homogénea associada, então $f_n + g_n$ constitui ainda uma solução da equação dada.

Demonstração: Seja $u_n = f_n + g_n$ para cada $n \geq 0$. Então, uma vez que se tem $f_n = c_1f_{n-1} + \ldots + c_kf_{n-k}$ e $g_n = c_1g_{n-1} + \ldots + c_kg_{n-k} + b_n$, obtém-se

$$\begin{aligned} u_n &= f_n + g_n \\ &= c_1f_{n-1} \ldots + c_kf_{n-k} + c_1g_{n-1} \ldots + c_kg_{n-k} + b_n \\ &= c_1(f_{n-1} + g_{n-1}) \ldots + c_k(f_{n-k} + g_{n-k}) + b_n \\ &= c_1u_{n-1} + \ldots + c_ku_{n-k} + b_n \end{aligned}$$

concluindo-se assim que $f_n + g_n$ é uma solução da equação dada. ■

Para resolver uma relação de recorrência com equação de recorrência linear de ordem k, não homogénea e de coeficientes constantes

$$u_n = c_1u_{n-1} + c_2u_{n-2} + \ldots + c_ku_{n-k} + b_n$$

para $n \geq k$, e k condições iniciais que definem o valor dos termos $u_0, \ldots, u_{k-1}$, pode proceder-se como se segue:

- encontrar uma solução geral f_n da equação homogénea associada;
- encontrar uma solução específica g_n da equação dada;
- combinar a solução geral com a solução específica, isto é, considerar a solução da equação de recorrência não homogénea $f_n + g_n$, e determinar os valores das constantes que ocorrem na solução geral de modo a que a solução combinada satisfaça as condições iniciais.

A principal dificuldade na aplicação desta técnica, para além da eventual dificuldade em descobrir as raízes da equação característica da equação homogénea associada, consiste em encontrar uma solução particular no segundo passo. Para termos não homogéneos b_n com certas características podem ser sugeridas algumas potenciais soluções. Estas nem sempre serão de facto soluções da equação em causa, tal dependendo da equação polinomial característica. Seguem-se alguns exemplos:

- se b_n é um polinómio de grau $\alpha \in \mathbb{N}_1$ pode procurar-se encontrar uma solução particular g_n que também seja um polinómio de grau α (isto é, por exemplo, se $b_n = d_1n^2+d_2n+d_3$ podemos considerar $g_n = e_1n^2+e_2n+e_3$);
- se $b_n = r^n$ é uma exponencial pode procurar-se encontrar uma solução particular g_n que também seja exponencial (ou seja, se $b_n = r^n$ considerar $g_n = kr^n$).

Vejamos alguns exemplos que ilustram esta técnica, começando por uma recorrência linear de ordem 1, não homogénea, em que b_n é um polinómio de grau 1. Embora também se possam resolver estas recorrências lineares através do método iterativo, este método conduz-nos em geral a somatórios, como vimos na Secção 9.2.2, e nem sempre é fácil encontrar uma expressão explícita para tais somatórios.

Exemplo 9.3.22 Considere-se a relação de recorrência linear de ordem 1, não homogénea e de coeficientes constantes

(i) $u_0 = 2$

(ii) $u_n = 3u_{n-1} - 4n$ para $n \geq 1$.

Comecemos por encontrar a solução geral da equação homogénea associada

$$u_n = 3u_{n-1}.$$

A equação polinomial característica é $x - 3 = 0$ pelo que a solução geral é

$$f_n = a3^n.$$

Procure-se agora uma solução particular da equação não homogénea

$$u_n = 3u_{n-1} - 4n.$$

De acordo com as observações referidas acima, vamos tentar uma solução da forma $g_n = e_1 n + e_2$, para constantes e_1 e e_2 apropriadas. Para que g_n seja solução de $u_n = 3u_{n-1} - 4n$ tem de verificar $g_n = 3g_{n-1} - 4n$, isto é

$$e_1 n + e_2 = 3(e_1(n-1) + e_2) - 4n$$

ou ainda

$$e_1 n + e_2 = (3e_1 - 4)n + (-3e_1 + 3e_2).$$

Igualando os coeficientes de n e os termos constantes de ambos os membros da última equação, obtém-se

$$\begin{cases} e_1 = 3e_1 - 4 \\ e_2 = -3e_1 + 3e_2 \end{cases}$$

isto é, $e_1 = 2$ e $e_2 = 3$. Logo

$$g_n = 2n + 3$$

é uma solução particular da equação não homogénea.

Combinando agora a solução geral com a solução específica, obtém-se

$$u_n = a3^n + 2n + 3.$$

O valor da constante a encontra-se a partir da condição inicial. Assim, dado que $u_0 = 2$, tem-se $a3^0 + 2 \times 0 + 3 = 2$. Logo, $a = -1$. Conclui-se então que

$$u_n = -3^n + 2n + 3$$

é o termo geral da solução para a recorrência linear não homogénea dada. ■

Antes de prosseguir, saliente-se que o método que estamos a seguir falha, em geral, quando pretendemos resolver equações não homogéneas de ordem 1 do tipo $u_n = u_{n-1} + b_n$.

Exemplo 9.3.23 Considere-se a relação de recorrência linear de ordem 1, não homogénea e de coeficientes constantes

(i) $u_0 = 2$

(ii) $u_n = 2u_{n-1} + 3^n$ para $n \geq 1$.

Comecemos por encontrar a solução geral da equação homogénea associada

$$u_n = 2u_{n-1}.$$

A equação polinomial característica é $x - 2 = 0$ pelo que a solução geral é

$$f_n = a2^n.$$

Procure-se agora uma solução particular da equação não homogénea

$$u_n = 2u_{n-1} + 3^n.$$

Vamos tentar uma solução da forma $g_n = k3^n$, para uma constante k apropriada. Para que g_n seja solução da equação $u_n = 2u_{n-1} + 3^n$ tem de verificar-se $g_n = 2g_{n-1} + 3^n$, isto é

$$k3^n = 2k3^{n-1} + 3^n$$

ou ainda

$$3k = 2k + 3$$

obtendo-se então $k = 3$. Logo

$$g_n = 3^{n+1}$$

é uma solução particular da equação não homogénea.

Combinando agora a solução geral com a solução específica obtém-se

$$u_n = a2^n + 3^{n+1}.$$

O valor da constante a encontra-se a partir da condição inicial. Como $u_0 = 2$ tem-se $a2^0 + 3^{0+1} = 2$, e portanto $a = -1$. Conclui-se então que

$$u_n = -2^n + 3^{n+1}$$

é o termo geral da solução da recorrência linear não homogénea dada. ∎

Exemplo 9.3.24 Considere-se a relação de recorrência linear de ordem 1, não homogénea e de coeficientes constantes

(i) $u_0 = 2$

(ii) $u_n = 3u_{n-1} + 3^n$ para $n \geq 1$.

Comecemos por encontrar a solução geral da equação homogénea associada $u_n = 3u_{n-1}$. A equação polinomial característica é $x - 3 = 0$ pelo que a solução geral é, como já vimos, $f_n = a3^n$. Procure-se uma solução particular da equação não homogénea

$$u_n = 3u_{n-1} + 3^n.$$

Vamos tentar uma solução da forma $g_n = e3^n$, para uma constante e apropriada. Para que g_n seja solução da equação $u_n = 3u_{n-1} + 3^n$ tem de verificar-se $g_n = 3g_{n-1} + 3^n$, isto é

$$e3^n = 3e3^{n-1} + 3^n$$

ou ainda

$$e = e + 1.$$

Mas esta equação é impossível, logo soluções deste tipo não são adequadas. Tente-se agora uma solução da forma $g_n = en3^n$, para uma constante e apropriada. Tem de verificar-se $g_n = 3g_{n-1} + 3^n$, e portanto

$$en3^n = 3e(n-1)3^{n-1} + 3^n$$

ou ainda

$$en = e(n-1) + 1$$

pelo que $e = 1$. Então

$$g_n = n3^n$$

é uma solução particular da equação não homogénea.

Combinando agora a solução geral com a solução específica, obtém-se

$$u_n = a3^n + n3^n.$$

O valor da constante a encontra-se a partir da condição inicial. Como $u_0 = 2$ tem-se $a3^0 + 0 \times 3^0 = 2$, e portanto $a = 2$. Conclui-se assim que

$$u_n = 2 \times 3^n + n3^n = (2+n)3^n$$

é o termo geral da solução da recorrência linear não homogénea dada. ∎

Vejamos agora um exemplo envolvendo relações lineares de ordem 2, de coeficientes constantes, não homogéneas.

Exemplo 9.3.25 Considere-se a relação de recorrência linear de ordem 2, não homogénea e de coeficientes constantes

(i) $u_0 = 130$ e $u_1 = 125$

(ii) $u_n = 4u_{n-1} - 4u_{n-2} + 5n^2$ para $n \geq 2$.

Comecemos por encontrar a solução geral da equação homogénea associada

$$u_n = 4u_{n-1} - 4u_{n-2}.$$

A equação polinomial característica é $x^2 - 4x + 4 = 0$ que tem 2 como raiz dupla, pelo que a solução geral é

$$f_n = a2^n + bn2^n.$$

Procure-se agora uma solução particular da equação não homogénea, isto é, da equação

$$u_n = 4u_{n-1} - 4u_{n-2} + 5n^2.$$

Vamos tentar uma solução da forma

$$g_n = e_1 n^2 + e_2 n + e_3$$

para constantes e_1, e_2 e e_3 apropriadas. Para que g_n seja solução da equação $u_n = 4u_{n-1} - 4u_{n-2} + 5n^2$ tem de verificar-se $g_n = 4g_{n-1} - 4g_{n-2} + 5n^2$. Então

$$\begin{gathered} e_1 n^2 + e_2 n + e_3 \\ = \\ 4(e_1(n-1)^2 + e_2(n-1) + e_3) - 4(e_1(n-2)^2 + e_2(n-2) + e_3) + 5n^2 \end{gathered}$$

que é equivalente a

$$e_1 n^2 + e_2 n + e_3 = 5n^2 + 8e_1 n - 12e_1 + 4e_2.$$

Igualando os coeficientes de n^2 e de n e os termos constantes de ambos os membros da última equação, obtém-se $e_1 = 5$, $e_2 = 40$ e $e_3 = 100$. Conclui-se então que

$$g_n = 5n^2 + 40n + 100$$

é uma solução particular da equação não homogénea.

Combinando agora a solução geral com a solução específica, obtém-se

$$u_n = a2^n + bn2^n + 5n^2 + 40n + 100.$$

O valor das constantes a e b encontram-se a partir da condição inicial. Como $u_0 = 130$ e $u_1 = 125$, conclui-se que $a = 30$ e $b = -40$. O termo geral da solução da recorrência linear não homogénea dada é então

$$u_n = 30 \times 2^n - 40n2^n + 5n^2 + 40n + 100.$$ ■

A terminar, refira-se que existem ainda outros métodos para resolver relações de recorrência que têm por base as chamadas *funções geradoras*. No entanto, o tópico das funções geradoras está fora do âmbito deste texto. Sobre este assunto, sugere-se a consulta de, por exemplo, [29, 63, 73] onde se descreve, nomeadamente, a utilização de funções geradoras para resolver relações de recorrência, e de [3, 49, 73] para um tratamento mais detalhado sobre funções geradoras.

9.4 Exercícios

1. Suponha-se que a população de uma dada espécie animal numa determinada zona é contada no fim de cada ano, desde há 3 anos. Designe-se por p_n o número de elementos da espécie aquando da $(n+1)$-ésima contagem. Sabe-se que $p_0 = 200$, isto é, há 3 anos, na primeira contagem, havia 200 elementos dessa espécie. Verificou-se que no fim de cada ano o número de elementos da espécie era igual a metade do número de elementos existentes no fim do ano anterior, menos 10 unidades, ou seja $p_n = \frac{p_{n-1}}{2} - 10$.

   (a) Assumindo que a tendência verificada se mantém, obtenha uma expressão explícita para p_n recorrendo ao método iterativo.
   Sugestão: não efetue as divisões de 10 por 2, de 10 por 4, e assim por diante, mantendo-as na forma de um quociente.

   (b) Prove, por indução, que a expressão a que chegou é o termo geral da solução da relação de recorrência em causa.

   (c) A manter-se a tendência verificada, daqui a quantos anos a espécie em questão estará extinta?

2. Sabendo que $S_1 = 1$ e que $S_n = S_{n-1} + n$ para $n \geq 2$, demonstre por indução que $S_n = \frac{n(n+1)}{2}$ para cada $n \geq 1$.

3. Sabendo que $a_0 = 1$ e que $a_n = \frac{4a_{n-1}}{n}$ para $n \geq 1$, demonstre por indução que $a_n = \frac{4^n}{n!}$ para cada $n \geq 0$.

4. Foram investidos 500 euros numa aplicação de risco, estimando-se que no fim de cada ano essa aplicação possa render 10% de juros, relativamente ao montante existente no início do ano. Seja p_n a quantia existente na aplicação em questão no início do n-ésimo ano.

   (a) Escreva a condição inicial e a equação de recorrência para p_n, assumindo o comportamento estimado.

   (b) Encontre uma expressão explícita para p_n e prove por indução que ela satisfaz a relação de recorrência que obteve na alínea anterior.

5. Numa experiência, uma colónia de bactérias tem inicialmente uma população de 50000 indivíduos. É feita uma leitura a cada hora, verificando-se que no final de cada hora existem 3 vezes mais bactérias que no final da anterior. Seja p_n o número de bactérias existente na n-ésima leitura.

   (a) Escreva a condição inicial e a equação de recorrência para p_n.

(b) Encontre uma expressão explícita para p_n e prove por indução que ela satisfaz a relação de recorrência que obteve na alínea anterior.

6. Resolva as recorrências

   (a) $a_1 = 0$ e $a_n = a_{n-1} + 4$ para $n \geq 2$.

   (b) $a_1 = 0$ e $a_n = a_{n-1} + 2n$ para $n \geq 2$.

7. O Sr. A. emprestou 1000 euros ao Sr. B., e acordaram no seguinte: a dívida, mais os respetivos juros, terá de ser paga de uma só vez, e até à liquidação da dívida, por cada dia que passe, o Sr. B. fica a dever ao Sr. A. mais 50 cêntimos. Designe-se por p_n a quantia em euros que o Sr. B. deve ao Sr. A. ao fim de n dias sem pagar a dívida.

   (a) Escreva a condição inicial e a equação de recorrência para p_n.

   (b) Encontre uma expressão explícita para p_n e prove por indução que ela satisfaz a relação de recorrência que obteve na alínea anterior.

8. Considere a sucessão $(a_n)_{n\geq 1}$ definida pela relação de recorrência $a_1 = 10$ e $a_n = a_{n-1} + 4(n-1)$ para $n \geq 2$.

   (a) Use o método iterativo para obter $a_n = 2n^2 - 2n + 10$ como expressão explícita para a_n.

   (b) Prove por indução que a expressão na alínea (a) está correta.

9. Admita que há atualmente 1000 baleias numa certa zona e que se estima que em cada ano o aumento da população das baleias nessa zona, decorrente de nascimentos e mortes naturais é de 25%. Admita ainda que a pesca mata 100 baleias por ano. Designe-se por p_0 o número de baleias atualmente existentes e por p_n $(n > 0)$ o número de baleias que se estima existirem daqui a n anos, de acordo com as hipóteses assumidas.

   (a) Escreva a condição inicial e a equação de recorrência para p_n.

   (b) Usando o método iterativo encontre uma expressão explícita para p_n.

10. Uma máquina de jogo de casino funciona como se segue: (i) para efetuar a primeira jogada, o jogador tem de colocar na máquina a quantia exata de 100 euros ou fichas equivalentes a esse valor; (ii) em cada jogada, se o jogador não acertar perde tudo o que apostou, e se acertar pode receber o prémio que lhe é devido, ou pode apostar esse prémio numa nova jogada (sem introduzir qualquer dinheiro adicional); (iii) na primeira jogada, a máquina paga o dobro da aposta do jogador; (iv) em cada jogada seguinte, supondo que o jogador acertou na jogada anterior e apostou o prémio, a

máquina paga o dobro do que pagava na jogada anterior, acrescido de 50 euros. Designe por p_n ($n \geq 1$) o prémio em euros que a máquina paga na n-ésima aposta, supondo que até aí o jogador acertou sempre e nunca levantou o prémio (apostando-o sempre).

(a) Escreva a condição inicial e a equação de recorrência para p_n.

(b) Use o método iterativo para obter $p_n = 250 \times 2^{n-1} - 50$.

(c) Prove por indução que a expressão na alínea (b) está correta.

11. Suponha que a população de uma dada espécie animal, numa determinada zona, é de 5000 indivíduos no instante $n = 0$, e que o crescimento da população do instante $n-1$ para o instante n é igual a 15% da população no instante $n-1$. Escreva a relação de recorrência em causa e resolva essa relação de recorrência.

12. Considere a sucessão de números de Fibonacci que, recorde-se, é definida pela relação de recorrência

(i) $f_0 = 0$ (ii) $f_1 = 1$ (iii) $f_n = f_{n-1} + f_{n-2}$ para $n \geq 2$.

Como se referiu, esta sucessão tem algumas propriedades interessantes. Seguem-se alguns exemplos. Prove por indução que

(a) $f_0 + f_1 + \ldots + f_n = f_{n+2} - 1$ para qualquer $n \geq 0$.

(b) $f_0^2 + f_1^2 + \ldots + f_n^2 = f_n f_{n+1}$ para qualquer $n \geq 0$.

(c) $f_n^2 = f_{n-1} f_{n+1} + (-1)^{n+1}$ para qualquer $n \geq 1$.

(d) $f_{n+2}^2 - f_{n+1}^2 = f_n f_{n+3}$ para qualquer $n \geq 1$.

13. Suponha que a evolução da população de uma certa espécie se comporta deste modo: no instante inicial, $n = 0$, é de 200 indivíduos e no instante de contagem seguinte, $n = 1$, é de 800 indivíduos. Em cada instante n de contagem a população existente é igual a 8 vezes a que existia no instante $n-1$ anterior menos 16 vezes a que existia no instante anterior a esse, o instante $n-2$. Sendo p_n o número de elementos da população existente no instante n, encontre uma expressão explícita para p_n.

14. Resolva as seguintes recorrências

(a) $a_0 = 7$, $a_1 = 16$ e $a_n = 5a_{n-1} - 6a_{n-2}$ para $n \geq 2$.

(b) $a_0 = 2$, $a_1 = -20$ e $a_n = -8a_{n-1} - 16a_{n-2}$ para $n \geq 2$.

(c) $a_0 = 2$, $a_1 = 5$ e $a_n = 2a_{n-1} - a_{n-2}$ para $n \geq 2$.

(d) $a_0 = 20$, $a_1 = 30$ e $a_n = 4a_{n-1} - 3a_{n-2}$ para $n \geq 2$.

(e) $a_0 = 1$, $a_1 = 3$ e $a_n = a_{n-1} - 6a_{n-2}$ para $n \geq 2$.

(f) $a_0 = 4$, $a_1 = 8$ e $a_n = a_{n-1} + 2a_{n-2}$ para $n \geq 2$.

15. Num certo local, a população de uma determinada espécie é contada no fim de cada ano, desde há 10 anos. Designe-se por p_n o número de elementos da espécie na $n+1$-ésima contagem. Sabe-se que $p_0 = 200$, isto é, há 10 anos havia 200 indivíduos dessa espécie. Sabe-se que $p_1 = 400$ e verificou-se que no fim de cada ano o número de indivíduos da espécie era igual ao quádruplo do crescimento que essa população teve no ano anterior. A manter-se esta relação no futuro, qual a população da espécie daqui a 20 anos?

16. Palavras de comprimento $n \geq 0$ construídas usando a letra a e mais $k-1$ letras, com $k \geq 2$, podem ser transmitidas através de um canal de comunicação com a seguinte restrição: nenhuma palavra com dois a's consecutivos pode ser transmitida (ver Exemplo 9.3.16). Qual o número de palavras de comprimento n que podem ser transmitidas?

17. Resolva a relação de recorrência $a_0 = 1$, $a_1 = 1$ e $\sqrt{a_n} = \sqrt{a_{n-1}} + 2\sqrt{a_{n-2}}$ para $n \geq 2$.

    Sugestão: comece por transformar esta relação de recorrência numa relação de recorrência linear, homogénea e de coeficientes constantes, efetuando a substituição $b_n = \sqrt{a_n}$ para $n \geq 0$; em seguida, resolva a relação de recorrência que define $(b_n)_{n \geq 0}$ e a partir daí obtenha a expressão do termo geral a_n.

18. Resolva a relação de recorrência $a_0 = 8$, $a_1 = \frac{1}{2\sqrt{2}}$ e $\sqrt{a_n} = \sqrt{\frac{a_{n-2}}{a_{n-1}}}$ para $n \geq 2$.

    Sugestão: transforme esta relação de recorrência numa relação de recorrência linear, homogénea e de coeficientes constantes, aplicando logaritmos a ambos os membros da equação de recorrência e efetuando a substituição $b_n = \log_2 a_n$ para $n \geq 0$.

19. Resolva as seguintes relações de recorrência

    (a) $u_0 = 1$ e $u_n = 3u_{n-1} - 5n + 2$ para $n \geq 1$.

    (b) $u_0 = 1$ e $u_n = 3u_{n-1} - 4n^2$ para $n \geq 1$.

    (c) $u_0 = 2$, $u_1 = 6$ e $u_n = 6u_{n-1} - 8u_{n-2} + 3$ para $n \geq 2$.

    (d) $u_0 = 2$, $u_1 = 6$ e $u_n = 7u_{n-1} - 10u_{n-2} + 3$ para $n \geq 2$.

Capítulo 10

Análise de algoritmos

Neste capítulo faz-se uma breve introdução à análise da eficiência de algoritmos, tópico importante da Ciência da Computação, que estuda os recursos computacionais necessários à execução de um algoritmo. Pode-se analisar quer o tempo de execução, quer o espaço (memória) utilizados na sua execução. Neste texto é dada ênfase à análise do tempo de execução dos algoritmos ou, mais precisamente, à análise de uma medida (custo) que traduza de algum modo um tal tempo de execução. Assume-se que os algoritmos a analisar se encontram implementados em *Mathematica*. Apresenta-se uma breve introdução a este ambiente de computação no Apêndice B.

A análise de algoritmos recursivos conduz-nos em geral a relações de recorrência, ao passo que os somatórios aparecem muitas vezes ligados à análise de algoritmos com "ciclos". Embora algoritmos recursivos sejam muitas vezes a solução computacional mais simples e elegante para certo tipo de problemas, eles são em regra um pouco menos eficientes que os correspondentes algoritmos de carácter iterativo.

No início do capítulo motivam-se os principais conceitos relativos à análise da eficiência de algoritmos. Aborda-se de seguida a questão do comportamento assimptótico de funções, caracterizando diversas ordens de crescimento de funções e suas propriedades. Recorre-se depois ao exemplo simples do cálculo do fatorial para ilustrar sucintamente os detalhes mais relevantes envolvidos no cálculo do tempo total de execução de um programa imperativo e de um programa recursivo. Apresentam-se de seguida alguns exemplos em que a eficiência dos algoritmos é medida à custa da contagem do número de operações relevantes que são executadas. Nos exemplos apresentados começa-se por referir de novo o cálculo do fatorial e depois considera-se o caso do cálculo do supremo de uma lista. Termina-se com a análise de vários algoritmos de pesquisa e de ordenação.

10.1 Motivação

É importante para o estudo da eficiência de algoritmos determinar o modo como o respetivo tempo de execução depende de um ou mais parâmetros considerados relevantes. Pensemos em exemplos como o problema da Torre de Hanói e o problema das n ovais, ilustrados na Secção 9.2. No exemplo da Torre de Hanói, o parâmetro é o número n de discos que se têm de mover, e no caso do exemplo das ovais o parâmetro é o número n de ovais.

Embora possam existir vários parâmetros, vamos considerar em primeiro lugar o caso genérico de um problema que depende apenas de um parâmetro. Designemos por *Prob* esse problema e por n o referido parâmetro. Para cada valor de n temos então um problema específico, *Prob*(n), que se pode dizer que é uma instância do problema genérico *Prob*. Por exemplo, a tarefa dos monges no caso da Torre de Hanói descrita anteriormente é uma instância da tarefa genérica "mover n discos de acordo com as restrições referidas", em que o número n de discos é igual a 64. Por sua vez, a ordenação da lista $\{8, -9, 25, 4\}$, por exemplo, é uma instância do problema genérico "ordenar uma lista de números".

Note-se que um problema deste tipo pode ter solução para certos valores de n e não ter solução para outros valores. Na sequência, quando afirmamos simplesmente que um certo problema é solúvel, assume-se que tal significa que o problema tem solução para todos os valores de n, isto é, para todas as suas instâncias.

Dizer que um problema tem solução significa que existe um algoritmo que resolve esse problema. Um programa numa linguagem de programação é uma concretização de um algoritmo. Neste texto, todos os programas estão escritos na linguagem *Mathematica*. Note-se que um programa na linguagem *Mathematica* é aqui entendido como uma função *Mathematica*.

Como já se havia referido anteriormente no Exemplo 5.4.4, a questão de caracterizar os problemas que têm solução computacional é do âmbito da *teoria da computabilidade* [37, 51, 69]. Mas, o que nos interessa neste texto é o seguinte: dado um programa que resolva um certo problema, saber estimar o seu tempo de execução para, por exemplo, determinar se a resolução do problema é exequível em tempo útil. O tempo de execução não é o único aspeto relevante na análise de um programa. A execução de um programa consome também outros recursos computacionais, como memória, que também têm de estar disponíveis. Mas neste texto vamos concentrar a nossa análise no tempo de execução.

Note-se que executar o programa num determinado computador para diversas instâncias do problema, isto é, para certos valores do parâmetro n, pode não ser suficiente para estimar o seu tempo de execução, pelo facto de, por exemplo, poder ser impossível determinar esse tempo no caso da execução demorar demasiado. Recorde-se que no Capítulo 9, a propósito do problema da

Torre de Hanói, concluímos que quando se consideram 64 discos, e se cada movimento de 1 disco demorar 1 microssegundo, então são necessários cerca de 5849 séculos para resolver o problema

O que precisamos é de traduzir o tempo de execução como uma função matemática do parâmetro n do problema em causa e estudar o comportamento dessa função. Como as operações executadas pelo programa podem demorar tempos diferentes em processadores diferentes, esta função vai ter de depender de parâmetros correspondentes a esses tempos.

Por outro lado, quando se tem em conta todas as operações executadas pelo programa, a função desejada pode-se tornar bastante complexa. Mas o que é essencial obter é um valor que traduza de algum modo o custo da execução do programa para cada valor de n. E, para esse efeito, muitas vezes basta-nos contar o número de vezes que são efetuadas as principais operações que são realizadas pelo programa em causa. Por exemplo, no caso da Torre de Hanói podemos dizer que o que traduz o custo da execução é o número de movimentos de discos que é necessário realizar. No caso da ordenação de listas, podemos supor que o custo é essencialmente determinado pelo número de comparações entre elementos que são necessárias para ordenar a lista em causa.

Em vez de custo de execução de um programa, poderemos escrever simplesmente custo de um programa. Naturalmente que a determinação do tempo ou do custo da execução de um programa passa pelo estudo do algoritmo subjacente. Podemos assim falar do tempo de execução de um programa ou algoritmo, ou da função de custo de um programa ou de um algoritmo.

De posse de uma tal função de custo, que designaremos genericamente por f, podemos então estudar como se comporta o custo/tempo em função de n. Se só pretendemos saber até que ponto a escolha de um certo algoritmo permite que o problema seja resolvido em tempo útil, então o valor de $f(n)$ para pequenos valores de n não é em geral relevante. De facto, se assumirmos que o parâmetro n traduz uma medida da dimensão, ou complexidade, da instância do problema a resolver, é fácil constatar que o custo para valores pequenos de n não é muito relevante. Com os atuais computadores, mesmo um programa pouco eficiente resolverá muito rapidamente uma pequena instância do problema. O que é fundamental é saber o custo/tempo da execução para instâncias muito grandes. Isto conduz-nos ao estudo do comportamento das funções para valores muito grandes do parâmetro, isto é, ao estudo do *comportamento assimptótico* das funções. Podemos mesmo dizer, ao estudo do seu crescimento assimptótico, uma vez que, tipicamente, os valores das funções aumentam com o valor do argumento.

Pode também não ser fundamental conhecer a expressão exata de $f(n)$, como função de n. Em certos casos esta expressão pode ser fácil de obter, mas noutros não, mesmo só considerando as operações essenciais do programa. Quando pensamos nos valores grandes de n que traduzem os casos cuja resolução demora mais, o essencial relativamente a $f(n)$ é conhecer a sua ordem de grandeza, ou ordem de crescimento. Por exemplo, se a função de custo for majorada por um polinómio em n de grau k sabemos que no pior caso tem um comportamento polinomial de grau k. Para este fim tentamos ignorar o maior número possível de detalhes. O que se procura estudar é assim, fundamentalmente, o comportamento assimptótico de tais funções de custo e saber, por exemplo, se o tempo de execução é uma função polinomial em n ou se cresce exponencialmente. Algoritmos cujo custo cresça mais do que qualquer polinómio não resolvem o problema em tempo útil, exceto talvez para valores relativamente pequenos de n. É usual considerar que um problema é intratável se não tem solução computacional que cresça, no máximo, polinomialmente. A caracterização dos problemas em termos da ordem de grandeza do tempo de execução das suas soluções, em particular, a divisão entre problemas ditos tratáveis e intratáveis, é do âmbito da *teoria da complexidade* [5, 26, 27, 28].

Naturalmente, se houver mais de uma solução para o mesmo problema, a que for mais eficiente, ou seja, a que tiver menor tempo/custo de execução, será a preferida. A "máxima" de que entre várias soluções a melhor é a mais simples só se aplica entre soluções com, informalmente falando, grau de eficiência análogo.

Refira-se que nem sempre se considera que o parâmetro n da função de custo é o valor de entrada concreto do programa. Muitas vezes o que se considera como parâmetro da função de custo traduz apenas a complexidade ou dimensão desse valor. Por exemplo, no caso da ordenação de listas o parâmetro da função de custo é, em geral, o comprimento da lista a ordenar, e não a lista concreta a ordenar. Mas note-se que o tempo necessário para ordenar uma lista depende não só do comprimento da lista, mas também da lista concreta em causa. Pode depender, por exemplo, do número de elementos fora de ordem. Tomar todos estes fatores em conta conduziria a uma função de custo complicada. Assim, o que se faz, é estudar o custo da ordenação em função do comprimento n da lista a ordenar, dividindo este estudo em três casos:

(a) melhor caso: corresponde à melhor situação possível para o algoritmo em causa, ou seja, a caracterizar, de entre as listas de comprimento n, quais são as que conduzem ao menor número de comparações, e a determinar esse número de comparações mínimo;

(b) pior caso: corresponde à pior situação possível para o algoritmo em causa, ou seja, a caracterizar, de entre as listas de comprimento n, quais são as que conduzem ao maior número de comparações, e a determinar esse número de comparações máximo;

(c) caso médio: corresponde à situação em que se determina o número médio (ou esperado) de comparações que o algoritmo em causa efetua, assumindo que a lista a ordenar pode ser, com igual probabilidade, uma qualquer lista de n elementos.

Nem sempre é de excluir um algoritmo que no pior caso tenha um custo com má ordem de grandeza. Pode acontecer que a pior situação seja pouco provável (raramente ocorra) na aplicação em causa. Por isso é importante fazer também uma análise da ordem de crescimento do custo do algoritmo em média, assumindo que qualquer instância de dimensão n é equiprovável. Esta análise é normalmente mais complicada que a análise no pior caso. Por outro lado, embora a análise da melhor situação para um dado algoritmo seja menos relevante, ela permite que no caso de uma aplicação em que as instâncias mais comuns estejam em geral próximas da situação mais favorável do algoritmo, este possa ser escolhido, mesmo que no pior caso, ou em média, seja um mau algoritmo.

Embora o custo de execução possa depender de mais do que uma quantidade (quando há mais do que um parâmetro, por exemplo), iremos em seguida concentrar-nos no caso mais simples, mas todavia importante, em que esse custo depende apenas de um argumento natural.

Assumindo que f é a função de custo, e portanto que $f(n)$ traduz o custo de execução quando o argumento tem o valor n, surge natural supor que f é positiva a partir de certa ordem. Uma função $f : \mathbb{N} \rightharpoonup \mathbb{R}_0^+$ é *positiva a partir de certa ordem* se existe $k \in \mathbb{N}$ tal que $f(n) > 0$ para qualquer $n \geq k$. Se k puder ser 0, diz-se apenas que f é *positiva.*

Por outro lado, como se assume que o argumento da função traduz a dimensão (ou complexidade) do valor de entrada do algoritmo, na generalidade dos casos, as funções de custo em consideração serão crescentes a partir de certa ordem. Um função $f : \mathbb{N} \rightharpoonup \mathbb{R}_0^+$ diz-se *crescente a partir de certa ordem* se existe $k \in \mathbb{N}$ tal que, para quaisquer $n_1, n_2 \geq k$, se $n_1 \leq n_2$ então $f(n_1) \leq f(n_2)$. Se k puder ser 0, diz-se apenas que f é *crescente.*

10.2 Comportamento assimptótico de funções

Nesta secção são estudadas de forma sucinta diversas noções e notações relativas ao comportamento assimptótico de funções.

10.2.1 Ordens de crescimento assimptótico

Apresentam-se de seguida as definições de diversos critérios que permitem comparar funções relativamente ao seu comportamento assimptótico. Na sequência, $f, g : \mathbb{N} \rightharpoonup \mathbb{R}_0^+$ são duas funções, positivas a partir de certa ordem. Na maior parte dos casos, f e g são aplicações. No entanto, pode acontecer que existam certas instâncias de problemas que não façam sentido, como por exemplo determinar o mínimo de uma lista vazia. Nesses casos as funções de custo não estão definidas para certos valores de n. Por outro lado, uma função que é útil neste contexto, e não está definida em 0, é a função logaritmo. Daí que se considerem funções em vez de apenas aplicações. Em apêndice a este capítulo encontram-se as notações relativas a logaritmos usadas neste texto, bem como algumas propriedades da função logaritmo, relevantes na sequência.

10.2.1.1 Notação "o" e notação "ω"

Apresentam-se de seguida os critérios que permitem dizer que a ordem de crescimento de uma função f é menor que a ordem de crescimento de uma função g, ou seja, que o valor de $f(n)$ se torna insignificante relativamente ao de $g(n)$, para n suficientemente grande.

Definição 10.2.1 Sejam $f, g : \mathbb{N} \rightharpoonup \mathbb{R}_0^+$ duas funções, positivas a partir de certa ordem. Diz-se que *a ordem de f é menor que a ordem de g*, ou que *a ordem de crescimento de f é menor que a ordem de crescimento de g* se

$$\forall_{c \in \mathbb{R}^+} \exists_{n_0 \in \mathbb{N}} \forall_{n \geq n_0} \quad f(n) \leq cg(n).$$

Usa-se a notação $f \prec g$, ou $f(n) \prec g(n)$, para referir que ordem de f é menor que a ordem de g. Usa-se $o(g)$ para denotar o conjunto das funções que têm uma ordem de crescimento menor que a de g. ∎

Naturalmente, tem-se que $f \prec g$ se e só se $f \in o(g)$ e portanto

$$f \in o(g) \quad \text{se e só se} \quad \forall_{c \in \mathbb{R}^+} \exists_{n_0 \in \mathbb{N}} \forall_{n \geq n_0} \quad \frac{f(n)}{g(n)} \leq c$$

ou ainda

$$f \in o(g) \quad \text{se e só se} \quad \lim_{n \to +\infty} \frac{f(n)}{g(n)} = 0 \tag{10.1}$$

Como f e g são funções positivas a partir de certa ordem, não há problema em considerar o quociente

$$\frac{f(n)}{g(n)}$$

nas expressões acima.

Note-se que se $f \in o(g)$ então podemos dizer, informalmente, que para n suficientemente grande, $f(n)$ é desprezável quando comparado com $g(n)$, isto é, $f(n)$ é muito pequeno quando comparado com $g(n)$. Assim, é também usual dizer que *f é um zero de g* e escrever $f = o(g)$ para afirmar que $f \in o(g)$. Neste contexto, por abuso de linguagem, é frequente usar as expressões $f(n)$, $g(n)$, etc. para referir as funções f, g, etc. Assim, $o(g(n))$ designa o conjunto

$o(g)$ e pode usar-se a notação $f(n) \in o(g(n))$, assim como $f(n) = o(g(n))$, com o significado esperado. É ainda usual escrever "$f(n)$ é um $o(g(n))$".

Refira-se que o significado de "suficientemente grande" depende do problema em causa. Pense-se por exemplo no problema das Torre de Hanói e no tempo que demoraria a execução no caso de $n = 64$ discos.

Claro que dizer que $f(n)$ é muito pequeno quando comparado com $g(n)$, à medida que n tende para infinito, é equivalente a afirmar que $g(n)$ se torna arbitrariamente grande relativamente a $f(n)$, à medida que n tende para infinito. É natural por isso introduzir a seguinte definição.

Definição 10.2.2 Sejam $f, g : \mathbb{N} \rightharpoonup \mathbb{R}_0^+$ duas funções, positivas a partir de certa ordem. Diz-se que *a ordem de g é maior que a ordem de f*, ou que *a ordem de crescimento de g é maior que a ordem de crescimento de f* se

$$\forall_{c \in \mathbb{R}^+} \exists_{n_0 \in \mathbb{N}} \forall_{n \geq n_0} \quad g(n) \geq cf(n).$$

Usa-se $\omega(f)$ para denotar o conjunto das funções que têm uma ordem de crescimento superior à de f. ∎

Facilmente se conclui que

$$g \in \omega(f) \qquad \text{se e só se} \qquad \lim_{n \to +\infty} \frac{g(n)}{f(n)} = +\infty.$$

É assim equivalente afirmar que $g \in \omega(f)$ ou afirmar que $f \in o(g)$. Como seria de esperar, podem também usar-se para ω as convenções referidas acima para a notação o.

Os próximos exemplos ajudam a compreender melhor o significado de se afirmar que uma função tem uma ordem de crescimento inferior à de outra, ilustrando de que forma isso corresponde ao facto de o valor da primeira ser insignificante quando comparado com o valor da segunda, quando pensamos em valores suficientemente grandes do argumento n.

Exemplo 10.2.3 Considerem-se as aplicações $f, g : \mathbb{N} \to \mathbb{R}_0^+$ dadas por

$$f(n) = 1000n^2 \qquad \text{e} \qquad g(n) = n^3$$

e analisem-se os valores apresentados na Tabela 10.1.

Quando $n = 1$, $g(n)$ é 1000 vezes menor que $f(n)$ e quando $n = 2$, $g(n)$ é 500 vezes menor que $f(n)$. Mas quando $n = 1000$ já $g(n)$ é igual a $f(n)$, e à medida que n aumenta, $g(n)$ vai sendo cada vez maior que $f(n)$. Quando $n = 10^6$ já $g(n)$ é 1000 vezes o valor de $f(n)$ e é 10^6 vezes o valor de $f(n)$ quando $n = 10^9$.

n	$1000n^2$	n^3
1	1000	1
2	4000	8
10	10^5	10^3
10^2	10^7	10^6
10^3	10^9	10^9
10^6	10^{15}	10^{18}
10^9	10^{21}	10^{27}

Tabela 10.1: Funções $f(n) = 1000n^2$ e $g(n) = n^3$

A diferença entre os dois valores cresce substancialmente, e $f(n)$ torna-se insignificante relativamente a $g(n)$ à medida que n cresce.

A diferença entre f e g torna-se mais evidente se, correspondendo $f(n)$ e $g(n)$ ao número de operações executadas por dois algoritmos, traduzirmos em

n	$1000n^2$	n^3
10	0.1 s	0.001 s
10^2	10 s	1 s
10^3	16.7 m	16.7 m
10^6	31.7 anos	317.1 séculos
10^9	317098 séculos	317098×10^6 séculos

Tabela 10.2: Tempo de execução quando cada operação é executada em 10^{-6}s

tempo essa medida, assumindo um certo tempo médio por execução de cada operação. Veja-se por exemplo a Tabela 10.2 que corresponde ao caso em que cada operação é executada num microssegundo (10^{-6} segundos). ∎

A relação $\prec$ entre funções apresentada na Definição 10.2.1, que compara as funções em termos da sua ordem de crescimento, é uma relação de ordem, podendo ser usada para introduzir uma hierarquia entre estas funções.

Exemplo 10.2.4 Sejam $b > 1$ e $0 < \delta < \epsilon < 1 < c < d$ e suponha-se que 1 representa a função constantemente igual a 1. Tem-se

$$1 \prec \log_b(\log_b(n)) \prec \log_b(n) \prec n^\delta \prec n^\epsilon \prec n \prec n^c \prec n^d \prec n^{log_b n} \prec c^n \prec n^n$$

como se verá adiante.

Tal como no Exemplo 10.2.3, apresentamos na Tabela 10.3 valores de algumas das funções anteriores. Supondo que estes valores representam o número

n	$\lg(n)$	$n^{0.5}$	$n\lg(n)$	$n^{1.5}$	n^2	1.01^n	1.1^n
10	3.3	3.16	33.2	31.6	10^2	1.1	2.6
10^2	6.6	10	664.4	10^3	10^4	2.7	13780.6
10^3	9.9	31.6	9.9×10^3	3.2×10^3	10^6	2.1×10^4	2.5×10^{41}
10^4	13.3	10^2	1.3×10^5	10^6	10^8	1.6×10^{43}	9×10^{413}
10^6	19.9	10^3	1.9×10^7	10^9	10^{12}	2×10^{4321}	5×10^{41392}

Tabela 10.3: Valores de diversas funções para várias potências de 10

de operações executadas por um certo algoritmo e que a execução de cada operação demora um microssegundo (10^{-6} segundos), obtêm-se os valores que se encontram na Tabela 10.4. As últimas três colunas destas tabelas ilustram bem a diferença entre o comportamento polinomial e o exponencial.

Operações	$\lg(n)$	$n^{0.5}$	n	$n\lg(n)$	$n^{1.5}$
10	3.3×10^{-6}s	3.2×10^{-6}s	10^{-5}s	3.3×10^{-5}s	3.2×10^{-5}s
10^2	7×10^{-6}s	10^{-5}s	10^{-4}s	6×10^{-4}s	10^{-3}s
10^3	10^{-5}s	3×10^{-5}s	10^{-3}s	9.9×10^{-3}s	0.032s
10^4	1.3×10^{-5}s	10^{-4}s	10^{-2}s	0.13s	1s
10^6	2×10^{-5}s	10^{-3}s	1s	19.9s	16.7m

Operações	n^2	1.01^n	1.1^n
10	10^{-4}s	1.1×10^{-6}s	2.6×10^{-6}s
10^2	0.01s	3×10^{-6}s	0.014s
10^3	1s	0.02s	7.8×10^{25} séculos
10^4	1.7 min	5.19×10^{27} séculos	2.7×10^{398} séculos
10^6	11.57 dias	7.5×10^{4305} séculos	1.5×10^{41377} séculos

Tabela 10.4: Tempo de execução quando cada operação é executada em 10^{-6}s

Podemos ainda ter uma ideia da rapidez do crescimento das várias funções analisando o efeito de duplicar o seu argumento. No caso de $f(n) = \lg(n)$, o efeito de duplicar o argumento resulta num ligeiro acréscimo, isto é, $f(2n)$ é ligeiramente maior que $f(n)$. No caso de $f(n) = n$ existe uma duplicação, naturalmente, e no caso de $f(n) = n\lg(n)$ o efeito resulta num aumento de um pouco mais que o dobro. Se $f(n) = n^2$ há um aumento que corresponde a uma multiplicação por 4 e se $f(n) = n^3$ a uma multiplicação por 8. ∎

Observe-se que se conseguirmos determinar que, por exemplo, a função de custo f de um certo algoritmo é uma função polinomial e que a função de custo g de um outro algoritmo, para o mesmo problema, é uma exponencial c^n, com $c > 1$, então, mesmo que não conheçamos os coeficientes do polinómio $f(n)$, devemos escolher o primeiro algoritmo, pois ter-se-á sempre que $f \in o(g)$.

Note-se que se pode também utilizar a notação $o(g(n))$ numa expressão. Pode por exemplo escrever-se

$$n^3 + o(n^2).$$

Neste caso $o(n^2)$ deve ser interpretado como designando uma função que não se conhece, mas que se sabe que pertence ao conjunto $o(n^2)$. Note-se que isto significa que se existirem várias ocorrências de $o(n^2)$ numa mesma expressão, elas designarão funções desse conjunto, mas não necessariamente iguais.

Podem escrever-se equações como por exemplo

$$2n^3 + 3n + 1000 = 2n^3 + o(n^2).$$

Esta equação significa que existe uma função f no conjunto $o(n^2)$ que verifica $2n^3 + 3n + 1000 = 2n^3 + f(n)$. Neste caso tem-se obviamente que $f(n)$ é a função $3n + 1000$.

10.2.1.2 Notação "Θ"

Nesta secção abordamos a questão de saber quando é que podemos dizer que duas funções têm o mesmo comportamento assimptótico, no sentido de que crescem da mesma forma quando o argumento tende para infinito.

Definição 10.2.5 Sejam $f, g : \mathbb{N} \to \mathbb{R}_0^+$ duas funções, positivas a partir de certa ordem. Diz-se que f tem *comportamento assimptótico idêntico ao de* g se

$$\exists_{c_1,c_2\in\mathbb{R}^+}\ \exists_{n_0\in\mathbb{N}}\ \forall_{n\geq n_0}\quad c_1 g(n) \leq f(n) \leq c_2 g(n).$$

Usa-se a notação $f \sim g$, ou $f(n) \sim g(n)$, para referir que f e g têm idêntico comportamento assimptótico. Usa-se $\Theta(g)$ para denotar o conjunto das funções que têm comportamento assimptótico idêntico ao de g. ∎

Para referir que $f \sim g$ diz-se também que f e g têm a mesma ordem de crescimento assimptótico, têm a mesma ordem de grandeza ou são da mesma ordem. Como é natural, podem usar-se para a notação Θ convenções análogas às referidas para a notação o, e portanto, quando se escreve $f(n) \in \Theta(g(n))$, por exemplo, tal significa $f \in \Theta(g)$.

Em vez de dizer que uma função pertence a $\Theta(g(n))$, pode-se também dizer que a função tem comportamento (assimptótico) $g(n)$, e, em particular, que tem comportamento (assimptótico) linear se $g(n) = n$, quadrático se $g(n) = n^2$, cúbico se $g(n) = n^3$, logarítmico se $g(n) = \lg(n)$, e exponencial se $g(n) = a^n$, com $a > 1$. Também se diz, como o mesmo significado, que a função tem ordem de crescimento $g(n)$, ou que a sua ordem de crescimento é $g(n)$. Analogamente para o caso de funções que têm comportamento linear, quadrático, etc.

Como estamos a assumir que f e g são positivas a partir de uma certa ordem, podemos descrever a condição $f \in \Theta(g)$ em termos da razão entre o valor de $f(n)$ e o valor de $g(n)$ como se segue

$$f \in \Theta(g) \quad \text{se e só se} \quad \exists_{c_1,c_2 \in \mathbb{R}^+} \exists_{n_0 \in \mathbb{N}} \forall_{n \geq n_0} \; c_1 \leq \frac{f(n)}{g(n)} \leq c_2.$$

Verifica-se que

$$\text{se } \lim_{n \to +\infty} \frac{f(n)}{g(n)} = b \in \mathbb{R}^+ \text{ então } f \in \Theta(g) \tag{10.2}$$

pois, tendo em conta que $\lim_{n \to +\infty} \frac{f(n)}{g(n)} = b$ significa que

$$\forall_{\delta \in \mathbb{R}^+} \exists_{k \in \mathbb{N}} \forall_{n \in \mathbb{N}} \left(n \geq k \Rightarrow \left|\frac{f(n)}{g(n)} - b\right| < \delta\right)$$

basta considerar, por exemplo, a ordem n_0 a partir da qual $\left|\frac{f(n)}{g(n)} - b\right| < \frac{b}{2}$ e, considerando $\delta = \frac{b}{2}$, definir $c_1 = \frac{b}{2}$ e $c_2 = \frac{3b}{2}$.

O recíproco de (10.2) não se verifica, pois se $g(n) = 2n$ e, por sua vez, $f(n) = 2n$ quando n é ímpar e $f(n) = 4n$ em caso contrário, então o limite não existe, mas $f \in \Theta(g)$, dado que $1g(n) \leq f(n) \leq 2g(n)$ para qualquer $n \geq 1$.

Naturalmente que se o comportamento assimptótico de f é idêntico ao de g então o comportamento assimptótico de g deve ser idêntico ao de f. Vejamos que de facto isto se passa. Com efeito, se existem $c_1, c_2 \in \mathbb{R}^+$ e $n_0 \in \mathbb{N}$ tais que

$$c_1 \leq \frac{f(n)}{g(n)} \leq c_2$$

para qualquer $n \geq n_0$, então tem-se

$$\frac{1}{c_2} \leq \frac{g(n)}{f(n)} \leq \frac{1}{c_1}$$

igualmente para qualquer $n \geq n_0$, isto é, como pretendido

$$\frac{1}{c_2} f(n) \leq g(n) \leq \frac{1}{c_1} f(n).$$

Uma outro aspeto a considerar é o seguinte. Intuitivamente é de esperar que se f cresce mais lentamente que g então f e g não têm a mesma ordem de grandeza. De facto, suponha-se, por absurdo, que existiam f e g tais que $f \in o(g)$ e $f \in \Theta(g)$. Ora o facto de $f \in \Theta(g)$ implica que existem $c_1, c_2 \in \mathbb{R}^+$ e $n_0 \in \mathbb{N}$ tais que, em particular

$$c_1 \leq \frac{f(n)}{g(n)}$$

para qualquer $n \geq n_0$. Mas tal é impossível, pois como $f \in o(g)$, pela Definição 10.2.1 existe uma ordem $n_1 \in \mathbb{N}$ a partir da qual, por exemplo

$$\frac{f(n)}{g(n)} \leq \frac{c_1}{2}$$

obtendo-se uma contradição para valores de n maiores que $\max(\{n_0, n_1\})$.

A terminar, observe-se que dois polinómios positivos a partir de certa ordem têm idêntico comportamento assimptótico se e só se têm o mesmo grau. É de notar que para que um polinómio seja positivo a partir de certa ordem é necessário (e suficiente) que o coeficiente do termo de maior grau seja positivo. Atente-se nos valores (alguns deles aproximados) na Tabela 10.5. Dados

n	n^2	$n^2 + 5000n$	$5n^2 + 500n$	$1000n^2$	n^3	$n^3 + 2000n^2$
10^2	10^4	5.1×10^5	10^5	10^7	10^6	2.1×10^7
10^3	10^6	6×10^6	5.5×10^6	10^9	10^9	3×10^9
10^6	10^{12}	1.01×10^{12}	5×10^{12}	10^{15}	10^{18}	10^{18}
10^9	10^{18}	10^{18}	5×10^{18}	10^{21}	10^{27}	10^{27}
10^{12}	10^{24}	10^{24}	5×10^{24}	10^{27}	10^{36}	10^{36}
10^{24}	10^{48}	10^{48}	5×10^{48}	10^{51}	10^{72}	10^{72}

Tabela 10.5: Valores de algumas funções polinomiais

dois polinómios de igual grau, a influência dos termos de menor grau é claramente irrelevante para n grande (compare-se por exemplo os casos de n^2 e de $n^2 + 5000n$). Além disso, à medida que n cresce podem notar-se algumas semelhanças nos valores de acordo com o grau do polinómio, como é o caso de $n^2 + 5000n$ e $5n^2 + 500n$. Note-se também a diferença significativa entre os crescimentos das funções definidas por $1000n^2$, n^2 e n^3. Enquanto a primeira é superior à segunda pelo fator multiplicativo 10^3, fator que não depende de n, o mesmo não se passa com a terceira que é n vezes maior que a segunda.

10.2.1.3 Notação "O"

Foram introduzidas anteriormente duas notações, $o(g)$ e $\Theta(g)$, para caracterizar as classes de funções que, informalmente, crescem mais devagar ou com a mesma ordem de grandeza que uma dada função g. Mas em muitas situações podemos não querer ser tão precisos, ou pode não ser fácil ser assim tão preciso. Relativamente a uma certa função f, pode ser suficiente saber que ela não cresce mais depressa que uma dada função g, à parte uma constante multiplicativa. Para descrever uma tal situação introduz-se também uma notação própria, a notação "O".

Definição 10.2.6 Sejam $f, g : \mathbb{N} \rightharpoonup \mathbb{R}_0^+$ duas funções, positivas a partir de certa ordem. Diz-se que f *é assimptoticamente limitada superiormente por* g se

$$\exists_{c\in\mathbb{R}^+}\ \exists_{n_0\in\mathbb{N}}\ \forall_{n\geq n_0}\quad f(n) \leq cg(n).$$

Usa-se $O(g)$ para denotar o conjunto das funções que são assimptoticamente limitadas superiormente por g. ∎

Convenções análogas às referidas para a notação o a seguir à Definição 10.2.1 podem também ser usadas para a notação O.

Note-se que se pode ter $f \in O(g)$, mesmo que $f(n) > g(n)$ para todo o n. Quando escrevemos $f \in O(g)$, o essencial é que, a partir de uma certa ordem, $f(n)$ é majorada por $cg(n)$ para alguma constante real positiva c.

Compare-se agora a definição de $O(g)$ e de $o(f)$: enquanto no primeiro caso a desigualdade $f(n) \leq cg(n)$ apenas se tem de verificar para uma certa constante real positiva c, no segundo caso ela verifica-se para qualquer constante real positiva c. Quando $f \in o(g)$, $f(n)$ torna-se insignificante relativamente a $g(n)$, à medida que n cresce.

Note-se que nem sempre podemos comparar a ordem de grandeza de duas funções f e g recorrendo à notação "O". Por exemplo, se $f(n) = n^{1+sen(n)}$ e $g(n) = n$ então nem $f \in O(g)$ nem $g \in O(f)$.

Tal como se pode usar a notação o numa expressão, também se pode usar a notação O numa expressão, com significado idêntico.

Deve ter-se em atenção que o facto de sabermos que $f \in O(g)$ nos diz relativamente pouco sobre a ordem de crescimento de $f(n)$. O facto de $f(n) \leq c(g(n)$ para alguma constante positiva c, a partir de uma determinada ordem, não impede que também se possa ter $f \in O(h)$ para uma função h crescendo mais lentamente que g. Por exemplo, $3n \in O(n^3)$, mas também $3n \in O(n^2)$ e $3n \in O(n)$.

Se pretendemos uma descrição mais precisa da ordem de crescimento de $3n$ devemos recorrer, por exemplo, à notação Θ tendo-se, como se sabe, que $3n \in \Theta(n)$. Mas em certas situação pode não ser fácil determinar se $f \in \Theta(g)$, mas ser possível majorar os valores de f e concluir que $f \in O(h)$, e esta informação pode ser suficiente para os fins em causa. É o caso em que, por exemplo, é aceitável que f tenha um comportamento polinomial e se sabe que $f \in O(n^k)$ para algum $k \in \mathbb{N}_1$.

10.2.1.4 Notação "Ω"

Tal como podemos limitar superiormente a ordem de grandeza de uma função $f(n)$ recorrendo à notação "O", também podemos limitar inferiormente tal ordem de grandeza. Neste caso considera-se a notação 'Ω".

Definição 10.2.7 Sejam $f, g : \mathbb{N} \rightharpoonup \mathbb{R}_0^+$ duas funções, positivas a partir de certa ordem. Diz-se que f *é assimptoticamente limitada inferiormente por* g se

$$\exists_{c \in \mathbb{R}^+} \exists_{n_0 \in \mathbb{N}} \forall_{n \geq n_0} \quad cg(n) \leq f(n).$$

Usa-se $\Omega(g)$ para denotar o conjunto das funções que são assimptoticamente limitadas inferiormente por g. ■

É imediato que $f \in \Omega(g)$ se e só se $g \in O(f)$. É também fácil concluir que $f \in \Theta(g)$ se e só se $f \in O(g)$ e $f \in \Omega(g)$.

Como esperado, existem notações análogas às apresentadas para os casos anteriores para afirmar que $f \in \Omega(g)$.

10.2.2 Propriedades

Nesta secção apresentam-se alguns resultados relevantes envolvendo as notações assimptóticas introduzidas. Alguns destes resultados mostram como manipular algebricamente expressões envolvendo estas notações. Começa-se no entanto por apresentar mais alguns comentários genéricos sobre o significado destas notações e sua utilização.

10.2.2.1 Utilização das notações assimptóticas

Como foi referido, se uma função f traduz o custo da execução de um certo algoritmo, o que em geral é relevante é o valor de $f(n)$ para grandes valores n, onde n traduz de alguma forma a dimensão do(s) valor(es) de entrada do algoritmo. Nestes casos, o valor *exato* da expressão $f(n)$ não é muito importante, e as dificuldades técnicas que podem ocorrer para caracterizar $f(n)$ de forma matematicamente precisa podem não compensar o que na verdade se ganha com o conhecimento preciso desse valor. Os conceitos e notações introduzidos permitem-nos traduzir a ordem de grandeza do custo da execução dos diferentes algoritmos de uma forma mais simples, mas suficientemente precisa para o fim em vista.

Por exemplo, pode não ser fácil caracterizar a expressão explícita de $f(n)$, mas ser fácil concluir que $f \in O(g)$. O custo do algoritmo será nesse caso inferior a g, para valores grandes de n e à parte uma constante multiplicativa. Se considerarmos a ordem de g aceitável, podemos então optar por escolher o algoritmo, sem nos preocuparmos em obter uma caracterização mais precisa da ordem de grandeza do seu custo.

Pode também ser fácil concluir que $f \in \Omega(g)$. Se $g(n) = c^n$ com $c > 1$, por exemplo, não haverá vantagem em caracterizar a ordem de grandeza precisa do custo do algoritmo, pois ele só terá utilidade para pequenos valores de n.

O custo da execução de um algoritmo para um dado valor de entrada de dimensão n depende, em geral, das características desse valor. Como já foi referido, é habitual fazer uma análise do que se passa no pior caso, em média, e por vezes também no melhor caso.

O custo do algoritmo na pior situação é relevante e é um limite superior ao custo do algoritmo para qualquer valor de entrada com a mesma dimensão. Se na pior situação o custo do algoritmo é da ordem de g, isto é, pertence a $\Theta(g)$, então podemos concluir que o seu custo pertence a $O(g)$. Os algoritmos são frequentemente comparados em função da ordem de grandeza do seu custo no pior caso.

É importante saber usar e interpretar estas notações, não extraindo delas mais informação do que elas podem dar. Por exemplo, como já referimos, o facto de f pertencer a $O(g)$ diz-nos apenas que existe uma constante c tal que, a partir de certa ordem n_0, $f(n) \leq cg(n)$. Mas isto poderá significar que o valor de $f(n)$ seja mesmo muito inferior ao de $g(n)$. Por outro lado, como as constantes c e n_0 estão interligadas, poderá acontecer que a ordem a partir da qual $f(n) \leq cg(n)$ seja demasiado grande para as instâncias do problema que teremos de resolver.

Terminamos estas observações analisando algumas características das funções que têm ordens de crescimento relevantes no âmbito da análise de algoritmos. Como já vimos, para entender o significado da ordem de crescimento de uma função f é útil colocar a questão do que se passa quando, por exemplo, n aumenta para o dobro, ou para dez vezes mais. Por exemplo, se a ordem de crescimento de f for linear, o que significa que $f(n) \in \Theta(n)$, ao duplicar n o valor de $f(n)$ também duplica. Sabemos assim que se um programa com custo deste tipo demora um certo tempo T a processar uma lista com 10 000 elementos então demorará (aproximadamente) o dobro a processar uma lista com 20 000 elementos. Mas se a ordem de crescimento de f for quadrática, o que significa que $f(n) \in \Theta(n^2)$, já se tem que ao duplicar n o tempo de execução quadruplica. No caso de f ter ordem de crescimento cúbica, ao duplicar n o tempo de execução será multiplicado por 8. Naturalmente, se n aumentar 10 vezes, o tempo de execução aumenta também 10 vezes no caso linear mas aumentará 100 vezes no caso quadrático e 1000 vezes no caso cúbico. Seguem-se então algumas ordens de crescimento usuais.

- $\Theta(1)$ – funções de custo que têm ordem de crescimento *constante*

  Se a função de custo de um algoritmo tiver esta ordem de crescimento, isso significa que o processamento não depende de n. São pouco frequentes algoritmos deste tipo mas, por exemplo, determinar o valor do primeiro elemento de uma lista não depende do comprimento da lista e portanto o correspondente tempo de execução pertence a $\Theta(1)$.

- $\Theta(\lg(n))$ – funções de custo que têm ordem de crescimento *logarítmico*

  Funções em $\Theta(\lg(n))$ têm um crescimento um pouco mais lento que funções em $\Theta(n)$ (e, portanto, melhor). Se n for a dimensão da entrada, isto significa que o algoritmo não precisa de analisar todos os valores de entrada, só uma parte deles. Um exemplo é a pesquisa binária numa lista ordenada: este algoritmo compara o elemento a pesquisar com o elemento no meio da lista e decide se irá processar a metade esquerda ou a metade direita e assim sucessivamente (ver Secção 10.5.2). Informalmente, este tipo de comportamento ocorre em algoritmos que resolvem um problema transformando-o em subproblemas menores, podendo ignorar em cada passo parte dos elementos a analisar. Note-se que quando n duplica o tempo de execução quase não se altera: para o caso da pesquisa binária quase não há diferença entre pesquisar numa lista com 10 000 ou 20 000 elementos. Para que o tempo de processamento duplique há que elevar n ao quadrado. Ou seja, para a pesquisa binária, o tempo de pesquisar um elemento numa lista com 100 000 000 elementos é apenas aproximadamente o dobro do tempo que leva a pesquisar numa lista com 10 000 elementos.

- $\Theta(n)$ – funções de custo que têm ordem de crescimento *linear*

  Esta ordem de crescimento corresponde ao melhor comportamento que se pode esperar de um algoritmo que tenha de analisar todos os n elementos da entrada, ou produzir n elementos de saída. É o caso, por exemplo, do cálculo da soma (ou produto) dos elementos de uma lista ou do máximo ou mínimo de uma lista (ver Secção 10.4.3). Recorda-se que quando n aumenta para o dobro, o mesmo se verifica com o tempo de execução. Portanto, o cálculo do máximo de uma lista com 20 000 elementos demora o dobro do cálculo do máximo de uma lista com 10 000 elementos.

- $\Theta(n \lg(n))$ – funções de custo que têm ordem de crescimento $n \lg(n)$

  Esta situação ocorre tipicamente em algoritmos que resolvem um problema dividindo-o (recursivamente) em problemas mais pequenos que são resolvidos independentemente e cujas soluções são depois combinadas de modo a resolver o problema inicial (a estratégia de "dividir para conquistar").

  Um exemplo é o algoritmo de ordenação da fusão binária (*merge sort*), que ordena uma lista combinando recursivamente as metades esquerda e direita (ver Secção 10.6.4). Funções em $\Theta(n \lg(n))$ crescem mais rapidamente que funções em $\Theta(n)$, mas não tão rapidamente quanto funções em $\Theta(n^2)$. Usando a fusão binária, o tempo para ordenar uma lista com 20 000 elementos é mais do dobro do tempo que demora a ordenar uma lista com 10 000 elementos, mas não muito mais. Por exemplo, quando n é 1 milhão o valor de $n \lg(n)$ é aproximadamente 20 milhões, e quando n é 2 milhões o valor de $n \lg(n)$ é aproximadamente 42 milhões, isto é, apenas um pouco mais do dobro.

- $\Theta(n^2)$ – funções de custo que têm ordem de crescimento *quadrático*

  Esta situação ocorre em geral quando os elementos são processados aos pares, normalmente com um ciclo dentro de outro ciclo, à semelhança do que acontece nos métodos elementares de ordenação, como por exemplo o algoritmo da inserção direta (ver Secção 10.6.1). Assim, usando algoritmos deste tipo, o tempo para ordenar uma lista com 20 000 elementos será 4 vezes o tempo que demora a ordenar uma lista com 10 000 elementos.

  Além destes exemplos é também interessante referir o caso das operações sobre matrizes quadradas. Neste caso, é usual caracterizar o tempo ou custo de execução de operações sobre matrizes quadradas através da sua dependência no número de linhas (ou colunas). Por exemplo, o tempo relativo ao cálculo da soma (ou produto) de todos os elementos de uma matriz $n \times n$ pertence a $\Theta(n^2)$ pois há que analisar todos os n^2 elementos da matriz. Ou seja, estes algoritmos são lineares no números de elementos a analisar mas são quadráticos no número de linhas.

- $\Theta(n^3)$ – funções de custo que têm ordem de crescimento *cúbico*

  Esta situação ocorre em geral quando os elementos são processados aos triplos, normalmente com três ciclos encaixados. Um exemplo é o cálculo do produto matricial de matrizes quadradas $n \times n$, cujo custo tem ordem de crescimento cúbico no número de linhas n. O cálculo do produto de duas matrizes 1000×1000 é mil vezes mais lento que o cálculo do produto de duas matrizes 100×100.

- $\Theta(2^n)$ – funções de custo que têm ordem de crescimento *exponencial*

  Esta situação ocorre, por exemplo, em algoritmos que tentam resolver o problema analisando todas as possíveis combinações de algum tipo de valores, e o número dessas possíveis combinações tem ordem de grandeza exponencial. Como exemplo desta situação, considere-se o problema de saber se uma fórmula proposicional com n símbolos proposicionais é uma tautologia. Este problema envolve, no pior caso, testar as 2^n possíveis combinações de valores de verdade para esses símbolos. Estes algoritmos são apenas úteis para valores de n pequenos. Por exemplo, 2^n é 1 milhão quando n é apenas 20. Quando n passa para o dobro, 2^n passa a ser o quadrado do valor anterior.

Note-se que não é necessário considerar os casos $\Theta(\log_a(n))$ e $\Theta(n \log_a(n))$, onde $a > 1$, uma vez que $\log_a(n) = \log_a(2)\lg(n)$ e portanto $\Theta(\log_a(n)) = \Theta(\lg(n))$ e $\Theta(n \log_a(n)) = \Theta(n \lg(n))$.

Em geral, a função de tempo ou custo de execução de um algoritmo pode ser expressa por

$$c t_n + s_n$$

onde c é uma constante, t_n é o termo dominante e s_n representa um conjunto de termos de menor ordem de grandeza. Embora existam outras ordens de crescimento, em muitos casos o termo dominante é uma das expressões anteriores (isto é, 1, $\log_a(n)$, n, $n \log_a(n)$, n^2, n^3 ou 2^n). Para grandes valores de n, o efeito do termo dominante é que prevalece.

10.2.2.2 Propriedades

Reúnem-se nesta secção alguns resultados relevantes relacionados com as noções introduzidas, bem assim como alguns exemplos de cálculo da ordem de crescimento de funções. Algumas das propriedades já foram referidas ao longo da Secção 10.2.1, e aí demonstradas. Os outros casos deixam-se como exercício. Apresentam-se em primeiro lugar algumas propriedades das notações o, ω, Θ, O e Ω relativas a reflexividade, simetria, transitividade e multiplicação por uma constante.

Proposição 10.2.8 Sejam $f, g, h : \mathbb{N} \rightharpoonup \mathbb{R}_0^+$ duas funções, positivas a partir de certa ordem. Verificam-se as seguintes propriedades.

(i) Reflexividade:

$$f \in \Theta(f) \qquad f \in O(f) \qquad f \in \Omega(f).$$

(ii) Simetria: $f \in \Theta(g)$ se e só se $g \in \Theta(f)$.

(iii) Transitividade:

se $f \in \Theta(g)$ e $g \in \Theta(h)$ então $f \in \Theta(h)$.

se $f \in O(g)$ e $g \in O(h)$ então $f \in O(h)$.

se $f \in \Omega(g)$ e $g \in \Omega(h)$ então $f \in \Omega(h)$.

se $f \in o(g)$ e $g \in o(h)$ então $f \in o(h)$.

se $f \in \omega(g)$ e $g \in \omega(h)$ então $f \in \omega(h)$.

(iv) Multiplicação por uma constante $c \in \mathbb{R}^+$:

$c\,O(f) \subseteq O(f) \qquad c\Omega(f) \subseteq \Omega(f) \qquad c\Theta(f) \subseteq \Theta(f)$

$c\,o(f) \subseteq o(f) \qquad c\omega(f) \subseteq \omega(f).$ ∎

Apresentam-se agora algumas propriedades que relacionam diferentes notações.

Proposição 10.2.9 Sejam $f, g : \mathbb{N} \rightharpoonup \mathbb{R}_0^+$ duas funções, positivas a partir de certa ordem. Tem-se que:

(i) $f \in O(g)$ se e só se $g \in \Omega(f)$.

$f \in o(g)$ se e só se $g \in \omega(f)$.

(ii) $f \in \Theta(g)$ se e só se $f \in O(g)$ e $f \in \Omega(g)$.

(iii) se $f \in o(g)$ ou $f \in \Theta(g)$, então $f \in O(g)$.

se $f \in \omega(g)$ ou $f \in \Theta(g)$, então $f \in \Omega(g)$.

(iv) se $f \in \Theta(g)$ então $f \notin o(g)$ e $f \notin \omega(g)$.

(v) $o(g) \cap \omega(g) = \emptyset$. ∎

Apresentam-se, por fim, mais algumas propriedades da notação O. Deixamos como exercício verificar quais dessas propriedades são válidas, ou adaptáveis, para o caso das outras notações. Relativamente às notações usadas acima, refira-se que a expressão $O(f) + O(g)$ denota o conjunto das funções $h = f_1 + g_1$ com $f_1 \in O(f)$ e $g_1 \in O(g)$. A expressão $O(f) \times O(g)$ não deve ser interpretada neste contexto como produto cartesiano de conjuntos. Esta expressão denota aqui o conjunto das funções $h = f_1 \times g_1$ com $f_1 \in O(f)$ e $g_1 \in O(g)$. Por seu lado, $O(O(f))$ denota o conjunto constituído pelas funções $g \in O(f_1)$ para algum $f_1 \in O(f)$. Por fim, $f \times O(g)$ é o conjunto constituído pelas funções $h = f \times g_1$ com $g_1 \in O(g)$.

Proposição 10.2.10 Sejam $f, g : \mathbb{N} \rightharpoonup \mathbb{R}_0^+$ duas funções, positivas a partir de certa ordem. Seja $\max(f, g) : \mathbb{N} \rightharpoonup \mathbb{R}_0^+$ a função dada por $\max(f, g)(n) = \max\{f(n), g(n)\}$ para cada $n \in dom(f) \cap dom(g)$. Então

(i) $O(f) + O(g) \subseteq O(\max(f, g))$;

(ii) $O(f) \times O(g) \subseteq O(f \times g)$;

(iii) $O(O(f)) = O(f)$;

(iv) $f \times O(g) \subseteq O(f \times g)$. ∎

Seguem-se alguns resultados relativos às ordens de crescimento de certos tipos de funções de particular interesse. Nas demonstrações a seguir assume-se um conhecimento básico do conceito de limite de uma sucessão, e, para funções reais de variável real, dos conceitos de função crescente e decrescente, de função contínua, de limite, de derivada e de integral. Sobre estes tópicos sugere-se a consulta de, por exemplo, [4, 23, 70].

Proposição 10.2.11 Seja $p(n) = a_d n^d + a_{d-1} n^{d-1} + \ldots + a_1 n + a_0$ um polinómio com $a_d > 0$. Tem-se que $p(n) \in \Theta(n^d)$.

Demonstração: É imediato por (10.2), pois $\lim\limits_{n \to +\infty} \dfrac{p(n)}{n^d} = a_d$. ∎

Proposição 10.2.12 Sendo $\alpha, \beta \in \mathbb{R}$, tem-se que $n^\alpha \in o(n^\beta)$ se e só se $\alpha < \beta$.

Demonstração: Suponha-se em primeiro lugar que $\alpha < \beta$. Então $\beta - \alpha > 0$ e portanto

$$\lim_{n \to +\infty} \frac{n^\alpha}{n^\beta} = \lim_{n \to +\infty} \frac{n^\alpha}{n^\alpha n^{\beta-\alpha}} = \lim_{n \to +\infty} \frac{1}{n^{\beta-\alpha}} = 0$$

pelo que $n^\alpha \in o(n^\beta)$, por (10.1).

Para demonstrar a implicação em sentido contrário demonstra-se que se $\alpha \geq \beta$ então $\lim\limits_{n \to +\infty} \frac{n^\alpha}{n^\beta} \neq 0$ pelo que, por (10.1), $n^\alpha \notin o(n^\beta)$.

Com efeito, se $\alpha = \beta$, então

$$\lim_{n \to +\infty} \frac{n^\alpha}{n^\beta} = 1$$

e portanto n^α não é um $o(n^\beta)$ (mas sim um $\Theta(n^\beta)$).

Se $\alpha > \beta$ então

$$\lim_{n \to +\infty} \frac{n^\alpha}{n^\beta} = \lim_{n \to +\infty} \frac{n^\beta n^{\alpha-\beta}}{n^\beta} = \lim_{n \to +\infty} n^{\alpha-\beta} = +\infty$$

pelo que n^α não é de novo um $o(n^\beta)$ (mas sim um $\omega(n^\beta)$). ∎

Proposição 10.2.13 Sejam $\alpha, \beta \in \mathbb{R}$ com $\alpha > 1$. Então $n^\beta \in o(\alpha^n)$.

Demonstração: Demonstra-se em primeiro lugar que se tem o seguinte limite da função real de variável real dada por $\frac{x^b}{\alpha^x}$, com $\alpha \in \mathbb{R}$, $\alpha > 1$ e $b \in \mathbb{N}$:

$$\lim_{x \to +\infty} \frac{x^b}{\alpha^x} = 0.$$

A demonstração decorre por indução.

Base de indução: $\lim_{x \to +\infty} \frac{x^0}{\alpha^x} = \lim_{x \to +\infty} \frac{1}{\alpha^x} = 0.$

Passo de indução:

Seja $b \in \mathbb{N}$ e suponha-se, por hipótese de indução, que $\lim_{x \to +\infty} \frac{x^b}{\alpha^x} = 0$. Tem-se que

$$\lim_{x \to +\infty} \frac{x^{b+1}}{\alpha^x} = \frac{+\infty}{+\infty}.$$

Para levantar esta indeterminação recorre-se primeiro à regra de Cauchy[1] e depois usa-se a hipótese de indução. Assim,

$$\lim_{x \to +\infty} \frac{x^{b+1}}{a^x} = \lim_{x \to +\infty} \frac{(b+1)x^b}{\alpha^x \ln(\alpha)} = \frac{(b+1)}{\ln(\alpha)} \lim_{x \to +\infty} \frac{x^b}{\alpha^x} = 0.$$

Fica assim terminada a demonstração no caso em que o expoente de n é um número natural.

Seja então β um qualquer número real. Se $\beta \geq 0$ tem-se

$$0 \leq \frac{x^\beta}{\alpha^x} \leq \frac{x^{\lceil \beta \rceil}}{\alpha^x}$$

e portanto, dado que $\lim_{x \to +\infty} \frac{x^{\lceil \beta \rceil}}{\alpha^x} = 0$, tem-se também $\lim_{x \to +\infty} \frac{x^\beta}{\alpha^x} = 0$. No caso de $\beta < 0$ tem-se

$$\lim_{x \to +\infty} \frac{x^\beta}{\alpha^x} = \lim_{x \to +\infty} \frac{1}{x^{-\beta}\alpha^x} = 0.$$

Conclui-se assim que para quaisquer reais α e β, com $\alpha > 1$, se tem

$$\lim_{x \to +\infty} \frac{x^\beta}{\alpha^x} = 0 \tag{10.3}$$

[1]A regra de Cauchy permite concluir, em particular, que se $f, g : \mathbb{R} \to \mathbb{R}$ são diferenciáveis num intervalo $]a, +\infty[$, com $g'(x) \neq 0$ nesse intervalo, e se tem $\lim_{x \to +\infty} g(x) = +\infty$, então, se existir $\lim_{x \to +\infty} \frac{f'(x)}{g'(x)}$, também existe $\lim_{x \to +\infty} \frac{f(x)}{g(x)}$ e os dois limites têm o mesmo valor.

Logo, em particular, no caso da sucessão cujo termo de ordem n é $\frac{n^\beta}{\alpha^n}$ tem-se igualmente

$$\lim_{n\to+\infty} \frac{n^\beta}{\alpha^n} = 0$$

e portanto, por (10.1), $n^\beta \in o(\alpha^n)$. ■

Lema 10.2.14 Sejam $f, g : \mathbb{N} \rightharpoonup \mathbb{R}_0^+$ duas funções, positivas a partir de certa ordem, e seja $z_n = \frac{f(n)}{g(n)}$ para $n \in \{n : n \in dom(f) \cap dom(g) \text{ e } g(n) \neq 0\}$. Se existe o limite $\lim\limits_{n\to+\infty} \frac{z_{n+1}}{z_n}$ e é inferior a 1, então $f(n) \in o(g(n))$.

Demonstração: Suponha-se que $\lim\limits_{n\to+\infty} \frac{z_{n+1}}{z_n} = b$ com $b < 1$. Uma vez que $\frac{f(n)}{g(n)} > 0$ a partir de certa ordem (verifique), ter-se-á também $b \geq 0$.

Demonstra-se então (ver [23], por exemplo) que existe também $\lim\limits_{n\to+\infty} \sqrt[n]{z_n}$ e é também igual a b.

Considerando $0 < \delta < 1 - b$, existe assim $k \geq 0$ tal que para qualquer $n \geq k$ se tem $|\sqrt[n]{z_n} - b| < \delta$ e portanto também $0 < \sqrt[n]{z_n} < b + \delta$. Logo, com $d = b + \delta < 1$, tem-se que $0 < z_n < d^n$ para qualquer $n \geq k$. Como $\lim\limits_{n\to+\infty} d^n = 0$ conclui-se que

$$\lim_{n\to+\infty} z^n = 0$$

e portanto $f(n) \in o(g(n))$, por (10.1). ■

Note-se que a Proposição 10.2.13 poderia ser igualmente demonstrada recorrendo ao Lema 10.2.14, definindo-se $z_n = \frac{n^\beta}{\alpha^n}$ para $n \geq 1$.

Proposição 10.2.15 Seja $\alpha \in \mathbb{R}$ tal que $\alpha > 1$. Então

(i) $\alpha^n \in o(n!)$; (ii) $n! \in \omega(2^n)$; (iii) $n! \in o(n^n)$.

Demonstração:
(i) Seja $z_n = \frac{\alpha^n}{n!}$ para $n \geq 0$. Tem-se

$$\lim_{n\to+\infty} \frac{z_{n+1}}{z_n} = \lim_{n\to+\infty} \frac{\alpha}{n+1} = 0$$

e portanto o resultado pretendido decorre do Lema 10.2.14.

(ii) Por (i), e considerando $\alpha = 2$, tem-se $2^n \in o(n!)$. Logo, o resultado decorre da alínea (i) da Proposição 10.2.9.

(iii) Seja $z_n = \frac{n!}{n^n}$ para $n \geq 1$. Tem-se

$$\lim_{n\to+\infty} \frac{z_{n+1}}{z_n} = \lim_{n\to+\infty} \frac{n^n(n+1)!}{(n+1)^{n+1}n!} = \lim_{n\to+\infty} \frac{n^n}{(n+1)^n} = \lim_{n\to+\infty} \frac{1}{\left(1+\frac{1}{n}\right)^n}.$$

Como $\lim\limits_{n\to+\infty} \frac{1}{\left(1+\frac{1}{n}\right)^n} = \frac{1}{e} < 1$, o resultado decorre do Lema 10.2.14. ■

Os próximos resultados dizem respeito a funções que envolvem logaritmos. Recorde-se que em apêndice a este capítulo se relembram algumas propriedades da função logaritmo, úteis na sequência.

Proposição 10.2.16 Sejam $\alpha, b, c, k \in \mathbb{R}^+$ com $c > 1$. Então

(i) $\ln(n) \in o(n^\alpha)$;

(ii) $\log_c(n) \in o(n^\alpha)$;

(iii) $(\log_c(n))^b \in o(n^\alpha)$;

(iv) $\log_c(k+n) \in \Theta(\log_c(n))$;

(v) $n\ln(n) \in o(n^2)$;

(vi) $\lg(n!) \in \Theta(n\lg(n))$.

Demonstração:
(i) Dado que $\lim_{x\to+\infty} \frac{\ln(x)}{x^\alpha} = \frac{+\infty}{+\infty}$, com x variável real, aplicando a regra de Cauchy obtém-se

$$\lim_{x\to+\infty} \frac{\ln(x)}{x^\alpha} = \lim_{x\to+\infty} \frac{\frac{1}{x}}{\alpha x^{\alpha-1}} = \lim_{x\to+\infty} \frac{1}{\alpha x^\alpha} = 0.$$

Logo, tem-se igualmente $\lim_{n\to+\infty} \frac{\ln(n)}{n^\alpha} = 0$ e, por (10.1), $\ln(n) \in o(n^\alpha)$.

(ii) Pode calcular-se diretamente o limite como em (i), ou então usar os resultados anteriores da seguinte forma: como $\log_c(n) = \log_c(e) \times \ln(x)$, usando (iv) da Proposição 10.2.8 conclui-se que $\log_c(n) \in o(n^\alpha)$.

(iii) Tem-se que $\lim_{x\to+\infty} \frac{x^b}{a^x} = 0$ para quaisquer $a, b \in \mathbb{R}$ com $a > 1$ (ver (10.3)). Logo, como $\lim_{n\to+\infty} \log_c(n) = +\infty$, pode concluir-se que

$$\lim_{n\to+\infty} \frac{(\log_c(n))^b}{a^{\log_c(n)}} = 0.$$

Como $c^\alpha > 1$, podemos substituir a por c^α obtendo-se

$$\lim_{n\to+\infty} \frac{(\log_c(n))^b}{(c^\alpha)^{\log_c(n)}} = 0.$$

O resultado pretendido decorre então do facto de

$$(c^\alpha)^{\log_c(n)} = (c^{\log_c(n)})^\alpha = n^\alpha.$$

(iv) Para cada $n \in \mathbb{N}$ tem-se $\log_c(n+k) \geq \log_c(n)$, dado que $\log_c(x)$ é uma função crescente. Logo, $\log_c(n+k) \in \Omega(\log_c(n))$. Pela mesma razão, para cada $n \geq \max(\{2, k\})$, tem-se

$$\log_c(n+k) \leq \log_c(2n) \leq \log_c(n^2) = 2\log_c(n)$$

e portanto $\log_c(n+k) \in O(\log_c(n))$. Por (ii) da Proposição 10.2.9 decorre então que $\log_c(n+k) \in \Theta(\log_c(n))$, como pretendido.

(v) Uma vez que $\lim_{x\to+\infty} \frac{x\ln(x)}{x^2} = \lim_{x\to+\infty} \frac{\ln(x)}{x} = \frac{+\infty}{+\infty}$, usando a regra de Cauchy obtém-se

$$\lim_{x\to+\infty} \frac{\ln(x)}{x} = \lim_{x\to+\infty} \frac{\frac{1}{x}}{1} = \lim_{x\to+\infty} \frac{1}{x} = 0.$$

(vi) Tem-se $\lg(n!) = \lg(n \times (n-1) \times \ldots \times 1) = \lg(n) + \lg(n-1) + \ldots + \lg(1)$ para cada $n \in \mathbb{N}_1$. Assim $\lg(n!) \leq \lg(n) + \ldots \lg(n) = n\lg(n)$, dado que $\lg(x)$ é uma função crescente. Logo, $\lg(n!) \in O(n\lg(n))$.

Por outro lado, para qualquer $n \geq 1$

$$\begin{aligned}
\lg(n!) &= \lg(n) + \lg(n-1) + \ldots + \lg(1) \\
&\geq \lg(n) + \lg(n-1) + \ldots + \lg\left(\left\lceil\frac{n}{2}\right\rceil\right) && \text{(pois } \lg(i) \geq 0 \text{ para } i \geq 1) \\
&\geq \lg\left(\left\lceil\frac{n}{2}\right\rceil\right) + \lg\left(\left\lceil\frac{n}{2}\right\rceil\right) + \ldots + \lg\left(\left\lceil\frac{n}{2}\right\rceil\right) && \text{(lg é crescente)} \\
&= \left(n - \left\lceil\frac{n}{2}\right\rceil + 1\right)\lg\left(\left\lceil\frac{n}{2}\right\rceil\right) && \text{(há } n-\left\lceil\frac{n}{2}\right\rceil+1 \text{ parcelas)}
\end{aligned}$$

Dado que $\lceil\frac{n}{2}\rceil + \lfloor\frac{n}{2}\rfloor = n$, tem-se que $n - \lceil\frac{n}{2}\rceil + 1 = \lfloor\frac{n}{2}\rfloor + 1 \geq \lceil\frac{n}{2}\rceil \geq \frac{n}{2}$ e portanto conclui-se que

$$\lg(n!) \geq \frac{n}{2}\lg\left(\frac{n}{2}\right).$$

Mas para $n \geq 4$ tem-se $\lg\left(\frac{n}{2}\right) \geq \frac{1}{2}\lg(n)$. Logo, para $n \geq 4$,

$$\lg(n!) \geq \frac{n\lg(n)}{4}$$

e portanto $\lg(n!) \in \Omega(n\lg(n))$. Assim, por (i) da Proposição 10.2.9 conclui-se que $\lg(n!) \in \Theta(n\lg(n))$, como pretendido. ■

Seguem-se alguns exemplos relativamente simples que ilustram os conceitos apresentados.

Exemplo 10.2.17 Facilmente se conclui que $n^3 + 2n \in \Omega(n^2)$ pois, para $n \geq 1$, tem-se $n^3 + 2n \geq n^2 + 2n \geq n^2$. ■

Exemplo 10.2.18 Neste exemplo pretende-se mostrar que existe uma função crescente f tal que $f(n) \in \Theta(1)$. Para tal basta considerar a função $f : \mathbb{N} \rightharpoonup \mathbb{R}_0^+$ com domínio $\mathbb{N}_1$ dada por

$$f(n) = 1 - \frac{1}{n}.$$

Com efeito, trata-se de uma função crescente e $\frac{1}{2} \leq f(n) \leq 1$, isto é, $\frac{1}{2} \times 1 \leq f(n) \leq 1 \times 1$ para qualquer $n \geq 2$, pelo que $f(n) \in \Theta(1)$. ∎

Exemplo 10.2.19 Pretende-se agora demonstrar que

$$\sum_{i=1}^{n} i \in \Theta(n^2) \tag{10.4}$$

Recorde-se que $\frac{n(n+1)}{2}$ é uma forma explícita deste somatório (ver Secção 8.3) e portanto facilmente se estabelece (10.4). Mas nem sempre é possível encontrar a forma explícita de um somatório e nesses casos há que raciocinar de outro modo. Ilustra-se de seguida uma situação deste tipo demonstrando (10.4) sem recorrer à forma explícita do somatório.

Para $n \geq 1$, tem-se $1 + 2 + \ldots + n \leq n + n + \ldots + n = n \times n = n^2$ e portanto

$$\sum_{i=1}^{n} i \in O(n^2).$$

Por outro lado, é óbvio que $1 + 2 + \ldots + n \geq 1 + 1 + \ldots + 1 = n$, mas o problema é que esta desigualdade só nos permite concluir que o somatório em causa pertence a $\Omega(n)$, e não a $\Omega(n^2)$ como pretendemos demonstrar. Para obter esse resultado utiliza-se a técnica usada na demonstração da alínea (vi) da Proposição 10.2.16, a qual consiste em ignorar metade das parcelas do somatório. Com efeito, tem-se

$$\begin{aligned}
1 + 2 + \ldots + (n-1) + n &\geq \left\lceil \frac{n}{2} \right\rceil + \ldots + (n-1) + n \\
&\geq \left\lceil \frac{n}{2} \right\rceil + \ldots + \left\lceil \frac{n}{2} \right\rceil + \left\lceil \frac{n}{2} \right\rceil \\
&\geq \left\lceil \frac{n}{2} \right\rceil \times \left\lceil \frac{n}{2} \right\rceil \\
&\geq \frac{n}{2} \times \frac{n}{2} = \frac{n^2}{4}
\end{aligned}$$

o que permite então agora concluir que

$$\sum_{i=1}^{n} i \in \Omega(n^2).$$

Usando novamente (ii) da Proposição 10.2.9 obtém-se então (10.4). ■

Na sequência é útil recordar que, sendo $a, b \in \mathbb{Z}$ com $a \leq b$, se tem que

$$\int_a^{b+1} f(x)dx \leq \sum_{i=a}^{b} f(i) \leq \int_{a-1}^{b} f(x)dx \tag{10.5}$$

quando f é uma função contínua e decrescente em $[a-1, b+1]$, e se tem que

$$\int_{a-1}^{b} f(x)dx \leq \sum_{i=a}^{b} f(i) \leq \int_a^{b+1} f(x)dx \tag{10.6}$$

quando f é uma função contínua crescente em $[a-1, b+1]$. É ainda relevante recordar que

$$\int_a^b \frac{1}{x}dx = \ln(b) - \ln(a) \tag{10.7}$$

com $a, b \in \mathbb{R}^+$ e $a \leq b$.

Exemplo 10.2.20 Considere-se

$$H_n = \sum_{k=1}^{n} \frac{1}{k}$$

para $n \geq 1$. O valor de H_n é o n-ésimo *número harmónico*, e ocorre na análise de alguns algoritmos.

Como a função real de variável real que a cada x faz corresponder $\frac{1}{x}$ é decrescente em $\mathbb{R}^+$, usando (10.5) e (10.7) obtém-se

$$\sum_{k=1}^{n} \frac{1}{k} = 1 + \sum_{k=2}^{n} \frac{1}{k} \leq 1 + \int_1^n \frac{1}{x}dx = 1 + \ln(n).$$

Assim, como se demonstra de seguida, tem-se

$$H_n \in O(\ln(n)) \tag{10.8}$$

Com efeito, tem-se $1 + \ln(n) \in O(1) + O(\ln(n))$ e, usando (i) da Proposição 10.2.10, $O(1) + O(\ln(n)) \subseteq O(\max(\{1, \ln(n)\}))$. Como $\max(\{1, \ln(n)\}) = \ln(n)$ para $n \geq 3$, obtém-se então (10.8).

Por outro lado, verifica-se também

$$H_n \in \Omega(\ln(n)) \tag{10.9}$$

uma vez que

$$\sum_{k=1}^{n} \frac{1}{k} \geq \int_{1}^{n+1} \frac{1}{x} dx = \ln(n+1) \geq \ln(n).$$

Logo,

$$H_n \in \Theta(\ln(n)) \tag{10.10}$$

por (ii) da Proposição 10.2.9. Das desigualdades anteriores resulta ainda que $H_n = \ln(n) + O(1)$. ∎

10.3 Tempo total de execução

Nesta secção fazemos a análise detalhada do cálculo do tempo total de execução de um programa imperativo e de um programa recursivo. Considera-se o caso muito simples do cálculo do fatorial de um natural. Este exemplo servirá para ilustrar alguns detalhes que podem ser considerados no cálculo do tempo total de execução de programas imperativos e recursivos. Os programas apresentados nesta secção e nas seguintes são escritos em *Mathematica*, mas as considerações e cálculos apresentados são válidos em geral. Uma breve introdução a esse ambiente de computação é apresentada no Apêndice B.

Suponha-se então que se pretende calcular computacionalmente o fatorial de um número natural. Várias linguagens de programação, como por exemplo o *Mathematica*, já disponibilizam funções pré-definidas que permitem efetuar diretamente o cálculo do fatorial, de forma naturalmente mais eficiente que aquelas que iremos referir em seguida. Mas o objetivo aqui é apenas usarmos este exemplo simples, mas ilustrativo, para descrever o essencial sobre o cálculo dos tempos associados a programas imperativos e recursivos.

10.3.1 Cálculo imperativo do fatorial

Não é difícil construir um algoritmo para o cálculo imperativo do fatorial. Considere-se, por exemplo, o algoritmo apresentado na Figura 10.1, codificado na linguagem *Mathematica*, no qual se recorre às seguintes entidades:

- `n` - para guardar o número n cujo fatorial se pretende calcular;
- `res` - como mnemónica de "resultado", para designar a variável que vai guardando o resultado calculado até ao momento;
- `prox` - como mnemónica de "próximo", para designar a variável que vai controlando o progresso no cálculo.

```
res=1; (* res guarda no início o valor
                              de fatorial de 0 *)
prox=1;
While[prox<=n,
        res=res*prox;
        prox=prox+1]
```

Figura 10.1: Cálculo imperativo do fatorial

O texto que se encontra entre `(*` e `*)` é interpretado como um comentário, que é em geral introduzido para facilitar a leitura ou a interpretação do código. O algoritmo depende apenas do valor de `n`, que funciona, portanto, como parâmetro do algoritmo. Designemos por n esse valor, que é o número cujo fatorial se quer calcular e é, naturalmente, o valor de entrada (o *input*) do algoritmo. O algoritmo assume, sem testar, que esse número é um natural e calcula o seu fatorial que, no final da execução do algoritmo, estará guardado na variável `res`.

Procedamos então à análise do tempo de execução do algoritmo. São considerados como comandos (ações) atómicos as atribuições e os testes, pelo que neste algoritmo estão envolvidos 5 comandos atómicos (4 atribuições e 1 teste).

As atribuições `res=1` e `prox=1` são executadas uma só vez. É fácil concluir que o teste `prox<=n`, a chamada "guarda" do ciclo `While`, é executado/avaliado $n+1$ vezes, dado que o teste `prox<=n` é avaliado quando em `prox` estão sucessivamente os valores $1, \ldots, n+1$. Finalmente, cada uma das atribuições `res=res*prox` e `prox=prox+1` é executada uma vez por cada execução do passo do ciclo `While`. Como este é executado quando em `prox` estão os valores $= 1, \ldots, n$, temos que cada uma dessas atribuições é executada n vezes.

Em geral, assume-se que o tempo de execução de uma atribuição ou teste não depende dos valores guardados nas variáveis envolvidas, pelo que cada execução dessa atribuição ou teste demorará o mesmo tempo. E então fácil calcular o tempo total de execução do algoritmo sabendo o número de vezes que é executada cada atribuição e teste. A Tabela 10.6 resume essa informação, designando por $t_1, \ldots, t_5$ os tempos de execução dos 5 comandos atómicos em causa. Designando por $T(alg)$ o tempo de execução do algoritmo tem-se então

$$T(alg) = t_1 + t_2 + (n+1)t_3 + nt_4 + nt_5 = (t_3 + t_4 + t_5)n + t_1 + t_2 + t_3$$

isto é, $T(alg)$ é da forma

$$an + b$$

com $a \neq 0$ e b constantes. Assim, conclui-se que $T(alg) \in \Theta(n)$.

	tempo de execução	n° de vezes
`res=1;`	t_1	1
`prox=1;`	t_2	1
`While[prox<=n,`	t_3	$n+1$
`  res=res*prox;`	t_4	n
`  prox=prox+1]`	t_5	n

Tabela 10.6: Informação relevante para o cálculo do tempo de execução

É possível proceder a uma análise mais "fina" dos tempos acima, na qual se detalham os tempos envolvidos na execução de diferentes ações, como por exemplo, a localização das variáveis e a realização das operações aritméticas.

Começando pela avaliação de expressões, considere-se, por exemplo, a expressão **res*prog**. A sua avaliação exige o acesso a duas variáveis e à multiplicação dos seus valores. Se assumirmos que o tempo associado à localização de uma variável não depende de qual é essa variável, sendo portanto uma constante t_v, e se assumirmos, para simplificar, que o tempo que demora a multiplicar dois valores não depende da ordem de grandeza desses valores, então podemos dizer que o tempo que demora a avaliar **res*prog** é dado por $t_v + t_* + t_v$, onde t_* é o tempo da multiplicação.

No caso geral, pode dizer-se que o tempo de avaliação de uma expressão não atómica **o(exp1,...,expn)** é igual à soma dos tempos necessários à determinação dos valores e_1,...,e_n das expressões argumento **exp1**,.., **expn**, mais o tempo necessário ao cálculo do valor $\mathtt{o}(e_1, \ldots, e_n)$. Assume-se também, em geral, quer para as expressões aritméticas, quer para as booleanas, que o tempo associado ao cálculo de $\mathtt{o}(e_1, \ldots, e_n)$ é independente dos valores e_1,...,e_n, pelo que o podemos designar por uma constante $t_\mathtt{o}$, dependente apenas da operação em causa.

No que respeita às atribuições, o tempo associado à execução de uma atribuição **var=exp** é igual ao tempo $T(\mathtt{exp})$ de determinação do resultado da expressão **exp**, mais o tempo correspondente à associação desse valor à variável **var**. Se assumirmos que este tempo não depende nem de qual é essa variável, nem de qual é o valor da expressão **exp**, podemos designar esse tempo por uma constante $t_=$, tendo-se $T(\mathtt{var} = \mathtt{exp}) = t_= + T(\mathtt{exp})$.

Assume-se na sequência que na avaliação de expressões durante a execução dos programas, a identificação das constantes presentes nas expressões envolve um tempo t_c independente do valor da constante.

À luz de todas as afirmações anteriores é fácil verificar que no caso em questão se tem

$$t_1 = T(\mathtt{res} = \mathtt{1}) = t_= + t_c$$

$$t_2 = T(\texttt{prox} = \texttt{1}) = t_= + t_c$$

$$t_4 = T(\texttt{res} = \texttt{res} * \texttt{prox}) = t_= + t_v + t_* + t_v$$

$$t_5 = T(\texttt{prox} = \texttt{prox} + \texttt{1}) = t_= + t_v + t_+ + t_c.$$

No que respeita a $t_3 = T(\texttt{prox} \leq= \texttt{n})$, o tempo em causa vai depender do estatuto que estejamos a considerar para `n`. Adiante iremos codificar este algoritmo numa função *Mathematica* usando `n` como parâmetro. No caso das funções *Mathematica*, os parâmetros são vistos como constantes. No caso de outras linguagens, pode acontecer que certo tipo de parâmetros sejam variáveis que podem ser alteradas no corpo da função. No entanto, o tempo t_3 é constante nos dois casos: tem-se $t_3 = t_v + t_\leq + t_c$ no primeiro caso e tem-se $t_3 = t_v + t_\leq + t_v$ no segundo, pelo que se pode ignorar esta diferença de estatuto dos parâmetros quando se analisam algoritmos. Assim, neste caso,

$$t_3 = t_v + t_\leq + t_c.$$

Se quisermos codificar o algoritmo da Figura 10.1 como um programa/função na linguagem *Mathematica* que recebe o valor de entrada através do parâmetro `n` e retorna o resultado calculado, somos conduzidos ao programa `fatImp` apresentado na Figura 10.2. Note-se que o sistema *Mathematica* retorna o va-

```
fatImp = Function[n,Module[{res,prox},
   (*corpo da função*)
     res=1;
     prox=1;
     While[prox<=n,
               res=res*prox;
               prox=prox+1];
     res]]
```

Figura 10.2: Função `fatImp`

lor da última expressão avaliada, pelo que uma forma de retornar o resultado pretendido consiste em mandar avaliar no final a variável `res`, que guarda esse resultado, como última instrução. A construção

`Module[{`$nome_1$`,...,`$nome_n$`},`*sequência de comandos/ações*`]`

serve para indicar que os nomes em causa devem ser considerados como variáveis locais no âmbito da sequência de comandos/ações mencionada (ver Apêndice B, página 569).

Antes de calcular o tempo envolvido na obtenção do valor do fatorial em causa através da invocação da função/programa *Mathematica* `fatImp`, comecemos por considerar o caso geral de uma função *Mathematica*

```
f = Function[{par1,...,park},Module[{v1,...vm},corpo]]
```

com k parâmetros. O tempo `T(f[exp1,...,expk])` associado a uma invocação `f[exp1,...,expk]` de `f`, onde `exp1,...,expk` designam as k expressões argumento dessa invocação, é

$$\begin{array}{l}T(\mathtt{exp_1}) + \ldots + T(\mathtt{exp_k}) + c_{inv} + \\ \qquad T(\text{corpo}_{\mathtt{f}}(\mathtt{par}_1/vi(\mathtt{exp}_1), \ldots, \mathtt{par}_k/vi(\mathtt{exp}_k)))\end{array}$$

onde, para cada $1 \leq j \leq k$, se tem que $T(\mathtt{exp}_j)$ designa o tempo associado à determinação do valor da expressão $\mathtt{exp}_j$, e $vi(\mathtt{exp}_j)$ designa o valor que a expressão $\mathtt{exp}_j$ denota no início da invocação. Por seu lado, c_{inv}, o custo da invocação, é uma constante que denota a soma dos tempos associados à localização da função `f`, à substituição dos parâmetros pelos valores das correspondentes expressões argumento, à criação das eventuais variáveis locais e ao retorno do valor da última expressão avaliada. Finalmente,

$$T(\text{corpo}_{\mathtt{f}}(\mathtt{par}_1/vi(\mathtt{exp}_1), \ldots, \mathtt{par}_k/vi(\mathtt{exp}_k)))$$

denota o tempo de execução da expressão que se obtém quando se substitui, no corpo de `f`, as ocorrências de cada parâmetro pelo valor da correspondente expressão argumento aquando da invocação da função em questão.

Considere-se agora o caso particular da invocação `fatImp[exp]`. Em primeiro lugar há que determinar o valor da expressão argumento `exp`, o que demora um tempo que designámos por $T(\mathtt{exp})$. Há que localizar depois a função `fatImp`, substituir no seu corpo o parâmetro `n` pelo valor da expressão argumento, e criar as variáveis locais `res` e `prox`. A constante c_{inv}, independente do valor da expressão argumento, corresponde à soma dos tempos associados a estas atividades. Finalmente, há que executar o corpo de `fatImp`, o qual é constituído pelo algoritmo na Figura 10.1, cuja execução demora o tempo $T(alg(\mathtt{n}/vi(\mathtt{exp})))$, seguido da avaliação da variável do resultado `res`, o que demora um tempo t_v constante. Assim, o tempo $T(\mathtt{fatImp[exp]})$ de uma invocação `fatImp[exp]` é

$$\begin{aligned}T(\mathtt{fatImp[exp]}) &= T(\mathtt{exp}) + c_{inv} + T(alg(\mathtt{n}/vi(\mathtt{exp}))) + t_v \\ &= T(\mathtt{exp}) + c_{inv} + \\ &\qquad (2t_c + 4t_v + 2t_= + t_* + t_+ + t_\leq)vi(\mathtt{exp}) + \\ &\qquad 3t_c + t_v + 2t_= + t_\leq + t_v \\ &= T(\mathtt{exp}) + a\, vi(\mathtt{exp}) + b'\end{aligned}$$

com

$$a = 2t_c + 4t_v + 2t_= + t_* + t_+ + t_\leq \neq 0$$

e

$$b' = c_{inv} + 3t_c + 2t_v + 2t_= + t_\leq = c_{inv} + b + t_v.$$

No caso da expressão argumento `exp` ser uma variável, `k` por exemplo, então $T($`exp`$)$ é o tempo associado à localização do valor de `k`, dado pela constante t_v, que se assume não dependente de qual é essa variável nem do seu valor. Assim, designando por k o valor $vi(\texttt{k})$, tem-se

$$T(\texttt{fatImp[k]}) = T(\texttt{k}) + a\,vi(\texttt{k}) + b' = t_v + a\,k + b'$$

e portanto existem constantes a e d, com $a > 0$ e $d = t_v + b'$, tais que

$$T(\texttt{fatImp[k]}) = a\,k + d \in \Theta(k).$$

Conclui-se que $T(\texttt{fatImp[k]})$ cresce linearmente com k, isto é, com $vi(\texttt{k})$.

Se a expressão argumento `exp` for por exemplo $\texttt{k}^2$ então

$$T(\texttt{fatImp[k}^2\texttt{]}) = T(\texttt{k}^2) + a\,vi(\texttt{k}^2) + b'$$

onde $T(\texttt{k}^2)$ é o tempo associado à localização do valor de `k` e ao cálculo do seu quadrado, tempo constante dado por $t_v + t'$. Assim, $T(\texttt{fatImp[k}^2\texttt{]})$ cresce quadraticamente com k pois

$$T(\texttt{fatImp[k}^2\texttt{]}) = t_v + t' + a\,k^2 + b' = ak^2 + (t_v + t' + b') \in \Theta(k^2).$$

No caso de uma invocação `fatImp[fatImp[k]]` o tempo é dado por

$$\begin{aligned} T(\texttt{fatImp[fatImp[k]]}) &= T(\texttt{fatImp[k]}) + a\,vi(\texttt{fatImp[k]}) + b' \\ &= a\,k + d + a\,k! + b' \\ &= a\,k! + a\,k + d + b' \in \Theta(k!). \end{aligned}$$

Note-se que $vi(\texttt{fatImp[k]})$ é o valor (inicial) de `fatImp[k]` que é o fatorial de k.

Nos cálculos efetuados ao longo desta secção assumiu-se que o tempo de execução de uma atribuição não dependia dos valores guardados nas variáveis envolvidas, e que o tempo de execução das operações aritméticas não variava com o valor dos argumentos. Esta hipótese é razoável desde que não se pretenda usar precisão infinita nos cálculos. Em *Mathematica*, a precisão infinita é conseguida usando números na forma exata (por exemplo, `0`, `1/2` ou `Pi`), ao invés de na forma aproximada (por exemplo, `0.0`, `0.5` ou `3.14`). Para obter precisão infinita noutras linguagens poderá ser necessário recorrer a bibliotecas específicas.

Quando se usa precisão infinita, há que ter em conta o facto de o tempo de execução das operações poder depender dos valores dos argumentos, e essa variação pode ser relevante quando esses valores são grandes. De facto, neste caso, a memória usada para representar números cada vez maiores cresce com esses números (o número de *bits* necessários para representar o natural n é proporcional a $\lg(n)$). A representação na forma aproximada baseia-se na notação científica e usa sempre o mesmo espaço de memória (a soma do espaço reservado à mantissa com o espaço reservado ao expoente).

Os cálculos que apresentámos podem ser adaptados ao caso em que é relevante considerar que o tempo de execução das operações depende dos valores dos argumentos. A constante t_*, por exemplo, será substituída por uma função que caracterize o modo como o tempo de cálculo do produto depende do valor dos argumentos. No entanto, no que se segue, assumiremos sempre que o tempo de execução das operações não depende dos valores dos argumentos.

10.3.2 Cálculo recursivo do fatorial

Considere-se o programa apresentado na Figura 10.3. Trata-se agora de um programa para o cálculo recursivo do fatorial de um inteiro positivo.

```
fatRec = Function[n,
   If[n==0,
       1,
       n*fatRec[n-1]]]
```

Figura 10.3: Função `fatRec`

Procedamos à análise do tempo de execução neste caso. Tendo em conta a análise já desenvolvida na Secção 10.3.1, é agora fácil calcular o tempo de execução de uma invocação `fatRec[exp]`. Com efeito, tem-se

$$T(\texttt{fatRec[exp]}) = T(\texttt{exp}) + c_{inv} + T(\text{corpo}_{\texttt{fatRec}}(\texttt{n}/vi(\texttt{exp}))).$$

Se $vi(\texttt{exp}) = 0$ então $T(\text{corpo}_{\texttt{fatRec}}(\texttt{n}/vi(\texttt{exp})))$ é $t_{==} + 2t_c$. De facto, a execução de $\text{corpo}_{\texttt{fatRec}}(\texttt{n}/vi(\texttt{exp}))$ neste caso corresponde apenas a avaliar o teste `n==0`, isto é, mais precisamente, a igualdade $vi(\texttt{exp}) = 0$.

Se $vi(\texttt{exp}) > 0$ então a execução de

$$\text{corpo}_{\texttt{fatRec}}(\texttt{n}/vi(\texttt{exp}))$$

corresponde a avaliar a igualdade $vi(\texttt{exp}) = 0$ e a avaliar a expressão

$$vi(\texttt{exp}) * \texttt{fatRec[}vi(\texttt{exp}) - 1\texttt{]}.$$

Assim, $T(\text{corpo}_{\texttt{fatRec}}(\texttt{n}/vi(\texttt{exp})))$ é dado por

$$3t_c + t_{==} + t_* + T(\texttt{fatRec[}vi(\texttt{exp}) - 1\texttt{]})$$

isto és

$$3t_c + t_{==} + t_* + T(vi(\texttt{exp}) - 1) + c_{inv} + T(\text{corpo}_{\texttt{fatRec}}(\texttt{n}/vi(\texttt{exp}) - 1))$$

ou ainda

$$5t_c + t_{==} + t_* + t_- + c_{inv} + T(\text{corpo}_{\texttt{fatRec}}(\texttt{n}/vi(\texttt{exp}) - 1)).$$

Em resumo, designando por k o valor de $vi(\texttt{exp})$ e usando $TC(k)$ em vez de $T(\text{corpo}_{\texttt{fatRec}}(\texttt{n}/k))$, tem-se

$$T(\texttt{fatRec[exp]}) = T(\texttt{exp}) + c_{inv} + TC(k)$$

com $TC(k)$ dado pela relação de recorrência

(i) $TC(0) = \alpha$

(ii) $TC(k) = \beta + TC(k-1)$ para $k > 0$

com $\alpha = 2t_c + t_{==}$ e $\beta = 5t_c + t_{==} + t_* + t_- + c_{inv}$.

Usando o método iterativo (ver Capítulo 9) é fácil resolver esta relação de recorrência, obtendo-se $TC(k) = \alpha + \beta k$. Pode então concluir-se que

$$T(\texttt{fatRec[exp]}) = T(\texttt{exp}) + c_{inv} + \alpha + \beta k$$

onde $k = vi(\texttt{exp})$. No caso da expressão argumento `exp` ser uma variável, `k` por exemplo, então $T(\texttt{exp}) = t_v$. Conclui-se que $T(\texttt{fatRec[k]})$ cresce linearmente com k, pois existem constantes $d_1 \neq 0$ e d_2 tais que

$$T(\texttt{fatRec[k]}) = d_1 k + d_2 \in \Theta(k).$$

Termina-se com algumas observações sobre um assunto relevante neste contexto: a *profundidade de recursão*. A profundidade de recursão corresponde ao número de invocações de uma função recursiva que estão pendentes. Por exemplo, a invocação de `fatRec[2]` necessita de `fatRec[1]` que, por sua vez, necessita de `fatRec[0]`, a qual já não envolve qualquer invocação recursiva. Quando no cálculo de `fatRec[2]` se chega à invocação `fatRec[0]` estão pendentes 3 invocações, incluindo `fatRec[0]`, o que significa uma profundidade de recursão de 3. A invocação `fatRec[k]` implica uma profundidade de recursão de $k + 1$.

O sistema *Mathematica* define por omissão 256 como a profundidade máxima de recursão aceite, parando no cálculo quando se chega a essa profundidade máxima, e imprimindo uma mensagem apropriada, juntamente com a expressão nesse momento em avaliação. Não seria assim possível completar o cálculo de `fatRec[322]`, por exemplo, pelo facto de a profundidade de recursão requerida ser superior a 256. Mas pode alterar-se a profundidade máxima de recursão aceite através da modificação apropriada da variável `$RecursionLimit`. Se se atribuir o valor ∞, ou `Infinity`, a esta variável já é possível calcular recursivamente o fatorial de qualquer número natural. Fazendo esta modificação na função `fatRec` obtém-se a função `fatRecInf` da Figura 10.4. A construção `Block[{$RecursionLimit=Infinity},expressão]` estabelece que durante a avaliação da expressão indicada, a variável global `$RecursionLimit` assume, temporariamente, o valor `Infinity`, após o que passará a assumir o seu valor usual (que é 256, como referido).

```
fatRecInf = Function[n,
  Block[{$RecursionLimit=Infinity},
  If[n==0,
      1,
      n*fatRecInf[n-1]]]]
```

Figura 10.4: Função `fatRecInf`

Refira-se que em vez de alterarmos a definição de `fatRec` como fizemos na Figura 10.4, poderíamos continuar a usar a função definida na Figura 10.3, e simplesmente "forçar" a sua invocação com profundidade de recursão infinita como na função `fatRecInf1` apresentada na Figura 10.5. Uma invocação de `fatRecInf1[322]` já calcula o fatorial de 322 sem qualquer problema.

```
fatRecInf1 = Function[n,
  Block[{$RecursionLimit=Infinity},fatRec[n]]]
```

Figura 10.5: Função `fatRecInf1`

Observe-se ainda que em vez de se definir previamente a função `fatRec`, e depois invocá-la com profundidade infinita em `fatRecInf1`, poderíamos também definir a função `fatRec` como uma função local de `fatRecInf1`. Não entraremos contudo em mais pormenores sobre este assunto.

10.3.3 Cálculo imperativo *versus* cálculo recursivo

Recorde-se que no exemplo do cálculo do fatorial aqui analisado, o comportamento assimptótico das versões imperativa e recursiva é análogo. Tal não significa, contudo, que uma das versões não seja mais rápida que a outra. No entanto, uma comparação entre os tempos exatos de execução das duas versões exigiria o conhecimento dos valores das várias constantes envolvidas nas expressões matemáticas atrás referidas que descrevem esses tempos, e não será objeto de análise neste texto.

De qualquer forma, ao calcular o valor do tempo de execução de `fatImp[n]` e de `fatRec[n]`, para vários valores de `n`, a versão recursiva é um pouco mais lenta que a versão imperativa, como se conclui da Figura 10.6, onde estão

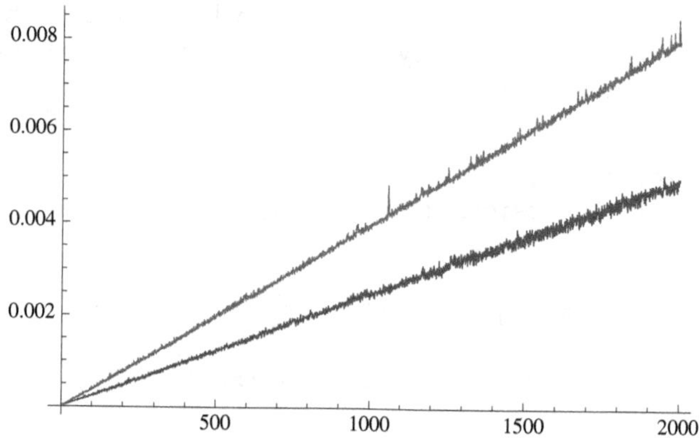

Figura 10.6: Tempos de execução de `fatRec[n]` (mais lento) e `fatImp[n]` (mais rápido)

representados os tempos de execução de `fatImp[n]` e `fatRec[n]`, em segundos, obtidos com a versão 8 do *Mathematica* num computador recente. Os tempos relativos a `fatRec[n]` são os que se encontram acima dos relativos a `fatImp[n]`.

Qual a razão desta maior lentidão da versão recursiva? Essencialmente tem a ver com o facto de na versão recursiva estarem envolvidas muitas invocações da função `fatRec`. O custo dessas invocações é superior ao custo das operações que são executadas em cada passo do ciclo da versão imperativa. Note-se que no exemplo em causa, cada passo do ciclo da versão imperativa é, grosso modo, substituído por uma invocação da própria função, na versão recursiva.

10.4 Contagem de operações

Em muitas situações não é necessário, ou não se pretende, obter uma medida do tempo de execução de uma invocação de um programa que entre em linha de conta com o tempo de todas as operações executadas, como fizemos na Secção 10.3. Muitas vezes é apenas essencial obter um valor que traduza de algum modo o custo da sua execução para cada valor de entrada. Para esse efeito, na maior parte dos casos é suficiente contar apenas o número de vezes que são efetuadas as principais operações realizadas pelo programa em causa, nomeadamente se só quisermos ter uma ideia da ordem de grandeza do custo/tempo de execução do programa. O que se entende por operações principais varia consoante o programa em causa, como ilustraremos adiante.

Nesta secção ilustramos este tipo de abordagem, começando com o exemplo simples do cálculo do fatorial e passando depois ao cálculo do supremo de uma lista. No entanto, é conveniente fazer primeiro referência a alguns detalhes relativos a variáveis da linguagem de programação e seus valores, e estabelecer certas convenções de notação a utilizar na sequência neste tipo de análise.

10.4.1 Conceitos preliminares

Nesta secção apresentam-se algumas convenções de notação que iremos utilizar na sequência.

Em primeiro lugar, iremos designar o valor de uma expressão `exp` por *exp*. Por exemplo, n designa o valor guardado na variável `n`. No entanto, pode também identificar-se o valor de uma expressão com a própria expressão, sempre que tal não cause ambiguidade. Neste texto usa-se preferencialmente a primeira convenção.

Por outro lado, recorde-se que a notação vi(`exp`) se refere ao valor inicial da expressão `exp`, ou seja, ao valor que esta expressão tinha quando foi invocada a função que se está a analisar, como por exemplo em `fatImp[exp]` ou `fatRec[exp]`. A notação é necessária, pois o valor de `exp` pode alterar-se ao longo da execução do corpo da função. No entanto, se considerarmos apenas funções que só alteram variáveis locais e não alteram parâmetros[2], já o valor de `exp` não se pode alterar com a execução da função. De facto, é fácil verificar que a expressão `exp` não pode conter variáveis locais à função que se está a analisar, pois o cálculo do valor de `exp` é efetuado quando é invocada a função, e portanto antes que essas variáveis locais existam. Esta observação permite simplificar a notação e omitir a referência ao valor inicial de `exp`, usando-se apenas *exp*.

Se uma função *Mathematica* `f` for definida por

$$\texttt{f = Function[par, Module[\{v}_1\texttt{,...,v}_j\texttt{\},corpo]]}$$

de modo a que no seu corpo apenas as variáveis locais v_1,...,v_j indicadas sejam alvo de atribuições, então podemos escrever

[2]Recorde-se que no caso da linguagem *Mathematica* os parâmetros não podem ser alterados. A condição que exige que a função não altere os parâmetros é aqui referida para incluir o caso de outras linguagens em que tal seja permitido, e em que além disso as alterações possam ter consequências na própria expressão.

$$T(\texttt{f[exp]}) = T(\texttt{exp}) + c_{inv} + T(\text{corpo}_{\texttt{f}}(\texttt{par}/exp)).$$

Nesta igualdade, $T(\texttt{exp})$ é o tempo que demora a avaliação da expressão `exp` e em $T(\text{corpo}_{\texttt{f}}(\texttt{par}/exp))$ tem-se que *exp* é o valor de `exp`.

Suponha-se agora que não estamos interessados em saber calcular o tempo que demora a executar cada uma das possíveis invocações `f[exp]`, mas apenas pretendemos ter uma medida do custo da execução do algoritmo subjacente a `f`, que podemos identificar, informalmente, com o seu corpo. Designe-se por C uma tal função de custo. A ideia, como já referimos, é caracterizar quantas vezes são executadas certo tipo de operações (consideradas as operações principais) no âmbito da execução do algoritmo em causa. Por analogia com o cálculo do tempo total de execução, poderíamos escrever agora

$$C(\texttt{f[exp]}) = C(\texttt{exp}) + c_{inv} + C(\text{corpo}_{\texttt{f}}(\texttt{par}/exp))$$

mas é mais fácil constatar que a definição de tal função de custo pode e deve ser simplificada. Na verdade, para efeito do cálculo do número de vezes que são realizadas certas operações por execução do algoritmo, não é relevante o custo de invocação c_{inv}. Igualmente não é relevante o custo $C(\texttt{exp})$ da avaliação da expressão argumento. O que se pretende é definir uma função que nos dê o custo (número de operações) do algoritmo para cada possível valor de entrada. Iremos assim considerar

$$C(\texttt{f[k]}) = C(\text{corpo}_{\texttt{f}}(\texttt{par}/k))$$

no caso de uma variável `k`, e analisando o que se passa para todos os possíveis valores que pode assumir.

10.4.2 Cálculo do fatorial

Estuda-se nesta secção o caso do cálculo do fatorial. Neste caso podemos supor que o custo é essencialmente determinado pelo número de multiplicações realizadas.

Designe-se por $NM_{imp}(n)$ o número de multiplicações realizadas pela versão imperativa, tendo n como valor de entrada, isto é, $NM_{imp}(n)$ designa o número de multiplicações que ocorrem numa invocação `fatImp[n]` quando o valor em `n` é n. Recorde-se que `fatImp` é a função apresentada na Figura 10.2. Notemos que ocorre uma única multiplicação em cada execução do passo do ciclo `While` e que, numa invocação `fatImp[n]`, este passo é executado primeiro numa situação em que o valor da variável `prox` é 1, depois quando é 2 e assim sucessivamente até ser n. Assim, é imediato que

$$NM_{imp}(n) = \sum_{prox=1}^{n} 1 = n.$$

Designe-se agora por $NM_{rec}(n)$ o número de multiplicações realizadas pela versão recursiva quando o valor de entrada é n. Neste caso $NM_{rec}(n)$ é o número de multiplicações que ocorrem numa invocação `fatRec[n]`. Recordemos que `fatRec` é a função apresentada na Figura 10.3. É imediato que $NM_{rec}(n)$ é dado pela relação de recorrência

(i) $NM_{rec}(0) = 0$

(ii) $NM_{rec}(n) = 1 + NM_{rec}(n-1)$ se $n > 0$.

Usando o método iterativo, por exemplo, conclui-se também que

$$NM_{rec}(n) = n.$$

Como era imediato olhando para as duas funções, ambas realizam n multiplicações para calcular o fatorial de n. Note-se que enquanto que na análise do tempo total exato de execução obtivemos expressões distintas para os dois casos, nesta análise mais simples não os conseguimos diferenciar. Mas, em termos da ordem de grandeza do seu crescimento, ambas as análises nos dizem que os dois programas são da mesma ordem de grandeza (linear em n).

10.4.3 Cálculo do supremo de lista de inteiros

Estuda-se nesta secção o caso do cálculo do supremo de uma lista de inteiros distintos. Note-se que os algoritmos apresentados na sequência também calculam o supremo de uma lista de inteiros na qual haja repetições. A restrição imposta tem apenas como objetivo facilitar a análise da primeira versão recursiva que iremos apresentar para este cálculo.

Cálculo imperativo

Considere-se a versão imperativa para o cálculo do supremo apresentada na Figura 10.7, onde se assume que o parâmetro `w` recebe uma lista de inteiros. Note-se que se poderia considerar o caso de listas de reais, por exemplo. Para o programa em causa o que é fundamental é que se possam comparar entre si, pelo teste $<$, os elementos da lista argumento, e estes com $-\infty$. Considerando que o supremo de uma lista vazia de inteiros é $-\infty$, facilmente se verifica que a função *Mathematica* `supImp` calcula o supremo de uma lista de inteiros, assumindo, sem testar, que o argumento é uma lista deste tipo.

De novo apenas nos interessa ter uma ideia do custo de execução do programa através da contagem das principais operações realizadas. Podemos considerar que o cálculo do supremo se baseia em comparações com os elementos da lista argumento, pelo que uma medida do custo da sua execução é dada pelo número de tais comparações que é necessário efetuar. Designemos por

```
supImp = Function[w,Module[{res,prox,comp},
       comp=Length[w];
       res=-Infinity;
       prox=1;
       While[prox<=comp,
              If[res<w[[prox]],res=w[[prox]]];
              prox=prox+1];
       res]]
```

Figura 10.7: Função supImp

NC_{imp} a função de custo correspondente. Neste caso, a função de custo NC_{imp} não depende explicitamente da lista argumento do programa, mas sim de uma medida da dimensão dessa lista, mais concretamente, o seu comprimento. Tal constitui uma diferença face à análise do cálculo do fatorial apresentada anteriormente, já que, nesse caso, a função de custo NM_{imp} depende explicitamente do argumento do programa em causa.

De um modo geral, sempre que se analisa a eficiência de um programa que opera sobre listas, o seu custo/tempo não é medido para cada lista argumento específica, mas sim como uma função do comprimento da lista argumento. Muitas vezes, para além da dimensão da lista, é também necessário ter em conta a sua composição e, como já referido, proceder a uma análise na pior situação, em média e na melhor situação.

Da observação da função `supImp` facilmente se conclui que o número de comparações com elementos da lista argumento realizadas não depende da composição desta lista, mas apenas da sua dimensão. Assim, neste caso, não se justifica a análise na pior situação, em média e na melhor situação. Sendo n o comprimento da lista em `w`, o objetivo é então calcular $NC_{imp}(n)$, isto é, o número de comparações com elementos da lista em `w` que ocorrem numa invocação `supImp[w]`, quando se assume que a lista argumento em `w` é uma qualquer lista de n inteiros (sem repetições). Este cálculo é muito simples e é semelhante ao cálculo de $NM_{imp}(n)$ efetuado na Secção 10.4.2, uma vez que por cada execução do passo do ciclo é realizada uma comparação com um elemento da lista argumento. Deste modo

$$NC_{imp}(n) = \sum_{prox=1}^{Lenght[\mathtt{w}]} 1 = \sum_{prox=1}^{n} 1 = n.$$

Suponha-se agora que, em vez de se querer contar apenas o número de comparações com elementos da lista argumento, se pretende obter $NAT_{imp}(n)$, o número total de operações realizadas (atribuições e testes) durante uma invocação `supImp[w]`, sendo w uma qualquer lista de n inteiros distintos. Sabendo só a dimensão da lista argumento não é possível determinar o valor exato de $NAT_{imp}(n)$, pois tal valor depende da composição dessa lista. Se a lista for não vazia e estiver ordenada de forma decrescente tem-se a situação mais favorável, pois apenas uma atribuição a `res` é efetuada durante a execução do ciclo `While`. A pior situação ocorre quando a lista está ordenada de forma crescente, pois em cada execução do passo do ciclo será então efetuada uma atribuição a `res`. Se a lista não estiver ordenada, o número exato de atribuições a `res` só pode ser determinado inspecionando a lista em `w`. Para obter o valor de $NAT_{imp}(n)$ ter-se-ia de fazer uma contagem na pior situação, na melhor situação e no caso médio.

Se quisermos apenas saber a ordem de crescimento de $NAT_{imp}(n)$, então, neste caso, conseguimos obtê-la procedendo a minorações e majorações adequadas de $NAT_{imp}(n)$, o que é mais simples do que calcular o valor médio desse número. Considere-se então uma invocação `supImp[w]` e calcule-se um majorante e um minorante para $NAT_{imp}(n)$. Na inicialização são executadas 3 atribuições. Quando em `prox` está 1 é sempre executada uma avaliação da guarda do ciclo e, se a lista não estiver vazia (isto é, se $n > 0$), um teste e a atribuição `prox=prox+1`. No caso de certas listas, para além destas três operações, é realizada ainda a atribuição `res=w[[prox]]`. O mesmo acontece se em `prox` está qualquer um dos naturais $2, \ldots, n$. Há ainda uma avaliação final da guarda do ciclo quando em `prox` está o valor $n+1$. Assim, para $n > 0$ tem-se

$$4 + \sum_{prox=1}^{n} 3 \leq NAT_{imp}(n) \leq 4 + \sum_{prox=1}^{n} 4$$

isto é

$$4 + 3n \leq NAT_{imp}(n) \leq 4 + 4n$$

o que significa que $3n \leq NAT_{imp}(n) \leq 5n$ para $n \geq 4$. Então

$$\exists_{c_1,c_2 \in \mathbb{R}^+} \exists_{n_0 \in \mathbb{N}} \forall_{n \geq n_0}\, c_1 n \leq NAT_{imp}(n) \leq c_2 n$$

pelo que

$$NAT_{imp}(n) \in \Theta(n).$$

Conclui-se então que $NAT_{imp}(n)$ tem uma ordem de crescimento linear.

Cálculo recursivo - versão 1

Considere-se a versão recursiva para o cálculo do supremo de uma lista de inteiros apresentada na Figura 10.8. Recordando que estamos a considerar que o supremo de uma lista vazia de inteiros é $-\infty$, não é difícil concluir que a função *Mathematica* `supRec1` permite calcular o supremo de uma lista de

```
supRec1 = Function[w,
      If[w=={} (*ou Length[w]==0*),
              -Infinity,
              If[First[w]>=supRec1[Rest[w]],
                      First[w],
                      supRec1[Rest[w]]]]]
```

Figura 10.8: Função supRec1

inteiros. Está aqui a omitir-se o problema da profundidade da recursão. Como a profundidade da recursão em *Mathematica* é 256, por omissão, `supRec1` não permite, de facto, calcular o supremo de listas com esse número de elementos, ou mais. Mas esse problema é ultrapassado, como já se referiu, alterando o valor da variável `$RecursionLimit`, como ilustrado a propósito do cálculo recursivo do fatorial (ver Figura 10.4). Idêntico comentário é válido para os programas recursivos apresentados no seguimento.

Analise-se então o número de comparações envolvidas na execução da função `supRec1`. Para cada natural n, seja $NC_{rec}(n)$ o número de comparações com elementos da lista em `w` que ocorre numa invocação `supRec1[w]`, quando se assume que a lista argumento em `w` é uma qualquer lista de n inteiros distintos. Ao contrário do que se passava na versão imperativa, aqui o número de comparações que ocorre numa invocação `supRec1[w]` não depende apenas do número n de elementos da lista em `w`, mas também da própria composição dessa lista. Como referido na Secção 10.1, nestes casos tem de analisar-se, para cada n, três possíveis situações:

(a) a melhor situação possível para este algoritmo, ou seja, caracterizar, de entre as listas de comprimento n, quais são as que conduzem ao menor número de comparações, e determinar esse número de comparações mínimo, denotado por $NC_{rec}^{min}(n)$;

(b) a pior situação possível para este algoritmo, ou seja, caracterizar, de entre as listas de comprimento n, quais são as que conduzem ao maior número de comparações, e determinar esse número de comparações máximo, denotado por $NC_{rec}^{max}(n)$;

(c) a situação média para este algoritmo, em que se determina o número médio (ou esperado) de comparações que o algoritmo efetua, denotado por $NC_{rec}^{med}(n)$, assumindo que a lista argumento em `w` pode ser, com igual probabilidade, uma qualquer lista de n inteiros.

Recorde-se que se assume sempre que todos os elementos da lista em `w` são distintos. A informação mais relevante é dada por $NC_{rec}^{max}(n)$ e $NC_{rec}^{med}(n)$.

Note-se que se $NC_{rec}^{max}(n)$ e $NC_{rec}^{min}(n)$ forem da mesma ordem de grandeza, então o número de médio comparações $NC_{rec}^{med}(n)$ também terá essa ordem de grandeza, não se tornando essencial o seu cálculo, normalmente mais complicado.

Melhor caso

Analisa-se em primeiro lugar o melhor caso. A melhor situação para o algoritmo em causa tem lugar quando a lista em `w` é uma qualquer lista de n inteiros distintos que está ordenada de forma decrescente.

O valor $NC_{rec}^{min}(n)$ designa o número de comparações com elementos da lista em `w` que ocorrem numa invocação `supRec1[w]`, quando a lista tem as características referidas. Quando tal acontece, a execução de `supRec1[w]` é tal que se $n = 0$ então não é realizada qualquer comparação com elementos da lista, e a execução termina sendo retornado `-Infinity`. Quando $n > 0$ é avaliada a condição `First[w]>=supRec1[Rest[w]]` e, como esta condição é verdadeira, a execução termina também, e é retornando o valor de `First[w]`. A avaliação desta condição envolve $1 + NC_{rec}^{min}(n-1)$ comparações dado que na avaliação da expressão `supRec1[Rest[w]]` se tem que a lista `Rest[w]` tem $n-1$ elementos distintos e está também ordenada de forma decrescente. É então imediato que $NC_{rec}^{min}(n)$ é dado pela relação de recorrência

(i) $NC_{rec}^{min}(0) = 0$

(ii) $NC_{rec}^{min}(n) = 1 + NC_{rec}^{min}(n-1)$ se $n > 0$.

Resolvendo esta recorrência obtém-se, tal como na versão imperativa,

$$NC_{rec}^{min}(n) = n.$$

Pior caso

Analisa-se agora o pior caso. A pior situação para o algoritmo em causa ocorre quando a lista em `w` é uma qualquer lista de n inteiros distintos ordenada de forma crescente.

O valor $NC_{rec}^{max}(n)$ designa o número de comparações com elementos da lista em `w` que ocorrem numa invocação `supRec1[w]`, quando a lista argumento tem as características indicadas. Nesta situação, se $n = 0$, mais uma vez na execução de `supRec1[w]` não é realizada qualquer comparação com elementos da lista. Em caso contrário, a condição `First[w]>=supRec1[Rest[w]]` é avaliada, a que se segue a avaliação de `supRec1[Rest[w]]`, uma vez que agora a condição é falsa. Facilmente se conclui que $NC_{rec}^{max}(n)$ é dado pela relação de recorrência

(i) $NC^{max}_{rec}(0) = 0$

(ii) $NC^{max}_{rec}(n) = 1 + 2NC^{max}_{rec}(n-1)$ se $n > 0$. (10.11)

dado que a lista `Rest[w]` tem $n-1$ elementos distintos e está também ordenada de forma crescente. Resolvendo esta recorrência, semelhante à obtida no caso das Torres de Hanói no Capítulo 9, obtém-se

$$NC^{max}_{rec}(n) = 2^n - 1.$$

O número de comparações realizado já não cresce agora linearmente com o número de elementos da lista, mas sim exponencialmente. Este resultado é mau em termos de eficiência.

Caso médio

Analisa-se por fim o caso médio. O valor $NC^{med}_{rec}(n)$ designa o número médio de comparações com elementos da lista em `w` que ocorrem numa invocação `supRec1[w]`, quando se assume que a lista argumento pode ser, com igual probabilidade, uma qualquer lista de n inteiros distintos. Uma vez mais, na execução de `supRec1[w]` não é realizada qualquer comparação com elementos da lista se $n = 0$. Em caso contrário, a condição `First[w]>=supRec1[Rest[w]]` é avaliada. Se esta condição for verdadeira não é realizada mais nenhuma comparação. Se esta condição for falsa é avaliada de novo `supRec1[Rest[w]]`. Assim, quando $n > 0$,

$$NC^{med}_{rec}(n) = (1 + NC^{med}_{rec}(n-1)) \times P_v + (1 + 2NC^{med}_{rec}(n-1)) \times P_f$$

onde P_v é a probabilidade de a condição `First[w]>=supRec1[Rest[w]]` ser verdadeira e P_f é a probabilidade de ser falsa. Como se supõe que a lista argumento é uma qualquer lista de n inteiros distintos, pode assumir-se que qualquer elemento da lista tem igual probabilidade de ser o maior deles todos, probabilidade essa que é então $\frac{1}{n}$. Assim,

$$P_v = \frac{1}{n} \quad \text{e} \quad P_f = \frac{n-1}{n}$$

Chega-se assim à relação de recorrência

(i) $NC^{med}_{rec}(0) = 0$

(ii) $NC^{med}_{rec}(n) = \frac{2n-1}{n} NC^{med}_{rec}(n-1) + 1$ se $n > 0$.

Trata-se de uma relação de recorrência linear, mas não só não homogénea, como de coeficientes não constantes. Os métodos diretos apresentados no Capítulo 9 não permitem a sua resolução, mas pode usar-se o método iterativo, que nos conduz a

$$NC^{med}_{rec}(n) = 1 + \sum_{i=0}^{n-1} \frac{(2n-1)(2n-3)\dots(2n-(2i+1))}{n(n-1)\dots(n-i)}.$$

Note-se que não é estritamente necessário obter uma forma fechada para o somatório obtido, uma vez que apenas queremos conhecer a ordem de grandeza de $NC^{med}_{rec}(n)$. Para tal, basta obter majorações e minorações adequadas do valor do somatório envolvido. Mais ainda, se concluirmos que o valor de $NC^{med}_{rec}(n)$ é limitado inferiormente por uma exponencial, não será relevante continuar a análise, podendo logo concluir-se que se trata de um algoritmo pouco interessante. Ora

$$2n - (2j+1) > 2(n-j-1)$$

para $j = 0, \dots, i$ e portanto, para $n > 0$, minorando todos os fatores do numerador com exceção do último, obtém-se

$$\begin{aligned}
NC^{med}_{rec}(n) &\geq 1 + \sum_{i=0}^{n-1} \frac{2(n-1)2(n-2)\dots 2(n-i)(2n-2i-1)}{n(n-1)\dots(n-i)} \\
&= 1 + \sum_{i=0}^{n-1} \frac{2^i(2n-2i-1)}{n} \\
&\geq 1 + \sum_{i=0}^{n-1} \frac{2^i(2n-2(n-1)-1)}{n} \\
&= 1 + \frac{1}{n}\sum_{i=0}^{n-1} 2^i = 1 - \frac{1}{n} + \frac{2^n}{n}.
\end{aligned}$$

Conclui-se assim que

$$NC^{med}_{rec}(n) \in \Omega\left(1 - \frac{1}{n} + \frac{2^n}{n}\right).$$

Uma vez que

$$\lim \frac{1 - \frac{1}{n} + \frac{2^n}{n}}{(1.9)^n} = +\infty$$

tem-se que

$$1 - \frac{1}{n} + \frac{2^n}{n} \in \omega((1.9)^n)$$

e portanto, recordando (iii) da Proposição 10.2.8 e (iii) da Proposição 10.2.9, tem-se

$$NC^{med}_{rec}(n) \in \Omega((1.9)^n).$$

Chega-se assim à conclusão que o custo deste algoritmo é assimptoticamente limitado inferiormente pela função exponencial $(1.9)^n$, ou seja, cresce pelo menos tão rapidamente como as funções com comportamento assimptótico $(1.9)^n$.

Note-se que os cálculos efetuados ao longo dos parágrafos anteriores não permitem concluir desde logo que, em qualquer algoritmo recursivo para o cálculo do supremo de uma lista de inteiros, o número de comparações envolvidas tem ordem de grandeza exponencial quer no pior caso, quer no caso médio. Apenas permitem concluir que tal se passa com o algoritmo apresentado na Figura 10.8. Existem de facto algoritmos recursivos para o cálculo do supremo de uma lista de inteiros mais eficientes, como se verá de seguida.

Cálculo recursivo - versão 2

Observando o programa `supRec1` facilmente se constata que a razão (ou, pelo menos, uma das razões) que torna esse programa pouco eficiente reside no facto de, após a avaliação de `First[w]>=supRec1[Rest[w]]`, se esta desigualdade for falsa, se voltar a calcular `supRec1[Rest[w]]`. Se evitarmos esta duplicação deveremos conseguir obter versões mais eficientes. Considere-se a versão apresentada na Figura 10.9 onde se usa uma variável `x` para evitar calcular duas vezes o valor de `supRec2a[Rest[w]]`. É fácil concluir que neste caso, dada

```
supRec2a = Function[w,Module[{x},
      If[w=={},
            -Infinity,
            x=supRec2a[Rest[w]];
            If[First[w]>=x,First[w],x]]]]
```

Figura 10.9: Função `supRec2a`

uma qualquer lista argumento de n inteiros distintos, o número de comparações entre elementos da lista que ocorrem numa invocação `supRec2a[w]` já não depende da composição dessa lista, sendo dado pela relação de recorrência

(i) $NC_{rec2a}(0) = 0$

(ii) $NC_{rec2a}(n) = 1 + NC_{rec2a}(n-1)$ se $n > 0$. (10.12)

Resolvendo a relação de recorrência obtém-se

$$NC_{rec2a}(n) = n$$

isto é, o mesmo que para a versão imperativa apresentada na Figura 10.7.

Note-se que a versão da Figura 10.10 calcula o supremo com exatamente o

```
supRec2b = Function[w,Module[{maximo},
      maximo = Function[{x,y},If[x>=y,x,y],
      If[w=={},
              -Infinity,
              maximo[First[w],supRec2b[Rest[w]]]]]]
```

Figura 10.10: Função supRec2b

mesmo número de comparações que **supRec2a**, pois a função local **maximo** implicitamente evita que se calcule **supRec2b[Rest[w]]** duas vezes. Além disso, os tempos de execução de ambas as funções são da mesma ordem de grandeza.

Cálculo recursivo - versão 3

Nos algoritmos apresentados nas Figuras 10.8, 10.9 e 10.10 utilizou-se a função *Mathematica* `Rest` para determinar o resto de uma lista (a lista obtida retirando o primeiro elemento da lista original). Note-se que esta função constrói uma nova lista e portanto, sobretudo para listas muito grandes, necessita de tempo (e espaço). Apresenta-se de seguida uma solução diferente na qual a recursão é feita sobre um índice.

A função (local) **supaux** na Figura 10.11 recebe como argumento uma lista no parâmetro `w` e um inteiro positivo no parâmetro `i`. Esta função determina o supremo da lista em `w`, a partir de uma posição (índice) em `i`. Note-se que a lista não é alterada, o que muda é o índice. Se o índice em `i` é superior ao comprimento da lista, isso significa que pretendemos o supremo da lista vazia, o que corresponde à base da recursão. Em caso contrário, determina-se

```
supaux[w,i+1]
```

o supremo dos elementos a partir da posição seguinte, o qual é guardado na variável `x`. Se o valor em `w[[i]]` for superior ao de `x`, será esse o supremo pretendido. Em caso contrário, o supremo pretendido é o valor guardado na variável `x`.

A função **supRec3** na mesma Figura 10.11 usa esta função auxiliar **supaux**, que define como uma função local, e calcula o supremo de uma lista `v`, aplicando a função auxiliar a essa lista, começando com o índice de recursão na posição 1.

```
supRec3 = Function[{v},Module[{supaux},
   (* definição da função local supaux *)
   supaux = Function[{w,i},Module[{x},
      If[i>Length[w],
            -Infinity,
            x=supaux[w,i+1];
            If[[w[[i]]>x ,w[[i]],x]]]];
   (* cálculo do supremo invocando a função local
                                          supaux *)
   supaux[v,1]]]
```

Figura 10.11: Função supRec3

Para a análise do número de comparações efetuadas pela função auxiliar supaux é útil considerar a variável auxiliar k, com $k = n-i+1$, onde n é o comprimento da lista argumento em w. Esta variável corresponde ao comprimento da lista que falta analisar. Note-se que quando $i = 1$ se tem $k = n$, ou seja, falta analisar toda a lista. Agora é fácil determinar o número de comparações $NC_{supaux}(k)$. A condição i>Length[w] corresponde a $k \leq 0$ e neste caso não são efetuadas quaisquer comparações. Se $k > 0$ são efetuadas as comparações relativas a supaux[w,i+1], ou seja, $NC_{supaux}(k-1)$, e depois mais uma. Assim,

(i) $NC_{supaux}(0) = 0$

(ii) $NC_{supaux}(k) = 1 + NC_{supaux}(k-1)$ se $k > 0$.

Esta relação de recorrência é igual a (10.12), a relação de recorrência apresentada no caso de supRec2a, e a sua solução é

$$NC_{supaux}(k) = k.$$

Falta agora determinar o número $NC_{rec3}(n)$ de comparações entre elementos da lista em w (de n inteiros distintos) que ocorrem numa invocação supRec3[w]. Este número corresponde ao número de comparações que ocorrem na invocação supaux[v,1], o qual é o valor de $NC_{supaux}(k)$ para $k = n - i + 1$ com $i = 1$, isto é, é o valor de $NC_{supaux}(n)$. Tem-se assim

$$NC_{rec3}(n) = NC_{supaux}(n) = n$$

pelo que o número de comparações efetuadas numa invocação supRec3[w] é igual ao de comparações efetuadas numa invocação supRec2a[w], com a vantagem já referida de não ser necessário usar a função Rest.

10.4.4 Cálculo dos números de Fibonacci

Embora os algoritmos recursivos sejam normalmente a solução computacional mais simples e elegante para certo tipo de problemas, eles são em regra menos eficientes que os algoritmos de carácter imperativo para o mesmo problema. Tal é devido ao custo envolvido nas várias invocações da função que a recursão envolve.

No entanto, muitas vezes, apesar de a solução recursiva ser um pouco menos eficiente que a correspondente versão imperativa, o custo das duas versões tem a mesma ordem de grandeza. Contudo, nem sempre tal acontece como foi ilustrado com o exemplo do algoritmo para cálculo do supremo de uma lista de inteiros apresentado na Figura 10.8. Recorde-se que a menor eficiência se devia ao facto de certos cálculos serem repetidos.

Discute-se na sequência uma outra situação com um problema análogo, agora relacionada com o cálculo recursivo dos números de Fibonacci.

Cálculo recursivo - versão 1

Recorde-se que os números de Fibonacci satisfazem a seguinte relação de recorrência:

(i) $f_0 = 0$

(ii) $f_1 = 1$

(iii) $f_n = f_{n-1} + f_{n-2}$ para $n \geq 2$.

Usando diretamente a relação de recorrência anterior, é fácil construir uma função recursiva simples que calcula os números de Fibonacci.

Um exemplo é a função `fibRec1` apresentada na Figura 10.12.

```
fibRec1 = Function[n,
          If[n==0,
             0,
             If[n==1,1,fibRec1[n-1]+fibRec1[n-2]]]]
```

Figura 10.12: Função `fibRec1`

Pretende-se que uma invocação `fibRec1[n]` retorne o n-ésimo número de Fibonacci, f_n. Acontece que o cálculo do n-ésimo número de Fibonacci através da função `fibRec1` é pouco eficiente pois existem diversos cálculos que se repetem, como se ilustra na Figura 10.13. Por exemplo, na avaliação de `fibRec1[7]` o cálculo de `fibRec1[4]` é efetuado três vezes.

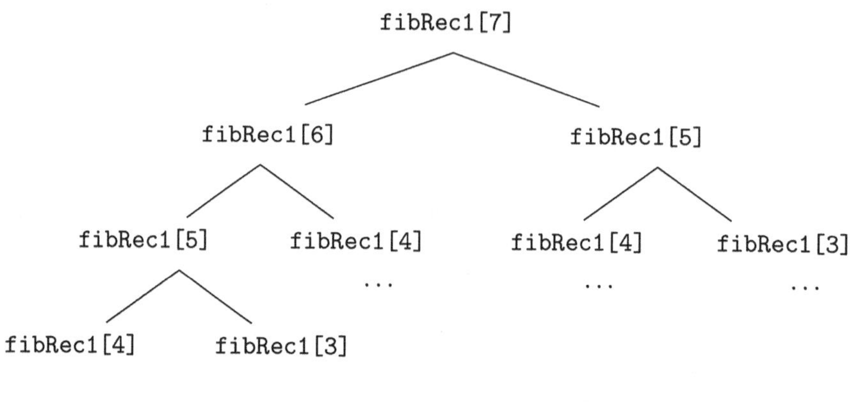

Figura 10.13: Avaliação de `fibRec1[7]`

Utilizando as técnicas de resolução de relações de recorrência discutidas no Capítulo 9, pode calcular-se o número $CR(n)$ de chamadas recursivas da função `fibRec1` que são efetuadas aquando do cálculo de `fibRec1[n]`.

Notando que, se $n \geq 2$, o cálculo de `fibRec1[n]` envolve as chamadas recursivas de `fibRec1[n-1]` e `fibRec1[n-2]`, bem como as chamadas recursivas que estas envolverem, é fácil concluir que

(i) $CR(0) = 0$

(ii) $CR(1) = 0$

(iii) $CR(n) = CR(n-1) + CR(n-2) + 2$ para $n \geq 2$.

Trata-se de uma recorrência linear de ordem 2, de coeficientes constantes e não homogénea, pelo que, para a resolver, se começa por encontrar a solução geral da equação homogénea associada

$$CR(n) = CR(n-1) + CR(n-2).$$

A sua equação polinomial característica é $x^2 - x - 1 = 0$ e as suas raízes são $\frac{1+\sqrt{5}}{2}$ e $\frac{1-\sqrt{5}}{2}$, pelo que a solução geral é

$$a\left(\frac{1+\sqrt{5}}{2}\right)^n + b\left(\frac{1-\sqrt{5}}{2}\right)^n.$$

Procura-se depois uma solução particular da equação não homogénea

$$CR(n) = CR(n-1) + CR(n-2) + 2$$

começando por tentar uma solução da forma $g_n = d$, em que d é uma constante apropriada, o que conduz à equação $d = d + d + 2$ e à igualdade $d = -2$. Assim, $g_n = -2$ é uma solução particular da equação não homogénea. Combinando agora a solução geral com a solução específica obtém-se

$$CR(n) = a\left(\frac{1+\sqrt{5}}{2}\right)^n + b\left(\frac{1-\sqrt{5}}{2}\right)^n - 2.$$

Finalmente, os valores das constante a e b obtêm-se a partir das condições iniciais $CR(0) = 0$ e $CR(1) = 0$. A partir das igualdades

$$a + b - 2 = 0 \qquad \text{e} \qquad a\left(\frac{1+\sqrt{5}}{2}\right) + b\left(\frac{1-\sqrt{5}}{2}\right) - 2 = 0$$

conclui-se que

$$a = 1 + \frac{1}{\sqrt{5}} \qquad \text{e} \qquad b = 1 - \frac{1}{\sqrt{5}}$$

e portanto

$$CR(n) = \left(1 + \frac{1}{\sqrt{5}}\right)\left(\frac{1+\sqrt{5}}{2}\right)^n + \left(1 - \frac{1}{\sqrt{5}}\right)\left(\frac{1-\sqrt{5}}{2}\right)^n - 2$$

é a solução procurada para a recorrência linear não homogénea inicial.

Pode facilmente obter-se um minorante para $CR(n)$. De facto, recordando do Capítulo 9 que a sucessão $(f_n)_{n\geq 0}$ dos números de Fibonacci é dada por

$$f_n = \frac{1}{\sqrt{5}}\left(\frac{1+\sqrt{5}}{2}\right)^n - \frac{1}{\sqrt{5}}\left(\frac{1-\sqrt{5}}{2}\right)^n \qquad \text{para } n \geq 0$$

e que $|\frac{1-\sqrt{5}}{2}| < 1$ conclui-se que

$$\begin{aligned} CR(n) &= \left(\frac{1+\sqrt{5}}{2}\right)^n + f_n + \left(\frac{1-\sqrt{5}}{2}\right)^n - 2 \\ &\geq \left(\frac{1+\sqrt{5}}{2}\right)^n + f_n - 3 \end{aligned}$$

para $n \geq 0$. Dado que $f_n > 3$ para $n > 4$, tem-se

$$CR(n) > \left(\frac{1+\sqrt{5}}{2}\right)^n \qquad \text{para } n > 4$$

isto é, o número de chamadas recursivas cresce exponencialmente, o que revela a pouca eficiência do algoritmo apresentado na Figura 10.12.

Uma outra análise que se pode fazer, para termos uma ideia do custo do algoritmo apresentado na Figura 10.12, consiste em contar o número de vezes que são realizadas as principais operações (que neste caso são obviamente as adições) para calcular o n-ésimo número de Fibonacci. Seja então $A(n)$ o número de adições envolvidas no cálculo `fibRec1[n]`. É fácil verificar que

(i) $A(0) = 0$

(ii) $A(1) = 0$

(iii) $A(n) = A(n-1) + A(n-2) + 1$ para $n \geq 2$.

Trata-se novamente de uma recorrência linear de ordem 2, de coeficientes constantes e não homogénea, pelo que se pode resolvê-la usando a mesma técnica utilizada para calcular $CR(n)$. Mas podemos igualmente tentar resolvê-la usando outras recorrências que já saibamos resolver.

Por exemplo, pode verificar-se que

$$CR(n) = 2A(n) \qquad \text{para qualquer } n \geq 2.$$

Este resultado pode demonstrar-se por indução finita completa, o que se deixa como exercício. Conclui-se então imediatamente que $A(n)$ também cresce exponencialmente.

Observe-se que poderíamos também ter reduzido a relação de recorrência que define $A(n)$ à recorrência que define a sucessão $(f_n)_{n\geq 0}$ dos números de Fibonacci. Como $A(n) = A(n-1) + A(n-2) + 1$ se e só se $A(n) + 1 = A(n-1) + 1 + A(n-2) + 1$, substituindo $A(n) + 1$ por $h(n)$, obtém-se

(i) $h(0) = 1$

(ii) $h(1) = 1$

(iii) $h(n) = h(n-1) + h(n-2)$ para $n \geq 2$.

A sucessão $(h_n)_{n\geq 0}$ não é mais que a subsucessão de $(f_n)_{n\geq 0}$ dos termos de ordem maior ou igual a 1, isto é, $h_n = f_{n+1}$ para $n \geq 0$. Assim,

$$A(n) = f_{n+1} - 1 = \frac{1}{\sqrt{5}}\left(\frac{1+\sqrt{5}}{2}\right)^{n+1} + \frac{1}{\sqrt{5}}\left(\frac{1-\sqrt{5}}{2}\right)^{n+1} - 1$$

para $n \geq 0$. Pode ter-se uma ideia mais concreta do valor de A_n observando que

$$\frac{1}{\sqrt{5}}\left|\left(\frac{1-\sqrt{5}}{2}\right)^{n+1}\right| < \frac{1}{\sqrt{5}}$$

e portanto

$$A(n) \approx \frac{1}{\sqrt{5}} \left(\frac{1+\sqrt{5}}{2} \right)^{n+1}$$

de onde se conclui, ainda, que

$$A(n+1) \approx \frac{1+\sqrt{5}}{2} A(n)$$

ou seja, $A(n+1)$ é cerca de $1,6A(n)$. Assim, supondo que o tempo gasto no cálculo de `fibRec1[n]` é apenas o tempo gasto nas adições, se este cálculo demorar 1 segundo para um dado valor n em `n`, então, uma vez que $1.6^9 > 60$, o cálculo de `fibRec1[n+9]` demora mais de um minuto e o de `fibRec1[n+18]` mais de 1 hora.

Cálculo recursivo - versão 2

Existem algumas técnicas que podem ser usadas para tornar mais eficientes os algoritmos recursivos. A ideia essencial, em geral, é tentar evitar que se repitam cálculos já efetuados, guardando-os em variáveis apropriadas.

Uma dessas técnicas pode ser designada por *memorização* ou *memoização* (do inglês *memoization*) e é muito utilizada na chamada programação dinâmica. De forma breve, e sem entrar em grandes pormenores, a ideia é manter uma tabela, ou uma lista, que guarde, para cada valor de entrada relevante, uma de duas informações: o valor da função para essa entrada, se este já foi calculado, ou a informação de que esse valor ainda não foi calculado. Assim, quando no decurso da avaliação precisamos de obter o valor da função para um certo argumento, consulta-se a tabela para saber se já foi calculado, e só se calcula se não o tiver sido.

Ilustremos esta técnica a propósito do cálculo dos termos da sucessão de Fibonacci. A função `fibRec2` que se encontra na Figura 10.14 usa uma variável local `w` para guardar a informação sobre se os números de Fibonacci relevantes já foram calculados (e qual o seu valor nesse caso), ou ainda não. Concretamente, pretende-se que na posição $k+1$ da lista em `w` se encontre o k-ésimo número de Fibonacci f_k ou -1 se f_k ainda não foi calculado. Como os números de Fibonacci são todos não negativos, pode usar-se -1 se f_k ainda não foi calculado.

Para calcular `fibRec2[n]`, isto é, f_n, a função procede como se segue: começa por guardar em `w` uma lista constituída por $n+1$ números iguais a -1 (para guardar a informação que ainda não foram calculados f_0,...,f_n, que são os números de Fibonacci relevantes para o cálculo de f_n), e depois invoca a função local `fib`, com valor n no parâmetro `n`, para calcular o número de Fibonacci f_n desejado. Por sua vez, para o cálculo de `fib[k]`, isto é, do número de Fibonacci

```
fibRec2 = Function[{n},Module[{w,fib},
   (* definição da função local fib *)
   fib = Function[k,
      If[w[[k+1]]≠-1,
         (* retornar fib[k] que já foi calculado
            e está guardado em w[[k+1]] *)
         w[[k+1]],
         (* em caso contrário, calcular fib[k]
            e guardá-lo em w[[k+1]] *)
         If[k==0,
            w[[k+1]]=0;
            If[k==1,
               w[[k+1]]=1,
               w[[k+1]]=fib[k-1]+fib[k-2]]]]];
   (* inicialização da lista w;
      invocação da função local fib *)
   w=Table[-1,{n+1}];
   fib[n]]]
```

Figura 10.14: Função fibRec2

f_k, a função fib começa por determinar se esse número já foi calculado (isto é, testa se w[[k+1]]≠-1) e só o calcula, recursivamente, se não for esse o caso, guardando depois o valor calculado em w[[k+1]].

A título ilustrativo, podemos comparar o tempo de execução das duas versões recursivas. Para isso podemos recorrer à função Timing da linguagem *Mathematica*: Timing[exp] retorna uma lista de dois elementos em que o primeiro é o tempo, em segundos, usado para o cálculo do valor da expressão exp e o segundo o valor dessa expressão. Num computador pessoal, como processador 2.2GHz Intel Core i7 e usando a versão 8 do sistema *Mathematica* obteve-se

Timing[fibRec2[28]]	Timing[fibRec1[28]]
{0.000756,317811}	{2.91235,317811}

Cálculo imperativo

Em vez de fazermos o cálculo dos números de Fibonacci *top down* (ou seja, para obter f_n, calcula-se f_{n-1} e f_{n-2} e depois soma-se, e assim sucessivamente), podemos também proceder a esse cálculo de modo *bottom up* calculando sucessivamente os números de Fibonacci $f_0, f_1, f_2, \ldots$ até chegar ao número de

Fibonacci desejado.

A versão imperativa procede precisamente deste modo, guardando os dois últimos números de Fibonacci calculados, cujo valor é atualizado em cada passo do ciclo. No programa `fibImp` apresentado na Figura 10.15 essas variáveis são `a` e `b`, e usa-se `i` para fazer referência ao índice do próximo número de Fibonacci a calcular. O valor de `fibImp[n]` é assim calculado imperativamente com $n-1$

```
fibImp=Function[n,Module[{a,b,aux,i},
          If[n==0,0,
             If[n==1,1,
                a=0;b=1;i=2;
                While[i<=n,
                   aux=b;b=b+a;a=aux;
                   i=i+1];
          b]]]]
```

Figura 10.15: Função `fibImp`

iterações do passo do ciclo.

Deixa-se como exercício a análise deste algoritmo, indicando-se apenas, para comparação com valores anteriores, qual o tempo que se obteve para o cálculo de f_{28} por este programa:

```
Timing[fibImp[28]]
{0.000245,317811}
```

Note-se que esta versão imperativa é, neste caso, cerca de 3 vezes mais rápida que a versão `fibRec2`, sem precisar de recorrer a uma tabela, uma vez que basta memorizar os dois últimos valores.

10.5 Algoritmos de pesquisa

A pesquisa de informação é uma das operações que mais frequentemente se realizam e muitas vezes envolvendo grandes quantidades de informação. É portanto crucial a existência de algoritmos que permitam uma tal pesquisa de uma forma muito rápida.

Nesta secção estudam-se alguns dos algoritmos de pesquisa mais usados para pesquisar um elemento x numa lista w de elementos do mesmo tipo. Assume-se nos algoritmos apresentados na sequência que os elementos das listas são números (inteiros, reais, etc.), mas estes são facilmente adaptáveis a listas de qualquer tipo de elementos sobre os quais se disponha de um teste que permita determinar se dois elementos são iguais. Assume-se também que não há repetições de elementos nas listas. Este requisito visa facilitar a análise do custo em média de alguns algoritmos.

A operação essencial em algoritmos de pesquisa é naturalmente a comparação com elementos da lista, tal como acontecia no caso do cálculo do supremo estudado na Secção 10.4.3. Assim, esta análise dos algoritmos de pesquisa centrar-se-á na contagem destas comparações.

Estuda-se em primeiro lugar o caso do algoritmo de pesquisa linear e depois o algoritmo de pesquisa binária em lista ordenada.

10.5.1 Pesquisa linear

Considere-se a função apresentada na Figura 10.16 que permite determinar se

```
pesqLin=Function[{w,x},Module[{b,i,n},
        n=Length[w];
        b=False;
        i=1;
        While[i<=n && b==False,
           If[w[[i]]==x, b=True, i=i+1];
        b]]
```

Figura 10.16: Função pesqLin

um dado elemento x em x pertence à lista w em w. O número de comparações depende da composição da lista e não apenas da sua dimensão, e portanto há que fazer a análise do custo no melhor caso, no pior caso e no caso médio.

Melhor caso

É imediato que o melhor caso ocorre quando o valor a pesquisar é o primeiro da lista, caso em que há apenas uma comparação. Sendo $NC^{min}_{pesqLin}(n)$ o número mínimo de comparações para pesquisar x numa lista w de n elementos distintos, numa invocação pesqLin[w,x], tem-se

$$NC^{min}_{pesqLin}(n) = 1.$$

Pior caso

A pior situação para listas de comprimento n tem lugar quando o valor a pesquisar não ocorre na lista (situação de insucesso ou de pesquisa mal sucedida) ou quando o valor a pesquisar é o último da lista. Em ambos os casos é executado o mesmo número de comparações.

O passo do ciclo é executado com a variável `i` a assumir os valores de 1 a n, e em cada passo do ciclo é efetuada uma comparação. Logo, sendo $NC^{max}_{pesqLin}(n)$ o número máximo de comparações para pesquisar x numa lista w de n elementos distintos, numa invocação **`pesqLin[w,x]`**, tem-se

$$NC^{max}_{pesqLin}(n) = n.$$

Caso médio em pesquisa bem sucedida

Pretende-se agora calcular o número médio (ou esperado) de comparações para encontrar x numa lista w numa situação de sucesso, ou pesquisa bem sucedida, isto é, no caso em que x se enconta de facto em w.

Designe-se por $NC^{med}_{pesqLin,S}(n)$ o número médio de comparações numa invocação **`pesqLin[w,x]`** para pesquisar x numa lista w de n elementos distintos na qual x ocorre. Assume-se também que todas as listas com estas características têm igual probabilidade de ser o argumento da pesquisa.

Então

$$NC^{med}_{pesqLin,S}(n) = \sum_{i=1}^{n} nc(x,i) \times P_{\texttt{x==w[[i]]}}$$

onde $nc(x,i)$ designa o número necessário de comparações com elementos de w se x está na i-ésima posição de w, ou seja, se o valor em `x` é igual ao valor em `w[[i]]`, e $P_{\texttt{x==w[[i]]}}$ é a probabilidade de tal acontecer.

Ora, é imediato que $nc(x,i) = i$ e, como se assume que x ocorre em w, pode considerar-se que todos os elementos de w têm igual probabilidade de ser x, pelo que

$$P_{\texttt{x==w[[i]]}} = \frac{1}{n}$$

pois w tem n elementos e todos eles distintos. Tem-se assim

$$NC^{med}_{pesqLin,S}(n) = \sum_{i=1}^{n} i\frac{1}{n} = \frac{1}{n}\frac{n(n+1)}{2} = \frac{n+1}{2} \in \Theta(n) \qquad (10.13)$$

Logo, $NC^{med}_{pesqLin,S}(n)$ cresce linearmente com o número n de elementos da lista a pesquisar.

Caso médio

Embora na análise de algoritmos de pesquisa seja frequente calcular apenas o número médio de comparações numa situação de sucesso, apresenta-se também de seguida o cálculo do número médio de comparações numa invocação **`pesqLin[w,x]`** quando `w` recebe uma qualquer lista de n elementos distintos, assumindo que todas essas listas são igualmente prováveis e que o conjunto dos elementos em causa é finito.

Designe-se por $NC^{med}_{pesqLin}(n)$ esse número médio de comparações. Então

$$NC^{med}_{pesqLin}(n) = NC^{med}_{pesqLin,S}(n) \times P_{x \in w} + NC_{pesqLin,I}(n) \times P_{x \notin w}$$

onde $P_{x \in w}$ e $P_{x \notin w}$ denotam, respetivamente, a probabilidade de x ocorrer em w e de x não ocorrer em w, $NC_{pesqLin,S}(n)$ é o número comparações no caso de uma pesquisa com sucesso, e $NC_{pesqLin,I}(n)$ é o número comparações no caso de uma pesquisa com insucesso (isto é, quando x não ocorre em w).

O valor de $NC_{pesqLin,S}(n)$ já está calculado em (10.13). Por sua vez, o valor de $NC_{pesqLin,I}(n)$ é igual ao de $NC^{max}_{pesqLin}(n)$, também já calculado. Logo, para determinar $NC^{med}_{pesqLin}(n)$, resta saber o valor de $P_{x \in w}$ (ou de $P_{x \notin w}$).

Supondo que o conjunto dos elementos do tipo que estamos a pesquisar é finito, seja k o cardinal desse conjunto. O número de listas de n elementos distintos que podemos formar com k elementos é

$$\frac{k!}{(k-n)!}$$

e o número de listas de n elementos distintos onde x ocorre obtém-se multiplicando n pelo o número de listas de $n-1$ elementos que podemos formar com os restantes $k-1$ elementos, isto é

$$n \times \frac{(k-1)!}{((k-1)-(n-1))!}.$$

Tem-se assim

$$P_{x \in w} = \frac{n \times \frac{(k-1)!}{((k-1)-(n-1))!}}{\frac{k!}{(k-n)!}}$$

ou seja

$$P_{x \in w} = \frac{n}{k}$$

e portanto

$$\begin{aligned} NC^{med}_{pesqLin}(n) &= \frac{n+1}{2} \times \frac{n}{k} + n \times \left(1 - \frac{n}{k}\right) \\ &= n \times \frac{2k-n+1}{2k}. \end{aligned}$$

Ora, é fácil concluir que

$$\frac{n}{2} \leq NC^{med}_{pesqLin}(n) \leq n \qquad \text{para } n \geq 1$$

pois

$$n \times \frac{2k-n+1}{2k} \leq n \times \frac{2k}{2k} = n \qquad \text{para } n \geq 1.$$

Tendo em conta que $n \leq k$, tem-se

$$n \times \frac{2k-n+1}{2k} \geq n \times \frac{2k-k}{2k} = \frac{n}{2}.$$

Conclui-se então que

$$NC^{med}_{pesqLin}(n) \in \Theta(n).$$

Apresenta-se agora na Figura 10.17 um algoritmo de pesquisa recursivo. É fácil concluir que o número de comparações que se obtém é da mesma ordem de grandeza que o da versão imperativa anterior, o que se deixa como exercício (Exercício 21 da Secção 10.7). Note-se, no entanto, que o tempo de execução

```
pesqRec1=Function[{w,x}
        If[w=={},False,
           If[First[w]==x, True, pesqRec1[Rest[w],x]]]]
```

Figura 10.17: Função pesqRec1

não é o mesmo.

Na Figura 10.18 apresenta-se outro algoritmo de pesquisa recursivo. Este algoritmo não usa a função Rest, sendo semelhante ao apresentado no final da Secção 10.4.3 para cálculo do supremo de uma lista. É aqui usada uma função auxiliar semelhante: a função pesqaux verifica se o valor procurado se encontra na lista a partir da posição em i.

```
pesqRec2 = Function[{w,x},Module[{pesqaux},
   (* definição da função local pesqaux *)
   pesqaux = Function[{w,x,i},
      If[i>Length[w],
             False,
             Or[w[[i]]==x,pesqaux[w,x,i+1]]
             (* ou If[w[[i]]==x,True,pesqaux[w,x,i+1]*)
                                                ]];
   (* pesquisa invocando a função local pesqaux *)
   pesqaux[w,x,1]]]
```

Figura 10.18: Função pesqRec2

10.5.2 Pesquisa binária em lista ordenada

Para permitir uma pesquisa mais rápida, é frequente a informação a pesquisar estar ordenada. Como já referido, não é essencial que se trate de uma lista de números como se considera na sequência. Podem ser elementos de outro tipo. O que é fundamental é que se disponha de uma relação de ordem total no conjunto desses elementos. Quando a lista está ordenada consegue-se fazer uma pesquisa muito mais rápida, dita pesquisa binária.

Versão imperativa

Para pesquisar um elemento x, guardado no parâmetro x, numa lista em w ordenada, considere-se duas variáveis, por exemplo i e j, para limitar o intervalo de pesquisa. Os valores destas variáveis vão sendo modificados de modo a que a condição

$$\texttt{w[[i]]} \leq \texttt{x} < \texttt{w[[j]]}$$

seja verdadeira no início e no fim da execução de cada passo do ciclo de pesquisa, isto é, de modo que esta condição seja um invariante do ciclo. Em cada passo do ciclo começa-se por comparar o valor em x com o elemento que está a meio entre a posição i e a posição j da lista em w, alterando-se depois adequadamente os valores em i e j por forma a manter a condição referida. Com uma única comparação pode assim reduzir-se para metade o intervalo de pesquisa, em cada passo do ciclo.

Apresenta-se na Figura 10.19 uma possível concretização desta ideia.

```
pesqBinImp=Function[{w,x},Module[{i,j,n,meio},
        n=Length[w];
        If[w=={}||x<w[[1]]||x>w[[n]], False,
           If[x==w[[1]]||x==w[[n]], True,
              i=1;j=n;
              While[j≠i+1,
                 meio=Quotient[i+j,2];
                 If[x<w[[meio]],j=meio,i=meio]];
              w[[i]]==x]]]]
```

Figura 10.19: Função pesqBinImp

Note-se que o valor de Quotient[m,2] é $\lfloor \frac{m}{2} \rfloor$. Estuda-se na sequência apenas o número de comparações no pior caso, pois, como se verá, tal é suficiente para concluir que pesqBinImp é de facto muito mais eficiente que os algoritmos de pesquisa anteriores.

Calcule-se então $NC^{max}_{pesqBinImp}(n)$, o número máximo de comparações numa invocação `pesqBinImp[w,x]`, quando a lista em `w` é uma lista de n números distintos ordenada de forma crescente.

Naturalmente que o número máximo de comparações ocorre quando a expressão `w[[1]] < x < w[[n]]` é verdadeira. Neste caso, o número de comparações não depende da composição da lista argumento[3] (verifique). Têm lugar 4 comparações no início, mais as comparações que ocorrem no ciclo de pesquisa, mais uma comparação no final. No ciclo de pesquisa ocorre uma comparação por cada execução do passo do ciclo. Para calcular o número exato de vezes que o passo do ciclo é executado, há que ter em conta que $\frac{i+j}{2}$ nem sempre é um número inteiro.

O quociente $\frac{i+j}{2}$ é um número inteiro se e só se $i+j$ é um número par. Dado que $i+j$ é par se e só se i e j são ambos pares ou ambos ímpares, isto é, ainda, se e só se $j-i$ é par, conclui-se que $\frac{i+j}{2}$ é um número inteiro se e só se $\frac{j-i}{2}$ é também um número inteiro. Relativamente à diferença $j-i$ entre o limite superior e o limite inferior, observe-se que, se no início do passo do ciclo $j-i$ for uma potência de 2, então no fim do passo do ciclo essa diferença ainda é uma potência de 2. Com efeito, assumindo que $j-i=2^p$ com $p \in \mathbb{N}_1$, se a condição `x<w[[meio]]` for verdadeira, *meio* vai ser o próximo limite superior e

$$meio - i = \left\lfloor \frac{i+j}{2} \right\rfloor - i = \left\lfloor i + \frac{j-i}{2} \right\rfloor - i = i + \left\lfloor \frac{j-i}{2} \right\rfloor - i = \left\lfloor \frac{j-i}{2} \right\rfloor$$

pelo que $meio - i = \lfloor \frac{2^p}{2} \rfloor = 2^{p-1}$ e no fim do passo do ciclo $j-i$ será igual a 2^{p-1} (pois j vai assumir o valor de `meio`). Em caso contrário, *meio* vai ser o próximo limite inferior e

$$j - meio = j - i - \left\lfloor \frac{j-i}{2} \right\rfloor = j - i + \left\lceil -\frac{j-i}{2} \right\rceil = \left\lceil j - i - \frac{j-i}{2} \right\rceil = \left\lceil \frac{j-i}{2} \right\rceil$$

e $j-i = \lceil \frac{2^p}{2} \rceil = 2^{p-1}$ no fim do passo do ciclo.

Calcule-se então o número de vezes que o passo do ciclo é executado. Considere-se em primeiro lugar o caso em que $\frac{i+j}{2}$ é sempre um número inteiro e, consequentemente, $\frac{j-i}{2}$ é sempre um inteiro. Isto significa que necessariamente $j-i$ é sempre uma potência de 2 e, em particular, que $n-1$ é uma potência de 2, uma vez que os valores 1 e n são os valores iniciais de i e j, respetivamente. Ora, se $n-1=2^k$ com $k \in \mathbb{N}_1$, após p passos do ciclo $j-i=2^{k-p}$. O ciclo termina quando $j=i+1$, e portanto $j-i=1=2^0$,

[3]É fácil alterar este algoritmo de forma a que a pesquisa termine logo que seja encontrado o valor a pesquisar. A análise desta versão é um pouco mais elaborada do que a da versão aqui apresentada, tendo que se estudar o melhor caso, o pior caso e o caso médio. O estudo do pior caso é idêntico ao estudo aqui apresentado. Quer no caso médio, quer no pior caso, o número de comparações tem ordem de crescimento logarítmico.

isto é, termina após se terem executado k passos do ciclo. Assim, o número de vezes que é executado o passo do ciclo é igual a k, ou seja, $\lg(n-1)$ e portanto

$$NC^{max}_{pesqBinImp}(n) = 5 + \lg(n-1).$$

Se $n-1$ não é uma potência de 2, existe $k \in \mathbb{N}_1$ tal que $2^{k-1} < n-1 < 2^k$. Sendo p o número de vezes que é executado o passo do ciclo quando se tem inicialmente n elementos, é fácil concluir que p será menor ou igual que o número de vezes que é executado o passo do ciclo se a lista a pesquisar tiver 2^k+1 elementos, caso em que, como se viu, seriam executados k passos do ciclo. Por outro lado, p será maior ou igual que o número de vezes que é executado o passo do ciclo se a lista a pesquisar tiver $2^{k-1}+1$ elementos, caso em que seriam executados $k-1$ passos do ciclo. Assim, como

$$k-1 = \lfloor \lg(n-1) \rfloor \quad \text{e} \quad k = \lceil \lg(n-1) \rceil$$

pois $2^{k-1} < n-1 < 2^k$, conclui-se que

$$\lfloor \lg(n-1) \rfloor \leq p \leq \lceil \lg(n-1) \rceil.$$

Logo,

$$5 + \lfloor \lg(n-1) \rfloor \leq NC^{max}_{pesqBinImp}(n) \leq 5 + \lceil \lg(n-1) \rceil$$

para $n > 1$, e

$$NC^{max}_{pesqBinImp}(n) \in \Theta(\lg(n)).$$

Versão recursiva

A título ilustrativo, apresenta-se agora na Figura 10.20 um algoritmo recursivo para a pesquisa binária em lista ordenada com o qual, como se verá na sequência, se obtém um número de comparações da mesma ordem de grandeza que o obtido com o algoritmo da Figura 10.19.

A função `pesqBinRec` é uma variante da função para a pesquisa binária recursiva apresentada no Exemplo 7.2.9, em que em vez de se efetuar a recursão sobre listas, passando da lista inicial para a sua "metade esquerda" ou "metade direita", e assim sucessivamente, se evita a construção das novas listas ("metade esquerda" ou "metade direita" da lista anterior), fazendo a recursão sobre os *índices* da lista inicial, adaptando o que se passa na versão imperativa já apresentada.

O objetivo é calcular $NC^{max}_{pesqBinRec}(n)$, o número máximo de comparações numa invocação `pesqBinRec[w,x]`, quando a lista em `w` é uma lista de n números distintos ordenada de forma crescente. Este número máximo de comparações ocorre quando a expressão `w[[1]] < x < w[[n]]` é verdadeira, tendo lugar as 4 comparações no início mais as comparações que ocorrem na invocação `pesqbin[1,n]`.

```
pesqBinRec=Function[{w,x},Module[{n,pesqbin},
   (* definição da função local pesqbin *)
   pesqbin=Function[{i,j},Module[{meio},
      If[j==i+1, w[[i]]==x,
         meio=Quotient[i+j,2];
         If[x<w[[meio]],pesqbin[i,meio],pesqbin[meio,j]]]]];
   (* pesquisa invocando a função local pesqbin *)
   n=Length[w];
   If[w=={}||x<w[[1]]||x>w[[n]], False,
      If[x==w[[1]]||x==w[[n]], True, pesqbin[1,n]]]]]
```

Figura 10.20: Função pesqBinRec

Designe-se por $N(m)$ o número de comparações com elementos da lista em w que ocorrem numa invocação pesqbin[i,j], com $1 \leq i \leq j \leq n$ e $j - i = m$ (número que não depende da composição da lista em w). Se m for uma potência de 2, então $N(m)$ satisfaz a relação de recorrência

(i) $N(1) = 1$

(ii) $N(m) = 1 + N(\frac{m}{2}) = 1 + N(\lfloor \frac{m}{2} \rfloor) = 1 + N(\lceil \frac{m}{2} \rceil)$ para $m \geq 2$.

No caso de m não ser uma potência de 2, uma invocação pesqbin[i,j] com $j - i = m$ dará origem ou a uma invocação pesqbin[i,j] com $j - i = \lfloor \frac{m}{2} \rfloor$ ou a uma invocação pesqbin[i,j] com $j - i = \lceil \frac{m}{2} \rceil$. Este último caso é a pior situação, pois corresponde a um intervalo de pesquisa maior ou igual que o anterior, e portanto pode considerar-se que $N(m)$ satisfaz

(i) $N(1) = 1$

(ii) $N(m) = 1 + N(\lceil \frac{m}{2} \rceil)$ para $m \geq 2$.

A solução explícita de uma recorrência deste tipo não é fácil de obter, mas para o propósito em causa basta ter uma noção da sua ordem de crescimento.

Se, por exemplo, $m = 2^k$ para algum $k \in \mathbb{N}$, então

$$N(2^k) = 1 + N\left(\left\lceil \frac{2^k}{2} \right\rceil\right) = 1 + N(2^{k-1}).$$

Sendo $J(k) = N(2^k)$ obtém-se a relação de recorrência

(i) $J(0) = 1$

(ii) $J(k) = 1 + J(k-1)$, para $k \geq 1$.

Ora, usando o método iterativo, por exemplo, obtém-se $J(k) = 1 + k$ para $k \geq 0$. Logo,

$$N(m) = N(2^k) = J(k) = 1 + k = 1 + \lg(m).$$

Neste caso $1 + \lg(m) = 1 + \lfloor \lg(m) \rfloor = 1 + \lceil \lg(m) \rceil$.

Se m não for potência de 2, então existe $k \in \mathbb{N}_1$ tal que $2^{k-1} < m < 2^k$ pelo que $k - 1 < \lg(m) < k$. Tem-se ainda $k - 1 = \lfloor \lg(m) \rfloor$ e $k = \lceil \lg(m) \rceil$. Ora $N(m+1) \geq N(m)$ para qualquer $m \geq 1$, como se pode demonstrar por indução (e se deixa como exercício), e portanto N é uma sucessão crescente. Assim,

$$N(2^{k-1}) \leq N(m) \leq N(2^k)$$

e, recordando que $N(2^k) = 1 + k$,

$$N(m) \geq N(2^{k-1}) = k = \lceil \lg(m) \rceil \geq \lg(m)$$

e

$$N(m) \leq N(2^k) = 1 + k = 1 + \lceil \lg(m) \rceil < 2 + \lg(m).$$

Conclui-se então, em particular, que $N(m) \in \Theta(\lg(m))$. Logo,

$$NC^{max}_{pesqBinRec}(n) \in \Theta(\lg(n))$$

e, mais precisamente,

$$4 + \lceil \lg(n-1) \rceil \leq NC^{max}_{pesqBinRec}(n) \leq 5 + \lceil \lg(n-1) \rceil.$$

10.5.3 Teorema principal

A ideia subjacente ao algoritmo apresentado na Figura 10.20 consiste em transformar o problema da pesquisa numa lista num subproblema do mesmo tipo mas com metade da dimensão: a pesquisa na metade esquerda ou a pesquisa na metade direita da lista inicial. Na análise do número de comparações com elementos da lista obteve-se a equação de recorrência

$$N(m) = 1 + N\left(\left\lceil \tfrac{m}{2} \right\rceil\right) \qquad \text{para } m \geq 2.$$

Este tipo de recorrência não é específica do algoritmo anterior. Ele ocorre tipicamente em algoritmos recursivos com certas características. Equações de recorrência do tipo

$$C(n) = aC\left(\left\lceil \frac{n}{b} \right\rceil\right) + f(n) \quad \text{ou} \quad C(n) = aC\left(\left\lfloor \frac{n}{b} \right\rfloor\right) + f(n)$$

ocorrem com frequência quando se caracteriza o custo $C(n)$ de um algoritmo que divide um problema de dimensão n em a subproblemas, cada um de dimensão $\frac{n}{b}$, sendo cada um dos subproblemas resolvido recursivamente com custo $C\left(\lceil\frac{n}{b}\rceil\right)$ (ou custo $C(\lfloor\frac{n}{b}\rfloor)$), e onde a função f traduz o custo da divisão do problema e da combinação dos resultados dos subproblemas.

Na análise do algoritmo `pesqBinRec` foi utilizado um método genérico que pode ser usado para tentar caracterizar a ordem de grandeza da solução de relações de recorrência deste tipo. No entanto, existe um teorema, dito Teorema Principal (*Master Theorem*), que estabelece uma caracterização do comportamento assimptótico da solução destas relações de recorrência, para certo tipo de funções f. Apresentamos na sequência este teorema, sem contudo incluir a sua demonstração. O leitor nela interessado pode consultar [15], por exemplo.

Proposição 10.5.1 TEOREMA PRINCIPAL ("MASTER THEOREM")
Sejam $a, b \in \mathbb{R}$, com $a \geq 1$ e $b > 1$, e f e C funções definidas nos naturais tal que C é uma função positiva a partir de certa ordem e satisfaz

$$C(n) = aC\left(\left\lceil\frac{n}{b}\right\rceil\right) + f(n)$$

para todo $n \in \mathbb{N}$. Tem-se que

(i) se existe $d \in \mathbb{R}^+$ tal que $f(n) \in O(n^{\log_b(a)-d})$ então $C(n) \in \Theta(n^{\log_b(a)})$;

(ii) se $f(n) \in \Theta(n^{\log_b(a)})$ então $C(n) \in \Theta(n^{\log_b(a)} \lg(n))$;

(iii) se existe $d \in \mathbb{R}^+$ tal que $f(n) \in \Omega(n^{\log_b(a)+d})$ e

$$\exists_{c \in [0,1[}\, \exists_{n_0 \in \mathbb{N}}\, \forall_{n \geq n_0}\; af\left(\left\lceil\frac{n}{b}\right\rceil\right) \leq cf(n)$$

então $C(n) \in \Theta(f(n))$. ■

Os resultados estabelecidos na Proposição 10.5.1 são ainda válidos quando se substitui $\lceil\frac{n}{b}\rceil$ por $\lfloor\frac{n}{b}\rfloor$.

Note-se que em qualquer das três alíneas da Proposição 10.5.1 se compara a função f com a função g dada por $g(n) = n^{\log_b(a)}$. Numa análise informal pode dizer-se que nos casos (i) e (iii) a solução da recorrência é determinada por qual das duas é assimptoticamente maior e, no caso (ii), em que as duas funções têm a mesma ordem de grandeza, multiplica-se por um fator logarítmico. Note-se que neste caso $\Theta(n^{\log_b(a)} \lg(n)) = \Theta(f(n) \lg(n))$.

Observe-se ainda que no caso (i) não basta que $f(n)$ seja menor que $g(n)$, é necessário que o seja por um fator n^d para alguma constante d. Por sua vez, no caso (iii), $f(n)$ tem de ser maior que $g(n)$ por um fator n^d, para além de ter de satisfazer a outra condição referida. Os casos (i), (ii) e (iii) não cobrem portanto todas as situações possíveis para $f(n)$.

Apresentam-se agora alguns exemplos ilustrativos da utilização da Proposição 10.5.1. Outros exemplos podem ser encontrados em [15].

Exemplo 10.5.2 Considere-se a recorrência

$$C(n) = 4C\left(\left\lfloor\frac{n}{2}\right\rfloor\right) + n.$$

Recorrendo à Proposição10.5.1, tem-se $a = 4$, $b = 2$ e $f(n) = n$ neste caso. Então

$$n^{\log_b(a)} = n^{\log_2(4)} = n^2$$

e portanto $f(n)$ não pertence a $\Theta(n^{\log_b(a)})$, não podendo ser aplicando o caso (ii). Mas

$$f(n) \in O(n^{\log_b(a)-1})$$

podendo assim aplicar-se o caso (i). Deste modo, $C(n) \in \Theta(n^{\log_b(a)})$, isto é, $C(n) \in \Theta(n^2)$. ■

Exemplo 10.5.3 Recorde-se que na análise do algoritmo apresentado na Figura 10.20 se obteve a equação de recorrência

$$N(m) = N\left(\left\lceil\frac{m}{2}\right\rceil\right) + 1.$$

Recorrendo à Proposição 10.5.1, tem-se neste caso $a = 1$, $b = 2$ e $f(n) = 1$, e portanto

$$n^{\log_b(a)} = n^{\lg(1)} = n^0 = 1 \quad \text{e} \quad f(n) \in \Theta(n^{\log_b(a)}).$$

Logo, pelo caso (ii), $N(n) \in \Theta(n^{\log_b(a)}\lg(n))$, isto é, $N(n) \in \Theta(\lg(n))$. ■

Observe-se que o resultado a que se chega no Exemplo 10.5.3 se aplica a qualquer recorrência da forma

$$C(n) = C\left(\left\lceil\frac{n}{b}\right\rceil\right) + k$$

ou da forma

$$C(n) = C\left(\left\lfloor\frac{n}{b}\right\rfloor\right) + k$$

com $b > 1$ e k uma constante positiva.

Exemplo 10.5.4 Considere-se a recorrência

$$C(n) = 5C\left(\left\lfloor\frac{n}{8}\right\rfloor\right) + n\lg(n).$$

Pela Proposição 10.5.1, tem-se agora $a = 5$, $b = 8$ e $f(n) = n\lg(n)$. Logo,

$$n^{\log_b(a)} = n^{\log_8(5)} = n^{0.77397\ldots} \in O(n^{0.774}).$$

Ora, tem-se que

$$\lim_{n\to+\infty} \frac{n\lg(n)}{n} = +\infty$$

e portanto $f(n) \in \omega(n)$. Como $n = n^{\log_b(a)+d}$ com $d = 1 - \log_8(5) \approx 0.2$,

$$f(n) \in \Omega(n^{\log_b(a)+d}).$$

Por outro lado, tem-se

$$af\left(\left\lfloor\frac{n}{b}\right\rfloor\right) = 5\left\lfloor\frac{n}{8}\right\rfloor \lg\left(\left\lfloor\frac{n}{8}\right\rfloor\right) \leq \frac{5}{8} n\lg(n) = \frac{5}{8} f(n)$$

para $n \geq 1$. Pode aplicar-se assim o caso (iii), e portanto $C(n) \in \Theta(f(n))$, isto é, $C(n) \in \Theta(n\lg(n))$. ∎

O próximo exemplo ilustra uma situação em que não se pode aplicar a Proposição 10.5.1.

Exemplo 10.5.5 Considere-se a recorrência

$$C(n) = 4C\left(\left\lfloor\frac{n}{4}\right\rfloor\right) + n\lg(n).$$

Recorrendo à Proposição 10.5.1, tem-se $a = 4$, $b = 4$ e $f(n) = n\lg(n)$ e portanto

$$n^{\log_b(a)} = n^{\log_4(4)} = n.$$

Ora, sendo $d > 0$

$$\lim_{n\to+\infty} \frac{n\lg(n)}{n \times n^{-d}} = \lim n^{\epsilon}\lg(n) = +\infty$$

pelo que $f(n) \notin O(n^{\log_b(a)-d})$ e portanto o caso (i) não é aplicável.

Por outro lado, tem-se

$$\lim_{n\to+\infty} \frac{n\lg(n)}{n} = +\infty$$

e portanto $f(n) \notin \Theta(n^{\log_b(a)})$, não sendo o caso (ii) também aplicável.

Finalmente, o caso (iii) também não é aplicável, uma vez que embora se verifique $f(n) \in \omega(n)$, tem-se que para qualquer $d > 0$

$$\lim_{n\to+\infty} \frac{n\lg(n)}{n \times n^{d}} = \lim_{n\to+\infty} \frac{\lg(n)}{n^{d}} = 0$$

e portanto $f(n) \notin \Omega(n^{\log_b(a)+d})$. ∎

10.6 Algoritmos de ordenação

Nesta secção analisam-se alguns exemplos de algoritmos de ordenação, tarefa frequente em diversos contextos. Tal como para o caso da pesquisa estudado na Secção 10.5, assume-se que as listas a ordenar são listas de números sem repetições. No entanto, os algoritmos apresentados são facilmente adaptáveis a outro tipo de elementos. Como referimos, o que é fundamental é que se disponha de uma relação de ordem total no conjunto dos elementos. Por outro lado, esses algoritmos também podem ser usados mesmo que na lista argumento ocorram repetições, mas certos cálculos ficam mais simples se estas não ocorrerem. Assume-se ainda que se pretende sempre que as listas sejam ordenadas por ordem crescente, pelo que, sempre que se refira que uma lista está ordenada ou que os elementos estão ordenados, tal deve ser entendido como sendo uma ordenação crescente. Os algoritmos apresentados são trivialmente adaptáveis ao caso de uma ordenação decrescente.

O custo dos algoritmos de ordenação que se vão estudar é medido em função do número de comparações com elementos da lista que são executadas, considerando assim que as comparações de elementos são as operações relevantes subjacentes ao funcionamento destes algoritmos. Para além destas, também se poderia estudar o número de movimentos de elementos da lista que é necessário efetuar, isto é, o número de trocas de posição entre os elementos da lista. Estes movimentos podem ter um custo relevante se os elementos forem estruturas complexas (listas ou registos, por exemplo). No entanto, para os fins introdutórios aqui em vista, considera-se que a análise apenas do número de comparações já é suficientemente relevante e ilustrativa.

Os algoritmos de ordenação costumam-se dividir em duas grandes classes: os algoritmos de ordenação elementares e os algoritmos de ordenação avançados. Os primeiros, para ordenar uma lista de n elementos, efetuam em média um número de comparações $NC(n)$ em $\Theta(n^2)$, enquanto que os segundos efetuam em média um número de comparações $NC(n)$ em $\Theta(n \lg(n))$. Um exemplo de algoritmo de ordenação elementar é o algoritmo da inserção direta (ver Secção 10.6.1) e um exemplo de algoritmo de ordenação avançado é o algoritmo usualmente designado por *quicksort* (ver Secção 10.6.3).

10.6.1 Inserção direta

Considere-se o algoritmo da inserção direta apresentado na Figura 10.21. A lista a ordenar é guardada inicialmente na variável local `r`, e esta lista guardada em `r` é depois alterada recorrendo a dois ciclos encaixados. Antes da execução de cada passo do ciclo exterior, `r[[1]]`,...,`r[[i-1]]`, isto é, os $i-1$ primeiros elementos da lista em `r`, estão ordenados e constituem uma permutação dos elementos que estavam inicialmente em `r` nessas posições. Durante a

```
insdir=Function[w,Module[{r,i,j,x,n},
        r=w;
        n=Length[r];
        i=2;
        While[i<=n,
           j=i-1;
           x=r[[i]];
           While[j>0 && r[[j]]>x,
              r[[j+1]]=r[[j]];
              j=j-1];
           r[[j+1]]=x;
           i=i+1];
        r]];
```

Figura 10.21: Função `insdir`

execução do passo, o valor em `r[[i]]` é sucessivamente comparado com esses elementos, começando-se por `r[[i-1]]`, e a lista em `r` é alterada por forma a que o elemento que está a ser analisado seja inserido na posição correta face aos elementos já ordenados. Esta tarefa é realizada pelo ciclo interior. Quando a execução do ciclo exterior termina, a lista em `r` está ordenada. Note-se que o papel que é desempenhado pela variável `r` não pode ser desempenhado pelo parâmetro `w` porque em *Mathematica* não é permitido alterar os parâmetros das funções. Observe-se também que o ciclo interior funciona corretamente porque em *Mathematica* as conjunções são avaliadas sequencialmente e, portanto, quando é avaliada a condição `j>0 && r[[j]]>x`, a condição `r[[j]]>x` só é avaliada se a condição `j>0` for verdadeira.

Analisa-se de seguida o número de comparações com elementos da lista que são efetuadas numa invocação **`insdir[w]`**. É imediato verificar que numa invocação **`insdir[w]`** o número de comparações com elementos da lista em `w` depende da composição da lista, e não apenas da sua dimensão, pelo que se analisa o melhor caso, o pior caso e o caso médio.

Melhor caso

Facilmente se conclui que a melhor situação ocorre quando a lista argumento em `w` já está ordenada (por ordem crescente).

Designe-se por $NC^{min}_{insdir}(n)$ o número mínimo de comparações com elementos da lista que o algoritmo executa para ordenar uma qualquer lista não vazia de n números distintos ordenada de forma crescente. Note-se que só ocorrem comparações com elementos da lista em `r` na avaliação da guarda do ciclo interno. Nesta condição está presente uma única comparação deste tipo, a comparação `r[[j]]>x`. Quando a lista argumento já está ordenada, em cada passo do ciclo exterior vai ser apenas necessário comparar o elemento que se está a analisar com um dos elementos já ordenados. Isto significa que a execução do ciclo interno consiste apenas na avaliação da sua guarda uma vez. Como o ciclo externo é executado com a variável `i` a tomar valores de 2 até n, tem-se

$$NC_{insdir}^{min}(n) = \sum_{i=2}^{n} 1 = n - 1 \in \Theta(n).$$

Quando a lista já está ordenada, este algoritmo é um dos melhores. Se estamos em presença de uma lista que se suspeita estar ordenada, ou ter poucos elementos fora de ordem, e é necessário garantir que de facto a lista fica ordenada aplicar este algoritmo pode ser uma boa estratégia.

Pior caso

A pior situação ocorre quando a lista argumento em `w` está ordenada de forma decrescente.

Seja $NC_{insdir}^{max}(n)$ o número máximo de comparações `r[[j]]>x` que o algoritmo executa para ordenar uma qualquer lista não vazia de n números distintos ordenada de forma decrescente. Recorde-se que a comparação `r[[j]]>x` só ocorre na avaliação da guarda do ciclo interno. Quando a lista argumento está ordenada por ordem decrescente, se o elemento que se está a analisar é o correspondente a `r[[i]]` então ele vai ser necessariamente comparado com todos os todos $i - 1$ elementos já ordenados. Isto significa que na execução do ciclo interno a comparação `r[[j]]>x` é avaliada $i - 1$ vezes. Recorde-se que a avaliação das conjunções é feita sequencialmente e portanto quando `j>0` é falsa, `r[[j]]>x` já não é avaliada. Por sua vez, o ciclo mais externo é executado com a variável `i` a tomar valores de 2 até n. Tem-se então

$$NC_{insdir}^{max}(n) = \sum_{i=2}^{n}(i-1) = \sum_{k=1}^{n-1} k = \frac{n^2 - n}{2} \in \Theta(n^2).$$

Caso médio

Calcula-se agora $NC_{insdir}^{med}(n)$, o número médio de comparações com elementos da lista em `w` que ocorrem numa invocação `insdir[w]`, quando a lista em causa é escolhida ao acaso de entre as listas de n números distintos.

Na execução do ciclo interno, o número de comparações com elementos da lista pode ser descrito como sendo o número esperado de comparações $NEC(i)$

que é necessário para colocar o valor em `r[[i]]` na sua posição correta. A posição correta será ou 1, ou 2, ..., ou i. Ora, tem-se

$$NEC(i) = \sum_{k=1}^{i} NC(i \to k) \times P_{i \to k}$$

onde $NC(i \to k)$ designa o número de comparações que é necessário efetuar para colocar o valor em `r[[i]]` na sua posição correta, se ele deve ficar colocado na posição k, e $P_{i \to k}$ designa a probabilidade de o valor em `r[[i]]` dever ficar colocado na posição k. Assumindo que este valor tem a mesma probabilidade de ser colocado em qualquer uma das i posições disponíveis, tem-se

$$P_{i \to k} = \frac{1}{i}.$$

Por outro lado, $NC(i \to 1) = i - 1$ e $NC(i \to k) = i - k + 1$ para $k \geq 2$, pelo que

$$NEC(i) = \frac{1}{i}(i-1) + \left(\sum_{k=2}^{i} \frac{1}{i}(i-k+1) \right).$$

Como

$$\sum_{k=2}^{i} \frac{1}{i}(i-k+1) = \frac{1}{i} \sum_{j=0}^{i-2}(j+1) = \frac{1}{i} \frac{i(i-1)}{2} = \frac{i-1}{2}$$

conclui-se que

$$NEC(i) = \frac{1}{i}(i-1) + \frac{i-1}{2} = \frac{i+1}{2} - \frac{1}{i}.$$

O ciclo externo é executado com i a variar de 2 até n, e portanto

$$NC_{insdir}^{med}(n) = \sum_{i=2}^{n} NEC(i) = \left(\sum_{i=2}^{n} \frac{1+i}{2} \right) - \left(\sum_{i=2}^{n} \frac{1}{i} \right).$$

Dado que (Exercício 2 da Secção 8.5)

$$\left(\sum_{i=2}^{n} \frac{1+i}{2} \right) - \left(\sum_{i=2}^{n} \frac{1}{i} \right) = \frac{n^2+3n}{4} - \left(\sum_{i=1}^{n} \frac{1}{i} \right)$$

conclui-se que

$$NC_{insdir}^{med}(n) = \frac{n^2+3n}{4} - H_n$$

onde H_n é o n-ésimo número harmónico. Ora $H_n \geq \ln(n)$ (ver Exemplo 10.2.20) e portanto

$$NC_{insdir}^{med}(n) \leq \frac{n^2+3n}{4} - \ln(n)$$

o que permite concluir que

$$NC^{med}_{insdir}(n) \in \Theta(n^2).$$

10.6.2 *Bubble sort*

O algoritmo usualmente designado por *bubble sort* (ou algoritmo das trocas diretas) é também um exemplo clássico de algoritmo de ordenação.

Neste algoritmo usa-se um ciclo exterior para percorrer a lista a ordenar e colocar em cada posição i o mínimo dos elementos que se encontram dessa posição em diante. Para que em cada posição i fique o valor pretendido, é usado um ciclo interior que, começando no final da lista e prosseguindo do final para a posição i, vai trocando sucessivamente dois elementos contíguos sempre que o anterior for maior que o que se lhe segue. Desta forma, quando este ciclo interior termina, o mínimo é colocado na posição pretendida.

A função `bubblesort` apresentada na Figura 10.22 permite ordenar uma lista segundo este método.

```
bubblesort=Function[{w},Module[{r,n,i,j,x},
     r=w;
     n=Length[r];
     i=1;
     While[i<n,
        j=n,
        While[j>i,
           If[r[[j-1]]>r[[j]],
              (* trocar r[[j-1]] e r[[j]] *))
              x=r[[j]]; r[[j]]=r[[j-1]]; r[[j-1]]=x];
           j=j-1];
        i=i+1];
     r]]
```

Figura 10.22: Função `bubblesort`

É fácil calcular o número $NC_{bubble}(n)$ de comparações efetuadas numa invocação `bubblesort[w]` quando a lista em `w` é uma lista de n inteiros. De facto, para cada posição i são sempre efetuadas $n-i$ comparações (uma para cada $j = n, ..., i+1$) pelo que

$$NC_{bubble}(n) = \sum_{i=1}^{n-1}(n-i) = \sum_{i=1}^{n-1} n - \sum_{i=1}^{n-1} i = n(n-1) - \frac{n(n-1)}{2} = \frac{n(n-1)}{2}$$

e portanto

$$NC_{bubble}(n) \in \Theta(n^2).$$

10.6.3 *Quicksort*

Esta secção é dedicada ao algoritmo de ordenação usualmente conhecido por *quicksort*.

```
quicksort=Function[w,Module[{r,ordena},
    r=w;
    (* definição da função local ordena *)
    ordena=Function[{prim,ult},Module[{j,x,pp,aux},
       If[prim<ult,
          (* partição *)
          x=r[[prim]];pp=prim;j=prim+1;
          While[j<=ult,
             If[r[[j]]<x,
                (* troca r[[j]] com r[[pp+1]],
                                        pp avança *)
                pp=pp+1;
                aux=r[[j]];r[[j]]=r[[pp]];r[[pp]]=aux];
             j=j+1];
          (* troca r[[prim]] com r[[pp]] *)
          aux=r[[prim]];r[[prim]]=r[[pp]];r[[pp]]=aux;
          (* recursão *)
          ordena[prim,pp-1];
          ordena[pp+1,ult]]]];
    (* ordenação usando a função local ordena *)
    ordena[1,Length[r]];
    r]]
```

Figura 10.23: Função `quicksort`

O algoritmo tem subjacente uma operação, denominada *partição*, que consiste em primeiro lugar na escolha de um elemento x, dito elemento de partição (*pivot*), que pode ou não pertencer à lista a ordenar, mas que tem de ser menor ou igual que o maior elemento da lista e maior ou igual que o seu menor elemento. Seguidamente, os elementos da lista são trocados de posição por forma a obter uma lista em que nas primeiras posições fiquem os elementos menores que x, seguindo-se x se este fizer parte da lista, e por fim os elementos maiores que x. Note-se que se o elemento de partição fizer parte da lista, após esta troca de posições ele já se encontra na posição final, isto é, na posição em que deve ocorrer na lista ordenada.

Escolhe-se com frequência para elemento de partição um elemento da lista. Aqui escolhemos o primeiro elemento da lista a ordenar. A melhor escolha é a mediana dos elementos da lista, mas é necessário calculá-la.

A operação de partição é depois recursivamente repetida para a lista constituída pelos elementos menores que o elemento de partição, caso esta tenha mais de um elemento, e de modo análogo para a lista de elementos maiores que o elemento de partição, prosseguindo-se até se obterem apenas listas que tenham no máximo um elemento (caso em que estão ordenadas).

Na Figura 10.23 apresenta-se a função `quicksort` que permite ordenar uma lista usando a técnica descrita nos parágrafos anteriores.

A função local `ordena` recebe, através dos parâmetros `prim` e `ult`, os índices da lista em `r` a ordenar. Inicialmente, `ordena` é invocada com argumentos 1 e `Lenght[r]`, uma vez que se pretende ordenar toda a lista guardada em `r`. A função `ordena` funciona como a seguir se descreve.

A primeira fase é a da partição, sendo escolhido para elemento x de partição o primeiro elemento da (sub)lista a ordenar, isto é, o que está na posição em `prim`. Ao longo do ciclo da partição, a variável `j` contém a posição do próximo elemento a analisar e `pp` a posição entre os valores de `prim` e `j-1` que indica onde no final da partição se deverá colocar o elemento de partição atualmente em `prim`. Mais concretamente, cada passo do ciclo vai assegurar a seguinte disposição: os elementos em `r[[prim+1]]`,...,`r[[pp]]` são menores que x, e os restantes elementos já analisados, isto é, os elementos em `r[[pp+1]]`,...,`r[[j-1]]`, são maiores que x (ou iguais a x se puder haver repetições). No final do ciclo, o valor em `r[[prim]]` é trocado com o valor em `r[[pp]]`, de modo a que o elemento de partição fique na posição correta.

Após a operação de partição, a função `ordena` é aplicada recursivamente à (sub)lista esquerda (desde a posição em `prim` até à posição em `pp-1`, inclusive) e à (sub)lista direita (desde a posição em `pp+1` até à posição em `ult`, inclusive), terminando quando todas as (sub)listas a ordenar tiverem no máximo um elemento.

Continuando a contar apenas o número de comparações com elementos da lista a ordenar, apresenta-se agora, de um modo sucinto, o cálculo do número máximo e médio de comparações efetuadas para ordenar uma lista w de n números distintos. Observe-se que na partição todos os elementos da (sub)lista em ordenação, com exceção do primeiro, são comparados uma vez com o primeiro elemento. Há ainda que adicionar o número de comparações das chamadas recursivas.

Pior caso

A pior situação tem lugar quando a lista argumento já está ordenada de modo crescente ou decrescente.

Designe-se por $NC^{max}_{quick}(n)$ o número máximo de comparações que o algoritmo `quicksort` executa para ordenar uma lista de n números distintos. Recorde-se que na partição todos os elementos da (sub)lista em ordenação, com exceção do primeiro, são comparados uma vez com o primeiro elemento. Assim, $NC^{max}_{quick}(n)$ satisfaz a seguinte relação de recorrência:

(i) $NC^{max}_{quick}(0) = 0$

(ii) $NC^{max}_{quick}(1) = 0$

(iii) $NC^{max}_{quick}(n) = n - 1 + NC^{max}_{quick}(n-1)$ para $n \geq 2$.

Usando o método iterativo, por exemplo, obtém-se

$$NC^{max}_{quick}(n) = \sum_{i=1}^{n-1} i = \frac{n^2 - n}{2}$$

e portanto

$$NC^{max}_{quick}(n) \in \Theta(n^2).$$

Caso médio

Designe-se por $NC^{med}_{quick}(n)$ o número médio de comparações que o algoritmo executa para ordenar uma qualquer lista de n números distintos. O objetivo é determinar qual o número esperado de comparações com elementos da lista em `w` que ocorrem numa invocação `quicksort[w]`, quando `w` contém uma lista escolhida ao acaso de entre as listas de n números distintos.

Seja x o primeiro elemento da lista em `w` e designe-se por i a posição final em que x irá ficar na lista final ordenada. Então, $i - 1$ é igual ao número de elementos da lista argumento em `w` que são menores que o seu primeiro elemento, e $n - i$ o número de elementos da lista argumento que são maiores que o seu primeiro elemento. Tem-se $1 \leq i \leq n$ e qualquer uma dessas situações é equiprovável, pelo que cada uma dessas situações ocorre com probabilidade $\frac{1}{n}$. Assim, designando por $NC(x \to i)$ o número de comparações que se espera que ocorram em média numa invocação `quicksort[w]`, se x se deverá encontrar na posição i na lista final ordenada, e por $P_{x \to i}$ a probabilidade de tal acontecer, tem-se que $NC^{med}_{quick}(n)$ satisfaz a seguinte relação de recorrência:

(i) $NC^{med}_{quick}(0) = 0$

(ii) $NC^{med}_{quick}(1) = 0$

(iii) $NC^{med}_{quick}(n) = \sum_{i=1}^{n}(NC(x \to i) \times P_{x\to i})$ para $n \geq 2$.

Ora, para $n \geq 2$, tem-se

$$\begin{aligned} NC^{med}_{quick}(n) &= \sum_{i=1}^{n}\left(NC(x \to i) \times \frac{1}{n}\right) \\ &= \frac{1}{n}\sum_{i=1}^{n}(n-1+NC^{med}_{quick}(i-1)+NC^{med}_{quick}(n-i)) \\ &= n-1+\frac{1}{n}\left(\sum_{i=1}^{n}NC^{med}_{quick}(i-1)+\sum_{i=1}^{n}NC^{med}_{quick}(n-i)\right) \\ &= n-1+\frac{2}{n}\sum_{j=0}^{n-1}NC^{med}_{quick}(j). \end{aligned}$$

Observe-se que a igualdade anterior também se verifica para $n = 1$, pois

$$NC^{med}_{quick}(1) = 0 + \frac{2}{1}\sum_{j=0}^{0}NC^{med}_{quick}(j) = NC^{med}_{quick}(0) = 0$$

o que está de acordo com a condição (ii). Assim, da relação de recorrência anterior resulta a relação de recorrência

(i) $NC^{med}_{quick}(0) = 0$

(ii) $NC^{med}_{quick}(n) = n - 1 + \frac{2}{n}\sum_{j=0}^{n-1} NC^{med}_{quick}(j)$ para $n \geq 1$.

Esta relação de recorrência envolve um somatório na igualdade (ii) e para a resolver há que reescrevê-la primeiro como se segue.

Para começar, multiplica-se por n à esquerda e à direita, obtendo-se

$$nNC^{med}_{quick}(n) = n(n-1) + 2\sum_{j=0}^{n-1}NC^{med}_{quick}(j).$$

Substitui-se depois n por $n - 1$, de que resulta

$$(n-1)NC^{med}_{quick}(n-1) = (n-1)(n-2) + 2\sum_{j=0}^{n-2}NC^{med}_{quick}(j)$$

para $n - 1 \geq 1$. Subtrai-se agora esta equação à anterior obtendo-se

$$nNC^{med}_{quick}(n) - (n-1)NC^{med}_{quick}(n-1) = 2(n-1) + 2NC^{med}_{quick}(n-1)$$

isto é, para $n \geq 2$, tem-se

$$NC^{med}_{quick}(n) = \frac{n+1}{n} NC^{med}_{quick}(n-1) + \frac{2n-2}{n}.$$

Esta igualdade ainda se verifica para $n = 1$. Substituindo n por 1, tem-se $NC^{med}_{quick}(1) = 0$, o que permite escrever a relação de recorrência

(i) $NC^{med}_{quick}(0) = 0$

(ii) $NC^{med}_{quick}(n) = \frac{n+1}{n} NC^{med}_{quick}(n-1) + \frac{2n-2}{n}$ para $n \geq 1$

a qual pode resolvida usando o método iterativo. Para tornar os cálculos mais simples, define-se, para $n \geq 0$

$$B(n) = \frac{NC^{med}_{quick}(n)}{n+1}$$

obtendo-se assim a relação de recorrência

(i) $B(0) = 0$

(ii) $B(n) = B(n-1) + \dfrac{2(n-1)}{n(n+1)}$ para $n \geq 1$.

Para a resolver recorre-se ao método iterativo. Então

$$\begin{aligned}
B(n) &= \frac{2(n-1)}{n(n+1)} + B(n-1) \\
&= \frac{2(n-1)}{n(n+1)} + \frac{2(n-2)}{(n-1)n} + B(n-2) \\
&= \frac{2(n-1)}{n(n+1)} + \frac{2(n-2)}{(n-1)n} + \ldots + \frac{2(n-k)}{(n-k+1)(n-k+2)} + B(n-k) \\
&= \frac{2(n-1)}{n(n+1)} + \frac{2(n-2)}{(n-1)n} + \ldots + \frac{2 \times 1}{3 \times 2} + \frac{2 \times 0}{2 \times 1} + B(0) \\
&= \sum_{k=1}^{n-1} \frac{2(n-k)}{(n-k+1)(n-k+2)}
\end{aligned}$$

$$= \sum_{i=2}^{n} \frac{2(i-1)}{(i+1)i} \qquad \text{(mudança de variável: } i = n-k+1\text{)}$$

$$= 2\left(\sum_{i=3}^{n+1} \frac{1}{i} - \sum_{i=2}^{n} \frac{1}{(i+1)i}\right).$$

Recordando os Exemplos 8.3.8 e 10.2.20 conclui-se que

$$B(n) = 2\left(H_n + \frac{1}{n+1} - 1 - \frac{1}{2} - \left(\frac{1}{2} - \frac{1}{n+1}\right)\right) = 2\left(H_n - 2\frac{n}{n+1}\right)$$

onde H_n é o n-ésimo número harmónico, pelo que

$$B(n) \approx \ln(n).$$

Consequentemente

$$NC^{med}_{quick}(n) = (n+1)B(n) \approx 2(n+1)\ln(n) \approx 1.4(n+1)\lg(n)$$

e portanto

$$NC^{med}_{quick}(n) \in \Theta(n\lg(n)).$$

10.6.4 *Merge sort*

Apresenta-se ainda, na Figura 10.24, um outro algoritmo de ordenação avançado, o algoritmo de ordenação conhecido por *merge sort* (ou algoritmo da fusão binária). Este algoritmo ordena uma lista recursivamente, sendo a lista resultado obtida por combinar (fundir) as metades esquerda e direita entretanto ordenadas (recursivamente). Se n for o número de elementos na lista original, a metade esquerda terá $n_1 = \lfloor n/2 \rfloor$ elementos e a metade direita $n_2 = \lceil n/2 \rceil$. A fusão das duas metades ordenadas consiste num ciclo que encontra o mínimo dos elementos ainda não processados e o acrescenta à lista resultado. A variável `i` indica qual a posição do próximo elemento ainda não processado na metade esquerda guardada em `x`. A variável `j` indica qual a posição do próximo elemento ainda não processado na metade direita guardada em `y`. Como estas listas estão ordenadas, o mínimo dos elementos ainda não processados é encontrado comparando os valores de `x[[i]]` e `y[[j]]`. O menor deles é acrescentado à lista resultado em `r`, e uma das variáveis, `i` ou `j`, é incrementada, até que já tenham sido processados todos os elementos de alguma das

```
mergesort=Function[{w},Module[{funde},
    (* definição da função funde que recebendo duas
       listas supostas ordenadas retorna
       a sua junção ordenada *)
    funde = Function[{x,y},Module[{i,j,k,m,r},
       k=Lenght[x]; m=Lenght[y];
       r={};i=1;j=1;
       While[i<=k && j<=m,
           If[x[[i]]<=y[[j]],
             r=Append[r,x[[i]]];i=i+1,
             r=Append[r,y[[j]]];j=j+1]];
       While[i<=k, r=Append[r,x[[i]];i=i+1];
       While[j<=m, r=Append[r,y[[j]];j=j+1];
       r]];
    (* fim da definição da função local *)
    If[Lenght[w]<=1,
       w,
       funde[mergesort[Take[w,Quotient[Lenght[w],2]]],
          mergesort[Drop[w,Quotient[Lenght[w],2]]]]]]]
```

Figura 10.24: Função `mergesort`

listas. Quando tal acontece, adicionam-se os elementos restantes da outra lista ao resultado da fusão.

Analisemos sucintamente o número de comparações efetuadas por este algoritmo para ordenar uma lista.

Para determinar o número de comparações entre elementos da lista em `w` realizadas numa evocação `mergesort[w]`, há primeiro que determinar o número de comparações que ocorrem numa invocação `funde[x,y]`. Este número depende do número n_1 de elementos da lista em `x` e do número n_2 de elementos da lista em y. O ciclo `While[i<=k && j<=m,...]` efetua uma comparação por cada vez que o corpo é executado, e incrementa ou `i` ou `j`.

Se todos os elementos em `x` são menores que todos os elementos em y então só `i` é incrementada e são efetuadas n_1 comparações. Este é o caso em que o número de comparações é mínimo, o melhor caso da fusão, e acontece, por exemplo, se a lista a ordenar já estiver ordenada.

Por outro lado, o caso em que ocorrem mais comparações acontece quando a última comparação é entre os últimos elementos de cada lista, ou seja, quando o valor em `i` é n_1 e o valor em `j` é n_2. Neste caso são realizadas $n_1 + n_2$ comparações. Como $n_1 = \lfloor n/2 \rfloor$ e $n_1 + n_2 = n$, no melhor caso efetuam-se cerca de metade das comparações efetuadas no pior caso, mas não há diferença em termos de ordem de grandeza pois em ambos os casos o número de comparações pertence a $\Theta(n)$. Por este motivo, não é necessário dividir a análise deste custo no melhor caso, pior caso e caso médio.

Podemos agora determinar o número de comparações $NC_{merge}(n)$ entre elementos de uma lista de comprimento n que são realizadas numa invocação `mergesort[w]`. O valor de $NC_{merge}(n)$ corresponde ao número de comparações necessárias para ordenar as metades esquerda e direita da lista em `w`, mais as envolvidas em fundir essas metades ordenadas. Como em qualquer caso o custo de fundir essas metades está em $\Theta(n)$, podemos escrever

$$NC_{merge}(n) = NC_{merge}(\lfloor n/2 \rfloor) + NC_{merge}(\lceil n/2 \rceil) + \Theta(n) \tag{10.14}$$

Para aplicar a Proposição 10.5.1 (Teorema Principal) há que manipular a equação (10.14): substituindo $\lceil n/2 \rceil$ por $\lfloor n/2 \rfloor$ obtém-se uma recorrência cuja solução é uma função com valores menores que $NC_{merge}(n)$, e substituindo $\lfloor n/2 \rfloor$ por $\lceil n/2 \rceil$ obtém-se uma recorrência cuja solução é uma função com valores maiores que $NC_{merge}(n)$. Pela Proposição 10.5.1 (Teorema Principal), ambas as recorrências têm como solução uma função em $\Theta(n \lg(n))$, e portanto pode concluir-se que

$$NC_{merge}(n) \in \Theta(n \lg(n)).$$

O leitor interessado em desenvolver os seus conhecimentos sobre algoritmos e sua análise poderá consultar os textos [15, 65], por exemplo. Donald Knuth escreveu uma série de volumes, que designou por *The Art of Computer Programming* [45, 46, 47, 48], dedicada aos algoritmos e suas propriedades. O volume [47], em particular, é dedicado aos algoritmos de pesquisa e ordenação.

10.7 Exercícios

1. Sendo $f, g : \mathbb{N} \to \mathbb{R}_0^+$ positivas a partir de certa ordem, mostre que
   (a) $\max(f, g) \in \Theta(f + g)$.
   (b) se $f \in \Theta(g)$ então $2^f \in \Theta(2^g)$ onde 2^g denota a função que a cada $n \in \mathbb{N}$ faz corresponder $2^{g(n)}$.
2. Mostre que $(n + a)^b \in \Theta(n^b)$ onde $a, b \in \mathbb{R}$ com $b > 0$.
3. Mostre que $2^{n+1} \in O(2^n)$.
4. Será que $2^{2n} \in O(2^n)$?
5. Mostre que $n^\alpha \in O(n^\beta)$ onde $\alpha, \beta \in \mathbb{R}$ e $\alpha \leq \beta$.

6. Mostre que $\frac{n(n-1)}{2} \in \Theta(n^2)$.

7. Mostre que $\log_c(k \times n) \in \Theta(\log_c(n))$ onde $k \in \mathbb{R}^+$ e $c > 1$.

8. Mostre que $3n + 5\ln(n) \in \Theta(n)$.

9. Mostre que $2^n + n^4 \ln(n) \in \Theta(2^n)$.

10. Mostre que $\sum_{i=1}^{n} i^k \in \Theta(n^{k+1})$ onde $k \in \mathbb{N}_1$. Sugestão: use uma estratégia semelhante à utilizada no Exemplo 10.2.19.

11. Demonstre as asserções da Proposição 10.2.8.

12. Demonstre as asserções da Proposição 10.2.9.

13. Demonstre as asserções da Proposição 10.2.10.

14. Considere a seguinte sucessão de inteiros

    (i) $a_0 = 5$
    (ii) $a_1 = -3$
    (iii) $a_2 = 4$
    (iv) $a_n = a_{n-1} - 2a_{n-2} + 3a_{n-3}$, para $n \geq 3$.

    Pretende-se definir, em *Mathematica*, uma função que recebendo como argumento um natural n retorna o valor de a_n. Defina uma versão recursiva simples dessa função, uma versão recursiva "memorizada", e uma versão imperativa, e compare o seu tempo de execução para alguns argumentos.

15. Considere a função `fatRec` da Figura 10.3. Calcule o número de chamadas recursivas que ocorrem numa invocação `fatRec[n]`, assumindo que o valor em `n` é um número natural.

16. Considere a função `supRec2a` da Figura 10.9. Calcule o número de chamadas recursivas que ocorrem numa invocação `supRec2a[w]`, assumindo que a lista em `w` é uma lista de n inteiros distintos.

17. Defina imperativamente uma função *Mathematica* `infImp` que dada uma lista de inteiros distintos devolva o ínfimo dessa lista. Estude o número de comparações entre elementos da lista em `w` que são realizadas numa invocação `infImp[w]`.

18. Defina recursivamente uma função *Mathematica* `infRec` que dada uma lista de inteiros distintos devolva o ínfimo desssa lista. Estude o número de comparações entre elementos da lista em `w` que são realizadas numa invocação `infRec[w]`, bem como o número de chamadas recursivas que ocorrem nessa invocação.

19. Considere a função `fibRec1` da Figura 10.12. Calcule o número de operações aritméticas (somas e subtrações) que são realizadas numa invocação `fibRec1[n]`, assumindo que o valor em `n` é um número natural.

20. Considere a função `fibImp` da Figura 10.15. Calcule o número de somas que ocorrem numa invocação de `fibImp[n]`, assumindo que o valor em `n` é um número natural.

21. Considere a função `pesqRec1` apresentada na Figura 10.17. Estude o número de comparações do valor em `x` com os elementos da lista em `w` que ocorrem numa invocação `pesqRec1[w,x]`, assumindo que a lista argumento é uma lista de números distintos.

22. Considere a função `pesqRec2` apresentada na Figura 10.18. Estude o número de comparações do valor de `x` com os elementos da lista em `w` que são efetuadas numa invocação `pesqRec2[w,x]` assumindo que a lista argumento é uma lista de números distintos.

23. Considere a função `pesq` seguinte

```
pesq=Function[{w,x},Module[{i,n},
        n=Length[w];
        i=1;
        While[i<=n && w[[i]]< x, i=i+1];
        i<=n && w[[i]]==x]]
```

que devolve `True` se o valor em `x` ocorre na lista em `w`, e devolve `False` em caso contrário, assumindo que a lista em `w` está ordenada de forma estritamente crescente.

(a) Seja $NC^{min}_{pesq}(n)$ o número mínimo de comparações que são realizadas numa invocação `pesq[w,x]`, assumindo que a lista argumento contém n elementos, todos eles distintos. Mostre que $NC^{min}_{pesq}(n) = 2$.

(b) Seja $NC^{max}_{pesq}(n)$ o número máximo de comparações que são realizadas numa invocação `pesq[w,x]`, assumindo que a lista argumento contém n elementos, todos eles distintos. Mostre que $NC^{max}_{pesq}(n) = n+1$.

(c) No que respeita à análise no caso médio, assuma que tanto o valor x a pesquisar como a lista argumento, de n elementos distintos, são escolhidos ao acaso. Numa análise informal, será de esperar que existam, em média, cerca de $\frac{n}{2}$ elementos menores que x e $\frac{n}{2}$ elementos maiores que x. Sendo $NC^{med}_{pesq}(n)$ o número médio de comparações numa invocação `pesqLin[w,x]`, onde os argumentos em `w` e `x` se assumem nas condições referidas, mostre que $NC^{med}_{pesq}(n) \in \Theta(\frac{n}{2})$.

24. Considere a função `seldir` seguinte

```
seldir= Function[w,Module[{r,n,i,j,x,imin},
          r=w;
          n=Length[r];
          i=1;
          While[i<=n-1,
             imin=i;
             j=i+1;
             While[j<=n,
                If[r[[j]]<r[[imin]],imin=j];
                j=j+1];
             x=r[[i]]; r[[i]]=r[[imin]]; r[[imin]]=x;
             i=i+1];
          r]]
```

que dada uma lista de números distintos devolve a lista ordenada, de acordo com o algoritmo conhecido por algoritmo da seleção direta. Mostre que $NC_{seldir}(n) = \frac{n^2-n}{2}$ onde $NC_{seldir}(n)$ é o número de comparações com elementos da lista em `w` que são efetuadas numa invocação `seldir[w]`, tendo a lista em `w` comprimento n.

25. Considere as seguintes variantes do algoritmo de ordenação apresentado na Figura 10.21:

```
insdir1= Function[w,Module[{r,i,j,x,n},
          n=Length[w];
          r={};
          i=1;
          While[i<=n,
             x=w[[i]];
             j=i-1;
             While[j>=1 && r[[j]]>x,j=j-1];
             r=Insert[r,x,j+1];
             i=i+1];
          r]]
```

```
insdir2= Function[w,Module[{r,i,j,x,n},
        r=w;
        n=Length[r];
        i=2;
        While[i<=n,
           x=r[[i]];
           r=Delete[r,i];
           r=Prepend[r,x];
           j=i;
           While[r[[j]]>x,j=j-1];
           r=Insert[r,x,j+1];
           r=Rest[r];
           i=i+1];
        r]]
```

Estude o número mínimo, máximo e médio de comparações entre elementos da lista argumento que ocorrem numa invocação `insdir1[w]` e numa invocação `insdir2[w]`, assumindo que a lista em `w` é uma qualquer lista de n números distintos.

Apêndice

A noção de logaritmo desempenha um papel importante na análise de algoritmos sendo justificadas algumas considerações sobre este assunto. Recorde-se que $\log_a(x) = y$ se $a^y = x$, com $y \in \mathbb{R}$, $a \in \mathbb{R}^+$ e $a \neq 1$.

Em Matemática o logaritmo mais importante e usado é talvez o logaritmo natural, isto é, o logaritmo que tem o número de Neper e (2.71828...) como base, usando-se uma notação própria para designar este logaritmo:

$$\ln(x) = \log_e(x).$$

No âmbito da análise de algoritmos o logaritmo binário, o logaritmo de base 2, é usualmente o mais utilizado, justificando-se que também se introduza uma notação própria para o designar:

$$\lg(x) = \log_2(x).$$

O menor inteiro maior que $\lg(n)$, isto é, $\lceil \lg(n) \rceil$, é o número de bits necessários para representar n em notação binária, do mesmo modo que $\lceil \log_{10}(n) \rceil$ é o número de dígitos necessários para representar n em notação decimal. Em parte, a importância do logaritmo de base 2 neste âmbito advém também do facto de muitos algoritmos e estruturas de dados envolverem uma partição de um problema em duas partes, dando origem a algoritmos de complexidade relacionada com $\log_2(n)$.

Como a mudança de base de um logaritmo apenas altera o valor do logaritmo por um fator constante, uma vez que

$$\log_b(x) = \frac{\log_a(x)}{\log_a(b)}$$

a base que é usada para os logaritmos dentro das notações assimptóticas é irrelevante. Por essa razão, no âmbito da análise assimptótica, escreve-se por vezes apenas $\log x$ sem especificar a base, assumindo naturalmente que se trata de um logaritmo numa base maior que 1. Mantém-se a notação $\ln x$ e $\lg x$ sempre que pretender especificar que se trata do logaritmo na base e e 2, respetivamente.

São ainda usuais as abreviaturas

$$\log_a \log_a x = \log_a(\log_a(x)) \quad \text{e} \quad \log_a^b x = (\log_a(x))^b$$

com $a, b, x \in \mathbb{R}^+$.

Termina-se esta secção recordando algumas das propriedades essenciais dos logaritmos.

Proposição 10.7.1 Sejam $x, a, b, c \in \mathbb{R}^+$. Então

(i) $\log_a(1) = 0$ e $\log_a(a) = 1$;

(ii) $a^{\log_a(x)} = x$ e $\log_a(a^x) = x$;

(iii) $\log_a(bc) = \log_a(b) + \log_a(c)$;

(iv) $\log_a(x^b) = b \log_a(x)$;

(v) $\log_a\left(\frac{1}{b}\right) = -\log_a(b)$;

(vi) $\log_a(x) = \log_a(b) \times \log_b(x)$;

(vii) $\log_b(a) = \dfrac{1}{\log_a(b)}$;

(viii) $a^{\log_b(x)} = x^{\log_b(a)}$.

■

Proposição 10.7.2 Seja $a \in \mathbb{R}^+$ com $a > 1$. A aplicação de $\mathbb{R}^+$ para $\mathbb{R}$ que a cada $x \in \mathbb{R}^+$ associa $\log_a(x)$ é estritamente crescente. ■

Proposição 10.7.3 Sejam $x \in \mathbb{R}$ e $n \in \mathbb{N}_1$. Então

(i) $\lg(x) < x$ para $x \geq 1$;

(ii) $2^{\lfloor \lg(n) \rfloor} \leq n < 2^{\lfloor \lg(n) \rfloor + 1}$;

(iii) $n \leq 2^{\lceil \lg(n) \rceil} < 2n$;

(iv) $\dfrac{n}{2} < 2^{\lfloor \lg(n) \rfloor} \leq n$;

(v) $\dfrac{x}{x+1} \leq \ln(x+1) \leq x$ se $x > -1$.

■

Apêndice A

Funções recursivas

Este apêndice é dedicado às funções definidas por recorrência, ou recursão. Começa-se por recordar o caso particular das sucessões definidas por recorrência já referido na Secção 9.1, e apresentam-se algumas generalizações do resultado aí enunciado. De seguida, mostra-se que a definição de sucessões por recursão se pode generalizar a aplicações definidas sobre conjuntos livremente gerados e a aplicações definidas sobre quaisquer conjuntos nos quais esteja disponível uma relação bem fundada. Para não quebrar a exposição, incluem-se as demonstrações mais extensas apenas no fim deste apêndice.

A.1 Definição de sucessões por recorrência

Nesta secção começa-se por recordar o resultado enunciado na Secção 9.1 (Proposição 9.1.2) e por completar a sua demonstração. Recorde-se que sempre que se considere conveniente são usadas as notações próprias das sucessões.

Proposição A.1.1 Sejam V um conjunto e $T : V \to V$ uma aplicação. Para cada $a \in V$ existe uma e uma só aplicação $u : \mathbb{N} \to V$ que verifica as seguintes condições

(i) $u_0 = a$

(ii) $u_{n+1} = T(u_n)$ para cada $n \in \mathbb{N}$.

Demonstração: Há que demonstrar a existência e a unicidade da sucessão u. A demonstração da unicidade já foi apresentada na Secção 9.1. É agora apresentada a da existência.

Demonstramos primeiro que, para cada $k \geq 0$, existe uma e uma só função

$$u^{(k)} : \{n \in \mathbb{N} : 0 \leq n \leq k\} \to V$$

que verifica (i) e (ii) no seu domínio, ou seja, que satisfaz

(k-i) $u_0^{(k)} = a$

(k-ii) $u_{n+1}^{(k)} = T(u_n^{(k)})$ para qualquer natural $n < k$.

A unicidade pode demonstrar-se por um método análogo ao usado na Secção 9.1 para demonstrar a unicidade de u, como se ilustra a seguir. Seja $k \in \mathbb{N}$ qualquer e sejam v_1 e v_2 duas quaisquer aplicações

$$v_i : \{n \in \mathbb{N} : 0 \leq n \leq k\} \to V$$

com $v_i(0) = a$, e $v_i(n+1) = T(v_i(n))$ para cada natural $n < k$, com $i = 1, 2$. Podemos então demonstrar, por indução finita em n, que se verifica $\forall_{n \in \mathbb{N}} P(n)$, com $P(n)$ a condição $n \leq k \Rightarrow (v_1(n) = v_2(n))$.

Base de indução: Verifica-se $P(0)$, pois $v_1(0) = a = v_2(0)$.

Passo de indução: Seja $n \geq 0$ qualquer e suponha-se que se verifica $P(n)$. Pretende-se demonstrar que se verifica $P(n+1)$. Seja $n + 1 \leq k$. Tem-se

$$\begin{aligned} v_1(n+1) &= T(v_1(n)) && (n < k \text{ pois } n+1 \leq k) \\ &= T(v_2(n)) && (\text{por } P(n), \text{ pois } n < k \\ & && \text{e portanto } n \leq k) \\ &= v_2(n+1) && (n < k) \end{aligned}$$

como se pretendia.

Demonstra-se agora, por indução em $k \geq 0$, a existência de uma função u^k, nas condições indicadas.

Base de indução: Para $k = 0$, é imediato que existe uma função que verifica as condições referidas. É a função $u^{(0)} : \{0\} \to V$ que a 0 faz corresponder a.

Passo de indução: Seja $k \geq 0$ qualquer e suponha-se que existe uma função $u^{(k)} : \{n \in \mathbb{N} : 0 \leq n \leq k\} \to V$ que verifica (k-i) e (k-ii) (*HI*). Queremos demonstrar que existe uma função

$$u^{(k+1)} : \{n \in \mathbb{N} : 0 \leq n \leq k+1\} \to V$$

que verifica

((k+1)-i) $u_0^{(k+1)} = a$

((k+1)-ii) $u_{n+1}^{(k+1)} = T(u_n^{(k+1)})$ para qualquer natural $n < k+1$.

Considere-se a função $u^{(k+1)} : \{n \in \mathbb{N} : 0 \leq n \leq k+1\} \to V$ tal que

$$u_n^{(k+1)} = \begin{cases} u_n^{(k)} & \text{se } 0 \leq n \leq k \\ T(u_k^{(k)}) & \text{se } n = k+1. \end{cases}$$

É fácil verificar que a função $u^{(k+1)}$ está bem definida e também (usando *HI*) que verifica as condições ((k+1)-i) e ((k+1)-ii).

Para concluir a demonstração da existência de u, considere-se a aplicação $u : \mathbb{N} \to V$ tal que $u_n = u_n^{(n)}$ para cada $n \in \mathbb{N}$. É imediato que u está bem definida. Resta mostrar que satisfaz as condições (i) e (ii). No caso de (i) tem-se $u_0 = u_0^0 = a$. No caso de (ii), sendo $n \geq 0$ qualquer, tem-se

$$u_{n+1} = u_{n+1}^{(n+1)} = T(u_n^{(n)}) = T(u_n).$$ ■

Como a Proposição A.1.1 é um caso particular da Proposição A.2.1, a demonstração desta (apresentada adiante na Secção A.5), constitui naturalmente uma demonstração alternativa da Proposição A.1.1.

Saliente-se que no resultado estabelecido na Proposição A.1.1 podemos substituir (ii) pela condição equivalente "$u_n = T(u_{n-1})$ para cada $n \in \mathbb{N}_1$". Por outro lado, este resultado pode ser generalizado em vários sentidos. Vejamos algumas das generalizações possíveis.

Como já havia sido também referido no Capítulo 9, não é obrigatório que a regra de cálculo de u_{n+1} à custa de u_n tenha de ser a mesma para todo o natural n. A regra de cálculo pode ser diferente para o caso em que n é par e para o caso em que n é ímpar, por exemplo. A demonstração da Proposição A.1.1 pode ser adaptada ao seguinte caso, mais geral, em que em vez da aplicação T temos uma família de aplicações $(T_n)_{n \in \mathbb{N}}$:

(i) $u_0 = a$

(ii) $u_{n+1} = T_n(u_n)$ para cada $n \in \mathbb{N}$, onde $T_n : V \to V$ é a aplicação que permite construir u_{n+1} a partir de u_n.

Em vez de considerarmos a família $(T_n)_{n \in \mathbb{N}}$ de aplicações de V em V, pode considerar-se uma aplicação $T : \mathbb{N} \times V \to V$ tal que $T(n, v) = T_n(v)$ para quaisquer $n \in \mathbb{N}$ e $v \in V$. Tal corresponde, informalmente, a passarmos a ver o índice n como um argumento da função/regra T.

Somos assim conduzidos ao resultado que se enuncia na próxima proposição, o qual tem como caso particular o resultado estabelecido na Proposição A.1.1.

Proposição A.1.2 Sejam V um conjunto e $T : \mathbb{N} \times V \to V$ uma aplicação. Para cada $a \in V$ existe uma e uma só aplicação $u : \mathbb{N} \to V$ que verifica as seguintes condições:

(i) $u_0 = a$

(ii) $u_{n+1} = T(n, u_n)$ para cada $n \in \mathbb{N}$. ∎

Tal como anteriormente, podemos substituir na Proposição A.1.2 a condição (ii) pela condição equivalente "$u_n = T(n-1, u_{n-1})$ para cada $n \in \mathbb{N}_1$".

Nas proposições anteriores apenas se considerou a definição por recursão de funções de um argumento. Ora, é fácil verificar que o facto de a função u que se está a definir ter mais do que um argumento não afeta o exposto, desde que a recursão seja feita num só argumento. Este argumento corresponde à chamada *variável da recursão*. Nesta situação os outros argumentos funcionam apenas como *parâmetros*.

Suponha-se, por exemplo, que B e V são dois conjuntos quaisquer e que se pretende definir uma aplicação $u : B \times \mathbb{N} \to V$ por recorrência no seu segundo argumento. Seja então $b \in B$ qualquer. Pela Proposição A.1.2, podemos definir por recorrência uma aplicação (sucessão) $u^b : \mathbb{N} \to V$ satisfazendo

(i) $u_0^b = a$ com $a \in V$

(ii) $u_{n+1}^b = T(n, u_n^b)$ para cada $n \in \mathbb{N}$.

Pode então definir-se a função com dois argumentos $u : B \times \mathbb{N} \to V$ à custa da sucessão u^b considerando $u(b,n) = u_n^b$ quaisquer que sejam $b \in B$ e $n \in \mathbb{N}$. Note-se que na condição (i) o valor $a \in V$ não pode depender de outros valores u_n^b da sucessão u^b, mas não tem de ter o mesmo valor para todo $b \in B$. O que é necessário é definir explicitamente qual é o valor de u^b em 0, para cada $b \in B$. A aplicação $u : B \times \mathbb{N} \to V$ a definir por recorrência deverá satisfazer as seguintes condições para cada $b \in B$:

(i) $u(b, 0) = g(b)$ para alguma aplicação $g : B \to V$

(ii) $u(b, n+1) = T(n, u(b,n))$ para cada $n \in \mathbb{N}$.

Como exemplos ilustrativos apresenta-se seguidamente uma definição recursiva da adição de naturais e uma definição recursiva da multiplicação de naturais.

Exemplo A.1.3 A adição de naturais $+ : \mathbb{N} \to \mathbb{N}$ pode definir-se por recorrência do seguinte modo:

(i) $+(m, 0) = g(m)$ onde g é a aplicação identidade

(ii) $+(m, n+1) = T(n, +(m, n))$
onde $T : \mathbb{N} \times \mathbb{N} \to \mathbb{N}$ é dada por $T(x, y) = y + 1$

para quaisquer $m, n \in \mathbb{N}$.

Utilizando a habitual notação infixa e omitindo a referência explícita às aplicações g e T, é frequente escrever-se simplesmente

(i) $m + 0 = m$

(ii) $m + (n+1) = (m+n) + 1$

para quaisquer $m, n \in \mathbb{N}$. ∎

Na definição de $u(b, n+1)$ à custa de $u(b, n)$ na condição (ii) acima referida, a regra a aplicar também pode depender de b, para além de poder depender de n. Dito de outra forma, podemos dizer que temos uma aplicação $T : B \times \mathbb{N} \times V \to V$ e que $u : B \times \mathbb{N} \to V$ tem de verificar as condições seguintes para quaisquer $b \in B$ e $n \in \mathbb{N}$:

(i) $u(b, 0) = g(b)$ para alguma aplicação $g : B \to V$

(ii) $u(b, n+1) = T(b, n, u(b, n))$.

Exemplo A.1.4 O produto de naturais $\times : \mathbb{N}^2 \to \mathbb{N}$ pode definir-se por recorrência do seguinte modo:

(i) $\times(m, 0) = g(m)$
onde $g : \mathbb{N} \to \mathbb{N}$ é dada por $g(m) = 0$

(ii) $\times(m, n+1) = T(m, n, \times(m, n))$
onde $T : \mathbb{N} \times \mathbb{N} \times \mathbb{N} \to \mathbb{N}$ é dada por $T(x, y, z) = z + x$

para quaisquer $m, n \in \mathbb{N}$.

Utilizando de novo a habitual notação infixa e omitindo a referência explícita às aplicações g e T, é usual escrever apenas

(i) $m \times 0 = 0$

(ii) $m \times (n+1) = (m \times n) + m$

para quaisquer $m, n \in \mathbb{N}$. ∎

A situação não se altera se a aplicação u tiver mais argumentos. Pode assim enunciar-se o seguinte resultado mais geral.

Proposição A.1.5 Seja V um conjunto não vazio e considerem-se k conjuntos $B_1, \ldots, B_k$ com $k \in \mathbb{N}$. No caso de $k = 0$, considere-se $a \in V$. No caso de $k > 0$, considere-se uma aplicação $g : B_1 \times \ldots \times B_k \to V$. Dada uma aplicação $T : B_1 \times \ldots \times B_k \times \mathbb{N} \times V \to V$ existe uma e uma só aplicação $u : B_1 \times \ldots \times B_k \times \mathbb{N} \to V$ que verifica as condições

(i) $u(b_1, \ldots, b_k, 0) = \begin{cases} a & \text{se } k = 0 \\ g(b_1, \ldots, b_k) & \text{se } k > 0 \end{cases}$

(ii) $u(b_1, \ldots, b_k, n + 1) = T(b_1, \ldots, b_k, n, u(b_1, \ldots, b_k, n))$

quaisquer que sejam $b_1 \in B_1$, ..., $b_k \in B_k$, $n \in \mathbb{N}$. ∎

A.2 Recursão sobre conjuntos livremente gerados

Na Secção A.1 vimos como se podem definir funções por recursão em que a recursão é efetuada no conjunto $\mathbb{N}$ dos números naturais. As definições introduzidas podem ainda ser facilmente adaptadas por forma a obter funções definidas por recursão em que a recursão é efetuada no conjunto $\mathbb{N}_1$ dos números naturais positivos. Vamos agora generalizar o conceito de definição por recursão por forma a que esta seja efetuada noutros conjuntos. Para simplificar a exposição vamos supor nesta secção que a função u a definir por recursão tem um só argumento. Naturalmente que o que se referiu anteriormente sobre a extensão a funções de vários argumentos permanece válido, assumindo, pelo menos para já, que a recursão é feita sempre num só argumento.

Comecemos por recordar, de um ponto de vista informal, porque é que a definição recursiva de uma sucessão $u : \mathbb{N} \to V$ funciona bem.

Designe-se $x + 1$ por $s(x)$ (o sucessor de x). Um natural n distinto de 0 pode ser obtido a partir do 0 aplicando a operação s um número finito de vezes (exatamente n vezes). Note-se que existe uma única forma de obter n deste modo. É através da sequência de construção

$$0, \; s(0), \; s(s(0)), \; \ldots \; , \; s(\ldots s(s(0)) \ldots)$$

onde, como se referiu, s é aplicado n vezes. Assim, fixado o valor de $u(0)$ e fixado o modo como para qualquer natural x se pode obter o valor de $u(s(x))$ a partir do de $u(x)$, pode então calcular-se o valor de $u(n)$, de forma unívoca, num número finito de passos (n passos). Ora recordemos que na Secção 7.3.3 apresentámos um certo tipo de conjuntos que verificam uma propriedade análoga. São os conjuntos livremente gerados a partir de um conjunto S por um conjunto Ops de operações. Isto permite que também nesses conjuntos seja possível definir funções por recursão. As diferenças em relação à Proposição

A.1.1 da secção anterior são as seguintes. Sendo X um conjunto livremente gerado a partir de S por Ops e sendo $u : X \to V$ a função a definir por recursão:

(i) temos de definir o valor de u para cada elemento do conjunto inicial S, o que pode ser conseguido considerando $u(x) = g(x)$ em que $g : S \to V$ é uma dada aplicação;

(ii) a cada operação $f \in Ops$ associamos uma regra de cálculo, T_f, com a mesma aridade de f, que é usada para calcular $u(f(x_1, \ldots, x_k))$ a partir dos valores de $u(x_1), \ldots, u(x_k)$.

Apresenta-se agora a generalização da Proposição A.1.1 ao caso de funções definidas sobre conjuntos livremente gerados. A sua demonstração é relativamente elaborada e pode ser omitida numa primeira leitura. Esta demonstração é apresentada na Secção A.5.

Proposição A.2.1 Seja E um conjunto, $S \subseteq E$ não vazio, e seja X o conjunto livremente gerado a partir de S por um conjunto Ops de operações em E. Sejam V um conjunto e $g : S \to V$ uma aplicação. Para cada $f \in Ops$ de aridade $k > 0$, seja $T_f : V^k \to V$ uma aplicação. Existe uma e uma só aplicação $u : X \to V$ que verifica as seguintes condições:

(i) $u(x) = g(x)$ para todo $x \in S$

(ii) $u(f(x_1, ..., x_k)) = T_f(u(x_1), \ldots, u(x_k))$
para cada $f \in Ops$ de aridade k e $x_1, \ldots, x_k \in X$. ∎

Observe-se que para o resultado anterior não é essencial que g seja uma aplicação entre S e V. O conjunto de partida de g pode ser maior. Há apenas que garantir que g esteja definido em S. Apresentam-se de seguida alguns exemplos ilustrativos.

Exemplo A.2.2 Este primeiro exemplo ilustra a importância de se exigir que o domínio da função a definir por recorrência seja de facto *livremente* gerado. Considere-se que E é o conjunto $\mathbb{R}$ dos reais e seja X o conjunto de números reais gerado a partir de $S = \{2\}$ pelas operações

- $f_1 : \mathbb{R} \to \mathbb{R}$ dada por $f_1(x) = x + 2$
- $f_2 : \mathbb{R} \times \mathbb{R} \to \mathbb{R}$ dada por $f_2(x, y) = x \times y$.

Note-se que o conjunto X é exatamente o conjunto dos pares positivos $\mathbb{P}^+$. Suponha-se que se pretende definir uma função $u : X \to \mathbb{R}$ que satisfaça as seguintes condições:

(i) $u(2) = 2$

(ii) $u(f_1(x)) = u(x) + 3$

(iii) $u(f_2(x,y)) = f_2(u(x), u(y))$.

De acordo com a formulação usada na Proposição A.2.1 tem-se neste caso que $V = \mathbb{R}$, que a função T_{f_1} é dada por $T_{f_1}(z) = z + 3$ e que a função T_{f_2} é dada por $T_{f_2}(z_1, z_2) = f_2(z_1, z_2)$, isto é, $T_{f_2} = f_2$. Observe-se que a função u não está bem definida. Com efeito, tem-se por um lado que

$$u(4) = u(2+2) = u(f_1(2)) = u(2) + 3 = 2 + 3 = 5$$

e, por outro,

$$u(4) = u(2 \times 2) = u(f_2(2,2)) = u(2) \times u(2) = 2 \times 2 = 4.$$

Este facto não contradiz a Proposição A.2.1, uma vez que X não é livremente gerado a partir de $S = \{2\}$ pelas operações f_1 e f_2. ∎

Exemplo A.2.3 No Exemplo 7.3.11 foi definido o conjunto $For_{\neg,\Rightarrow}$ das fórmulas da linguagem proposicional como sendo o conjunto gerado a partir do conjunto dos símbolos proposicionais $S = \{p_i : i \geq 1\}$ pelas operações $f_\neg$ e $f_\Rightarrow$. O conjunto $For_{\neg,\Rightarrow}$ é de facto livremente gerado a partir de S por $f_\neg$ e $f_\Rightarrow$, como se observou no Exemplo 7.3.27. Assim, podemos definir por recursão no conjunto $For_{\neg,\Rightarrow}$ a função ne referida no Exemplo 7.3.21, que associa a cada fórmula o número de parênteses esquerdos que nela ocorrem:

(i) $ne(p_i) = g(p_i)$
onde $g : S \to \mathbb{N}$ é a função constantemente igual a 0

(ii) $ne((f_\neg(\varphi))) = T_\neg(ne(\varphi))$
com $T_\neg : \mathbb{N} \to \mathbb{N}$ dada por $T_\neg(x) = x + 1$
e
$ne(f_\Rightarrow(\varphi_1, \varphi_2)) = T_\Rightarrow(ne(\varphi_1), ne(\varphi_2))$
com $T_\Rightarrow : \mathbb{N}^2 \to \mathbb{N}$ dada por $T_\Rightarrow(x,y) = x + y + 1$.

É frequente omitir-se a referência explícita à função g e às regras $T_\neg$ e $T_\Rightarrow$ e escrever simplesmente

(i) $ne(p_i) = 0$ para cada $p_i \in S$

(ii) $ne((\neg\varphi)) = ne(\varphi) + 1$
e
$ne((\varphi_1 \Rightarrow \varphi_2)) = ne(\varphi_1) + ne(\varphi_2) + 1$
para quaisquer fórmulas $\varphi, \varphi_1, \varphi_2$. ∎

Exemplo A.2.4 No Exemplo 7.3.23 apresentou-se a seguinte função definida na linguagem *Mathematica*:

```
comp=Function[w,If[w=={},0,1+comp[Rest[w]]]]
```
(A.1)

tendo-se demonstrado, por indução estrutural, que esta função permite calcular o comprimento de uma lista. Resta-nos demonstrar, o que não se fez na altura, que de facto a função `comp` está bem definida, no sentido em que dá origem a uma e uma só função do conjunto X das listas *Mathematica* no conjunto dos números naturais.

Como se observou nos Exemplos 7.3.12 e 7.3.23, X pode ser definido como o subconjunto de E (das expressões *Mathematica*) que é livremente gerado a partir do conjunto inicial $S = \{$`List[]`$\}$ por $Ops = \{f_x : x \in E\}$ com $f_x : E \rightharpoonup E$ dada por $f_x(exp) =$ `Prepend[`exp,x`]`, (definida, em particular, para toda a lista v). Assim, pela Proposição A.2.1, temos a garantia de que `comp` define uma e uma só aplicação de X em $\mathbb{N}$, desde que se demonstre que existem aplicações $g : S \to \mathbb{N}$ e $T_{f_x} : \mathbb{N} \to \mathbb{N}$, para cada operação $f_x \in Ops$, tais que

(i) `comp[`s`]`$= g(s)$ para cada $s \in S$, isto é, `comp[List[]]`$= g($`List[]`$)$

(ii) `comp[`$f_x(v)$`]`$= T_{f_x}($`comp[`v`]`$)$, isto é,
`comp[Prepend[`v`,`x`]]`$= T_{f_x}($`comp[`v`]`$)$, para cada $f_x \in Ops$ e $v \in X$.

Ora, é imediato que (A.1) satisfaz estas condições para $g : S \to \mathbb{N}$ dada por $g($`List[]`$) = 0$ e $T_{f_x} : \mathbb{N} \to \mathbb{N}$ dada por $T_{f_x}(n) = n + 1$ para cada $n \in \mathbb{N}$, uma vez que, de acordo com (A.1)

`comp[List[]]`$= 0$ e `comp[Prepend[`v`,`x`]]`$= 1+$`comp[`v`]`

tendo em conta que `Rest[Prepend[`v`,`x`]]`$= v$. ■

Exemplo A.2.5 Demonstramos agora que a função apresentada no Exemplo 7.3.24 para o cálculo do quadrado de uma lista de números inteiros

`h=Function[w,If[w=={},{},Prepend[h[Rest[w]],First[w]`^{2}`]]]`

está igualmente bem definida, isto é, define uma e uma só função do conjunto X das listas de inteiros (em *Mathematica*) em si próprio.

De novo se tem que X é livremente gerado a partir do conjunto inicial $S = \{$`List[]`$\}$ por $Ops = \{f_x : x \in B\}$, onde B é o conjunto dos números inteiros, e f_x e E são como no Exemplo A.2.4. Ora, tem-se que

`h[List[]]=List[]` e `h[Prepend[`v`,`x`]]=Prepend[h[`x`],`x^2`]`

para quaisquer $v \in X$ e $x \in B$. Então

$$\texttt{h[List[]]} = g(\texttt{List[]}) \quad \text{e} \quad \texttt{h[}f_x(v)\texttt{]} = \texttt{h[Prepend[}v\texttt{,}x\texttt{]]} = T_{f_x}(\texttt{h[}v\texttt{]})$$

com $g : S \to X$ dada por $g(\texttt{List[]}) = \texttt{List[]}$, e $T_{f_x} : X \to X$ dada por $T_{f_x}(w) = \texttt{Prepend[}w\texttt{,}x^2\texttt{]}$, para cada $w \in X$ e $x \in B$. Logo, pela Proposição A.2.1, `h` define uma e uma só aplicação de X em X. ∎

Exemplo A.2.6 Vejamos agora um exemplo de uma função de dois argumentos, mas em que a recursão é feita num só, neste caso o primeiro:

```
junta=Function[{w,v},
   If[w=={},
      v,
      Prepend[junta[Rest[w],v],First[w]]]]
```

Queremos mostrar que a definição anterior define uma e uma só função de $X \times X$ em X, com X o conjunto das listas *Mathematica*.

A recursão é feita no primeiro argumento, no conjunto X. Este conjunto é livremente gerado a partir de $S = \{\texttt{List[]}\}$ por $Ops = \{f_x : x \in E\}$ (ver Exemplo A.2.4).

A extensão da Proposição A.2.1 ao caso da definição de uma função de dois argumentos, com recursão feita no primeiro, exige que se definam as aplicações

$$g : S \times X \to X \quad \text{e} \quad T_{f_x} : X \times X \to X \text{ com } f_x \in Ops$$

tais que, para quaisquer $v \in X$ e $x \in E$,

(i) $\texttt{junta[List[],}v\texttt{]} = g(\texttt{List[]},v)$

(ii) $\texttt{junta[}f_x(w)\texttt{,}v\texttt{]} = T_{f_x}(\texttt{junta[}w\texttt{,}v\texttt{]},v)$

para garantir que a função `junta` define uma e uma só aplicação de $X \times X$ em X. Ora, (i) é garantida considerando $g(\texttt{List[]}, v) = v$. No que respeita a (ii) tem-se

$$\begin{aligned} \texttt{junta[}f_x(w)\texttt{,}v\texttt{]} &= \texttt{junta[Prepend[}w\texttt{,}x\texttt{],}v\texttt{]} \\ &= \texttt{Prepend[junta[}w\texttt{,}v\texttt{],}x\texttt{]} \\ &= T_{f_x}(\texttt{junta[}w\texttt{,}v\texttt{]},v) \end{aligned}$$

considerando $T_{f_x}(s,v) = \texttt{Prepend[}s\texttt{,}x\texttt{]}$, para quaisquer $s, v \in X$. ∎

O resultado estabelecido na Proposição A.2.1 pode ainda ser generalizado como se indica de seguida, continuando a considerar que a função u a definir por recursão tem um só argumento.

Proposição A.2.7 Seja S um subconjunto não vazio de E e seja X o conjunto livremente gerado a partir de S por um conjunto *Ops* de operações em E. Sejam V um conjunto e $g : S \to V$ uma aplicação ou uma função de E em V definida em todo o elemento de S. Para cada $f \in Ops$ de aridade k, seja $T_f : X^k \times V^k \to V$ uma aplicação. Existe uma e uma só aplicação $u : X \to V$ que verifica as seguintes condições:

(i) $u(x) = g(x)$ para todo $x \in S$

(ii) $u(f(x_1, \ldots, x_k)) = T_f(x_1, \ldots, x_k, u(x_1), \ldots, u(x_k))$
para cada $f \in Ops$ de aridade $k > 0$ e $x_1, \ldots, x_k \in X$. ∎

A condição (ii) da Proposição A.2.7 pode ser substituída pela condição "para cada $y \in X \backslash S$, $u(y) = T_f(x_1, \ldots, x_k, u(x_1), \ldots, u(x_k))$ onde f é a única operação em *Ops* e $x_1, \ldots, x_k$ são os únicos elementos de X tais que $y = f(x_1, \ldots, x_k)$" que lhe é equivalente. Note-se que as unicidades referidas resultam de X ser livremente gerado.

A.3 Recursão sobre conjuntos bem fundados

Os resultados já estabelecidos nas secções anteriores permitem vários tipos de definição de funções por recursão. No entanto, existem ainda casos relevantes de definição de funções por recursão que não são abrangidos por estes resultados. A título ilustrativo podemos mencionar a sucessão a_n tal que

- $a_0 = 7$
- $a_1 = 16$
- $a_n = 5a_{n-1} - 6a_{n-2}$ para todo $n \geq 2$.

Observe-se que o cálculo de cada termo a_n com $n \geq 2$ não depende apenas do termo anterior, a_{n-1}, mas também do termo anterior a este, a_{n-2}.

Nesta secção mostramos como os resultados apresentados nas secções anteriores podem ser generalizados de modo a permitir a definição de funções por recursão sobre quaisquer conjuntos nos quais esteja definida uma relação bem fundada. Esta generalização inclui casos como o da sucessão a_n acima referida e ainda outros casos. A ideia subjacente a esta generalização é relativamente simples. Seja $\prec$ uma relação bem fundada em X. Para definir uma aplicação $u : X \to V$ temos de proceder da seguinte forma:

(i) definir qual o valor de u nos elementos minimais de X

(ii) determinar como se obtém o valor de u para cada elemento não minimal $y \in X$ à custa dos valores que u toma nos elementos $x \in X$ que são "menores" que y, isto é, tais que $x \prec y$.

Os elementos minimais referidos são elementos minimais em relação a $\prec$. Em termos informais podemos dizer que uma relação bem fundada $\prec$ num conjunto X pode ser vista como traduzindo uma relação de complexidade entre os elementos de X, e que a ideia subjacente à definição recursiva de uma função u é a de definir o valor de u num elemento à custa do valor de u em elementos de menor complexidade, e assim sucessivamente até se chegar aos elementos de complexidade mínima.

Observe-se agora que a condição (ii) acima referida tem de ser definida com cuidado. Se se exigir simplesmente que se tenha de definir $u(y)$ para y não minimal à custa do conjunto $\{u(x) : x \prec y\}$ então a função T a usar nesse cálculo seria aplicada exatamente a este conjunto, que é um subconjunto de V. Mas perde-se no conjunto indicado a referência aos elementos de que provêm os valores $u(x)$. No caso da sucessão a_n acima, e sendo $\prec$ a relação bem fundada em $\mathbb{N}$

$$k \prec n \text{ sse } n \geq 2 \text{ e } (k = n - 1 \text{ ou } k = n - 2)$$

tem-se

$$a_2 = T(\{a_k : k \prec 2\}) = T(\{a_0, a_1\}) = T(\{7, 16\}).$$

Porém, para o cálculo de a_2 não nos basta saber que é definido à custa dos valores 7 e 16. É fundamental saber que 7 corresponde ao temo a_0 e que 16 corresponde ao termo a_1.

Isto pode ser ultrapassado se T se aplicar a $\{(x, u(x)) : x \prec y\}$ isto é, se se exigir que, para y não minimal, se tenha

$$u(y) = T(\{(x, u(x)) : x \prec y\}).$$

Uma outra questão que se coloca é a de saber se será conveniente permitir que a função T possa também depender de outro tipo de informação, para além do conjunto indicado. Um objetivo que é desejável alcançar é o de definir T de um modo suficientemente geral que permita recuperar a recursão sobre conjuntos livremente gerados a partir da recursão sobre conjuntos bem fundados. Recorde-se que nos conjuntos X livremente gerados a partir de um conjunto S por um conjunto de operações *Ops* existe uma relação bem fundada natural, relação essa em que os elementos minimais são os elementos de S e em que, sendo $f \in Ops$, se tem que $x \prec f(x_1, ..., x_k)$ se e só se $x = x_i$ para algum $1 \leq i \leq k$.

Ora no caso da recursão sobre conjuntos livremente gerados (recorde-se a Proposição A.2.7 e a observação que se lhe segue) o cálculo de $u(y)$, para além de depender de $x_1, ..., x_k$ e $u(x_1), ..., u(x_k)$, pode também depender da operação $f \in Ops$ que é usada para gerar o y, isto é, tal que $y = f(x_1, ..., x_k)$. Esta informação não se encontra presente se se assumir que T depende apenas do conjunto $\{(x, u(x)) : x \prec y\}$. Mas, no conjunto livremente gerado existe uma e uma só operação f que permite gerar um elemento y da forma indicada. Logo, se permitirmos que T possa também depender de y, então a partir deste podemos recuperar a informação da operação f que o gerou. Este raciocínio conduz à formulação da condição (ii) presente na Proposição A.3.1 seguinte, isto é, a igualdade

$$u(y) = T(y, \{(x, u(x)) : x \prec y\}).$$

Apresenta-se na sequência o resultado que estabelece a definição por recursão de funções sobre conjuntos nos quais se possa definir uma relação bem fundada. Tal como no caso da Proposição A.2.1, a demonstração é algo elaborada e pode ser omitida numa primeira leitura. A demonstração é apresentada na Secção A.5. No que se segue denota-se por $RF_{X,V}$ o conjunto das relações binárias funcionais entre um conjunto X e um conjunto V, isto é, o conjunto das relações binárias ρ entre X e V tais que se $x \rho v_1$ e $x \rho v_2$ então $v_1 = v_2$, quaisquer que sejam $x \in X$ e $v_1, v_2 \in V$.

Proposição A.3.1 Seja $\prec$ uma relação bem fundada em X e seja V um conjunto. Seja S o conjunto dos elementos minimais de X em relação a $\prec$ e seja $g : S \to V$ uma aplicação. Seja ainda $T : X \times RF_{X,V} \rightharpoonup V$ tal que $T(y, R)$ está definido sempre que $y \in X \backslash S$ e $dom(R) = \{x : x \prec y\}$. Existe uma e uma só aplicação $u : X \to V$ que verifica as condições:

(i) $u(x) = g(x)$ para todo $x \in S$

(ii) $u(y) = T(y, \{(x, u(x)) : x \prec y\})$ para cada $y \in X$ não minimal. ∎

Observe-se que, tal como na Proposição A.2.1, não é essencial que g seja uma aplicação entre D e V. De facto, g pode ser uma qualquer função de X em V, desde que esteja definida em todo o elemento de S. Por outro lado, note-se que não se restringe os valores y de X e as relações binárias funcionais R, entre X e V, para as quais $T(y, R)$ está definido, apenas se exigindo que esteja definido sempre que y for não minimal e se tiver $dom(R) = \{x : x \prec y\}$.

Existem vários casos de definição por recursão de funções sobre conjuntos com uma relação bem fundada que são utilizados com muita frequência em certos contextos. São casos particulares do enunciado da Proposição A.3.1 que podem enunciar-se de modo mais simples. Pela sua relevância, são apresentados de seguida como corolários da Proposição A.3.1 e ilustrados através de diversos exemplos. Recorde-se que para cada $q \in \mathbb{Z}$, se assume que $\mathbb{Z}_{\geq q}$ denota o conjunto $\{x \in \mathbb{Z} : x \geq q\}$.

Corolário A.3.2 Sejam $q \in \mathbb{Z}$, V um conjunto e $F : V \to V$ uma aplicação. Para cada $a \in V$ existe uma e uma só aplicação $u : \mathbb{Z}_{\geq q} \to V$ que verifica as seguintes condições:

(i) $u(q) = a$

(ii) $u(n) = F(u(n-1))$ para cada $n > q$.

Demonstração: A relação $\prec$ em $\mathbb{Z}_{\geq q}$ tal que

$$x \prec y \quad \text{sse} \quad x = y - 1$$

constitui uma relação bem fundada em que o único elemento minimal é q. Pela Proposição A.3.1, para cada aplicação $g : S \to V$, e para cada função $T : \mathbb{Z}_{\geq q} \times RF_{\mathbb{Z}_{\geq q}, V} \rightharpoonup V$ tal que $T(n, R)$ está definido sempre que $n \in \mathbb{Z}_{\geq q} \backslash S$ (isto é, $n > q$) e o domínio de R é $\{x : x \prec n\}$ (ou seja, é $\{n-1\}$), existe uma e uma só aplicação $u : \mathbb{Z}_{\geq q} \to V$ que verifica

(i.1) $u(q) = g(q)$

(ii.2) $u(n) = T(n, \{(x, u(x)) : x \prec n\})$ $(= T(n, \{(n-1, u(n-1))\}))$
para cada $n \in \mathbb{Z}_{\geq q} \backslash S$.

Assim, o resultado desejado obtém-se se for possível definir g e T de modo a que $g(q) = a$ e, para $n > q$,

$$T(n, \{(n-1, u(n-1))\}) = F(u(n-1)).$$

É imediato concluir que estes requisitos são satisfeitos pela aplicação $g : \{q\} \to V$ dada por $g(q) = a$ e pela função $T : \mathbb{Z}_{\geq q} \times RF_{\mathbb{Z}_{\geq q}, V} \rightharpoonup V$ tal que T está definida apenas para $(n, \{(n-1, v)\})$ com $n > q$ e $v \in V$ e é dada por

$$T(n, \{(n-1, v)\}) = F(v)$$

para estes argumentos. ∎

A condição (ii) no enunciado do Corolário A.3.2 pode naturalmente ser substituída por "$u(n+1) = F(u(n))$ para cada $n \geq q$". Note-se que o enunciado deste Corolário A.3.2 coincide com o da Proposição A.1.1, quando $q = 0$. O enunciado do próximo corolário coincide com o da Proposição A.1.2, quando se considera $q = 0$.

Corolário A.3.3 Sejam $q \in \mathbb{Z}$, V um conjunto e $F : \mathbb{Z}_{\geq q} \times V \to V$ uma aplicação. Para cada $a \in V$ existe uma e uma só aplicação $u : \mathbb{Z}_{\geq q} \to V$ que verifica as seguintes condições:

(i) $u(q) = a$

(ii) $u(n) = F(n, u(n-1))$ para cada $n > q$.

Demonstração: Considere-se de novo a relação bem fundada $\prec$ em $\mathbb{Z}_{\geq q}$ tal que $x \prec y$ sse $x = y - 1$. Para usar a Proposição A.3.1, tem de ser possível definir g e T de modo a que se verifiquem as condições

(i.1) $g(q) = a$

(ii.2) $T(n, \{(n-1, u(n-1))\}) = F(n, u(n-1))$
para cada $n > q$.

Para tal basta considerar a aplicação $g : S \to V$ dada por $g(q) = a$ e a função $T : \mathbb{Z}_{\geq q} \times RF_{\mathbb{Z}_{\geq q}, V} \rightharpoonup V$ tal que $T(n, R)$ está definido se e só se $n > q$, o domínio de R é $\{n-1\}$ e $T(n, \{(n-1, v)\}) = F(n, v)$ para cada $n > q$ e $v \in V$. ∎

Exemplo A.3.4 Existe uma e uma só sucessão $(u_n)_{n \geq 1}$ tal que

(i) $u_1 = 2$

(ii) $u_n = u_{n-1} + 2(n-1)$ para $n > 1$.

Para chegar a esta conclusão considera-se o Corolário A.3.3 com $q = 1$, $a = 2$ e $F(n, k) = k + 2(n-1)$ para quaisquer $n \in \mathbb{N}_1$, $k \in \mathbb{N}$. Com efeito, tem-se então

$$u_n = F(n, u(n-1)) = u(n-1) + 2(n-1) = u_{n-1} + 2(n-1).$$

Na Secção 9.2.1 mostra-se como obter uma expressão explícita para u_n, para cada $n > 0$, isto é, uma expressão que permite calcular u_n sem recorrer ao valor de u_{n-1}. ∎

O próximo corolário generaliza o enunciado do Corolário A.3.2.

Corolário A.3.5 Sejam $q \in \mathbb{Z}$, $i \in \mathbb{N}_1$, V um conjunto e $F : V^i \to V$ uma aplicação. Para cada $(a_0, a_1, \ldots, a_{i-1}) \in V^i$ existe uma e uma só aplicação $u : \mathbb{Z}_{\geq q} \to V$ que verifica as seguintes condições:

(i) $u(q + j) = a_j$ para cada $0 \leq j \leq i - 1$

(ii) $u(n) = F(u(n-i), ..., u(n-1))$ para cada inteiro $n \geq q + i$.

Demonstração: Considere-se a relação bem fundada em $\mathbb{Z}_{\geq q}$ dada por

$$x \prec y \quad \text{sse} \quad y \geq q + i \text{ e } y - i \leq x \leq y - 1.$$

O conjunto S dos elementos minimais é constituído pelos números inteiros q, $q+1,\ldots,q+i-1$.

Pela Proposição A.3.1, existe uma e uma só aplicação $u : \mathbb{Z}_{\geq q} \to V$ que verifica as seguintes condições:

(i.1) $u(q+j) = g(q+j)$ para cada $j = 0, \ldots, i-1$

(ii.2) $u(n) = T(n, \{(x, u(x)) : x \prec n\})$ para cada inteiro $n \geq q+i$

para $g : S \to V$ e $T : \mathbb{Z}_{\geq q} \times RF_{\mathbb{Z}_{\geq q}, V} \rightharpoonup V$ tal que $T(n, R)$ está definido sempre que $n \geq q+i$ e $dom(R) = \{x : x \prec n\} = \{n-i, \ldots, n-1\}$. Assim, para se obter (i) e (ii), deverá ter-se, em particular, que

$$g(q+j) = a_j \text{ para } j = 0, \ldots, i-1$$

e, para $n \geq q+i$

$$\begin{aligned} T(n, \{(x, u(x)) : x \prec n\}) &= T(n, \{(n-i, u(n-i)), \ldots, (n-1, u(n-1))\}) \\ &= F(u(n-i)), \ldots, u(n-1)). \end{aligned}$$

Deste modo, o resultado desejado obtém-se recorrendo à Proposição A.3.1 considerando $g : S \to V$ dada por $g(q+j) = a_j$, para $j = 0, \ldots, i-1$, e $T : \mathbb{Z}_{\geq q} \times RF_{\mathbb{Z}_{\geq q}, V} \rightharpoonup V$ com $T(n, R)$ definido sse $n \geq q+i$ e o domínio de R é $\{n-i, \ldots, n-1\}$, tendo-se

$$T(n, \{(n-i, y_i), \ldots, (n-1, y_1)\}) = F(y_i, \ldots, y_1)$$

para qualquer $n \geq q+i$ e quaisquer $y_1, \ldots, y_i \in V$. ∎

Exemplo A.3.6 Existe uma e uma só sucessão $(u_n)_{n \geq 0}$ tal que

(i) $u_0 = 7$

(ii) $u_1 = 16$

(iii) $u_n = 5u_{n-1} - 6u_{n-2}$ para $n \geq 2$.

Tendo em conta o Corolário A.3.5, basta considerar $q = 0$, $i = 2$, $a_0 = 7$, $a_1 = 16$ e $F(x, y) = 5y - 6x$. Então, $u_n = F(u(n-2), u(n-1))$ e consequentemente $u_n = 5u(n-1) - 6u(n-2) = 5u_{n-1} - 6u_{n-2}$. ∎

Exemplo A.3.7 Existe uma e uma só sucessão $(u_n)_{n \geq 0}$ tal que

(i) $u_0 = 0$

(ii) $u_1 = 1$

(iii) $u_n = u_{n-1} + u_{n-2}$ para $n \geq 2$.

Esta é a sucessão usualmente denominada *sucessão de Fibonacci*. Neste caso, basta considerar $q = 0$, $i = 2$, $a_0 = 0$, $a_1 = 1$ e $F(x, y) = x + y$ no Corolário A.3.5. ■

O próximo corolário, cuja demonstração se deixa como exercício, estende o Corolário A.3.3.

Corolário A.3.8 Sejam $q \in \mathbb{Z}$, $i \in \mathbb{N}_1$, V um conjunto e $F : \mathbb{Z}_{\geq q} \times V^i \to V$ uma aplicação. Para cada tuplo $(a_0, \ldots, a_{i-1}) \in V^i$ existe uma e uma só aplicação $u : \mathbb{Z}_{\geq q} \to V$ que verifica as seguintes condições:

(i) $u(q + j) = a_j$ para $j = 0, \ldots, i - 1$

(ii) $u(n) = F(n, u(n - i), \ldots, u(n - 1))$ para cada $n \geq q + i$. ■

Os exemplos anteriores ilustraram a definição de funções, por "recursão bem fundada" sobre o conjunto $\mathbb{Z}_{\geq q}$ dos inteiros maiores ou iguais a um dado inteiro q, considerando, nomeadamente, os casos em que q é 1 ou 0. Vejamos agora alguns exemplos de funções, definidas por "recursão bem fundada", em que o argumento da recursão é de outro tipo. Concretamente, vamos considerar agora exemplos em que o argumento da recursão é uma sequência ou uma lista.

Exemplo A.3.9 Como primeiro exemplo considere-se a função *Mathematica*

$$\texttt{h=Function[w,If[w=={},{},Prepend[h[Rest[w]],First[w]}^2\texttt{]]]} \quad (A.2)$$

para o cálculo do quadrado de uma lista de números inteiros. No Exemplo A.2.5 já se mostrou que `h` está bem definida, no sentido de que define uma e uma só aplicação entre o conjunto X das listas de números inteiros (em *Mathematica*) e si próprio. Para tal, recorreu-se aí ao facto de X ser um conjunto livremente gerado e aos resultados sobre funções definidas por recursão sobre tais conjuntos. Vamos agora chegar à mesma conclusão, mas recorrendo aos resultados sobre "recursão sobre conjuntos bem fundados" como forma até de comparar os dois tipos de raciocínio/demonstração. Nesta caso usa-se a Proposição A.3.1.

Defina-se sobre X a relação bem fundada

$$v \prec w \text{ sse } v = \texttt{Rest[}w\texttt{]}.$$

O conjunto S dos elementos minimais é formado apenas pela lista vazia e tem-se `h[List[]]` $= g($`List[]`$)$ em que a aplicação $g : S \to X$ é dada por $g($`List[]`$) =$ `List[]`.

Seja agora w uma qualquer lista não vazia, isto é $w \in X \backslash S$. Tem-se

$$\texttt{h[}w\texttt{]} = \texttt{Prepend[h[Rest[}w\texttt{]],First[}w\texttt{]}^2\texttt{]}$$

e

$$T(w, \{(v, \texttt{h[}v\texttt{]}) : v \prec w\}) = T(w, \{(\texttt{Rest[}w\texttt{]}, \texttt{h[Rest[}w\texttt{]]})\}).$$

Logo, garante-se

$$\texttt{h[}w\texttt{]} = T(w, \{(v, \texttt{h[}v\texttt{]}) : v \prec w\})$$

definindo T como sendo uma função $T : X \times RF_{X,X} \rightharpoonup X$ que satisfaça, para qualquer $w \neq \{\}$ e qualquer lista $s \in X$,

$$T(w, \{(\texttt{Rest[}w\texttt{]}, s)\}) = \texttt{Prepend[}s\texttt{,First[}w\texttt{]}^2\texttt{]}.$$

Logo, pela Proposição A.3.1, temos a garantia que (A.2) define uma e uma só aplicação de X em X. ∎

Vejamos agora mais dois resultados, e um exemplo de aplicação da "recursão bem fundada" em que não é possível recorrer aos resultados da recursão sobre conjuntos livremente gerados para demonstrar que a função em causa está bem definida. Nos resultados a seguir consideram-se sequências, mas, como vimos, a sua aplicação a exemplos de programação na linguagem *Mathematica* com listas é apenas uma questão de adaptação da notação usada.

Corolário A.3.10 Seja B um conjunto e $X \subseteq B^*$ um conjunto não vazio de sequências de elementos de B fechado para subsequências, significando que se $y \in X$ e y' é uma subsequência de y então $y' \in X$. Seja V um conjunto e $a \in V$. Seja ainda $T : X \times RF_{X,V} \rightharpoonup V$ tal que $T(y, R)$ está definido sempre que $y \in X$ for uma sequência não vazia e o domínio de R for o conjunto $\{x : x \text{ é uma subsequência estrita de } y\}$. Existe uma e uma só aplicação $u : X \to V$ que verifica as seguintes condições:

(i) $u(()) = a$

(ii) $u(y) = T(y, \{(x, u(x)) : x \text{ é uma subsequência estrita de } y\})$ para cada $y \neq ()$

onde, recorde-se, $()$ denota a sequência vazia.

Demonstração: Considera-se a relação bem fundada $\prec$ em X tal que $x \prec y$ se e só se x é uma subsequência estrita de y. O único elemento minimal é a sequência vazia. O resultado obtém-se pela Proposição A.3.1 considerando $g : S \to V$, onde $S = \{()\}$, que a $()$ faz corresponder a. ∎

Como referimos, o facto de a função a definir por recorrência ter mais do que um argumento não afeta os resultados obtidos, desde que a recorrência seja feita num só argumento. Ilustremos esta afirmação a propósito do Corolário A.3.10 anterior.

Corolário A.3.11 Sejam C e B dois conjuntos e $X \subseteq B^*$ um conjunto não vazio de sequências de elementos de B, fechado para subsequências. Seja V um conjunto e $h : C \to V$ uma aplicação. Seja $F : C \times X \times RF_{X,V} \rightharpoonup V$ uma função tal que $F(c, y, R)$ está definido sempre que $c \in C$, $y \in X$ for uma sequência não vazia e o domínio de R for $\{x : x$ é uma subsequência estrita de $y\}$. Existe uma e uma só aplicação $u : C \times X \to V$ que verifica as seguintes condições:

(i) $u(c, ()) = h(c)$

(ii) $u(c, y) = F(c, y, \{(x, u(c, x)) : x$ é uma subsequência estrita de $y\})$ para cada $y \neq ()$.

Demonstração: Para cada $c \in C$ sejam $a_c = h(c)$ e $T_c : X \times RF_{X,V} \rightharpoonup V$ tal que $T_c(y, R)$ está definida se e só se $F(c, y, R)$ está definida, em cujo caso

$$T_c(y, R) = F(c, y, R).$$

Então, pelo Corolário A.3.10, para cada $c \in C$ existe uma e uma só aplicação $u_c : X \to V$ que verifica as seguintes condições:

(c-i) $u_c(()) = a_c = h(c)$

(c-ii) $u_c(y) = T_c(y, \{(x, u_c(x)) : x$ é uma subsequência estrita de $y\})$ para cada $y \neq ()$.

Seja $u : C \times X \to V$ tal que $u(c, y) = u_c(y)$ para cada $c \in C$ e $y \in X$. É imediato que u está bem definida e que satisfaz (i) e (ii). Igualmente se demonstra com facilidade que u é a única aplicação nessas condições. Com efeito, caso existissem duas aplicações u_1 e u_2 nessas condições, se $u_1 \neq u_2$ existiriam $c \in C$ e $y \in X$ tais que

$$u_1(c, x) \neq u_2(c, x).$$

Mas então, definindo $u_{1c} : X \to V$ e $u_{2c} : X \to V$ por

$$u_{1c}(y) = u_1(c, y) \quad \text{e} \quad u_{2c}(y) = u_2(c, y)$$

para cada $y \in X$, ter-se-ia

$$u_{1c}(x) \neq u_{2c}(x)$$

o que contradiz o resultado anterior, dado que quer u_1 quer u_2 satisfazem (c-i) e (c-ii). ■

Exemplo A.3.12 Recorde-se o programa para a pesquisa binária em listas de números ordenados de forma crescente do Exemplo 7.2.9:

```
f=Function[{s,n},
   If[s=={},
      False,
      If[Length[s]==1,
         If[s[[1]]==n,True,False],
         If[n≤s[[Quotient[Length[s],2]]],
            f[Take[s,Quotient[Length[s],2]],n],
            f[Drop[s,Quotient[Length[s],2]],n]]]]]
```

Seja B um conjunto dos números e X o conjunto das listas (em *Mathematica*) desses números que estão ordenadas de forma crescente, conjunto que é fechado para sublistas. Seja ainda $C = B$ e $V = \{\texttt{True}, \texttt{False}\}$. Pelo Corolário A.3.11, considerando apenas que o argumento sobre o qual incide a recursão é o primeiro em vez de ser o último, teremos demonstrado que a definição de `f` dá origem a uma e a uma só aplicação $f : X \times C \to V$ desde que se demonstre que

(i) $\texttt{f[List[],}n\texttt{]} = h(n)$ para alguma aplicação $h : C \to V$

(ii) $\texttt{f[}s\texttt{,}n\texttt{]} = F(n, s, \{(w, \texttt{f[}w\texttt{,}n\texttt{]}) : w$ é uma sublista estrita de $s\})$ para alguma função $F : C \times X \times RF_{X,V} \rightharpoonup V$ tal que $F(n, s, R)$ está definido desde que $n \in C$, $s \neq \texttt{List[]}$ e o domínio de R seja o conjunto $\{w : w$ é uma sublista estrita de $s\}$.

É imediato verificar que, de acordo com a definição de `f` apresentada acima, se tem, para quaisquer $r, n \in C$ e $s \in X$

$$\texttt{f[List[],}n\texttt{]} = \texttt{False}$$

$$\texttt{f[List[}n\texttt{],}n\texttt{]} = \texttt{True} \text{ e } \texttt{f[List[}r\texttt{],}n\texttt{]} = \texttt{False} \text{ para } r \neq n \tag{A.3}$$

$$\texttt{f[}s\texttt{,}n\texttt{]} = \tag{A.4}$$

$$\texttt{f[Take[}s\texttt{,Quotient[}k\texttt{,2]],}n\texttt{]} \quad \text{se } n \leq s\texttt{[[Quotient[}k\texttt{,2]]]}$$

$$\texttt{f[Drop[}s\texttt{,Quotient[}k\texttt{,2]],}n\texttt{]} \quad \text{se } n > s\texttt{[[Quotient[}k\texttt{,2]]]}$$

com $k = \texttt{Length[}s\texttt{]} > 1$

Assim, tem-se (i) considerando $h : C \to V$ dada por $h(n) = \texttt{False}$ para cada $n \in C$.

Considere-se agora a definição de $\texttt{f[}s\texttt{,}n\texttt{]}$ quando $\texttt{Length[}s\texttt{]} = 1$. Tem-se

$$F(n, \texttt{List[}r\texttt{]}, \{(w, \texttt{f[}w\texttt{,}n\texttt{]}) : w \text{ é uma sublista estrita de } \texttt{List[}r\texttt{]}\})$$
$$=$$
$$F(n, \texttt{List[}r\texttt{]}, \{(\texttt{List[]}, \texttt{f[List[],}n\texttt{]})\})$$

com $r, n \in C$. Logo, tendo em conta (A.3), garante-se (ii), neste caso, definindo para quaisquer $r, n \in C$ e $v \in V$

$$F(n, \texttt{List[}r\texttt{]}, \{(\texttt{List[]}, v)\}) = \begin{cases} \texttt{True} & \text{se } n = r \\ \texttt{False} & \text{se } n \neq r. \end{cases}$$

Considere-se, por fim, a definição de $\texttt{f[}s\texttt{,}n\texttt{]}$ no caso de $s = \texttt{List[}b_1\texttt{,}\ldots\texttt{,}b_k\texttt{]}$ com $k > 1$. Designando $\texttt{Quotient[}k\texttt{,2]}$ por q tem-se

$$\texttt{Take[}s\texttt{,}q\texttt{]} = \texttt{List[}b_1\texttt{,}\ldots\texttt{,}b_q\texttt{]} \qquad \text{e} \qquad \texttt{Take[}s\texttt{,}q\texttt{]} \prec s$$

bem como

$$\texttt{Drop[}s\texttt{,}q\texttt{]} = \texttt{List[}b_{q+1}\texttt{,}\ldots\texttt{,}b_k\texttt{]} \qquad \text{e} \qquad \texttt{Drop[}s\texttt{,}q\texttt{]} \prec s.$$

Por (A.4), garante-se (ii) definindo $F(n, \texttt{List[}b_1\texttt{,}\ldots\texttt{,}b_k\texttt{]}, R)$ como sendo o elemento associado a $\texttt{List[}b_1\texttt{,}\ldots\texttt{,}b_q\texttt{]}$ em R, isto é,

$$F(n, \texttt{List[}b_1\texttt{,}\ldots\texttt{,}b_k\texttt{]}, R) = \begin{cases} v_{\texttt{List[}b_1\texttt{,}\ldots\texttt{,}b_q\texttt{]}} & \text{se } n \leq b_q \\ v_{\texttt{List[}b_{q+1}\texttt{,}\ldots\texttt{,}b_k\texttt{]}} & \text{se } n > b_q \end{cases}$$

com $R = \{(w, v_w) : w \prec \texttt{List[}b_{q+1}\texttt{,}\ldots\texttt{,}b_k\texttt{]}\}$, onde v_w designa um qualquer elemento de V para cada w em causa. O valor de $F(n, s, R)$ nos outros casos é irrelevante, podendo considerar-se, para os fins em vista, que $F(n, s, R)$ só está definido nos casos analisados em cima. ■

A.4 Recursão em mais de um argumento

Foi referido acima que podíamos definir por recursão uma função de vários argumentos, desde que a recursão fosse feita num só dos argumentos. Ilustremos como tal limitação pode ser ultrapassada, em alguns casos.

A ideia é que uma função u de $n \geq 2$ argumentos com valores nos conjuntos $X_1, \ldots, X_n$ e resultado num conjunto V pode ser vista como uma aplicação

$$u : X_1 \times \ldots \times X_n \to V$$

que associa elementos de V a elementos do conjunto $X_1 \times \ldots \times X_n$. Assim, se definirmos uma relação bem fundada $\prec$ no produto cartesiano $X_1 \times \ldots \times X_n$, podemos definir tal função u por recursão. Esta recursão é efetuada, em rigor, no único argumento de u – um tuplo. Um exemplo ilustrará melhor o que se pretende dizer.

Exemplo A.4.1 FUNÇÃO DE ACKERMANN
A função de Ackermann é uma função de duas variáveis naturais e resultado natural que se define recursivamente, como se segue:

(1) $u(0, y) = y + 1$ para cada natural y

(2) $u(x, 0) = u(x - 1, 1)$ para cada natural $x \geq 1$

(3) $u(x, y) = u(x - 1, u(x, y - 1))$ para cada natural $x \geq 1$ e $y \geq 1$.

A título ilustrativo vejamos como se pode utilizar a Proposição A.3.1 para mostrar que de facto existe uma e uma só aplicação $u : \mathbb{N} \times \mathbb{N} \to \mathbb{N}$ que verifica as condições (1), (2) e (3) referidas. Seja $X = \mathbb{N} \times \mathbb{N}$ e $V = \mathbb{N}$. Considere-se a usual ordem lexicográfica em $\mathbb{N} \times \mathbb{N}$

$$(x_1, y_1) \prec (x_2, y_2) \quad \text{sse} \quad x_1 < x_2 \text{ ou } (x_1 = x_2 \text{ e } y_1 < y_2).$$

Trata-se de uma relação bem fundada (ver Exercício 46 da Secção 3.4). O único elemento minimal é o par $(0, 0)$, pelo que $S = \{(0, 0)\}$.

Note-se que se $y > 0$ então

$$\{(n, m) \in \mathbb{N} \times \mathbb{N} : (n, m) \prec (0, y)\}$$

é o conjunto finito $\{(0, 0), (0, 1), \ldots, (0, y - 1)\}$.

Se $x > 0$ então

$$\{(n, m) \in \mathbb{N} \times \mathbb{N} : (n, m) \prec (x, y)\}$$

é infinito, mesmo que y seja zero. Tem-se

$$\{(n, m) \in \mathbb{N} \times \mathbb{N} : (n, m) \prec (1, 0)\} = \{(0, k) : k \in \mathbb{N}\}$$

por exemplo.

Considerando $g : S \to V$ dada por $g(0, 0) = 1$, garante-se a condição (i) da Proposição A.3.1, uma vez que $u(0, 0) = 1$, como decorre da condição (1) acima. Há agora que definir a função $T : X \times RF_{X,V} \rightharpoonup V$. Neste caso $X = \mathbb{N} \times \mathbb{N}$. Recorde-se que de acordo com a Proposição A.3.1, $T((x, y), R)$ tem de estar definido sempre que $(x, y) \neq (0, 0)$ e R tenha domínio $\{(n, m) : (n, m) \prec (x, y)\}$, ou seja, os elementos de R são pares $((n, m), k)$ com $(n, m) \prec (x, y)$, e $k \in \mathbb{N}$. Note-se que T tem de ser definido de modo a que a condição (ii) da Proposição A.3.1, isto é,

$$u(x, y) = T((x, y), \{((n, m), u(n, m)) : (n, m) \prec (x, y)\})$$
qualquer que seja o elemento não minimal $(x, y) \in \mathbb{N} \times \mathbb{N}$

traduza os restantes casos de (1), bem como os casos em (2) e (3).

Comecemos por ver como obter os restantes casos de (1), isto é, vejamos como a condição (ii) da Proposição A.3.1 pode assegurar que $u(0, y) = y + 1$ para cada $y \in \mathbb{N}_1$. Sendo então $y \in \mathbb{N}_1$, para obter a igualdade pretendida tem de verificar-se que

$$T((0,y),\{((n,m),u(n,m))\colon (n,m) \prec (0,y)\}) = y+1.$$

Tal será naturalmente garantido considerando

$$T((0,y),R) = y+1$$

para cada $y \in \mathbb{N}_1$ e cada R com domínio $\{(n,m) : (n,m) \prec (0,y)\}$.

Vejamos agora como obter (2) a partir da condição (ii). Temos neste caso que assegurar que $u(x,0) = u(x-1,1)$ para cada $x \in \mathbb{N}_1$. Sendo $x \in \mathbb{N}_1$, para obter a igualdade pretendida tem de verificar-se

$$T((x,0),\{((n,m),u(n,m))\colon (n,m) \prec (x,0)\}) = u(x-1,1).$$

Como $(x-1,1) \prec (x,0)$, tem-se que $u(x-1,1)$ é o elemento que está associado a $(x-1,1)$ na relação $\{((n,m),u(n,m))\colon (n,m) \prec (x,0)\}$. Assim, a igualdade em causa é garantida considerando, para qualquer relação funcional R com domínio $\{(n,m) : (n,m) \prec (x,0)\}$, que $T((x,0),R)$ é o natural k tal que $((x-1,1),k) \in R$. Observe-se que, uma vez que $(x-1,1) \prec (x,0)$ e R é uma relação funcional, para as relações R referidas existe sempre um e um só natural k tal que $((x-1,1),k) \in R$.

Vejamos agora como obter (3) a partir da condição (ii). Há que assegurar que $u(x,y) = u(x-1,u(x,y-1))$ para $x,y \in \mathbb{N}_1$. Sendo $x,y \in \mathbb{N}_1$, para obter a igualdade pretendida tem de verificar-se

$$T((x,y),\{((n,m),u(n,m)) : (n,m) \prec (x,y)\}) = u(x-1,u(x,y-1)).$$

Ora $u(x-1,u(x,y-1))$ é o número natural associado a $(x-1,u(x,y-1))$ na relação $\{((n,m),u(n,m))\colon (n,m) \prec (x,y)\}$, isto assumindo que se verifica $(x-1,u(x,y-1)) \prec (x,y)$. Mas como $(x-1,k) \prec (x,y)$ para qualquer $k \in \mathbb{N}$, pode concluir-se que de facto

$$(x-1,u(x,y-1)) \prec (x,y).$$

Por outro lado, $u(x,y-1)$ é o número natural que na relação referida está associado ao par $(x,y-1)$, isto assumindo que se verifica

$$(x,y-1) \prec (x,y)$$

o que facilmente se conclui que é de facto verdade. Assim, a igualdade em causa será garantida considerando, para quaisquer $x,y \in \mathbb{N}_1$,

$$T((x,y),R) = j$$

com j o natural que verifica $((x-1,k),j) \in R$, para k o natural que verifica $((x,y-1),k) \in R$.

Finalmente, no que diz respeito ao domínio de T, pode considerar-se que $T((x,y),R)$ só está definido nos casos considerados, isto é, $T((x,y),R)$ está definido se e só se $(x,y) \neq (0,0)$ e R é uma relação binária funcional entre $\mathbb{N} \times \mathbb{N}$ e $\mathbb{N}$ cujo domínio é $\{(n,m) : (n,m) \prec (x,y)\}$. ∎

Exemplo A.4.2 Para terminar este tópico, vejamos ainda mais um exemplo. Considere-se a seguinte versão de uma função para juntar duas listas, em que a função é definida por recursão nos seus dois argumentos:

```
junta=Function[{w,v},
   If[v=={},
      w,
      junta[Append[w,First[v]],Rest[v]]]]
```

Repare-se que embora a função `junta` pareça estar a ser definida por recursão no seu segundo argumento, `v`, tal não é exatamente verdade, pois quando `junta` é invocada no passo da recursão, o seu primeiro argumento não é o argumento inicial, `w`, mas sim `Append[w,First[v]]`.

Para mostrar que a função `junta` está bem definida, dando origem a uma e uma só aplicação *junta* : $L \times L \to L$, com L o conjunto das listas *Mathematica*, podemos recorrer de novo à Proposição A.3.1, considerando aí que $X = L \times L$ e $V = L$.

Considere-se, por exemplo, a seguinte relação bem fundada em X:

$$(w_1, v_1) \prec (w_2, v_2) \text{ sse } v_1 = \texttt{Rest[}v_2\texttt{]}.$$

Note-se que a definição acima implica $v_2 \neq \texttt{List[]}$, pois `Rest[List[]]` não está definido. O conjunto S dos elementos minimais é formado por todos os pares de listas da forma $(w, \texttt{List[]})$, com $w \in L$.

Garante-se a condição (i) da Proposição A.3.1, considerando a aplicação $g : S \to V$ dada por $g(w, \texttt{List[]}) = w$ para cada $w \in L$.

Há agora que definir $T : X \times RF_{X,V} \rightharpoonup V$ de modo a que $T((w,v),R)$ esteja definida sempre que $(w,v) \in X \backslash S$ e R tenha como domínio o conjunto

$$\{(r,z) : (r,z) \prec (w,v)\}$$

e se tenha, para uma qualquer lista w e uma qualquer lista não vazia v

$$\begin{aligned}\texttt{junta[}w\texttt{,}v\texttt{]} &= T((w,v), \{((r,z), \texttt{junta[}r\texttt{,}z\texttt{]}) : (r,z) \prec (w,v)\}) \\ &= T((w,v), \{((r, \texttt{Rest[}v\texttt{]}), \texttt{junta[}r\texttt{,Rest[}v\texttt{]]}) : r \in L\}) \quad \text{(A.5)}\end{aligned}$$

Suponha-se que (w,v) e R estão nas condições indicadas. Ora, quando v não é lista vazia, pela definição de `junta` tem-se

$$\texttt{junta[}w\texttt{,}v\texttt{]=junta[Append[}w\texttt{,First[}v\texttt{]],Rest[}v\texttt{]]}.$$

Assim, garante-se (A.5) definindo $T((w,v),R)$ como sendo a lista x tal que

$$((\texttt{Append[}w\texttt{,First[}v\texttt{]],Rest[}v\texttt{]]}), x) \in R.$$

Note-se que na relação R existirá sempre um e um só par cujo primeiro elemento é (`Append[`w`,First[`v`]],Rest[`v`]]`).

Finalmente, quanto ao domínio de T, é irrelevante qual o valor $T((w,v),R)$ nos casos não considerados, podendo assumir-se que não está definido. ■

A.5 Demonstrações

Nesta secção reúnem-se as demonstrações de alguns resultados apresentados ao longo deste apêndice, que são mais extensas e complexas. Estas demonstrações podem ser omitidas numa primeira leitura.

Proposição A.2.1 Seja E um conjunto, S um seu subconjunto não vazio e seja X o conjunto livremente gerado a partir de S por um conjunto Ops de operações em E. Sejam V um conjunto e $g : S \to V$ uma aplicação. Para cada $f \in Ops$ de aridade $k > 0$, seja $T_f : V^k \to V$ uma aplicação. Existe uma e uma só aplicação $u : X \to V$ que verifica as seguintes condições:

(i) $u(x) = g(x)$ para todo $x \in S$

(ii) $u(f(x_1, ..., x_k)) = T_f(u(x_1), \ldots, u(x_k))$
para cada $f \in Ops$ de aridade k e $x_1, \ldots, x_k \in X$.

Demonstração: A função u cuja existência e unicidade se tem de demonstrar é definida como sendo a "união" de todas as funções que são suas aproximações, a seguir designadas por *aceitáveis*[1]. Dizemos que uma função $h : X \rightharpoonup V$ é aceitável se h verifica as seguintes condições:

(a-i) se $x \in S$ e $x \in dom(h)$ então $h(x) = g(x)$

(a-ii) para cada operação $f \in Ops$ de aridade k e $x_1, \ldots, x_k \in X$
se $f(x_1, ..., x_k) \in dom(h)$ então $x_1, \ldots, x_k \in dom(h)$
e $h(f(x_1, ..., x_k)) = T_f(h(x_1), \ldots, h(x_k))$.

Seja H o conjunto de todas as funções aceitáveis. Note-se que $H \neq \emptyset$. Com efeito, em particular, $h_0 : X \rightharpoonup V$ tal que $dom(h_0) = S$ e $h_0(x) = g(x)$ para cada $x \in S$ é aceitável. A verificação da condição (a-i) é imediata. Verifica-se também (a-ii), pois, como X é livremente gerado, não existe nenhum elemento $f(x_1, \ldots, x_k)$ que pertença a $S = dom(h_0)$.

Considere-se $u : X \rightharpoonup V$ tal que:

- para cada $x \in X$, $x \in dom(u)$ sse $x \in dom(h)$ para alguma função $h \in H$;

[1] Usando a terminologia em [57].

- para cada $x \in dom(u)$, se $x \in dom(h)$ para alguma função $h \in H$ então $u(x) = h(x)$.

Iremos demonstrar que se verificam as condições seguintes: (1) a função u está bem definida, (2) $u \in H$, (3) $dom(u) = X$ e, finalmente, (4) u é a única aplicação de X em V que verifica condições (i) e (ii) do enunciado.

(1) Demonstremos que u está bem definida, isto é, que para cada $x \in dom(u)$ existe um e um só $v \in V$ tal que $u(x) = v$. Considere-se o conjunto

$$\begin{aligned} U = \{x \in X : \text{ quaisquer que sejam } h_1, h_2 \in H, \text{ se } x \in dom(h_1) \\ \text{e } x \in dom(h_2) \text{ então } h_1(x) = h_2(x)\}. \end{aligned}$$

Como $U \subseteq X$, se demonstrarmos que U é indutivo relativamente a S e Ops então, pelo Corolário 7.3.9, pode concluir-se que $U = X$, e portanto que u está bem definida. Demonstremos então que U é indutivo relativamente a S e a Ops.

Sejam $x \in S$ e h_1 e h_2 funções aceitáveis tais que $x \in dom(h_1)$ e $x \in dom(h_2)$. Então $h_1(x) = g(x) = h_2(x)$. Logo, se $x \in S$ então $x \in U$, e portanto $S \subseteq U$.

Considerando agora f em Ops de aridade k e $x_1, \ldots, x_k \in U$, há que demonstrar que $f(x_1, \ldots, x_k) \in U$, assumindo que $(x_1, \ldots, x_k) \in dom(f)$. Assim, sendo h_1 e h_2 funções aceitáveis tais que $f(x_1, \ldots, x_k) \in dom(h_1)$ e $f(x_1, \ldots, x_k) \in dom(h_2)$, pretendemos concluir que

$$h_1(f(x_1, \ldots, x_k)) = h_2(f(x_1, \ldots, x_k)).$$

Ora, dado que h_1 é aceitável, o facto de $f(x_1, \ldots, x_k) \in dom(h_1)$ implica que $x_1, \ldots, x_k \in dom(h_1)$ e que

$$h_1(f(x_1, \ldots, x_k)) = T_f(h_1(x_1), \ldots, h_1(x_k))).$$

Naturalmente o mesmo se pode concluir relativamente à função h_2. Mas se $x_1, \ldots, x_k \in U$, $x_1, \ldots, x_k \in dom(h_1)$ e $x_1, \ldots, x_k \in dom(h_2)$, pela definição de U, tem-se $h_1(x_1) = h_2(x_1)$,..., $h_1(x_k) = h_2(x_k)$. Logo

$$\begin{aligned} h_1(f(x_1, \ldots, x_k)) &= T_f(h_1(x_1), \ldots, h_1(x_k))) \\ &= T_f(h_2(x_1), \ldots, h_2(x_k))) \\ &= h_2(f(x_1, \ldots, x_k)). \end{aligned}$$

(2) Há que demonstrar que u verifica as condições (a-i) e (a-ii).

Recorde-se a função aceitável h_0 acima referida. Se $x \in S \subseteq X$ então $x \in dom(h_0)$, por definição de h_0. Logo, por definição de u, tem-se que $x \in dom(u)$ e $u(x) = h_0(x)$. Como $h_0(x) = g(x)$, conclui-se que (a-i) se verifica.

Relativamente a (a-ii), seja f em *Ops* de aridade k e $x_1, \ldots, x_k \in X$ tais que $f(x_1, \ldots, x_k) \in dom(u)$. Queremos concluir que $x_1, \ldots, x_k \in dom(u)$ e

$$u(f(x_1, \ldots, x_k)) = T_f(u(x_1), \ldots, u(x_k)).$$

Ora, se $f(x_1, \ldots, x_k) \in dom(u)$ então existe uma função h aceitável tal que $f(x_1, \ldots, x_k) \in dom(h)$. Por um lado, porque h é função aceitável, tem-se que $x_1, \ldots, x_k \in dom(h)$ pelo que, usando a definição de $dom(u)$, tem-se $x_1, \ldots, x_k \in dom(u)$. Por outro lado, porque h é aceitável tem-se

$$h(f(x_1, \ldots, x_k)) = T_f(h(x_1), \ldots, h(x_k)))$$

e, por definição de u,

$$u(f(x_1, \ldots, x_k)) = h(f(x_1, \ldots, x_k)) \quad \text{e} \quad u(x_1) = h(x_1), \ldots, u(x_k) = h(x_k).$$

Logo, podemos concluir que $u(f(x_1, \ldots, x_k)) = T_f(u(x_1), \ldots, u(x_k))$.

(3) Se demonstrarmos que $dom(u)$ é indutivo relativamente a S e *Ops* então, pelo Corolário 7.3.9, pode concluir-se que $dom(u) = X$, como se pretende.

Recorde-se a função aceitável h_0 acima referida. Como $dom(h_0) = S$, pela definição de $dom(u)$, tem-se que se $x \in S$ então $x \in dom(u)$.

Seja agora f em *Ops* de aridade k e $x_1, \ldots, x_k \in dom(u)$, e assuma-se que $(x_1, \ldots, x_k) \in dom(f)$. Há que demonstrar que $f(x_1, \ldots, x_k) \in dom(u)$, isto é, que existe uma função aceitável h tal que $f(x_1, \ldots, x_k) \in dom(h)$.

Suponha-se, por absurdo, que $f(x_1, \ldots, x_k) \notin dom(u)$ e defina-se uma função $h : X \rightharpoonup V$ como se segue:

$$dom(h) = dom(u) \cup \{f(x_1, \ldots, x_k)\}$$

e

$$h(x) = \begin{cases} u(x) & \text{se } x \in dom(u) \\ T_f(u(x_1), \ldots, u(x_k)) & \text{se } x = f(x_1, \ldots, x_k). \end{cases}$$

Demonstra-se em primeiro lugar que h está bem definida. Como já vimos que u é uma função bem definida, e como $f(x_1, \ldots, x_k) \notin dom(u)$, há apenas que garantir que

$$h(f(x_1, \ldots, x_k)) = T_f(u(x_1), \ldots, u(x_k))$$

está bem definido. Ora, uma vez que $x_1, \ldots, x_k \in dom(u)$, então estão definidos os valores de $u(x_1)$,..,$u(x_k))$ e portanto $T_f(u(x_1), \ldots, u(x_k))$ está definido.

Verifica-se agora que h é aceitável.

(a-i) Se $x \in S$, então, dado que $S \subseteq dom(u)$, tem-se $x \in dom(u)$ e $h(x) = u(x) = g(x)$, pois u é aceitável.

(a-ii) Considere-se $f_1 \in Ops$ de aridade j e sejam $y_1, \ldots, y_j \in X$ tais que $f_1(y_1, \ldots, y_j) \in dom(h)$.

Se $f_1(y_1, \ldots, y_j) \in dom(u)$ então, uma vez que a função u é aceitável, $y_1, \ldots, y_j \in dom(u)$ e $u(f_1(y_1, \ldots, y_j)) = T_{f_1}(u(y_1), \ldots, u(y_j))$. Logo, $y_1, \ldots, y_j \in dom(h)$ e

$$\begin{aligned} h(f_1(y_1, \ldots, y_j)) &= u(f_1(y_1, \ldots, y_j)) \\ &= T_{f_1}(u(y_1), \ldots, u(y_j)) \\ &= T_{f_1}(h(y_1), \ldots, h(y_j)). \end{aligned}$$

Se $f_1(y_1, \ldots, y_j) \in dom(h) \backslash dom(u)$ então a igualdade

$$f_1(y_1, \ldots, y_j) = f(x_1, \ldots, x_k)$$

verifica-se. Como X é um conjunto livremente gerado, tem de verificar-se $f_1 = f$, $j = k$ e $y_1 = x_1$,..., $y_k = x_k$. Logo, $y_1, \ldots, y_j \in dom(h)$, pois $x_1, \ldots, x_k \in dom(u)$, e

$$\begin{aligned} h(f(x_1, \ldots, x_k)) &= T_f(u(x_1), \ldots, u(x_k)) && \text{(por definição de } h) \\ &= T_f(h(x_1), \ldots, h(x_k)) && (x_1, \ldots, x_k \in dom(u)) \end{aligned}$$

Mas então h é aceitável e, como $f_1(x_1, \ldots, x_k) \in dom(h)$, tem-se que $f_1(x_1, \ldots, x_k) \in dom(u)$, obtendo-se uma contradição.

(4) Vamos agora concluir que u é uma aplicação de X em V que verifica as condições (i) e (ii) do enunciado. O facto de ser aplicação de X em V foi demonstrado em (3). As condições (i) e (ii) são consequência do facto de, como demonstrado em (2), se ter que $u \in H$. A condição (i) decorre de (a-i), tendo em conta que $S \subseteq dom(u) = X$. No que respeita à condição (ii), sendo $f \in Ops$ de aridade $k > 0$ e $x_1, \ldots, x_k \in X$, tem-se que $f(x_1, \ldots, x_k) \in X = dom(u)$ e, portanto, por (a-ii), $u(f(x_1, ..., x_k)) = T_f(u(x_1), \ldots, u(x_k))$.

Relativamente à unicidade, considerem-se aplicações u_1 e u_2 de X em V que verifiquem as condições (i) e (ii) do enunciado. Queremos demonstrar que $u_1 = u_2$. A igualdade fica estabelecida se se demonstrar que o conjunto $\{x \in X : u_1(x) = u_2(x)\}$ é indutivo relativamente a S e Ops. Deixa-se como exercício esta demonstração. ■

Proposição A.3.1 Seja $\prec$ uma relação bem fundada em X e seja V um conjunto. Seja S o conjunto dos elementos minimais de X em relação a $\prec$ e seja $g : S \to V$ uma aplicação. Seja $T : X \times RF_{X,V} \rightharpoonup V$ tal que $T(y, R)$ está definido sempre que $y \in X \backslash S$ e $dom(R) = \{x : x \prec y\}$. Existe uma e uma só aplicação $u : X \to V$ que verifica as condições:

(i) $u(x) = g(x)$ para todo $x \in S$

(ii) $u(y) = T(y, \{(x, u(x)) : x \prec y\})$ para cada $y \in X$ não minimal.

Demonstração: A demonstração é análoga à da Proposição A.2.1. Tal como nesse caso, a ideia é definir u como a "união" de todas as funções que são suas aproximações e que aqui designamos de novo por aceitáveis. Neste caso, dizemos que uma função $h : X \rightharpoonup V$ é aceitável se h verifica as seguintes condições:

(a-i) se $x \in S$ e $x \in dom(h)$ então $h(x) = g(x)$

(a-ii) para cada elemento não minimal y,
se $y \in dom(h)$ então $\{x : x \prec y\} \subseteq dom(h)$
e $h(y) = T(y, \{(x, h(x)) : x \prec y\})$.

Seja H o conjunto de todas as funções aceitáveis. H não é um conjunto vazio pois a função $h_0 : X \rightharpoonup V$ tal que $dom(h_0) = S$ e $h_0(x) = g(x)$ para cada $x \in S$ é aceitável. Note-se que apenas existem elementos minimais em $dom(h_0)$, pelo que a função h_0 verifica a condição (a-ii).

Considere-se $u : X \rightharpoonup V$ tal que

- para cada $x \in X$, $x \in dom(u)$ sse $x \in dom(h)$ para alguma função $h \in H$;
- para cada $x \in dom(u)$, se $x \in dom(h)$ para alguma função $h \in H$ então $u(x) = h(x)$.

Há que demonstrar que se verificam as condições seguintes: (1) a função u está bem definida, (2) $u \in H$, (3) $dom(u) = X$ e (4) u é a única aplicação de X em V que verifica condições (i) e (ii) do enunciado.

(1) Demonstremos que u está bem definida, isto é, que para cada $x \in dom(u)$ existe um e um só $v \in V$ tal que $u(x) = v$. Considere-se o conjunto

$$U = \{x \in X : \text{quaisquer que sejam } h_1, h_2 \in H, \text{ se } x \in dom(h_1) \text{ e } x \in dom(h_2) \text{ então } h_1(x) = h_2(x)\}.$$

Queremos demonstrar que $U = X$. Tem-se $U \subseteq X$ por definição de U. Demonstra-se agora por indução bem fundada que $X = U$ (ver Proposição 7.2.1), e portanto que u está bem definida.

Base de indução:
Quer demonstrar-se que $S \subseteq U$. Seja $x \in S$, isto é, x é minimal, e sejam h_1 e h_2 funções aceitáveis tais que $x \in dom(h_1)$ e $x \in dom(h_2)$. Tem-se então $h_1(x) = g(x) = h_2(x)$. Logo, $x \in U$.

Passo de indução:
Seja y não minimal qualquer e suponha-se que para todo $b \prec y$ se tem que $b \in U$ (*HI*). Quer-se demonstrar que $y \in U$.

Sejam h_1 e h_2 funções aceitáveis tais que $y \in dom(h_1)$ e $y \in dom(h_2)$. Pretendemos concluir que $h_1(y) = h_2(y)$. Ora, dado que h_1 é aceitável, o facto de $y \in dom(h_1)$ implica que

$$\{b : b \prec y\} \subseteq dom(h_1) \quad \text{e} \quad h_1(y) = T(y, \{(b, h_1(b)) : b \prec y\}).$$

Naturalmente o mesmo se pode concluir relativamente à função h_2. Logo,

$$\begin{aligned} h_1(y) &= T(y, \{(b, h_1(b)) : b \prec y\}) \\ &= T(y, \{(b, h_2(b)) : b \prec y\}) \qquad &&(\text{se } b \prec y, \text{ então } b \in dom(h_1) \\ & &&\text{e } b \in dom(h_2), \text{ e, por } HI,\ b \in U) \\ &= h_2(y) \end{aligned}$$

pelo que $y \in B$.
(2) Há que demonstrar que u verifica as condições (a-i) e (a-ii). Para concluir que (a-i) se verifica, o raciocínio é análogo ao apresentado na demonstração da Proposição A.2.1. Relativamente à condição (a-ii), considere-se y não minimal tal que $y \in dom(u)$. Queremos concluir que

$$\{b : b \prec y\} \subseteq dom(u) \quad \text{e} \quad u(y) = T(y, \{(b, u(b)) : b \prec y\}).$$

Ora, se $y \in dom(u)$, então existe uma função h aceitável tal que $y \in dom(h)$ e $u(y) = h(y)$. Uma vez que h é aceitável, sendo y não minimal e $y \in dom(h)$, conclui-se que

$$\{b : b \prec y\} \subseteq dom(h) \quad \text{e} \quad h(y) = T(y, \{(b, h(b)) : b \prec y\}).$$

Por outro lado, da definição de u e do facto de $\{b : b \prec y\} \subseteq dom(h)$, conclui-se que $\{b : b \prec y\} \subseteq dom(u)$, como se pretendia. Conclui-se também $u(b) = h(b)$, qualquer que seja $b \prec y$. Logo

$$u(y) = h(y) = T(y, \{(b, h(b)) : b \prec y\}) = T(y, \{(b, u(b)) : b \prec y\})$$

como também se pretendia demonstrar.

(3) Demonstremos agora que $X = dom(u)$, por indução bem fundada. A demonstração é semelhante à apresentada no caso correspondente da proposição anterior.

Base de indução:
Queremos demonstrar que $S \subseteq dom(u)$. Seja $x \in S$. Então $x \in dom(h_0)$ e h_0 é aceitável. Logo $x \in dom(u)$.

Passo de indução:
Seja y não minimal qualquer e suponha-se que para todo $b \prec y$ se tem que $b \in dom(u)$ (*HI*). Quer-se demonstrar que $y \in dom(u)$.

Suponha-se, por absurdo, que $y \notin dom(u)$. Defina-se a função $h : X \rightharpoonup V$ como se segue:

$dom(h) = dom(u) \cup \{y\}$

e

$$h(x) = \begin{cases} u(x) & \text{se } x \in dom(u) \\ T(y, \{(b, u(b)) : b \prec y\}) & \text{se } x = y. \end{cases}$$

Demonstra-se em primeiro lugar que h está bem definida. Como já foi demonstrado que u é uma função bem definida, e como $y \notin dom(u)$, há apenas que garantir que

$$h(y) = T(y, \{(b, u(b)) : b \prec y\})$$

está definido. Ora, por *HI*, se $b \prec y$ então $b \in dom(u)$. Logo, a relação binária

$$R = \{(b, u(b)) : b \prec y\}$$

está definida e é uma relação funcional entre X e V cujo domínio é $\{b : b \prec y\}$. Dado que y não é minimal, por hipótese, tem-se que $T(y, R)$ está definido.

Demonstra-se agora que h é aceitável. Se $x \in S$ então, como $S \subseteq dom(u)$, tem-se $x \in dom(u)$ e tem-se $h(x) = u(x) = g(x)$, pois u é aceitável. Consideremos agora um qualquer elemento não minimal z e suponha-se que $z \in dom(h)$. Se $z \in dom(u)$ então, como u é aceitável, tem-se que $\{x : x \prec z\} \subseteq dom(u)$ e

$$\begin{aligned} h(z) &= u(z) && (z \in dom(u)) \\ &= T(z, \{(x, u(x)) : x \prec z\}) && (u \text{ é aceitável}) \\ &= T(z, \{(x, h(x)) : x \prec z\}) && (\{x : x \prec z\} \subseteq dom(u)) \end{aligned}$$

Se $z \in dom(h) \backslash dom(u)$ então $z = y$. Por *HI*, $\{b : b \prec y\} \subseteq dom(u)$ e

$$\begin{aligned} h(y) &= T(y, \{(b, u(b)) : b \prec y\}) \\ &= T(y, \{(b, h(b)) : b \prec y\}) && (\{b : b \prec y\} \subseteq dom(u)) \end{aligned}$$

e portanto h é aceitável. Mas então, como $y \in dom(h)$, tem-se que $y \in dom(u)$, obtendo-se uma contradição.

(4) Iremos agora concluir que u é uma aplicação de X em V que verifica as condições (i) e (ii) do enunciado. O facto de ser aplicação de X em V foi demonstrado em (3). As condições (i) e (ii) são consequência do facto de, como demonstrado em (2), se ter que $u \in H$. Deixam-se os detalhes do raciocínio como exercício.

Relativamente à unicidade, sejam u_1 e u_2 aplicações de X em V que verificam as condições (i) e (ii) do enunciado. Queremos demonstrar que $u_1 = u_2$. Para tal, demonstramos pelo método da indução bem fundada que para todo $x \in X$ se tem que $u_1(x) = u_2(x)$.

Base de indução:
Sendo y minimal, usando a condição (i), tem-se $u_1(y) = g(y) = u_2(y)$.
Passo de indução:
Seja y não minimal e assuma-se que se tem $u_1(b) = u_2(b)$ para todo $b \prec y$ (*HI*). Quer-se demonstrar que $u_1(y) = u_2(y)$. Ora, usando (ii), tem-se

$$u_1(y) = T(y, \{(b, u_1(b)) : b \prec y\}) = T(y, \{(b, u_2(b)) : b \prec y\}) = u_2(y)$$

como pretendido. ∎

A.6 Exercícios

1. Mostre que a função *Mathematica*

```
h=Function[w,
   If[w=={},
      0,
      If[First[w]>0,
         1+h[Rest[w]],
         h[Rest[w]]]]]
```

   está bem definida, no sentido de que define uma e uma só aplicação de X em $\mathbb{N}$, onde X é o conjunto das listas de números inteiros (em *Mathematica*).

2. Mostre que a função *Mathematica*

```
h=Function[w,
   If[w=={},
      {},
      Append[h[Most[w]],Last[w]^2]]]
```

   está bem definida, no sentido de que define uma e uma só aplicação de X em X, com X o conjunto das listas em *Mathematica*.

3. Mostre que a função *Mathematica*

```
junta=Function[{w,v},
   If[v=={},
      w,
      Append[junta[w,Most[v]],Last[v]]]]
```

está bem definida, no sentido de que define uma e uma só aplicação de $X \times X$ em X, com X o conjunto das listas em *Mathematica.*

4. Considere a função *Mathematica* `f`, para a pesquisa de um número n numa lista de números s, definida no Exemplo 7.2.7. Mostre que a função `f` está bem definida, isto é, sendo B e X como no Exemplo 7.2.7 e V o conjunto {`True`, `False`}, mostre que `f` dá origem a uma e uma só aplicação de $X \times B$ em V.

5. Considere a função *Mathematica*

```
pi=Function[{w,v},
    If[w=={},True,
        If[v=={},False,
            If[First[w]≠First[v],False,
                pi[Rest[w],Rest[v]]]]]]
```

escrita com o propósito de determinar se uma lista w de, por exemplo, números é uma "parte inicial" de uma lista v do mesmo tipo. Mostre que a definição anterior dá origem a uma e uma só aplicação entre $L \times L$ e V, com L o conjunto das listas em causa e V o conjunto {`True`, `False`}.

Apêndice B

Breve referência ao sistema *Mathematica*

Neste apêndice faz-se uma breve referência ao sistema computacional *Mathematica*, mencionando somente os aspetos que são essenciais para entender os programas apresentados ao longo deste texto. Embora o sistema *Mathematica* suporte vários paradigmas de programação, são apresentadas apenas as construções essenciais para a programação recursiva e imperativa, não fazendo qualquer referência explícita nem à programação funcional, nem à reescrita. Para uma introdução ao sistema *Mathematica* e à programação nos vários paradigmas referidos, pode consultar-se, por exemplo, [12, 75].

Expressões

Um *notebook Mathematica* está organizado em células, delimitadas por um parêntese reto no lado direito da janela, tendo cada célula um tipo associado. Este tipo pode ser texto (*text*), entrada (*input*), saída (*output*), gráfico (*graphics*), entre outros. Ao criar um novo *notebook* é criada imediatamente uma célula que, por omissão, é de tipo *input*. As expressões *Mathematica* escritas em células de tipo *input* podem ser avaliadas pelo sistema e o resultado dessa avaliação é apresentado numa célula de tipo *output*. Uma célula de *input* é avaliada selecionando-a e premindo simultaneamente as teclas *shift* e *return*, ou apenas a tecla *enter*. Qualquer texto escrito entre os símbolos (* e *) numa célula de tipo *input* não é avaliado pelo sistema, é um comentário.

As expressões matemáticas, numéricas e simbólicas, podem ser escritas em *Mathematica* seguindo uma sintaxe muito próxima da sintaxe usual em Matemática.

No que respeita às operações aritméticas, os símbolos dos operadores são:

+ (adição), − (subtração), * (multiplicação) e / (divisão). Pode recorrer-se também a uma tabela de símbolos para escrever quocientes, potências, raízes quadradas, bem como integrais, somatórios, etc., tal como é usual em Matemática, como por exemplo:

$$\frac{2}{3} \qquad x^2 \qquad \sqrt[3]{2} \qquad \sum_{j=2}^{20} 2j \qquad \int_2^{20} 2x dx$$

Os operadores de comparação são também denotados pelos símbolos usuais ($<$, $>$, $\leq$ ou $<=$, $\geq$ ou $>=$), com exceção de que se usa `==` em vez de `=` para o teste de igualdade (numérica). Relativamente à desigualdade pode usar-se `!=` ou, recorrendo à tabela de símbolos, $\neq$. Existe ainda um operador para testar a igualdade/identidade simbólica, operador denotado por `===`, mas não abordaremos aqui as diferenças entre os dois testes de igualdade, limitando-nos neste texto a considerar a igualdade numérica.

Já no que respeita aos conectivos booleanos (conectivos lógicos), embora se possa recorrer a uma tabela de símbolos e usar os símbolos usuais da lógica, como $\neg$, $\wedge$ e $\vee$, usa-se mais frequentemente

`!p` (ou `Not[p]`) para a "negação de p"

`p&&q` (ou `And[p,q]`) para a "conjunção de p e q"

`p||q` (ou `Or[p,q]`) para a "disjunção de p e q".

Refira-se a propósito que no sistema computacional *Mathematica* a avaliação de uma conjunção `p&&q` é sequencial, isto é, se a avaliação da expressão booleana `p` retornar `False`, já não é avaliada a expressão booleana `q`. A avaliação de uma disjunção `p||q` também se processa de forma sequencial, ou seja, se a avaliação de `p` retornar `True`, já não é avaliada a expressão `q`.

Funções pré-definidas

O sistema computacional *Mathematica* dispõe de muitas funções pré-definidas. O seu nome começa sempre por uma letra maiúscula e, para as funções mais comuns, é o que seria de esperar, escrito em língua inglesa. Por exemplo, as funções cosseno e seno são descritas, respetivamente, pelos nomes `Cos` e `Sin`. Para invocar a função cosseno aplicada ao ponto $\frac{\pi}{4}$ escreve-se `Cos[`$\frac{\pi}{4}$`]` e obtém-se $\frac{1}{\sqrt{2}}$, uma vez que o sistema trabalha com valores exatos sempre que os argumentos sejam exatos. Em *Mathematica*, a precisão infinita é conseguida usando números na forma exata (por exemplo, `0`, `1/2` ou $\frac{\pi}{4}$), ao invés de na forma aproximada (por exemplo, `0.0`, `0.5` ou `0.785`).

Se quisermos obter um valor aproximado de um valor exato devemos recorrer à função `N`, que por defeito dá um valor aproximado do resultado com

6 algarismos significativos. Se quisermos obter uma maior precisão, devemos escrever o número de dígitos de precisão que pretendemos como segundo argumento da função N. Assim, invocando `N[Cos[`$\frac{\pi}{4}$`]]` obtém-se 0.707107 e invocando `N[Cos[`$\frac{\pi}{4}$`],10]` obtém-se 0.7071067812.

Pode obter-se informação sobre uma função pré-definida, avaliando

`?nome da função`

Por exemplo, avaliando `?N` obtém-se

```
N[expr] gives the numerical value of expr. N[expr, n] attempts
        to give a result with n-digit precision
```

Como os exemplos anteriores ilustraram, a aplicação de uma função faz-se colocando os argumentos (separados por vírgulas, no caso de ser mais do que um) entre parênteses retos, e não entre parênteses curvos, como é usual em Matemática. Os parênteses curvos são utilizados apenas para agrupar expressões, podendo ser, desse modo, usados para ultrapassar as usuais precedências dos operadores. As chavetas são usadas para a construção de listas, como se verá adiante.

Tipos

Em *Mathematica* existem os seguintes tipos básicos:

- Tipos numéricos
  - `Integer`
    (inteiros, expressos na forma usual, como por exemplo, 3, −4, etc.)
  - `Rational`
    (racionais, expressos como um quociente de inteiros, como por exemplo, `1/3`, etc.)
  - `Real`
    (reais, expressos recorrendo ao ponto decimal e não à vírgula, como por exemplo, `2.`, `3.4`, etc.)
  - `Complex`
    (complexos, expressos na forma usual, com `I` designando $\sqrt{-1}$, como por exemplo, `2+3I`)
- Tipo `Symbol` (o tipo dos nomes)

  Os elementos deste tipo são nomes formados por uma letra eventualmente seguida de uma ou mais letras ou dígitos. Alguns destes nomes representam constantes e funções pré-definidas. Os restantes nomes podem ser usados para variáveis. O sistema produz uma mensagem de aviso em caso de possível conflito.

- Tipo `String` (o tipo das mensagens)

  Os elementos deste tipo são quaisquer sequências de caracteres entre aspas, e podem ser vistos como mensagens. Eventuais operações que se encontrem numa mensagem não são avaliadas. Avaliando, por exemplo, `2+3` e `"2+3"` obtém-se `5` e `2+3`, respetivamente.

A informação que não seja de um destes tipos é normalmente representada recorrendo a listas, como se verá adiante.

Refira-se que em *Mathematica* as variáveis utilizadas não são declaradas como sendo de um certo tipo, podendo denotar valores de diferentes tipos. Existem regras (de reescrita) que permitem avaliar as várias operações, e as expressões são avaliadas (reescritas) por aplicação dessas regras. Quando não existe qualquer regra disponível que seja aplicável à avaliação de uma dada expressão, ou quando a sua avaliação envolve a aplicação de uma operação a valores inadequados (como uma divisão por zero), a avaliação da expressão em causa para, e esta é retornada na forma que estava em avaliação no momento (normalmente acompanhada de uma mensagem de erro, no último caso).

Atribuição

Há duas formas de atribuição que podem ser usadas em *Mathematica*: a atribuição imediata e a diferida. Neste texto refere-se apenas o primeiro caso, pelo que no que se segue se usa apenas a designação atribuição.

Uma regra de atribuição é da forma

```
nome=exp
```

e a execução/avaliação de uma atribuição deste tipo consiste em avaliar a expressão `exp` do lado direito do sinal `=` e em guardar o valor assim obtido na variável denotada pelo `nome` que se encontra no lado esquerdo do sinal `=`.

Por exemplo, uma atribuição da forma

```
a=3
```

guarda em `a` o valor 3. Após a execução desta atribuição, em qualquer expressão em que `a` ocorra, `a` denota o valor 3. O valor guardado na variável `a` pode ser alterado em virtude de uma nova atribuição a essa variável. Se de seguida se executar a atribuição

```
a=a+1
```

então `a` passará a denotar o valor 4. Podemos ainda apagar o valor memorizado em `a` através de `Clear[a]`.

A expressão `exp` do lado direito de uma atribuição

```
nome=exp
```

pode ser a definição de uma função. Neste caso a atribuição em causa tem como objetivo atribuir o `nome` indicado à função. A definição de funções em *Mathematica* é abordada mais adiante.

Composição sequencial e escrita de resultados

A composição sequencial de ações é efetuada recorrendo ao ponto e vírgula, como é usual em muitas linguagens de programação. Por exemplo, se avaliarmos

```
a=5;b=a+2;a+b
```

obtém-se `12`, isto é, valor que é escrito no *notebook* numa célula de *output*. Por sua vez, se executarmos (avaliarmos)

```
a=7;b=a+1
```

então é escrito na célula de *output* o valor 8, correspondente ao valor da última expressão avaliada, no caso `a+1`.

Suponha-se agora que se avalia a sequência

```
a=7;b=a+1;
```

que termina num ponto e vírgula. Esta sequência é interpretada como

```
a=7;b=a+1;Null
```

e corresponde a efetuar, em sequência, o seguinte: atribuir 7 a `a`, atribuir 8 (o resultado da avaliação de `a+1`) a `b` e, finalmente, avaliar a expressão `Null`. Ora `Null` é uma constante que denota uma expressão especial sem qualquer valor, e ao avaliar `Null` nada é escrito no ecrã. Assim, como no sistema *Mathematica* apenas é retornado como *output* o valor da última expressão avaliada, se avaliarmos

```
a=7;b=a+1;
```

nada é escrito no *Notebook*. Mas, como referido, as ações `a=7` e `b=a+1` foram efetuadas e, portanto, se avaliarmos em seguida a variável `b`, por exemplo, obter-se-á `8`, o valor que nela está guardado de momento.

Podemos também questionar o sistema sobre o que está associado a um determinado nome indicado pelo utilizador. Por exemplo, escrevendo

```
?b
```

obtém-se

```
Global`b
b = 8
```

Informalmente, a mensagem `Global`b` significa que `b` é um dos nomes introduzidos pelo utilizador na sessão de trabalho em curso.

Como referido, após uma avaliação somente é escrito na célula de *output* o valor da última expressão avaliada. Se se quiser obter um resultado intermédio de uma computação, ou escrever uma mensagem no meio de uma computação, deve recorrer-se ao comando de impressão `Print`. A execução de

$$\texttt{Print[exp}_1\texttt{,...,exp}_n\texttt{]}$$

tem como efeito a escrita sucessiva, na mesma linha, do valor das expressões $\texttt{exp}_1$, ..., $\texttt{exp}_n$, seguida de mudança de linha.

Listas

Uma lista não é mais do que uma sequência de elementos, sendo admitidas repetições. A importância das listas em *Mathematica* decorre do facto de toda a informação que não seja de um tipo básico ser normalmente representada através de listas. Por essa razão, está disponível um tipo de listas extremamente rico, com diversas funções pré-definidas que permitem manipular as listas de uma forma simples e extremamente eficiente.

Uma lista pode ser definida enumerando explicitamente os elementos que a compõem separados por vírgulas e entre chavetas, ou como argumentos da função `List` (função pré-definida de construção de listas). Por exemplo, ambas as expressões

`{3,-2,5,3}` e `List[3,-2,5,3]`

representam a lista cujo primeiro elemento é o número 3, o segundo elemento é o número −2, o terceiro elemento é o número 5 e o quarto elemento é, de novo, o número 3. Analogamente, as expressões

`{5,D[Sin[x],x],{3,4},a}` e `List[5,D[Sin[x],x],{3,4},a]`

representam a lista cujo primeiro elemento é o número 5, o segundo elemento é a derivada da expressão `Sin[x]` em ordem a x (isto é, a expressão `Cos[x]`), o terceiro elemento é a lista formada pelos números 3 e 4, e o último elemento é a letra `a` (ou o valor que ela denotar se `a` tiver sido previamente alvo de uma atribuição). A lista vazia é representada por

`{}` ou `List[]`

Como se ilustrou acima, numa lista podem estar presentes elementos de diferentes tipos. Listas formadas só por listas, todas do mesmo comprimento, podem ser vistas como matrizes, e a elas serem aplicadas operações específicas de matrizes (como soma, produto, determinante, etc.).

Uma lista pode também ser definida através da referência à regra de cálculo que permite gerar os seus elementos. Para esse efeito existem as seguintes três funções pré-definidas: **Table**, **Array** e **Range**. A informação que o sistema disponibiliza sobre estas funções é a seguinte (suprimindo alguns detalhes não essenciais para os fins em vista):

```
?Range
Range[imax] generates the list {1,2,...,imax}.
Range[imin,imax] generates the list {imin,...,imax}.
Range[imin, imax, di] uses step di.
```

```
?Array
Array[f,n] generates a list of length n, with elements f[i].
```

```
?Table
Table[expr,{imax}] generates a list of imax copies of expr.
Table[expr, {i,imax}] generates a list of the values of expr
when i runs from 1 to imax.
Table[expr,{i,imin,imax}] starts with i=imin.
Table[expr, {i,imin,imax,di}] uses steps di.
```

As funções `Array` e `Table` podem também ser usadas para construir listas de listas.

Uma lista pode igualmente ser construída através da manipulação de outras listas recorrendo, nomeadamente, a operações de inserção e de extração de elementos. Seguem-se algumas das principais operações disponíveis para esse fim, indicando-se o resultado da sua invocação. Na sequência, quando se refere, por exemplo, uma lista `w` tal deverá ser entendido como a lista denotada por `w`. Analogamente se deve interpretar a referência a um inteiro `n` ou a um valor `x`.

- `Prepend[w,x]`
  Lista que se obtém quando se acrescenta o valor `x` no início da lista `w`.

- `Append[w,x]`
  Lista que se obtém quando se acrescenta o valor `x` no fim da lista `w`.

- `Insert[w,x,n]`
  Lista que se obtém quando se insere o valor `x` na lista `w` na posição `n` (se o valor `n` for igual ao número de elementos em `w` mais um, o valor `x` é colocado no fim da lista `w`; se for 0, ou maior que o número de elementos em `w` mais um, ocorre um erro).

- `Rest[w]`
  Lista que se obtém a partir da lista `w` quando se retira desta o primeiro elemento (ocorre um erro se a lista for vazia).

- `Most[w]`
  Lista que se obtém a partir da lista `w` quando se retira desta o último elemento (ocorre um erro se a lista for vazia).

- `Delete[w,n]`
  Lista que se obtém a partir da lista `w` quando se retira o elemento que está na posição `n` (ocorre um erro se não existir nenhum elemento na posição `n`).

Nas operações acima referidas que envolvem um argumento relativo à posição na lista, se este for negativo então as posições na lista são contadas da direita para a esquerda.

Por exemplo, após a avaliação de

```
a=Append[{14,2},7];
b=Insert[a,4,3];
c=Prepend[a,8];
d=Delete[c,-3]
```

a lista em `a` é `{14,2,7}`, a lista em `b` é `{14,2,4,7}`, a lista em `c` é `{8,14,2,7}` e a lista em `d` é `{8,2,7}`.

Existem igualmente funções que permitem aceder aos elementos que estão na primeira e na última posição de uma lista, bem como ao elemento que está numa posição especificada da lista.

- `First[w]`
  Primeiro elemento da lista `w` (ocorre um erro se a lista for vazia).

- `Last[w]`
  Último elemento da lista `w` (ocorre um erro se a lista for vazia).

- `w[[n]]`
  Elemento que está na posição `n` da lista `w` (ocorre um erro se não existir nenhum elemento na posição `n`).

Refira-se que `w[[n]][[k]]` pode ser abreviado por `w[[n,k]]` se `w` for uma lista de listas. Por exemplo, se `w` for a lista `{{6,5},{7,8,4},{6}}` então `w[[2,3]]` denotará o terceiro elemento da lista que está na segunda posição de `w`, isto é, o valor 4.

Pode ainda alterar-se a lista que está guardada numa determinada variável através da atribuição de uma nova lista à variável, como em

```
w={7,-25,18}
```

ou alterando apenas o elemento que está numa dada posição da lista guardada na variável `w`, através de uma atribuição `w[[n]]=x`. Por exemplo, se em `w` está a lista `{7,-25,18}` então após a atribuição `w[[2]]=0` a variável `w` passará a denotar a lista `{7,0,18}`.

Para terminar refiram-se ainda as funções seguintes.

- `Take[w,n]`
  Lista constituída pelos primeiros `n` elementos da lista `w`.

- `Drop[w,n]`
  Lista que se obtém quando se retira à lista `w` os seus primeiros `n` elementos.

- `Join[w1,w2,...,wn]`
  Lista que se obtém quando se junta as listas `w1`, `w2`,..., `wn`.

- `Length[w]`
  Comprimento, isto é, número de elementos da lista `w`.

Por exemplo, `Length[{5,{6,7,-4,8},5,{}}]` é 4.

Funções

Pode dizer-se que programar em *Mathematica* consiste em definir funções. Uma função pode ser definida por abstração funcional, ou através de atribuições paramétricas diferidas. Neste apêndice apenas se faz referência à técnica da definição de funções por abstração funcional. Neste caso recorre-se à construção

`Function[{p1,...,pn},`*corpo*`]`

onde `{p1,...,pn}` é uma lista, eventualmente vazia, de nomes que representam os parâmetros da função, e *corpo* é uma expressão ou sequência de expressões *Mathematica* que representa a regra de cálculo do resultado da função. Quando a função tem apenas um parâmetro `p`, pode escrever-se simplesmente

`Function[p,`*corpo*`]`

Por exemplo, a função definida através da expressão

```
Function[n,n^2]
```

associa a cada número o seu quadrado. Note-se que `Function[n,n^2]` é uma função, pelo que podemos aplicá-la a um argumento, mesmo sem lhe dar qualquer nome. Por exemplo, avaliando

```
Function[n,n^2][5]
```

obtém-se 25. Mas pode dar-se nomes às funções que se definem, o que facilita a sua invocação. Para tal recorre-se a uma atribuição da função ao nome pretendido. Por exemplo, através da atribuição

```
quadrado=Function[n,n^2]
```

está a dar-se o nome `quadrado` à função `Function[n,n^2]`, após o que se pode escrever

```
quadrado[2]+quadrado[quadrado[3]]
```

Ao avaliar-se expressão anterior obtém-se 85.

No caso da função definida ter mais do que um parâmetro, ao invocá-la há que indicar um argumento por cada um dos parâmetros, separando-os por vírgulas. Por exemplo, após a avaliação de

```
media=Function[{x,y},(x+y)/2]
```

ao avaliar

```
media[5,1]
```

obtém-se 3.

Ao contrário do que se passa em muitas linguagens de programação, em *Mathematica* os parâmetros não podem ser usados como variáveis locais, e a razão tem a ver com o modo como neste caso se processa a invocação de uma função: ao invocarmos uma função, todas as ocorrências dos parâmetros no corpo da função são substituídas pelo valor dos correspondentes argumentos, e a expressão assim obtida é avaliada, sendo o seu valor retornado como resultado da invocação.

Suponha-se, por exemplo, que introduzíamos a definição de função

```
f=Function[n,n=n+1;n^2]
```

e que depois tentávamos utilizar esta função invocando-a, por exemplo, com argumento 7, isto é, tentávamos avaliar a expressão

```
f[7]
```

Obteríamos então uma mensagem de erro, pois ao tentar avaliar `f[7]`, o sistema procuraria avaliar a expressão

`7=7+1;7`^{2}

que se obtém substituindo `n` por 7 no corpo de `f`, e estaria perante uma atribuição em que do lado esquerdo do símbolo `=` se encontra uma constante em vez de uma variável.

Naturalmente, neste caso é fácil definir a função que a cada número n associa o quadrado de $n+1$ sem efetuar atribuições, através de

`Function[n,(n+1)`^{2}`];`

mas existem situações em que se pretende guardar numa variável um valor que se obtém do argumento para, por exemplo, o podermos utilizar em seguida em vários sítios do corpo da função. Nesses casos pode recorrer-se às chamadas variáveis locais, usando a construção `Module`, assunto que será abordado mais adiante.

Expressões condicionais

Muitas vezes pretende-se definir uma função cujo resultado depende de uma certa condição. Por exemplo, em qualquer função recursiva, o resultado é definido de uma forma distinta para o chamado caso base da recursão e para os outros casos. Para esse efeito recorremos às chamadas expressões condicionais

`If[`*condição,expressão1,expressão2*`]`

cuja avaliação corresponde a

(i) avaliar a (expressão) *condição*

(ii) se o resultado da avaliação de *condição* for `True` retornar como resultado o valor de *expressão1*

(iii) em caso contrário, retornar como resultado o valor de *expressão2*.

Por exemplo, avaliando

```
x=2;y=3;If[x<0,x*y,x-y]
```

obtém-se o valor `-1`. Este valor é o resultado da avaliação de `If[x<0,x*y,x-y]`, o qual corresponde à avaliação da expressão `x-y`, uma vez que após as atribuições `x=2;y=3` o resultado da avaliação de `x<0` é `False`. Avaliando

```
x=-2;y=3;If[x<0,x*y,x-y]
```

obtém-se agora o valor `-6`, pois após as atribuições o resultado da avaliação de `x<0` é `True`.

É importante recordar que ao avaliar *expressão1* ou *expressão2* o valor que é retornado é o valor da última expressão avaliada. Isto é particularmente relevante quando *expressão1* e/ou *expressão2* são constituídas pela composição sequencial de outras expressões. Por exemplo, avaliando

```
x=2;y=3;If[x>0,y=y+1;x=x+y,y=y-1;x=x-y]
```

obtém-se `6`, que é o valor da última expressão avaliada: como após as atribuições iniciais o valor de `x` é maior que zero, a avaliação de

```
If[x>0,y=y+1;x=x+y,y=y-1;x=x-y]
```

corresponde a avaliar `y=y+1;x=x+y`, pelo que a última expressão avaliada será `x+y` (no âmbito da atribuição `x=x+y`).

Refira-se que existem também expressões condicionais da forma

`If[`*condição*, *expressão1*`]`

muito usadas no âmbito da programação imperativa, que podem ser vistas como abreviatura de

`If[`*condição*,*expressão1*`,Null]`

cuja avaliação corresponde, portanto, a

(i) avaliar a (expressão) *condição*

(ii) se o resultado da avaliação de *condição* for `True` retornar como resultado o valor de *expressão1*

(iii) em caso contrário, retornar o resultado de avaliar `Null` (o que, como referido, não produz qualquer resultado).

Existem ainda em *Mathematica* outras construções que permitem obter expressões condicionais, ou seja, informalmente, expressões cujo resultado depende de certas condições, mas não as abordaremos neste texto.

Recorrendo a expressões condicionais é fácil definir, por exemplo, uma função recursiva para o cálculo do fatorial de um número natural

```
fatRec=Function[n,If[n==0,1,n*fatRec[n-1]]]
```

função que é analisada no Capítulo 10.

Construções essenciais para a programação imperativa

Para terminar este apêndice, apresentam-se algumas das principais construções que estão disponíveis em *Mathematica* para a chamada programação imperativa, e que são utilizadas nos programas incluídos no Capítulo 10.

No paradigma da programação imperativa utiliza-se normalmente uma variável para guardar o resultado desejado, bem como outras variáveis auxiliares do processo de cálculo. Para se obter o resultado final pretendido, o valor memorizado nessas variáveis é sucessivamente alterado/atualizado através do encadeamento de ações elementares, tipicamente atribuições, que são organizadas por intermédio de três formas básicas de composição de ações: sequencial, alternativa e iterativa.

A composição sequencial é expressa usando o ponto e vírgula e permite executar ações em sequência, como já se referiu atrás.

A composição de ações em alternativa recorre ao mesmo tipo de construções que são usadas para obter expressões condicionais. No entanto, tais construções são agora lidas de modo diferente, dando maior ênfase à execução de ações (característica deste paradigma imperativo) do que à correspondente avaliação da expressão.

Em particular, podemos compor ações em alternativa, de acordo com uma dada condição, recorrendo à construção `If` já referida, obtendo expressões (ditas *if-then-else*) da forma

`If[`*condição,ação1,ação2*`]`

cuja execução (avaliação) corresponde a

(i) avaliar a (expressão) *condição*

(ii) se o resultado da avaliação de *condição* for `True` executar *ação1* (que poderá ser uma sequência de ações)

(iii) em caso contrário, executar *ação2* (que poderá ser uma sequência de ações).

Igualmente se recorre à sua variante

`If[`*condição,ação1*`]`

(dita *if-then*), cuja execução corresponde a

(i) avaliar a (expressão) *condição*

(ii) se o resultado da avaliação de *condição* for `True` executar *ação1* (que poderá ser uma sequência de ações)

(iii) em caso contrário, avaliar `Null` (o que não produz qualquer resultado, e portanto corresponde a "não fazer nada").

Finalmente, com a composição iterativa (ou repetitiva) pretende-se executar repetidamente uma certa ação enquanto uma certa condição é verdadeira. É esta forma de composição de ações em iteração que dá poder à programação imperativa, desempenhando de algum modo neste paradigma o papel da recursão no paradigma da programação recursiva.

As composições iterativas podem ser obtidas recorrendo, nomeadamente, à construção

`While[`*condição,ação*`]`

cuja execução corresponde a

(i) avaliar a (expressão) *condição*

(ii) se o resultado da avaliação de *condição* for `False` terminar a execução de `While[`*condição,ação*`]`

(iii) em caso contrário, executar *ação* (que poderá ser uma sequência de ações) e de seguida voltar a avaliar a *condição*.

Assim, na execução de `While[`*condição,ação*`]`, a *ação* é executada se e só se da avaliação de *condição* resulta `True`, em cujo caso *ação* é executada repetidamente, até que o resultado da avaliação de *condição* seja `False`, altura em que a execução de `While[`*condição,ação*`]` termina. Se da avaliação de *condição* nunca resultar `False`, a execução de `While[`*condição,ação*`]` nunca termina.

As composições iterativas podem também ser obtidas recorrendo às construção `Do` e `For`, mas estas construções não serão abordadas neste texto.

Usa-se por vezes o termo *ciclo* para designar expressões

`While[`*condição,ação*`]`

A expressão *ação* é neste caso denominada *passo do ciclo* e a expressão *condição* é denominada *guarda do ciclo*.

É importante notar que o valor resultante da avaliação de uma expressão

`While[`*condição,ação*`]`

é `Null`, e portanto nenhum valor é escrito na célula de *output*. Os efeitos de uma expressão deste tipo são obtidos colateralmente, isto é, por alteração do valor guardado nas variáveis através de atribuições presentes na expressão *ação* (passo do ciclo). Por exemplo, em cada passo do ciclo em

```
x=7;y=3;While[x>0,y=y+1;x=x-y]
```

o valor guardado em y é incrementado de uma unidade. Quando a avaliação do ciclo termina o valor em y é 5.

De posse destas construções é possível construir qualquer programa imperativo. No entanto, justificam-se ainda duas últimas observações, a primeira relacionada com a passagem do resultado e a segunda com a utilização de variáveis locais.

Considere-se, por exemplo, a sequência de instruções/ações

```
r=1;
i=1;
While[i<=n,r=r*i;i=i+1]
```

Facilmente se verifica que após a avaliação desta sequência de expressões está guardado na variável `r` o fatorial do valor que esteja guardado na variável `n`, no caso deste ser um inteiro não negativo. Mas, como se referiu, da avaliação de `While[i<=n,r=r*i;i=i+1]` resulta apenas `Null` e portanto da avaliação desta sequência de expressões resulta `Null`. Assim, para se obter o resultado pretendido numa célula de *output* é necessário avaliar no final a variável que guarda esse resultado. A função

```
fatImp=Function[n,
          r=1;
          i=1;
          While[i<=n,r=r*i;i=i+1];
          r]
```

aplicada a um número inteiro não negativo já retorna o seu fatorial.

Se após avaliarmos a expressão anterior for avaliada a expressão

`fatImp[4]`

obtém-se 24. A avaliação desta expressão, embora calcule corretamente o fatorial do argumento, tem contudo efeitos colaterais que podem não ser desejados. De facto, após esta avaliação, se mandarmos avaliar a variável `i` obtém-se 5. O que se passa é que as sucessivas atribuições que envolvem `i` decorrentes da avaliação de `fatImp[4]` repercutem-se para além desta avaliação, uma vez que não foi especificado que as variáveis utilizadas deviam ser consideradas como variáveis locais, a utilizar apenas no cálculo pretendido do fatorial de `n`.

A construção

`Module[{`$nome_1$`,...,`$nome_n$`},`*expressão*`]`

especifica que os nomes indicados devem ser tratados como locais à avaliação da *expressão* em causa. Refira-se que mesmo que se trate de um único nome, este deverá ser colocado entre chavetas.

Definindo agora a função para o cálculo do fatorial como se segue

```
fatImp=Function[n, Module[{r,i},
          r=1;
          i=1;
          While[i<=n,r=r*i;i=i+1];
          r]
```

já não se obtêm os efeitos colaterais referidos. Se se avaliar, por exemplo,

```
i=0;fatImp[4]
```

obtém-se igualmente `24`, mas se de seguida avaliarmos `i` já se obtém `0` (e não `5`). O sistema considera esta variável `i` como sendo diferente da variável local `i` utilizada para o cálculo de `fatImp[4]`.

Bibliografia

[1] M. Abramowitz e I.A. Stegun (editores): *Handbook of Mathematical Functions.* Dover, 1965.

[2] J. Aldous e R. Wilson: *Graphs and Applications - an Introductory Approach.* Springer, 2000.

[3] André, C. e F. Ferreira: *Matemática Finita.* Universidade Aberta, 2000.

[4] T. Apostol: *Calculus, Vol. 1: One Variable Calculus with an Introduction to Linear Algebra.* John Wiley & Sons, Inc, 1975.

[5] S. Arora e B. Barak: *Computational Complexity: a Modern Approach.* Cambridge University Press, 2009.

[6] M. Ben-Ari: *Mathematical Logic for Computer Science.* Springer, 3a edição, 2012.

[7] W. H. Beyer (editor): *CRC Standard Mathematical Tables and Formulae.* CRC Press, 29a edição, 1991.

[8] J. A. Bondy e U. S. R. Murty: *Graph Theory*, volume 244 de *Graduate Texts in Mathematics.* Springer, 2008.

[9] R. A. Brualdi: *Introductory Combinatorics.* Prentice Hall, 5a edição, 2008.

[10] D. Burton: *Elementary Number Theory.* McGraw-Hill Higher Education, 7a edição, 2010.

[11] D. M. Cardoso, J. Szymanski e M. Rostani: *Matemática Discreta: Combinatória, Teoria dos Grafos e Algoritmos.* Escolar Editora, 2008.

[12] J. Carmo, A. Sernadas, C. Sernadas, F. M. Dionísio e C. Caleiro: *Introdução à Programação em* Mathematica. IST Press, 2a edição, 2004.

[13] N. Caspard, B. Leclerc e B. Monjardet: *Finite Ordered Sets - Concepts, Results and Uses*, volume 144 de *Encyclopedia of Mathematics and its Applications*. Cambridge University Press, 2012.

[14] M. Clark: *Paradoxes from A to Z*. Routledge, 2002.

[15] T. Cormen, C. Leiserson, R. Rivest e C. Stein: *Introduction to Algorithms*. The MIT Press, 3a edição, 2009.

[16] B. Davey e H. Priestley: *Introduction to Lattices and Order*. Cambridge University Press, 2a edição, 2002.

[17] R. Diestel: *Graph Theory*, volume 173 de *Graduate Texts in Mathematics*. Springer, 4a edição, 2010.

[18] D. Dummit e R. Foote: *Abstract Algebra*. John Wiley & Sons, Inc, 3a edição, 2003.

[19] H. Enderton: *Elements of Set Theory*. Academic Press Inc, 1977.

[20] H. Enderton: *A Mathematical Introduction to Logic*. Academic Press Inc, 2a edição, 2001.

[21] R. L. Fernandes e M. Ricou: *Introdução à Álgebra*. IST Press, 2004.

[22] J. C. Ferreira: *Elementos de Lógica Matemática e Teoria dos Conjuntos*. Relatório Técnico, Departamento de Matemática - IST, 2001. `http://www.math.ist.utl.pt/textos/`.

[23] J. C. Ferreira: *Introdução à Análise Matemática*. Fundação Calouste Gulbenkian, 10a edição, 2011.

[24] J. A. Gallian: *Contemporary Abstract Algebra*. Brooks/Cole, 8a edição, 2012.

[25] J. Gallier: *Logic for Computer Science: Foundations of Automatic Theorem Proving*. John Wiley & Sons, Inc, 1987.

[26] M. R. Garey e D. S. Johson: *Computers and Intractability: a Guide to the Theory of NP-completeness*. W. H. Freeman, 1979.

[27] O. Goldreich: *Computational Complexity: a Conceptual Perspective*. Cambridge University Press, 2008.

[28] O. Goldreich: *P, NP, and NP-Completeness: the Basics of Computational Complexity*. Cambridge University Press, 2010.

[29] R. L. Graham, D. E. Knuth e O. Patashnik: *Concrete Mathematics.* Addison-Wesley, 2a edição, 1994.

[30] J. Gross e J. Yellen: *Graph Theory and Its Applications.* Discrete Mathematics and its Applications. Chapman and Hall/CRC, 2a edição, 2006.

[31] P. R. Halmos: *Naive Set Theory.* Martino Fine Books, 2011.

[32] A. G. Hamilton: *Logic for Mathematicians.* Cambridge University Press, 1988.

[33] E. Harzheim: *Ordered Sets,* volume 7 de *Advances in Mathematics.* Springer, 2010.

[34] J. L. Hein: *Discrete Mathematics.* Jones and Bartlett Publishers, 2a edição, 2002.

[35] J. L. Hein: *Discrete Structures, Logic, and Computability.* Jones and Bartlett Publishers, 3a edição, 2010.

[36] J. Hoffstein, J. Pipher e J. Silverman: *An Introduction to Mathematical Cryptography.* Springer, 2008.

[37] J. Hopcroft, R. Motwani e J. Ullman: *Introduction to Automata Theory, Languages, and Computation.* Addison Wesley, 3a edição, 2006.

[38] K. Hummel: *Introductory Concepts for Abstract Mathematics.* Chapman and Hall CRC, 2000.

[39] M. Huth e M. Ryan: *Logic in Computer Science: Modelling and Reasoning about Systems.* Cambridge University Press, 3a edição, 2004.

[40] T. Jech: *Set Theory: the 3rd millenium edition, revised and expanded.* Springer Monographs in Mathematics. Springer, 2002.

[41] T. Jech: *The Axiom of Choice.* Dover Publications Inc., 2009.

[42] R. Johnsonbaugh: *Discrete Mathematics.* Prentice Hall, 7a edição, 2007.

[43] G. A. Jones e J. M. Jones: *Elementary Number Theory.* Springer Undergraduate Mathematics Series. Springer, 1998.

[44] B. Kernighan e D. Ritchie: *The C Programming Language.* Prentice Hall, 2a edição, 1988.

[45] D. Knuth: *The Art of Computer Programming, Vol. 1: Fundamental Algorithms.* Addison-Wesley, 3a edição, 1997.

[46] D. Knuth: *The Art of Computer Programming, Vol. 2: Seminumerical Algorithms*. Addison-Wesley, 3a edição, 1997.

[47] D. Knuth: *The Art of Computer Programming, Vol. 3: Sorting and Searching*. Addison-Wesley, 2a edição, 1998.

[48] D. Knuth: *The Art of Computer Programming, Vol. 4A: Combinatorial Algorithms, Part 1*. Addison-Wesley, 2011.

[49] S. K. Lando: *Lectures on Generating Functions*, volume 23 de *Student Mathematical Library*. American Mathematical Society, 2003.

[50] S. Lang: *Algebra*. Springer, 3a edição, 2002.

[51] H. Lewis e C. Papadimitriou: *Elements of the Theory of Computation*. Prentice Hall, 2a edição, 1997.

[52] S. Lipschutz, M. Spiegel e J. Liu (editores): *Schaum's Outline of Mathematical Handbook of Formulas and Tables*. Schaum's Outline, 4a edição, 2012.

[53] S. MacLane e G. Birkhoff: *Algebra*. AMS Chelsea Publishing, 3a edição, 1999.

[54] K. Martin: *Everyday Cryptography - Fundamental Principles and Applications*. Oxford University Press, 2012.

[55] E. Mendelson: *Introduction to Mathematical Logic*. Chapman & Hall, 5a edição, 2009.

[56] Y. Moschovakis: *Notes on Set Theory*. Springer, 2a edição, 2006.

[57] A. J. F. Oliveira: *Teoria de Conjuntos - Intuitiva e Axiomática (ZFC)*. Livraria Escolar Editora, 1982.

[58] G. Polya: *Mathematics and Plausible Reasoning, Vol. 1: Induction and Analogy in Mathematics*. Princeton University Press, 1954.

[59] W. V. Quine: *The Ways of Paradox and Other Essays*. Harvard University Press, 2a edição, 1976.

[60] R. Ramakrishnan e J. Gehrke: *Database Management Systems*. McGraw-Hill, 3a edição, 2003.

[61] K. Rosen: *Elementary Number Theory*. Pearson, 6a edição, 2010.

[62] K. Rosen (editor): *Handbook of Discrete and Combinatorial Mathematics*. Chapman and Hall CRC, 2a edição, 2011.

[63] K. Rosen: *Discrete Mathematics and its Applications, Global Edition.* McGraw-Hill Higher Education, 7a edição, 2012.

[64] D. Sannella e A. Tarlecki: *Foundations of Algebraic Specification and Formal Software Development.* Springer, 2012.

[65] R. Sedgewick e K. Wayne: *Algorithms.* Addison-Wesley, 4a edição, 2011.

[66] P. Seibel: *Practical Common Lisp.* Apress, 2005.

[67] A. Sernadas e C. Sernadas: *Fundamentos de Lógica e de Teoria da Computação*, volume 1 de *Cadernos de Lógica e Computação.* College Publications, 2a edição, 2012.

[68] A. Silberschatz, H. Korth e S. Sudarshan: *Database System Concepts.* McGraw-Hill, 6a edição, 2011.

[69] M. Sipser: *Introduction to the Theory of Computation.* South-Western College Publishing, 3a edição, 2012.

[70] M. Spivak: *Calculus.* Cambridge University Press, 3a edição, 2006.

[71] D. Stinson: *Cryptography: Theory and Practice.* Chapman & Hall/CRC, 3a edição, 2006.

[72] S. Thompson: *Haskell: The Craft of Functional Programming.* Addison Wesley, 3a edição, 2011.

[73] H. S. Wilf: *generatingfunctionology.* A. K. Peters, 3a edição, 2006.

[74] G. Winskel: *The Formal Semantics of Programming Languages: An Introduction.* MIT Press, 1993.

[75] S. Wolfram: *The Mathematica Book.* Wolfram Media Inc, 5a edição, 2003.

Índice Remissivo

www.ingramcontent.com/pod-product-compliance
Lightning Source LLC
Chambersburg PA
CBHW031725210326
41599CB00018B/2512

* 9 7 8 1 8 4 8 9 0 1 3 4 6 *

Elementos de Matemática Discreta

José Carmo

Paula Gouveia

Francisco Miguel Dionísio

ISBN 978-1-84890-134-6

College Publications
Scientific Director: Dov Gabbay
Managing Director: Jane Spurr

http://www.collegepublications.co.uk

Cover designed by Laraine Welch
Printed by Lightning Source, Milton Keynes, UK
